国家出版基金项目
NATIONAL PUBLICATION FOUNDATION

纳米科学与技术

# 纳米敏感材料与传感技术

刘锦淮　黄行九　等　著

U0288510

科学出版社

北京

# 内 容 简 介

纳米敏感材料与传感技术是纳米材料和传统传感技术交叉渗透而形成的一个新领域。本书概要介绍纳米敏感材料与传感技术的基本概念、分子识别元件及其生物和化学反应基础。重点阐述电导型半导体氧化物纳米传感器、纳米材料修饰电化学传感器、质量纳米化学传感器、纳米结构分子印迹化学/生物微纳传感器、电导型 DNA 及其复合纳米材料传感器、纳米材料化学发光传感器、功能化碳纳米管化学传感器，同时论述复杂表面增强拉曼光谱基底的制备及其超灵敏检测。另外，以纳米二氧化锡为例介绍气体传感器动态检测技术。

本书可供环境工程、传感检测等领域的科技人员，企业界、高校的相关科研工作者和相关专业的研究生、本科生参考和阅读。

**图书在版编目（CIP）数据**

纳米敏感材料与传感技术/刘锦淮等著. —北京：科学出版社，2011

（纳米科学与技术/白春礼主编）

ISBN 978-7-03-032195-4

Ⅰ. 纳… Ⅱ. 刘… Ⅲ. 纳米材料-研究 Ⅳ. ①TB383

中国版本图书馆 CIP 数据核字（2011）第 174400 号

责任编辑：杨 震 张淑晓/责任校对：宋玲玲
责任印制：徐晓晨/封面设计：黄华斌

**科 学 出 版 社** 出版

北京东黄城根北街 16 号
邮政编码：100717
http://www.sciencep.com

**北京建宏印刷有限公司** 印刷

科学出版社发行 各地新华书店经销

\*

2011 年 9 月第 一 版 开本：B5（720×1000）
2020 年 6 月第五次印刷 印张：29 1/4
字数：550 000

**定价：148.00 元**

（如有印装质量问题，我社负责调换）

# 《纳米科学与技术》丛书序

在新兴前沿领域的快速发展过程中，及时整理、归纳、出版前沿科学的系统性专著，一直是发达国家在国家层面上推动科学与技术发展的重要手段，是一个国家保持科学技术的领先权和引领作用的重要策略之一。

科学技术的发展和应用，离不开知识的传播：我们从事科学研究，得到了"数据"（论文），这只是"信息"。将相关的大量信息进行整理、分析，使之形成体系并付诸实践，才变成"知识"。信息和知识如果不能交流，就没有用处，所以需要"传播"（出版），这样才能被更多的人"应用"，被更有效地应用，被更准确地应用，知识才能产生更大的社会效益，国家才能在越来越高的水平上发展。所以，数据→信息→知识→传播→应用→效益→发展，这是科学技术推动社会发展的基本流程。其中，知识的传播，无疑具有桥梁的作用。

整个 20 世纪，我国在及时地编辑、归纳、出版各个领域的科学技术前沿的系列专著方面，已经大大地落后于科技发达国家，其中的原因有许多，我认为更主要的是缘于科学文化的习惯不同：中国科学家不习惯去花时间整理和梳理自己所从事的研究领域的知识，将其变成具有系统性的知识结构。所以，很多学科领域的第一本原创性"教科书"，大都来自欧美国家。当然，真正优秀的著作不仅需要花费时间和精力，更重要的是要有自己的学术思想以及对这个学科领域充分把握和高度概括的学术能力。

纳米科技已经成为 21 世纪前沿科学技术的代表领域之一，其对经济和社会发展所产生的潜在影响，已经成为全球关注的焦点。国际纯粹与应用化学联合会（IUPAC）会刊在 2006 年 12 月评论："现在的发达国家如果不发展纳米科技，今后必将沦为第三世界发展中国家。"因此，世界各国，尤其是科技强国，都将发展纳米科技作为国家战略。

兴起于 20 世纪后期的纳米科技，给我国提供了与科技发达国家同步发展的良好机遇。目前，各国政府都在加大力度出版纳米科技领域的教材、专著以及科普读物。在我国，纳米科技领域尚没有一套能够系统、科学地展现纳米科学技术各个方面前沿进展的系统性专著。因此，国家纳米科学中心与科学出版社共同发起并组织出版《纳米科学与技术》，力求体现本领域出版读物的科学性、准确性和系统性，全面科学地阐述纳米科学技术前沿、基础和应用。本套丛书的出版以高质量、科学性、准确性、系统性、实用性为目标，将涵盖纳米科学技术的所有领域，全面介绍国内外纳米科学技术发展的前沿知识；并长期组织专家撰写、编辑出版下去，为我国纳米科技各个相关基础学科和技术领域的科技工作者和研究生、本科生等，提供一套重要的参考资料。

这是我们努力实践"科学发展观"思想的一次创新，也是一件利国利民、对国家科学技术发展具有重要意义的大事。感谢科学出版社给我们提供的这个平台，这不仅有助于我国在科研一线工作的高水平科学家逐渐增强归纳、整理和传播知识的主动性（这也是科学研究回馈和服务社会的重要内涵之一），而且有助于培养我国各个领域的人士对前沿科学技术发展的敏感性和兴趣爱好，从而为提高全民科学素养做出贡献。

我谨代表《纳米科学与技术》编委会，感谢为此付出辛勤劳动的作者、编委会委员和出版社的同仁们。

同时希望您，尊贵的读者，如获此书，开卷有益！

中国科学院院长

国家纳米科技指导协调委员会首席科学家

2011 年 3 月于北京

# 前　　言

　　随着纳米技术的迅速发展，各种纳米材料（纳米粒子、纳米线、纳米管、芯壳粒子等）已经能够方便地被合成出来，对纳米结构表面的化学修饰也已经取得了重要进展。探索对纳米模板的表面进行分子自组装，发展表面改性的零维、准一维及芯壳型纳米结构材料的制备方法和原理，合成出具有高度功能化的纳米敏感材料，提高对目标分子的亲和力、选择性、结合速度等，都为敏感材料的研究及发展打下了坚实的基础。

　　纳米技术为材料和器件领域提供了崭新的思考方式，进而会影响到其他很多领域。用纳米尺度结构作为可调的物理变量，大大扩展了现有化学物质和材料的性能。纳米颗粒具有比表面积大、表面活性位点多、表面反应活性高、催化效率高、吸附能力强等特性，因此被引入到传感器研究中。传感器是纳米材料最有前途的应用领域之一。随着纳米技术与微加工技术研究的不断深入，新的纳米特性、微纳器件正在不断被发现和制作出来，为发展新的化学生物敏感原理和敏感器件的探索注入了新的活力，并衍生出一个充满希望和机会的研究领域——化学生物微纳传感器。

　　新型的基于纳米效应的传感器正在越来越多地引起人们的关注，纳米材料具有独特的性质，可以作为性能优异的敏感材料，从而开发出性能比现有传感器更加优异的新一代传感器。目前，美国、欧洲联盟、日本等相继将传感器技术列为21世纪优先发展的重点技术。在我国大力提倡发展信息产业的形势下，研究新型实用传感器及传感技术已迫在眉睫。

　　本书第1章概述后面章节中要详细阐述的纳米敏感材料和相应的传感技术。第2章介绍分子识别元件及其生物和化学反应基础，探索分子敏感纳米结构材料物理和化学性质与结构之间的关系，介绍基于纳米结构概念的分析化学的原理、方法和技术。第3章介绍电导型半导体氧化物的制备及其在纳米传感检测方面的应用。第4章论述纳米材料修饰电化学传感器。第5章阐述质量纳米化学传感器。第6章引入纳米结构分子印迹的概念，并对其用于化学/生物微纳传感器的敏感性能研究进行综述。第7章论述生物分子DNA及其复合纳米材料在电导型传感器中的应用实例。第8章重点介绍纳米材料在化学发光传感技术中的应用。第9章介绍功能化碳纳米管化学传感器。第10章跟踪报道近两年复杂纳米结构表面增强拉曼光谱基底的合成及其超灵敏的传感检测。第11章介绍检测方法的动力学研究。第12章展望纳米敏感材料及传感技术的前景，并展示本课题组近年来制作的部分样机。

本书的撰写人员除了我和黄行九外，还有杨良保、刘金云、郭正、徐伟宏、黄家锐、谢成根、孙柏、孔令涛、陈星等。全书由我统稿、定稿，杨良保负责组织和校对工作。

本书是中国科学院合肥智能机械研究所纳米材料与环境检测实验室（Nanomaterials and Environment Detection Laboratory）在纳米敏感材料和传感技术方面多年研究成果的总结。本书的章节设置以材料为主线，从传统型微纳传感器逐步过渡到研究较热和较新的碳材料传感器及 SERS 传感检测。本书得到了国家重大科学研究计划纳米专项、国家高技术研究发展计划（"863"计划）、国家自然科学基金、中国科学院先导专项和百人计划项目等的支持，在此表示感谢。

限于著者的专业水平和知识范围，虽已尽力，但疏漏和不妥之处在所难免，恳请广大读者和同仁不吝指正。

刘锦淮

2011 年 3 月于合肥科学岛

# 目　　录

# 第1章 绪 论

## 1.1 纳米敏感材料概述

### 1.1.1 纳米材料的提出与发展

纳米（nm）是一个长度单位，$1nm = 10^{-9}m$，纳米材料（nanomaterial）是指三维空间上至少有一维处于纳米尺度（1～100nm）或由它们作为基本单元构成的材料。由于纳米材料的尺寸小，因此界面占有相当大的比例，导致纳米材料晶界上的原子数远多于晶粒内部，即产生高浓度晶界，使得纳米材料具备了许多不同于一般大块宏观材料体系的独特性质，如大硬度、低密度、低弹性模量、高电阻低热导率等。根据几何形状特征，纳米材料可分为：纳米颗粒、纳米线、纳米管、纳米棒、纳米薄膜等；纳米颗粒又称为零维材料，纳米线、纳米管、纳米棒等称为一维材料，纳米薄膜为二维材料，另外，由零维、一维与二维材料为基本单元构成的块体，被称为三维材料。

关于纳米材料的研究可以追溯到 17 世纪 60 年代人们对胶体（1～100nm）的研究，当时人们就发现某些超细粒子的性质既不同于微观的原子和分子，也不同于宏观物体。19 世纪 60 年代，日本的久保在研究金属粒子时提出了著名的久保理论，发现了纳米粒子具有独特的量子限域效应，极大地推动了纳米材料的研究浪潮。直到 1990 年 7 月，第一届国际纳米科学技术会议在美国举行，正式将纳米材料科学划分为材料科学的一个新的分支，标志着纳米材料科学的诞生[1]。近些年来，随着纳米材料研究的日益深入，纳米材料在电学、光学、热学、磁学等方面的独特性质逐渐为人们所发现[2～6]，也使得纳米材料在信息、能源、环境、生物、农业、国防等领域的应用引起了广泛的关注。

在 20 世纪末，研究工作主要集中于纳米材料的制备方法，而进入 21 世纪，基于纳米材料的器件研究成为新的热点。纳米器件是连接纳米材料与实际应用的桥梁，涉及纳米材料的转移和定位以及器件的构筑与性能测试等[7～9]。哈佛大学的 Lieber 研究小组在 2001 年报道了纳米线的限域多层排列，实现了在限定区域内对不同取向的纳米材料进行可控组装，从而提供了一种有效的纳米器件构筑方法[10,11]。2005 年，他们利用半导体纳米线制成了发光二极管，所发出的光波覆盖了红外到紫外区[12]。2006 年，佐治亚理工学院的 Wang 等[13]在 *Science* 杂志上报道了世界上第一台纳米发电机的诞生，近年来，他们又提出了纳米光电压电电子学这一新概念，并致力于生物自供电纳米器件的研究[14~16]。加州大学伯克利分校的Yang[17]通过表面张力和毛细管力的作用，在液体的表面或体相中将一维纳米材料组装为微米尺度有序结构，为进一步构筑纳米器件奠定了基础。北京大学的Liu[18,19]探索了基于聚合物薄膜的精确定位纳米印迹转移技术，为实现纳米材料按设计图形构筑器件提供了有效的方法。近几年，Lieber 等[20~22]又相继报道了一系列基于单根纳米线或纳米线阵列的光电功能器件的构筑及性能研究。2009 年，他们基于半导体纳米线组分与结构的调控，结合纳米操纵精确定位技术，成功地构筑了基于纳米线异质结的 p-n 二极管和场效应晶体管[23]。正是由于纳米材料在诸多方面均展现出广阔的应用空间，因此被誉为 21 世纪最有前途的材料。

### 1.1.2　纳米效应

材料在纳米尺度下往往能够表现出一些独特的效应，包括表面效应、小尺寸效应、量子尺寸效应、宏观量子隧道效应、介电限域效应等[1,24]。①表面效应（surface effect）是指纳米粒子的表面原子数与总原子数之比随着纳米粒子尺寸的减小而大幅增加，粒子表面能及表面张力也随之增大，从而引起纳米粒子与大块固体材料性能相比发生明显变化的现象。②小尺寸效应（small size effect）是随着颗粒尺寸减小到与光波波长、德布罗意波长、玻尔半径、相干长度、穿透深度等物理量相当，甚至更小时，其内部晶体周期性边界条件被破坏，导致特征光谱移动、磁序改变、超导相破坏等，进而引起宏观热、电、磁、光、声等性质变化的现象。③量子尺寸效应（quantum size effect）是指当粒子尺寸下降到某一值时，金属纳米微粒的费米能级附近的电子能级由准连续变为离散的现象，以及半导体纳米微粒存在不连续的被占据最高分子轨道能级和最低未被占据分子轨道之间能隙变宽的现象。④在半导体材料中，微观粒子具有贯穿势垒的能力即隧道效应，而近年来研究发现，微观粒子的磁化强度、量子相干器件中的磁通量等一些宏观量同样具有隧道效应，即称为宏观量子隧道效应（macroscopic quantum tunnel effect）。⑤介电限域效应（dielectric confinement effect）则是指纳米微粒分散在异质介质中由界面所引起的体系介电效应增强的现象。过渡金属氧化物和半导体微粒通常都可能产生介电限域效应。

### 1.1.3　纳米敏感材料

纳米尺度下的特殊效应使得纳米材料拥有了许多奇特的物理、化学性质，具有常规尺寸材料所不具备的潜在应用价值。纳米敏感材料（sensing nanomaterial）是纳米材料中的重要一员，与常规尺寸敏感材料一样，它具有感知功能，能够检测并识别外界或内部的刺激，如电、光、热、力、辐射等。常用的敏感材料有压电材料、气敏材料、磁致伸缩材料、电致变色材料、电流变体、磁流变体和液晶材料等。一般地，纳米敏感材料具有的特性包括[25~27]：①敏感性，即灵敏度高、响应时间短、精度高等；②稳定性，即抗干扰能力强、耐热、耐腐蚀等。纳米敏感材料较常规敏感材料具有表面活性高、比表面积大的特点，加上纳米尺度下材料特有的纳米效应，使得纳米敏感材料近年来备受关注并迅速发展，成为引领纳米材料研究以及实现实际应用的强大生力军。

纳米敏感材料涵盖了无机和有机纳米敏感材料，包括半导体纳米敏感材料（氧化物、硫化物、氮化物等）、金属纳米敏感材料、导电聚合物纳米敏感材料等[28,29]。根据功能类型，又可分为温度敏感纳米材料、湿度敏感纳米材料、压力敏感纳米材料等。根据纳米材料的结构则分为纳米敏感薄膜、纳米线敏感材料、纳米管敏感材料、纳米带敏感材料等。纳米传感器首先是以无机纳米敏感材料为基础发展起来的，至今无机纳米敏感材料（尤其是半导体纳米敏感材料）仍然占主导地位。当然，近年来有机纳米敏感材料也逐渐拓展了在传感器中的应用，主要是由于其具有易加工、设计与合成灵活度大等特点。结合本书阐述内容，下面着重对半导体氧化物纳米材料、碳纳米管、纳米敏感薄膜等做介绍。

### 1.1.3.1 半导体氧化物

半导体（semiconductor）的导电性介于金属和绝缘体之间，而且其电导率受外界因素（如温度、湿度、光照、电场等）的影响大。正是这一特点，使半导体材料在敏感性能方面具有独特优势，成为传感器件的重要构筑材料之一。半导体材料主要包括氧化物（$ZnO$、$In_2O_3$、$SnO_2$ 等）、硫化物（$CdS$、$Ag_2S$ 等）以及钛酸盐类（$SrTiO_3$、$BaTiO_3$、$PbTiO_3$ 等）等[30~32]。下面简要介绍半导体氧化物纳米材料，这也是本书后面章节主要阐述的对象之一。

$ZnO$ 是一种宽禁带（3.37eV）半导体，具有较大的载流子结合能（60meV），被广泛应用于各种电子器件[33~37]。$ZnO$ 已被认为是电子工业中最重要的半导体材料之一，关于 $ZnO$ 的研究（包括制备、性能及应用）也一直在半导体研究领域占有重要地位。近年来，随着纳米材料科学的兴起，将传统的 $ZnO$ 材料纳米化，制备各种形貌与结构的 $ZnO$ 纳米材料，增强其性能以拓展应用成为研究的热点[38~41]。而作为 $ZnO$ 重要应用领域之一的传感器，也随着这一轮研究浪潮而不断向前发展。Hsueh 等[42]基于 $ZnO$ 纳米带/纳米线的混合物发展了一种低功耗、高效率的气体传感器，其对乙醇响应灵敏。Bhattacharyya 等[43]在 $SiO_2$ 表面沉积 $ZnO$ 纳米晶薄膜制作气体传感器，将其应用于检测沼气，取得了理想的效果。Lv 等[44]以 $ZnO$ 纳米棒为敏感材料构筑气体传感器，发现其对乙醇的灵敏度高，而且该传感器对于乙醇和苯具有良好的选择性。

另一种重要的半导体氧化物——$SnO_2$，其禁带宽度更宽（3.6eV），被广泛应用于锂离子电池、气体传感器、催化剂等[45,46]。与 $ZnO$ 相当，近年来，基于

$SnO_2$ 纳米材料构筑气体传感器的研究报道也不断涌现。$SnO_2$ 纳米线[47,48]、纳米棒[49]、纳米管[50,51]、纳米带等[52,53]相继被制备出来，并应用于构筑气体传感器，表现出比块体材料更加优越的气敏性能。Jin 等[54]通过溶胶-凝胶法制备了 $SnO_2$ 纳米晶并应用于制作薄膜型气体传感器，发现其对目标气体的响应比传统的薄膜传感器更加灵敏。Martinez 等[55]则以单层的 $SnO_2$ 空心球为敏感材料构筑气体传感器，与纳米晶薄膜传感器相比其气敏性能又有大幅提高。

　　n 型半导体 $In_2O_3$ 近年来也逐渐进入大家的视野，其禁带宽度（3.55～3.75eV）与 GaN 接近，具有低的吸光率（可见光区）和高的红外反射率，可广泛应用于平板显示屏和激光等[56~58]。此外，$In_2O_3$ 电阻较小，在传感器领域也有潜在的应用价值[59~61]。当然，目前研究工作仍然主要集中于其光学性能方面。Li 等[62]和 Shen 等[63]通过煅烧 InOOH 的方法成功地制备了不同形貌的 $In_2O_3$ 球体，Wang 等[64,65]以 In(OH)$_3$ 为前驱体也制备了类似的 $In_2O_3$ 纳米材料。Qian 等[66]通过煅烧 $In_2S_3$ 微米球的方法获得了 $In_2O_3$ 纳米材料，对其光学性能研究发现光致发光谱中的发射峰存在明显蓝移。Huang 等[67]的研究也取得了相近的结果，即光学性能增强。Chaudhuri 等[68]发现 $In_2O_3$ 纳米材料存在近紫外发射峰。

　　虽然目前已在半导体纳米材料的制备与性能研究方面取得诸多成果，但是大量的研究也发现：基于半导体纳米材料的传感器性能极易受到材料形貌与结构的影响。换言之，设计特定的形貌与结构，对于纳米材料充分发挥其敏感方面的优越性具有关键作用。多孔结构材料（porous material）为此提供了发展机遇，其拥有极大的比表面积，从电子工业到能源与催化等诸多领域均表现出重要的应用价值，可在电子器件、分离设备、储氢材料、催化剂等方面发挥关键性作用。目前，已成功制备出多种多孔材料，包括多孔硅（分子筛）、多孔氧化物、硫化物、氮化物等[69~74]。依据国际纯粹和应用化学联合会（IUPAC）的定义，多孔材料按照孔径大小可分为微孔材料（microporous material，平均孔径＜2nm）、介孔材料（mesoporous material，平均孔径为 2～50nm）和大孔材料（macroporous material，平均孔径＞50nm）。有研究表明[75]，具有多孔结构的材料（尤其是介孔材料）与同种类的颗粒、薄膜以及块体相比，可表现出更加优越的性能。介孔纳米材料的优越性包括：①具有纳米尺度下的高度孔道有序性；②孔径尺寸可以在很宽的范围内调控；③可以具有不同的结构、孔壁组成和性质；④高比表面积、高孔隙率；⑤具有良好的热稳定性等[76~78]。基于此，将多孔结构（特别是介孔）引入纳米敏感材料，设计多孔的纳米半导体敏感材料，使其兼有多孔结构与纳米尺度双重特点，从而获得比表面积高、吸附性强、扩散系数大等优点，对于开发新型纳米敏感材料具有重要的价值，有望取得突破性进展。

大量活性位点是促进接触反应进行和获得优良敏感性能的重要条件。为此，除了设计多孔结构的纳米半导体材料之外，构建分级结构（如微纳分级结构，其兼具微米尺度和纳米尺度特性）也是一条有效途径。已有一些小组开展了此方向的研究工作，Gao 等[79]通过超声化学合成方法在 ZnO 纳米棒表面复合生长 CdS 纳米颗粒，发现该分级结构的光学敏感性能明显提高。Wang 等[80]采用化学气相沉积法制备了分级结构的 ZnO-SnO₂ 纳米带，SnO₂ 纳米锥生长于单晶结构的 ZnO 纳米带表面，该复合材料表现出良好的光学性能以及对 CO 响应灵敏的特点。大量报道表明：①分级结构既有利于表面接触化学反应中的电子转移，又可提供大量的活性位点（尤其主干与分支结合部）；②纳米尺度的分支材料（尤其尖端部分）具有独特的小尺寸效应，在本质上能提高材料的敏感性能；③分级结构比表面积大，可增强材料的吸附性能。

### 1.1.3.2 碳纳米管

1991 年，日本 NEC 电气公司的电镜专家 Iijima 教授在对电弧放电产生的阴极沉淀物进行高分辨电镜观察时，意外地发现在这些沉积物中有一些中空的"针状物"，也就是我们现在所说的碳纳米管（carbon nanotube）[81]。在随后短短的几年里，碳纳米管的各种优异性能被相继发现，从而引起了世界各国政府与研究机构的广泛关注和浓厚兴趣。碳纳米管特有的结构特征（小尺寸、中空、大比表面积）使其表现出奇异的力学、电学等性质，有望在场发射显示器件、储氢、超级电容器等领域获得应用，特别是碳纳米管丰富的孔隙结构和高比表面积，使其成为最有前途的气敏材料之一。

1998 年，Lieber 小组首先将碳纳米管用作分子探测器，开创了碳纳米管应用的新领域[82]。他们把多壁碳纳米管和单壁碳纳米管分别固定在单晶硅悬臂梁顶端用作原子力显微镜探针，探测从纤维中提取的淀粉体。结果表明，用碳纳米管修饰的探针得到的图像分辨率比用硅探针得到的图像分辨率更高，为探索纤维淀粉体的结构和组装机理提供了可靠的依据。

碳纳米管的制备是进行碳纳米管研究的基础，目前主要有电弧放电法、激光蒸发法和催化裂解化学气相沉积法以及模板辅助合成法等[83,84]。其中，催化裂解化学气相沉积法和模板辅助合成法在实际应用中最为广泛。另外，在利用多孔氧化铝（AAO）模板生长碳纳米管方面，其具有诸多优点：一方面，所生长的碳纳米管的直径、密度等特征和模板孔的结构有直接的关系，因此可通过控制多孔氧化铝模板的制备条件实现碳纳米管的可控生长；另一方面，制备工艺简单，可以轻易地制备出高度有序的定向碳纳米管阵列。因此，以 AAO 为模板，制备排列整齐、管径可控的碳纳米管成为一种切实可行的普适性方法。

由于纯的碳管对不同的气体分析物缺乏特异性，对与之作用力低的气体灵敏度低，因而在气体物质检测方面存在一些潜在的缺陷。而这些缺陷可以通过对碳纳米管进行修饰来克服，同时修饰有时也能影响到传感器的动力学特性。根据修饰部分与碳纳米管的连接方式，可将碳纳米管表面的修饰分成两种：共价修饰和非共价修饰[85]。目前，碳纳米管的许多共价修饰主要是基于碳纳米管表面经酸处理后产生的羧酸基团的酯化和酰胺化反应来完成[86~88]，还有通过环加成以及重氮化等反应实现的[89,90]。

美国加州大学伯克利分校的 Snow 等[91]就曾构建了单壁碳纳米管的化学电容型传感器，并在室温下用它来测试极性和非极性的气体分子。他们首先在掺杂硅片上热氧化一层约 250nm 的二氧化硅，再用化学气相沉积法在二氧化硅上沉积生长一层单壁碳纳米管，最后印上梳状电极。电容在上面的电极和下面的导电掺杂硅之间进行测量，从碳纳米管表面放射出的强烈边缘电场和基底的极化可以检测到电容的增大，这种方法检测到的物种范围很大，甚至包含低极性的化学蒸气，如 $N$, $N'$-二甲基甲酰胺（DMF）和甲基磷酸二甲酯（DMMP）。他们又在接下来的工作中发现这个电容电导式单壁碳纳米管传感器能对高浓度的（大于 20 000ppm①）各种化学蒸气（如 DMMP 和丙酮等）产生快速的响应（20s）[92]，响应机理可以通过极性和电荷转移来解释。他们的研究结果还表明，电容对电阻的变化率是不随分析物浓度的变化而改变的，它是分析物的本征性质，这在确定未知化合物方面有着潜在的应用价值。

### 1.1.3.3　纳米敏感薄膜

纳米薄膜（nano thin film），也称为纳米晶粒薄膜和纳米多层薄膜，包括尺寸在纳米量级的晶粒构成的薄膜，将纳米晶粒嵌于薄膜之中构成的复合膜，以及每层厚度在纳米量级的单层膜或多层膜。纳米敏感薄膜则是以敏感功能材料（如半导体材料、导电聚合物等）为主体成分所构成的纳米薄膜，其性能与一般纳米薄膜一样，强烈地依赖于粒径、膜厚、表面形貌及内部结构等。由于薄膜化过程的特殊性而出现异常结构和形状效应，它的载流子输运行为、机械性质、磁性、光学和热学性质不同于块状材料。此外，与传统宏观尺寸薄膜相比，纳米敏感薄膜具有超电导、巨霍尔效应、可见光区发射等独特性能。

纳米敏感薄膜的制备方法多样，主要可分为物理方法和化学方法两大类[93]。物理方法有真空蒸发法、溅射沉积法等。真空蒸发法（又称热蒸发法）是在真空条件下加热蒸发材料，使蒸发粒子沉积在基板表面形成薄膜的一种方法。真空蒸发法使用历史较长，适用于单元素物质或简单化合物的薄膜化。溅射沉积法是用离子束轰击靶材，离子束与靶表面原子或分子发生弹性或非弹性碰撞，使得部分

---

①　ppm：体积比为 $10^{-6}$。全书同此。

表面原子或分子脱离靶材，再沉积在基底上形成纳米薄膜。溅射法又可分为直流溅射、离子溅射、射频溅射和磁控溅射，其中以射频溅射和磁控溅射应用最为普遍。在溅射靶上加有射频电压的溅射称为射频溅射，它适用于各种金属和非金属材料，其特点在于可以溅射任何固体材料，包括导体、半导体和绝缘体，而且不需要次级电子来维持放电[94]。

　　纳米敏感薄膜的化学制备方法包括：化学气相沉积法、溶胶-凝胶法、电化学法、自组装法等。化学气相沉积法是通过气相或基底表面的化学反应，在基底上形成薄膜。化学反应的形式多样，主要有热分解反应、金属还原反应、氧化反应、等离子体反应等。化学气相沉积法可以制备各种物质的纳米敏感薄膜，通过气体的不同组合还可以制备具有全新结构和组成的材料。溶胶-凝胶法是利用一些盐在水或醇中发生的水解或醇解反应形成胶体，再通过胶体的凝聚以及后续的旋涂、煅烧等工艺获得纳米敏感薄膜。该方法操作简单，具有良好的普适性。电化学法又称电沉积法，用该法已成功制备出金属化合物半导体纳米敏感薄膜、高温超导氧化物纳米薄膜、电致变色氧化物纳米敏感薄膜等。自组装纳米薄膜是指不依赖于外部作用力，通过化学键的协同作用使纳米粒子或大分子连接起来，自发地在基底表面形成薄膜。近年来，也涌现出一些新型的纳米敏感薄膜制备方法。例如，电子束刻蚀技术、光刻蚀技术、双功能有机分子模板法等，极大地丰富了薄膜的制备手段，而且制备工艺更精密、可控性更强、操作更简单。

　　纳米敏感薄膜的物理性质包括力学、光学、电学和磁学性质等，其化学性质以纳米气敏薄膜为例进行介绍。气敏薄膜是通过与吸附气体分子发生化学反应，从而产生光、电等信号变化来探测气体的。纳米气敏薄膜表面活性大，密集的界面网络提供了快速扩散的通道，在相同体积和时间条件下，纳米气敏薄膜比普通膜能吸附更多的气体，且气体吸附与信号传递的速度更快。因此，纳米气敏薄膜表现出较普通薄膜更高的灵敏度、更短的响应和恢复时间。然而，同样是纳米敏感薄膜，不同的组分与形貌也往往会表现出不同的敏感性能，这一点将在后续章节做详细介绍。

### 1.1.3.4　其他纳米敏感材料

　　以上主要介绍了无机纳米敏感材料，另有大量有机纳米材料也属于纳米敏感材料的范畴。纳米导电聚合物（conducting nanopolymer）是典型的有机纳米敏感材料，通过掺杂等方法，能使聚合物的导电性在半导体和导体之间变化。纳米导电聚合物通常是指本征纳米导电聚合物（intrinsic conducting nanopolymer），这一类聚合物主链上含有交替的单键和双键，从而形成了大的共轭 π 体系，π 电子的流动即产生了电流。

　　纳米导电聚合物如聚噻吩、聚苯胺、聚吡咯等具有 π 共轭碳链结构的聚合物已经受到人们的广泛关注，形成了一个十分活跃的边缘学科，在能源、传感器、分子器件以及金属防腐方面有着广阔的应用前景[95,96]。以聚吡咯为例，其合成方法主要有化学氧化法和电化学法[97,98]。相比较而言，化学方法较为费时，但它可以进行大规模制备；电化学方法操作比较简单、条件容易控制，电化学聚合可采用恒电位、恒电流、动电位等方法进行，制备的聚合物导电性、稳定性比较好，但单次制备量较少。聚吡咯具有电化学可逆性、环境相对稳定性、高导电性和良好的机械性能，而且与金属氧化物气体传感器相比，聚吡咯传感器可以在室温下通过电阻的变化进行检测。

# 1.2　纳米传感器与检测技术

## 1.2.1　传感器定义与分类

根据国家标准（GB 7665—87），传感器（sensor）是指能感受规定的被测物理量并按照一定的规律转换成可用信号输出的器件或装置，主要由敏感元件和转换元件组成，另外辅之以信号调整电路或电源等。敏感元件是指能直接感受被测物理量（一般为非电量），并输出与其成确定关系的其他物理量的元件[99,100]。以气敏元件和光敏元件为例，气敏元件是物理参数随外界气体种类和浓度变化而改变的敏感元件，分为气敏电阻器、气敏场效应晶体管和气敏二极管；光敏元件是电参量随外界光辐射的改变而变化的敏感元件，分为光敏电阻器、光电池两类，其中光敏电阻器是电阻随入射光强弱改变而变化的电阻元件。转换元件也称为传感元件，是将敏感元件的输出量转换成电量之后再输出。

按照不同的原则，传感器有多种分类方法，具体见表1-1。

表1-1　传感器的分类

| 分类原则 | 传感器种类 |
| --- | --- |
| 工作原理 | 电导型传感器、电容型传感器、电感型传感器、压电型传感器、化学发光传感器、电化学传感器、生物传感器、热电偶传感器等 |
| 被测物理量 | 气体传感器、温度传感器、质量传感器、湿度传感器、流量传感器、速度传感器、力传感器、位移传感器等 |
| 学科领域 | （1）物理传感器：光传感器（如荧光光谱、拉曼光谱）、声传感器、压力传感器、温度传感器等；（2）化学传感器：气体传感器、离子传感器等；（3）生物传感器：DNA传感器、酶传感器、免疫传感器等 |
| 输出量 | 模拟式传感器、数字式传感器 |
| 能量关系 | （1）能量转换型：热电偶传感器、压电传感器等；（2）能量控制型：电导型传感器、电感型传感器、电容型传感器、霍尔型传感器等 |

### 1.2.2　检测技术与主要性能参数

检测系统主要包括信号的产生、传输、采集与处理等部分。在传感检测技术中，传感器把被测量信号转换成输出信号（包括电信号、光信号、频率信号等），是产生信号的一种手段，也是检测系统的核心。信号产生后再经由数据传输环节到达采集器，采集的信号经数据处理软件处理后到达显示与记录设备，完成整个检测过程[101]。

由于传感器种类繁多，其输出信号也各式各样（如电流、电压、电容、阻抗、荧光、频率等），加上传感器信号一般较弱、易衰减及受环境干扰大等，对传感器信号进行处理成为传感检测技术的必备环节。传感器信号处理包括信号预处理、放大、调制与解调、滤波和校正以及模拟/数字信号转换等。

信号预处理是通过一些信号处理方法尽量消除或减弱干扰信号，同时对检测系统的误差与非线性进行修正补偿，以提高检测精度和线性度。传感器信号预处理电路主要有：电流电压转换电路、放大电路、阻抗变换电路、频率电压转换电路、电桥电路、滤波电路、非线性校正电路等。将传感器的测量信号转换成可鉴别信号，需要对其进行缓冲、隔离、放大与电平转换等，一般采用运算放大器来实现，如果信号复杂，干扰噪声大，则通常采用仪表放大器。将传感器输出信号先变成高频交流信号，再进行放大与传输，最后还原为原频率的信号，则是信号的调制与解调过程。传感检测技术中，广泛采用滤波器（包括低通滤波器、高通滤波器、带通滤波器和带阻滤波器）分离不同频率的成分，以保留有用信息而去除噪声。传感器信号还得经过非线性校正处理，以减小或消除信号的非线性误差。引起传感器信号非线性的原因可能在于材料的敏感原理非线性和检测转换电路非线性，而校正方法主要有缩小测量范围、非线性指示刻度以及非线性校正辅助（包括硬件和软件校正处理技术）。最后，通过模拟/数字信号转换器将预处理过的模拟信号转换成数字信号输入计算机，从而完成传感检测技术中信号的处理过程[102]。

在实际检测应用中，根据传感器的种类，选择相应的检测设备。例如，电导型传感器可采用皮安表，再配以相应的数据采集卡和程序软件，其原理在于外界刺激使传感器产生电阻变化，再利用电桥将电阻变化转换成电量变化，经过测量电路处理再显示记录[103]；荧光传感器需要利用荧光检测仪/荧光计等对荧光信号采集并转换成电信号输出；电化学传感器则需要电化学工作站作支撑，扫描方式可以是循环伏安法、阶梯伏安法、脉冲伏安法、溶出伏安法等。

就传感器本身而言，在检测技术中的主要性能参数包括静态特性与动态特性，它们用于表征传感器的输入量与输出量的关系（图 1-1）。当然，传感器的量程、功耗等也在一定程度上反映了传感器的工作性能。

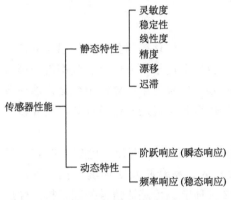

图 1-1　传感器主要性能参数

静态特性（static characteristic）是指当被测量是静态信号时，传感器的输出量与输入量之间的相互关系。其中，静态信号不随时间改变而变化。静态特性表征参数包括灵敏度、稳定性、线性度、精度、漂移、迟滞等。其中，常用的有灵敏度、稳定性和线性度。灵敏度是传感器达到稳态时输出变化量与输入变化量的比值；稳定性涵盖了重复性和工作可持续性，反映了传感器在输入量多次激发下的响应曲线一致程度以及外界环境长期影响下的工作寿命；线性度则是传感器的输入量与输出量之间关系的线性程度，包括线性关系和非线性关系。

如果检测过程中的被测量是时间的函数，就需要对传感器信号随时间变化的规律进行表征，由此引出传感器的另一特性——动态特性（dynamic characteristic）。动态特性是输入随时间发生变化时传感器的输出特性，一般通过传感器对特定标准信号的响应情况来表征，常用的有阶跃响应（瞬态响应）和频率响应（稳态响应）。标准信号的传感器响应可以通过计算或实验方法获得，而基于标准信号响应与其他信号响应之间存在相关性，则可以演算得到传感器的动态响应特征[104,105]。

### 1.2.3　纳米传感器

纳米科学主要研究尺寸在 0.1～100nm 的物质组成体系的运动规律、相互作用以及潜在应用，而在这一尺度范围内对原子、分子进行操纵和加工被称为纳米技术，采用纳米技术实现的传感器称为纳米传感器（nano sensor）。基于纳米敏感材料的传感器，因其核心是纳米结构，也属于纳米传感器的范畴。换言之，纳米化的敏感元件（敏感材料或元件本身）所构筑的传感器，被称为纳米传感器。纳米技术的发展，不仅为传感器提供了优良的纳米敏感材料，如纳米粒子、纳米管、纳米线、纳米薄膜等，而且为传感器的制作提供了许多新方法。与传统传感器相比，纳米传感器尺寸小、能耗低、敏感性能更高、应用领域更宽；而且，利用纳米技术制作的传感器基于原子尺度，极大地丰富了传感器的基础理论。

纳米传感器的分类与传统传感器基本一致，本书结合我们多年的研究工作及国内外相关研究成果，后续章节将在纳米材料介绍的基础上，着重阐述基于纳米材料的化学和生物传感器，具体包括：电导电容型纳米化学传感器、DNA 纳米传感器、电化学纳米传感器、化学发光纳米传感器、基于表面增强拉曼的光传感器、分子印迹荧光纳米传感器以及质量纳米传感器等，接下来我们将简要阐述这几种纳米传感器。

### 1.2.3.1　电导电容型纳米传感器

电导型传感器是基于电阻应变原理发展起来的一种传感器，电导型纳米传感器包含了基于纳米敏感材料的电导传感器和通过纳米制造技术构筑的电导传感器。电阻应变原理有物理原理（弹性电阻应变、热电阻应变等）和化学原理（气敏、湿敏电阻应变等）。

弹性电阻应变是纳米压力传感器的核心，纳米敏感材料在外界压力作用下产生形变，引起电阻发生改变，进而测量转换为电路输出电压或电流信号。弹性电阻应变片的结构有金属丝式、薄膜式和半导体式等。金属丝式构造简单，应用也最早；薄膜式则是采用镀膜技术在基片上制作金属薄膜，再加上封装保护层构成的；半导体式是基于半导体材料构筑敏感栅形成的，具有灵敏度高的特点，尤其引入纳米半导体敏感材料之后，敏感性能大幅提高，然而其缺点也很突出，即稳定性不足，尤其受温度影响大，而且电阻与应变之间一般为非线性，需要结合相应的补偿手段。基于电阻随温度变化而改变的特性制作的传感器则称为热电阻传感器，主要用于对温度以及温度相关物理量的检测。同样，以热敏性纳米材料为中心构筑的传感器为热敏纳米传感器，主要采用了纳米级的铂和铜等金属材料，具有电阻温度系数大、线性好、稳定性高的特点。

气体传感器是检测环境气体组分与浓度的主要器件，在化学传感器中具有代表性。电导型气体传感器则是把气体的组分与浓度参量转换成电阻变化，进而转换成电压或电流信号输出的传感器。一般气敏电阻采用的是 $SnO_2$、$ZnO$、$In_2O_3$、$Fe_2O_3$ 等材料，近年来碳纳米管和石墨烯也是科学家们热衷研究的潜在敏感材料。基于纳米敏感材料构筑的纳米气体传感器具有灵敏度更高、响应时间和恢复时间更短的优势，当然，其成本及稳定性是下一步亟需解决的问题，也是目前实际应用难以普及的主要因素。

电容型纳米传感器是以各种类型的纳米电容器作为敏感元件，通过电容敏感元件将被测量转变成电容量的变化。换句话说，电容型纳米传感器是一个具有可变参数的纳米电容器，可变参数包括极距变化、面积变化、介电常数变化等。其中，介电常数变化电容型纳米传感器是在两极的极板之间加入电介质（有机或无机物）构成，由于各介质的介电常数不同，当极板间的介电常数改变时电容量也随之变化。介电常数变化型电容纳米传感器可广泛应用于湿度、液面高度、气体等的检测。

### 1.2.3.2 DNA 纳米传感器

生物传感器（biosensor）是利用固定化的生物组分或生物体为敏感元件的传感器。生物传感器的检测对象不仅局限于生物技术领域，例如，在食品工业中，生物传感器可以对食品中的蛋白质、氨基酸、糖类、胆固醇、维生素、矿物质等进行检测。最早应用的生物传感器主要是酶传感器，酶能特异性地催化某些蛋白质，因而具有良好的分子选择性。

纳米生物传感器则是生物活性材料（酶、DNA、蛋白质、抗体等）与纳米材料（如纳米颗粒，常用的有 Au、Ag、Cu、Pt 及 Pd 等纳米颗粒）相结合的产物。纳米生物传感器涉及多学科交叉与融合，涵盖纳米材料学、生物学、物理学、信息科学等，在医疗诊断、食品卫生检测、环境监测等方面具有巨大的应用空间。与其他纳米传感器相同，纳米生物传感器主要包括纳米敏感元件和信号转换元件。其中，信号转换元件有电化学电极、场效应晶体管、敏感电阻、微光管等。

按照敏感受体物质来分，纳米生物传感器主要包括微生物纳米传感器、酶纳米传感器、DNA 纳米传感器、细胞纳米传感器等。其中，DNA 纳米传感器与其他纳米生物传感器所用的酶和抗体不同，DNA 分子识别层十分稳定，并且易于合成或再生，能重复使用。这一特性使得 DNA 纳米传感器在基因分析领域发挥着重要的作用[106~109]。除了检测 DNA 外，还可应用于环境监控、药物研究、法医鉴定及食品分析等，具有广阔的发展前景。随着生物试剂检测微型化的发展，对超灵敏生物测试的需求更为突出，特别是对疾病的早期基因检测以及对感染药物的检测。美国西北大学的 Mirkin 教授将 DNA 单链连接到金纳米粒子的表面，合成出对特定 DNA 分子具有专属性识别能力的敏感探针，有望实现对遗传疾病的预测和分子诊断。

DNA 纳米传感器和其他纳米生物传感器一样，包含分子识别器（DNA）和换能器[110~112]两部分。识别器主要用来感知样品中是否含有（或含有多少）待测物质，转换器则将识别器感知的信号转化为可以观察记录的信号（如电流大小、频率变化、光强度等）。在待测物、识别器以及转换器之间由一些生物、化学、生化作用或物理作用过程彼此联系。以 DNA 杂交测序为例，设计原理是在电极上固定一条含有十几到上千条核苷酸的单链 DNA，通过 DNA 分子杂交，对另一条含有互补碱基序列的 DNA 进行识别。杂交反应在敏感元件上直接完成，换能器能将杂交过程所产生的变化转变成电信号。根据杂交前后电信号的变化量，可以推断出被检测的 DNA 量。由于杂交后的双链 DNA 稳定性高，在传感器上表现的物理信号（电、光、声等）都较弱。因此，有的 DNA 纳米传感器还需要在 DNA 分子之间加入嵌合剂，把杂交后的 DNA 分子含量通过换能器表达出来。

### 1.2.3.3 电化学纳米传感器

利用电极反应进行检测的传感器即为电化学传感器 （electrochemical sensor），而采用各种纳米材料对电极进行修饰，以提高灵敏度和选择性，则构成了电化学纳米传感器。

近年来，将各种纳米材料应用于电化学传感器，正引起人们极大的兴趣，也大大促进了纳米传感器技术的发展。纳米颗粒以其吸附能力强、生物兼容性好、催化效率高等优良性质，在生物标记、放大信号、消除干扰和多种电极材料的固定化技术中得到了广泛应用[113~115]。纳米材料的引入大幅度提高了检测的灵敏度，缩短了响应时间，实现了目标物的实时检测，延长了电极的使用寿命，降低了成本，同时使仪器向微型化发展成为可能。

通过引入纳米材料提高电极的催化活性，使电极材料功能化，从而具有大的有效表面积和大量活性催化位点，是提高检测灵敏度的有效手段。典型的Ⅱ-Ⅵ族纳米半导体材料具有电、光、磁和催化方面的优良性质，可作为电化学纳米传感器信号增强的有效载体。另外，碳纳米管具有良好的导电性、催化活性和较大的比表面积，尤其能大大降低过电位及对部分氧化还原物质的直接电子转移，作为电极应用于化学反应时能促进电子迁移，因而被广泛用于修饰电极的研究。

### 1.2.3.4 其他纳米传感器

下面对本书后续章节将详细阐述的化学发光纳米传感器、基于表面增强拉曼的光传感器、分子印迹纳米荧光传感器、质量纳米传感器做简要介绍。

基于化学发光传感器不需要外部光源，避免了光的散射，与基于光致发光的传感器相比，它们具有更高的灵敏度和选择性，因此人们对这种传感器表现出了浓厚的兴趣。然而，在将化学发光传感器进行常规分析应用时，发现其还存在一定不足，主要在于传感器的短寿命以及由于化学发光反应物的消耗而导致的信号漂移，这限制了化学发光传感器在实际中的应用。因此，发展不仅灵敏度足够高而且性能稳定、制作简单、寿命长的化学发光传感器并进行实际应用仍然是一个挑战。纳米科技的发展为化学发光传感器研究提供了新的机遇。当具有催化活性的功能材料尺寸降低到纳米量级时，其与外界气体、液体甚至固体的原子或分子发生反应的活性被大大增强，已发现金属铜或铝做成几纳米的颗粒后，遇到空气就会剧烈地燃烧并发生爆炸。某些气体会在特定的纳米材料表面产生强烈的化学发光，利用其发光强、易于微型化以及寿命长的特点，可以设计出实用性强的化学发光纳米传感器。

1974 年，Fleishmann 等对光滑银电极表面进行粗糙化处理后，首次获得了吸附在银电极表面上的单分子层吡啶的高质量拉曼光谱。随后，Van Duyne 等通过实验和计算发现，与溶液中吡啶的拉曼散射信号相比，吸附在粗糙银表面上的单个吡啶分子的拉曼散射信号增强了约 6 个数量级，指出这是一种与粗糙表面相关的表面增强效应，即表面增强拉曼（surface enhanced Raman spectroscopy，SERS）效应。这一发现立即在物理、化学、表面界面等研究领域引起轰动，而将表面增强拉曼效应引入传感器检测，通过纳米颗粒修饰基底（如 Au@Co、Au@Ni、Au@Pt 纳米颗粒等）[116~119]，可实现对痕量甚至超痕量分析物的检测。同时，SERS 信号反映了分析物的本征结构特点，具有极强的定性能力，辅之以相应的定量分析技术，SERS 效应对纳米传感器研究具有重要的推动作用。

对目标分析物的特异性识别，是当今传感器发展的重要方向，尤其是在药物、食品、环境分析领域更为突出。生物与有机敏感功能纳米材料可以针对目标分析物进行近乎完美匹配的结构设计，实现对目标的特异性识别，是解决复杂体系对特定目标分析物高选择性检测的理想传感器构筑材料。其中的分子印迹聚合物一般具有合成简单、稳定性好、适用寿命长、成本低等优点[120]。随着 Wulff[121]、Mosbach[122] 和 Whitcombe[123] 等在共价、非共价和共价-非共价混合型分子印迹聚合物制备技术方面的创新性工作，分子印迹技术得到了迅速发展。分子印迹技术一般具有三个特点，即构效预知性、特异识别性与广泛适用性[124,125]。因此，将高灵敏的荧光检测方法与分子印迹纳米材料相结合，弥补了分子印迹材料缺乏信号传导的不足，从而发展出分子印迹荧光纳米传感器，是当今生物技术、信息技术、纳米技术交叉融合的热点领域。

典型的质量传感器有石英晶体微天平（quartz crystal microbalance，QCM)[126~128]、声表面波（surface acoustic wave，SAW）传感器[129] 和悬臂梁（cantilever）传感器[130,131]，下面主要对 QCM 做简要介绍。QCM 利用了石英晶体的逆压电效应：石英晶体在交变电场下产生一定频率的振动，这种振动的频率与晶体的质量有关，若晶体表面有物质吸附，质量的改变会使振动频率发生改变，产生频移。石英晶体振荡频率对晶体表面质量负载（质量效应）和反应体系的物理性状如密度、黏度、电导率等（非质量效应）的改变高度敏感，具有亚纳克级的质量检测能力，其灵敏度可达 1ng/Hz。对石英晶体微天平进行表面纳米修饰，制作成质量纳米传感器（quality nanosensor），可以大大提高灵敏度，另外，对其吸附表面进行选择性功能化，还能增强质量纳米传感器对目标物的识别能力，是发展高灵敏度高选择性纳米传感器的一条有效途径。

### 1.2.4　纳米传感器的应用领域

首先，传感器在环境检测中一直发挥着重要作用，这里所说的环境涵盖了自然环境、生产与生活环境。以最具代表性的气体传感器对大气污染物（包括

SO₂、NO₂、CO 等）的检测为例，以传感器为核心的大气污染物检测仪器，长期以来承担着监测大气环境的重要使命。生物传感器对于水体以及土壤中的有机污染物和重金属离子具有独特的选择性响应，加上传感器自身所具有的低成本、操作简单、携带方便等优点，基于生物传感器的检测技术也日益发展成为一种主流的检测手段。

在生产过程中，大量工业控制与监测环节均可看到传感器的身影。例如，用于物料输运监测的流量传感器；测量反应温度的温度传感器；监测泄露气体的气体传感器；机械制造自动冲压模具的压力传感器与位移传感器等。对于矿山开采行业，对各种有毒气体、易燃易爆气体（如甲烷）浓度的实时监测，更是离不开传感器。

生活中液化石油气的泄漏监测、火灾报警探测、室内（包括建筑物、汽车以及飞机等）空气污染物（如甲醛、氨气、苯、甲苯等）的测定，都需要应用传感器。另外，室内空调、暖气设备等安装有温度传感器、湿度传感器；洗衣机配有液位传感器、转速传感器等；遥控设备（如电视、音响系统等）需要光敏传感器；汽车中越来越普及酒精传感器；自动感应保险系统中的核心感应功能来源于压力传感器、磁敏传感器、声传感器等。

医疗领域更是离不开传感器，如自动体温测量中的温度传感器，放射性、磁场诊断与治疗中的光敏传感器，磁敏传感器，颅压监测中的压力传感器等。另外，军事、航空航天中也要用到传感器。例如，用于探测化学武器、爆炸物的化学传感器，安装于鱼雷中使之处于适宜水深的液位传感器，以及航空航天中应用的各种速度传感器、光敏传感器、压力传感器、气体传感器等。

纳米传感器在环境检测、工业生产、医疗、军事、航天遥感等诸多领域的应用日益广泛。大量实用化的气敏传感器由纳米 SnO₂ 膜制成，用作可燃性气体泄漏报警器和湿度传感器。在这些纳米敏感材料中加入贵金属纳米颗粒（如 Pt 和 Pd），大大增强了选择性，提高了灵敏度，降低了工作温度。电阻应变式纳米压力传感器测量精度和灵敏度高、体积小、质量轻、安装维护方便，可以稳定可靠地测量微弱压力信号。利用纳米材料的巨磁阻效应，科学家们已经研制出了各种纳米磁敏传感器。

在纳米生物传感器中，基于纳米颗粒、多孔纳米结构的纳米传感器也有令人满意的应用。以色列海法理工大学的研究人员开发出一种可以探测早期癌症的电子鼻，它实际上是一个与狗的嗅觉器官非常类似的纳米传感器阵列。临床试验显示，它可以准确探测出肺癌、乳腺癌、前列腺癌和结肠癌的类型和位置，还能区分癌症患者和健康人。在光纤传感器基础上发展起来的纳米光纤生物传感器，不但具有光纤传感器的优点，而且由于这种传感器的尺寸只取决于探针的大小，大大减小了传感器的体积，响应时间也大幅缩短，甚至可以满足单细胞内测量要求的微创实时动态测量。

纳米传感器无论是对于污染物的检测以保障环境卫生，对生产条件的监测以实现工业控制，还是对于国防与科学探索的精确探测，以及为我们日常生活的各个方面提供便利及构建舒适与安全的生活环境，都将发挥不可替代的重要作用。

## 参 考 文 献

[1] 张立德，牟季美. 纳米材料学. 沈阳：辽宁科学技术出版社，1994：3

[2] Yang Y L, Khoe U, Zhang S G, et al. Designer self-assembling peptide nanomaterials. Nano Today, 2009, 4 (2)：193-210

[3] Roduner E. Size matters：why nanomaterials are different. Chem. Soc. Rev. , 2006, 35 (7)：583-592

[4] Kotov N A, Winter J O, Clements I P, et al. Nanomaterials for neural interfaces. Adv. Mater. , 2009, 21 (40)：3970-4004

[5] Ray P C. Size and shape dependent second order nonlinear optical properties of nanomaterials and their application in biological and chemical sensing. Chem. Rev. , 2010, 110 (9)：5332-5365

[6] Hussain S M, Braydich L K, Schrand A M, et al. Toxicity evaluation for safe use of nanomaterials：recent achievements and technical challenges. Adv. Mater. , 2009, 21 (16)：1549-1559

[7] Fei P, Yeh P H, Wang Z L, et al. Piezoelectric potential gated field-effect transistor based on a free-standing ZnO wire. Nano Lett. , 2009, 9 (10)：3435-3439

[8] Chang Y K, Hong F C. The fabrication of ZnO nanowire field-effect transistors combining dielectrophoresis and hot-pressing. Nanotechnology, 2009, 20 (23)：235202

[9] Boussaad S, Diner B A, Fan J. Influence of redox molecules on the electronic conductance of single-walled carbon nanotube field-effect transistors：application to chemical and biological sensing. J. Am. Chem. Soc. , 2008, 130 (12)：3780-3787

[10] Huang Y, Duan X F, Lieber C M, et al. Directed assembly of one-dimensional nanostructures into functional networks. Science, 2001, 291 (5504)：630-633

[11] Duan X F, Huang Y, Lieber C M, et al. Indium phosphide nanowires as building blocks for nanoscale electronic and optoelectronic devices. Nature, 2001, 409 (6816)：66-69

[12] Qian F, Gradecak S, Lieber C M, et al. Core/multishell nanowire heterostructures as multicolor, high-efficiency light-emitting diodes. Nano Lett. , 2005, 5 (11)：2287-2291

[13] Wang Z L, Song J H. Piezoelectric nanogenerators based on zinc oxide nanowire arrays. Science, 2006, 312 (5771)：242-246

[14] Xu S, Qin Y, Wang Z L. Self-powered nanowire devices. Nat. Nanotechnol. , 2010, 5 (5)：366-373

[15] Wang Z L. Towards self-powered nanosystems：from nanogenerators to nanopiezotronics. Adv. Funct. Mater. , 2008, 18 (22)：3553-3567

[16] Hansen B J, Liu Y, Wang Z L, et al. Hybrid nanogenerator for concurrently harvesting biomechanical and biochemical energy. ACS Nano, 2010, 4 (7)：3647-3652

[17] Yang P D. Wires on water. Nature, 2003, 425 (6955)：243-244

[18] Jiao L Y, Xian X J, Liu Z F. Manipulation of ultralong single-walled carbon nanotubes at macroscale. J. Phys. Chem. C, 2008, 112 (27)：9963-9965

[19] Jiao L Y, Fan B, Liu Z F, et al. Creation of nanostructures with poly (methyl methacrylate) -media-

ted nanotransfer printing. J. Am. Chem. Soc. , 2008, 130 (38): 12612-12613

[20] Lu W, Lieber C M. Nanoelectronics from the bottom up. Nature Mater. , 2007, 6 (11): 841-850

[21] Lu W, Xie P, Lieber C M. Nanowire transistor performance limits and applications. IEEE Trans. Electron Devices, 2008, 55 (11): 2859-2876.

[22] Tian B, Kempa T J, Lieber C M. Single nanowire photovoltaics. Chem. Soc. Rev. , 2009, 38 (1): 16-24

[23] Tian B Z, Xie P, Lieber C M, et al. Single-crystalline kinked semiconductor nanowire superstructures. Nat. Nanotechnol. , 2009, 4 (12): 824-829

[24] 倪星元, 沈军, 张志华. 纳米材料的理化特性与应用. 北京: 化学工业出版社, 2005: 107

[25] 蒋亚东, 谢光忠. 敏感材料与传感器. 成都: 电子科技大学出版社, 2008: 1

[26] Gaponik N, Hickey S G, Eychmuller A, et al. Progress in the light emission of colloidal semiconductor nanocrystals. Small, 2010, 6 (13): 1364-1378

[27] Klimov V I. Spectral and dynamical properties of multiexcitons in semiconductor nanocrystals. Annu. Rev. Phys. Chem. , 2007, 58: 635-673

[28] Hatchett D W, Josowicz M, Josowicz M, et al. Composites of intrinsically conducting polymers as sensing nanomaterials. Chem. Rev. , 2008, 108 (2): 746-769

[29] Kolmakov A, Moskovits M. Chemical sensing and catalysis by one-dimensional metal-oxide nanostructures. Annu. Rev. Mater. Res. , 2004, 34: 151-180

[30] Kozlovskii V V, Kozlov V A, Lomasov V N. Modification of semiconductors with proton beams. A review. Semiconductors, 2000, 34 (2): 123-140

[31] Walle C G, Neugebauer J. Hydrogen in semiconductors. Annu. Rev. Mater. Res. , 2006, 36: 179-198

[32] Aleshkin V Y, Gavrilenko L V, Odnoblyudov M A, et al. Impurity resonance states in semiconductors. Semiconductors, 2008, 42 (8): 880-904

[33] Park W, Hong W K, Lee T, et al. Tuning of operation mode of ZnO nanowire field effect transistors by solvent-driven surface treatment. Nanotechnology, 2009, 20 (47): 475702

[34] Labat F, Ciofini I, Adamo C, et al. First principles modeling of eosin-loaded ZnO films: a step toward the understanding of dye-sensitized solar cell performances. J. Am. Chem. Soc. , 2009, 131 (40): 14290-14298

[35] Saito M, Fujihara S. Large photocurrent generation in dye-sensitized ZnO solar cells. Energy Environ. Sci. , 2008, 1 (2): 280-283

[36] Przezdziecka E, Kaminska E, Kossut J, et al. Photoluminescence study of p-type ZnO: Sb prepared by thermal oxidation of the Zn-Sb starting material. Phys. Rev. B, 2007, 76 (19): 193303

[37] Zhang H, Yang D R, Que D L, et al. Straight and thin ZnO nanorods: hectogram-scale synthesis at low temperature and cathodoluminescence. J. Phys. Chem. B, 2006, 110 (2): 827-830

[38] Wang W Z, Zeng B Q, Ren Z F, et al. Aligned ultralong ZnO nanobelts and their enhanced field emission. Adv. Mater. , 2006, 18 (24): 3275-3278

[39] Cheng B C, Xiao Y H, Zhang L D, et al. Controlled growth and properties of one-dimensional ZnO nanostructures with Ce as activator/dopant. Adv. Funct. Mater. , 2004, 14 (9): 913-919

[40] Yahiro J, Oaki Y, Imai H. Biomimetic synthesis of wurtzite ZnO nanowires possessing a mosaic structure. Small, 2006, 2 (10): 1183-1187

[41] Cao B Q, Teng X M, Cai W P, et al. Different ZnO nanostructures fabricated by a seed-layer assisted electrochemical route and their photoluminescence and field emission properties. J. Phys. Chem. C, 2007, 111 (6): 2470-2476

[42] Hsueh T J, Hsu C L. Fabrication of gas sensing devices with ZnO nanostructure by the low-temperature oxidation of zinc particles. Sens. Actuators B, 2008, 131 (2): 572-576

[43] Bhattacharyya P, Basu P K, Basu S, et al. Fast response methane sensor using nanocrystalline zinc oxide thin films derived by sol-gel method. Sens. Actuators B, 2007, 124 (1): 62-67

[44] Lv Y, Guo L, Chu X. Gas-sensing properties of well-crystalline ZnO nanorods grown by a simple route. Physica E, 2007, 36 (1): 102-105

[45] Tischner A, Maier T, kock A. Ultrathin $SnO_2$ gas sensors fabricated by spray pyrolysis for the detection of humidity and carbon monoxide. Sens. Actuators B, 2008, 134 (2): 796-802

[46] Ning J J, Dai Q Q, Yu W W, et al. Facile synthesis of tin oxide nanoflowers: a potential high-capacity lithium-ion-storage material. Langmuir, 2009, 25 (3): 1818-1821

[47] Xue X Y, Chen Y J, Wang T H, et al. Synthesis and ethanol sensing properties of indium-doped tin oxide nanowires. Appl. Phys. Lett. , 2006, 88 (20): 201907

[48] Zhao H Y, Li Y H, Wu X H, et al. Synthesis, characterization and gas-sensing property for $C_2H_5OH$ of $SnO_2$ nanorods. Mater. Chem. Phys. , 2008, 112 (1): 244-248

[49] Huang H, Tan O K, Tse M S, et al. Semiconductor gas sensor based on tin oxide nanorods prepared by plasma-enhanced chemical vapor deposition with postplasma treatment. Appl. Phys. Lett. , 2005, 87 (16): 163123

[50] Wang G X, Park J S, Gou X L, et al. Synthesis and high gas sensitivity of tin oxide nanotubes. Sens. Actuators B, 2008, 131 (1): 313-317

[51] Chen Y J, Zhu C L, Wang T H. The enhanced ethanol sensing properties of multi-walled carbon nanotubes/$SnO_2$ core/shell nanostructures. Nanotechnology, 2006, 17 (12): 3012-3017

[52] Wang Z L. Nanobelts, nanowires, and nanodiskettes of semiconducting oxides-from materials to nanodevices. Adv. Mater. , 2003, 15 (5): 432-436

[53] Comini E, Faglia G, Zha M. Tin oxide nanobelts electrical and sensing properties. Sens. Actuators B, 2005, 111: 2-6

[54] Jin Z H, Zhou H J, Liu C C, et al. Application of nano-crystalline porous tin oxide thin film for CO sensing. Sens. Actuators B, 1998, 52 (1-2): 188-194

[55] Martinez C J, Hockey B, Semancik S, et al. Porous tin oxide nanostructured microspheres for sensor applications. Langmuir, 2005, 21 (17): 7937-7044

[56] Ni J, Yan H, Kannewurf C R, et al. MOCVD-derived highly transparent, conductive zinc- and tin-doped indium oxide thin films: precursor synthesis, metastable phase film growth and characterization, and application as anodes in polymer light-emitting diodes. J. Am. Chem. Soc. , 2005, 127 (15): 5613-5624

[57] Wang Z L. Functional oxide nanobelts: materials, properties and potential applications in nanosystems and biotechnology. Annu. Rev. Phys. Chem. , 2004, 55: 159-196

[58] Wan N, Lin T, Chen K J, et al. Preparation and luminescence of nano-sized $In_2O_3$ and rare-earth co-doped $SiO_2$ thin films. Nanotechnology, 2008, 19 (9): 095709

[59] Xu P C, Cheng Z X, Chu Y L, et al. High aspect ratio $In_2O_3$ nanowires: synthesis, mechanism and

NO₂ gas-sensing properties. Sens. Actuators B, 2008, 130 (2): 802-808

[60] Korotcenkov G, Brinzari V, Blaja V, et al. The nature of processes controlling the kinetics of indium oxide-based thin film gas sensor response. Sens. Actuators B, 2007, 128 (1): 51-63

[61] Fan Y J, Li Z P, Zhan J H, et al. Catanionic-surfactant-controlled morphosynthesis and gas-sensing properties of corundum-type In₂O₃. Nanotechnology, 2009, 20 (28): 285501

[62] Jiang H, Hu J Q, Li C Z, et al. Hydrothermal synthesis of novel In₂O₃ microspheres for gas sensors. Chem. Commun. , 2009, 3618-3620

[63] Dong H X, Chen Z H, Shen X C, et al. Nanosheets-based rhombohedral In₂O₃ 3D hierarchical microspheres: synthesis, growth mechanism, and optical properties. J. Phys. Chem. C, 2009, 113 (24): 10511-10516

[64] Wang C Q, Chen D R, Chen C L, et al. Lotus-root-like In₂O₃ nanostructures: fabrication, characterization, and photoluminescence properties. J. Phys. Chem. C, 2007, 111 (16): 13398-13403

[65] Wang C Q, Chen D R, Jiao X L. Flower-like In₂O₃ nanostructures derived from novel precursor: synthesis, characterization, and formation mechanism. J. Phys. Chem. C, 2009, 113 (18): 7714-7718

[66] Chen X Y, Zhang Z J, Qian Y T, et al. Single-source approach to the synthesis of In₂S₃ and In₂O₃ crystallites and their optical properties. Chem. Phys. Lett. , 2005, 407 (4-6): 482-486

[67] Zhao P T, Huang T, Huang K X. Fabrication of indium sulfide hollow spheres and their conversion to indium oxide hollow spheres consisting of multipore nanoflakes. J. Phys. Chem. C, 2007, 111 (35): 12890-12897

[68] Datta A, Panda S K, Chaudhuri S, et al. In₂S₃ micropompons and their conversion to In₂O₃ nanobipyramids: simple synthesis approaches and characterization. Cryst. Growth Des. , 2007, 7 (1): 163-169

[69] Choi M, Na K, Ryoo R. The synthesis of a hierarchically porous BEA zeolite via pseudomorphic crystallization. Chem. Commun. , 2009, 2845-2847

[70] Zhang F Z, Fuji M, Takahashi M. In situ growth of continuous b-oriented MFI zeolite membranes on porous alumina substrates precoated with a mesoporous silica sublayer. Chem. Mater. , 2005, 17 (5): 1167-1173

[71] Liu J, Xue D F. Thermal oxidation strategy towards porous metal oxide hollow architectures. Adv. Mater. , 2008, 20 (13): 2622-2627

[72] Comet M, Siegert B, Spitzer D. Preparation of explosive nanoparticles in a porous chromium (III) oxide matrix: a first attempt to control the reactivity of explosives. Nanotechnology, 2008, 19 (28): 285716

[73] Han X T, Ding H Y, Xiao C F, et al. Effects of nucleating agents on the porous structure of polyphenylene sulfide via thermally induced phase separation. J. Appl. Polym. Sci. , 2007, 107 (4): 2475-2479

[74] Jiang G P, Yang J F, Niihara K, et al. Porous silicon nitride ceramics prepared by extrusion using starch as binder. J. Am. Ceram. Soc. , 2008, 91 (11): 3510-3516

[75] Qiao J C, Xi Z P, Tang H P, et al. Review on compressive behavior of porous metals. Rare Metal Mater. Eng. , 2010, 39 (3): 561-564

[76] Davis M E. Ordered porous materials for emerging applications. Nature, 2002, 417 (6891): 813-821

[77] Foll H, Christophersen M, Hasse G, et al. Formation and application of porous silicon. Mater. Sci. Eng. R, 2002, 39 (4): 93-141

[78] Castello D L, Monge J A, Solano A L, et al. Advances in the study of methane storage in porous carbonaceous materials. Fuel, 2002, 81 (14): 1777-1803

[79] Gao T, Li Q H, Wang T H. Sonochemical synthesis, optical properties, and electrical properties of core/shell-type ZnO nanorod/CdS nanoparticle composites. Chem. Mater. , 2005, 17 (4): 887-892

[80] Wang Y S, Thomas P J, O'Brien P. Nanocrystalline ZnO with ultraviolet luminescence. J. Phys. Chem. B, 2006, 110 (9): 4099-4104

[81] Iijima S. Helical microtubules of graphitic carbon. Nature, 1991, 354 (6348): 56-58

[82] Wong S S, Joselevich E, Lieber C M, et al. Covalently functionalized nanotubes as nanometre-sized probes in chemistry and biology. Nature, 1998, 394 (6688): 52-55

[83] 杨道虹. 碳纳米管及其复合材料研究现状分析. 纳米科技, 2008, 5 (5): 39-42

[84] Sivakumar V M, Mohamed A R, Abdullah A Z et al. Role of reaction and factors of carbon nanotubes growth in chemical vapour decomposition process using methane-a highlight. J. Nanomaterials, 2010, 395191

[85] Karousis N, Tagmatarchis N, Tasis D. Current progress on the chemical modification of carbon nanotubes. Chem. Rev. , 2010, 110 (9): 5366-5397

[86] Hamon M A, Hu H. End-group and defect analysis of soluble single-walled carbon nanotubes. Chem. Phys. Lett. , 2001, 347 (1-3): 8-12

[87] Riggs J E, Guo Z, Carroll D L, et al. Strong luminescence of solubilized carbon nanotubes. J. Am. Chem. Soc. , 2000, 122 (24): 5879-5880

[88] Bahr J L, Tour J M. Highly functionalized carbon nanotubes using in situ generated diazonium compounds. Chem. Mater. , 2001, 13 (11): 3823-3824

[89] Dyke C A, Tour J M. Unbundled and highly functionalized carbon nanotubes from aqueous reactions. Nano Lett. , 2003, 3 (9): 1215-1218

[90] Dyke C A, Tour J M. Solvent-free functionalization of carbon nanotubes. J. Am. Chem. Soc. , 2003, 125 (5): 1156-1157

[91] Snow E S, Perkins F K, Houser E J, et al. Chemical detection with a single-walled carbon nanotube capacitor. Science, 2005, 307 (5717): 1942-1945

[92] Snow E S, Perkins F K. Capacitance and conductance of single-Walled carbon nanotubes in the presence of chemical vapors. Nano lett. , 2005, 5 (12): 2414-2417

[93] 芬德勒 J H. 纳米粒子与纳米结构薄膜. 项金钟, 吴兴惠译. 北京: 化学工业出版社, 2003: 198-202

[94] 陈光华, 邓金祥. 纳米薄膜技术与应用. 北京: 化学工业出版社, 2003: 30-54

[95] Okada T, Hayashi H, Koshizaki N, et al. Polymer-based cation-selective electrodes modified with naphthalenesulphonates. Analyst, 1991, 116 (9): 923-926

[96] Dall A L, Tonin C, Peila R. Performances and properties of intrinsic conductive cellulose-polypyrrole textiles. Synth. Met. , 2004, 146 (2): 213-221

[97] Berlin A, Vercelli B, Zotti G. Polythiophene- and polypyrrole-based mono- and multilayers. Polym. Rev. , 2008, 48 (3): 493-530

[98] Wu Y, Xing S X, Zhao C, et al. Examining the use of $Fe_3O_4$ nanoparticles to enhance the $NH_3$ sensitivity of polypyrrole films. Polym. Bull. , 2007, 59 (2): 227-234

[99] 赵玉刚, 邱东, 曹昕燕, 等. 传感器基础. 北京: 中国林业出版社, 2006: 2-5

[100] 王君, 凌振宝. 传感器原理及检测技术. 长春: 吉林大学出版社, 2003: 267

[101] 周乐挺. 传感器与检测技术. 北京：高等教育出版社，2005：128-130

[102] 吴旗. 传感器与自动检测技术. 北京：高等教育出版社，2006：112-130

[103] 施文康，徐锡林. 检测技术. 上海：上海交通大学出版社，1996：49

[104] 谢文和. 传感器及其应用. 北京：高等教育出版社，2006：4-8

[105] 孙运旺. 传感器技术与应用. 杭州：浙江大学出版社，2006：5-9

[106] Douglas C, Ehlting J. Arabidopsis thaliana full genome longmer microarrays: a powerful gene discovery tool for agriculture and forestry. Transgenic Res. , 2005, 14 (5): 551-561

[107] Wu J. Prausnitz J. Generalizations for the potential of mean force between two isolated colloidal particles from monte carlo simulations. J. Colloid Interface Sci. , 2002, 252 (2): 326-330

[108] Gagna C E, Lambert W C. Novel drug discovery and molecular biological methods, via DNA, RNA and protein changes using structure-function transitions: transitional structural chemogenomics, transitional structural chemoproteomics and novel multi-stranded, nucleic acid microarray. Med. Hypotheses, 2006, 67 (5): 1099-1114

[109] Kumar N, Dorfman A, Hahm J. Ultrasensitive DNA sequence detection using nanoscale ZnO sensor arrays. Nanotechnology, 2006, 17 (12): 2875-2881

[110] Kerman K, Kobayashi M, Tamiya E. Recent trends in electrochemical DNA biosensor technology. Meas. Sci. Technol. , 2004, 15 (2): R1-R11

[111] Lagerqvist J, Zwolak M, Ventra M. Fast DNA sequencing via transverse electronic transport. Nano Lett. , 2006, 6 (4): 779-782

[112] Lazerges M, Perrot H, Compere C, et al. In situ QCM DNA-biosensor probe modification. Sens. Actuat. B, 2006, 120 (1): 329-337

[113] Deng X C, Wang F, Chen Z L. A novel electrochemical sensor based on nano-structured film electrode for monitoring nitric oxide in living tissues. Talanta, 2010, 82 (4): 1218-1224

[114] Dai H, Xu H F, Lin Y Y, et al. A highly performing electrochemical sensor for NADH based on graphite/poly (methylmethacrylate) composite electrode. Electrochem. Commun. , 2009, 11 (2): 343-346

[115] Um J S, Jang H J, Kim S M, et al. The electrolyte of electrochemical oxygen gas sensor. Electron. Mater. Lett. , 2007, 3 (4): 211-216

[116] Li J F, Huang Y F, Tian Z Q, et al. Shell-isolated nanoparticle-enhanced Raman spectroscopy. Nature, 2010, 464 (7287): 392-395

[117] Bao F, Li J F, Tian Z Q, et al. Synthesis and characterization of Au@Co and Au@Ni core-shell nanoparticles and their applications in surface-enhanced Raman Spectroscopy. J. Phys. Chem. C, 2008, 112 (2): 345-350

[118] Jiang Y X, Li J F, Tian Z Q, et al. Characterization of surface water on Au core Pt-group metal shell nanoparticles coated electrodes by surface-enhanced Raman spectroscopy. Chem. Commun. , 2007, 44: 4608-4610

[119] Li J F, Huang Y F, Tian Z Q, et al. SERS and DFT study of water on metal cathodes of silver, gold and platinum nanoparticles. Phys. Chem. Chem. Phys. , 2010, 12 (10): 2493-2502

[120] Karakhanov E A, Maximov A L. Molecular imprinting technique for the design of cyclodextrin based materials and their application in catalysis. Curr. Org. Chem. , 2010, 14 (13): 1284-1295

[121] Wulff G, Sarhan A, Zabrocki K. Enzyme-analog built polymers and their use for resolution of race-

mates. Tetrahedron Lett. , 1973, 44: 4329-4332

[122] Norrlow O, Glad M, Mosbach K. Acrylic polymer preparations containing recognition sites obtained by imprinting with substrates. J. Chromatography, 1984, 299 (1): 29-41

[123] Whitcombe M J, Rodrihuez M E, Villar P J, et al. A new method for the introduction of recognition site functionality into polymers prepared by molecular imprinting-synthesis and characterization of polymeric receptors for cholesterol. J Am. Chem. Soc. , 1995, 117 (27): 7105-7111

[124] Ye L, Mosbach K. Molecular imprinting: synthetic materials as substitutes for biological antibodies and receptors. Chem. Mater. , 2008, 20 (3): 859-868

[125] 姜忠义. 分子印迹技术. 化学通报, 2002, 65: 1-5

[126] Arnau A. A review of interface electronic systems for AT-cut quartz crystal microbalance applications in liquids. Sensors, 2008, 8 (1): 370-411

[127] Okada T, Yamamoto Y, Miyachi H, et al. Application of peptide probe for evaluating affinity properties of proteins using quartz crystal microbalance. Biosens. Bioelectron. , 2007, 22 (7): 1480-1486

[128] Kolev I, Mavrodinova V, Alexieva G, et al. Pore volume probing of boron-modified MCM-22 zeolite by quartz crystal microbalance assisted study of o- and p-xylene adsorption. Sens. Actuators B, 2010, 149 (2): 389-394

[129] Talbi A, Sarry F, Elhakiki M, et al. ZnO/quartz structure potentiality for surface acoustic wave pressure sensor. Sens. Actuators A, 2006, 128 (1): 78-83

[130] Xu M, Tian Y, Coates M L, et al. Measuring the cantilever-position-sensitive detector distance and cantilever curvature for cantilever sensor applications. Rev. Sci. Instrum. , 2009, 80 (9): 095114

[131] Cantrell J H, Cantrell S A. Analytical model of the nonlinear dynamics of cantilever tip-sample surface interactions for various acoustic atomic force microscopies. Phys. Rev. B, 2008, 77 (16): 165409

# 第 2 章 分子识别元件及其生物和化学反应基础

## 2.1 引 言

物质文明的不断进步给人类带来了极大的方便，同时也留下了一些对人类自身健康有很大威胁的环境污染问题。早在 20 世纪，科学家们就已经意识到这种环境污染给人类自身带来的严重后果，于是，近年来科学家在创造物质文明的同时也开始研究对环境检测性能较高的传感器件，期望能够尽量降低甚至避免在创造新的物质文明的同时给环境带来的危害。自 20 世纪 80 年代初，"分子识别"这个学术短语就流行开来。分子识别元件是化学和生物传感器敏感元件，它是传感器的关键部件之一，其所具备的高度选择性是传感器避免其他物质干扰响应的基础。可以说没有这种高度的选择性，所谓的具有识别性的化学和生物传感器是没有实际意义的。由此可见，分子识别在化学和生物传感器中的地位十分重要。

早期的分子识别是有机化学家和生物学家在分子水平上研究生物体中的化学问题。早在 1894 年，Fisher[1] 就在他所著的论文里建议以"锁和钥匙"来描述酶与底物的专一性结合，称之为识别。目前的分子识别已经发展为表示主体（受体）对客体（底物）选择性结合并产生某种特定功能的过程。

从微观角度来说，分子间专一性的相互作用源于分子识别，而分子识别可以理解为配体与受体选择性地结合，并可能具有专一性功能的过程。一般较小的分子称为配体或底物，较大的分子称为受体。底物与受体的识别与分子结构密切相关，它不仅包括分子与分子间的识别，同时也包括分子中某一部分结构对另一部分结构的识别；特别是在一个有序的高级结构的体系中，自己能够识别并结合产生自组装体，更是赋予了分子识别以更深刻的意义。结构识别在化学与生命过程中是非常重要的，也是药物分子（底物）与蛋白质、核酸、生物受体等生物靶分子（受体）相互识别的关键所在。

此外，在分子识别过程中通常会引起体系的电学、光学、力学、热学性能的变化，也可能引起化学等性质的变化，这些变化意味着信息的存储、传递及处理。因此，近年来人们已经有目的地将分子识别在信息处理及传递过程中所产生的响应信号变化与纳米材料相结合，通过能量转换器对微观信号进行放大处理，从而实现对待测物质的有效检测。目前分子识别在检测领域方面的应用包括电化学传感器、分子印迹、拉曼（Raman）信号检测等，都有了长足的进步。本章内容主要介绍分子识别元件及其在相关检测领域的应用以及它们的化学和生物反应基础。

# 2.2　分子识别元件简介及在传感器中的应用

## 2.2.1　基于环状化合物分子主体的识别元件

对于环状化合物来说，分子尺寸的大小是选择性识别的基础。这是因为环状化合物是具有特定尺寸的化合物分子，只有特定大小的分子才可以嵌入其内部。基于环状化合物主体分子识别元件最基本的大分子主要有冠醚、环糊精、杯芳烃，适合这类主体分子的客体分子种类很多，因此，这三种主体分子应用相当广泛，包括识别离子、有机小分子、聚合物等。这些大环状化合物都具有空穴结构，能够通过空穴的内腔与离子、有机小分子、聚合物相结合，从而达到选择性地与某些物质相结合的目的，在化学传感器和生物传感器领域有着广阔的应用前景，引起了越来越多的科学家对它们的重视和研究。

### 2.2.1.1　第一代分子识别元件——冠醚

20 世纪 60 年代，美国杜邦公司的 Pedersen[2] 在研究烯烃聚合催化剂时首次发现了冠醚，之后美国化学家 Cram 和法国化学家 Lehn 从各个角度对冠醚进行了研究，并首次合成了冠醚。因此，在 1987 年，Pedersen、Cram 和 Lehn 三位科学家共同获得了诺贝尔化学奖。

冠醚是一种包含有多个醚基基团的杂环类有机化合物，它是人工合成的一种受体。最常见的冠醚就是乙氧撑的低聚物，它的重复单元是乙烯氧基（—$CH_2CH_2O$—）。这一系列冠醚中最重要的是四聚体、五聚体和六聚体。我们通常之所以用"冠"来命名，就是因为它们的空间结构就像皇冠一样。在冠醚的命名法中，前面的数字代表了环内的原子数，第二个数字代表氧原子的个数。冠醚的概念远远大于乙氧撑的低聚物，另外一个很重要的系列是邻苯二酚的衍生物。图 2-1 是几种常见的冠醚结构。

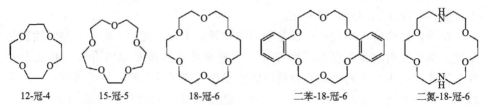

12-冠-4　　　　15-冠-5　　　　18-冠-6　　　　二苯-18-冠-6　　　　二氮-18-冠-6

图 2-1　常见冠醚的结构

冠醚最大的特点就是能与正离子，尤其是与碱金属离子络合，并且随环的大小不同而与不同的金属离子进行络合。例如，12-冠-4 与锂离子络合而不与钠离子、钾离子络合；18-冠-6 不仅与钾离子络合，还可与重氮盐络合，但不能与锂离子或钠离子络合。图 2-2（A）为 18-冠-6 与钾离子络合配位模型。基于冠醚这种特点，早在 20 世纪，科学家就已经用冠醚作为 Na$^+$ 和 K$^+$ 的离子型选择性电极载体，制备出了选择性较高的电化学传感器件。这是基于冠醚类作为识别元件的最成熟的传感器件之一。

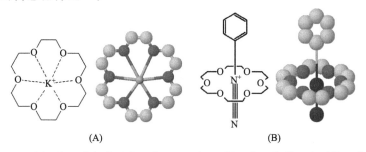

图 2-2　18-冠-6 与一个钾离子的配位（A）和 18-冠-6 与叠氮苯阳离子的配位（B）

另外，冠醚还可以与铵盐进行识别。冠醚与铵离子的配位识别方式不同于金属阳离子识别配位的，冠醚与金属离子的配位识别主要是通过静电–偶极相互作用，而与铵离子的识别配位则是通过氢键作用力和部分静电作用力形成配合物。铵离子中的有机基团 R 也是可以与冠醚发生作用，若 R 引起空间位阻降低配合物的稳定性，则 R 与冠醚间的偶极–偶极作用和电荷作用将增加配合物的稳定性。同样还是以 18-冠-6 这种冠醚化合物为例［图 2-2（B）］，科学家们研究了其与一些脂肪族和芳香族化合物铵离子及叠氮苯阳离子在甲醇中配位时有机基团 R 对配合物的影响[3]。结果显示，R 基团对配合物的平衡常数影响较小，但还是有细微的差别。例如，在脂肪族例子中，叔丁基铵阳离子与 18-冠-6 生成较弱的配合物，而在芳香族铵离子中，在苯的 2 位和 6 位上的取代基引起的空间位阻使得相应的平衡常数有所下降。依据这种 18-冠-6 结构特性，人们就可以设计出对铵盐的选择性传感器件，进而对有机铵盐这类化合物进行有效的提取和检测。此外，冠醚还可以用来进行分子以及纳米材料的组装，这些超出本书所介绍的范围，在此不再做赘述。

### 2.2.1.2　第二代分子识别元件——环糊精

环糊精（cyclodextrin）自 1891 年被 Villiers 首次从淀粉杆菌的淀粉消化液中发现以来，已有上百年的历史[4]。在 20 世纪 30 年代，环糊精的基础研究就已经开始，并证实环糊精能形成包埋复合物，但直到 50 年代环糊精包埋复合物的研究才趋于成熟，并且发现环糊精在一些反应中具有催化作用。截至目前，对环糊精生成酶、制取方法，对环糊精的物理、化学性质的研究逐渐增多，提出了许多新见解。特别是 Cramer 首先阐明了环糊精能稳定色素，继而又发现能形成包络物，从而在食品、医药、化妆品、香精等方面的应用不断扩大，特别是近些年来在化学和生物传感器中应用的研究也开始活跃起来。近年来，由于环糊精生成酶被逐渐发现以及工业技术、工艺的不断完善和应用领域的扩大，其已成为紧俏的化工产品。环糊精是手性化合物，它对有机分子有选择性识别的能力，已成功地应用于各种色谱与电泳方法中，用以识别和分离各种异构体和对映体。在分析检测所用的传感器方面也得到了科学家们的广泛关注和研究。常见的环糊精有 $\alpha$-环糊精、$\beta$-环糊精、$\gamma$-环糊精、$\delta$-环糊精四种，吡喃葡萄糖单元的数目依次为 6、7、8、9，图 2-3 是 3 种主要类型的环糊精的化学结构式，图 2-4 是 $\beta$-环糊精的空间填充模型。它们可用于有机溶剂沉淀分离。环糊精在酸性条件下易水解。环糊精的分子形状如同轮胎，各葡萄糖残基的 C-2 和 C-3 原子上的二级羟基位于环糊精圆环的分子一端，直径稍大，而 C-6 上的一级羟基位于另一端，直径稍小。环糊精分子内部为一个呈 "V" 字形的疏水性空穴，内径大小为 0.5~1.0nm，可对特定大小的分子进行选择性识别。

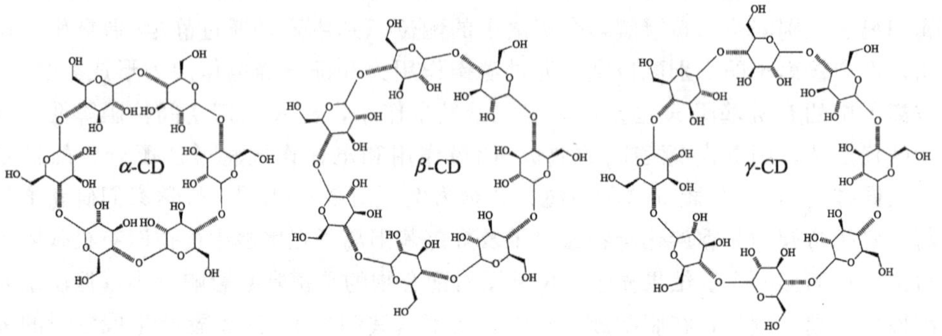

図 2-3　三种主要类型环糊精的化学结构式

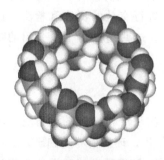

图 2-4　$\beta$-环糊精的空间填充模型

由于环糊精的外缘（rim）亲水而内腔（cavity）疏水，因而它能够像酶一样提供一个疏水的结合部位作为主体（host）包络各种适当的客体（guest），如有机分子、无机离子以及气体分子等。环糊精内腔疏水而外部亲水的特性使其可依据范德华（van der waals）作用力、疏水相互作用力、主客体分子间的匹配作用等与许多有机和无机分子形成包合物及分子组装体系，成为分析化学和化工研究者感兴趣的研究对象。这种选择性的包合作用即所谓的分子识别，其结果是形成主客体包络物（host-guest complex）。因此，在分离、食品、药物、化学传感器检测应用等领域中，环糊精受到了极大的重视和广泛应用。康奈尔大学的 Strickland 等[5]利用金纳米棒修饰 β-环糊精的衍生物对多菌灵这种杀真菌剂进行选择性识别，同时由于金纳米棒的拉曼增强效应，可以对多菌灵进行检测分析，结果显示可以精确地探测到浓度低于 $50\mu mol/L$ 的多菌灵。我们[6]利用 β-环糊精的选择性识别实现了对农药残留物甲基对硫磷的高效检测，检测限达到了 $10^{-12}mol/L$ 的级别。吉林大学 Xie 等[7]制备 Ag 纳米颗粒修饰的环糊精，运用拉曼光谱实现了对稠环芳烃这类有毒有害污染物质的检测，并取得了很好的效果。这些都是近年来将环糊精这种分子识别元件用于拉曼传感器的研究成果，我们期待着更多环糊精选择性识别特定污染物的传感器件的成功应用。

### 2.2.1.3　第三代分子识别元件——杯芳烃

到 20 世纪 70 年代末，随着冠醚、环糊精等大环化合物研究工作的深入，特别是它们可能作为模拟酶的发现，引起了美国化学家 Gutsche 的极大兴趣，在其合成与性能研究方面开展了系统且深入的工作，受到化学界的广泛关注。

杯芳烃是一类由苯酚单元在羟基邻位通过亚甲基连接起来的大环化合物，是继环糊精、冠醚之后的第三代新型主体化合物（图 2-5、图 2-6）。由于其环四聚体的 CPK 分子模型在形状上与称作 calix crater 的希腊式酒杯相似，因此 Gutsche 将这类化合物命名为"杯芳烃"（calixarene，calix 源于希腊文酒杯，arene 为芳香烃类）。在杯芳烃的命名中，母体苯酚单元的数目 $n$ 用方括号的形式插入到 calix 与 arene 之间（如杯 [$n$] 芳烃），将苯酚上的取代基放在杯 [$n$] 芳烃（calix [$n$] arene）的前面。杯芳烃具有独特的空穴结构，与冠醚及环糊

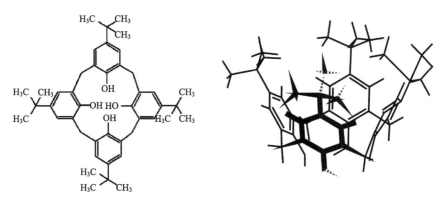

图 2-5　杯 [4] 芳烃

精相比,其具有如下特点:

图 2-6　杯 [4] 芳烃的原子模型以及希腊式酒杯

(1) 它是一类合成的低聚物,它的空穴结构大小的调节具有较大的自由度。

(2) 通过控制不同反应条件及引入适当的取代基,可固定所有需要的构象。

(3) 杯芳烃的衍生化反应,不仅发生在杯芳烃下缘的酚羟基、上缘的苯环对位,而且连接苯环单元的亚甲基都能进行功能化,这不仅能弥补杯芳烃自身水溶性差的不足,而且还可以改善其分子络合能力和模拟酶活力。

(4) 杯芳烃的热稳定性及化学稳定性好。

(5) 杯芳烃能与离子和中性分子形成主-客体包合物,集中了冠醚和环糊精两者之长。

(6) 杯芳烃的合成较为简单,可望获得较为廉价的产品,事实上现在已有多种杯芳烃商品化。

同环糊精一样,近年来,在表面增强拉曼光谱传感器件中,杯环芳烃也有了很大的发展和应用。来自智利的科学家 Leyton 等[8]在 2004 年首次使用杯芳烃修饰 Ag 纳米粒子,用拉曼振动光谱指纹信号传感器对稠环芳烃进行痕量识别与检测。2009 年,Guerrini 等[9]在国际权威杂志《分析化学》上发表了用二硫代氨基甲酸盐功能化的杯芳烃修饰的 Ag 纳米颗粒检测稠环芳烃的论文,在文章中,作者详细研究了四种稠环芳烃的亲和能力及其检测限。结果显示这几种稠环化合物与杯芳烃具有相似的结合行为,检测限可以达到 $10^{-8}$ mol/L。以六苯并苯为特殊代表检测物,这种物质与修饰的杯芳烃有着很强的结合能力,且不会对杯芳烃结构造成很大的影响。此外,研究结果表明,这种主客体的结合形成了表面增强效应的一个重要现象——热点(hot spot),见图 2-7。

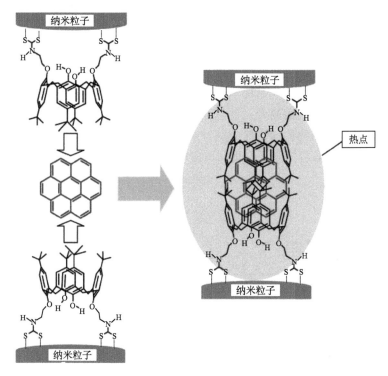

图 2-7　主体与客体化合物形成复合物同时使得
纳米粒子间形成热点（hot spot）[9]

## 2.2.2　基于生物分子主体的识别元件

生物分子主体识别元件是由生物体系提供用于传感器的主要选择性基元，这些基元必须是能附着到某种特定基质上的物质，而对于其他物质不发生作用。在这里我们简单介绍一下酶、抗体、核酸（以 DNA 链为例），这三类生物分子识别元件是能达到前述要求的。首先，基于酶的催化作用传感器已得到了很广泛的应用，这些酶可以完整形式的切片应用，或者以微生物的形式存在，它们能作为特殊反应的生物催化剂键连到特定的基质上；其次是抗体，抗体的作用模式与酶不同，它们与对应的抗原有着特殊的键连，用以从活性区除去抗原，但抗原是没有催化效应的；最后是核酸，核酸的选择性来自于其碱基配对特性，这类识别元件对鉴别遗传性失常有很大的应用价值。

### 2.2.2.1　酶

众所周知，酶是一种非常高效的生物催化剂，利用其只对某些特定物质进行选择性催化的特性进行检测。酶是一种较大的复杂分子，由大量蛋白质构成，并且通常包含辅基，而辅基通常又包含一种或者多种金属原子。在许多用于生物传感器的酶中，起作用的模式涉及氧化反应或者还原反应，这些反应可以用电化学的方法来测定。酶的催化反应可表述为

$$酶＋底物 \Longleftrightarrow 酶 \cdot 底物中间复合物 \longrightarrow 产物＋酶$$

　　形成中间复合物是酶的专一性与高效性的原因所在。由于酶分子具有一定的空间结构，只有被测物质的结构与酶特定部位的结构吻合时，才能与酶结合并受酶的催化。图 2-8 是酶的分子识别及反应过程。

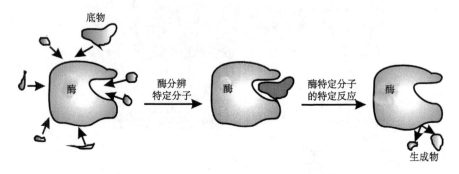

图 2-8　酶的分子识别及反应过程示意图[10]

　　酶传感器实际上是将酶这种生物分子识别元件与电化学传感器相连接，用来测量待测物质浓度的传感器。目前，这类传感器主要用于糖类、醇类、有机酸、氨基酸、激素、三磷酸腺苷等成分的测定。最早也最著名的酶传感器是以葡萄糖为检测对象的生物传感器。固定化膜是被固定在高分子凝胶中的以葡萄糖为基质的酶，即所谓的葡萄糖酶。这种固定化膜的酶可以有选择地对葡萄糖进行分子识别，其过程表示为

$$C_6H_{12}O_6 + 13/2\ O_2 + 3H_2O \xrightarrow{葡萄糖氧化酶} C_6H_{12}O_{16} + 3H_2O_2$$

　　生成的 $H_2O_2$ 与碘离子在过氧化物酶或者无机催化剂等的催化下发生氧化-还原反应，反应式为

$$H_2O_2 + 2I^- + 2H^+ \xrightarrow{过氧化物酶} I_2 + 2H_2O$$

　　葡萄糖一旦被识别，氧气就会减少，相应的水就会增加。如果固定化的膜黏附在氧气电极或者水电极上，则这种反应变化就可以转化为电学信号。根据这种工作原理，利用具有生物物质的酶传感器就可以选择性地检测有机化合物。

　　此外，用于测定尿素的尿素酶传感器也是一种非常实用的传感器，该传感器有着很高的灵敏度，最低的检测限达到 $10^{-6} mol/L$，并且可以达到每小时分析

20 个样品的响应速率，在 $5 \times 10^{-5} \sim 5 \times 10^{-2}$ mol/L 的浓度范围内，相对标准偏差为 $\pm 2.5\%$。

关于酶的生物传感器还有很多，有的已经实现了商品化生产。表 2-1 是基于酶的常用传感器。

**表 2-1　常用酶电极传感器[10]**

| 测定对象 | 酶 | 检测电极 |
| --- | --- | --- |
| 葡萄糖 | 葡萄糖氧化酶 | $O_2$，$H_2O_2$ |
| 麦芽糖 | 淀粉酶 | Pt |
| 蔗糖 | 转化酶＋变旋光酶＋葡萄糖酶 | $O_2$ |
| 半乳糖 | 半乳糖酶 | Pt |
| 尿酸 | 尿酸酶 | $O_2$ |
| 乳酸 | 乳酸氧化酶 | $O_2$ |
| 胆固醇 | 胆固醇氧化酶 | $O_2$，$H_2O_2$ |
| L-氨基酸 | L-氨基酸酶 | $O_2$，$I_2$，$H_2O_2$ |
| 磷脂质 | 磷脂酶 | Pt |
| 单胺 | 单胺氧化酶 | $O_2$ |
| 苯酚 | 酪氨酸酶 | Pt |
| 乙醇 | 乙醇氧化酶 | $O_2$ |
| 丙酮酸 | 丙酮酸脱氧酶 | $O_2$ |
| 尿素 | 脲酶 | $NH_3$，$CO_2$，pH |
| 中性脂质 | 蛋白脂酶 | pH |
| 扁桃苷 | 葡萄糖苷酶 | $CN^-$ |
| L-精氨酸 | 精氨酸酶 | $NH_3$ |
| L-谷氨酸 | 谷氨酸脱氢酶 | $NH_4^+$，$CO_2$ |
| L-天门冬氨酸 | 天门冬酰胺酶 | $NH_4^+$ |
| L-赖氨酸 | 赖氨酸脱羧酶 | $CO_2$ |
| 青霉素 | 青霉素酶 | pH |
| 苦杏仁苷 | 苦杏仁苷酶 | $CN^-$ |
| 硝基化合物 | 硝基还原酶-亚硝基还原酶 | $NH_4^+$ |
| 亚硝基化合物 | 亚硝基还原酶 | $NH_3$ |

酶传感器有其自身的特点：

（1）能与基质键连，具有高选择性。

（2）有催化活性，能够改善传感器的灵敏度，能相当快地与待测物质相互作用。

（3）它是最常用的生物组分。

（4）用于抽提、隔离和提纯酶的成本高。

（5）容易失去活性。

### 2.2.2.2　抗体

抗体是最常用的生物选择性试剂。抗体是在外来的蛋白质或其他高分子化合物即所谓抗原的影响下由淋巴细胞产生，并能与相应的抗原结合而排除外来物质对生物体的干扰。抗体是一类可溶性血清蛋白，是血清中最丰富的蛋白之一。抗体具有明显的两个特点：一是高度的特异性；二是庞大的多样性。特异性是指抗体通常只能与特定抗原发生反应。多样性是指抗体可以和成千上万的各种抗原（天然的和人工的）起反应。基于抗体的生物传感器（即免疫传感器）也就是以抗体分子的高度特异性为基础研制出的。抗原是指能够引起免疫反应的任何分子或者病原体，它可以是一种病毒、细菌细胞壁或蛋白质或其他大分子。一个复杂的抗原可以被若干个不同的抗体结合。一个单独的抗体或 T 细胞受体只能结合抗原内的一个特定分子结构，称之为它的抗原决定簇或表位。抗原决定簇可以是蛋白质分子表面上的氨基酸基团或者是多糖上的单糖残基。抗体和抗原这两个名词在免疫学上是基本的架构，抗体就是"警察"，负责保护身体的安全，学术上的说法是免疫细胞上面可以专门来辨认和结合抗原的部分；抗原是外来的物质，也就像贼一样的物质，要讲的更专业一点就是外来物上面某个可以被辨认的蛋白质片段。抗原与抗体能够特异性结合是基于抗原决定簇（表位）与抗体超变区的沟槽分子表面的结构互补性与亲和性而结合的。这种特性是由抗原、抗体分子空间构型所决定的。除两者分子构型高度互补外，抗原表位和抗体超变区必须密切接触，才有足够的结合力（图 2-9）。

图 2-9　每个抗体结合特定抗原：类似于锁和钥匙的互动性（专一性）

抗体分子识别的生物传感器（也即免疫传感器）就是模仿生物的自然免疫反应，利用抗体与抗原之间的识别作用实现分子或者细胞、微生物的检测。抗体分子识别传感器优劣取决于抗体与待测物质抗原的选择性及亲和力。此外，抗体的结合一般有两种基本方法：一个是标记抗体法，该方法采用酶、红细胞、核糖体、荧光物质、电活性化合物等作为标识剂，抗体与抗原反应过程通过标识剂的最终变化，用电化学、光学、电学等手段进行检测，同时对浓度信息加以化学放大（如酶标记），从而实现高灵敏度检测目标物；另一个是抗体非标记法。抗体与其相应的抗原识别结合时，可直接转变为可测信号。一般情况下，非标记性抗体传感器的灵敏度比标记性免疫传感器的低一些。

基于半导体纳米线场效应晶体管修饰抗体对抗原进行检测的研究近年来得到

迅速的发展，有望为下一代生物抗体传感器开辟一条全新的思路。Lieber 课题组利用抗体作为分子识别元件在单根纳米线表面修饰，通过电学信号的变化对抗原进行检测。2004 年，该小组在美国科学院院报上发表了基于场效应单根硅纳米线表面修饰抗体检测病毒的文章[11]。结果显示这种基于抗体识别的场效应变化能够实现对单一病毒的简单快速检测，该工作对滤过性微生物学和药物发现具有很大的潜在应用价值。此外，该课题组在面向实用的器件研制方面也做了相当好的工作。在纳米线阵列场效应器件修饰抗体检测方面，已经制作出了相应的芯片。这些研究成果将会对生命科学的发展带来前所未有的大发展[12]。这类重要的成果都是有关生物分子识别与纳米材料结合应用的一些具体事例，可以说，纳米材料的发展也为分子识别的发展带来了很大的进步。

### 2.2.2.3　核酸分子识别元件（以 DNA 分子识别元件为例）

核酸生物传感器也称基因生物传感器，一般认为是以核酸物质为检测对象的生物传感器。它具有简便、快捷、高效等特点，在分子生物学、医学检验、环境监测等领域有广泛的应用前景，核酸生物传感器大部分用于基因序列分析、基因突变的诊断。DNA 是核酸的一种，它的分子识别应用非常具有代表性，在这里我们以其为例阐述核酸分子识别元件的特点。

自从 1953 年 Watson 和 Crick 确立生物遗传分子脱氧核糖核酸（DNA）的双螺旋结构（图 2-10），建立生物遗传基因的分子水平机理以来，有关 DNA 分子的识别、测序一直为人们所关注的焦点。20 世纪 90 年代初美国制定了世界最庞大的基因研究计划"人类基因组计划"，旨在 15 年内定位近 10 万个人体基因序列。由于 DNA 识别技术及基因芯片的发展，这一计划已经提前完成。基因控制着人类生命的生老病死过程，随着对基因与癌症以及其他与基因有关病症的深入了解，人们在分子水平上检测易感物种及基因突变，对于疾病的治疗及预测也有着重要的意义，并可望实现对疾病的早期诊断乃至超前诊断。

基于 DNA 分子识别的生物传感器是 20 世纪 90 年代的一个新研究热点，它是将有反应活性的单股核苷酸（长度为 18～50 个碱基）固定在某种支持物（感受器）上作为探针分子，它可以在含有复杂成分的环境下特异地识别出某一靶底物，并通过换能装置转换为电信号。DNA 分子是由两个脱氧核苷酸间通过互补碱基形成碱基对组合而成的，这种碱基配对原则具有高度严密的选择性和识别性。将其应用于分子识别与检测有许多优点：可以对 DNA 进行任意剪裁、添加而得到各种长度的分子；分子间的选择性和识别性是高度可控的，并且是可逆的。

可用于特定 DNA 序列及其变异识别的机理一般有两种：一种是 DNA 杂交严格遵守的 Watson-Crick 碱基配对原则，即 C 与 G，A 与 T 形成碱基对；另一

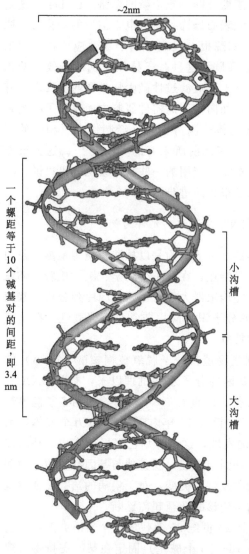

图 2-10　双螺旋 DNA 结构

种则是通过 Hoogsteen 氢键形成三链体寡聚核苷酸，即双螺旋 DNA 的 A-T 碱基对可与 T 形成 T-A-T 三碱基体，G-C 碱基对可与质子化的碱基 C（C＋）形成 C-G-C 三碱基体。目前，大多数 DNA 传感器都是建立在 DNA 杂交基础上。设计 DNA 传感器涉及两个关键技术：一是将 DNA 探针有效地固定在固体基质表面的固定技术；二是在传感器-液相界面对于靶基因的测定技术[13]。

与其他核酸传感器相比，DNA 分子识别传感器有其自己的特点：第一，DNA 链可以进行液相杂交检测，直接在液相反应通过声、光、电等信号的变化对靶向 DNA 进行定向检测；第二，DNA 传感技术和流动注射技术相结合，对 DNA 的动力学反应过程可以随时进行监测，并且可以对 DNA 进行定量、定时测量，以实现 DNA 的在线和实时检测；第三，DNA 传感技术可以对活体内的核酸代谢转移等动态过程进行检测；第四，DNA 传感技术和人工网络技术相结合，可以筛选出选择性和活性更高的敏感元件，研制出多功能、智能化的 DNA 传感器，可以对多种 DNA 样品同时检测，以实现高通量智能化检测；第五，DNA 传感器可以对靶物质直接检测，可以结合 PCR 技术和光学技术以及 DNA 嵌合剂的介入，提高检测灵敏度实现对低拷贝核酸的检测；第六，DNA 传感器的碱基互补结合原理使其具有很强的特异性；第七，DNA 传感器无需同位素标记，避免了有害物质的引入。基于这些特点，科研工作者可以根据需要设计理想的 DNA 生物分子识别传感器。

我们在基于 DNA 分子识别纳米间隙器件方面做了大量工作。通过一个"三明治"杂交过程[14]，在梳状电极表面自组装成一个由金纳米粒子构成的间隙电极，同时，检测 DNA 杂交反应对电信号的改变。从电极不同阶段的 *I-V* 曲线可以看出，当目标 DNA 与纳米间隙电极上的探针 DNA 互补杂交后，电流信号有所增强。利用这种自组装的纳米间隙电极，探针 DNA 的最低检测浓度可达到 1fmol/L；同时，当非互补的单链 DNA 与探针 DNA 相结合后，电流信号下降，说明这种 DNA 修饰的间隙电极具有很好的选择识别性能。另外，我们在利用紫外光控制照射合成 Ag-DNA 纳米网，并把它铺在梳状电极上组装成传感器，用于癌症前驱物检测也得到了良好的检测效果[15]。该生物传感器件可以用于重大疾病预防，有极高的使用价值。在电化学生物传感器方面[16]，我们课题组在构建 CdS 修饰玻碳电极的 DNA 杂交生物电化学传感器方面也做出了一些成果。科研人员把已经修饰具有巯基的单链 DNA 探针的桃核状的 CdS 纳米粒子修饰在玻碳电极表面，然后对低聚核糖核酸进行识别检测，结果发现信号强度与待测物的负对数有着很好的线性关系，最低检测限也可以达到 1pmol/L。

## 2.3　分子识别元件的生物和化学反应基础

要了解分子识别元件的生物和化学反应基础，我们首先要对分子识别这一概念进行深入的理解。分子识别最初由有机化学家和生物化学家在分子水平上研究生物体中的化学问题时提出。它可以理解为底物与受体选择性地结合，并可能具有专一性功能的过程。一般较小的分子称为底物，较大的分子称为受体。底物-受体的识别与分子结构密切相关，它不仅包括分子与分子间的识别，也包括分子中某一部分结构对另一部分结构的识别，也就是说，分子识别已经不是认识某种分子，而是认识分子中的某一部分结构。特别是在一个有序的高级结构的体系中，自发识别进而结合产生自组装体更是赋予了分子识别以更深的意义。100 年前，人们用"锁匙"学说来描述刚性网性分子的识别，但之后 Koshland 提出的诱导契合学说则是开始趋向于描述柔性分子的识别，这就是说不仅有一级结构的识别，而且有二级结构、三级结构的识别，而这种识别在化学及生命过程中是非常重要的，也是药物分子（底物）与蛋白质、核酸、生物受体等生物靶分子（受体）相互识别的关键所在。

分子识别的过程实际上是分子在特定的条件下通过分子间作用力的协同作用达到相互结合的过程。这个概念揭示了分子识别原理中的三个重要的组成部分，"特定的条件"即是指分子要依靠预组织达到互补的状态，"分子间相互作用力"即是指存在于分子之间非共价相互作用，如范德华力（包括取向力、诱导力、色散力）、π-π 堆叠、氢键和疏水相互作用等。而"协同作用"则是强调了分子需要依靠螯合效应或者大环效应等使得各种相互作用之间产生一致的效果。

在分子识别过程中，这些相互作用力可能会引起体系相应的电学、光学性质及构象的变化，也可能引起化学性质的变化。这些变化意味着信息的存储、传递以及处理。分子识别在信息处理及传递、分子及超分子器件制备过程中起着重要作用。因此，深入理解分子识别的生物和化学反应基础是非常重要的。

### 2.3.1　互补性与预组织

互补性（complementarity）及预组织（preorganization）是决定分子识别的两个关键性原则。前者决定识别过程的选择性，后者决定识别过程的键合能力。因此，在这里我们首先从分子识别的过程中的"特定的条件下"去阐述和理解分子识别的生物和化学反应基础。

#### 2.3.1.1　互补性

互补性是指识别分子间（底物与受体）的空间结构和空间电学特性的互补性。这种结构上的互补可以是"锁匙关系"，也可以是诱导契合，它对底物和受体的相互作用，尤其在特异性识别中是至关重要的。在空间结构的互补性方面，底物要与受体结合，在立体结构上必须互相适应，这种立体互补性不仅是底物分子大小应与受体的活性部位适应，在各结合部位的空间排列，也应与受体相适应。底物受体的互补性程度越大，则特异性结合越好，识别越有效。例如，环糊精体系是典型的可用第一代经典的锁与钥匙（图 2-11）关系比喻的体系。它有

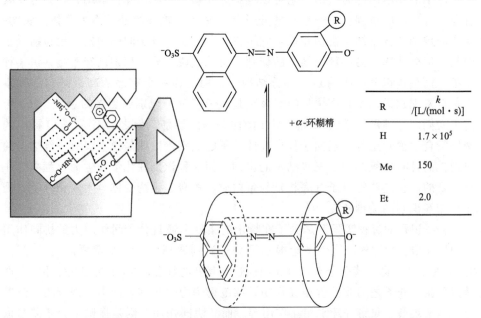

图 2-11　"锁匙"关系示意图以及环糊精对不同偶氮染料的识别动力学结果

一个很典型的疏水空腔，能和偶氮染料形成络合物。如图 2-11 所示，当偶氮化合物上的取代基不同时，它们的反应平衡常数差别不大，但反应速率常数（$k$）却相差 3 个数量级[17]。究其原因是由该过程的阈效应（threshold effect）即空间位阻效应造成的。

　　另外，诱导契合（induced fit）也是分子识别的一个重要概念，诱导契合是指在底物与受体相互结合时，受体将采取一个能同底物达到最佳结合的构象。这个过程也被称为识别过程的构象重组织。

　　图 2-12 为诱导配合的例子，化合物 A 是 Pedersen 的冠醚-6，化合物 C 是 Lehn 的穴状配体 [2.2.2]，它们在络合前既不具有一定的空腔，也没有合适的键合位置。而与 K+ 络合时，构象发生变化，即进行了重组织，其络合物 B 及络合物 D 中都形成与 K+ 互补的空腔及键合位置并去掉了溶剂。

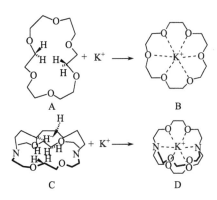

　　除构象外，几何异构（对于顺反异构和旋光异构）也是影响底物受体相互作用的重要立体因素。与旋光异构体不同，几何异构体之间彼此不成镜像。几何异构体与受体的

图 2-12　构象重组过程[17]

不同契合见图 2-13。A、B 和 X 代表异构体中的各个基团，a、b 和 x 是它们与表面的结合点，在（1）中，因是通过三点结合，结合较牢固；而在（2）中只通过两点，因而较弱。

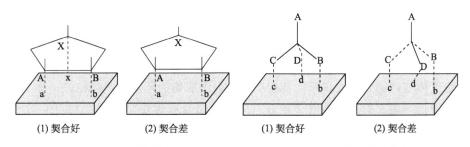

(1) 契合好　　　　(2) 契合差　　　　　(1) 契合好　　　　(2) 契合差

图 2-13　几何异构体与
受体表面的相互作用

图 2-14　旋光异构体与
受体表面的相互作用

　　如图 2-14 所示，B、C 和 D 代表旋光异构体的各个基团，b、c 和 d 是依附到受体表面的三点，虽然两者都用三点附着到受体，但是（2）中的 d 与 D 契合不好。底物与受体契合程度的好坏直接影响到传感器的响应灵敏程度。

　　关于电学特性互补，则包括了氢键的形成、静电相互作用、π 堆积相互作

用、疏水相互作用等[19]。这就要求受体及底物的键合位点及电荷分布能很好地匹配。Cram 总结了互补性的基本原理：对于络合，主体必须具有络合点，它可以吸引客体分子的结合位点而不产生强的非键合排斥。

DNA 分子的结构就是一个很典型的电学特性互补的例子（图 2-15），它是基于碱基通过氢键配位。每一个碱基都有一个互补的配对者，通过氢键把它们结合在一起。腺嘌呤通过两条氢键连接胸腺嘧啶，胞嘧啶通过三条氢键连接鸟嘌呤。这种识别是基于碱基对间的几何匹配（碱基及双螺旋的形状），同时也要满足相互作用力的匹配（能量匹配），即形成最大数目的氢键。

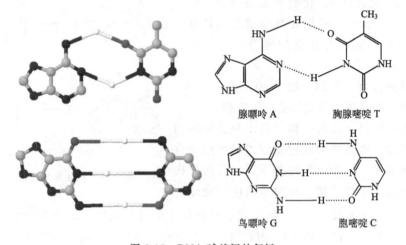

腺嘌呤 A　　　　胸腺嘧啶 T

鸟嘌呤 G　　　　胞嘧啶 C

图 2-15　DNA 碱基间的氢键

#### 2.3.1.2　预组织

分子识别的另一原则是预组织。它主要决定识别过程中的成键能力。预组织是指受体与底物分子在识别之前将受体中容纳底物的环境组织得越好，其溶剂化能力越低，则它们的识别效果越好，形成的络合物越稳定。图 2-16 中，化合物 A 是经过预组织的受体，氧原子形成八面体，它的空腔中的 6 个甲基的空间位阻使氧原子不能同溶剂结合，氧的未共享电子对的介电微环境在真空及烃之间。受体 A 能同锂离子、钠离子很好地互补，形成稳定化合物 B、C。晶体结构数据表明，受体 A 在络合前后没有明显的变化[17]。

决定分子识别中键合能力强弱的因素主要有两个：

（1）相互作用表面积的大小。此时应该注意，接触面积的大小并不反映受体与底物的结合能力，关键是它们的相互作用面积。换句话说，键合能力的强度可以由弱相互作用进行累加，而这种累加的多少和接触面积的大小有关。此

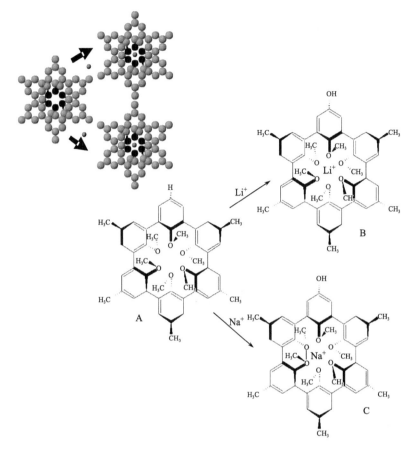

图 2-16　受体预组织的例子[17]

外，还要考虑受体与溶剂的可触及面积，这与去溶剂化时的焓损失有很大关系。

（2）相互作用的类型及它们的加和性。在分子识别过程中，通常会有几种作用力及多个作用位点同时起作用，在一个有限面积内，多个非共价键的协同作用（或可称之为加和作用）可使分子间相互作用的强度接近或达到共价键的水平。而且，这种非共价结合具有更多的动力学性质，因为它不存在高的能量势垒。

在这里，我们仍然以 18-冠-6 的合成为例（图 2-17）[20]。在整个反应体系中，加入 KOH 后，大环冠醚是主产物，但并不因为大环冠醚是热力学最稳定的物质。如果把 KOH 换成三乙胺，则生成的多聚产物占主导地位。这主要因为 K+ 将反应物组织在其周围产生反应中间体，该中间体可以预组织产生环状

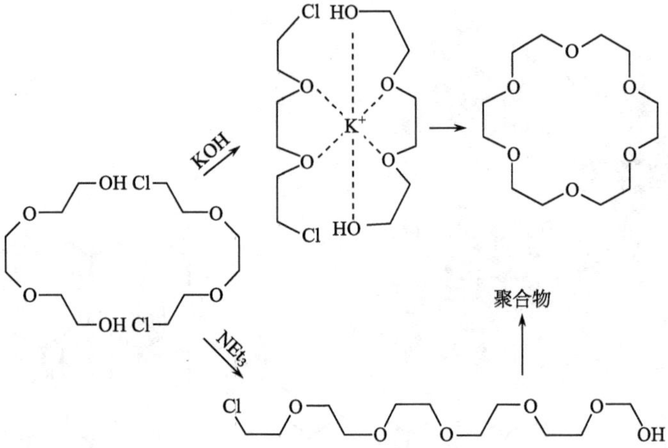

图 2-17　18-冠-6 合成过程中环状和非环状产物的产生

产物。在反应过程中，K$^+$ 作为反应的模板，这类大环化合物的形成称为"模板效应"。

### 2.3.2　非共价的分子间相互作用

　　分子识别不是靠传统的共价键力，而是靠称为非共价键力的分子间的作用，如范德华力（包括取向力、诱导力和色散力）、氢键、$\pi$-$\pi$ 相互作用、疏水相互作用等。非共价的分子间相互作用有很多种，下面就最重要的几种作用力进行介绍。

#### 2.3.2.1　范德华作用力

　　分子间作用能本质上是静电作用，它包括两个部分，一是吸引作用能，如永久偶极矩之间的作用能、偶极矩与诱导偶极矩的作用能、非极性分子之间的作用能；二是排斥作用能，它在分子间距离很小时表现出来（$V \propto R^{-9} \rightarrow R^{-12}$）。实际的分子间作用应该是吸引作用和排斥作用总和，而通常所说的分子间相互作用及其特点主要指分子间引力作用，常称为范德华作用力。这种力是一种我们大家都很熟悉的作用力，其能量小于 5kJ/mol。

　　范德华作用力的主要形式有：

　　（1）取向力。极性分子有永久偶极矩，永久偶极矩可以产生静电作用使能量体系降低。取向力是极性分子偶极子-偶极子间的相互作用力，它只存在极性分子之间。

　　（2）诱导力。非极性分子在极性分子偶极矩电场的影响下会发生"极化作用"，进而引起电子云发生变形，此即所谓的"诱导偶极矩"。"诱导偶极矩"和极性分子永久偶极矩间会产生吸引作用而使能量降低。诱导力包括偶极子-感应偶极子间的相互作用力，它存在于极性分子之间及极性分子与非极性分子之间。

（3）色散力。非极性分子间也有相互作用力的存在，即色散力，因其公式和光的色散作用有些类似而得名。它可以被看成是分子的"瞬间偶极矩"相互作用的结果，即分子间虽然无偶极矩，但分子运动的瞬时状态有偶极矩，这种"瞬时偶极矩"会诱导临近分子产生和它相吸引的"瞬时偶极矩"，反之亦然。这种相互作用便产生色散力，它普遍存在于所有的分子中。

### 2.3.2.2　氢键

氢键是分子识别中一种最常见也是最重要的分子间相互作用力，尤其在许多蛋白质的整体构型、酶的基质识别及 DNA 的双螺旋结构中（图 2-10），氢键起着非常重要的作用。这是因为氢键在长度、强度和几何构型上是变化多样的，在稳定结构、主客体电性互补中起到至关重要的作用，而当有很多氢键协同作用时效果可以变得很显著。氢键的本质是氢原子参与形成的一种相当弱的化学键。氢原子在与电负性很大的原子 X 以共价键结合的同时，还可与另一个电负性大的原子 Y 形成一个弱的键，即氢键，形式为 X—H⋯Y。氢键的强度变化幅度较大，一般在 $10\sim50kJ/mol$ 范围之内，比化学键能小，比范德华力大，键长比范德华半径之和小，但比共价半径之和大得多。

表 2-2 给出常见的一些氢键及其键能、键长。氢键与范德华力的重要差别在于氢键有饱和性和方向性，一般情况下，每个氢原子只能邻近两个电负性大的原子 X 和 Y。但氢键的形成条件不像共价键那样严格，结构参数如键长、键角等可在一定范围内变化，具有一定的适应性和灵活性。水是生命之源，它的性质也很大程度上取决于水分子的结构特点，适合于形成各种各样以氢键为基础的空间结构。这也是冰有多种晶型的原因。

表 2-2　一些氢键的键能和键长[21]

| 氢键 | 化合物 | 键能/(kJ/mol) | 键长/pm |
|---|---|---|---|
| F—H⋯F | 气体（HF）$_2$ | 28 | 255 |
| | 固体（HF）$_n$，$n>5$ | 28 | 270 |
| O—H⋯O | 水 | 18.8 | 285 |
| | 冰 | 18.8 | 276 |
| | $CH_3OH$，$CH_3CH_2OH$ | 25.9 | 270 |
| | （HCOOH）$_2$ | 29.3 | 267 |
| N—H⋯F | $NH_4F$ | 20.9 | 268 |
| N—H⋯N | $NH_3$ | 5.4 | 338 |

氢键研究领域的另一个活跃方向是弱氢键相互作用的研究。其中最重要的是 —H⋯O 式，因为它在有机晶体中经常出现。表 2-3 列出了强、弱氢键的基本参数。

表 2-3　强、弱氢键的基本参数[21]

| 类别 | 强氢键：N—H⋯O，O—H⋯O | 弱氢键：C—H⋯O |
|---|---|---|
| 键能/(kJ/mol) | 20～40 | 2～20 |
| 键长/nm | 0.18～0.2 (N—H⋯O) | 0.3～0.4 (C—H⋯O ═C) |
| 键长/nm | 0.16～0.18 (O—H⋯O) | 0.22～0.3 (C—H⋯O) |
| 键角 $\theta$/(°) | 150～160 | 100～180 |
| 键角 $\varphi$/(°) | 120～130 | |

表 2-3 中，对氢键 X—H⋯Y—D，$\theta$ 是指 X—H⋯Y 之间的夹角，而 $\varphi$ 是指 H⋯Y—D 之间的夹角。有趣的是，在 C—H⋯O 弱氢键中，键角 $\theta$、$\varphi$ 对键长的依赖性并不像强氢键那样强。

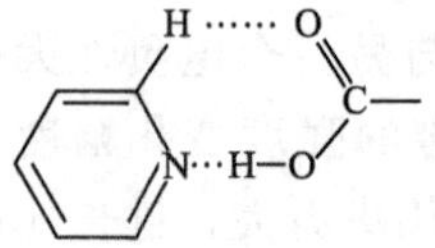

图 2-18　酸与吡啶间
形成的氢键

C—H⋯O 氢键虽然很弱，但在有些情况下甚至可以使强氢键作用的几何或拓扑结构发生改变。这种相互作用在决定结晶中原子结构排列方面至关重要。一般来说，氢键的强度和有效性取决于 C—H 的酸性及 O 的碱性，两者的协同效应又会使之再增强。例如，最近 Sharma 通过 X 射线衍射对一些含酸及吡啶络合物晶体进行了研究。原子坐标数据表明酸和吡啶（图 2-18）之间可以形成一对强氢键和一对弱氢键。

还有一类更弱的氢键是 OH⋯π。这里的 π 是具有足够电负性的碳原子（炔、烯、芳环、环丙烷等），它们具有和 OH 形成类似氢键的趋势，从而稳定一些晶体结构。

### 2.3.2.3　π-π 堆叠

π-π 相互作用是分子间识别配键作用的一种。通常由容易给出电子的分子（电子给体或路易斯碱）与容易接受电子的分子（电子受体或路易斯酸），两个或多个分子结合而成，称为分子间配合物。这种分子间配合物键能较低，介于化学键能和范德华作用力之间。它不同于共价配位键，共价配位键是由一个原子提供一对电子，另一个原子提供空轨道而形成的原子间作用。

分子间配键可以分为以下几种类型[21]：

（1）具有非键孤对电子的给体分子，与具有空轨道的受体分子间的作用，如 $R_3N \cdot BCl_3$。

（2）具有成键 π 轨道的给体分子，与具有反键 σ 轨道的受体分子间的作用，

如 $C_6H_6I_2$。

（3）具有成键 π 轨道的给体分子，与具有反键 π 轨道的受体分子间的作用，如 $C_6H_6 \cdot (CN)_2C \!=\! C(CN)_2$。此即 π-π 相互作用。

电子给体与受体配合物具有不同于各组分分子的物理、化学性质。例如，氢醌与苯醌 ［图 2-19（A）］ 配合形成醌氢醌，其中氢醌无色，苯醌黄色，而配合物醌氢醌则呈一种金绿色。氢醌用最高已占 π 分子轨道与苯醌的最低空的 π 分子轨道发生重叠，两个轨道在离域区域重叠，形成 π-π 相互作用。这种分子间配键的结合能为 8～42kJ/mol，与氢键接近，比化学键能小很多。另外，π-π 是一种常发生在芳香环之间的弱的相互作用，通常存在于相对富电子和缺电子的两个分子之间。常见的堆叠方式有两种：面对面和边对面 ［图 2-19（B）］。边对面相互作用可以看成是一个芳环上轻微缺电子的氢原子和另一个芳环上富电子的 π 电子云之间形成的弱氢键。π-π 分子间作用对分子化学以及生物识别有很重要的意义。

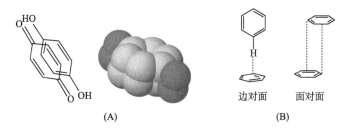

边对面　　　　面对面

(A)　　　　　　　　　　　　　(B)

图 2-19　苯醌 π-π 堆叠结构（A）和两个苯环间的 π-π 堆叠结构（B）

### 2.3.2.4　疏水效应

疏水效应（图 2-20）是一种非常重要的分子间相互作用，它在分子识别过程中扮演着重要角色。疏水效应主要是由于水能形成强的氢键网这一独特性质而引起的，它是指由于水分子之间强烈的相互作用，分散在水相中的具有疏水性能的非极性有机分子聚集在一起，从而被排挤出强极性的溶剂间的相互作用之外。疏水效应可以从传统的热力学角度予以解释：相对于溶液中其他位置的水分子来说，围绕非极性基团的水分子排列更有序，形成一个封闭结构，或称为"笼形"结构，水分子彼此之间形成氢键，而且只是很脆弱地结合在封闭结构内的基团上，当疏水基团彼此靠近时，相接触的水分子原本排列有序的"笼形"结构被破坏，这部分水进入自由水中，使水分子熵增加，因此，疏水效应是熵增加驱动的结果。

就分子识别过程中的底物和受体而言，它们的非极性部分在体相中均为水合状态，即被水分子所包围，当底物与受体接近到某一程度时，非极性部分周围的

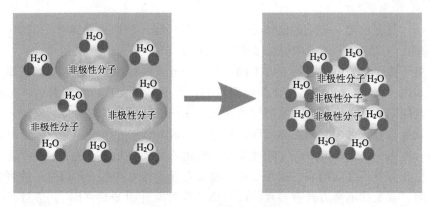

图 2-20　疏水效应示意图

水分子便被挤出去发生水合现象，使置换出来的水分子呈无序状态因而体系的熵增加，熵变值减少，使两个非极性区域间的接触稳定化，这种缔合就是疏水基团相互作用的结果。

### 2.3.3　螯合和大环作用

#### 2.3.3.1　螯合作用

在分子识别过程中，当由许多分子间非共价的相互作用力一起作用时会产生加和的稳定效果。但是，在很多情况下，整个体系的协同相互作用大于各个部分的相互加和作用，也就是产生了额外的稳定作用。这种额外的稳定性是基于其螯合作用。

配位化学中的螯合作用对于从事相关领域的研究工作者来说是非常熟悉的，在配位化学中多齿配体的金属络合物明显比与之相近的单齿配体要稳定。例如，图 2-21 中，1，2-乙二胺取代氨的反应平衡常数很大（$\lg K = 8.76$），表明 1，2-乙二胺的螯合物比氨的螯合物稳定 $10^8$ 倍[20]。

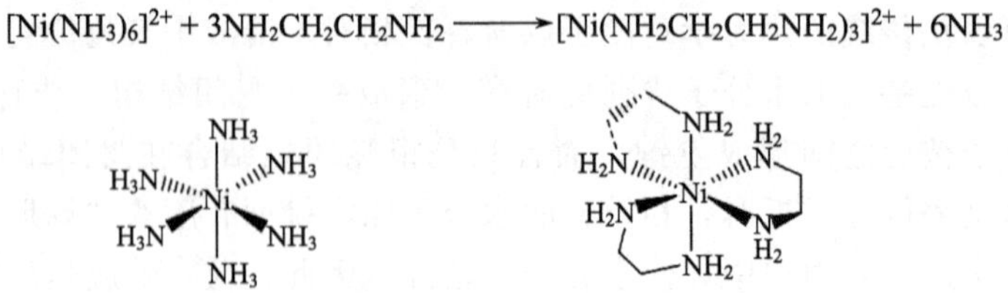

$$[Ni(NH_3)_6]^{2+} + 3NH_2CH_2CH_2NH_2 \longrightarrow [Ni(NH_2CH_2CH_2NH_2)_3]^{2+} + 6NH_3$$

图 2-21　螯合效应

螯合作用可以从热力学和动力学两个方面来解释：

首先，从热力学上来说，金属与螯合配体反应导致了自由粒子的增加，熵增加，对总反应自由能变化的贡献有利于反应的进行。若再优化配体-金属相互作用的构象和静电作用方式，还可以产生有利于反应的焓变。

其次，从动力学上来说，金属-配体之间的反应速率和金属-配体的第一个原子之间的螯合速率相当。金属与配体的第二个配位原子结合的速率就快多了。这是因为对于已经螯合了一个金属的二齿配体，第二个配位原子的有效浓度比第二个单齿配体的浓度要高得多，于是在动力学上产生了优势。

此外，螯合稳定作用还取决于螯合环的大小。一般来说，五元环因环中张力最小，是最稳定的；四元环的张力很大，而随着螯合环的增大，直接指向金属的两个给体原子的统计可能性变得更加不可能，会导致不利的熵变。不过，环张力还取决于金属离子的大小。对于半径很小的金属离子，如 $B^{3+}$、$Be^{2+}$ 等，六元环要更常见。这是因为小的阳离子形成的阳离子给体的键长接近于环己烷那样的六元环分子的键长。

### 2.3.3.2　大环效应

对于很多超分子主客体络合物来说，它们比预想的只有螯合作用的情况要稳定得多，在这些体系中主体分子通常是有多个结合点螯合客体的大环配体（图 2-22）。也就是说，这类化合物还可以得到额外的大环效应使之更加稳定。这种效应主要与配体结合点的空间排布有关。为了有利于螯合，主体必须缠绕在客体四周，使得客体不消耗结合能。大环效应最早是由 Cabbines 和 Margerum 在 20 世纪 70 年代研究 Cu（Ⅱ）络合物［图 2-22（A）、（B）］时提出的。由于附加的大环效应，大环［图 2-22（A）］比非环状类似物稳定约 $10^8$ 倍[20]。

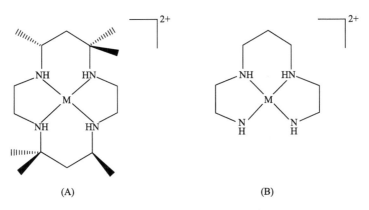

图 2-22　大环效应［M＝Cu（Ⅱ）］

　　同样，对这类络合物的热力学测定表明，大环效应也仍然是主要得益于焓和熵两方面的因素。焓的稳定因素表现为大环主体比直链化合物更不易溶剂化，主要是因为环状主体表现出较小的溶剂可触及的表面积。因此，环状主体只需要断裂较少的溶剂-配体键。就熵而言，大环构象的柔韧性较差，因此络合后自由度不会大幅减少。大环效应在冠醚识别分子中也有很明显的体现，在此不再详述。

## 2.4　展　　望

　　目前分子识别系统已经被大量用于传感器的研究之中，特别是合成的分子识别系统具有多方面优势：①稳定性好，对热、酸、碱的耐受能力强；②可以系统化满足传感器的各种要求，而不是仅满足某一方面的要求；③合成较为简单，材料较容易获得；④使用寿命长。这些优点使发展合成分子识别系统成为提高传感器质量的重要方向之一。

　　分子识别是化学传感器不可或缺的组成部分，对分子识别系统的选择、设计、改进和合成必将促进化学传感器的发展，尤其是对分子传感器的发展。另外，对分子识别系统的研究也必将推动相关学科，尤其是分子水平科学的进一步发展，为其带来新的启示。

　　科学技术的发展是不断地从宏观体系到微观体系的发展，是从事物的现象到其本质的认识的发展，这方面在化学和生物学得到了充分的体现。以分子识别为基础的化学传感器和生物传感器的发展是以分子识别的生物和化学反应基础为动力的，可以说，没有对分子识别的生物和化学反应基础的彻底认识，以分子识别为基础的化学和生物传感器就不可能得到发展。分子识别所带来的信息革命是一次飞跃式的信息革命，分子识别在信息领域起着非常重要的作用，人们可以通过信号转换器把微观世界微弱信号放大，并以更加直接的方式认识事物的本来面目。分子识别正朝着电子和信息时代大踏步地前进，对分子识别的基本元件和其他更多的识别元件的认识，以及对分子识别原理的阐明，使得我们更加有理由相信，化学和生物学所带来的曙光将照亮所有人们用肉眼无法看到的那片漆黑的知识海洋。

### 参 考 文 献

[1] Büttner J. Evolution of clinical enzymology. J. Clin. Chem. Clin. Biochem. , 1981, 19: 529-538
[2] Pedersen C J. Cyclic polyethers and their complexes with metal salts. J. Am. Chem. Soc. , 1967, 69: 2495-2496
[3] 刘育, 尤长城, 张衡益. 超分子化学: 合成受体的分子识别与组装. 天津: 南开大学出版社, 2001
[4] 曾惠意. 结构设计之环糊精感测层在红外光感测上之特性探讨与应用. 中国台湾: 国立中兴大学硕士

学位论文, 2004

[5] Strickland A D, Batt C A. Detection of carbendazim by surface-enhanced raman scattering using cyclodextrin inclusion complexes on gold nanorods. Anal. Chem. , 2009, 81: 2895-2903

[6] Wang J, Kong L T, Liu J H, et al. Synthesis of novel decorated one-dimensional gold nanoparticle and its application in ultrasensitive detection of insecticide. J. Mater. Chem. , 2010, 20: 5271-5279

[7] Xie Y F, Zhao B, Ozaki Y et al. Sensing of polycyclic aromatic hydrocarbons with cyclodextrin inclusion complexes on silver nanoparticles by surface-enhanced Raman scattering. Analyst, 2010, 135: 1389-1394

[8] Leyton P, Sanchez-Cortes S, Garcia-Ramos J V, et al. Selective molecular recognition of polycyclic aromatic hydrocarbons (PAHs) on calix [4] arene-functionalized Ag nanoparticles by surface-enhanced raman scattering. J. Phys. Chem. B, 2004, 108: 17484-17490

[9] Guerrini L, Garcia-Ramos J V, Sanchez-Cortes S, et al. Sensing polycyclic aromatic hydrocarbons with dithiocarbamate-functionalized Ag nanoparticles by surface-enhanced raman scattering. Anal. Chem. , 2009, 81: 953-960

[10] 陈艾. 敏感材料与传感器. 北京: 化学工业出版社, 2004

[11] Patolsky F, Zheng G F, Lieber C M, et al. Electrical detection of single viruses. PNAS, 2004, 101: 14017-14022

[12] Patolsky F, Zheng G F, Lieber C M, et al. Nanowire-based nanoelectronic devices in the life sciences. MRS Bullrtin, 2007, 32: 142-149

[13] 司士辉. 生物传感器. 北京: 化学工业出版社, 2003

[14] Wang C J, Huang J R, Liu J H, et al. Fabrication of the nanogapped gold nanoparticles film for direct electrical detection of DNA and EcoRI endonuclease. Colloid. Surface B, 2009, 69: 99-104

[15] Yang L B, Chen G Y, Liu J H, et al. Sunlight-induced formation of silver-gold bimetallic nanostructures on DNA template for highly active surface enhanced Raman scattering substrates and application in TNT/tumor marker detection. J. Mater. Chem. , 2009, 19: 6849-6856

[16] Xia Q, Chen X, Liu J H. Cadmium sulfide-modified GCE for direct signal-amplified sensing of DNA hybridization. Biophys. Chem. , 2008, 136: 101-107

[17] 徐筱杰. 超分子建筑——从分子到材料. 北京: 科学技术文献出版社, 2000

[18] 杨铭. 药物研究中的分子识别. 北京: 北京医科大学、中国协和医科大学联合出版社, 1999

[19] Blazani V, De Cola L. Supramolecular Chemistry. Netherlands: Kluwer Academic Publishers, 1992

[20] 斯蒂德 J W, 阿特伍德 J L. 超分子化学. 赵耀鹏, 孙震译. 北京: 化学工业出版社, 2006

[21] 吴其晔. 高分子凝聚态物理及其进展. 上海: 华东理工大学出版社, 2006

# 第 3 章　电导型半导体氧化物纳米传感器

## 3.1　引　　言

近年来，伴随着纳米科技的发展，通过监测敏感材料在环境中的电导变化来获得有害物质（特别是针对气态环境中有毒、可燃性以及有机挥发性气体）相关信息的纳米传感器，特别是电导型半导体氧化物纳米传感器，是研究较多和应用较普遍的一类传感器。待测气体与氧化物纳米敏感材料接触时，便在材料的表面发生吸附和化学反应，使得材料的电学性质发生改变。根据这一效应，可以检测环境中特殊气体的存在及浓度的大小。

电导型传感器是研究和应用最早的化学传感器之一。它根据电子在介质中传输能力的变化，通过测定与待测物之间发生化学作用前后敏感介质的电导差别来达到检测的目的。在目前已有的电导型化学传感器中，研究最多、最成熟的当数半导体氧化物气敏传感器。它可追溯到 1931 年，Braver 等发现 CuO 的电导率随水蒸气的吸附而改变。1962 年，日本科学家发现了 ZnO 和 $SnO_2$ 具有气敏性并进行了开创性研究，之后气敏材料和传感器真正开始发展起来[1]。后来，Shaver 等利用贵金属掺杂 $WO_3$ 提高其检测灵敏度，为半导体氧化物气体传感器的实用化奠定了基础[2]。随着研究的不断深入，其他金属氧化物气敏材料也相继被发现，如 $Fe_2O_3$、$In_2O_3$、NiO 以及复合金属氧化物 $ZnSnO_3$、$LaFeO_3$ 和 $ZnFe_2O_4$ 等。

纳米科技的发展大大丰富了电导型传感器领域的研究内涵。近年来，许多形貌独特的纳米敏感材料相继被合成和研究。与普通材料相比，由这些纳米结构敏感材料构筑的传感器件具有诸多的优越性：一是纳米结构具有庞大的界面，提供了大量气体通道，从而大大提高了材料的气敏响应并降低了检测限；二是工作温度大大降低；三是传感器的尺寸大大缩小。究其本质，纳米材料具有极小的颗粒尺寸和巨大的比表面积，呈现出许多特异的性质，如表面效应和量子尺寸效应等。表面原子数、表面能和表面张力随粒径的减小而急剧增加以及表面较多不饱和键的存在，使得它们在表面反应中显现出很高的化学活性，更易与待测气体作用导致自身的电学等性质变化，使得原本对气体不敏感的材料有了气敏性，敏感的材料则变得更为敏感。因此，可以说纳米材料的出现和发展为改善传感器的敏感性能带来了新的契机。

目前，电导型纳米化学传感器研究已经成为纳米科技研究领域的重要分支之一，现已在生物、化学、航空和军事等方面获得广泛的应用和发展。尤其以氧化物纳米材料为代表的电导型化学传感器，其中最为典型且研究较多的金属氧化物纳米材料主要有 $SnO_2$、$ZnO$、$In_2O_3$ 及 $Fe_2O_3$ 等。目前已实用化的气敏传感器由纳米 $SnO_2$ 膜制成，用作可燃性气体泄漏报警器和湿度传感器。不同纳米结构（如纳米线、纳米管、纳米棒、纳米带以及纳米颗粒等）的上述金属氧化物气敏性已被广泛研究。与传统的金属氧化物材料相比，它们表现出良好的敏感性能，主要体现在低检测限、高灵敏度等方面。另外，同一纳米结构的氧化物对很多气体都有高灵敏响应（表 3-1）。

**表 3-1　常见金属氧化物纳米材料的气敏性**

| 氧化物 | 形貌 | 气敏检测对象 | 文献 |
| --- | --- | --- | --- |
| $SnO_2$ | 纳米线 | $CH_3COCH_3$，$NO_2$，$H_2$，$CO$，$O_2$，湿度 | [3～7] |
| | 纳米管 | $CH_3CH_2OH$ | [8] |
| | 纳米带 | $CO$，$NO_2$ | [9，10] |
| | 纳米晶/纳米颗粒 | $CO$，$CH_3CH_2OH$，$H_2$ | [11～13] |
| $ZnO$ | 纳米线 | $CH_3CH_2OH$，$CO$，$H_2$，$NH_3$ | [14～18] |
| | 纳米棒 | $CH_3CH_2OH$，$H_2S$，湿度 | [19，20] |
| | 纳米枝 | $H_2S$ | [21] |
| $In_2O_3$ | 纳米线 | $CH_3CH_2OH$，$CO$ | [22，23] |
| | 纳米棒 | $H_2S$，$CH_3CH_2OH$ | [24] |
| | 多孔纳米管 | $NH_3$ | [25] |
| $Fe_2O_3$ | 多孔纳米棒 | $CH_3CH_2OH$，$CH_3COCH_3$，$CH_3CHO$，$CH_3COOH$ | [26] |
| | 纳米环 | $CH_3CH_2OH$ | [27] |

# 3.2　电导型半导体氧化物纳米传感器基本原理

电导型纳米传感器通过直接或间接监测纳米敏感材料与其他物质发生化学反应前后的电导（电阻）变化来获得检测和传感的功能。例如，半导体金属氧化物（$SnO_2$、$ZnO$、$In_2O_3$、$CuO$ 等）传感器在接触到一定浓度的还原性/氧化性气体时半导体氧化物的电阻会有明显的变化。

## 3.2.1　分类

电导型化学传感器有很多种，可以根据传感器的结构、检测对象和敏感材料导电性质等方式来进行分类。根据材料导电的形式（电子、空穴），半导体氧化物纳米传感器可分为：n 型半导体传感器和 p 型半导体传感器。在一定的工作温度下，n 型半导体材料由于氧负离子的吸附而在材料的表面形成一个电子消耗层，导致在粒子间产生一个高的势垒。然而，当处于还原性气体气氛中，如 $H_2$、CO，还原性气体会与氧负离子反应生成 $H_2O$、$CO_2$，残留的电子会进入半导体材料内部从而降低材料的电阻[28]。以 $SnO_2$ 为例（其他半导体氧化物与之相似）[29]，在加热条件下空气中的氧会从 $SnO_2$ 半导体的施主能级夺走电子，并在晶体表面吸附氧负离子，使表面电位增高，从而阻碍电子的移动。所以，基于 $SnO_2$ 敏感材料的气体传感器在空气气氛下表现出较高的电阻。当与还原性气体接触后，还原性气体与半导体表面吸附的氧负离子发生氧化还原反应，此时电子又被释放回半导体中，表面电位降低，导致传感器的电阻减小，如图 3-1 所示。发生表面接触（表面控制型）氧化还原反应进而引起电阻变化，是大多数半导体氧化物气敏机理的本质。对于还原性气体，电阻值减小；对于氧化性气体，电阻值则增大。p 型半导体材料：如 CuO，在还原性气体

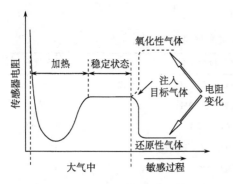

图 3-1　半导体氧化物气敏过程中的
电阻变化规律

与氧负离子的反应过程中多余电子的注入导致电荷载体浓度的降低，从而使材料的电阻增大[30]。

　　根据材料电阻变化的起因，电导控制型半导体气敏传感器还可分为表面电导控制型和体电导控制型两种。表面电导控制型半导体气敏传感器：与被探测的气体接触后，利用材料表面电导发生变化进行检测。主要包括 $SnO_2$ 和 ZnO 等金属氧化物半导体材料制成的气敏传感器。ZnO、$SnO_2$ 等半导体的表面在空气中能吸附氧分子，吸附的氧从半导体中获得电子使其表面电阻增加。当还原性气体作为被测气体与气敏器件表面接触时，这些气体与先前吸附的氧发生作用，并将氧捕获的电子释放回半导体中去，结果使得半导体表面电阻下降，利用这种表面电阻的变化可以检测还原性气体或氧化性气体（表面电阻增加）。体电导控制型半导体气敏传感器：与被探测气体接触后，由于化学组成偏离计量比，在较低的温度下与气体接触时材料中的结构缺陷会发生变化，继而使体电阻发生改变，利用这种原理也可检测多种气体。例如，$Fe_2O_3$、$TiO_2$ 等材料制成的气敏传感器。

### 3.2.2　敏感基本原理

　　电导控制型金属氧化物半导体气敏传感器虽然已广泛使用，但其气敏机理尚不明确。例如，对于 $SnO_2$ 气体传感器，鉴于其材料结构的多样性（包括厚膜

$SnO_2$、薄膜 $SnO_2$、多晶 $SnO_2$、纳米晶 $SnO_2$ 气体传感器等），对它们的气敏机理的解释也不局限于同一标准。即对于不同形式的 $SnO_2$ 气体传感器，其气敏机理可能不同。下面是几种传统的机理模型，特别指出的是，这些模型只是局限于气敏传感器在恒定温度下工作时的机理模型。

1）晶界势垒模型

该模型能较好地解释气敏传感器在还原性气体中电阻率下降的规律。晶界势垒模型是基于由许多晶粒组成的多晶半导体气敏材料。该模型认为，在晶粒接触的界面处存在着势垒，当晶粒边界处吸附氧化性气体时，如空气中的氧气，这些吸附态的氧从晶粒表面俘获电子，增加表面电子势垒，从而增大了气敏材料的电阻率；当环境中有还原性气体时，如 CO 和 $H_2$，则与吸附的氧发生反应，同时释放出电子，降低了晶粒界面的势垒高度，从而使气敏材料的电阻率降低。

2）氧离子陷阱垫垒模型

该模型能解释 $SnO_2$ 气敏传感器在还原性气体中电阻率变化的规律，同时也能解释其特性与温度、氧分压的关系以及催化剂的作用。例如，气敏材料 $SnO_2$ 通常是一种多晶材料，由许多小晶粒组成，在晶粒连接处形成许多晶界，正是这些晶界决定着多晶材料的导电特性。氧离子陷阱势垒模型认为在 $SnO_2$ 多晶晶粒的交界面存在大量的悬挂键及失配位错，这些悬挂键和失配位错可看作氧原子的吸附中心。在高温下这些氧原子从 $SnO_2$ 中俘获电子而带负电荷，形成电子势垒，相应地也在晶粒中出现电子耗尽现象，晶粒表面由于失去电子而带正电荷。$O^-$ 为吸附在晶粒表面的氧离子。在晶界处会形成一个附加的电子势垒 $E_B$，阻止载流子的运动，使电子迁移率减小。

当还原性气体分子出现时，它们与吸附的氧离子发生反应，其反应生成物以气态方式挥发，同时将氧所带的负电荷释放到 $SnO_2$ 晶粒中，这样既增加了 $SnO_2$ 材料中的导电电子，又减弱了晶界处氧离子造成的电子运动势垒，提高了载流子的迁移率，使 $SnO_2$ 材料的电导率明显增加。

3）空间电荷层模型

该模型能解释气敏传感器在氧化性气体和还原性气体中电阻率变化的规律。模型认为，当氧化物半导体表面吸附某种气体时，由于被吸附气体在半导体表面所形成的表面能级与半导体本身的费米能级不在同一水平，因此在表面附近形成空间电荷层。该空间电荷区的电导率随被吸附气体的性质和浓度的变化而变化，因而能定性甚至定量地反映出被测气体的存在及含量。暴露于大气中的 n 型氧化物半导体，如 $SnO_2$、ZnO 等，其表面总是吸附着一定量的电子施主（如氢原子）或电子受主（如氧原子），由此组成能与半导体内部进行电子交换的表面能级，并形成位于表面附近的空间电荷层。该表面能级位于半导体本身费米能级的位置，取决于被吸附气体的亲电性。如果其亲电性低（即还原性气体），产生的表面能级将位于费米能级下方。被吸附分子向空间电荷区域提供电子而成为正离子吸附在半导体表面，空间电荷层内由于电子浓度增加，呈多电子状态，使空间电荷层的电导率相应增加。反之，如果被吸附气体的亲电性高（即氧化性气体），产生的表面能级将位于费米能级上方，被吸附分子从空间电荷区域吸取电子而成为负离子吸附在半导体表面，空间电荷层内由于电子浓度降低，呈少电子状态，使空间电荷层的电导率相应减小。因此，通过改变气体在半导体表面的浓度，空间电荷区域的电导率就可以得到调节。半导体金属氧化物气敏元件的工作原理就是依据其在正常气氛和目标气氛下表面电阻及体电阻的改变实现对目标气体的检测。虽然气敏元件的工作原理简单，但其敏感机理却相当复杂。

对于半导体氧化物纳米传感器，其气敏性响应机理也主要是从以下三种不同的角度来阐述：电子传导、吸附反应（基于气体分子与敏感材料的吸附作用角度来解释气敏机理）以及催化反应（研究材料对目标气体的催化性能来解释材料的响应机理）。例如，在纳米敏感材料中加入贵重金属纳米颗粒（如 Pt 和 Pd），大大增强了选择性，提高了灵敏度，降低了工作温度。其性能的具体改善程度与加入贵金属纳米颗粒的晶粒尺寸、化学状态及分布有关。因此，材料的催化性能与元件的气敏性能有着必然与本质的联系，对其催化活性加以研究，将会揭示材料的气敏机理，为气敏材料设计提供理论依据，以促进气敏传感器的产业化进程。其中，电子传导气敏机理是最为普遍的解释。它主要是分析负氧离子吸附的多孔晶体空间电荷层的电学特性，建立电学特性与气敏机理的联系，如晶界势垒、颈部势垒控制和晶粒控制等不同模型，见图 3-2[31]。①当晶粒尺寸 $D$ 远远大于电子耗尽层厚度 $L$ 时，正电流在材料晶粒之间穿行需越过晶粒间的势垒，而势垒高度由主态密度决定，也就是由吸附在晶粒表面的氧物种而定，从而气敏响应灵敏度与材料的粒径大小无关。②当 $D \geqslant 2L$ 时，根据建立的模型，气敏响应灵敏度与材料晶粒间的颈部直径密切相关。很多情况下，氧化物的气敏机理是介于晶界势垒控制和颈部控制两种极端情况之间，是由晶界势垒和颈部联合控制。当粒径较大时，则主要是由晶界势垒控制，由于晶界势垒基本与粒子尺寸无关，因而灵敏度也与之无关；相反，如果粒径较小时，气敏响应则与晶粒尺寸相关。③当 $D$ < $2L$ 时，排空区域延伸到整个晶粒，晶粒中的电荷移动载流子完全排空，晶粒间导电通道消失。还原性气体在金属氧化物表面吸附，与吸附在氧化物表面的氧分子或负氧离子进行表面化学反应释放出电子于材料本体，从而使氧化物材料导带中电子密度增大，引起电阻降低来显示出气敏性。因此，可以通过监测电信号的强度变化来实现对气体的检测。氧化性气体则反之，与金属氧化物吸附后，则是吸收电子使导带中的电子密度减小，从而引起电阻的增大。

在实际检测中，气敏机理非常复杂，它不仅涉及吸附理论、表面物化性质、材料的表面状态及半导体电子理论等，而且同一气敏响应往往是多种机理共同起

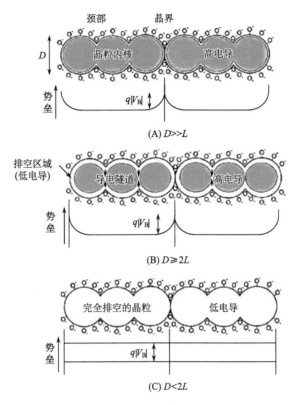

图 3-2　晶粒大小影响金属氧化物气体传感器灵敏度的三种模型示意图
（A）$D \gg L$（晶界控制）；（B）$D \geqslant 2L$（颈部控制）；（C）$D < 2L$（晶粒控制）

作用的结果。但可以肯定的是，敏感元件电阻的改变是由气体与金属氧化物之间的作用引起的。例如，当还原性气体与材料表面及吸附氧发生反应，氧浓度降低，从而引起材料电阻的改变。因此，还原性气体在金属氧化物上发生的催化氧化反应及吸附氧浓度的降低是气敏元件产生气敏效应的根本原因，气敏性能从本质上依赖于气敏材料的催化性能和表面化学性质，这就为通过掺杂、减小材料粒径等手段大幅度提高元件的气敏性能提供了理论依据。

　　对于半导体氧化物气敏纳米材料，当材料（纳米颗粒或纳米线）的尺寸约为电子耗尽层厚度的 2 倍时，表面的物理和化学反应可使纳米材料的电导发生非常大的变化。当氧化物颗粒的尺寸 $D$ 接近或小于其电子耗尽层厚度 $L$ 的 2 倍时（$D \leqslant 2L$），材料的气敏性将会出现指数量级的增大。对于 $SnO_2$ 纳米颗粒（$2L \approx 6nm$），也有相关研究报道，在 $SnO_2$ 颗粒的尺寸约为 6nm 时，其气敏性能将出现指数量级的增大[32]。因此，控制晶粒尺寸是改善基于纳米材料的传感器性能的一种非常重要途径。目前，研究报道的单根半导体氧化物纳米线以及其他纳米结构的高气敏性均是上述特性的体现[33~35]。图 3-3 为 $SnO_2$ 对氧气响应灵敏度（$S$）与纳米线直径的关系曲线。可以看出随着纳米线直径的减小响应不断增加；当直径达到 20nm，响应增加更为明显[36]。图 3-3 中插图是直径为 20nm 的 $SnO_2$ 纳米线在 573K 时的响应曲线，很显然具有较高的敏感响应。Rothschild 等[37]在研究 $SnO_2$ 纳米晶的气敏性与粒径大小关系时，也得到了类似的结论。因此，气敏材料纳米尺度化后，特别是尺寸越接近电子耗尽层厚度的 2 倍时，将对传感器的检测限和灵敏度等性能有极大的改善。但是，在实际制备的纳米材料中，如纳米线、纳米粒子等，它们的直径通常大于该尺寸。虽然电学性质受表面反应的影响程度减弱，但与块体材料相比仍具有很好的气敏性能。

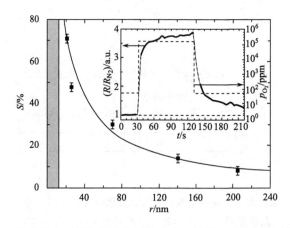

图 3-3　$SnO_2$ 纳米线在不同氧气浓度下的响应（插图）及直径与灵敏度的关系

## 3.3　电导型纳米传感器的构筑

从传统的制作方法和结构形式来看，传感器有烧结型、厚膜型和薄膜型等。烧结型又分为气敏材料涂覆在 $Al_2O_3$ 陶瓷管上的管热式气敏元件和加热丝直接埋在气敏材料内部的直接式气敏元件；而厚膜型的气敏元件一般是指通过丝网印刷的方法将气敏材料印在 $Al_2O_3$ 基片上；薄膜型气敏元件则是在绝缘衬底上采用蒸发、溅射或化学气相沉积（CVD）等方法制作敏感膜。一般来说，研究纳米材料的敏感性能，通常采用图 3-4 中显示的几种结构形式：①将纳米材料分散在分散剂中，再涂于 $Al_2O_3$ 陶瓷管上，管内的加热丝用于提供工作温度，即类似于传统的管热式气敏元件，见图 3-4（A）；②将纳米材料分散于印有叉指电极的陶瓷片上，背面的加热片提供工作温度，具体结构见图 3-4（B）；③针对单根纳米结构的敏感材料，利用传统的方法则无法实现，需要在借助半导体工艺的基础上辅以大型的仪器设备，如采用聚焦离子束刻蚀-沉积系统（FIB）和电子束直写系统（EBL）等。通常采用 Si/SiO$_2$ 作为基底，将纳米材料分散在基底上，再构筑电极，如图 3-4（C）所示。

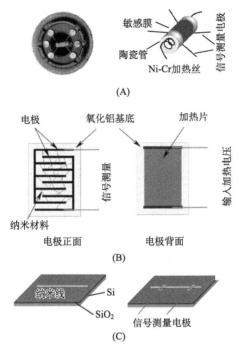

图 3-4　电导型纳米化学传感器典型的结构
（A）Al$_2$O$_3$ 陶瓷管上的管热式气敏元件；（B）叉指电极的 Al$_2$O$_3$ 陶瓷片气敏元件；
（C）Si/SiO$_2$ 为基底的气敏元件

## 3.4　电导型纳米传感器检测方法

对于纳米敏感材料的气敏性能研究，目前在实际检测中通常采用以下两种检测方式，如图 3-5 所示。图 3-5（A）是采用直接在器件两端施加电压，通过监测器件输出电流的变化实现检测。其电流的变化直接对应到敏感材料电阻的变化。相对而言，图 3-5（B）采用间接的方式来监测材料电阻的变化。它是通过与器件串联一个标准负载电阻，并在两端加一恒定的电压，通过监测标准负载电阻的分压变化，达到敏感检测的目的。

与传统的传感器类似，纳米传感器的性能研究也主要有以下特征参数。

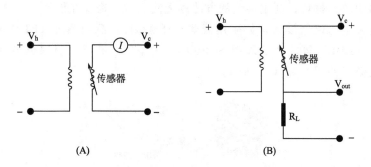

图 3-5　电导型传感器两种常见的检测方式和测试原理

1）元件电阻

通常将电阻型气体传感器在干燥、洁净空气中的电阻值称为气体传感器的固有电阻值，习惯上用符号 $R_a$ 表示。传感器在被测试气体中的电阻值称为实测电阻值，用 $R_g$ 表示。

2）灵敏度

气敏元件的灵敏度是气敏元件对被测试气体的敏感程度。它表示气体传感器的电学参数与被测气体浓度之间的关系。一般采用气敏元件在空气中的电阻值与在一定浓度的被检测气体中的电阻之比来表示灵敏度 $S$：

n 型半导体　　$S = R_a/R_g$ 或 $S（\%）= \Delta R/R_g$（$\Delta R = R_a - R_g$）

p 型半导体　　$S = R_g/R_a$ 或 $S（\%）= \Delta R/R_a$（$\Delta R = R_a - R_g$）

但是严格意义上说，这里的灵敏度实际上是指传感器的相对敏感响应。

3）响应时间和恢复时间

气敏元件的响应时间表示在工作温度下，气敏元件对被测气体的反应时间，一般是指气敏元件与一定浓度的被测气体开始接触，到气敏元件的电阻变化值达到 $|R_a - R_g|$ 值的 90% 时所需的时间。一般用符号 $T_{res}$ 表示。

气敏元件的恢复时间表示在工作温度下，被测气体从该元件上解吸的时间。一般从气敏元件脱离被测气体时开始计时，直到其电阻变化值达到 $|R_a - R_g|$ 值的 90% 时为止，所需的时间称为恢复时间。通常用符号 $T_{rec}$ 表示。

4）选择性

气敏材料对待测气体响应的气敏机理决定了一种气敏元件将会同时对待测气体中的多种气体产生敏感，一般用分辨率（$D$）来表示，即元件对目标气体的灵敏度（$S_c$）与干扰气体的灵敏度（$S_i$）的比值：$D = S_c/S_i$。实际应用中要求选择性越高越好。

5）稳定性

当气体浓度不变时，若其他条件发生变化，在规定的时间内气敏元件输出特性维持不变的能力，称为传感器的稳定性。稳定性是表示气敏元件对于气体浓度以外的各种因素的抵抗能力。

6）初期稳定时间

长期在非工作状态下存放的气体传感器，因其表面吸附空气中的水分或者其他气体，传感器的表面电阻会发生变化，通电后，随着传感器温度的升高，传感器表面发生解吸现象。因此，由开始通电直到气敏元件电阻值到达稳定所需时间，称为初期稳定时间。

7）加热电压和加热功率

气敏元件一般在一定温度下工作。加热电路中为气敏元件提供必要工作温度的电压称为加热电压，用符号 $V_H$ 表示。电路中气敏元件正常工作所需的加热功率，称为加热功率，常用符号 $P_H$ 表示。

## 3.5 几种电导型半导体氧化物纳米传感器

近年来，随着半导体纳米金属氧化物气体传感器研究的深入，各种各样结构形貌的半导体氧化物纳米材料被合成，如纳米颗粒、纳米球（空心和实心）、纳米带、一维纳米结构的纳米线和纳米管等，见图 3-6。

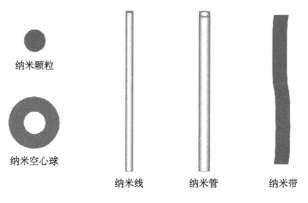

纳米颗粒

纳米空心球

纳米线　　纳米管　　纳米带

图 3-6　几种典型的纳米结构

在上述纳米材料的基础上，有关多孔纳米材料的研究越来越多。除了具备纳米材料的独特性质外，多孔结构也赋予了它们潜在的应用前景。例如，在催化领域用作催化剂或催化剂的载体[38~41]；还可以用于分离技术[42~44]；在生物类的药物投递和释放等领域也有着重要的应用[45~49]；在传感器领域，多孔结构的纳米材料也显现出重要的应用前景。

尽管纳米材料因具有较大的比表面积而备受关注，但是在敏感器件中纳米敏感材料的紧密堆积使得气体很难扩散到敏感材料的内部并发生作用，反应仅局限于材料的表层，很显然没有充分利用整个材料的敏感活性。因此，将纳米敏感材料制备成多孔结构，待测气体分子除了能与敏感材料的外表面作用外，还可以自由地扩散到材料内部与其内表面发生反应，这无疑在纳米材料的基础上进一步提高了比表面积；同时，多孔结构使大尺寸的纳米材料分解为很多尺寸更小的粒径纳米晶体，粒径尺寸大小更接近其电子耗尽层厚度的 2 倍。因此，多孔结构的纳米材料在改善传感器件的气敏性能中具有重要的意义[32,50~54]。与光滑实心的纳米材料相比，由于大的比表面积（内外表面均可参与外界作用的能力），且气体可通过多孔结构自由扩散等优点，因此多孔纳米材料在气体传感器领域有着良好的应用前景[25,53,55,56]。此外，由图 3-7 显示的多孔和紧密堆积敏感层能级结构，可以从另一层面看出，多孔结构在对提高材料的敏感性能上具有重要的作用。目前，多孔氧化物纳米材料的气敏性研究也相对较多。例如，Xia 等利用多孔 $SnO_2$ 纳米线制作成气体传感器件对乙醇、一氧化碳和氢气等一些气体分子展现了很好的响应[57]；又如，由介孔氧化硅 SBA-15 制备的 $Co_2O_3$ 在较低的工作温度下对 CO 响应比无多孔结构的样品更灵敏[58]；以介孔碳 CMK-3 为模板合成的介孔 ZnO 也得到了类似的结论[59]。

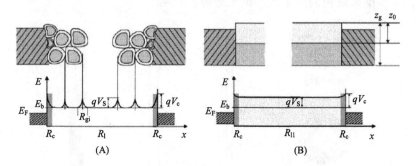

图 3-7　多孔（A）和紧密堆积（B）的敏感层能级结构

此外，利用大量的活性位点以促进表面接触反应的进行，是获得优良气敏性能的重要条件。除了设计多孔结构的纳米材料之外，构建分级结构（尤其微纳分级结构，其兼具微米尺度和纳米尺度效应）也是一条有效途径，也是未来具有良好发展前景的一类敏感材料。在本节中，主要依据纳米材料的组分，分别阐述几种典型的半导体氧化物纳米结构的气敏传感器研究现状。

### 3.5.1　二氧化锡纳米传感器

以 $SnO_2$ 为代表的金属氧化物半导体具有特殊的表面特性，材料吸附气体分子后，自身的电阻会发生明显的变化，所以成为制作各种气体传感器的理想材料。作为最典型的 n 型半导体，$SnO_2$ 是半导体氧化物中研究较多的一种敏感材料。传统的 $SnO_2$ 传感器主要是基于其粉体制成薄膜或厚膜传感器。随着纳米科技的发展，特别是纳米材料合成技术的突飞猛进，各种形貌和结构的 $SnO_2$ 纳米材料也被大量地合成。纳米材料固有的独特效应也使得 $SnO_2$ 传感器的研究逐渐地转向其纳米结构。在表 3-1 中已经列出了几种典型纳米结构 $SnO_2$ 的气敏性。

### 3.5.1.1　纳米线和纳米管

在 $SnO_2$ 纳米材料中，其一维纳米结构的研究在早期备受关注。因其具有比较大的长径比，在当今的纳米材料领域中备受瞩目，特别是在制作纳米器件方面有着独特的优势[60~62]。Kuang 等[5]用 FIB 技术构筑了二电极的单根 $SnO_2$ 纳米线传感器（图 3-8）。研究发现，单根 $SnO_2$ 纳米线在空气中对氧气和水汽非常敏感，测试表明单根 $SnO_2$ 纳米线在空气中对湿度有很高的灵敏度和快的响应，并且灵敏度与湿度呈线性关系。

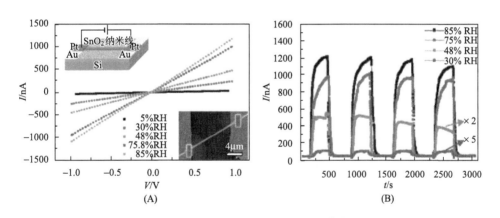

图 3-8　$SnO_2$ 单根纳米线构筑的湿度传感器

（A）器件结构示意图（左上），不同湿度下的 $I$-$V$ 曲线（中）及器件结构的 SEM 照片（右下）；

（B）在不同相对湿度条件下的实时响应曲线

构筑单根纳米线敏感器件需借助复杂的工艺和仪器设备，实际上在研究报道中，大多采用大量纳米线来构筑敏感膜，这样构筑的传感器也能充分显示纳米结构的高敏感性能。例如，我们采用 Fe 掺杂 $CNT/SnO_2$ 纳米复合材料为反应物，在惰性气氛下高温煅烧原位制备了大量的 $SnO_2$ 纳米线来构筑传感器[63]。对于 $SnO_2$ 纳米线的制备和器件的构筑：主要是将制备的 Fe 掺杂的 $CNT/SnO_2$ 复合材料直接涂覆在印有梳状电极的陶瓷管上，通过热处理后制作成传感器，图 3-9

（A）是制备得到的 SnO₂ 纳米线扫描电镜照片，其直径约为 50nm。其气敏性质测试结果如图 3-9（B）至图 3-9（E）所示。很显然这种一维的 SnO₂ 纳米材料对常见的还原性气体有较好的响应，在 200℃的工作温度下，对 100ppm 乙醇的响应灵敏度为 24，响应时间和恢复时间分别为 10s 和 15s；此外，传感器具有良好的可重复性，且在浓度小于 100ppm 时，传感器的响应灵敏度和浓度呈现出良好的线性关系，如图 3-9（C）所示。对于 100ppm 的丙酮和乙醚，其响应灵敏度分别为 20 和 11，而且响应时间仅为 5s。

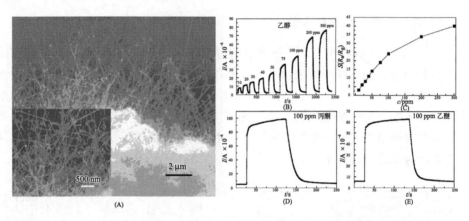

图 3-9　SnO₂ 纳米线低倍和高倍扫描电镜照片（A），在工作温度 200℃时一维 SnO₂ 纳米材料对不同浓度的乙醇的实时响应曲线（B），浓度和灵敏度的关系（C），工作温度 200℃时传感器对 100ppm 的丙酮（D）和乙醚（E）的实时响应曲线

　　在空气环境中，O₂ 吸附于 SnO₂ 的表面，这些吸附氧将俘获半导体 SnO₂ 纳米线中的电子，发生反应生成 O₂⁻、O⁻ 与 O²⁻ 等氧负离子，导致在氧化锡纳米线表面形成电子耗尽层，同时纳米线之间也因此形成高的结势垒。当暴露于还原性气体中，将与之前所生成的氧负离子（氧化性）发生反应。该过程中，被氧负离子俘获的电子被释放回 SnO₂ 纳米线，使得 SnO₂ 纳米线的电子输运能力增大以及纳米线间的结势垒降低，因此，使得传感器的电阻降低，其敏感响应机理如图 3-10 所示。当然，对于氧化性气体，其耗尽层会继续增大，纳米线间结势垒也会增大，自然导致其电阻增大[4]。

　　除 SnO₂ 纳米线外，其纳米管也是一种很好的一维纳米敏感材料。目前，制备基于多晶 SnO₂ 的一维纳米管材料方面的研究并不多。Wang 等[8] 用 AAO 作为模板，制备出的多晶 SnO₂ 纳米管中 SnO₂ 晶粒大小在 10～20nm，气敏性测试结果显示在 200℃的工作温度下，对 100ppm 乙醇蒸气的响应灵敏度只有 7 左右，但是仍然高于普通的 SnO₂ 粉末，其特殊的管状结构致使材料具有较大的表面积可能是灵敏度提高的原因。Du 等[25] 采用碳纳米管作为模板，制备

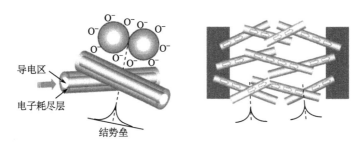

图 3-10　敏感机理示意图

出了多晶的 $SnO_2$ 纳米管，但是对构成纳米管的 $SnO_2$ 晶粒大小和气敏性并未做深入研究。

　　为了获得小粒径的氧化锡纳米颗粒，我们也采用碳纳米管为模板可控地制备了多孔的 $SnO_2$ 纳米管[64]。图 3-11 为制备得到的 $SnO_2$ 纳米管电镜照片，而且比较客观地反映了气敏元件表面的 $SnO_2$ 纳米管敏感膜的形貌特征。从图 3-11（A）可以看出，在除去碳纳米管模板后，保留的 $SnO_2$ 颗粒聚集体仍然保持了碳纳米管的一维结构，而且分散非常均匀，同时在元件表面存在大量直径在十几纳米的空隙，这些空隙将非常有利于测试气体的扩散；从图 3-11（B）显示的高倍电镜照片可以发现，$SnO_2$ 颗粒形成了多孔的管状结构。多孔 $SnO_2$ 纳米管的透射电镜照片进一步确认，除去碳纳米管模板后得到的是由 $SnO_2$ 纳米颗粒组成的多孔纳米管，其管径为 20～30nm。此外，可以发现一些零散无序的 $SnO_2$ 纳米颗粒的团聚体，这可能与制备样品时所用超声有关，也说明这种多晶的 $SnO_2$ 纳米管的结构稳定性较差。同时，可发现 $SnO_2$ 纳米晶粒的尺寸为 5～7nm，非常接近于 $SnO_2$ 的 $2L$ 值，而且从图 3-11 中可以确认这种 $SnO_2$ 纳米管中存在大量中孔，

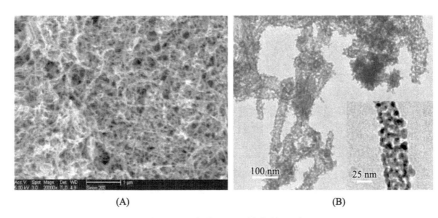

（A）　　　　　　　　　　　　　　　（B）

图 3-11　多孔 $SnO_2$ 纳米管照片

（A）扫描电镜；（B）透射电镜

其孔径为 4~6nm，这些中孔有利于气体分子的扩散，而且增大了材料的比表面积，有利于气敏性能的提高[25,64,66]。

实际上，模板法制备出的多晶 $SnO_2$ 纳米管非常容易破碎、断裂，若处理不当实际上得到的是 $SnO_2$ 的纳米颗粒，这对于其气敏性有较大影响。因此，为了得到比较完整的 $SnO_2$ 纳米管，将前驱体 $CNT/SnO_2$ 纳米复合材料直接涂覆于陶瓷片的表面，经过热处理后即得到了 $SnO_2$ 纳米管敏感膜。图 3-12 是传感器在工作温度为 200℃时，对不同浓度的乙醇的实时响应曲线以及灵敏度与浓度的关系曲线。多孔 $SnO_2$ 纳米管对乙醇表现出非常高的响应，对于 100ppm 的乙醇，其响应灵敏度高达 130，即使是 5ppm 的乙醇，灵敏度也达到 11；在 5~100ppm 的浓度范围内，灵敏度与浓度呈现出比较理想的线性关系，可以预见传感器将有一个很低的检测限，非常适合低浓度的检测。同时从图 3-12（B）可以看出，在乙醇浓度增大到 400ppm 以上时，传感器的响应开始出现饱和的现象。另外，传感器表现出了非常好的可恢复性，而且响应时间和恢复时间也在一个合理的范围内，对于 100ppm 乙醇，其响应时间和恢复时间约为 30s。

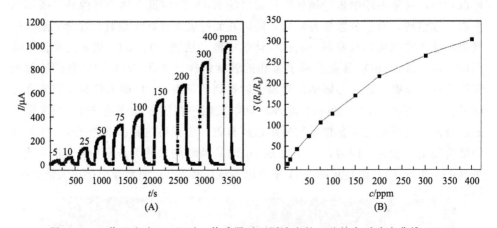

图 3-12　工作温度为 200℃时，传感器对不同浓度的乙醇的实时响应曲线（A）
及灵敏度与浓度的关系曲线（B）

除了对乙醇具有良好的敏感响应外，$SnO_2$ 纳米管传感器对其他还原性气体（包括甲醇、丙醇、异丙醇、丙酮、乙醚和乙酸乙酯等）也都具有非常好的敏感响应。图 3-13 是对甲醇、丙醇、异丙醇和丙酮进行测试的实时响应曲线以及灵敏度与浓度的关系曲线。在 100ppm 浓度以下时，其灵敏度与浓度都表现出良好的线性关系，对于 100ppm 的上述四种气体，传感器的灵敏度分别为66.5、250、115 和 126；对浓度为 5ppm 的甲醇、丙醇和异丙醇的灵敏度分别为 5、13.5 和 6.2；对 10ppm 丙酮的灵敏度为 14。传感器同样表现出了非常好的可恢复性和理想的响应时间与恢复时间。除此以外，传感器对于乙醚的响应灵敏度在 0～400ppm 范围内呈现非常好的线性关系，但是响应灵敏度却小于对醇类和酮类气体的。对于 100ppm 乙醚，传感器的响应灵敏度为 11；另外，传感器对乙酸乙酯同样有较高的响应，但是当浓度达到 50ppm 以上时，传感器明显开始出现饱和现象。因此，通过对多种常见的三类有机还原性气体的检测，可以看出多孔的 SnO₂ 纳米管传感器对醇类和酮类的响应最好：既有很高的灵敏度，又有比较低的检测限，而且拥有良好的可恢复性。

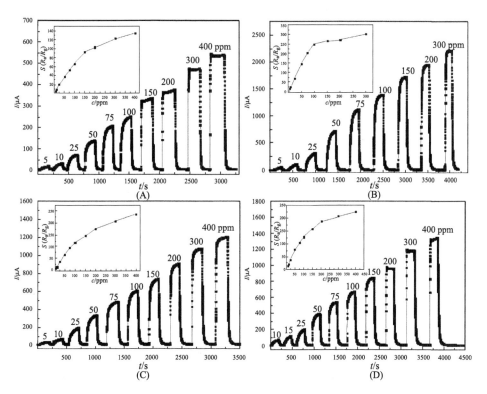

图 3-13　传感器在工作温度为 200℃时，对甲醇（A）、丙醇（B）、异丙醇（C）和
丙酮（D）的实时响应曲线以及灵敏度与浓度的关系曲线

为了阐明碳纳米管的模板作用，在不添加碳纳米管的情况下，采用相同的方法制备得到的产物为 SnO₂ 纳米颗粒。其气敏性能测试结果如图 3-14 所示。从对 100ppm 乙醇的响应灵敏度与工作温度的关系曲线可以看出，传感器的最佳工作温度为 200℃，响应灵敏度为 17.5，见图 3-14（A）。明显小于碳纳米管作为模板制备的多孔 SnO₂ 纳米管的敏感响应，充分说明多孔管状结构在敏感响应中的作用。另外，图 3-14（B）为对不同浓度乙醇的实时响应曲线，可以发现当乙醇

浓度达到 200ppm 以上时，传感器已经接近饱和状态，但是传感器的响应时间和恢复时间较短，这可能与灵敏度较低有关。总体而言，在没有碳纳米管的条件下，制备出的 $SnO_2$ 纳米材料的气敏性能和用碳纳米管作为模板得到的多孔 $SnO_2$ 纳米管有很大的差距。很显然，多孔结构的纳米管呈现出明显优于常规材料的敏感性能。

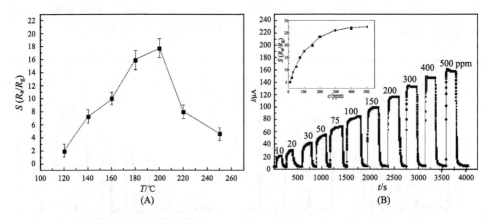

图 3-14　无碳纳米管模板时制备的 $SnO_2$ 纳米材料对 100ppm 乙醇的响应灵敏度与温度的关系（A）和在 200℃时对不同浓度乙醇的实时响应曲线（B）

### 3.5.1.2　多孔纳米空心球

在 $SnO_2$ 纳米结构材料中，多孔空心球结构也是一类重要的敏感材料，也被大量研究报道。这主要是因为多孔结构使待测气体样品很容易在敏感材料中扩散并产生作用，同时空心结构也让材料的内外表面都能参与敏感作用。对于该类结构，我们也进行了研究。首先，采用水热法制备了多层多孔的 $SnO_2$ 空心球，图 3-15 展示了所制备产物的形貌、结构与组成[67]。其中，从 SEM 照片［图 3-15（A）和（B）］可以看出，所得的产物呈现一种独特的多层空心球形结构，每一层均是由纳米颗粒堆积而成，由此也形成了多孔结构。从 TEM 照片［图 3-15（C）和（D）］可以观察到，整个球体直径约为 $2\mu m$，由外至内（三层空心球），各层厚度分别为 175nm、165nm 和 125nm。

图 3-16 是气体传感器对甲氧 DDT、灭蚁灵和艾氏剂等持久性有机污染物（POPs）的实时响应曲线。需要指出的是，如图 3-16（A）中所标明的，每次测试均是先注入纯溶剂，待传感器恢复后再注入 POPs 溶液样品。为了便于气体传感器的迅速恢复，本实验采用的载气为高纯空气，而非传统检测方法通常使用的 Ar 或 $N_2$ 载气。可以看到，传感器的电流（$I$）随着样品的注入而迅速增大，也

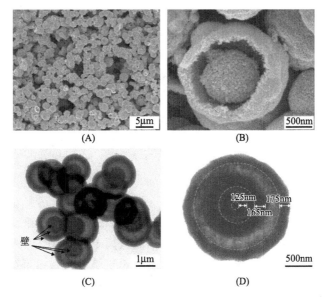

图 3-15　多层多孔 $SnO_2$ 纳米空心球的 SEM 照片（A、B）和 TEM 照片（C、D）

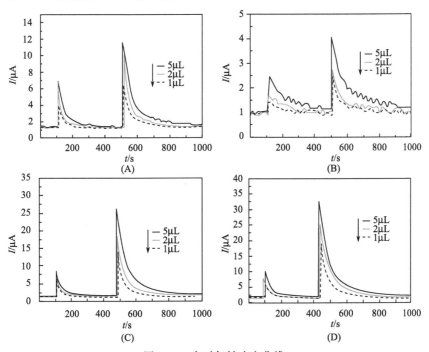

图 3-16　实时气敏响应曲线

（A）甲氧 DDT 的正己烷溶液（正己烷作为纯溶剂）（$1.0 \times 10^{-4}$ g/L）；（B）苯、灭蚁灵的苯溶液（$1.0 \times 10^{-4}$ g/L）；（C）石油醚、$p$，$p'$-DDT 的石油醚溶液（$1.0 \times 10^{-3}$ g/L）；（D）石油醚、艾氏剂的石油醚溶液（$1.0 \times 10^{-3}$ g/L）

就是说，传感器的电阻（$R$）迅速减小。此外，还可发现传感器对于测试的几种 POPs 溶液样品的响应灵敏度明显大于对纯溶剂的灵敏度。

　　针对多层 $SnO_2$ 纳米空心球对以上几种 POPs 的敏感机理，我们提出了一个基于多级放大效应的变化机理，如图 3-17 所示（以三层空心球为例）。首先，在空气环境中，$O_2$ 吸附于 $SnO_2$ 纳米材料的表面，这些吸附氧将俘获 $SnO_2$ 半导体中的电子，进而发生反应生成 $O_2^-$ 与 $O^{2-}$ 等氧负离子。当化学反应趋于平衡状态，一个空间电子耗尽层逐步形成，成为电子传输的势垒限制电子的进一步转移，导致 $SnO_2$ 纳米材料在大气环境下表现出较大的电阻。而本研究中所制备的 $SnO_2$ 纳米材料具有独特的多层空心结构，各层相对独立又共同构成一个整体，因此，视每一层均为一个势垒，共同作用则对外表现为多级势垒的协同作用（图 3-17 左半部分）。而当 POPs 蒸气（还原性气体）随载气引入测试室后，POPs 分子将与此前生成的氧负离子（氧化性）发生反应。在这一过程中，被氧负离子俘获的电子被释放回 $SnO_2$ 纳米材料，丰富的电子及其转移使得空间电子耗尽层厚度减小（图 3-17 右半部分），势垒降低，减小传感器在 POPs 气氛中的电阻（电流增大）。又因多级放大效应的作用，致使电阻变化幅度增大，表现为传感器灵敏度提高。此外，所制备的 $SnO_2$ 纳米材料主要为纳米

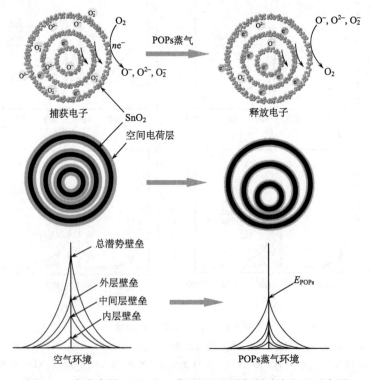

图 3-17　多孔多层 $SnO_2$ 空心球对 POPs 的气敏响应机理示意图

颗粒，其粒径较小（15～20nm）。该粒径在 Rothschild 模型中属于 $D \geqslant 2L$（$D$ 与 $L$ 分别为粒径与空间电荷层厚度）[31]，即势垒受控于相邻纳米颗粒边界的颈部，换言之，此时电流限域效应和纳米界面效应共同作用，也使得气体响应灵敏度大幅提高。

2009 年，Chang 等[68] 采用 PMMA 微球作模板，在氧化硅基底上通过溅射沉积结合煅烧获得单层的 $SnO_2$ 空心球。与溅射沉积得到的 $SnO_2$ 薄膜相比，其气敏性能明显增强，也充分说明多孔空心球结构可以很好地改善其敏感性能（图 3-18）。

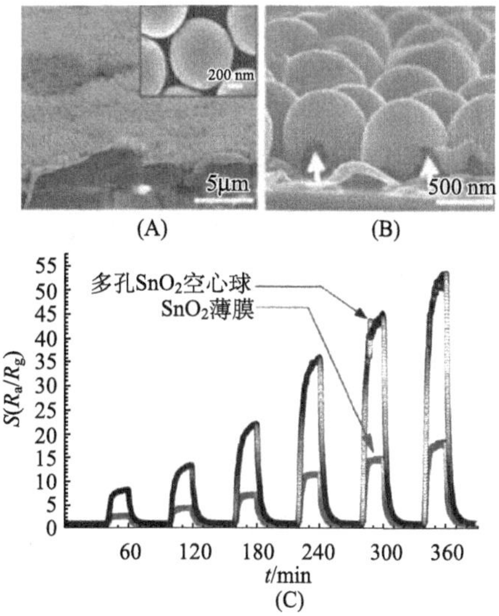

图 3-18　多孔 $SnO_2$ 空心球 SEM 照片（A、B）及其对 $NO_2$ 的敏感响应（C）

### 3.5.1.3　多孔纳米花

除了上述一维纳米结构和多孔空心球形貌外，类花状的分级多孔结构在气敏性能研究也受到关注，主要是利用分级结构大幅提高材料的表面积和反应活性位点。我们以 $SnS_2$ 纳米花为前驱体，在空气中通过高温煅烧制备了多孔 $SnO_2$ 纳米花，并研究了其气敏性能[69]。图 3-19 为 $SnS_2$ 纳米花和多孔 $SnO_2$ 纳米花的 SEM 照片。

对还原性气体的测试表明多孔 $SnO_2$ 纳米花表现出很好的敏感响应和可逆性。图 3-20（A）和（B）为 240℃的工作温度下，传感器对不同浓度乙醇的实时响应曲线和灵敏度曲线。可以看出，制备的花状纳米 $SnO_2$ 对乙醇有良好的响应。在 1ppm 的低浓度乙醇中，传感器的灵敏度约为 3.1。当浓度增加时，传感器的响应灵敏度也急剧增加，如图 3-20（B）所示。传感器对 100ppm 乙醇响应灵敏度高达 42.6，反应时间和恢复时间分别为 2s 和 15s。此外，根据图 3-20（A）我们可以看到，传感器还具有良好的可逆性。在同一测量系统中，$SnO_2$ 纳米粒子对 100ppm 乙醇的响应灵敏度仅为 14.4，远低于花状结构的 $SnO_2$ 纳米材料。此外，花状结构 $SnO_2$ 纳米材料的响应灵敏度远高于这些 $SnO_2$ 薄膜[70,71]、$Sn$[72]纳米带、$SnO_2$ 纳米带[9]、纳米片[73]、纳米棒[74,75]，以及通过使用 AAO 模板制备的 $SnO_2$ 纳米管[8]。

此外，用花状 $SnO_2$ 纳米材料制备的传感器对甲醇、异丙醇、正丁醇及丙酮表现出显著的响应，如图 3-21 所示。该传感器对 100ppm 的上述四种气体的响应灵敏度分别为 21.7、20.6、77.2 和 15.6。然而，传感器对甲苯、苯和氨的

图 3-19　SnS₂ 和多孔 SiO₂ 纳米花 SEM 照片

（A）SnS₂ 纳米花的低倍 SEM 照片；（B）SnS₂ 纳米花的高倍 SEM 照片；
（C）多孔 SnO₂ 纳米花 FESEM 照片；（D）高倍 SEM 照片

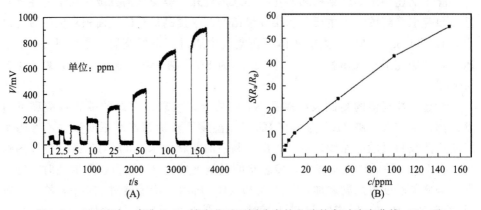

图 3-20　240℃时，多孔 SnO₂ 纳米花对不同浓度的乙醇的实时响应曲线（A）及
灵敏度与浓度的关系曲线（B）

响应灵敏度相对较低，如图 3-22（A）所示。根据图 3-20 和图 3-21 显示的传感器对四种气体的响应曲线及它们的灵敏度-浓度的关系曲线，可以清楚地观察到传感器装置对正丁醇和乙醇响应最好。传感器对乙醇的高敏感响应机理可以解释如下：乙醇比其他气体更容易吸附在 SnO₂ 的表面，这是由于醇羟基和氧负离子（包括 O⁻ 和 O²⁻）间形成了氢键。还原性气体能在 SnO₂ 的表面发生化学吸附的过程中被催化氧化。在催化氧化过程中，氧离子释放出的电子注入

半导体，晶界能垒降低，材料电阻降低。因此，在传感器与还原性气体反应的过程中氧负离子的消耗对于传感器的灵敏度的影响很大。与甲醇相比，正丁醇和乙醇在催化氧化的过程中将消耗更多的氧负离子。因此，传感器对正丁醇和乙醇有最好的响应。但传感器对丙醇没有表现出对乙醇那样高的气体响应。事实上，在 $SnO_2$ 表面发生的化学吸附和催化氧化过程是非常复杂并且是受多种因素影响的，如温度、掺杂、晶粒尺寸和孔隙结构等。对于传感器选择性的解释，则需要今后进行更多的研究才能够完成。

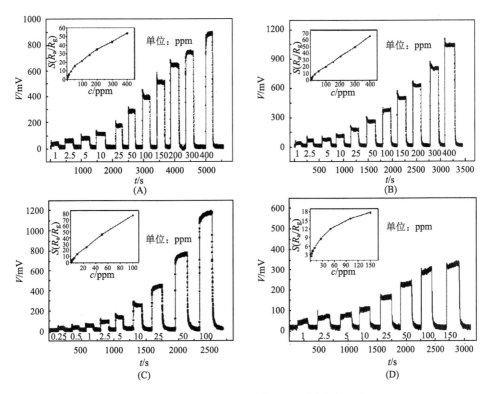

图 3-21　240℃时，多孔 $SnO_2$ 纳米花对不同浓度甲醇（A）、
异丙醇（B）、正丁醇（C）及丙酮（D）的实时响应曲线
其中的插图分别对应于灵敏度与浓度的关系曲线

对于半导体氧化物传感器，工作温度是一个重要因素。图 3-22（B）呈现传感器响应灵敏度与工作温度之间的关系。在 160～320℃ 范围内，传感器对乙醇的响应随工作温度的升高而增大，在 240℃ 时达到 42.6。然后，当温度继续升高时该传感器的响应会下降。因此，传感器装置的最佳工作温度是 240℃。

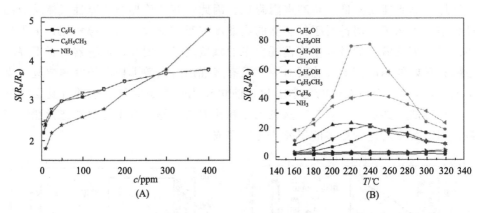

图 3-22　240℃时，多孔 $SnO_2$ 纳米花对不同浓度甲苯、苯和氨气的相对响应与浓度的关系
曲线（A）以及多孔 $SnO_2$ 纳米花对 100ppm 乙醇等的敏感度与工作温度的关系（B）

　　类似地，我们制备并研究了多孔分级的花状空心结构 $SnO_2$ 的气敏性[76]。其电镜照片如图 3-23 所示，呈现明显的微纳分级结构，花状的球形结构直径约为 $2\mu m$，其表面致密地生长着大量纳米片（厚度约为 10nm）。从 TEM 照片［图 3-23（B）和（C）］可以看到，转化产物除了保持 $SnS_2$ 前驱体原有的分级空心结构之外，其纳米片呈现明显的多孔结构。大量的纳米孔（孔径为 3～6nm，属于介孔）密集地分布于整个纳米片上。

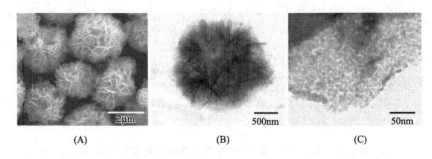

图 3-23　多孔 $SnO_2$ 纳米花的 SEM 照片（A）、TEM 照片（B）和高倍 TEM 照片（C）

　　对于易致毒化学品[77]丙酮、三氯甲烷和乙醚的敏感测试结果如图 3-24 所示。从实时响应曲线［图 3-24（A）］可以看到，电流随目标气体的注入而迅速增大，当目标气体被排出后，电流又迅速减小恢复至初始状态，说明基于多孔分级空心结构 $SnO_2$ 纳米材料的气体传感器对丙酮、三氯甲烷和乙醚响应灵敏。经过计算获得的灵敏度值如图 3-24（B）所示，可以看到，气体传感器灵敏度高，对于丙酮和三氯甲烷尤为明显。例如，对于 500ppm 丙酮和三氯甲烷，灵敏度分

别达到 110 和 90。此外，在较低气体浓度时传感器灵敏度随浓度增大而提高，气体浓度较高时灵敏度提高幅度逐渐减小。

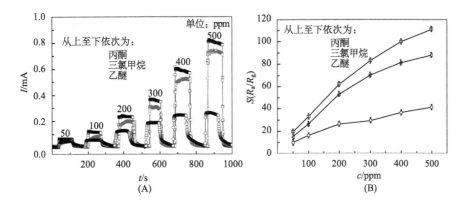

图 3-24　基于多孔分级空心结构 $SnO_2$ 纳米材料的气体传感器
对丙酮、三氯甲烷和乙醚的气敏性能
（A）实时响应曲线；（B）计算获得的灵敏度值

　　进一步对空心与实心的多孔分级 $SnO_2$ 气敏性能进行比较，即对自组装前驱体转化的 $SnO_2$ 与非组装方式（$Sn^{4+}$ 与 L-半胱氨酸直接水热合成）前驱体转化的 $SnO_2$ 气敏性能进行对比，如图 3-25 所示。需要说明的是，对于后者，为了进行该项研究，在相同水热条件下，无 SDS 辅助而直接由 $Sn^{4+}$ 与 L-半胱氨酸合成 $SnS_2$ 前驱体，之后再同样将其煅烧转化为 $SnO_2$［图 3-25（A）插入图，其形貌与图 3-23（A）相似］并制作气体传感器进行测试。从图 3-25 可以看到，在气敏测试条件相同的情况下，与实心的 $SnO_2$（大尺寸多孔纳米片堆积的分级结构）相比，自组装前驱体转化的 $SnO_2$（多孔分级空心结构）表现出明显优越的气敏性能，包括更高的灵敏度、更短的响应时间和恢复时间。对两者的灵敏度进行比较，如图 3-25（D）所示，由自组装前驱体转化的 $SnO_2$ 制作的传感器，其灵敏度约为非组装方式的 3 倍。上述诸多良好的气敏表现说明，基于多孔分级空心结构 $SnO_2$ 纳米材料的气体传感器在空气环境污染物检测和影响公共安全的化学品探测方面具有广阔的应用前景。

### 3.5.1.4　掺杂的 $SnO_2$ 纳米材料

　　掺杂也是改善气敏性能的重要手段，在传统的厚膜和薄膜敏感材料中已有大量的文献报道。表 3-2 列出了以敏感材料 $SnO_2$ 为例掺杂不同金属后的气敏性情况。从传感器敏感材料出发，对其掺杂不同的过渡金属催化剂和添加剂以提高半导体气体传感器的敏感性是当前研究最多、最有效、最常用的方法。根

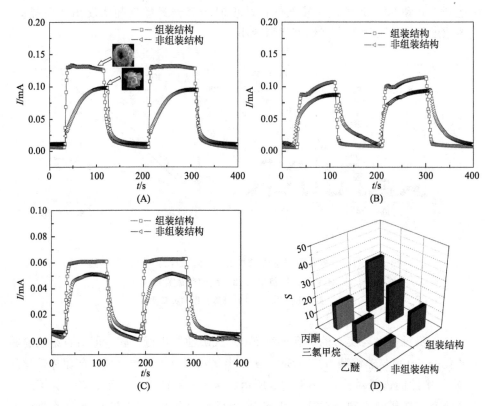

图 3-25　基于自组装前驱体转化的 SnO$_2$ 与基于非组装方式制备（Sn$^{4+}$ 与 L-半胱氨酸
直接水热合成）前驱体转化的 SnO$_2$ 气敏性能对比
（A）丙酮；（B）三氯甲烷；（C）乙醚；（D）相应的灵敏度

据氧离子陷阱势垒模型，半导体气体传感器对气体的检测过程实质上是氧气和
被测气体在半导体晶粒表面吸附和进行氧化还原反应的过程。基于催化理论，
催化剂对化学反应速率有极其重要的作用。催化剂能够提高半导体气体传感器
的灵敏度。因此，在半导体材料中加入不同的催化剂可以提高气敏传感器的选
择性。此外，改变催化剂的掺杂量也能很好地提高气体传感器的选择性，并能
改善其他性能。

　　在纳米敏感材料的掺杂方面，我们也做了一些相关的工作。例如，我们制备
了 CuO 掺杂的 SnO$_2$ 多孔空心球，发现它对 H$_2$S 气体具有良好的检测限和高的
灵敏度[97]。其 SEM 和 TEM 照片见图 3-26。从图 3-26 的 SEM 和 TEM 照片可
以发现，CuO 掺杂的 SnO$_2$ 为多孔空心球。前面的研究已经充分说明，多孔空心
结构能够很好地改善材料的敏感性。图 3-27（A）为近似室温下（35℃）时，对
不同浓度的 H$_2$S 气体的响应灵敏度。很显然该材料对 H$_2$S 气体具有很好的敏感

表 3-2　二氧化锡敏感材料掺杂不同金属后的气体响应

| 气体 | 敏感材料 | 文献 |
|---|---|---|
| $H_2$ | $SnO_2$-$TiO_2$ 多晶 | [78] |
| | $CeO_2$/$SnO_2$ | [79] |
| | $SnO_2$ [$Sb_2O_3$，Au] 薄膜 | [80] |
| $NH_3$ | Rh/$SnO_2$ | [81] |
| $CH_3CH_2OH$ | Fe/$SnO_2$ | [82] |
| | Pd/$La_2O_3$/$SnO_2$ | [83] |
| | Mo/$SnO_2$ 薄膜 | [84] |
| $NO_2$、$NO_x$ | $SnO_2$ [$Bi_2O_3$] | [85] |
| | Cd/$SnO_2$ | [86] |
| | In/$SnO_2$ 薄膜 | [87] |
| $CCl_4$ | Pd/$SnO_2$ | [88] |
| CO | Pt/$SnO_2$ | [89] |
| | ZnO/$SnO_2$ 异质结 | [90] |
| $CH_4$ | W-Mo 氧化物/$SnO_2$ | [91] |
| | Os/$SnO_2$ 薄膜 | [92] |
| $CO_2$ | $SnO_2$-$Mn_2O_3$ | [93] |
| | $SnO_2$-$La_2O_3$ | [15] |
| $H_2S$ | $La_2CuO_4$-$SnO_2$ | [94] |
| | $Ag_2O$/$SnO_2$ 薄膜 | [95] |
| | CuO/$SnO_2$ 薄膜异质结 | [96] |

响应，甚至在 0.01ppm 时，其响应灵敏度可达到 150，从而预示其具有更低的检测限。图 3-27（B）则显示为材料的敏感响应选择性。与其他气体相比，CuO 掺杂的 $SnO_2$ 多孔空心球对 $H_2S$ 无疑具有高的选择性响应。

此外，我们还制备了 $SnO_2$、Sb-$SnO_2$ 和 Sb-CNT-$SnO_2$ 薄膜纳米材料[98]，表面形貌见图 3-28。从纯 $SnO_2$ 薄膜的原子力显微镜（AFM）照片 [图 3-28（A）] 可以观察到，其表面呈颗粒堆积结构，颗粒尺寸较为均一。对于 Sb-$SnO_2$ 薄膜，其表面除表现出颗粒堆积状之外，还可以看到其粒径比纯 $SnO_2$ 薄膜的明显减小。而 Sb-CNT-$SnO_2$ 三元复合薄膜则同时具有两种结构（对此奇特结构的形成，将在后面做出详细解释）：一方面保持紧密堆积的颗粒状结构；另一方面呈现出阵列状凸起结构，凸起高度约为 80nm。上述三种薄膜的均方根（root mean square，RMS）粗糙度依次为 2.640、3.015 和 3.902，也量化

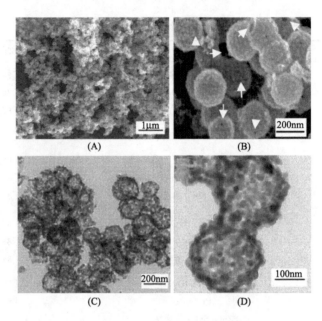

图 3-26　SEM 照片（A、B）以及 TEM 照片（C、D）

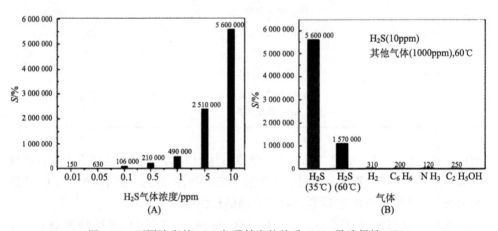

图 3-27　不同浓度的 $H_2S$ 与灵敏度的关系（A）及选择性（B）

地说明了 Sb-CNT-$SnO_2$ 三元复合薄膜表面更为粗糙，这种材料拥有的大接触面积使之更具有潜在价值。

对薄膜中晶粒的堆积情况与均一性，采用高分辨透射电子显微镜进行观察，结果如图 3-29 所示。可以看到，$SnO_2$ 和 Sb-$SnO_2$ 薄膜［图 3-29（A）和（B）］中晶粒尺寸均一，粒径分别约为 17nm 和 8nm，接近于 XRD 计算值。与之相反，在 Sb-CNT-$SnO_2$ 薄膜［图 3-29（C）和（D）］中，晶粒尺寸分布范围广（7～

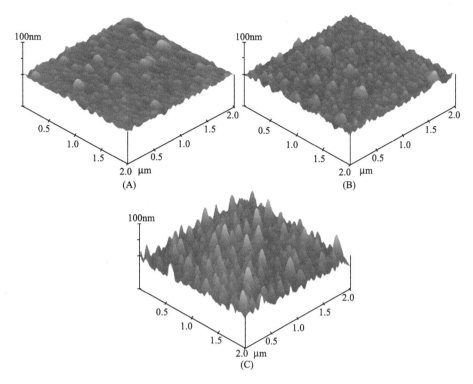

图 3-28　SnO₂（A）、Sb-SnO₂（B）和 Sb-CNT-SnO₂（C）薄膜的 AFM 照片

12nm）。这主要源于上述独特的双层结构（紧密堆积颗粒层和阵列状凸起层），在晶粒生长过程中，两层中晶粒之间的相互作用明显不同，导致其粒径存在较大差异。图 3-29（E）展示了三元复合薄膜中 SnO₂ 的晶格条纹照片，晶面间距约为 0.34nm，与（110）晶面的间距相匹配。

　　以室内空气污染物（包括甲醛、氨气、苯和甲苯）为目标气体，对基于 SnO₂、Sb-SnO₂ 和 Sb-CNT-SnO₂ 薄膜的气体传感器进行气敏性能测试，结果如图 3-30 所示，其中，气体浓度均为 500ppm。从实时响应曲线可以看到，分压电阻两端的电压随着目标气体的注入而增大（即传感器两端的电压减小），而随目标气体的排出（引入高纯空气）而恢复至初始值。换言之，传感器中薄膜的电阻随目标气体的引入而减小，排出而增大，其响应原理为典型的半导体气体传感器气敏机理。

　　需要特别指出的是，Sb-CNT-SnO₂ 复合薄膜中碳纳米管的含量可能会对其气敏性能产生影响。为此，进一步研究了一系列碳纳米管含量的复合薄膜气敏性能，其结果如图 3-31 所示。可以看到，传感器的灵敏度在碳纳米管含量为 1％～6％（质量分数）阶段，随碳纳米管含量的增大而升高。而在含量达到及超过一

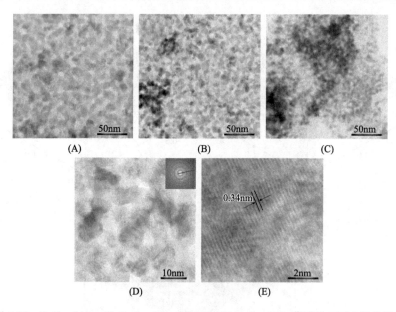

图 3-29　SnO₂（A）、Sb-SnO₂（B）和 Sb-CNT-SnO₂（C）薄膜的 TEM 照片以及
Sb-CNT-SnO₂ 薄膜的低分辨率（D）和高分辨率 HRTEM 照片（E）

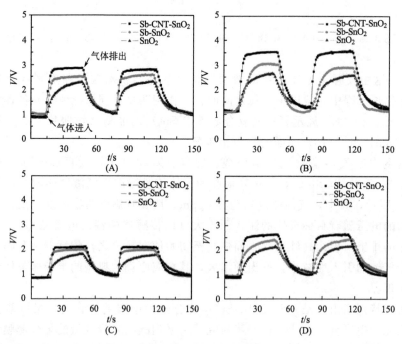

图 3-30　SnO₂、Sb-SnO₂ 和 Sb-CNT-SnO₂ 薄膜气体传感器的实时响应曲线
（A）甲醛；（B）氨气；（C）苯；（D）甲苯

定量（约 8%，质量分数）时，灵敏度不再上升，反而稍有下降。究其原因可能在于碳纳米管的导电性能，过量的碳纳米管使得大量敏感性单元被直接连通（相当于短路），不能有效地体现气敏过程引起的电阻变化。本研究中，与 $SnO_2$ 和 $Sb$-$SnO_2$ 薄膜的气敏性能进行比较的 $Sb$-$CNT$-$SnO_2$ 复合薄膜中碳纳米管含量为 6%（质量分数）。根据气敏测试的实时响应曲线计算相应的灵敏度，如图 3-32 所示。可以看到，基于 $Sb$-$CNT$-$SnO_2$ 薄膜的气体传感器灵敏度普遍高于 $SnO_2$ 和 $Sb$-$SnO_2$ 薄膜，对于甲醛和氨气尤为明显，而对于苯，$Sb$-$SnO_2$ 与 $Sb$-$CNT$-$SnO_2$ 薄膜的敏感表现则较为接近。

同样，采用溶胶-凝胶方法和蘸涂工艺我们制备了 Ce 的 $SnO_2$ 薄膜[99]。结果表明，经过 500℃ 煅烧的有四层掺杂 1%（原子分数）Ce 的 $SnO_2$ 薄膜显示出最好气敏性。图 3-33 分别为经过 500℃ 煅烧的掺杂 1%（原子分数）Ce 的 $SnO_2$ 四层薄膜的高倍 SEM 照片和截面 SEM 照片。由图 3-33（A）可以清晰地

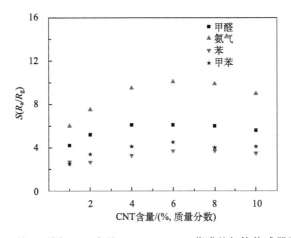

图 3-31　基于不同 CNT 含量 Sb-CNT-$SnO_2$ 薄膜的气体传感器灵敏度

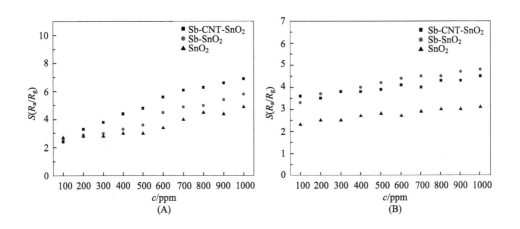

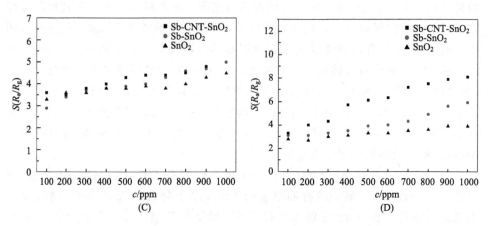

图 3-32　基于 SnO₂、Sb-SnO₂ 和 Sb-CNT-SnO₂ 薄膜的气体传感器灵敏度随气体浓度的变化
(A) 甲醛；(B) 氨气；(C) 苯；(D) 甲苯

看到 SnO₂ 薄膜由微小的颗粒组成，为纳米级粒子。图 3-33 (B) 则显示了该四层薄膜厚度为 (500±50) nm，而且可以通过膜层数的控制来获得不同厚度的薄膜材料。

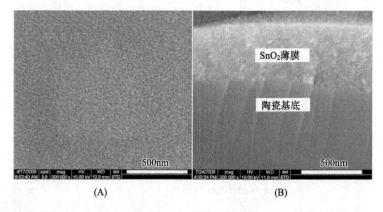

图 3-33　经过 500℃煅烧的 1% (原子分数) Ce-SnO₂ 四层薄膜照片
(A) 高倍 SEM；(B) 截面 SEM

在最佳工作温度为 210℃的干燥空气环境中，该传感器对 100ppm 丁酮蒸气的相对响应灵敏度达到 181，而且具有优良的选择性。表 3-3 为四个经过 500℃煅烧的 1% (原子分数) Ce-SnO₂ 薄膜传感器在 210℃工作温度下对 100ppm 丁酮的相对响应灵敏度值，其他结果获得方法相同。

**表 3-3　500℃煅烧的 1%（原子分数）Ce-SnO₂ 薄膜传感器在 210℃工作温度**
**下对 100ppm 丁酮的相对响应灵敏度值**

| 传感器标号 | 第一次测试 | 第二次测试 | 第三次测试 |
|---|---|---|---|
| 1 | 185 | 182 | 183 |
| 2 | 182 | 179 | 185 |
| 3 | 186 | 177 | 178 |
| 4 | 180 | 179 | 179 |

　　图 3-34 则为 500℃煅烧的有四层 1%（原子分数）Ce-SnO₂ 薄膜的传感器在 210℃对不同浓度丁酮的实时响应曲线。对于 10ppm 的丁酮蒸气，该传感器仍然有很明显的响应灵敏度，灵敏度值为 8。而且，随着待测丁酮蒸气的浓度的增加，传感器的响应灵敏度迅速增大。此外，我们也可以观察到该传感器具有较快的响应时间和恢复时间。

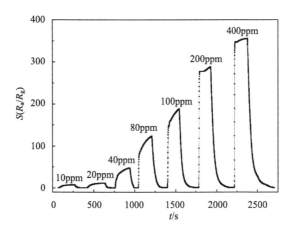

图 3-34　经过 500℃煅烧的 1%（原子分数）Ce-SnO₂ 薄膜传感器在 210℃
下对不同浓度丁酮的实时响应曲线

　　对基于 1%（原子分数）Ce-SnO₂ 薄膜的传感器的选择性实验结果见图3-35。结果表明，传感器对乙醚、乙酸乙酯、氯仿、甲苯和氨气等具有很弱的响应。虽然对于 100ppm 的乙醇和 100ppm 的丙酮蒸气，该传感器的最佳响应灵敏度值分别为 60 和 79，但与 10ppm 的丁酮蒸气的响应值 181 相比，响应值仍然较低，因此，该传感器对丁酮具有很好的选择性。

　　基于以上对气敏性结果的分析，我们认为稀土元素 Ce 的掺杂对 SnO₂ 薄膜传感器的性能起到关键的作用。与未掺杂的薄膜相比，由更小晶粒组成的掺杂 Ce 的 SnO₂ 薄膜具有更粗糙的表面和更多的无序结构与晶粒边界，有利于提高

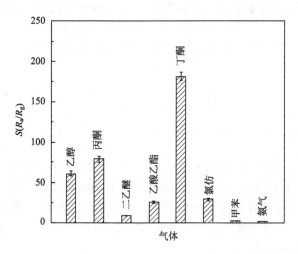

图 3-35　经过 500℃煅烧的 1%（原子分数）Ce-SnO₂ 薄膜传感器在
210℃下检测 100ppm 不同气体的相对响应

SnO₂ 薄膜传感器的气敏性。而 CeO₂ 作为一种高效催化剂[100]存在于 SnO₂ 颗粒的表面（见图 3-36），可以使得待测气体更容易发生催化分解。如图 3-36（A）和（B）所表明，对于低浓度 Ce 掺杂的 SnO₂ 薄膜传感器（原子分数为 0.5% 和 1% Ce 掺杂的 SnO₂）的响应性要比未掺杂的好得多。当 Ce 的掺杂量增加到 3%（原子分数）时，SnO₂ 薄膜传感器响应灵敏度为 104，仍然要好于未掺杂的 36.3，只是小于掺杂 1%（原子分数）时的最佳灵敏度 181。究其原因，可能是过量的 CeO₂ 分散于 SnO₂ 颗粒的表面，如图 3-36（C）所示，阻碍了载流子通过 SnO₂ 颗粒的晶粒边界，不利于待测气体与敏感材料发生吸附反应，从而导致了气敏响应性的下降。很显然，当 Ce 的掺杂量增加到 5%（原子分数）和 10%（原子分数）时，这种负效应比 CeO₂ 的催化促进作用更明显。以致于 10%（原子分数）Ce-SnO₂ 薄膜传感器的最佳响应灵敏度只有 4.6，远低于未掺杂的 36.3。因此，我们认为只有适量的稀土元素 Ce 掺杂才有利于提高 SnO₂ 薄膜传

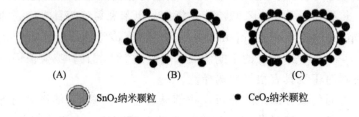

图 3-36　不同含量 Ce 掺杂的 SnO₂ 颗粒模型
（A）未掺杂；（B）适量掺杂；（C）过量掺杂

感器的气敏性能。这与文献中报道的 Ce 掺杂 ZnO 薄膜传感器的结果一致[101]。

### 3.5.2　氧化锌纳米传感器

ZnO 纳米材料已经成为功能材料和器件研究领域的热点材料之一。作为 ZnO 重要应用领域之一的气体传感器，也随着这一轮研究浪潮而不断向前发展。

#### 3.5.2.1　纳米棒和纳米线

类似于 $SnO_2$ 纳米线，ZnO 的一维纳米结构也是用于构筑纳米敏感器件的重要敏感材料。Heo 等报道了用分子束外延法生长了直径约为 130nm 的单根 ZnO 纳米棒，在无水乙醇中超声分散后转移到 $SiO_2/Si$ 衬底上，用电子刻蚀沉积系统在单根 ZnO 纳米棒两端沉积 Al/Pt/Au 微电极，电极间 ZnO 棒长度约为 $3.7\mu m$。在 $25\sim50℃$ 范围内，未经处理的 ZnO 纳米棒在室温下对微量的 $C_2H_2$、$N_2O$、$O_2$ 及 10％$H_2$ 气氛敏感，表明 ZnO 纳米棒有可能作为制备室温气敏化学传感器的材料[16]。Chen 等[15]还基于在电极上原位生长 ZnO 纳米线，构筑出对乙醇灵敏响应的气体传感器（图 3-37）。

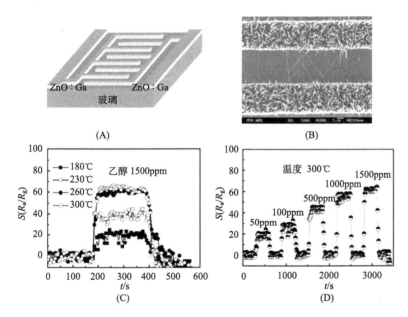

图 3-37　器件结构（A，B），不同温度下对乙醇的敏感响应曲线（C）
及对不同浓度乙醇的响应曲线（D）

### 3.5.2.2　多孔纳米片

多孔结构无疑赋予了纳米材料更大的比表面积和众多的活性点，从而不但加速了气体的扩散、增强了对气体吸脱附的能力，还增强了其相应的化学活性，气体敏感也主要是发生表面化学反应，从而改变材料的电阻。这在前面 $SnO_2$ 的纳米材料敏感性能介绍中已详细阐述。对于 ZnO 的多孔结构气敏性研究，我们开展了相关工作。例如，我们采用煅烧前驱体的方法获得了多孔结构的单晶 ZnO 纳米片[102]。图 3-38（A）展示了所制备前驱体的 FESEM 照片，可以看到，样品呈片状，表面光滑，尺寸约为 800nm×500nm，厚度接近 15nm。在空气气氛下煅烧（600℃，1h）前驱体所获产物则呈明显的多孔结构，如图 3-38（B）与（C）所示。大量孔密集地分布于纳米片，孔径为 20～30nm，处于介孔孔径范围（2～50nm）[103]。HRTEM 照片 ［图 3-38（D）］进一步验证了上述结论，产物呈现明显的介孔结构。（选区电子衍射 SAED）照片 ［图 10-38（D）的插图］中显示了离散型衍射斑点。这一点具有重要意义，在关于多孔结构纳米材料的文献中鲜有报道（一般为多晶或无定形结构）。根据晶格条纹照片量取晶面间距（$d$ 值）为 0.26nm，与纤锌矿结构 ZnO 的 ［0001］晶面间距匹配，由此说明晶体沿 $c$ 轴方向生长[104]。

图 3-38　前驱体的 FESEM 照片（A）、煅烧前驱体所获产物的低分辨率（B）和高分辨率（C）FESEM 照片以及低分辨率 HRTEM（插入图为 SAED 照片）（D）

选取典型的室内空气污染物（甲醛和氨气）为目标气体进行试验，结果如图 3-39 所示。从实时响应曲线 [图 3-39 (A) 和 (B)] 可以看到，随着目标气体的注入，传感器响应灵敏，其电流迅速增大。在空气环境中，$O_2$ 吸附于 ZnO 的表面，这些吸附氧将俘获 ZnO 半导体中的电子，发生反应生成 $O_2^-$、$O^-$ 与 $O^{2-}$ 等氧负离子[105,106]，如式 (3.1) 至式 (3.4) 所示，使得传感器在空气环境中表现出较大的电阻。

$$O_2(gas) \rightleftharpoons O_2(ads) \tag{3.1}$$

$$O_2(ads) + e^- \rightleftharpoons O_2^-(ads) \tag{3.2}$$

$$O_2^-(ads) + e^- \rightleftharpoons 2O^-(ads) \tag{3.3}$$

$$O^-(ads) + e^- \rightleftharpoons O^{2-}(ads) \tag{3.4}$$

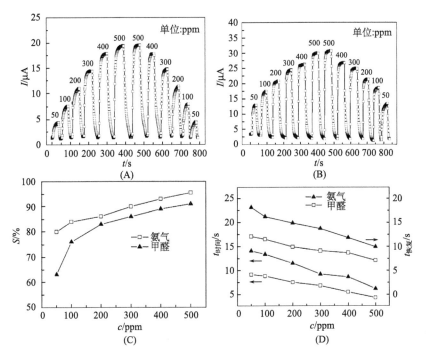

图 3-39　单晶多孔 ZnO 纳米片气体传感器的气敏性能

(A) 甲醛和 (B) 氨气的实时响应曲线；(C) 灵敏度值；(D) 响应时间与恢复时间

反之，当甲醛和氨气（还原性气体）注入测试室，与气体传感器接触，将与之前所生成的氧负离子（氧化性）发生反应。这一过程中，被氧负离子俘获的电子被释放回 ZnO 纳米材料，因而降低传感器的电阻（电流增大）。而当目标气体被高纯空气排出测试室后，传感器的电阻又逐渐恢复至初始值（电流减小）。需要特别注意的是，在图 3-39（A）和（B）中，传感器的初始电阻（约为 1MΩ）比一些基于其他形貌结构 ZnO 材料的传感器[107,108]明显低，这对于传感器在实际应用中的数据采集具有重要价值，也突显了本研究传感器在实际应用方面的潜在优势。此外，可以看到，对于同样浓度的同种测试气体，传感器的气敏响应重现性良好。上述优良的接触及稳定性能可以归结为：在多孔 ZnO 纳米片气体传感器中，电极与 ZnO 纳米片的接触以及纳米片之间的接触均属于面接触，与纳米球（点接触）、纳米线和纳米管（点或线接触）相比，其接触电阻更小、稳定性更高。

图 3-39（C）展示了通过对实时气敏响应曲线进行计算获得的灵敏度值，传感器对甲醛和氨气的灵敏度均随气体浓度的增大而提高。响应时间和恢复时间 [图 3-39（D）] 均较短，说明单晶多孔 ZnO 纳米片对该目标气体响应较为灵敏。灵敏的响应可以从该敏感材料独特的多孔结构出发进行分析，假定本研究中注入的目标气流为 Knudsen 型流体，其扩散系数可由式（3.5）得出[109]。

$$D_K = \frac{\varepsilon d}{3\tau}\left(\frac{8RT}{\pi M}\right)^{1/2} \tag{3.5}$$

式中，$D_K$ 为多孔媒介中气体的扩散系数；$\varepsilon$、$\tau$、$d$、$R$、$T$ 以及 $M$ 分别为无量纲的孔致密度、孔弯曲度、孔径、摩尔气体常量、热力学温度和摩尔质量。由式（3.5）可知，扩散系数与孔致密度及孔径成正比，与孔弯曲度成反比。BET 测试表明 ZnO 纳米片为孔径较大（26.1nm）的介孔纳米材料，FESEM 和 TEM 观察到在纳米片分布的孔极为致密，这两方面都说明气体在该多孔 ZnO 纳米片中具有较大的扩散系数，有利于目标气体的吸附（响应阶段）和脱附（恢复阶段），因而该气体传感器的响应时间与恢复时间较短。

此外，半导体气体传感器所欠缺的长期稳定性一直制约着它的广泛应用。多孔 ZnO 纳米片传感器对同样浓度的同种气体多次测试表现出良好的重现性，暗示其具有较好的稳定性。进一步对其在不同时期的气敏响应性能进行测试，结果见图 3-40。可以看到，在测试条件一定的情况下，不同时间段的测试结果差异较小，考虑到测试系统本身具有一定的噪声影响，可以认为本研究中基于单晶多孔 ZnO 纳米片的气体传感器具有较好的长期稳定性。这主要归结为 ZnO 纳米材料内在的稳定单晶结构，以及如上所述稳定的面接触模式。

山东大学的 Zhan 等[110]也研究了多孔氧化锌的气敏性能。类似地，前驱体 $Zn_5(CO_3)(OH)_6$ 经煅烧分解产生多孔结构，最终获得多孔片状的氧化锌，具体形貌如图 3-41（A）所示。不同温度下对氯苯和乙醇响应的曲线见图 3-41（B）。在 200℃对氯苯响应最强，对于乙醇则在更高的温度 380℃时呈现最敏感响应。图 3-41（C）和（D）分别显示了氯苯和乙醇在不同浓度的响应曲线。基本上表现出良好的可逆性，能很好地恢复到基线。值得注意的是，这种多孔半导体

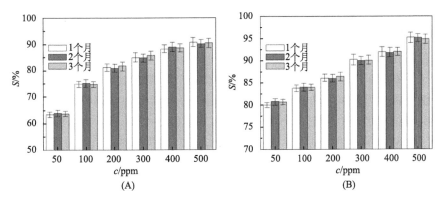

图 3-40　传感器在不同时期对甲醛（A）和氨气（B）的响应灵敏度

ZnO 纳米片具有对含氯的苯系物的敏感响应，可以为发展多氯联苯类的 POPs 检测传感器提供制备敏感材料的新思路。

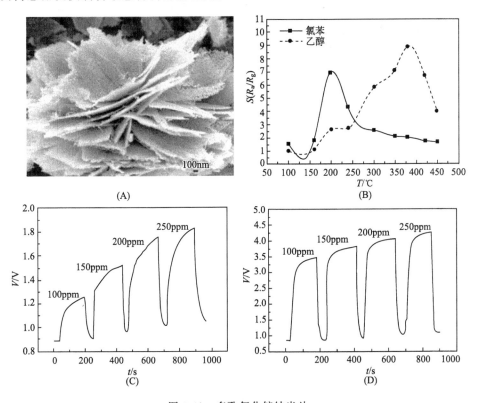

图 3-41　多孔氧化锌纳米片

（A）SEM 照片；（B）不同温度下对乙醇和氯苯的响应；

（C）和（D）分别为对氯苯和乙醇的响应曲线

### 3.5.2.3　分级纳米结构

除多孔结构的纳米材料之外，构建分级结构（尤其是微纳分级结构，其兼具微米尺度和纳米尺度效应）也是改善气敏性能的一条有效途径。研究表明，ZnO的分级结构也具有良好的敏感性能[111]。通过表面活性剂的调控，我们也制备了微纳分级结构 ZnO。所制备产物的典型形貌如图 3-42 所示，纳米棒表面密集地生长了大量刺状材料，呈明显的微纳分级结构。刺状材料的长度与直径分别约为80nm 和 20nm，而总的纳米棒长度与直径分别约为 $9\mu m$ 和 400nm。EDX 能谱[图 3-42（D）]说明产物由 Zn 与 O 组成（Si 信号源于测试时的 Si 片基底），其物质的量比约为 1.05：1，符合 ZnO 的化学计量比。

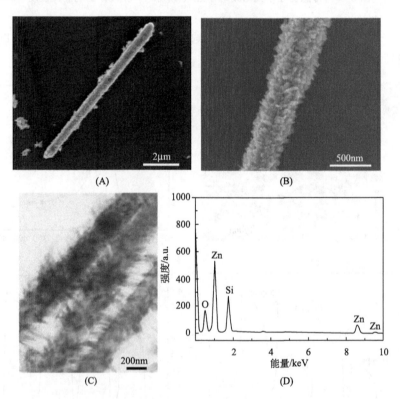

图 3-42　产物的低分辨率（A）和高分辨率（B）FESEM 照片、
TEM 照片（C）及 EDX 能谱（D）

将分级结构 ZnO 纳米棒应用于制作气体传感器，并以典型的室内空气污染物——甲醛和氨气为目标气体进行测试，结果如图 3-43 所示。从图 3-43（A）可以看到，传感器的电流随目标气体的注入与排出而灵敏变化，而且从计算所得

灵敏度 [图 3-43 (B)] 可知，灵敏度随气体浓度增大而提高。传感器对于氨气的灵敏度比对甲醛的更高，例如，对于相同浓度 (300ppm) 的两种气体，对甲醛与氨气的灵敏度分别为 8.3 和 13.1。ZnO 纳米棒气体传感器对目标气体 (还原性气体) 的响应机理为传统的半导体响应机理，即表面接触氧化还原反应。

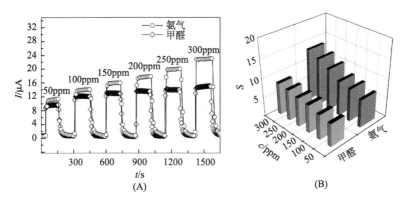

图 3-43　分级结构 ZnO 纳米棒气体传感器的气敏性能

(A) 对甲醛和氨气的实时响应曲线；(B) 相应的灵敏度

进一步对分级结构和非分级结构 (表面光滑) ZnO 纳米棒的气敏性能进行比较。以 100ppm 氨气为目标气体，在相同条件下对基于两种结构纳米材料的传感器进行测试，结果如图 3-44 所示。可以看到，基于分级结构 ZnO 纳米棒的气体传感器除了具有更高的灵敏度之外，还表现出更短的响应时间和恢复时间。

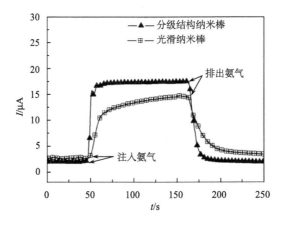

图 3-44　分级结构和非分级结构 (表面光滑)

ZnO 纳米棒对 100ppm 氨气的气敏性能比较

　　此外，我们还制备了分级结构类似花状的 ZnO，并且也考察了其气敏性能[112]，发现对有机挥发性气体具有明显的敏感响应。其结构形貌如图 3-45 所示。

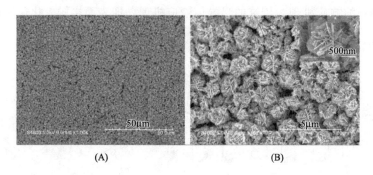

(A)　　　　　　　　　　　(B)

图 3-45　不同放大倍数的 ZnO 纳米花 SEM 照片

　　图 3-46（A）和（B）显示了在 320℃时所制备的传感器对不同浓度乙醇的实时响应曲线和敏感响应曲线。所制备的 ZnO 纳米花对乙醇有很好的响应。在 1ppm 低浓度的乙醇中，灵敏度约为 4.1。当浓度增加，传感器的响应也急剧增加，如图 3-46（B）所示。对 100ppm 的乙醇灵敏度高达 25.4，响应时间和恢复时间分别约为 2s 和 15s。此外，根据图 3-46（A）所示，我们可以观察到传感器还具有良好的可逆性。各种纯的 ZnO 气体传感器对乙醇的气敏响应情况汇总于表 3-4。因此，该 ZnO 纳米花结构的响应远远高于氧化锌纳米线[113]、纳米棒[114]、纳米片[110]和由纳米棒组成的 ZnO 纳米花结构[115]。

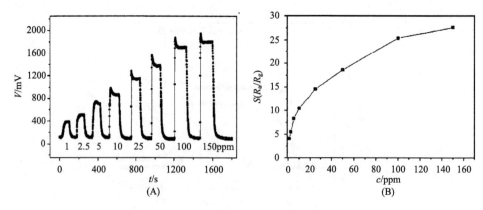

(A)　　　　　　　　　　　(B)

图 3-46　320℃下传感器对不同浓度乙醇的实时
响应曲线（A）和灵敏度-浓度曲线（B）

**表 3-4　几种典型结构的 ZnO 纳米材料对乙醇的气敏特性**

| ZnO 形貌 | 制备方法 | 浓度/ppm | 温度/相对湿度 | 灵敏度$(S)R_a/R_g$ | 响应(s)/恢复时间（s） | 文献 |
|---|---|---|---|---|---|---|
| 纳米线 | 电纺 | 160 | 220℃/干燥空气 | 10 | 16/25 | [113] |
| 纳米棒 | 水热法 | 100 | 322℃/干燥空气 | 13.5 | —/— | [114] |
| 多孔纳米片 | 热蒸发 | 100 | 380℃/干燥空气 | 8.9 | 32/17 | [110] |
| 纳米棒的花 | 水热法 | 100 | 300℃/20%RH | 14.6 | —/— | [115] |
| 纳米片的花 | 液相法 | 100 | 320℃/干燥空气 | 25.4 | 2/15 | [112] |

此外，制备的 ZnO 纳米花传感器在 320℃ 的工作温度下也显示出对甲醇、正丁醇、异丙醇和丙酮有显著的响应，如图 3-47 所示。以上四种气体浓度为 100ppm 时的灵敏度分别是 24.1、13.8、14.6 和 14.2。然而，甲苯和氨的响应相对较低。响应曲线的斜率和传感器的响应信号如图 3-46 和图 3-47 所示，很容易发现，传感器装置对正丁醇和乙醇有最好的响应。与此同时，依据同样方法又制备了两个 ZnO 纳米花结构传感器，获得了类似的气敏性能，这表明该传感器的重复性好。

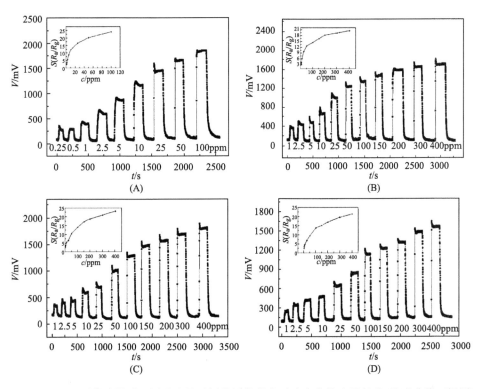

图 3-47　320℃下传感器对不同浓度的不同检测物的实时响应曲线和灵敏度-浓度曲线（插图）
(A) 正丁醇；(B) 甲醇；(C) 异丙醇；(D) 丙酮

很明显，当目标气体注射或释放时气体传感器快速地表现气敏行为，这也可以从气体扩散的角度予以解释。从前面提到的式（3.5）可以看出，气体扩散是与孔致密度和孔径成正比的，与孔弯曲度成反比。ZnO 薄片的厚度只有约 18nm。此外，已经通过观察纳米薄片组成的 ZnO 纳米花的形态研究曲折的孔隙网络。因此气体吸附和解吸率高，造成了三维 ZnO 纳米花结构薄膜允许气体分子的快速扩散，这可以被视为是对传感器高度敏感的贡献。因此，纳米薄片和三维结构的 ZnO 纳米花有更高的响应灵敏度。

对于半导体氧化物传感器，工作温度是一个重要因素。图 3-48 展现了传感器的灵敏度和工作温度之间的关系。在 260～320℃范围内，传感器对乙醇的灵敏度随工作温度的升高而急剧升高，在 320℃时灵敏度高达 25.4，然后继续提高工作温度时，该传感器的灵敏度减小。因此，传感器装置的最佳工作温度为 320℃。此外，器件的稳定性是非常重要的，我们发现，与之前的测量相比较，在一个月后测试传感器对 100ppm 乙醇的响应，灵敏度波动小于 4.2%。这表明，基于 ZnO 纳米花组装的气体传感器在应用中具有较好的稳定性。

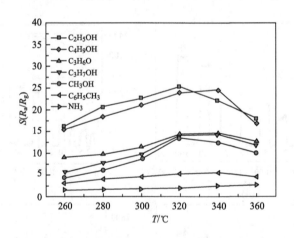

图 3-48　不同温度下，传感器对 100ppm 不同物质的敏感响应曲线

除上述两种分级结构外，氧化锌枝状分级结构也具有良好的气敏性能。在室温的条件下，对 $H_2S$ 就具有高的灵敏响应[116]。图 3-49（C）显示了相同浓度不同气体响应的 $I\text{-}V$ 曲线，很显然该分级纳米结构氧化锌对 $H_2S$ 气体响应灵敏度大。此外，还显现出很好的恢复性，在空气环境中，能很快恢复到基线。关于其敏感机理，遵循还原性气体的响应机理。响应前后分级结构氧化锌表面的电子耗尽层的厚度变化，直接影响到能级结构的变化，使得其导电性能发生改变，见图 3-50。

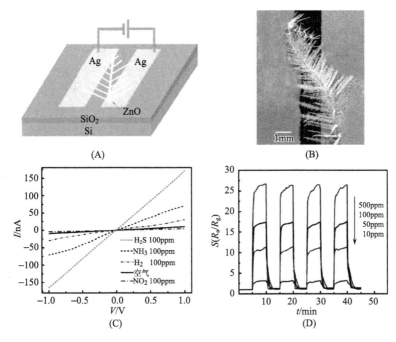

图 3-49　单根氧化锌枝状分级结构构筑的器件示意图（A）、枝状分级结构氧化锌实物图（B）、100ppm 浓度不同气体的 I-V 曲线（C）以及对不同浓度 H₂S 气体的响应曲线（D）

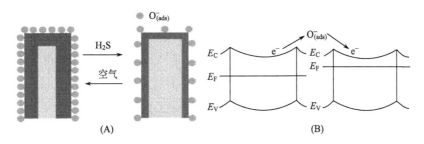

图 3-50　单根枝状分级纳米结构氧化锌的敏感机理

### 3.5.3　氧化铟纳米传感器

作为另外一种 n 型半导体氧化物，氧化铟因其具有高的电导性和光透过率，主要在光电器件、平板显示器以及一些基础研究中引起了人们的广泛关注[117~120]。通常条件下，氧化铟以方铁锰矿型晶体结构存在，晶胞中含有 16 个 In₂O₃ 分子单元，为体心立方相结构，晶格常数为 $a=1.012$nm，见图3-51[121]。当氧化铟以严格的化学计量比 In₂O₃ 形式出现时，表现为绝缘体；然而，实际中制备的氧化铟大都

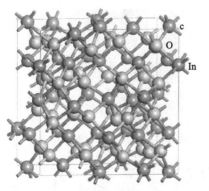

图 3-51　立方相氧化铟（c-In$_2$O$_3$）
晶胞结构示意图

存在大量的氧空穴，以非计量比 In$_2$O$_{3-x}$（$x\sim 0.01$）的形式存在，表现为半导体性质，是一个具有直接禁带为 3.55～3.75eV 和间接禁带约为 2.6eV 的半导体。由于晶体中的氧空穴可以作为双离子化的电子给体且能贡献出两个电子/空穴给导带，因此赋予了氧化铟拥有高的电导率和光透过性质。最新研究表明，氧化铟在太阳能电池、液晶显示器以及光电器件等领域已逐渐显现出潜在的应用价值[122～126]。

除了具有优越的光电性质外，氧化铟还与 SnO$_2$ 和 ZnO 等半导体金属氧化物相似，也是一种很好的气敏功能材料，可用来制作各种气体传感器[24,127]。早期，已有很多关于利用 In$_2$O$_3$ 薄膜和粉末检测低浓度氧化性气体（如 O$_3$[128,129] 和 NO$_x$[130,131]）和还原性气体（CO 和 H$_2$）[132,133] 的报道。近年来，由于材料在纳米尺度下呈现的独特效应和性质，各种金属氧化物纳米材料相继被合成与研究。氧化铟也不例外，各种各样纳米结构也被合成和制备出来，并且其气敏性也得到了广泛研究。Li 小组通过溶剂热和水热法合成了立方相 In$_2$O$_3$ 纳米立方体和纳米棒以及六方相的不规则纳米颗粒和多角豆荚，并比较了它们对乙醇的气敏响应[134]。另外，In$_2$O$_3$ 纳米晶和纳米颗粒也相继被合成，并用于制作 O$_3$、NO$_x$、CO、H$_2$S 和 Cl$_2$ 等气体传感器件[135～139]。表 3-5 列出了当前已报道的各种形貌 In$_2$O$_3$ 纳米材料及它们的气敏性。与传统氧化铟材料相比，这些纳米结构的氧化铟展现出了良好的气敏性，在传感器领域具有很大的潜在应用价值。

表 3-5　In$_2$O$_3$ 纳米材料的各种形貌及气敏性

| 形貌 | 检测气体 | 文献 |
| --- | --- | --- |
| In$_2$O$_3$ 纳米线 | NO$_2$/NH$_3$/乙醇/CO | [22, 23] |
| c-In$_2$O$_3$ 纳米立方体/棒 | 乙醇 | [134] |
| h-In$_2$O$_3$ 纳米颗粒/多角豆荚 | | |
| In$_2$O$_3$ 纳米颗粒 | NO$_x$/O$_3$ | [137] |
| In$_2$O$_3$ 纳米晶 | O$_3$/乙醇 | [141] |
| In$_2$O$_3$ 纳米棒 | H$_2$S/乙醇 | [142] |
| CaO 负载的介孔 In$_2$O$_3$ | CO$_2$ | [143] |
| In$_2$O$_3$ 多孔纳米管 | NH$_3$ | [25] |

### 3.5.3.1　纳米线/纳米管

Zhou 小组制备了单晶 $In_2O_3$ 纳米线，基于场效应晶体管原理用于检测 $NO_2$ 和 $NH_3^{[144,145]}$，见图 3-52。图 3-52（A）为 $In_2O_3$ 纳米线构筑的纳米器件的 SEM 照片，图 3-52（B）为该纳米器件对不同浓度 $NO_2$ 的响应曲线。相比于块体传感器，该纳米传感器在灵敏度、选择性和响应时间上更优越。

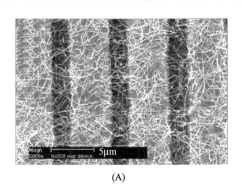
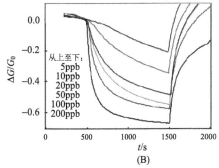

图 3-52　$In_2O_3$ 纳米线构筑的纳米器件的 SEM 照片（A）及对不同浓度 $NO_2$ 的响应曲线（B）

对于二氧化锡纳米结构的敏感性能研究结果显示，其管状多孔结构对提高响应灵敏度具有很好的作用。$In_2O_3$ 的多孔纳米管结构也类似，对 $NH_3$ 表现出很好的敏感响应，对于 20ppm 的 $NH_3$，其灵敏度可达到 2500。同样可以理解为多孔结构提供了大的活性比表面积，还使得待测气体易于扩散和脱附出敏感材料的表面。图 3-53（A）和（B）分别是以 CNT 为模板制备的多孔 $In_2O_3$ 纳米管的 SEM 照片和 TEM 照片。可以发现管状结构得到了很好的维持，同时多孔结构也清晰可见。很容易理解，与 $In_2O_3$ 纳米线、纳米颗粒相比，多孔 $In_2O_3$ 纳米管拥有更好的敏感响应。此外，值得指出的是，破碎的多孔 $In_2O_3$ 纳米管比规则的纳米管响应的灵敏度更好。主要还是源于气体易于扩散，更容易接触到更多的 $In_2O_3$ 活性颗粒。除了多孔 $In_2O_3$ 纳米管具有优越的敏感响应外，它还表现出良好的可逆性。

### 3.5.3.2　纳米空心球

由表 3-5 可以发现：当前 $In_2O_3$ 纳米材料气敏性质的研究主要集中在无机气体小分子。除乙醇外，在环境和安全中备受关注的一些易燃、易爆和有毒的挥发性有机气体却很少被研究并报道[140]。我们以碳质纳米粒子为模板制备了多孔结构的 $In_2O_3$ 纳米空心球，气敏性研究表明，它对有机挥发性气体也具有较高的敏感响应[66]。图 3-54（A）为在 500℃时煅烧得到的产物形貌。可以看出产物形成

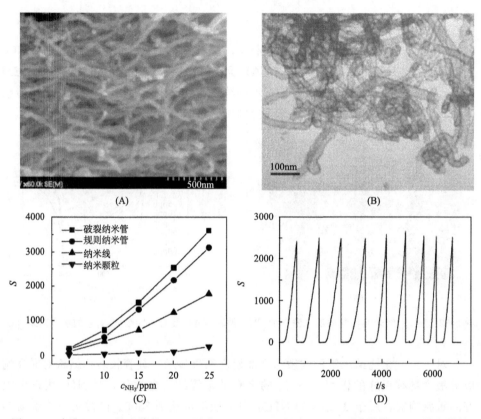

图 3-53　多孔 $In_2O_3$ 纳米管的 SEM 照片（A）、TEM 照片（B）、不同形貌 $In_2O_3$ 纳米结构
对不同浓度 $NH_3$ 的灵敏度曲线（C）和多孔 $In_2O_3$ 纳米管对 $NH_3$ 的实时响应曲线（D）

了大量粒径均匀（约为 200nm）的 $In_2O_3$ 纳米空心球。高倍 SEM 照片显示，样品中存在破裂的纳米球 ［图 3-54（B）中圆圈示出］，可间接地推断出纳米球为空心结构。TEM 观测结果发现，制备的 $In_2O_3$ 纳米球确实为空心结构，并且碳核已经完全去除，见图 3-54（C）。图 3-54（D）为样品的 XRD 图谱，所有的衍射峰可归属到立方相的 $In_2O_3$。没有出现与铟和碳质纳米粒子相关的衍射峰，可以认为碳质纳米粒子表面层吸附的 $In^{3+}$ 已经在 500℃煅烧下完全转化为 $In_2O_3$ 纳米球。根据谢乐公式，基于四个主要 XRD 图的衍射峰可以粗略计算出，构成多孔 $In_2O_3$ 纳米空心球的纳米颗粒的直径约为 11.1nm。

　　图 3-55 为单个纳米空心球的 TEM 照片，可以发现其壳层厚度约为 30nm。此外，选区电子衍射（SEAD）表明，得到的空心 $In_2O_3$ 纳米球为多晶。基于单个空心球的 TEM 照片以及放大的高分辨照片，容易发现空心球的壳层是由相互连接的 $In_2O_3$ 纳米晶构成的，其颗粒粒径为 6～13nm，与前面计算的结果相近。

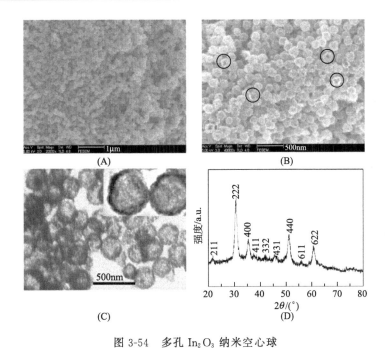

图 3-54　多孔 In₂O₃ 纳米空心球

（A）低倍 SEM 照片；（B）高倍 SEM 照片；（C）TEM 照片，其中插图为放大照片；（D）XRD 图谱

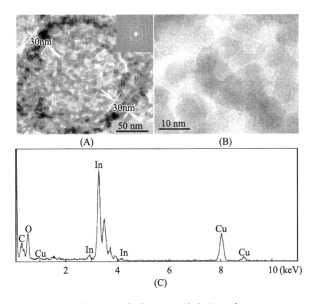

图 3-55　多孔 In₂O₃ 纳米空心球

（A）高倍 TEM 照片和 SEAD 图案；（B）壳层的 HRTEM 照片；（C）EDX 图谱

值得注意的是，在空心球粗糙的壳层上存在许多纳米孔结构。它的形成主要是由于碳质纳米粒子在空气中氧化生成 $CO_2$ 进而释放产生的。在煅烧过程中，模板碳质纳米粒子会被氧化成 $CO_2$，同时表面层吸附的 $In^{3+}$ 也转变为 $In_2O_3$ 纳米颗粒。生成的 $In_2O_3$ 纳米颗粒将继续晶化，并且相互连接，从而可以提供足够的机械强度来维持空心球形貌；并且它们还倾向于不断地形成致密的壳层。然而生成的 $CO_2$ 不断膨胀，由纳米球的内部释放出去，从而抑制了致密壳层的形成而得到多孔结构。同时，随着 $CO_2$ 的剧烈释放，必然会形成一些破裂的 $In_2O_3$ 纳米球，这很好地解释了图 3-54（B）所观测的现象。EDX 谱也进一步证实了得到的 $In_2O_3$ 纳米空心球仅由 In 和 O 两种元素组成。其中 Cu 和 C 的谱峰来自 TEM 的铜网格。

对于半导体氧化物气体传感器，传感器的工作温度是影响其敏感性能的一个重要因素。图 3-56 为多孔氧化铟纳米空心球在不同温度下对 125ppm 乙醇的响应曲线。可以发现在 200℃ 左右传感器显示出了最佳的敏感响应，响应时间为 15s，恢复时间为 20s，灵敏度高达 53。然而工作温度低于 200℃ 时，则出现较长的响应时间和恢复时间，显然不利于传感器的实用化。不过，在高的工作温度下，尽管缩短了响应时间和恢复时间，但是灵敏度相对较低。因此，由多孔氧化铟纳米空心球制作的传感器件对乙醇响应的最佳工作温度应在 200℃ 左右。

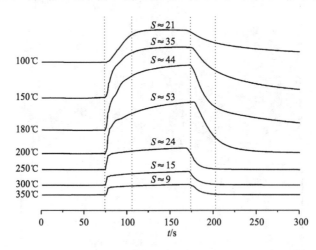

图 3-56　偏压为 1.0V 时，不同工作温度下传感器对 125ppm 乙醇的实时响应曲线和灵敏度

图 3-57 为 200℃ 时，传感器件对不同浓度甲醇和乙醇的实时响应曲线。从响应的结果可以发现，多孔氧化铟纳米空心球对乙醇具有非常好的气敏响应。在浓度为 25ppm 时，灵敏度约达到 20。与氧化铟纳米棒相比[134]，应具有更低的检测限。同时随着被测气体浓度的增加，传感器的响应灵敏度也迅速地增加，浓度

在 25～125ppm 几乎呈现线性响应。对于甲醇也显现出类似的高灵敏响应。图 3-57（B）和图 3-58（B）分别为系列浓度甲醇的测试响应曲线和灵敏度与浓度的关系曲线。可以发现传感器件对甲醇也具有较高灵敏度以及较低的检测限，甚至在 15ppm 浓度以下，仍然有较明显的敏感响应。

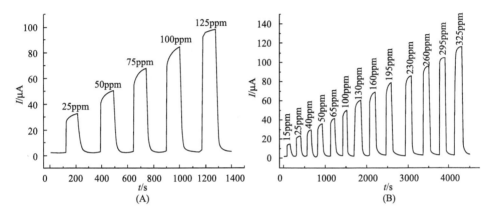

图 3-57　工作温度为 200℃时，传感器对不同浓度的乙醇（A）和甲醇（B）的实时响应曲线

根据甲醇和乙醇的实时响应结果，还可以看出多孔氧化铟空心球制作的传感器件有很好的可逆性。随着检测气体被排出密封的测试箱，响应曲线总是很快地恢复到基线。另外，多孔氧化铟空心球还对丙酮和乙醚也具有非常好的气敏响应，在图 3-58（C）和（D）中可以很好地得到体现。基于以上研究，可以得出由多孔氧化铟空心球对所考察的有机气体都具有较满意的敏感响应。此外，对于甲醛、丙醇和乙酸酐也显示了较好的气敏响应，在此不再逐一介绍。

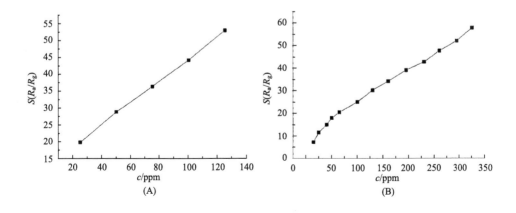

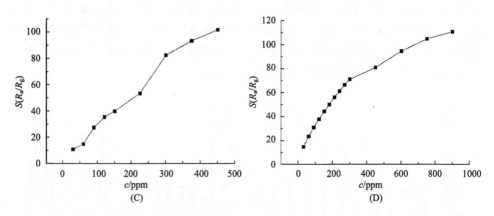

图 3-58　传感器在工作温度为 200℃时，乙醇（A）、甲醇（B）、丙酮（C）和乙醚（D）
响应灵敏度与浓度的关系曲线

　　为了理解多孔氧化铟纳米空心球的良好气敏性能，我们提出了可能的响应机理模型，如图 3-59 所示。与常规的半导体气体传感器原理一样，响应机理也是涉及检测的气体与氧化铟纳米空心球表面的 $O_2^-$、$O^-$ 和 $O^{2-}$ 物种发生化学和物理作用，从而导致材料的电导发生变化[146]。然而与实心的纳米球不同，多孔氧化铟纳米空心球由于其壳层的多孔结构可以使气体分子自由地进出内外腔而使其拥有更大的活性表面积。此外，前面已经介绍了多孔氧化铟纳米空心球壳层厚度约为 30nm，由粒径为 6~13nm 的纳米晶组成，可以看出 3~5 个纳米晶的尺寸就可以达到壳层的厚度。在前面也已介绍，对于半导体氧化物气敏材料，它们的表面存在电子耗尽层。当纳米材料（纳米颗粒或纳米线）的尺寸约为电子耗尽层厚度的 2 倍时，表面的物理和化学反应可使纳米材料的电导发生非常大的变化。因此，在空气中氧气分子不局限于吸附在氧化铟纳米空心球的内外表面，甚至可以与构成壳层的所有纳米晶发生作用。在热处理的条件下，这些吸附的氧气分子便解离形成 $O_2^-$、$O^-$ 和 $O^{2-}$ 物种，从氧化铟纳米晶捕获电子，使得在组成壳层的纳米晶表面形成厚的电荷排空区域。由于纳米晶是相互连接构成空心球壳层，从而可以引申为空心球内外表面都形成厚的空间电荷排空区域。因此，在多孔氧化铟纳米空心球间存在一个高的势垒影响电子的传输，导致多孔氧化铟纳米空心球敏感膜电阻增大。当还原性气体引入气室时，气体分子也可以被吸附在多孔氧化铟纳米空心球的内外表面，与氧离子物种发生反应，使原来被氧离子物种捕获的电子再次转移回多孔氧化铟纳米空心球。因此，原来多孔氧化铟纳米空心球间存在的高势垒被大大削弱，导致敏感膜的电阻也大大降低。很显然，作用的活性比表面积越大，敏感性能越好。

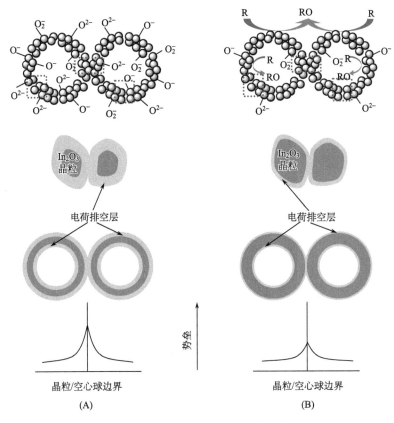

图 3-59　多孔 $In_2O_3$ 纳米空心球对还原性气体的响应机理

(A) 空气中；(B) 还原性气体 (R) 中

### 3.5.3.3　多孔分级纳米结构

目前，也有一些关于分级结构 $In_2O_3$ 纳米材料的制备及其性能研究的报道。我们同样也是通过煅烧前驱体的方法获得了多孔分级的 $In_2O_3$ 纳米材料。其前驱体在空气气氛中煅烧（550℃，2h）所得产物的 SEM 照片如图 3-60 所示。从图 3-60（A）和（B）中可以看到，前驱体呈现球形的微纳分级结构，球体直径约为 10$\mu$m。各个球体又由大量无序排列的纳米片组成。然而，需要指出的是，与此前类似结构的报道[147~149]（纳米片厚度＞20nm；沿放射状方向的长度＜200nm）相比，本研究中的纳米片厚度更小（10～15nm），长度更长（约500nm），如高倍 SEM 照片 ［图 3-60（C）］所示。从图 3-60（D）、（E）和（F）可以看到，在空气中煅烧后获得的产物除保持上述前驱体形貌结构之外，在纳米片上还密集地分布了大量纳米孔，而非前驱体中纳米片的平整表面，说明了多孔结构的形成。前驱体和煅烧后产物的化学组成可由 EDX 能谱分析获得，如图

3-60（C）和（F）中的插图所示。前驱体由 In 和 S 组成，物质的量比为 2：2.93；煅烧产物则由 In 和 O 组成，物质的量比为 2：2.87，说明前驱体和煅烧产物分别为 $In_2S_3$ 与 $In_2O_3$。

图 3-60　前驱体的低分辨率（A）与高分辨率 FESEM 照片（B）和（C），
煅烧后产物的低分辨率（D）与高分辨率 FESEM 照片（E）和（F）
（C）和（F）中的插图为相应的 EDX 能谱

　　$In_2S_3$ 前驱体和产物的微结构进一步由 HRTEM 表征，结果如图 3-61 所示。在图 3-61（A）和（C）中，前驱体与煅烧产物中纳米片分别具有的平整结构和多孔结构获得了佐证。从图 3-61（B）中可以看到，晶格条纹排列清晰有序，加上离散型的 SAED 衍射斑点，说明 $In_2S_3$ 前驱体中纳米片具有单晶结构。而对于 $In_2O_3$ 产物，如图 3-61（C）所示，其纳米片呈现明显的多孔结构，孔径为 20～30nm，而环状的 SAED 衍射以及存在明显的亮斑说明其为晶化良好的多晶结构。

　　图 3-62 展示了基于多孔分级结构 $In_2O_3$ 纳米材料的气体传感器对挥发性有机物（甲醛和甲醇）的气敏性能。从实时响应曲线可以看到，电流响应迅速，说明其对目标气体（尤其对于甲醇）响应灵敏。本研究中目标气体均为还原性气体，气敏机理为传统的半导体气体传感器响应机理——表面接触氧化还原反应[105,150,151]。从图 3-62（C）可以看到，传感器灵敏度随气体浓度的增大而提高，而且需要重点关注的是，传感器还表现出一定的选择性。传感器对甲醇的灵

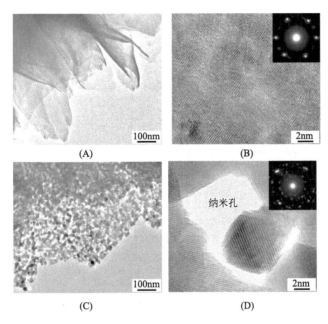

图 3-61　In₂S₃ 前驱体的低分辨率（A）与高分辨率（B）HRTEM 照片，以及煅烧

所得 In₂O₃ 产物的低分辨率（C）与高分辨率（D）HRTEM 照片

（B）和（D）中的插入图分别为相应的 SAED 照片

敏度明显高于甲醛，例如，当目标气体浓度均为 200ppm 时，对甲醇的灵敏度为对甲醛的 8 倍。此外，由图 3-62（D）可知，当目标气体浓度范围处于 50～500ppm 时，灵敏度的对数与气体浓度的对数呈现良好的线性关系，说明该气体传感器对于 VOC 具有较宽的检测浓度范围。

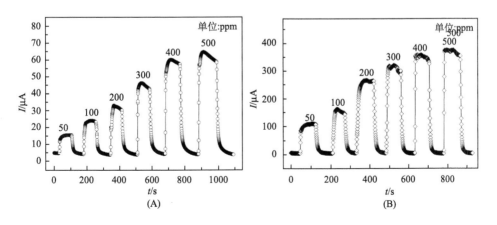

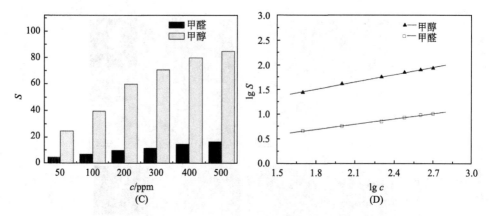

图 3-62　基于多孔分级结构 $In_2O_3$ 纳米材料的气体传感器对 VOC 的气敏性能
（A）和（B）分别为传感器对甲醛与甲醇的实时响应曲线；（C）相应的灵敏度；
（D）灵敏度的对数与气体浓度的对数之间的线性关系

　　因为气敏过程本质上为表面接触反应过程，所以研究表面接触反应过程中的动力学（气体吸脱附）过程对于分析敏感材料对目标气体的响应具有重要价值，下面以传感器对 100ppm 甲醛的响应为例进行分析。对传感器的实时响应曲线进行数学变换，原纵坐标（实时电流）变为横坐标，而电流对时间的一阶导数作为新纵坐标，如图 3-63 所示。在一定的工作条件下，传感器中敏感材料表面的状态一定，此时传感器的电流值也固定，所以电流的变化可以反映敏感材料表面状态的变化。又因为表面状态受材料对气体的吸脱附影响，所以，在一定的工作条件下，气体的吸脱附动力学过程可由电流的变化过程反映。由图 3-63 可知，甲醛气体注入测试室后，吸附曲线迅速升高，说明其分子迅速

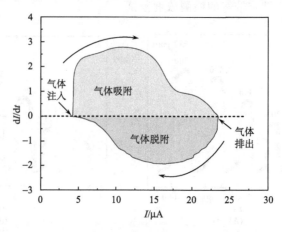

图 3-63　对 100ppm 甲醛的气敏动力学（气体吸脱附）过程

扩散并吸附于 In$_2$O$_3$ 纳米材料的表面，该现象可由努森（Knudsen）扩散模型得到解释，即多孔媒介中气体分子的扩散速度明显快于无孔结构材料。在响应过程中（虚线以上部分），同时存在气体吸附与脱附过程，只是吸附作用占主导。当电流增大速度逐渐减缓直至电流达到最大值，气体吸附与脱附过程趋于平衡状态。在恢复过程（虚线以下部分），甲醛脱附过程先占支配地位，而后敏感材料对氧气的吸附作用增强，最终回到注入甲醛气体时的初始状态，完成一个气敏响应与恢复的周期。

### 3.5.4　氧化镉纳米传感器

氧化镉（CdO）是一种以岩盐矿结构（NaCl 型）存在的 ⅡB-Ⅵ 族半导体氧化物。它可看作是由 Cd 和 O 两种原子分别组成的两套面心立方格子沿 1/2[100] 方向套构而成的，如图 3-64（A）所示[152]；也有理论计算表明，大约在 89GPa 压强下，CdO 晶体的立方 NaCl 式结构会转变为 CsCl 式结构，晶体体积减小约 6%，结构见图 3-64（B）。作为一个 n 型宽禁带半导体金属氧化物，CdO 具有非常重要的性质和用途，特别在光学、光伏电池和透明电极等方面的潜在应用一直备受关注。早在 1907 年，Badeker 等就已经制备出了透明导电的 CdO 材料。近年来，CdO 作为一种性能优良的透明导电材料一直备受关注[153,154]。与其他导电薄膜（SnO$_2$、ITO 和 ZnO）相比，它具有光的高透过性（可见光区和近红外光区透过率为 85% 以上）和高导电性，使其在透明导电薄膜方面也有着良好的应用前景。除了在以上领域的应用外，CdO 材料在显示器、探测器、抗反射涂层、光电和电致变色器件等领域也得到了广泛应用[155~160]。

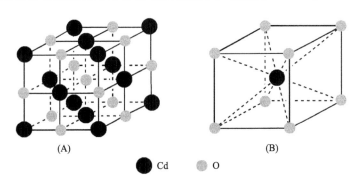

图 3-64　氧化镉结构模型

（A）NaCl 型；（B）CsCl 型

然而，氧化镉作为半导体金属氧化物用于制作气体传感器，通常用于掺杂到其他金属氧化物气敏材料中。例如，镉掺杂到氧化铟中可用于检测 Cl$_2$[161,162]，掺杂到 ZnO 纳米线中显示出湿敏性[163]，掺杂到 $Fe_2O_3$ 中对还原性气体 CO、$C_2H_5OH$ 有气敏响应[164]，掺杂到 $SnO_2$ 中对 $H_2$ 和 $C_2H_5OH$ 具有很好的响应灵敏度[165]等。

### 3.5.4.1　纳米颗粒

单纯用氧化镉来制作气体传感器，仅在 2007 年 Waghulade 等合成了氧化镉纳米颗粒，并考察了它对液化石油气体的气敏响应[166]。采用热喷涂法，分别制备了不同厚度的氧化镉薄膜。光学照片显示其颜色随着厚度的增加逐渐加深。不同温度的敏感响应结果显示，在 698K 时，该氧化镉薄膜对 $CO_2$、$N_2$ 和 LPG 响应最好。尽管其敏感响应比氧化锡、氧化锌以及氧化铟等半导体材料低，但是也在一定程度上显示出对 LPG 的选择性。敏感膜的厚度与响应灵敏度也存在的一定的关系。不同厚度的测试结果显示，敏感膜在约 $1\mu m$ 厚度时呈现最佳敏感响应。

### 3.5.4.2　纳米棒

Zhou 小组在研究针状纳米氧化镉的电子传输性质时，间接地考察了它对 $NO_2$ 的气敏响应。图 3-65（A）和（B）分别为由针状纳米氧化镉构筑的器件的 SEM 照片和对 $NO_2$ 响应曲线[167]。比较而言，单晶结构在一定程度上削弱了敏感性能，主要是由于活性面未暴露，不利于材料与待测气体作用。此外，氧化镉电导高，因此对还原气体的响应得不到很好的体现，这点在氧化镉纳米颗粒对液化石油气体敏感测试的研究中已经有所体现。因此，它只能与氧化性气体作用，降低电导时呈现出一定的敏感响应。

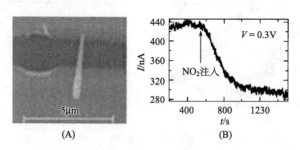

图 3-65　单根氧化镉纳米针器件的 SEM 照片（A）和
对 200ppm $NO_2$ 的响应曲线（B）

### 3.5.4.3　多孔纳米线

我们通过煅烧前驱体的方法，获得了多孔氧化铟纳米线，并研究了其气敏性能[168]。图 3-66（C）为 500℃时在空气中煅烧 2h 后得到的样品 TEM 照片。从

图 3-66 (B) 可以明显地看出，样品线状形貌在煅烧过程中基本上得到了很好的维持。不同的是，原来相对光滑的前驱体纳米线转变为多孔的结构。煅烧后产物的 XRD 衍射峰可以很好地对应到立方相的 CdO（JCPDF No.05-0640），见图3-66 (D)。

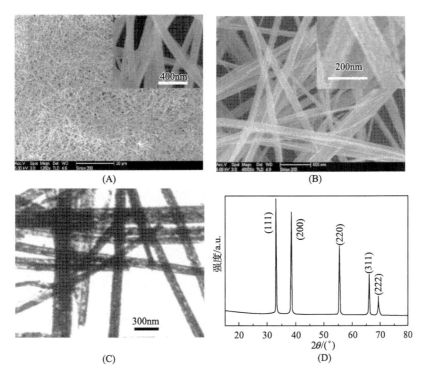

图 3-66　前驱体纳米线的 SEM 照片（A）以及多孔 CdO 纳米线的 SEM 照片（B），
　　　　　HRTEM 照片（C）和 XRD 图谱（D）

下面主要考察多孔 CdO 纳米线对空气中最危险的污染物质之一 $NO_x$ 的气敏响应。图 3-67（A）为气敏元件的 SEM 照片，图 3-67（B）为白色方框区域放大后的 SEM 照片。

元件的工作温度为 100℃时，测试电流和电压的线性关系表明多孔氧化镉纳米线和梳状电极之间有着良好的欧姆接触，可以很好地保证测量的准确性和可重复性，如图 3-68（A）所示。随着 100ppm $NO_x$ 的引入，稳定一段时间后，电流和电压依然呈现线性线关系，但它的斜率减小，表明多孔氧化镉纳米线的电阻已经增大。图 3-68（B）为传感器件对不同浓度 $NO_x$ 的实时敏感响应曲线。与 Zhou 等报道的氧化镉纳米针器件对 200ppm $NO_2$ 响应曲线的结果相比，多孔氧化镉纳米线制作的传感器件表现出了较短的响应时间、高信噪比以

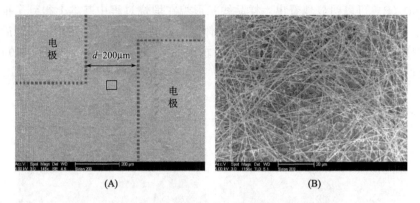

图 3-67　气敏元件 SEM 照片（A）及其局部放大（B）

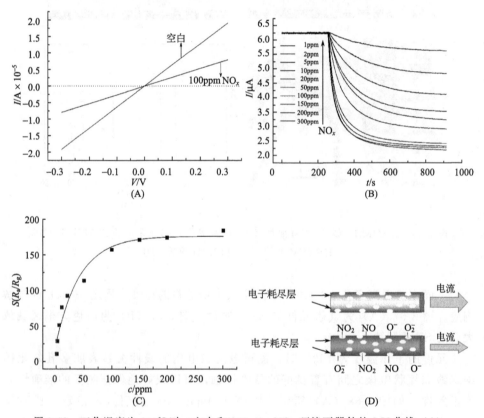

图 3-68　工作温度为 100℃时，空白和 100ppm NO$_x$ 环境下器件的 $I$-$V$ 曲线（A），
偏压为 0.1V 时，传感器对不同浓度 NO$_x$ 的实时响应曲线（B）、响应
灵敏度（C）及响应机理（D）

及低检测限，甚至对 1ppm $NO_x$ 仍然有着明显的响应。由图 3-68（C）也可以推断出该传感器件对低浓度 $NO_x$ 具有很好的气敏响应。当 $NO_x$ 浓度达到 150ppm 时，响应则呈现为饱和状态。因此该传感器件非常适合检测环境空气中低浓度的 $NO_x$。其敏感机理［图 3-68（D）］与 $V_2O_5$ 纳米带构筑的传感器对乙醇的敏感机理相反[169]。这是因为 $NO_x$ 是一个氧化性气体，而乙醇为还原性气体。值得注意的是，不同于光滑的纳米线，多孔氧化镉纳米线的多孔结构使其内外表面都可以参与反应——吸附 $NO_x$ 及其衍生物，使电子由多孔氧化镉纳米线转移到吸附物质上，从而形成更厚的电子耗尽层。因此，具有大比表面积、多孔结构的氧化镉可以提高对 $NO_x$ 的响应灵敏度。所以，当 $NO_x$ 气体引入，多孔氧化镉纳米线的电导迅速减小，即在电压恒定下器件的测试电流将迅速减小。

除 $NO_x$ 气体外，我们还考察了其他一些气体，如丙酮、乙醚、甲醛、甲醇和乙醇等，发现在该工作温度下对上述气体几乎没有明显的响应，即使提高工作温度其响应也显得非常微弱，远远低于 $NO_x$ 气体的响应灵敏度。因此，由多孔氧化镉纳米线制作的传感器件对 $NO_x$ 具有较好的选择性。这也佐证了前面提到的氧化镉纳米颗粒对还原性气体响应较弱的结论。

### 3.5.5　其他

除上述介绍的几种氧化物纳米材料以外，氧化铜、氧化铁、氧化钴等也可用作气敏材料而被广泛研究。

氧化铜（CuO）：作为 p 型半导体氧化物敏感材料，其纳米结构的敏感性能也得到了广泛研究。它与前面介绍的 n 型半导体敏感材料在响应的电学变化上相反，在还原性气体与其表面的氧负离子反应过程中多余电子的注入导致了电荷载体浓度的减少，从而使得材料的电阻增大。Wang 等采用表面活性剂辅助的方法合成了单晶的 CuO 纳米带，气敏性研究表明：在较低的工作温度下对甲醛和乙醇蒸气具有快速和高灵敏的响应[170]。此外，在 CuO 带表面上通过负载少量的 Au 或 Pt 还可进一步增强其敏感性能。CuO 纳米线对 $NO_2$ 和 CO 气体也呈现出很好的敏感性能[30]。除了一维纳米结构，CuO 纳米球也具有较好的气敏性。Li 等发现它对 $H_2S$、乙醇以及汽油蒸气也具有一定的响应[171]。这些研究结果充分展现了纳米结构的 CuO 也是制作高灵敏传感器的良好敏感材料。

氧化铁（$Fe_2O_3$）：作为体电导型半导体气敏材料，纳米氧化铁也是研究相对较多的一类敏感材料。例如，Yu 等采用微波辅助的方法制备了氧化铁的纳米环，并考察了其气敏性，发现对乙醇具有很好的可逆响应[27]。Wang 等还通过煅烧前驱体的方法合成了多孔氧化铁的纳米线，与商用的氧化铁粉末相比，多孔氧化铁纳米线显示出高的响应灵敏度以及短的响应时间和恢复时间，是制作乙醇和乙酸传感器的重要敏感材料[172]。类似地，该小组还研究了多孔分级纳米氧化铁的气敏性，结果也表明，多孔纳米结构赋予了氧化铁更好的敏感性能[26]。在对一些可燃性气体，如乙醇、丙酮、92#汽油和环己烷的研究中发现，与商用氧化铁相比较，其响应灵敏度更好。商用的氧化铁对这类气体响应非常弱。此外，多孔氧化物铁纳米空心球对乙醇也显示出很好的气敏响应[173]。

氧化钴（$Co_3O_4$）：迄今，相比于其他氧化物，关于氧化钴的敏感性能研究相对较少。但是报道的氧化钴纳米片对 $CO_2$ 和氢气都显现出纳米尺度的优越性，比普通的粉末具有更好的敏感响应[174]。

此外，除了 II-IV 族中氧化物半导体材料 ZnO 外，硫化物 ZnS 也显示出一定的气敏性。我们将制备的 ZnS 纳米球分散于叉指电极上，结果显示在常温下这种电极对 $O_2$ 具有一定的敏感性能[175]（图 3-69）。

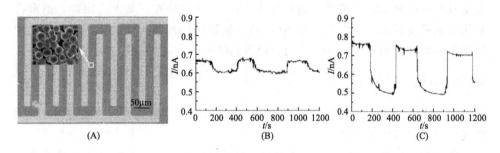

图 3-69　器件结构（A）以及 600ppm（B）和 50ppm（C）氧气下高低电导转换曲线

当然，气敏性氧化物纳米材料众多，除了本章中所介绍的几种典型半导体氧化物外，$WO_3$、$TiO_2$、$CeO_2$ 以及一些金属复合氧化物 $ZnSnO_3$ 等也是比较好的敏感材料，本章不再一一介绍。

# 3.6　总结与展望

至此，我们已介绍了各种纳米氧化物制作的气敏传感器，其中多孔以及分级纳米结构的半导体金属氧化物在改善传感器气敏性能方面有着重要的作用，即由它们构筑的纳米传感器件具有高灵敏度和低检测限。但是，在传感器的实际检测应用中，仅拥有高灵敏度和低检测限是不够的，还需要有良好的选择性。不幸的是至今传感器的选择性问题一直难以从根本上得到解决。主要是因为气敏材料存在固有的交叉敏感特性。例如，在前面介绍的多孔氧化物纳米空心球对醇、醚、酮等有机挥发性气体都具有很好的气敏响应，但是选择性却不明显。

　　传感器选择性的缺乏直接影响到对待测物的定性识别,并且进一步限制了定量分析。因此,提高传感器的选择性,对于传感器的实用化将会起到重要的推动作用。目前,提高传感器选择性的方法主要有以下几种:选择性掺杂半导体气敏材料、控制传感器工作温度、采用传感器阵列模式等。尽管这几种方式在一定程度上很好地改善了传感器的选择性,但是由于在实际应用中,传感器的工作环境并非单一,而是在背景复杂、浓度和待测物组分均未知的情况下工作的,因而以上几种方法的应用受到了很大的限制。在环境复杂的情况下,它们都很难实现真正意义上的检测应用,更谈不上对混合样品中某一组分的定性、定量检测。

　　气敏材料作为气体传感器的核心,其性能的优劣直接影响到气体传感器的实际检测应用。因此,发展新型的敏感材料并构筑出高灵敏、高选择性的纳米传感器件无疑是当前传感器发展的趋势之一。其中在现有的纳米氧化物材料制备的基础上,合成多组分分级或异质纳米结构的敏感材料将有望成为发展新型传感器的研究热点。一方面,基于纳米结构提高传感器的灵敏度,可实现痕量检测;另一方面,可利用单根纳米结构上敏感特性各异的异质结单元和各异质组分单元构建阵列式传感器,提高在实际检测中的选择性,达到定性识别的目的。

　　与其他分离技术联用以弥补传感器选择性的不足也逐渐受到人们的关注。其基本思路是对待测物进行预处理,提前实现分离,接着利用气体传感器来进行检测,从而间接地获得对待测物各组分的定性识别。例如,固相微萃取技术(SPME)/$SnO_2$ 传感器联用技术。此外,还可以结合色谱分离技术与氧化物纳米传感器联用。这些新发展的联用技术,也将为对纳米氧化物传感器的实用性提供很好的思路。

　　此外,基于微加工技术构筑多阵列的纳米传感器,结合新的信号处理技术和识别算法,发展低功耗、便携式、智能化的传感检测器,是氧化物纳米传感器技术发展的一个重要方向。

　　概括起来,探索新材料、新工艺和新理论,以获得高质量的转换效能,兼顾稳定性与选择性,是气体传感器研究的总方向。近年来,对于气体传感器的研究主要包括:①传感器本身的基础研究;②与微处理器组合在一起的传感系统研究。前者是研究新的传感器材料和工艺,发现新现象进而提出新理论;后者则是研究如何将检测功能与信号处理技术相结合,朝着智能化、集成化方向发展。纳米技术、微电子电路技术、神经网络技术的迅速发展必将极大地促进这一领域及相关学科的发展。

# 参 考 文 献

[1] Seiyama T, Akio K, Kiyoshi F, et al. New detector for gaseous components using semiconductive thin films. Anal. Chem. , 1962, 34: 1502-1503

[2] Shaver P J. Activated tungsten oxide gas detectors. Appl. Phys. Lett. , 1967, 11: 255-257

[3] Qin L P, Xu J Q, Dong X W, et al. The template-free synthesis of square-shaped $SnO_2$ nanowires: the temperature effect and acetone gas sensors. Nanotechnology, 2008, 19: 185705

[4] Choi, Y J, Hwang I S, Park J G, et al. Novel fabrication of a $SnO_2$ nanowire gas sensor with high sensitivity. Nanotechnology, 2008, 19: 095508-095511

[5] Kuang Q, Lao C S, Wang Z L, et al. High-sensitivity humidity sensor based on a single $SnO_2$ nanowire. J. Am. Chem. Soc. , 2007, 129: 6070-6071

[6] Wang B, Zhu L F, Yang Y H, et al. Fabrication of a $SnO_2$ nanowire gas sensor and sensor performance for hydrogen. J. Chem. Phys. C, 2008, 112: 6643-6647

[7] Kolmakov A, Zhang Y X, Cheng G S, et al. Detection of CO and $O_2$ using tin oxide nanowire sensors. Adv. Mater. , 2003, 15: 997-1000

[8] Wang G X, Park J S, Park M S, et al. Synthesis and high gas sensitivity of tin oxide nanotubes. Sens. Actuators B, 2008, 131: 313-317

[9] Comini E, Faglia G, Sberveglieri G, et al. Stable and highly sensitive gas sensors based on semiconducting oxide nanobelts. Appl. Phys. Lett. , 2002, 81: 1869-1871

[10] Law M, Kind H, Yang P D, et al. Photochemical sensing of $NO_2$ with $SnO_2$ nanoribbon nanosensors at room temperature. Angew. Chem. Int. Ed. , 2002, 41: 2405-2408

[11] Pinna N, Neri G, Niederberger M, et al. Nonaqueous synthesis of nanocrystalline semiconducting metal oxides for gas sensing. Angew. Chem. Int. Ed. , 2004, 43: 4345-4349

[12] Chiu H C, Yeh C S. Hydrothermal synthesis of $SnO_2$ nanoparticles and their gas-sensing of alcohol. J. Phys. Chem. C, 2007, 111: 7256-7259

[13] Tan E T H, Ho G W, Wong A S W, et al. Gas sensing properties of tin oxide nanostructures synthesized via a solid-state reaction method. Nanotechnology, 2008, 19: 255706

[14] Wan Q, Li Q H, Wang T H, et al. Fabrication and ethanol sensing characteristics of ZnO nanowire gas sensors. Appl. Phys. Lett. , 2004, 84: 3654

[15] Hsueh T J, Hsu C L, Chen I C, et al. Laterally grown ZnO nanowire ethanol gas sensors. Sens. Actuators B, 2007, 126: 473-477

[16] Heo Y W, Tien L C, Norton D P, et al. Electrical transport properties of single ZnO nanorods. Appl. Phys. Lett. , 2004, 85: 2002-2004

[17] Rout C S, Krishna S H, Rao C N R, et al. Hydrogen and ethanol sensors based on ZnO nanorods, nanowires and nanotubes. Chem. Phys. Lett. , 2005, 418: 586-590

[18] Law J B K, Thong J T L. Improving the $NH_3$ gas sensitivity of ZnO nanowire sensors by reducing the carrier concentration. Nanotechnology, 2008, 19: 205502

[19] Liao L, Lu H B, Zhang W F, et al. Size dependence of gas sensitivity of ZnO nanorods. J. Chem. Phys. C, 2007, 111: 1900-1903

[20] Zhang Y S, Yu K, Luo L Q, et al. Zinc oxide nanorod and nanowire for humidity sensor. Appl. Surf. Sci. , 2005, 242: 212-217

[21] Zhang N, Yu K, Wan Q, et al. Room-termperature high-sensitivity $H_2S$ gas sensor based on dendritic ZnO nanostructures with macroscale in appearance. J. Appl. Phys. , 2008, 103: 104304

[22] Ryu K M, Zhang D H, Zhou C W. High-performance metal oxide nanowire chemical sensors with integrated micromachined hotplates. Appl. Phys. Lett. , 2008, 92: 093111

[23] Chu X F, Wang C H, Zheng C M, et al. Ethanol sensor based on indium oxide nanowires prepared by carbothermal reduction reaction. Chem. Phys. Lett. , 2004, 399: 461-464

[24] Xu J Q, Chen Y P, Dong X W, et al. A new route for preparing corundum-type $In_2O_3$ nanorods used as gas-sensing materials. Nanotechnology, 2007, 18: 115615

[25] Du N, Zhang H, Yang D R, et al. Porous indium oxide nanotubes: layer-by-layer assembly on carbon-nanotube templates and application for room-temperature $NH_3$ gas sensors. Adv. Mater. , 2007, 19: 1641-1643

[26] Gou X L, Wang G X, Park J S, et al. Flutelike porous hematite nanorods and branched nanostructures: synthesis, characterization and application for gas-sensing. Chem. Eur. J. , 2008, 14: 5996-6002

[27] Hu X L, Yu J M, Li G S, et al. Alpha-$Fe_2O_3$ nanorings prepared by a microwave-assisted hydrothermal process and their sensing properties. Adv. Mater. , 2007, 19: 2324-2329

[28] Lee J H. Gas sensors using hierarchical and hollow oxide nanostructures: Overview. Sens. Actuators B, 2009, 140: 319-336

[29] 刘笃仁, 韩保君. 传感器原理及应用技术. 西安: 西安电子科技大学出版社, 2003, 171-172

[30] Kim Y S, Hwang I S, Lee J H. CuO nanowire gas sensors for air quality control in automotive cabin. Sens. Actuators B, 2008, 135: 298-303

[31] Rothschild A, Komen Y. The effect of grain size on the sensitivity of nanocrystalline metal-oxide gas sensors. J. Appl. Phys. , 2004, 95: 6374-6380

[32] Xu C N, Jun T, Norio M, et al. Grain Size Effects on Gas Sensitivity of Porous $SnO_2$-based Elements. Sens. Actuators B, 1991, 3 (2): 147-155

[33] Liao L, Mai H X, Yu T, et al. Single $CeO_2$ nanowire gas sensor supported with Pt nanocrystals: gas sensitivity, surface bond states, and chemical mechanism. J. Phys. Chem. C, 2008, 112: 9061-9065

[34] Lin H Y, Chen H A, Lin H N. Fabrication of a single metal nanowire connected with dissimilar metal electrodes and its application to chemical sensing. Anal. Chem. , 2008, 80: 1937-1941

[35] Liao L, Lu H B, Liu Y L, et al. The sensitivity of gas sensor based on single ZnO nanowire modulated by helium ion radiation. Appl. Phys. Lett. , 2007, 91: 173110

[36] Hernandez-Ramirez F, Prades J D, Romano-Rodriguez A, et al. Insight into the role of oxygen diffusion in the sensing mechanisms of $SnO_2$ nanowires. Adv. Funct. Mater. , 2008, 18: 2990-2995

[37] Rothschild A, Komen Y. The effect of grain size on the sensitivity of nanocrystalline metal-oxide gas sensors. J. Appl. Phys. , 2004, 95: 6347-6380

[38] Zhong Z Y, Ho J, Gedanken A, et al. Synthesis of porous α-$Fe_2O_3$ nanorods and deposition of very small gold particles in the pores for catalytic oxidation of CO. Chem. Mater. , 2007, 19: 4776-4782

[39] Zhao Q R, Zhang Z G, Xie Y, et al. Facile synthesis and catalytic property of porous tin dioxide nanostructures. J. Phys. Chem. B, 2006, 110: 15152-15156

[40] Harada T, Ikeda S, Matsumura M, et al. Rhodium nanoparticle encapsulated in a porous carbon shell as an active heterogeneous catalyst for aromatic hydrogenation. Adv. Fun. Mater. , 2008, 18:

2190-2196

[41] Ganley J C, Riechmann K L, Masel R I, et al. Porous anodic alumina optimized as a catalyst support for microreactors. J. Cataly. , 2004, 227: 26-32

[42] Levkin P A, Eeltink S, Frechet J M J, et al. Monolithic porous polymer stationary phases in polyimide chips for the fast high-performance liquid chromatography separation of proteins and peptides. J. Chromatography A, 2008, 1200: 55-61

[43] Teraoka I, Zhou Z M, Karasz F E, et al. Molecular weight-sensitive separation of a bimodal polymer mixture using nanoscale porous materials. Macromolecules, 1993, 26: 6081-6084

[44] Nakanishi K, Tanaka N. Sol-gel with phase separation. Hierarchically porous materials optimized for high-performance liquid chromatography separations. Acc. Chem. Res. , 2007, 40: 863-873

[45] Li Y Y, Cunin F, Sailor M J, et al. Polymer replicas of photonic porous silicon for sensing and drug delivery applications. Science, 2003, 299: 2045-2047

[46] Byrne R S, Deasy P B. Use of commercial porous ceramic particles for sustained drug delivery. Int. J. Pharm. , 2002, 246: 61-73

[47] Ma M Y, Zhu Y J, Cao S W, et al. Nanostructured porous hollow ellipsoidal capsules of hydroxyapatite and calcium silicate: preparation and application in drug delivery. J. Mater. Chem. , 2008, 18: 2722-2727

[48] Horcajada P, Serre C, Ferey G, et al. Flexible porous metal-organic frameworks for a controlled drug delivery. J. Am. Chem. Soc. , 2008, 130: 6774-6780

[49] Liu F, Wen L X, Chen J F, et al. Porous hollow silica nanoparticles as controlled delivery system for water-soluble pesticide. Mater. Res. Bull. , 2006, 41: 2268-2275

[50] Devi G S, Hyodo T, Egashira M, et al. Synthesis of mesoporous $TiO_2$-based powders and their gas-sensing properties. Sens. Actuators B, 2002, 87: 112-129

[51] Kim J H, Kim S H, Shiratori S. Fabrication of nanoporous and hetero-structure thin film via a layer-by-layer self assembly method for a gas sensor. Sens. Actuators B, 2004, 102: 241-247

[52] Hyodo T, Nishida N, Egashira M, et al. Preparation and gas-sensing properties of thermally stable mesoporous $SnO_2$. Sens. Actuators B, 2002, 83: 209-215

[53] Jin Z H, Zhou H J, Liu C C, et al. Application of nano-crystalline porous tin oxide thin film for CO sensing. Sens. Actuators B, 1998, 52: 188-194

[54] Hyodo T, Sasahara K, Egashira M, et al. Preparation of macroporous $SnO_2$ films using PMMA microspheres and their sensing properties to $NO_x$ and $H_2$. Sens. Actuators B, 2005, 106: 580-590

[55] Zhang H G, Zhu Q S, Yu B, et al. One-pot synthesis and hierarchical assembly of hollow $Cu_2O$ microspheres with nanocrystals-composed porous multishell and their gas-sensing properties. Adv. Funct. Mater. , 2007, 17: 2766-2771

[56] Tiemann M. Porous metal oxides as gas sensors. Chem. Eur. J. , 2007, 13: 8376-8388

[57] Wang Y L, Jiang X C, Xia Y N. A solution-phase, precursor route to polycrystalline $SnO_2$ nanowires that can be used for gas sensing under ambient conditions. J. Am. Chem. Soc. , 2003, 125: 16176-16177

[58] Wagner T, Roggenbuch J, Tiemann M, et al. Gas-Sensing Properties of Ordered Mesoporous $Co_3O_4$ Synthesized by Replication of SBA-15 Silica. Stud. Surf. Sci. Catal. 2007, 165: 347-350

[59] Wagner T, Waitz T, Tiemann M, et al. Ordered mesoporous ZnO for gas sensing. Thin Solid Films,

2007，515：8360-8363

[60] Hu J T，Odom T W，Lieber C M. Chemistry and physics in one dimension：synthesis and properties of nanowires and nanotubes. Acc. Chem. Res. ，1999，32（5）：435-445

[61] Xia Y N，Yang P D，Sun Y G，et al. One-dimensional nanostructures：synthesis，characterization，and applications. Adv. Mater. ，2003，15（5）：353-389

[62] Shen G Z，Chen P C，Ryu K，et al. Devices and chemical sensing applications of metal oxide nanowires. J. Mater. Chem. 2009，19（7）：828-839

[63] Jia Y，Chen X，Liu J H，et al. In situ growth of tin oxide nanowires，nanobelts，and nanodendrites on the surface of iron-doped tin oxide/multiwalled carbon nanotube nanocomposites. J. Phys. Chem. C，2009，113：20583-20588

[64] Jia Y，He L F，Liu J H，et al. Preparation of porous tin oxide nanotubes using carbon nanotubes as templates and their gas-sensing properties. J. Phys. Chem. C，2009，113：9581-987

[65] An G M，Zhang Y，Liu Z M，et al. Preparation of porous chromium oxide nanotubes using carbon nanotubes as templates and their application as an ethanol sensor. Nanotechnology，2008，19（3）：035504

[66] Guo Z，Liu J Y，Liu J H，et al. Template synthesis，organic gas-sensing and optical properties of hollow and porous $In_2O_3$ nanospheres. Nanotechnology，2008，19（34）：345704-345712

[67] Liu J Y，Meng F L，Liu J H，et al. Novel facile detection of persistent organic pollutants using highly sensitive gas sensor. Talanta，2010，82（1）：409-416

[68] Chang Y E，Youn D Y，Kim I D，et al. Fabrication and gas sensing properties of hollow $SnO_2$ hemispheres. Chem. Commun. ，2009，27：4019-4021

[69] Huang J R，Yu K，Liu J H，et al. Preparation of porous flower-shaped $SnO_2$ nanostructures and their gas-sensing property. Sens. Actuators B，2010，147：467-474

[70] Liu Y，Koep E，Liu M L，et al. Highly sensitive and fast-responding $SnO_2$ sensor fabricated by combustion chemical vapor deposition. Chem. Mater. ，2005，17：3997-4000

[71] Sun F Q，Cai W P，Li Y，et al. Direct growth of mono- and multilayer nanostructured porous films on curved surfaces and their application as gas sensors. Adv. Mater. ，2005，17：2872-2877

[72] Zhang J，Wang S R，Wu S H，et al. Facile synthesis of highly ethanol-sensitive $SnO_2$ nanoparticles. Sens. Actuators B，2009，139：369-374

[73] Li K M，Li Y J，Chen L J，et al. Direct conversion of single-layer SnO nanoplates to multi-layer $SnO_2$ nanoplates with enhanced ethanol sensing properties. Adv. Funct. Mater. ，2009，19：2453-2456

[74] Chen Y J，Xue X Y，Wang T H，et al. Synthesis and ethanol sensing characteristics of single crystalline $SnO_2$ nanorods. Appl. Phys. Lett. ，2005，87：233503

[75] Chen Y J，Nie L，Wang T H，et al. Linear ethanol sensing of $SnO_2$ nanorods with extremely high sensitivity. Appl. Phys. Lett. ，2006，88：083105

[76] Liu J Y，Meng F L，Liu J H，et al. Assembly，formation mechanism，and enhanced gas-sensing properties of porous and hierarchical $SnO_2$ hollow nanostructures. J. Mater. Res. ，2010，25（10）：1992-2000

[77] Hunt D L，Li C S. A regression spline model for developmental toxicity data. Toxicol. Sci. ，2006，92：329-334

[78] Radecka M，Przewoznik J，Zakrzewska K. Microstructure and gas-sensing properties of （Sn，Ti）$O_2$

thin films deposited by RGTO technique. Thin Solid Films, 2001, 391: 247-254.

[79] Katsuki A, Fukui K. $H_2$ selective gas sensors based on $SnO_2$. Sens. Actuators B, 1998, 52: 30-37

[80] Advani G N, Komem Y, Jordan A G, et al. Improved performance of $SnO_2$ thin-film gas sensors due to gold diffusion. Sens. Actuators B, 1981, 2: 139-147

[81] Takao Y, Miyazaki K, Egashira M, et al. High ammonia sensitive semiconductor gas sensors with double-layer structure and interface electrodes. J. Electrochem. Soc. , 1994, 141: 1028-1034

[82] Tan O K, Zhu W, Kong L B, et al. Size effect and gas sensing characteristics of nanocrystalline x$SnO_2$-(1-x) $Fe_2O_3$ ethanol sensors. Sens. Actuators B, 2000, 65: 361-365

[83] Tamaki J, Maekawa T, Yamazoe N, et al. Ethanol gas sensing properties of Pd-$La_2O_3$-$In_2O_3$ thick film element. Chem. Lett. , 1990, 19: 447-450

[84] Ivanovskaya M, Bogdanov P, Nelli P, et al. On the role of catalytic additives in gas-sensitivity of $SnO_2$-Mo based thin film sensors. Sens. Actuators B, 2001, 77: 268-274

[85] Williams G, Coles G S V. $NO_x$ response of tin dioxide based on gas sensors. Sens. Actuators B, 1993, 16: 349-353

[86] Sberveglieri G, Groppelli S, Nelli P. Highly sensitive and selective $NO_x$ and $NO_2$ sensor based on Cd-doped $SnO_2$ thin films. Sens. Actuators B, 1991, 4: 457-461

[87] Wiegleb G, Heitbaum J. Semiconductor gas-sensor for detecting NO and CO traces in ambient air of road traffic. Sens. Actuators B, 1994, 17: 93-99

[88] Torrela H, Pijolet C, Lalouze R. Dual response of tin dioxide gas sensors characteristic of gaseous carbon tetrachloride. Sens. Actuators B, 1991, 4: 445-450

[89] Kim D H, Lee S H, Kim K H. Comparison of CO-gas sensing characteristic between mono- and multi-layer Pt/$SnO_2$ thin films. Sens. Actuators B, 2001, 77: 427-431

[90] Yu J H, Choi G M. Electrical and CO gas-sensing properties of ZnO/$SnO_2$ hetero-contact. Sens. Actuators B, 1999, 61: 59-67

[91] Comini E, Ferroni M, Sberveglieri G, et al. CO sensing properties of W-Mo and tin dioxide RGTO multiple layers structures. Sens. Actuators B, 2003, 95: 157-161

[92] Quaranta F, Rella R, Siciliano P, et al. 1999. A novel gas sensors based on $SnO_2$/Os thin film for the detection of methane at low temperature. Sens. Actuators B, 58: 350-355

[93] Gourari H, Lumbreras M, Schoonman J. Elaboration and characterization of $SnO_2$-$Mn_2O_3$ thin layer prepared by electrostatic spray depositon. Sensors and Actuators B, 1998, 47: 189-193

[94] Zhou X H, Cao Q X, Xu Y L, et al. Sensing behavior and mechanism of $La_2CuO_4$-$SnO_2$ gas sensors. Sens. Actuators B, 2001, 77: 443-446

[95] Li J P, Wang Y, Han J H, et al. $H_2S$ sensing properties of the $SnO_2$-based thin films. Sens. Actuators B, 2000, 65: 111-113

[96] Vasiliev R B, Rumyantseva M N, Gaskov A M, et al. CuO/$SnO_2$ thin film heterostructures as chemical sensors to $H_2S$. Sens. Actuators B, 1998, 50: 186-192

[97] He L F, Jia Y, Liu J H, et al. Development of sensors based on CuO-doped $SnO_2$ hollow spheres for ppb level $H_2S$ gas sensing. J. Mater. Sci. , 2009, 44: 4326-4333

[98] Liu J Y, Guo Z, Liu J H, et al. A novel antimony-carbon nanotube-tin oxide thin film: carbon nanotubes as growth guider and energy buffer. Application for indoor air pollutants gas sensor. J. Phys. Chem. C, 2008, 112: 6119-6125

[99] Jiang Z W, Guo Z, Li M Q, et al. Highly sensitive and selective butanone sensors based on cerium-doped SnO₂ thin films. Sens. Actuators B, 2010, 145: 667-673

[100] Han W Q, Wu L J, Zhu Y M. Formation and oxidation state of CeO₂₋ₓ nanotubes. J. Am. Chem. Soc. , 2005, 127: 12814-12815

[101] Ge C Q, Xie C S, Cai S Z. Preparation and gas-sensing properties of Ce-doped ZnO thin-film sensors by dip-coating. Mater. Sci. Eng. B, 2007, 137: 53-58

[102] Liu J Y, Guo Z, Liu J H, et al. Novel porous single-crystalline ZnO nanosheets fabricated by annealing ZnS (en)₀.₅ (en＝ethylenediamine) precursor. Application in a gas sensor for indoor air contaminant detection. Nanotechnology, 2009, 20: 125501-125508

[103] Renate M V, Henk V. High-selectivity, high-flux silica membranes for gas separation. Science, 1998, 279: 1710-1711

[104] Zhang Y, Wang L, Zhu J, et al. Synthesis of nano/micro zinc oxide rods and arrays by thermal evaporation approach on cylindrical shape substrate. J. Phys. Chem. B, 2005, 109: 13091-13093

[105] Harrison P G, Willett M J. The mechanism of operation of tin (IV) oxide carbon-monoxide sensors. Nature, 1988, 332: 337-339

[106] Wang Y, Chen J, Wu X. Preparation and gas-sensing properties of perovskite-type SrFeO₃ oxide. Mater. Lett. , 2001, 49: 361-364

[107] Bie L J, Yan X N, Yuan Z H, et al. Nanopillar ZnO gas sensor for hydrogen and ethanol. Sens. Actuators B, 2007, 126: 604-608

[108] Navale S C, Ravia V, Kulkarni S K, et al. Low temperature synthesis and NOₓ sensing properties of nanostructured Al-doped ZnO. Sens. Actuators B, 2007, 126: 382-386

[109] Veldsink J W, Versteeg G F, Van-Damme R M J, et al. The use of the dusty-gas model for the description of mass transport with chemical reaction in porous media. Chem. Eng. J. , 1995, 57: 115-125

[110] Jing Z H, Zhan J H. Fabrication and gas-sensing properties of porous ZnO nanoplates. Adv. Mater. , 2008, 20: 4547-4551

[111] Liu J Y, Guo Z, Liu J H, et al. Novel single-crystalline hierarchical structured ZnO nanorods fabricated via a wet-chemical route: combined high gas sensing performance with enhanced optical properties. Cryst. Growth Des. , 2009, 9 (4): 1716-1722

[112] Huang J R, Wu Y J, Liu J H, et al. Large-scale synthesis of flowerlike ZnO nanostructure by a simple chemical solution route and its gas-sensing property. Sens. Actuators B, 2010, 146: 206-212

[113] Wu W Y, Ting J M, Huang P J. Electrospun ZnO nanowires as gas sensors for ethanol detection. Nanoscale Res. Lett. , 2009, 4: 513-517

[114] Sun Z P, Liu L, Jia D Z, et al. Rapid synthesis of ZnO nano-rods by one-step, room-temperature, solid-state reaction and their gas-sensing properties. Nanotechnology, 2006, 17: 2266-2270

[115] Feng P, Wan Q, Wang T H. Contact-controlled sensing properties of flowerlike ZnO nanostructure. Appl. Phys. Lett. , 2005, 87: 213111

[116] Zhang N, Yu K, Wan Q, et al. Room-temperature high-sensitivity H₂S gas sensor based on dendritic ZnO nanostructures with macroscale in appearance. J. Appl. Phys. , 2008, 103: 104305

[117] Ishibashi S, Higuchi Y, Nakamura K, et al. Low resisitivity indium-tin oxide transparent conductive films. I. Effect of introducing H₂O gas or H₂ gas during direct current magnetron sputtering. J. Vac.

Sci. Technol. A, 1990, 8: 1399-1402

[118] Chopara K L, Major S, Pandya D K. Transparent conductors-A status review. Thin Solid Films, 1983, 102: 1-46

[119] Yao J L, Hao S, Wilkinson J S. Indium tin oxide films by sequential evaporation. Thin Solid Films, 1990, 189: 227-233

[120] Jarzebski Z M. Preparation and physical properties of transparent conducting oxide films. Phys. Status Solidi A, 1982, 71: 13

[121] Kong X Y, Wang Z L. Structures of indium oxide nanobelts. Solid State Communications, 2003, 128: 1-4

[122] Hamberg I, Granqvist C G. Evaporated Sn-doped $In_2O_3$ films: Basic optical properties and applications to energy-efficient windows. J. Appl. Phys. , 1986, 60: R123-R160

[123] Li X, Wanlass M W, Coutts T J, et al. High-efficiency indium tin oxide/indium phosphide solar cells. Appl. Phys. Lett. , 1989, 54: 2674-2676

[124] Katoh R, Furube A, Tachiya M, et al. Efficiencies of electron injection from excited $N_3$ dye into nanocrystalline semiconductor ($ZrO_2$, $TiO_2$, ZnO, $Nb_2O_5$, $SnO_2$, $In_2O_3$) films. J. Phys. Chem. B, 2004, 108: 4818-4822

[125] Shigesato Y, Takaki S, Haranoh T. Electrical and structural properties of low resistivity tin-doped indium oxide films. J. Appl. Phys. , 1992, 71: 3356-3364

[126] Granqvist C G. Transparent conductive electrodes for electrochromic devices: a review. Appl. Phys. A: Solids Surf. , 1993, 57: 19-24

[127] Tamaki J, Naruo C, Matsuoka M, et al. Sensing properties to dilute chlorine gas of indium oxide based thin film sensors prepared by electron beam evaporation. Sens. Actuators B, 2002, 83: 190-194

[128] Atashbar M Z, Gong B, Lamb R, et al. Investigation on ozone-sensitive $In_2O_3$ thin films. Thin Solid Films, 1999, 354: 222-226

[129] Takada T, Hiromasa T, Harada K, et al. Aqueous ozone detector using $In_2O_3$ thin-film semiconductor gas sensor. Sens. Actuators B, 1995, 25: 548-551

[130] Gurlo A, Ivanovskaya M, Dieguez A, et al. Grain size control in nanocrytalline $In_2O_3$ semiconductor gas sensors. Sens. Actuators B, 1997, 44: 327-333

[131] Gurlo A, Ivanovskaya M, Gopel W, et al. Sol-gel prepared $In_2O_3$ thin films. Thin Solid Films, 1997, 307: 288-293

[132] Korotcenkov G, Brinzari B, Arbiol J, et al. The influence of film structure on $In_2O_3$ gas response. Thin Solid Films, 2004, 460: 315-323

[133] Yamaura H, Moriya K, Yamazoe N, et al. Mechanism of sensitivity promotion in CO sensor using indium oxide and cobalt oxide. Sens. Actuators B, 2000, 65: 39-41

[134] Zhuang Z B, Peng Q, Li Y D, et al. Indium gydroxides, oxyhydroxides, and oxides nanocrystals series. Inorg. Chem. , 2007, 46: 5179-5187

[135] Epifani M, Comini E, Morante J R, et al. Nanocrystals as very active interfaces: ultrasensitive room-temperature ozone sensors with $In_2O_3$ nanocrystals prepared by a low-temperature sol-gel process in a coordinating environment. J. Phys. Chem. C, 2007, 111: 13967-13971

[136] Gurlo A, Barsan N, Siciliano P, et al. Polycrystalline well-shaped blocks of indium oxide obtained by the sol-gel method and their gas-sensing properties. Chem. Mater. , 2003, 15: 4377-4383

[137] Wang C Y, Ali M, Ambacher O, et al. $NO_x$ sensing properties of $In_2O_3$ nanoparticles prepared by metal organic chemical vapor deposition. Sens. Actuators B, 2008, 130: 589-593

[138] Soulantica K, Erades L, Chaudret B, et al. Synthesis of indium and indium oxide nanoparticles from indium cyclopentadienyl precursor and their application for gas sensing. Adv. Funct. Mater. , 2003, 13: 553-557

[139] Chu D W, Zeng Y P, Xu J Q, et al. Tuning the phase and morphology of $In_2O_3$ nanocrystals via simple solution routes. Nanotechnology, 2007, 18: 435605

[140] Vomiero A, Bianchi S, Sberveglieri G, et al. Controlled growth and sensing properties of $In_2O_3$ nanowires. Cryst. Growth Des. , 2007, 7: 2500-2504

[141] Xu J Q, Wang X H, Wang G Q, et al. Solvothermal synthesis of $In_2O_3$ nanocrystal and its ethanol sensing mechanism. Electrochemical and Solid-State Letters, 2006, 9: H103-H107

[142] Xu J Q, Wang X H, Shen J N. Hydrothermal synthesis of $In_2O_3$ for detecting $H_2S$ in air. Sens. Actuators B, 2006, 115: 642-646

[143] Prim A, Pellicer E, Morante J R, et al. A novel mesoporous CaO-loaded $In_2O_3$ material for $CO_2$ sensing. Adv. Funct. Mater. , 2007, 17: 2957-2963

[144] Zhang D H, Liu Z, Zhou C W, et al. Detection of $NO_2$ down to ppb levels using individual and multiple $In_2O_3$ nanowire devices. Nano Lett. , 2004, 4: 1919-1924

[145] Li C, Zhang D H, Zhou C W, et al. Surface treatment and doping dependence of $In_2O_3$ nanowires as ammonia sensors. J. Phys. Chem. B, 2003, 107: 12451-12455

[146] Gopel W, Schierbaum K D. $SnO_2$ sensors: Current status and future prospects. Sens. Actuators B, 1995, 26: 1-12

[147] Liu L, Liu H J, He X W, et al. Morphology control of beta-$In_2S_3$ from chrysanthemum-like microspheres to hollow microspheres: synthesis and electrochemical properties. Cryst. Growth Des. , 2009, 9: 113-117

[148] Bai H X, Zhang L X, Zhang Y C. Simple synthesis of urchin-like $In_2S_3$ and $In_2O_3$ nanostructures. Mater. Lett. , 2009, 63: 823-825

[149] Liu Y, Zhang M, Qian Y T, et al. Synthesis and optical properties of cubic $In_2S_3$ hollow nanospheres. Mater. Chem. Phys. , 2007, 101: 362-366.

[150] Liao L, Zhang Z, Yu T, et al. Multifunctional CuO nanowire devices: p-type field effect transistors and CO gas sensors. Nanotechnology, 2009, 20: 85203

[151] Gou X L, Wang G X, Yang J, et al. Monodisperse hematite porous nanospheres: synthesis, characterization, and applications for gas sensors. Nanotechnology, 2008, 19: 125606

[152] 杨华明, 宋晓岚, 金胜明. 新型无机材料. 北京: 化学工业出版社, 2005: 250-315.

[153] Gurumurugan K, Mangalaraj D, Narayandass S K, et al. Characterization of transparent conducting CdO films deposited by spray pyrolysis. Semiconductor Science and Technology, 1994, 9: 1827-1832

[154] Ferro R, Rodriguez J A, Vigil O, et al. Chemical composition and electrical conduction mechanism for CdO: F thin films deposited by spray pyrolysis. Materials Science and Engineering B, 2001, 87: 83-86

[155] Yan M, Lane M, Chang R P H, et al. Highly conductive epitaxial CdO thin films prepared by pulsed laser deposition. Appl. Phys. Lett. , 2001, 78: 2342-2344

[156] Varkey A J, Fort A F. Transparent conducting cadmium oxide thin films prepared by solution growth technique. Thin Solid Films, 1994, 239: 211-213

[157] Ortega M, Santana G, Morales-Acevedo A. Optoelectronic properties of CdO/Si photodetectors. Solid State Electronics, 2000, 44: 1765-1769

[158] Sravani C, Reddy K T R, Reddy P J. Preparation and properties of CdO/CdTe thin film solar cells. Journal of Alloys and Compounds, 1994, 215: 239-243

[159] Ginley D S, Bright C. Transparent conduction oxide. MRS Bull. , 2000, 25: 15

[160] Benko F A, Koffyberg F P. Quantum efficiency and optical transitions of CdO photoanodes. Solid State Commun. , 1986, 57: 901-903

[161] Chu X. High sensitivity chlorine gas sensors using $CdIn_2O_4$ thick film prepared by co-precipitation method. Mater. Res. Bull. , 2003, 38: 1705-1711

[162] Lou X D, Shi D Y, Peng C Y, et al. Preparation of $CdIn_2O_4$ powder by sol-gel method and its $Cl_2$ sensitivity properties. Sens. Actuators B, 2007, 123: 114-119

[163] Wang Q, Li Q H, Wang T H, et al. Positive temperature coefficient resistance and humidity sensing properties of Cd-doped ZnO nanowires. Appl. Phys. Lett. , 2004, 84: 3085-3087

[164] Chen N S, Yang X J, Huang J L, et al. Reducing gas-sensing properties of ferrite compounds $MFe_2O_4$ (M=Cu, Zn, Cd, and Mg). Sens. Actuators B, 2000, 66: 178-180

[165] Zhang T S, Hing P, Zhang J C, et al. Selectivity detection of ethanol vapor and hydrogen using Cd-doped $SnO_2$-based sensors. Sens. Actuators B, 1999, 60: 208-215

[166] Waghulade R B, Patil P P, Pasricha P. Synthesis and LPG sensing properties of nano-sized cadmium oxide. Talanta, 2007, 72: 594-599

[167] Liu X, Li C, Zhou C, et al. Synthesis and electronic transport studies of CdO nanoneedles. Appl. Phys. Lett. , 2003, 82: 1950-1952

[168] Guo Z, Li M Q, Liu J H. Highly porous CdO nanowires: preparation based on hydroxyl- and carbonate-containing cadmium compound precursor nanowires, gas sensing and optical properties. Nanotechnology, 2008, 19: 245611-245618

[169] Liu J F, Wang X, Li Y D, et al. Vanadium pentoxide nanobelts: highly selective and stable ethanol sensor materials. Adv. Mater. , 2005, 17: 764-766

[170] Gou X L, Wang G X, Yang J, et al. Chemical synthesis, characterization and gas sensing performance of copper oxide nanoribbons. J. Mater. Chem. , 2008, 18: 965-969

[171] Zhang J T, Liu J F, Li Y D, et al. Nearly monodisperse $Cu_2O$ and CuO nanospheres: preparation and application for sensitive gas sensors. Chem. Mater. , 2006, 18: 867-871

[172] Wang G X, Gou X L, Horvat J, et al. Facile synthesis and characterization of iron oxide semiconductor nanowires for gas sensing application. J. Phys. Chem. C, 2008, 112: 15220-15225

[173] Choi W S, Koo H Y, Kim D Y, et al. Templated synthesis of porous capsules with a controllable surface morphology and their application as gas sensors. Adv. Funct. Mater. , 2007, 17: 1743-1749

[174] Park J, Shen X P, Wang G X. Solvothermal synthesis and gas-sensing performance of $Co_3O_4$ hollow nanospheres. Sens. Actuators B, 2009, 136: 494-498

[175] Yang L B, Han J, Liu J H, et al. Morphogenesis and crystallization of ZnS microspheres by a soft template-assisted hydrothermal route: synthesis, growth mechanism, and oxygen sensitivity. Chem. Asian J. , 2009, 4: 174-180

# 第4章　纳米材料修饰电化学传感器

## 4.1　引　　言

纳米材料具有许多不同于传统材料的独特性能，如常规材料所不具有的小尺寸效应、表面效应、量子尺寸效应、宏观量子隧道效应等。正是基于这些纳米尺度下的独特性能，近年来，如同其他诸多研究领域一样，纳米材料也逐渐进入分析化学的研究前沿，尤其是低维纳米材料在多种分析方法中均发挥了关键作用。关于低维纳米材料在电分析化学和电化学传感器中的应用研究越来越多，并呈现传统的电化学电极向纳米材料修饰电极转化的趋势。与常规电极相比，纳米材料修饰电极的主要优点是具有大的有效表面积、物质传输快速、催化活性高和具有在电极表面调控局部环境的能力。

总的来说，在电化学传感器领域引入纳米材料主要起到如下作用：①加快电子转移速率，增加氧化还原物质在电极表面反应的可逆性；②引发催化反应；③固定和标记小分子；④反应控制开关；⑤作为反应物直接参与反应。

以金/碳纳米管修饰电极为例，如图4-1所示，与常规的圆盘电极相比，这种修饰电极具有更大的比表面积，并由此增加电极的催化活性，这就意味着可能发展出具有高选择性、高灵敏度的电化学传感器。此外，这样的修饰电极具有较高的性价比。一般来说，金、银、铂和钯等贵金属价格昂贵，贵金属电极的价格就要比由这些贵金属纳米颗粒修饰电极昂贵得多。因此，针对电极表面进行贵金属纳米材料修饰除了能改进其性能外，还降低了成本，有利于电化学传感器的商业化应用。本章主要阐述近年来国内外基于纳米材料修饰的电化学传感器研究进

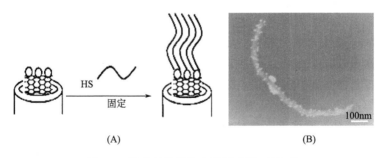

(A)　　　　　　　　　　　　　(B)

图 4-1　纳米材料修饰电极示意图（A）和

修饰在电极表面的金/碳纳米管（B）

展，包括各种纳米材料的制备及其在电极表面或导电衬底上的修饰方法[1,2]，进而介绍我们在该领域取得的一些具有一定价值的研究成果。

# 4.2　金纳米颗粒

金是电的良导体，也具有很好的延展性。先前的研究表明，金纳米颗粒（AuNPs）可以潜在地应用于电分析，最近的研究结果显示 AuNPs 还具有很好的生物相容性，它能使酶、蛋白质等生物分子加入到电化学系统中。下面我们将讨论液相合成法和电化学方法制备 AuNPs 的进展，以及它们在电分析中的应用情况。

### 4.2.1　液相合成 AuNPs 及其电化学传感器

AuNPs 提供了一个稳定的环境固定生物分子，使酶生物传感器、DNA 传感器和免疫传感器的设计得到了发展。把葡萄糖氧化酶（GOD）、辣根过氧化物酶、酪氨酸酶这样的酶固定到胶体 AuNPs 上可以制备出酶基底电极。随后，将纳米粒子混合到碳糊中用于构建电极。电聚合法也可将纳米粒子和适当的生物分子构建固定到电极上。一般使用的聚合物包括聚吡咯、聚苯胺、壳聚糖。单层硫醇的自组装也能固定纳米粒子。

Turkevich 法可以制备出柠檬酸稳定的 AuNPs（直径为 13nm），然后用 ss-DNA 功能化，再与互补 ss-DNA 杂交，就能在电极表面自组装上多层 AuNPs（图 4-2）。这样特殊的自组装结构有利于生物分子的研究，因为这些吸附分子可以保持它们的天然构象。这个方法已经应用到细胞色素 c 的检测中[3]。用伏安法记录蛋白质血红素中心的氧化还原峰，这样可以检测超低浓度的蛋白质，检出限（LOD）为 $6.7 \times 10^{-10}$ mol/L。AuNPs 在系统中起到了重要的作用，它们促进了蛋白质的电活性血红素中心和电极表面的电子传递。

在 pH7 的磷酸缓冲溶液中，与 Au 常规电极相比，Au 胶体/疏乙胺/碳糊电极对巯基丁氨酸的氧化还原有促进作用，改进了其伏安响应[4]。在上述系统中，采用柠檬酸还原法合成直径为 24nm 的 AuNPs。能观察到两个确定的氧化峰，位置分别在 +650mV 和 +950mV，后者是众所周知的单质金氧化到氧化金的值；此外，已报道的 +650mV 峰值可以确定巯基丁氨酸的氧化电压。在相同的条件下，Au 常规电极出现一个从 +600mV 开始的宽化氧化峰。这个方法也应用于 AuNPs 阵列巯基丁氨酸的安培检测。例如，使用谷胱甘肽、巯基丙氨酸、青霉素和双硫丙氨酸等相似物质，该体系也可以检测。

在 4℃下，L-巯基丙氨酸改良的玻碳（GC）浸入 AuNPs 的悬浮液中 10h，AuNPs 能够固定到电极表面（图 4-3）。用扫描电镜（SEM）和 X 射线光电子能

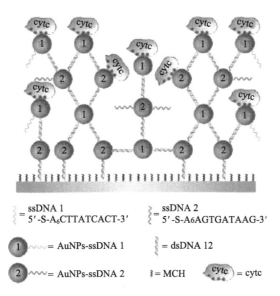

图 4-2　细胞色素 c 固定到多层 AuNPs 涂抹金电极上的示意图[53]

谱（XPS）表征，证实胶体 AuNPs 已经固定到 GC 电极表面。用 GC 电极检测尿酸和抗坏血酸是困难的，因为氧化峰值很相近，大约能得到 $0.116\sim0.579V$（vs. SCE）宽化的阳极峰。因为理论峰间隔大约是 $0.306V$，AuNPs/L-疏基丙氨酸/GC 电极可以用来同时检测出尿素和抗坏血酸[5]。因为存在 $2.0\times10^{-3}mol/L$ 的抗坏血酸时，尿酸浓度为 $6.0\times10^{-7}\sim8.5\times10^{-4}mol/L$，与 DPV 峰值变化成线性关系，LOD 为 $3.0\times10^{-6}mol/L$。同样地，在有 $2.5\times10^{-4}mol/L$ 尿酸时，抗坏血酸浓度为 $8.0\times10^{-6}\sim5.5\times10^{-3}mol/L$，与 DPV 峰值变化成线性关系，LOD 为 $3.0\times10^{-6}mol/L$。

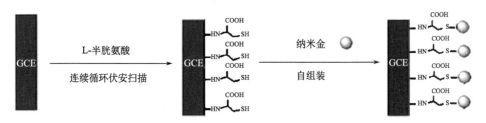

图 4-3　用 L-巯基丙氨酸将固定 AuNPs 到 GC 电极表面的示意图[55]

Jena 等[6]将制备的 AuNPs 种子应用到有毒铬（Ⅵ）的安培检测中[7]。该方法是在 Au 常规电极上用溶胶凝胶源性硫醇功能化的硅酸盐网状物，将 AuNPs 种子进行自组装的。在 $0.3mmol/L$ $NH_2OH$ 和 $0.03mmol/L$ $HAuCl_4$ 溶液中，通过一个种介导机理，这个 AuNPs 种子随后可以生长，最后 70~100nm 的 AuNPs 构建成 Au 纳米电极（GNE），再用 XRD、SEM、UV-vis 和电化学表征。这个体系有很高的灵敏度，在没有铬（Ⅲ）离子干扰的条件下可检测到每十亿分之几以下浓度的铬（Ⅵ）。AuNPs 种子［大约 0.25V（vs. Ag/AgCl）］和 GNE［大约 0.4V（vs. Ag/AgCl）］对铬（Ⅵ）的响应都归咎于三电子使其还原成为铬（Ⅲ）。GNE 电极的伏安行为主要依靠纳米粒子的覆盖范围（$\theta$），增加 $\theta$ 时峰电位就会向正方向移动。

### 4.2.2　电沉积合成 AuNPs 及其电化学传感器

为了构建 AuNPs 基底生物传感器，可以使用电化学沉积 AuNPs 来固定各种酶。实验结果表明，使用电沉积 AuNPs 能修饰 GC 电极，随后再通过横向连接戊三醛附着上合适的酶。使用酪氨酸酶生物传感器能检测像苯酚、苯磷二酚、咖啡酸这样的酚类化合物[8]。最优化检测条件是在－200mV 用 60s 沉积 AuNPs，检测电位为 0.10V（vs. Ag/AgCl），pH 7.4 的磷酸缓冲溶液。由于酶反应涉及酚类化合物对相应邻醌的催化氧化，电极反应应遵循这些苯醌的电化学还原。这个方法分析了那些文献中典型的、相似的报道，并且可以用于检测酒类样品中的多酚。

同样，用－400mV（vs. Ag/AgCl）15min 将 AuNPs 电沉积到一个碳糊电极上，对次黄嘌呤构建一个安培生物传感器[9]。通过横向连接戊三醛固定黄嘌呤氧化酶，对于通常要＋600mV 检测的牛血清白蛋白只需要使用 0V 的检测电位。因此，干扰要降到最低（如抗坏血酸）。在最优化化学条件下，线性浓度范围为 0.5~10μmol/L，LOD 为 $2.2×10^{-7}$mol/L。该方法可实际应用于检测食物中的次黄嘌呤。将 AuNPs 胶体沉积到 Au 圆盘电极上便于乙酰胆碱酯酶（AChE）的附着。随着硫代乙酰胆碱的水解，Au 电极上能够实现硫代胆碱的电化学检测[60]。在没有酶的条件下，Au 电极上没有响应。相比于 Au/AChE，硫代胆碱氧化在大约 680mV（vs. Ag/AgCl），可见 AuNP/AChE 电极可以获得一个更好的伏安信号。这说明对于酶的固定，AuNPs 修饰电极的粗糙表面提供了更有利的条件。在这个体系中可以获得 680mV 的检测电位，线性浓度范围是 1~6μmol/L，LOD 为 100nmol/L。这个方法也能用于研究对毒素酶的抑制作用。

将商业化的 AuNPs（直径为 5nm）进行电聚合到硼掺杂金刚石（BDD）电极上，得到介孔结构金修饰电极，用于磷酸缓冲溶液中检测砷（Ⅲ）[11]。在－5V（vs. SCE）、40mmol/L NaClO$_4$、0.01% HAuCl$_4$ 溶液中，通过改变沉积时间就可以调控 Au 的沉积量。在磷酸缓冲溶液中，10mmol/L 砷（Ⅲ）的伏安法显示在－0.44V（vs. SCE）有一个还原峰，反向扫描在－0.12V 有相应的溶出响应，并在＋0.5V 亚砷酸盐氧化成为砷酸盐。这些峰值与砷浓度改变成线性关系，计算出的 LOD 为 $0.03\mu mol/L$。

我们将 2-巯基苯并噻唑作为捕获器，构建出一种新型纳米电化学界面用于水溶液中 $Hg^{2+}$ 的检测，捕获器 2-巯基苯并噻唑能够消除其他金属离子的干扰，多层微/纳米孔阵列能够提高检测灵敏度，三维微/纳米孔阵列电极制备过程如图 4-4 所示[12]。用阳极溶出伏安法检测汞离子的灵敏度为 $1.85\mu A \cdot nmol/L$，检出

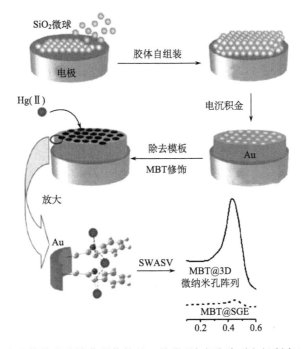

图 4-4　2-巯基苯并噻唑捕获器修饰的三维微/纳米孔阵列电极制备过程示意图

限为 $0.02nmol/L$（$0.04\mu g/L$），该值要远低于世界卫生组织要求的 $1.0\mu g/L$。3D 金微纳米孔阵列在 pH5.0 时，对汞离子的标定曲线在 $0.05\sim10.0nmol/L$ 范围内具有较好的线性关系，如图 4-5 所示。该传感器对汞离子的选择性较高，能排除 300 倍的 $Pb^{2+}$、$Cd^{2+}$、$Zn^{2+}$，100 倍 $Cu^{2+}$ 和 50 倍 $Ag^+$ 的干扰。更为重要的是该多孔电极使用寿命长，容易恢复使用，可以用来精确测试 50 次以上。

我们用电沉积法在 ITO 导电玻璃上直接沉积得表面特征为刺猬状、花椰菜状或成束葡萄状的三维金微/纳米结构，并研究了基底表面粗糙程度对产物形貌的影响，电沉积得到的多种形貌的金微/纳米结构及其形成机理如图 4-6 所示[13]。该电沉积生长过程服从扩散控制机理。令人感兴趣的是三维纳米结构可以通过控制基底的表面粗糙程度实现。我们也改变基底表面粗糙度来研究微/纳

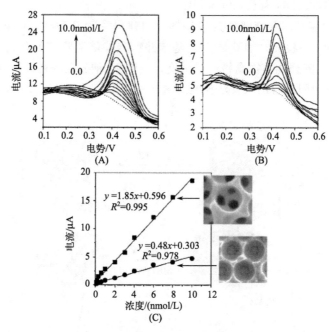

图 4-5　用阳极溶出伏安法对不同浓度汞离子的检测曲线

（A）三维微/纳米孔阵列电极；（B）碗状微/纳米孔阵列电极；（C）浓度与峰电流的标定曲线

米颗粒的生长和相对于不同表面的表面形貌以及在晶体生长上的影响。研究结果为微/纳米结构复合材料的电沉积提供了深刻的认识。最后，电化学性能研究指出这种高度粗糙的颗粒除了可能用于增强表面增强拉曼谱（SERS）信号外，还有极好的电化学性能，刺猬状金微/纳米结构电极在 $[Fe(CN)_6]^{3-}$ PBS 溶液的循环伏安响应如图 4-7 所示。预期这些微纳米颗粒可以为生物功能材料（如诊断标签和细胞培养等）提供一个有用的模型。

　　我们设计了通过分子介导组装的超结构，将组装的金纳米八面体超结构应用于电化学分析中[14]。该结构能有效固定酶，组装的金纳米八面体超结构及果糖氧化酶固定的过程如图 4-8 所示。在 $[Fe(CN)_6]^{3-}$ 溶液中，金纳米八面体连接到酶和电极的活性中心，起到了良好的纳米连接体作用，导致了高电子转移和高生物催化效率。在用于葡萄糖检测时，金纳米八面体超结构，显示出较高的灵敏度（$0.349\mu A/mmol$）、响应快速（在几秒内）、较宽的响应范围（$0.125\sim12mmol/L$）。所用的八面体纳米金和对果糖检测结果如图 4-9 所示。对研究结果和超结构内在性质分析，我们预计这种通过分子介导组装形成金纳米八面体的超结构对其他任何酶的固定都是一个有效的方法。此外，它能够用于多种生物催化和生物电催化检测。

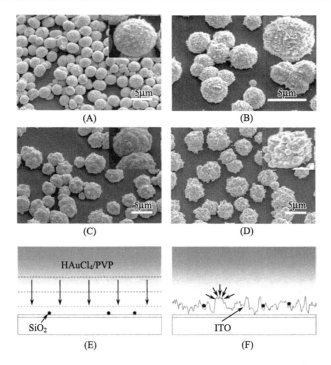

图 4-6　电沉积得到的多种形貌的金微/纳米结构（A）、（B）、（C）和（D）以及基底表面粗糙度与扩散控制机理结构示意图（E）、（F）

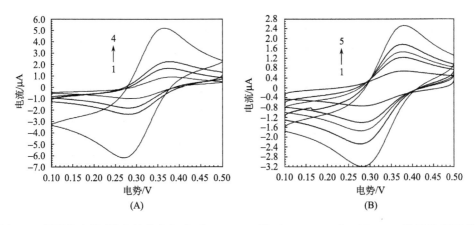

图 4-7　刺猬状金微/纳米结构电极在 $[Fe(CN)_6]^{3-}/6.25×10^{-5}$ mol/L PBS 溶液的循环伏安响应（A）[1. 裸 ITO 电极，2. 电沉积 30min，3. 电沉积 40min，4. 电沉积 60min]以及电沉积 30min，刺猬状金微/纳米结构电极在不同浓度 $[Fe(CN)_6]^{3-}$ 溶液中的循环伏安响应（B）[1. $1.25×10^{-5}$ mol/L，2. $2.5×10^{-5}$ mol/L，3. $3.75×10^{-5}$ mol/L，4. $5.0×10^{-5}$ mol/L，5. $7.5×10^{-5}$ mol/L]

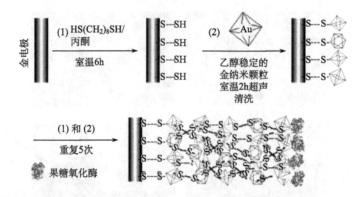

图 4-8　分子介导组装的金纳米八面体超结构及果糖氧化酶固定的示意图

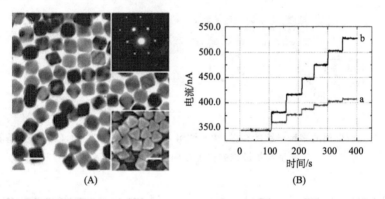

图 4-9　八面体纳米金颗粒 TEM 图片（A）、单层金纳米颗粒（曲线 a）（B）和 5 层金纳
米颗粒（曲线 b）对 0.01mol/L 果糖检测电流响应，每次增加 50μL

　　通过使用 Pt/Au 二金属分级结构微/纳米阵列，可以研制出谷草转氨酶
（GOT）和谷丙转氨酶（GPT）的高灵敏电化学生物传感器，发展了固定酶的新
基质。Pt/Au 二金属分级结构微/纳米阵列，如图 4-10 所示，其循环伏安曲线，
如图 4-11 所示。响应依赖于酶的含量，随着酶装载的增加，响应电流增加。最
优化 Pt/Au 二金属电化学生物传感器是由 2.0μL 的聚四氟乙烯的阳离子交换溶
液和 4.5μL 酶溶液构建而成的[15]。该生物传感器显示出高灵敏度，传感器对
GOT 和 GPT 响应的线性范围分别是 20～180U/L 和 20～140U/L，在 40U/L
GOT 溶液中，电流达到 0.08μA，当增加 35U/L GPT 后，电流达到 0.22μA。
此外，生物传感器显示出很高的选择性，当实时检测 GOT 和 GPT 活性时，抗
坏血酸和尿酸对响应几乎没有影响。因此，我们相信该研究对研制新的安培生物
传感器提供了一个好的启示。

　　此外，我们将这种自上而下的光刻技术和自下而上的电化学合成相结合，实

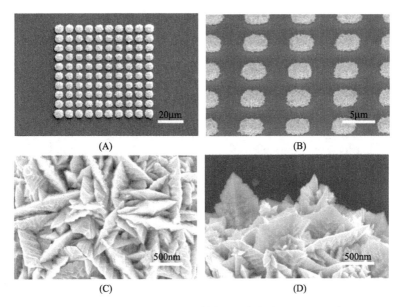

图 4-10　Pt/Au 二金属分级结构微/纳米阵列 SEM 照片

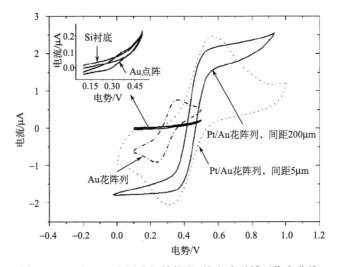

图 4-11　Pt/Au 二金属分级结构微/纳米阵列循环伏安曲线

现 Au 复合纳米材料阵列的尺寸和位置可控制备，并且尝试用于电化学传感器中。由于纳米表面结构非常粗糙，复合阵列电极显示高灵敏度。该微电极阵列对酶的固定也是一个理想基质[16]。

我们在琼脂糖修饰的 ITO 基底可以方便地制备出一个无基底支撑的直立叶状纳米结构的 Pt-Au 二元金属薄膜，如图 4-12 所示。琼脂糖薄膜是该薄膜生长的新媒介。薄膜的叶状纳米结构是随机排列的。该离子液体（IL)/Pt-Au二金属电极体系显著地增强了对氧化还原反应的催化活性。伏安结果（电流密度高，输出信号好，背景电流小，见图 4-13）表明，使用这样的薄膜作为电极催化剂是

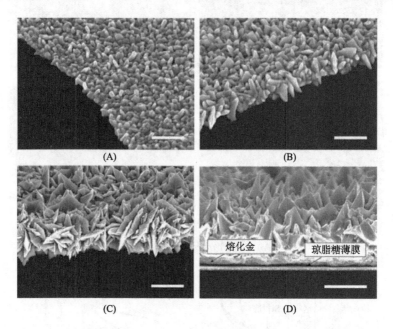

图 4-12　电沉积制备的 Pt-Au 二元金属薄膜 SEM 图片（标尺为 500nm）

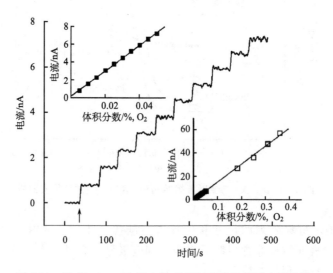

图 4-13　IL/Pt-Au 二金属电极对氧气响应的实时电流曲线，
每次增加 0.5％氧（O$_2$/N$_2$，体积比）

可行的[17]。该研究提供了确凿的证据，证明了叶状纳米结构的薄膜非常适合电化学传感作用。此外，我们以室温离子液体作为电解液，用金微电极阵列研制出新型氧气传感器，该微电极阵列提高了氧气响应灵敏度。在高温和低压下等更恶劣的条件下，该传感器仍然有效[18]。

### 4.2.3 化学镀合成 AuNPs 及其电化学传感器

用 L-抗坏血酸，在玻碳微球（GCMS）基底上，化学还原 AuNa（$S_2O_3$）$_2$ 合成 AuNPs（直径为 20～200nm）。随后 GCMS 打磨粘贴到热解石墨水平基底（BPPG）电极。该电极材料可以用于检测砷（Ⅲ）。在酸介质中检测砷（Ⅲ）的峰值在 +0.2V（vs. SCE）。随着砷（Ⅲ）浓度的增加与 $E_p$ 呈线性响应。该方法的 LOD 为 $0.8\mu mol/L$。

使用聚甲基丙烯酸甲酯或聚苯乙烯的聚合物珠子作为固定 AuNPs 的模板[19]。不需要对聚甲基丙烯酸甲酯表面进行化学修饰，将 $NaBH_4$ 逐滴加入到 Au（$C_2H_8N_2$）$_2Cl_3$ 溶液中，就可直接得到 AuNPs。逐滴加入还原剂将会得到直径约为 6.9nm 的纳米颗粒，且分散性好。在 $NaBH_4$ 过量的条件下，得到的修饰电极对于 4-硝基酚和对 4-氨基酸还原反应有催化活性。

在电化学 DNA 生物传感器中，AuNPs 可作为放大信号的标记物，或者与生物大分子形成自组装，提供了超灵敏的电化学检测方法。碳纳米管具有比表面积大、导电性能好和吸附性强的特点，在 DNA 杂交检测中电极表面用碳纳米管修饰可提高探针 DNA 的固定量，羧化后的碳纳米管还能很好地固定 DNA 生物大分子，同时可促进对电活性中心的电子传递作用。作者课题组采用两种生物兼容性都很好的纳米材料 AuNPs 和多壁碳纳米管（MWCNT）用于增强 DNA 杂交检测的电化学信号[20]。通过简单的一步还原法制备了 AuNPs 和 MWCNT 的纳米复合材料（Au/MWCNT），AuNPs 主要结合在 MWCNT 的侧壁上。其用于电化学检测的过程如图 4-14 所示，将 Au/MWCNT 纳米复合材料修饰在玻碳（GC）电极表面；将巯基官能团修饰的探针 DNA 通过很强的 Au—S 键共价结合到 Au/MWCNT 修饰的 GC 电极表面；以亚甲基蓝（MB）为电化学指示剂，通过 MB 与单链 DNA 和双链 DNA 结合量的差异来检测目标 DNA。

为了表征 Au/MWCNT 修饰的 GC 电极具有增强电信号的特征，我们分别比较了 Au/MWCNT 修饰的、MWCNT 修饰的和无饰物的三种 GC 电极在同样的实验条件下的电化学特性。图 4-15 即是在 5mmol/L $K_3Fe$（CN）$_6$ 和 0.1mol/L KCl 的溶液中，三种电极上 $K_3Fe$（CN）$_6$ 的循环伏安（CV）曲线。可以看到，Au/MWCNT 修饰的 GC 电极上 $K_3Fe$（CN）$_6$ 的氧化还原峰最高；MWCNT 修饰的 GC 电极上的峰次之；而无修饰的 GC 电极上的氧化还原峰最小。实验结果表明，Au/MWCNT 修饰的 GC 电极能够大大提高电活性物质在电极表面的电化

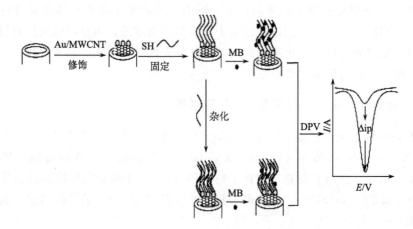

图 4-14 基于 Au/MWCNT 修饰的 GC 电极用于电化学 DNA 杂交检测的示意图

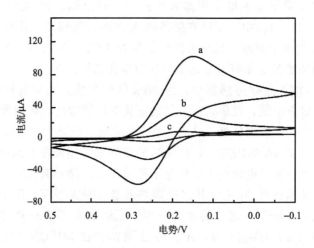

图 4-15 Au/MWCNT (a)，MWCNT (b) 修饰的和无修饰的 GC 电极 (c) 在
5mmol/L $K_3Fe(CN)_6$ 和 0.1mol/L KCl 的溶液中的电流-电势曲线
扫描速率：50mV/s, 扫描电压范围：0.5～0.1V (vs. Ag/AgCl)

学响应，这是由于 AuNPs 和 MWCNT 都是优良的导电材料，而且 Au/MWC-NT 纳米复合物具有较高的比表面积。因此，可以基于这种 Au/MWCNT 纳米复合物增强电化学 DNA 杂交检测的信号。

研究结果证实，由于 AuNPs 和 MWCNT 都具有很高的比表面积和提高电子传输的特性，Au/MWCNT 修饰的 GC 电极比 MWCNT 修饰的 GC 电极及无修饰的 GC 电极具有更高的电化学响应值。巯基修饰的探针 DNA 能够通过 Au—S 共价键自组装到 Au/MWCNT 修饰的 GC 电极上，与非共价结合探针 DNA 的方式相比较，共价结合探针 DNA 更加有效地提高了探针 DNA 的固定量和探针 DNA 与溶液中目标 DNA 的杂交效率。结果也证实了这种 DNA 生物传感器具有很高的灵敏度，最低检测限可以达到 1.0pmol/L，并且该生物传感器对 DNA 检测具有很高的选择性。

## 4.3　银纳米颗粒

银是构建电极的理想材料，在所有的金属中它具有最高的电导率和高度的稳定性。众所周知，银可以应用于包括 $H_2O_2$ 的分解在内的催化反应中，同时它也是电分析测定卤化物、有毒化合物、有机化合物和生物分子等分析物的一种重要材料。下面将逐条列出 Ag 纳米颗粒（AgNPs）的多种合成方法。然而，银相对昂贵，AgNPs 修饰电极使用起来更经济，同时还具有上述已讨论的纳米材料优越性之外的优点。

### 4.3.1　液相合成 AgNPs 及其电化学传感器

近年来，在存在保护剂/稳定剂的条件下，制备 AgNPs 最典型的方法就是还原 Ag 的可溶盐。通常使用的稳定剂有柠檬酸、油酸、腐殖酸和十六烷基三甲基溴化铵（CTAB）。最近，更多的稳定剂被应用到 AgNPs 制备中来，其中包括 Reddy 等提出的脂肽类生物表面活性素[21]。在表面活性素存在的条件下，用 $NaBH_4$ 还原 Ag 盐，这是一个可再生的、环境友好的合成方法。纳米颗粒的尺寸和形状保持一致，并且反应的 pH 和反应温度都可以调控其尺寸。类似地，在水中使用 $\alpha$-环糊精，可获得稳定性好、平均直径为 5.3nm 的 AgNPs[22]。

在合成过程中，纳米粒子的尺寸和形貌的调控是极其重要的，因为这些因素可以极大地影响纳米粒子的电化学行为。例如，在 D-（＋）-葡萄糖和含 1% 淀粉的 NaOH 溶液（70℃，30min）中还原 $AgNO_3$ 得到直径分别为 15nm 和 43nm 的球形纳米粒子。相比于 NaOH，较温和的还原剂葡萄糖减慢了还原率产生了更小的纳米粒子[23]。此外，乙二醇（EG）和聚乙烯吡咯烷酮（PVP）混合液与一个合适的还原剂能够制备出立方体纳米粒子[24]。此外，还可以获得包括棱形、棒状、线形、片状和带状在内的各种形状的纳米粒子[25]。

微波加热和生物分子都是可供选择用于 AgNPs 溶液制备法中。这些特殊方法使用的稳定剂是淀粉和基本氨基酸，以及如 L-赖氨酸、L-精氨酸等温和的、可再生的还原剂。由 TEM 照片可见，平均直径为 26.3nm 的纳米粒子是高度结晶的、球形的[26]。

某些胶体纳米粒子的生物相容性使它们对生物分子的电子转移过程进行了很好的检测。例如，油酸稳定的 AgNPs 可应用到细胞色素 c 的分析中。相比于常规 Ag 电极，Ag 纳米粒子增强了细胞色素 c 和电极之间电子的转移过程。线性伏安法显示了峰电流和细胞色素 c 浓度之间的线性关系，线性浓度范围为 8nmol/L～3μmol/L，LOD 为 2.3nmol/L。在 AgNPs 修饰电极上，细胞色素 c 的氧化电位在 $-0.019V$（vs. SCE），从 10～300mV/s 增加线性扫描范围，证实了该过程是由吸附控制的。

在 20 世纪 50 年代，Turkevich 方法率先用于胶体纳米粒子的合成。这种方法已经被改进用来制备在其表面固定 DNA 的 AgNPs。这种典型的方法使用的是 Ag 盐（$AgNO_3$）和还原剂柠檬酸钠在加热条件下反应。带电的柠檬酸离子吸附到纳米粒子表面能稳定 AgNPs，并防止聚集。合成平均直径为 66±16nm 的球形纳米粒子，固定在一个铅笔石墨电极上，应用到 AgNPs 标记 DNA 的电化学传感中[27]。DNA 能够固定到 AgNPs 的表面上，随后通过被动吸附对铅笔石墨电极进行表面修饰。根据 Ag（约为 131mV）和鸟嘌呤［约为 1000mV（vs. Ag/AgCl）］的氧化信号，把碱基对的识别作用转换成电信号，使电化学检测 DNA 杂交成为可能。这种技术可能会扩展应用到对患者的病情进行精确和简单的诊断。

### 4.3.2　电沉积合成 AgNPs 及其电化学传感器

AgNPs 通过电化学方法也是很容易沉积出来的，一般是使用脉冲或恒电位技术。Domínguez-Renedo 等近来研究 AgNPs 丝网印刷电极对铬的测定[28]。在搅拌、$-0.8V$（vs. Ag/AgCl）的条件下用 400s 时间从 $AgClO_4$ 缓冲溶液（pH=2）中沉积出 Ag 纳米粒子。SEM 分析结果显示通过这种方法得到的纳米粒子会聚集。随后使用 DPV 法测定铬，具有高灵敏度，LOD 为 $8.5\times10^{-7}$ mol/L，并且不受其他离子干扰。这种方法的优势就是有利于一次性电极的简单大规模制备和可以根据需要改变丝网印刷中所用墨水的组分，让墨水与酶、聚合物、配位剂等合并使用。

将 DNA 加入到沉积溶液中作为模板，这样也有可能电化学沉积出 Ag-DNA 杂交纳米粒子。DNA 防止粒子聚合，改进了对 $H_2O_2$ 和葡萄糖还原反应的催化能力[29]。在玻碳（GC）电极上可得到尺寸均匀的 Ag-DNA 纳米粒子（图 4-16）。用 Ag-DNA 纳米粒子直接还原 $H_2O_2$，在浓度为 2.0～2.5mmol/L 范围内呈线性响应，LOD 为 0.6μmol/L，灵敏度为 $773mmol/cm^2$。葡萄糖传感是根据氧化葡萄糖时耗氧量来测定的，催化剂是固定的 GOD。排除常见物质的干扰，线性响应为 50μmol/L～1.2mmol/L，LOD 约为 9.0μmol/L。

在硝基酚化合物的电还原研究中，Casella 等使用直径约在 600nm 内的 Ag 粒子改良 GC 电极[30]。该 GC/Ag 电极是由一个等幅和等持续时间的多脉冲电压沉积银构建而成的。$E_1=-0.6V$ 和 $E_2=0.2V$（vs. SCE）的脉冲电压的时间分

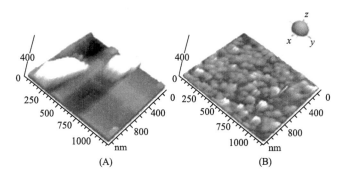

图 4-16　表面块状纳米粒子 AFM 图片

在 0.1mol/L KNO₃ 溶液中包含 1.0mmol/L AgNO₃（A）和

3.0mmol AgNO₃＋0.5mg/mL DNA（B），在－0.1V 沉积 30s[79]

别是 $t_1$＝50ms 和 $t_2$＝50ms，在无氧 AgNO₃ 溶液（5mmol/L）中进行 200 个循环。这就得到了球状均相的、分散良好的粒子组装结构。该 GC/Ag 电极伏安波形要比多晶 Ag 电极短得多，所以前者显示较快的动力学。

　　Sljukic 等设计了一个组合方法，这是溴化物检测的一个切实可行的方法[31]。用化学镀沉积将 AgNPs、Au 纳米粒子（AuNPs）和 Pd 纳米粒子（PdNPs）沉积到 GCMS 上，形成多金属电极，在溴化物存在时就会有伏安响应。这被认为是对溴有电化学活性的 AgNPs（200～700nm）所构建独立的 AgNP-GCMS/环氧综合电极，是检测溴化物的一种方法。该方法稳定性好、可再生，LOD 为 3μmol/L。

### 4.3.3　其他方法合成 AgNPs 及其电化学传感器

　　生物催化沉积 AgNPs 已被用于电化学免疫测定中，为检测免疫球蛋白 G（IgG）提供了一个超灵敏的、低 LOD 的方法[32]。该方法中，为了将抗体 IgG 固定到聚苯乙烯阱中使用了多相三明治方法。据此对 IgG 进行测定，随着 Ag 量的增加，用 SEM 表征纳米粒子并且最后通过电化学定量分析。

　　在 MWCNT 上修饰纳米 Ag，构建成复合薄片，可用于 $H_2O_2$ 的电分析[33]。分散的 Ag/MWCNT 能够附着在 GC 电极表面，DPV 法可以检测 $H_2O_2$ 还原峰[－0.7～－0.5V（vs. SCE）]。在 Ag/MWCNT 上，$H_2O_2$ 还原作用被记录在－0.64V（vs. SCE），$H_2O_2$ 的线性浓度为 0.35～15mmol/L，LOD 为 0.2mmol。

## 4.4　铂纳米颗粒

　　铂（Pt）和金（Au）一样，是电化学研究中应用最为广泛的金属之一，因为 Pt 具有化学惰性和传导性，能够用来研究电化学中的氧化-还原和电子传输速率。此外，金属 Pt 和碳材料不同，它对很多物质的还原反应都能够起到催化作用。Pt 比 Au 和 Ag 还要贵重，因此 Pt 纳米粒子（PtNPs）的使用会产生明显的经济优势。用合成 AuNPs 和 AgNPs 相似的方法可以合成 PtNPs。Pt 纳米颗粒还能同时催化 $H_2O_2$ 的氧化和还原反应，据此可以研制出灵敏的 $H_2O_2$ 传感器。通过修饰碳膜电极、碳纤维超微电极、碳纳米管和石墨烯，可以将纳米颗粒更好地铺展开。事实上，$H_2O_2$ 是一些酶催化反应的产物，因此 PtNPs 在电化学生物传感器研究中具有重要的地位。

### 4.4.1　液相法合成 PtNPs 及其电化学传感器

在柠檬酸盐存在的条件下，通过还原 $H_2PtCl_6$ 能合成胶体 PtNPs。随后胶体 Pt 可以用核酸功能化。这些材料用于标记杂交 DNA 的放大识别、核酸/蛋白质识别和酪氨酸酶活性。就 DNA 杂交来说，这个方法避免了在分析过程中对酶和抗体的依赖。通过酪氨酸甲酯的氧化使 PtNPs 功能化，再连接到被硼酸功能化的 Au 电极，在 PtNPs 上标记激活的扩大分析能力的活性酪氨酸酶，对 $H_2O_2$ 电催化还原[34]。该方法与其他方法相比灵敏度更低，也是最简单和性价比最高的方法。此外，已有报道研究人员使用较小粒径的 PtNPs 研究 Pt 上吸附 CO[35]。

### 4.4.2　电沉积合成 PtNPs 及其电化学传感器

用电化学沉积法在 Pt 盐溶液中也可将 PtNPs 沉积到电极基底上。用 Pt 常规电极能检测剧毒砷，采用阳极溶出伏安法时，LOD 较低。但是，其他金属（铜、铅、锌、铁）的干扰是该方法的常见问题。在溶出伏安法中，铜干扰是一个重要的问题，因为它可以和砷共沉积。不过这个问题还是可以解决的，当铜离子存在时，用 Pt 可以先将砷（Ⅲ）氧化为砷（Ⅳ）。纳米粒子的使用也可以帮助提高系统的灵敏度。将 PtNPs 修饰的 GC 电极浸入到 1mmol/L $PtCl_6$ 和 0.1mol/L KCl 溶液中，再用＋0.5V 0.01s 和 20.7V（vs. SCE）120s，沉积出 PtNPs[36]。用 AFM 表征电极的表面，显示 PtNPs 是粗糙的球状体，平均直径为 122nm（图 4-17）。在 0.1mol/L $H_2SO_4$ 中，将砷（Ⅲ）氧化为砷（Ⅴ），阳极扫描电压值为＋0.85V（vs. SCE），随着砷（Ⅲ）浓度（100～500mmol/L）的增加，峰值不断增高。对修饰纳米粒子电极计算出其电流密度，结果显示其比等效几何面积的 Pt 常规电极要高得多。线性范围在 1～50$\mu$mol/L 时，计算出 LOD 是 0.028±0.003$\mu$mol（图 4-18），在相同的条件下，相比于纳米电极，粗电极的值为 0.48±0.02$\mu$mol。这为砷的检测提供了一个切实可行的检测方法，世界卫生组织报道要求砷在水中的标准值为 0.01mg/L。

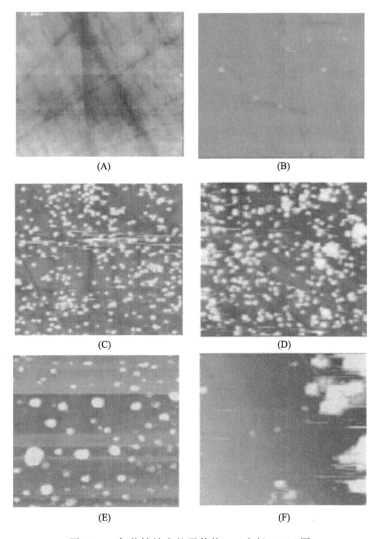

图 4-17　各种铂纳米粒子修饰 GC 电极 AFM 图

(A) 裸 GC，用不同的电位循环 $+0.5V$ 0.01s 和 $-0.7V$ (vs. SCE) 10s，从 1mmol/L $PtCl_6^{-2}$ 的 0.1mol/L
的 KCl 溶液中制备铂纳米粒子电沉积 GC；(B) 1 次，(C) 25 次，(D) 50 次，(E) 一次电位循环保持
在 $+0.5V$ 0.01s 和 $-0.7V$ 120s，(F) 25 次电位循环保持在 $-0.7V$ 10s[36]

　　在电分析中，由于碳纳米管（CNT）具有电传导性良好、体积小、比表面
积高和耐久等优点，因此其可用作固定金属纳米粒子的基底。具有良好分散性的
PtNPs 用电化学沉积可以很容易地沉积到 CNT 上，比那些通过其他方法制备的
材料要有更多的催化位点。小纳米粒子有利于提高催化活性。通过电位阶跃电化
学沉积技术[37]，在 $0.25 \sim 1.5V$ （vs. SCE）的水溶液（1mmol/L $K_2PtCl_6$ +

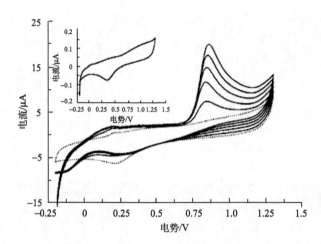

图 4-18　通过 25 次电位循环保持在 +0.5V 0.01s 和 −0.7V（vs. SCE）10s 在包含 1mmol/L PtCl$_6^{-2}$ 的 0.1mol/L KCl 溶液中，将铂纳米粒子电沉积到 GC 电极上，在 0.1mol/L H$_2$SO$_4$ 溶液中电位范围为 −0.2～+1.3V（vs. SCE），As（Ⅲ）的 CV 响应

嵌入：在 0.1mol/L H$_2$SO$_4$ 溶液中铂粗电极的 CV，电位扫描速率为 100mV/s[36]

0.5mol/L H$_2$SO$_4$）中，0.001s 一个脉冲，在 CNT 上得到平均直径为 2nm 的 PtNPs。相比于通过湿法制备的 Pt/C 催化剂，电化学沉积催化剂表现出更显著的催化活性。这个增加的活性我们可以归功于 Pt 催化剂的小体积和高分散性。

对甲醇的催化氧化，Pt 被认为是极好的催化剂，在这个过程中可使用这些纳米材料，相应地改进了甲醇燃料电池。在一个恒定电位或者通过 CV（1mmol/L K$_2$PtCl$_4$＋0.1mol/L K$_2$SO$_4$）将 PtNPs 沉积到 MWCNT 糊电极上，Pt/MWC-NT 糊电极作为在甲醇氧化中的工作电池。TEM 分析显示产物是直径为 3～7nm 分散良好的 PtNPs，其最优负载量是 18μg/cm$^2$[38]。在存在甲醇（0.5mol/L CH$_3$OH＋0.5mol/L H$_2$SO$_4$）的条件下，Pt/MWCNT 电极有良好的活性，CV 图上在 0.5V 和 0.75V（vs. SCE）显示了两个典型的氧化峰（图 4-19）。Guo 等[39]采用了相似的方法制备出 Pt/SWCNT 复合材料，TEM 图显示纳米颗粒直径为 58nm（图 4-20）。

此外，在 1mmol/L K$_2$PtCl$_4$＋0.1mol/L K$_2$SO$_4$ 溶液中，通过循环伏安法，粗糙的球形 PtNPs 均匀地生长到镍铬铁合金基底上，可用作氧化甲酸的电催化剂，关于 PtNP/镍铬铁合金复合材料也已有报道[40]。纳米级 Pt 修饰镍铬铁合金对比于大多数 Pt 电极对催化甲酸氧化的活性要高出 50 倍。在 0.1mol/L HClO$_4$ 中，对甲酸进行催化氧化研究，循环伏安曲线在 0.4～0.7 V 显示出两个氧化峰，对比发现，纳米级 Pt 保持了它的催化活性。此外，纳米级 Pt 不仅有更高的催化活性，同时还能降低使用贵金属的费用。

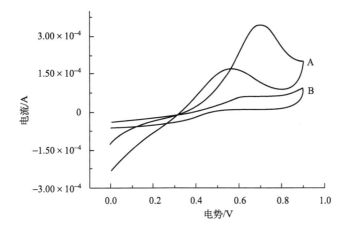

图 4-19　Pt/MWCNT 糊电极的循环伏安曲线

（A）铂沉积到 4-疏基苯功能化的 MWCNT 上；（B）0.5mol/L $CH_3OH$ ＋0.5mol/L $H_2SO_4$ 中
铂沉积到 MWCNT 上。扫描速率：50mV（vs. SCE）/s[38]

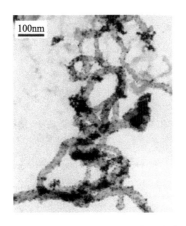

图 4-20　电沉积到 4-疏基苯功能化的 MWCNT 表面的铂纳米粒子 TEM 图[39]

### 4.4.3　化学镀法合成 PtNPs 及其电化学传感器

　　Baron 等[41]近来的工作研究了用水溶液中简单的化学镀沉积法，构建靠 GC-MS 支撑的 PtNPs 阵列。在有 GCMS、pH5.2 的条件下，用 L-抗坏血酸还原 $H_2PtCl_6$。该方法能获得高分散的、粒径均匀的 PtNPs。随后把这个材料通过打磨粘贴到 BPPG 电极上，用来检测质子，成为实用的、低成本的 Pt 纳米电极。对 $H^+$ 浓度在 0.1～10mmol/L 范围内有一个线性响应，灵敏度为 0.46mA/mol，LOD 为 200μmol，允许检测酸碱度在 pH1～3 范围内。

CNT 也是用于固定 PtNPs 的常见基底。通过利用 $PtCl_6^-$ 和功能化的 MWC-NT 静电相互作用，起到了锚固的作用，完成了 Pt 的化学镀沉积（图 4-21）。用 $NaBH_4$ 还原 Pt 盐可在 CNT 表面上形成 PtNPs，平均直径为 3～10nm。随后，研究 Pt/CNT 复合材料对氧化乙醇的催化活性的电化学性能。在含有 1mol 乙醇、0.5mol/L $H_2SO_4$ 溶液中，CNT/GC 电极没有活性。但是，Pt/CNT 复合材料电极对乙醇氧化显示出很高的催化活性，分别在 0.64V、1.12V 和 0.32 V 产生三个明显的氧化峰（图 4-22）[42]。

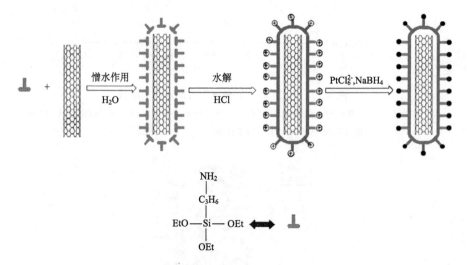

图 4-21　在非共价功能化 MWCNT 上制备 Pt 纳米粒子的示意图[42]

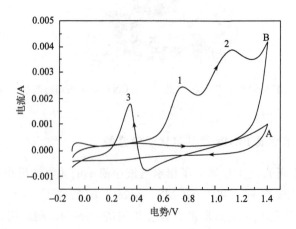

图 4-22　1mol $C_2H_5OH$ 在 0.5mol/L $H_2SO_4$ 溶液中的循环伏安曲线，在 MWCNT（A）和 Pt/Si-MWCNT（B）的复合电极[42]

Wang 等[43]发展了化学沉积技术。利用导电聚合物固定酶，并引入 PtNPs 修饰电极，促进与生物分子之间的电子转移。在用 PtNPs 检测 $H_2O_2$ 基础上，相应地构建了一个安培葡萄糖生物传感器。六氯铂酸钾盐和吡咯一起用电化学聚合得到 PtNPs/聚吡咯复合材料，这个方法提出了改进电极的一步合成法。SEM 表征显示了电极表面有带 $50 \sim 500nm$ PtNPs 的三维相互交织的网状物。用于检测葡萄糖的线性范围为 $0 \sim 12mmol/L$，灵敏度为 $0.05mmol$。相比于 GOD/聚吡咯电极，在 GOD/Pt/聚吡咯电极上提高的响应电流，被认为是用 PtNPs 改进了酶和电极之间的电子转移产生的。

# 4.5　钯纳米颗粒

Pd 与 Pt、Ru、Rh、Os 和 Ir 有着相似的性质。钯在水中和空气中都具有惰性，因此在电分析科学中是一种性能优异的电极材料。钯纳米颗粒在研究有名的钯/氢体系的电化学响应中具有重要的作用。钯和氢有一种特别的相互作用，因为氢原子在钯的晶格中有很高的流动性，所以可以很快地在钯金属中扩散。随着人们发现氢原子可以被吸附到钯晶格中后，在钯电极上还原氢离子的反应过程就被人们广泛研究。这就是所谓的解离吸附机理，即 $H^+$ 首先被吸附到钯的表面，随后被还原形成吸附氢原子（$H_{ad}$）。这些吸附的氢原子最终扩散到金属钯内部，如在钯表面的几层原子内，从而形成内部溶解吸附氢原子（$H_{ab}$）。所以至今钯仍被认为是一个潜在的氢储存装置。钯的用途包括多层陶瓷电容器、CO 检测仪、催化作用和有机合成。PdNPs 的合成和电分析的应用性研究领域是最近几年才开展起来的，下面我们将仔细讨论。

## 4.5.1　液相合成 PdNPs 及其电化学传感器

这里仅有少数关于 PdNPs 胶体合成的报道。与胶体 Pd 有关的工作通常涉及像 Pd/Cu 或 Pd/Au 这样的双金属催化剂的制备。纳米 Pd 胶体的合成机理已经由 Guy 等[44]和 Burton 等[45]概述出来了，像作为起始材料的 Pd/Cu、Pd/Al₂O₃ 和 Pd/ZnO 双金属合金催化剂的制备。用 PVP 稳定的 Pd/Cu 复合材料，在硝酸盐和亚硝酸盐的还原反应中是有用的，Pd/Au 复合材料在苯甲酸的氧化中也是有用的[46]。在 $H_2O_2$ 的直接合成反应中也用到了含 Pd 催化剂。用于构建 GC 修饰电极的 MWCNT 网状物结合的 PdNPs 胶体，显示出了生物相容性，也可用于高灵敏度的 DNA 杂交生物传感器[47]。在二甲基甲酰胺中，用 NaBH₄ 还原 NaPdCl₄ 可得到 $3 \sim 5nm$ 的 PdNPs。然后其悬浮液与 MWCNT 混合，投掷到抛光的 GC 电极上。继杂交之后，使用 DPV 电化学观察指示剂-碱性亚甲蓝（MB）的氧化还原反应（图 4-23）。这种特殊的技术可以辨别互补 DNA（LOD＝1.2×

$10^{-13}$ mol/L)和非互补 DNA。MWCNT/PdNP 网状物功能是加快了电子的转移，促进了碱性亚甲蓝的氧化还原反应。

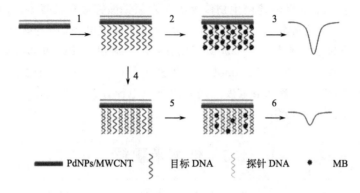

图 4-23 在 PdNPs 结合 MWCNT 基底上用于电化学检测 DNA 杂交的示意图[47]

通过胶体制备技术也可以调控 Pd 纳米结构的形貌。室温下在水溶液中从 Pd-CTBA 复合材料中可以合成纳米立方体和纳米树突（平均直径为 60nm)[48]。已报道的树突状 Pd 纳米结构是在聚乙二醇和肼[49]介质的条件下由球粒子逐渐形成的，并已应用到对 $H_2O_2$ 的传感中。因为 $H_2O_2$ 是酶催化反应中产生的副产品，它可以用作反应进度的指示剂，也有可能会应用到生物传感中。

### 4.5.2　电沉积合成 PdNPs 及其电化学传感器

Batchelor-McAuley 等[50]证明了 PdNPs 对氢/质子的检测。通过电位扫描技术和固定电位沉积，在含有 1mol/L $PdCl_2$、$H_2SO_4$ 溶液中，可将 PdNPs 电化学沉积到掺硼金刚石（BDD）电极上。AFM 表征 Pd 纳米粒子的平均直径为 100nm。在 0.18mmol $PdCl_2$ 的 1mol/L $H_2O_4$ 溶液中，用 0V、40s 沉积得到的 Pd，并用于 PdNPs 对氢的电化学响应研究。这个 PdNP 体系可区分出两种类型的吸附氢：+0.02V，对应的是 PdNPs 表面的氢氧化成氢离子（$H^+$），而 +0.26V 的峰对应的是 PdNPs 内部氢氧化成氢离子（$H^+$）。为了充分了解对氢吸附的 Pd 的动力学行为，使用纳米材料可以避免来自金属内部氢的干扰[50]。Mubeen 等[51]将 SWCNT 作基底，把 PdNPs 电沉积到一个简单结构的氢气传感器上，与其他的相关报道结果相比，显著地提高了检测灵敏度和降低了检测限。

PdNPs 电沉积到 BDD 上，对肼的检测显示出活性[52]。PdNPs 沉积到 BDD 电极上的最优化条件和前面描述的相同。SEM 表征电极表面发现纳米粒子的直径为 10～200nm，且是随机分布的（图 4-24）。在 1.36mmol/L 肼（磷酸缓冲溶液 pH7）溶液中，在大约 +0.11V（vs. SCE），Pd 修饰 BDD 电极上可以观察到其氧化波，且很容易和溶剂分解伏安值相区分。在这种情况下，Pd 常规电极上修饰纳米粒子的最大优势在于线性范围宽、肼的检出限低（图 4-25）。Ji 等[53] 报道在 GC 电极上用修饰一层 MWCNT 膜，再活化 MWCNT 并修饰上粒径不大于 1nm 的 PdNPs。这项工作表明，Pd/MWCNT 复合材料是很稳定的，便于在低 pH 下检测肼，而通常是不容易做到的，因为会产生金属溶出。

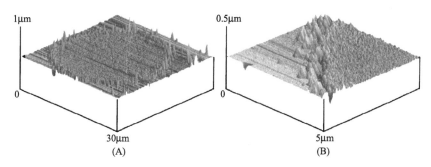

图 4-24　BDD 镀铂微电极阵列的光学图像（A）和
组成阵列（图 A）的单 BDD 电极的边缘（B）[102]

图像尺寸是 540μm×400μm

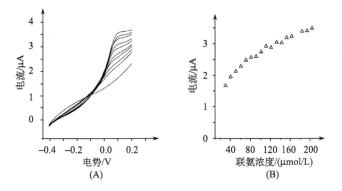

图 4-25　在 pH7 的缓冲溶液中，肼的持续添加得到铂修饰 BDD 电极上的线性扫描伏安曲线

扫描速率是 100mV/s，从低到高的浓度：0mmol/L、27.2mmol/L、34mmol/L、40.8mmol/L、
47.6mmol/L、54.4mmol/L、61.2mmol/L、68mmol/L、74.8mmol/L 和 81.6mmol/L[102]

在乙醇燃料电池的发展中，乙醇电氧化是很重要的。均匀分散的 PdNPs（料径约为 8nm）沉积到钛基底上，在 1.0mol/L KOH 中对乙醇电氧化显示出催化活性，但是在 0.5mol/L $H_2SO_4$ 中却没有显示出催化活性[54]。研究 KOH 浓度的影响表明，$OH^-$ 浓度显著增加提高了氧化过程的反应动力学。这说明该材料在乙醇燃料电池技术中和乙醇气敏装置上具有潜在的应用。

从 $PdCl_2$ 溶液中沉积 PdNPs 到碳糊电极上有助于乙二酸（$H_2C_2O_4$）电催化氧

化。在 $H_2SO_4$ 溶液中，电催化氧化 $C_2O_4^{2-}$ 时，CV 图显示出两个峰 ［＋0.65V (vs. Ag/AgCl) 和＋0.90V (vs. Ag/AgCl)］[55]。通过从－0.3～0V 电位循环 5 次或者是在恒电压 ［电势为－0.40V (vs. Ag/AgCl)］ 下的电化学沉积，得到 PdNPs。通过改变循环次数或是变更恒电压电解时间（5s～3min），可以控制 PdNPs 的大小。AFM 分析证实这些还原参数中的任一个参数都可以降低纳米粒子的尺寸。对较为均匀的纳米粒子和分散良好的纳米粒子，能观察到它们具有较好的电催化效果。$H_2C_2O_4$ 在 PdNP 修饰电极上的氧化峰电流与其浓度的线性范围在 $1\times10^{-2}\sim 2\times10^{-5}$ mol/L，而在 Pd 常规电极上的线性范围在 $1\times10^{-2}\sim2\times10^{-4}$ mol/L，其 LOD 也比纳米修饰电极（$2\times10^{-5}$ mol/L）低了一个数量级。

### 4.5.3　其他方法合成 PdNPs 及其电化学传感器

在组合分析中，Baron 等[56]利用化学镀沉积 PdNPs 到 GCMS 上，PdNPs 的直径为 20～500nm，用肼溶液来研究其电催化活性。再打磨粘贴在 BPPG 表面上，使改良 GCMS 成为工作电极的一部分。与等效面积的常规 Pd 盘电极相比，所制备 PdNPs 修饰电极对肼显示更低的 LOD 和更高的灵敏度，这是由于肼在阵列中增强了扩散。在 $NH_4F$ 和 $H_3BO_3$ 存在的条件下，用二甲胺硼烷还原 $PdCl_2$，该液相法可合成硼掺杂的 PdNPs。将该方法制备的高度分散、粒度分布窄的掺杂 PdNPs 沉积到炭黑基底上。用 $NaBH_4$ 代替二甲胺硼烷作为还原剂，有利于通过相同的方法合成 Pd/C 催化剂。该材料能增强关于甲酸和甲酸燃料电池的电氧化活性，对催化剂进行热处理后可以提高其长期稳定性[57]。

也有些不常用合成 PdNPs 的方法，包括电纺丝和热处理制备 PdNPs/碳纳米纤维复合材料。Pd/碳纳米纤维投掷到碳糊电极表面，这样便于同时检测多巴胺、尿酸和抗坏血酸[58]。Liu 等[59]使用了声化学合成将 PdNPs 嵌入像 SBA-15 这样的介孔材料中（图 4-26）。用蛋白血红素功能化的 Pd/SBA-15，基于 Pd 的过氧化物酶活性构建传感器（图 4-27）。超声合成也用于制备分散在碳支撑基底

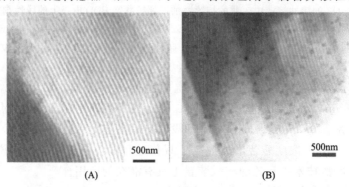

图 4-26　SBA-15 (A) 和 Pd/SBA-15 (B) 的 TEM 图片[59]

上的 PdNPs（粒径约为 10.5nm）。用微分电化学质谱法，研究在 PdNPs 催化还原硝酸盐的过程，能检测到 $N_2O$ 和 NO。NO 在阴极和阳极扫描中都产生了，然而 $N_2O$ 只在阴极扫描中产生[60]。聚丙烯酸网状物能够用作在原位制备 PdNPs 的纳米反应器[61]。聚丙烯酸是生物相容的，所以 PdNPs/聚丙烯酸网状物可用于测量酶在催化反应中产生的过氧化氢，这为电化学生物传感研究提供了一个平台。

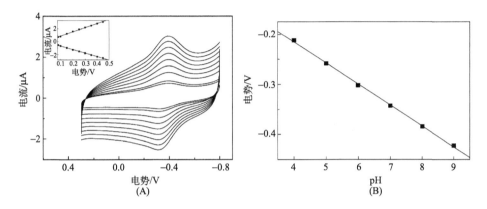

图 4-27 在 pH7.0 的 0.1mol/L PBS 中，Hb/Pd/SBA-15/GC 的循环伏安曲线（A）（扫描速率分别为 80mV/s、100mV/s、150mV/s、200mV/s、250mV/s、300mV/s、350mV/s、400mV/s 和 450mV/s，嵌入的图是峰电流对扫描速率的图）以及扫描速率在 100mV/s 时，pH 与电势的线性关系（B）[59]

## 4.6 铜纳米颗粒

铜是仅次于银的第二好的金属导体。因为铜不与 $H_2O$ 反应，铜在空气中容易被氧化，铜纳米颗粒也很容易被氧化，所以很难制备出单质铜的纳米颗粒。因此，这里主要论述的都是氧化铜纳米颗粒在电分析研究中进展。相比于如银、金和铂等贵金属，CuNPs 的研究没有那么广泛。CuNPs 可应用到许多的传感器中，近年来人们对这个领域的兴趣也有所增长。常规铜电极可检测的对象有糖类、氨基酸、氮氧化物，因为铜电极对它们都具有催化作用。对不同的检测对象要改变铜电极的测试溶液条件。在碱性条件中，氧化铜纳米颗粒修饰电极可以用来检测氨基酸，且电极几乎没有钝化现象。这主要因为 $CuO/Cu_2O$ 氧化还原特殊的催化机理。

Welch 等[62]证实了在酸液中，CuNPs 能够原位沉积到 BDD 基底电极上。而且，通过特殊的沉积和溶出电位的应用，控制沉积纳米粒子的尺寸是可能的。用 AFM 表征 Cu/BDD 电极表面，发现 Cu 纳米颗粒的形状不规则（直径为 74～172nm）。

　　Dai 等[63]在三氟溴氯乙烷存在的条件下，深入研究了 CNT 的电化学行为，取得了非常重要的成果，证明了 CNT 对三氟溴氯乙烷具有电催化活性，这个现象实际上是由 CNT 壁上存在 CuNPs 导致的。这些杂质是在化学气相沉积产生 CNT 的过程中留下的[64]。在 pH13 的 NaOH（0.1mol/L）电解质中获得对三氟溴氯乙烷检测的最佳响应，LOD 为 4.6μmol/L，其灵敏度比常规 Ag 电极灵敏度要低，可应用到三氟溴氯乙烷的实际检测中。用化学气相沉积法，在 CNT 的合成中引入 CuO 纳米颗粒杂质也引起了注意。这些杂质被认为对 CNT 修饰 BP-PG 电极上的葡萄糖氧化有电催化活性[65]。观察热解石墨电极上的葡萄糖氧化，发现没有伏安响应；因此，就可以推断出，观察到伏安现象是由于 CNT 中存在 CuO 纳米颗粒杂质。对葡萄糖的 CuO 微晶修饰 BPPG 电极，在 ＋0.6V（vs. SCE）有一个与众不同的氧化波，通过这样相似的伏安现象进一步验证了上述推论（图 4-28）。在聚乙二醇中通过水热法合成 Cu 纳米棒束。用 TEM 表征发现产物是约 1μm 长和 200nm 宽的 Cu 纳米棒。这些团聚的纳米棒随后修饰到 BPPG 电极表面，在 0.1mol/L NaOH 溶液中，对葡萄糖、果糖、蔗糖这样的糖类物质是有电催化活性的。研究发现，CuO 纳米棒修饰电极用伏安检测法和安培检测法可测定 $H_2O_2$ 和糖类物质。检测 $H_2O_2$ 的 LOD 是 $2.2 \times 10^{-7}$ mol/L，对葡萄糖、果糖、蔗糖的检测都有很宽的线性范围，LOD 值分别为 $1.2 \times 10^{-6}$ mol/L、$1.1 \times 10^{-6}$ mol/L 和 $3.7 \times 10^{-6}$ mol/L。

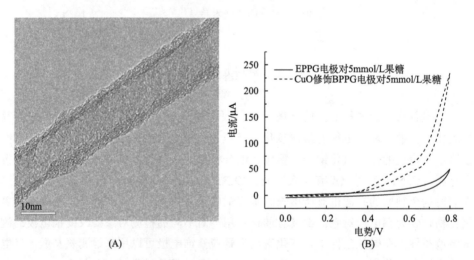

图 4-28　弧-MWCNT 在强酸清洗处理后的 HRTEM 图（A）以及循环伏安曲线显示出对 5.0mmol/L α-D-葡萄糖裸 EPPG 电极（实线）和 CuO 修饰 BPPG 电极（虚线）的响应（B）[65]

　　使用单层自组装的聚氨基胺树状大分子（PAMAM）为模板，电化学合成 CuNPs 是一个有趣的方法[66]。PAMAM 树状大分子用于合成许多金属纳米粒子，其中包括 Co、Pt 和 Pd。金属离子可以和树状大分子复合，接着被还原成金属单质纳米粒子，借用树状大分子固定纳米粒子。PAMAM 的单层自组装在 Au 电极表面，浸入到 1mmol/L 的树状大分子包裹的 Cu$^{2+}$ 溶液中。修饰电极置于含 0.5mol/L H$_2$SO$_4$ 的电化学电池中，电化学还原 Cu$^{2+}$ 到单质 Cu。AFM 表征电极表面发现纳米粒子的直径为 75～125nm，随机分布到电极表面上。树状大分子基底合成法，对于控制纳米粒子大小和防止团聚是十分有利的。PAMAM 模板能够预浓缩 Cu$^{2+}$，在没有 Cd$^{2+}$ 和 Bi$^{2+}$ 干扰的情况下，用电化学溶出分析法，这样可以对 Cu$^{2+}$ 进行定量电化学分析。

　　CuNPs 对包括硝酸盐、亚硝酸盐、氧气和 H$_2$O$_2$ 在内的多个目标分析物均有电催化活性[67,68]。Kang 等[69]还证实了 CuNPs 在非酶葡萄糖传感器构建中也是有用的。一般地，对葡萄糖检测的酶基底传感器还有几个缺点，如酶对环境因素非常敏感，包括温度、pH 湿度以及毒性化学成分。而且，常要使用复杂过程将酶固定到电极表面。Cu 纳米簇沉积到 MWCNT 修饰的 GC 电极上。用 TEM 表征 Cu 纳米簇的分布，发现纳米粒子是随机分布的、粒径为 20～80nm，产物纳米晶体 Cu 的平均尺寸约为 6.8nm。在无氧碱性溶液中，CuNPs/CNT/GC 电极显示出的 CV 曲线与那些 Cu 电极相似。在 20mmol/L NaOH 中得到了 1.0mmol/L 葡萄糖的响应，随着 Cu（Ⅱ）到 Cu（Ⅲ）的氧化，在 0.40V 和 0.80V（vs. Ag/AgCl）之间葡萄糖发生了氧化。虽然还没有完全理解 Cu 催化氧化葡萄糖的机理，但是认为这与 Cu（Ⅲ）的作用有关，Cu（Ⅲ）起到了电子转移介质的作用。在 20mmol/L NaOH 溶液中，检测葡萄糖的最优化电位为 0.65V（vs. Ag/AgCl）。在最优化条件下，葡萄糖的线性范围为 $7.0×10^{-7}$～$3.5×10^{-3}$mol/L，灵敏度为 17.76μA · mL/mol，LOD 为 $2.1×10^{-7}$mol/L。这个相对宽的线性范围和高灵敏度被认为是由于增加了电活性物质的表面和 CNT 及其上的 Cu 化合物纳米簇的"协同电催化活性"。这样易获得稳定性高、重现性好的安培生物传感器，因此可以实际应用到葡萄糖的生物分析中。

## 4.7　镍纳米颗粒

　　Ni 是一种硬金属和韧性金属，可以替代像 Pt、Pd 和 Ag 这样的贵金属，在燃料电池和电容器中经常用作阴极材料。而且，Ni 也是电磁性材料，这是从催化过程中重获金属 Ni 的一个有用的性质。镍电极的化学稳定性及电极表面形成的氧化层都有了深入的研究。有些报道关注镍的钝化现象，着重研究了镍在水介质中的氧化层的组分。在碱性条件下可以通过多种电化学方法制备得到氢氧化镍。镍氧化膜自身的特性使得镍和镍的氧化物成为镍电池的重要材料，同时它们也广泛应用于电镀、电解水、电合成和燃料电池中。

镍在电分析中的应用已有了一定的进展，如研究发现电沉积制备的氧化镍能够催化检测 $H_2S$、糖和乙酰胆碱等。已报道的在水溶液中制备 NiNPs 的各种合成方法。用 $NiCl_3$ 前驱体、$NaBH_4$ 还原剂和 PVP 稳定剂，合成稳定分散的小体积 NiNPs。用 TEM 表征 NiNPs，粒径为 $3.4 \sim 3.8nm$，粒径取决于起始 Ni 和 PVP 用量的比例。在合成中防止团聚和控制 NiNPs 的生长，PVP 是特别重要的。在没有稳定剂的条件下，用 TEM 分析发现 NiNPs 的平均尺寸为 7.7nm，易团聚[70]。

无表面活性剂合成 NiNPs 的方法也有报道，其中包括了 Bai 等[71] 和 Cheng 等[72] 的工作，他们分别用肼和高温合成法。NiNPs 在空气中十分容易氧化。因此，其表面可以涂抹上一层碳，以便保持纳米晶体的性能和磁性，同时也保护其表面被氧化。在 600℃分解乙炔中，使用 Ni/CNT 催化剂制备纳米粒子包裹的石墨烯层。碳涂抹的 NiNPs 是有用的，在马钱子碱、抗炎药和止痛药的电化学检测中，剂量达到 $30 \sim 90mg$ 是危险的。用碳涂抹 NiNPs 修饰 GC 电极，提高了马钱子碱氧化还原的峰电流，并促进其进程的可逆性（图 4-29）。用 DPV 法检测马钱子碱浓度线性范围为 $4.7 \times 10^{-8} \sim 2.4 \times 10^{-4} mol/L$，LOD 为 $1.4 \times 10^{-8} mol/L$。碳涂抹的 NiNPs 起到了助催化剂的作用，并加快了电子转移速率和降低了超电势[73]。

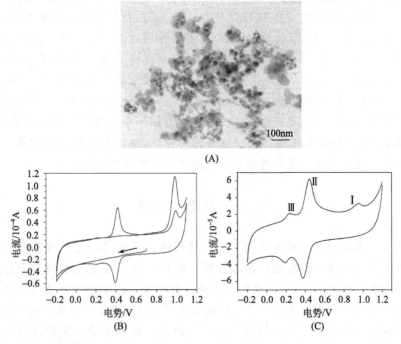

图 4-29　磁性碳涂镍纳米粒子的 TEM 图（A）、对 $2.0 \times 10^{-4} mol/L$ 马钱子碱在第一次和第二次扫描的循环伏安曲线（B）以及对马钱子碱在 100 次扫描后的循环伏安曲线（C）

复合的或功能化的 Ni 基底纳米材料可以应用于电化学分析中。Jin 等[74] 的研究结果表明，甲醇氧化过程中，Ag 电催化性能和 Ni 的磁性能之间存在协同作用。在超声波下，合成由 Ni 和 Ag 组成的双金属 Ni/Ag 纳米粒子，用电化学方法沉积修饰到 CNT 基底上。AgNPs 便于甲醇的氧化，相比于大部分 Ag 电极改良了催化剂。很少量（整个纳米粒子的 1.5%）的 NiNPs 助剂的添加使得纳米管在磁体的作用下恢复磁性。

在室温下搅拌，将 $NiCl_2$ 溶液逐滴加入到 $K_3Fe(CN)_6$ 溶液中，合成铁氰化物功能化的 NiNPs。用铁氰化物功能化 NiNPs 连接组氨酸，获得一种高度稳定的 Ni/CNT 纳米材料[75]。相比于物理混合的 NiNP/CNT 材料，前面复合材料显示出更有效的电子转移，并提高了对 $H_2O_2$ 的电化学响应，成为氧化酶基底生物传感器的活性材料。

因为 NiNPs 非常容易被氧化，所以 Salimi 等也研究了 NiO 纳米颗粒在电分析中的应用[76]。结果表明，GOD 与 NiO 纳米颗粒一起共沉积到 GC 电极上，保留了其自然的生物构象。这个特殊的生物传感器是稳定的、可再生的、长寿命的，并且在铁氰化物介质中对葡萄糖显示出极好的响应。在各种扫描速率下，用 CV 表征 GOD 修饰 NiO GC 电极。对称的峰电流和扫描速率意味着表面控制过程，吸附在 NiO 表面的 GOD 担负电子可逆转移。增加葡萄糖的浓度，用 CV 测量 GOD 的生物催化活性。在 $E > 0.6V$（vs. Ag/AgCl）时，葡萄糖发生了氧化，可以观察到随着葡萄糖浓度增加的阳极电流也增大。其检测的线性浓度为 $1 \sim 20mmol/L$，LOD 为 $100\mu mol/L$。NiO 纳米颗粒为酶和电子转移效率的提高提供了生物相容性的环境。该方法可以推广到各种酶和可能用到的生物电化学、生物传感器、生物电子学和生物燃料中。

## 4.8　其他纳米颗粒

我们合成了 $SiO_2$ 纳米颗粒和多孔 $SiO_2$ 的核壳式结构，然后在多孔 $SiO_2$ 上修饰 3-氨基丙基三乙氧基硅烷，从而在 $SiO_2$ 颗粒表面嫁接出氨基官能团，用方波伏安法研究了 $SiO_2@mSiO_2@NH_2$ 修饰电极对 TNT 的电化学响应，如图 4-30 所示[77]。结果表明，电极上修饰 $SiO_2@mSiO_2@NH_2$ 后，能够显著提高对 TNT 的检测灵敏度，这主要因为增大了有效表面积和富电子的氨基官能团与缺电子的苯环作用对 TNT 产生富集效果，$SiO_2@mSiO_2$ 和电化学检测如图 4-31 所示。此外，该 $SiO_2@mSiO_2@NH_2$ 修饰电极对 TNT 电化学响应明显比对其他硝基芳香化合物好。所以该修饰电极有望用于 TNT 的痕量探测。

我们用水热法制备出具有特殊核桃状外表的纳米小球修饰在 GC 电极的表面，通过 5′-端巯基修饰的探针 DNA 共价结合在 CdS 层敏感层上形成共聚物，

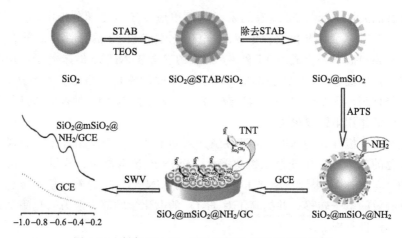

图 4-30　制备 $SiO_2@mSiO_2@NH_2/GC$ 过程示意图

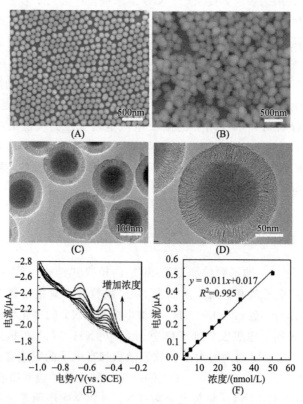

图 4-31　$SiO_2$ 微球的 SEM 图片（A）、$SiO_2@mSiO_2$ 微球的 SEM 图片（B）、$SiO_2@mSiO_2$ 微球的 TEM 图片（C）、$SiO_2@mSiO_2$ 微球的高倍 TEM 图片（D）、伏安法对不同浓度汞离子的检测曲线（E）以及浓度与峰电流的标定曲线（F）

再与靶 DNA 杂交，利用循环伏安法（CV）和差分脉冲伏安法（DPV）研究修饰电极的电化学行为（图 4-32）。修饰 CdS 纳米颗粒的电极检测得到的 DNA 杂交信号有明显的增强，峰电流强度值与靶 DNA 浓度值的负对数具有较好的线性关系，信号增强的最大值在靶 DNA 浓度为 10μmol/L 时得到，这时传感器灵敏度提高，检测下限可达 1pmol/L 以下[78]。

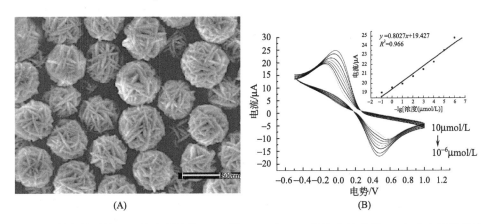

(A)　　　　　　　　　　(B)

图 4-32　制备得到的 CdS 纳米颗粒的 SEM 图（A）和 CdS 修饰电极检测 DNA 杂交过程的传感器响应（B）[（左）GC 电极在与靶 DNA 杂交前修饰一层 CdS 寡链脱氧核苷酸共聚物，再与靶 DNA 杂交；（右）为裸电极电化学测定靶 DNA 与探针寡链核苷酸的杂交信号][78]

近来，有报道用原位沉积法将 BiNPs 沉积到 BDD 电极表面[79]。这个体系被用于阐述 BiNPs 的晶核形成和生长机理，使用 AFM 对电极表面进行表征，并将该修饰电极应用于 $Pb^{2+}$ 和 $Cd^{2+}$ 的同步检测中。相对于 Bi 常规电极，该方法提高了检测的 LOD。

Simm 等通过电沉积实现了在 BDD 电极上成核生长 CoNPs，并用 AFM 研究这个成核和生长的动力学过程[80]。Co 纳米粒子在电分析中的应用似乎也导致了 Co 在复合材料或双金属材料的使用。例如，$O_2$ 在 PtCo 纳米颗粒阵列上的电还原[81]。在碱性介质中，将 Ag-Co 双纳米粒子催化剂分散到碳粉末上，用来研究氧化还原反应[82]。

## 4.9　碳 纳 米 管

### 4.9.1　碳纳米管的基本结构和性质

碳纳米管（CNT）是序态良好的空心石墨纳米材料，是由 $sp^2$ 杂化的碳原子组成的圆柱体。其中，由石墨烯的单层薄片卷成管状的材料归类为单壁碳纳米管

（SWCNT），而每个多壁碳纳米管（MWCNT）含数个共用一个纵向轴的同心管。作为一维的碳同素异形体，SWCNT 的直径为 0.4～2nm，而 MWCNT 的直径为2～100nm。另外，MWCNT 可以有多种不同的形态，如空心管、竹状、人字形，这取决于它们的制备方法。SWCNT 的导电性是由其手性（不对称现象）决定的，也就是说由石墨烯薄片和 π 轨道排列的角度决定的，这个角度可以用手性矢量（$n$，$m$）来计量，$n$ 和 $m$ 是整数。这个矢量直接与导电性有关，如果 $n$、$m$ 是 3 的倍数，那么得到的 SWCNT 将是金属性的，否则是半导体性的[83]。

CNT 结构的重要一点就是它们局部各向异性，因为管壁与它们的末端不同，侧壁是 $sp^2$ 杂化的碳原子组成的相对惰性层，在某方面与热解石墨的底面相似，在纳米管开口的末端或顶端，碳原子与氧原子结合使其得到更具反应活性的结构，这一点和热解石墨的边缘极其相似。这种结构的异类混合有碍我们对 CNT 电化学性质的认识和理解，但当电极电子转移速率主要依赖于电极表面的纳米结构和纳米管的取向及排列时，这些因素通常是忽略不计的。还有其他不确定性因素来自于 CNT 的电化学含氧基团的不等线或尖端的边缘缺陷，以及纯化时残留在管中的催化金属颗粒。有实验证明，SWCNT 修饰电极良好的电化学性质来自于含氧物质，尤其是纳米管尖端在酸纯化过程中产生的羧基部分[84]。但是，也有人发现增加双壁 CNT 或多壁 CNT[85]和石墨烯[86]的含氧基团的浓度，则会降低非均相电子转移速率。事实上，Pumera 等[87]认为含氧基团对于电化学活性 MWCNT 的非均相电子转移起较小的作用，反之，提高管的侧壁的边缘密度可以增加非均相电子转移速率。为了克服这种不确定性，Dai 等用超长（5mm）、垂直排列的 CNT 做实验[88]，选择性地掩蔽侧壁或用导电聚合物涂在纳米管尖端，防止其氧化，他们在研究 CNT 的侧壁、顶端和氧化态方面作出了重要贡献，证明了这些因素的重要性与研究的氧化还原电极的类型和涉及的氧化还原反应有关。例如，在 CNT 的顶端，尤其在含氧部分存在的情况下，亚铁氰化钾（$K_3$［Fe（CN）$_6$］）的法拉第电化学增强了许多，然而在侧壁，电子转移动力学明显减弱。与此相反，在侧壁，过氧化氢（$H_2O_2$）的氧化作用比在顶端容易发生，但是对含氧基团的存在并不灵敏，对烟酰胺腺嘌呤二核苷酸脱氢酶（NADH）和抗坏血酸的氧化还原反应显示不同的趋势。

对 CNT 电化学性能争论的另一个焦点在于组分非均一性。理论上来说，CNT 是纯碳。但实际上，它们通常含有杂质，如在纳米管生长中使用的催化剂衍生得到的金属化合物或纳米粒子，即使是在酸洗后它们仍保留在纳米管中的单层石墨中间，同时，在酸洗过程中会产生含氧基团，这些杂质特别是金属化合物可能在纳米管修饰电极中起电催化作用。最近研究发现，不使用铁催化剂[89,90]制备 SWCNT 的方法得到不含金属的 CNT，它们的性质并没被催化剂杂质影响。

目前，我们对 CNT 的电学性质的认识要比对它们电化学性质的认识成熟得多。MWCNT 是电子导体，而 SWCNT 可以是金属性或半导体性，这取决于它们的直径和不对称性。对于小直径 SWCNT，大约 2/3 是半导体性和 1/3 是金属性。对于半导体纳米管，带隙也取决于管的直径。近年来，大规模制备单分散 SWCNT 已成为可能，并且可以调控 SWCNT 的电学类型、直径、长度和手性。

### 4.9.2 基于碳纳米管的电化学传感器

目前，许多实用性的生物分子检测方法可检测生物分子，如 DNA 和蛋白质，但是只有少数方法可以达到单目标分子检测的目的。电化学检测比传统的荧光测量法优越，如可调动性好、弱背景下性能好、可在浑浊的样品中进行测量等。在过去的几年里，已经有许多基于 CNT 的电化学生物传感器的报道，该传感器可检测不同的生物结构，如 DNA、病毒、抗原、疾病标记器和单细胞。

在设计 CNT 电化学生物传感器过程中，如何将纳米材料修饰到常规电极上并使之达到最佳效应最为重要。其中要特别考虑的是前面提到的 CNT 的各向异性。因此理解下面三种主要类型的纳米管修饰电极在研究纳米管电化学生物传感器是非常必要的。第一类是使用单根 CNT 制作成的纳米电极。这可能是 CNT 电极最吸引人的设计，尽管制备和控制单根 CNT 探针仍然是个挑战性的工作。这类电极可以用单根 MWCNT 或单根 SWCNT 制作，它们显示出不同的电化学性能。第二类是纳米管阵列修饰电极。纳米管阵列修饰电极比任意分布的排列显示更快的非均相电子转移[91]。该效应的产生是因为纳米管尖端比侧壁促进更快的电子转移。在转移到常规电极的过程中，电子只需要沿着一个管子移动，而不需要从一个管子跳到另一个管子[92]。第三类是"任意分散"的 CNT 修饰电极。这种方法较为流行，主要是因为它容易实现，而并非是因为它提供了最好的性能。最近，化学气相沉积制备的网络状 SWCNT 电极比传统基于金属盘式超微电极的电子转移速度明显更迅速[93]。

对于电化学生物传感，CNT 修饰电极很大程度上改良了安培生物传感器，对 $H_2O_2$ 和 NADH 的灵敏度显著提高。然而，这些应用的一个大问题就是样品的纯度和碳纳米管是否含有杂质，如残留的金属催化剂粒子会提供良好的电化学性质。例如，Wang 等将全氟磺酸与 MWCNT 结合制备出复合电极，应用于葡萄糖中的葡萄糖氧化酶的检测，这个过程涉及葡萄糖借助氧化酶的氧化作用，测量氧化过程产生 $H_2O_2$ 的浓度[94]。这个复合电极提高了葡萄糖的检测灵敏度，尤其是在低电势（-0.05V），可以避免来自于多巴胺、尿酸或抗坏血酸这些生物分子电化学干扰。CNT 修饰的电极也可以加速来自于 NADH 分子的电子转移，从而降低超电势和使表面污染最小化，这些性质对改善常规电极探测 NADH 的局限性非常有用[95]。CNT 修饰的电极具有良好电化学性能的机理仍然存在着争议，如我们前面讨论的，大多数 CNT 含有它们生长过程中使用的催化剂金属杂质，它们至少会影响观察纳米管的电化学活性。但残留的金属纳米粒子也有好处，它们提供了一种可能，即传感器的电化学性能可以通过 CNT 里面残留的催化纳米粒子来提高。此外，还可以利用 CNT 的性质与其他物质来制备复合功能材料，如与导电聚合物或金属纳米粒子，目的是为了提高 CNT 的电化学传感性能。例如，当 CNT 被结合到用聚合物和离子液体制作的电极中，可得到更高的检测灵敏度[94~96]。Gao 等也报道了涂有导电聚合物的 CNT 阵列的葡萄糖生物传感器[97]。这个聚合物是具有生物活性的，导电 CNT 阵列尖端的铁纳米颗粒有利于沉积聚吡咯和固定葡萄糖氧化酶（GOD），CNT 及其同轴外壳具有催化作用，从而降低了由 GOD 释放的 $H_2O_2$ 的检测电势。

最近，Dai 等[98,99]发展出一种新颖高效的方法来修饰含有金属纳米粒子的 CNT，该 CNT 修饰到工作电极后能够增强电化学活性。Fisher 等[100]研制出单根 SWCNT 的电化学生物传感器，用涂有 Au 的 Pd（Au/Pd）纳米管来提高电化学活性，改善了其生物相容性。Au/Pd 纳米管具有均匀的尺寸和形状，可以整合到 SWCNT 网络中。Pd 在 SWCNT 和 Au 的界面之间，降低了接触电阻，而 Au 则为生物功能化提供了必要的生物相容性。通过使用这个独特的电极结构，这个工作小组发展出了一种 $H_2O_2$ 的安培检测法。

我们采用化学组装技术构建了栗状分层微球/SWCNT 复合材料阵列，如图 4-33 所示。电化学研究结果表明，它可以用作一个新型的电化学界面[101]。该复合材料独特的分层表面不仅提高了电化学灵敏度，而且有更高的电化学电容，SWCNT/聚合物微栗微电极阵列在 $[Fe (CN)_6]^{3-}$ /0.1mol/L KCl 的中性溶液的循环伏安响应，如图 4-34 所示。在高 pH 条件下，该新型复合材料薄膜对带正

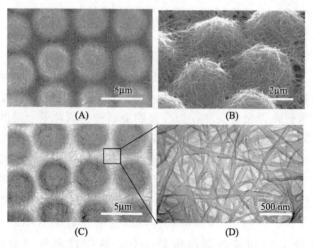

图 4-33　SWCNT/聚合物微栗微电极阵列

电荷的氧化还原物质有选择渗透性。在中性溶液中，离子强度对电极动力学没有明显的影响。这些结果显示，SWCNT/栗状微球阵列体系有多个令人感兴趣的新颖的电化学性能。

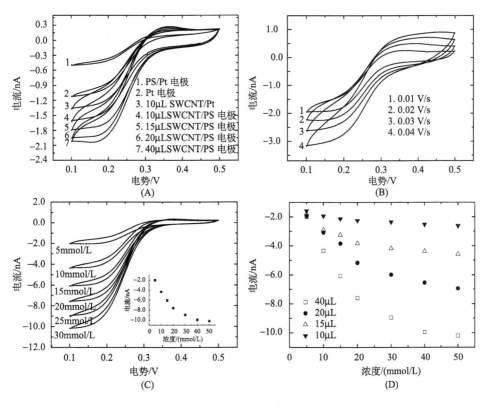

图 4-34　SWCNT/聚合物微栗微电极阵列在 $[Fe(CN)_6]^{3-}/0.1mol/L$ KCl 的
中性溶液的循环伏安响应

(A) ～ (C) SWCNT 修饰后的效果；(D) 不同量 SWCNT 修饰的微栗微电极阵列在
不同浓度的 $[Fe(CN)_6]^{3-}$ 溶液中的安培响应

我们在室温制备出针状和林状 SWCNT 电极，该方法简便有效，制备示意图见图 4-35[102]。SWCNT 形成三维"针状"和"林状"结构（图 4-36）被认为是大量单独 SWCNT 电极的并联，这种排列允许更多的活性位点参与到氧化反应中，从而有利于氧化还原反应的进行。SWCNT 电极比裸金电极显示出更好的电化学特性。"林状"SWCNT 电极的电化学特性最好。这种特性表明，SWCNT 电极体系存在一个"慢"电子转移（$a=0.6$，$k_s=0.31s^{-1}$），这可用 Randle 的等效电路来解释。相信"针状"和"林状"SWCNT 电极在纳米生物传感器上具有一些新的应用。

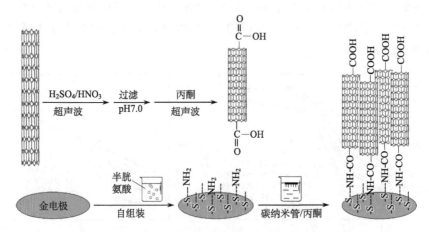

图 4-35　针状和林状 SWCNT 电极的制备示意图

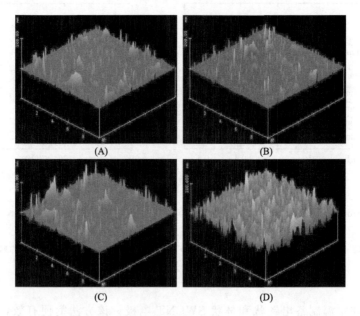

图 4-36　针状和林状 SWCNT 的 AFM 图片

我们合成了胡桃状 CdS 微球与单根分散的 SWCNT 的异质结构材料。得到六方相 CdS 颗粒尺寸约为 250nm，黏附在 SWCNT 侧壁，如图 4-37 所示[103]。SWCNT 作为稳定剂起到了重要的作用。我们确认附着 CdS 微球的稳定性依赖于 π 轨道的重叠。光学和光电子分析表明，该混杂物中 CdS 微球与 SWCNT 相互作用完全。在光照下，混杂材料薄膜的电导率从 62.1μS 降到 52.3μS，在 I-V 曲线中没有出现滞后现象。值得注意的是，胡桃状 CdS 微球/SWCNT 修饰的碳印刷电极的电催化电流比裸碳印刷电极电催化电流增加了 3 倍。该发现使我们相信所制备的 CdS 微球/SWCNT 混杂材料可以用作光学和光电子传感器以及电化学传感器的基质。

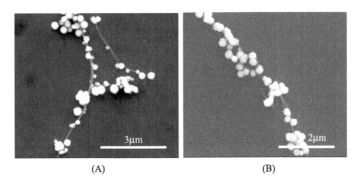

(A)　　　　　　　　　　　(B)

图 4-37　胡桃状 CdS 微球（A）与单根分散的 SWCNT 异质结构（B）的 SEM 图片

我们将逐层叠加组装技术和羧基化 SWCNT 与氨基反应相结合，制备羧基化 SWCNT 网状电极，如图 4-38 所示[104]。研究尿酸在羧基化 SWCNT 网状电极上的电化学特性，并考察了其在干扰物抗坏血酸存在时的选择性。羧基化 SWCNT 网状电极对尿酸比裸金和原 SWCNT 电极呈现出更强的电化学活性。计算出对尿酸的电荷转移系数为 0.52，催化反应的速率常数为 0.43s$^{-1}$。0.5mmol/L 尿酸的扩散系数是 $7.5 \times 10^{-6}$ cm$^2$/s。羧基化 SWCNT 电极对尿酸显

(A)　　　　　　　　　　　(B)

(C)　　　　　　　　　　　(D)

图 4-38　羧基化 SWCNT 膜不同放大倍数的 SEM 图片

示出一个稳定、可重复的响应，而抗坏血酸在电极表面上无有效的电化学反应。对尿酸的检出限为 2.5mmol/L，在浓度为 2.5～17.5$\mu$mol/L 时有较好的线性关系，如图 4-39 所示。

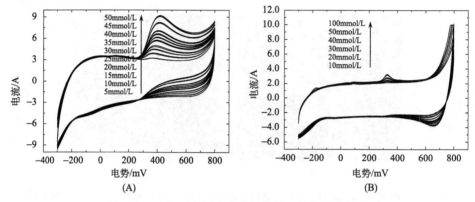

图 4-39　电极对不同浓度尿酸的循环伏安响应曲线

(A) 羧基化 SWCNT 电极；(B) SWCNT 电极

我们用非共价方式得到二茂铁功能化的 SWCNT。该二茂铁/SWCNT 复合物不仅在水中而且在乙醇和丙酮这样的有机溶剂中也有高的稳定性。该混杂物能够形成交织状薄膜，能紧紧地依附在玻璃基底上。据此，我们制备二茂铁/SWCNT 修饰电极，并在溶液中研究其电化学特性。实验发现二茂铁/SWCNT 修饰电极具有一个平宽的电位窗，表明其在生物电化学分析中可以用作电极。由于存在更多的 CNT，更多的活性电化学媒介和独一无二的交织状薄膜，二茂铁/SWCNT 电极呈现出高的催化效率、高的灵敏度和快速的响应，在 1～7$\mu$mol/L 浓度范围内呈现良好的线性关系[105]。

CNT 常嵌入生物大分子中与缩氨酸结合，这为传感器电极和氧化还原活性中心之间提供了更有效的交流方式。我们研究发现，葡萄糖氧化酶在二茂铁/SWCNT 复合物上可有效地促进电接触传递，借此可以制作葡萄糖生物传感器[106]。在该电化学过程中，SWCNT 促进了样品的可逆氧化还原反应，二茂铁通过"插入酶"的影响促进了生物分子的电子转移。二茂铁在 CNT 上发生氧化以及具有相对较低的米氏常数，表明使用微电极有望提高该体系的检测灵敏度。该项工作使我们在提高纳米生物传感器的灵敏度方面的认识更加深入。SWCNT 较高的长径比和小直径使它们适合于通过分子渗透，进入内部的电活性中心，然而被氧化的管尖端的快电子转移动力学可以提高电子转移速率。例如，微过氧化物酶-11（MP-11，一个 11 氨基酸序列并包含一个亚铁血红素中心，它是由血红蛋白经蛋白水解消化衍生得到的）附属于 SWCNT 的末端，能自组装到电极表面产生纳米管阵列电极[107]。在电极和 MP-11 分子之间，纳米管的电子转移效率高，非均匀电子转移速率常数为 $3.9s^{-1}$。同样，通过使用酶附着在线性"森林"状 SWCNT 的末端，Yu 等发展了一种亚铁血红素酶肌红蛋白和山葵过氧化物酶准可逆 $Fe^{3+}/Fe^{2+}$ 伏安测量法[108]。

CNT 另一个重要应用是免疫测定，将"森林"状 SWCNT 定向垂直排列于被热解石墨基片，利用大表面积的 MWCNT 来运输标记的分子[109]。在该电化学"三明治"免疫测定中，CNT 被用作两个"纳米电极"，偶合一抗（$Ab_1$）到热解石墨电极，并作为悬浮载体结合二抗（$Ab_2$）和电化学标记物山葵过氧化物酶（HRP）。与结合 $Ab_2$ 相比，MWCNT 可以束缚多个 HRP 分子，所以这种方法可以增加 PSA 的检测灵敏度。

不同细胞和 CNT 之间的相互作用已有相关报道，包括附着生长在 CNT 基质的神经元细胞的变异[110]，研究神经元细胞和 CNT 的相互作用不是偶然的。CNT 独特的机械、化学和电学性能，使它成为神经元生物传感中最有发展前景的材料之一。CNT 的硬度高是重要的优势，因为电极需要渗透薄片，并要有作为冲击式导体的能力（材料没有显著减慢电子的流速），Keefer 等研究了在脑界面使用纳米管修饰电极，证明了这种材料也是生物相容的[111]。层粘连蛋白是人类细胞外基质的一个至关重要的组成成分，Kotov 等研究 SWCNT 制备及其逐层组装与层粘连蛋白形成复合材料[112]。研究发现这些层粘连蛋白-SWCNT 薄膜可支持神经干细胞的变异。这些结果说明，蛋白质-SWCNT 复合材料可以作为神经电极材料。另一进展是 Lin 等设计出可同时连续监控鼠脑组织葡萄糖和乳酸盐的传感器[113]。这个研究小组在分别载有葡萄糖脱氢酶或乳酸脱氢酶的 SWCNT 里制备一个复合的电分析系统，能及时监控葡萄糖代谢的中间产物或循环乳酸盐损伤分子。

# 4.10　石　墨　烯

## 4.10.1　石墨烯的基本结构和性质

近年来，石墨烯引起了科技界的极大关注。石墨烯具有独特的物理、化学性质，如比表面积大、传热性能、导电性能和机械力学性能优异等，这使它具有广泛的潜在应用价值，可能应用于电子学、能量存储和转换、生物科学与技术等方面。

石墨烯的理想结构是完全的二维结构。它包含 $sp^2$ 杂化的碳原子单层通过共价键形成平的六方晶格。"石墨烯"实际是由单层石墨堆叠成的，每个都包含许多原子的薄片。因此，有必要测量其层数。例如，用原子力显微镜、拉曼光谱法、对比光谱法或低能电子显微镜来确定是单层石墨烯、双层石墨烯、数层石墨烯（3～9 层）还是多层石墨烯。石墨烯可以通过不同的折叠方式，从而形成 CNT 和富勒烯（图 4-40)[114]。

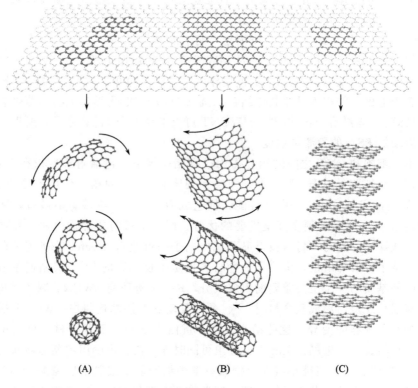

图 4-40　二维建筑材料石墨烯可以卷成零维球状物（A）、
一维纳米管（B）或三维石墨[34]（C）

　　碳的二维形式显示许多独特的性质，这里仅介绍小面积石墨烯的电化学和电学性质的研究进展。然而，石墨烯的电化学性能研究并不透彻，这主要是因为目前关于石墨烯电化学性质的研究还很少。此外，可得到"石墨烯"的形式不同，因此难以对其电化学性能下结论。尽管如此，已有研究表明石墨烯及其衍生物与 GC 电极[115]、石墨电极[116]或 CNT 修饰电极[117,118]相比，已显示出较好的电化学性能。迄今为止，很少有人给出石墨烯的详细表征。这个问题限制了许多关于 CNT 修饰电极的早期研究。然而，在 [Fe (CN)$_6$]$^{3-/4-}$ 溶液中用循环伏安法扫描，发现多层石墨烯具有单电子能斯特特性，电子转移速度快。这种电极显示了良好的电化学性质，能明显区分混合生物分子的氧化还原峰，而 GC 电极仅在较高的电势才出现单一的宽峰。同样地，当电极含有石墨烯氧化物时，能观察到生物分子或药物[119]的氧化还原反应。这些有趣性质的原因仍然是未解之谜。

　　人们最早研究的是石墨烯的电学性能，到现在仍然是多数研究的焦点。电学性能主要源于石墨烯上面和下面的离域 π 键，该离域 π 键产生于 sp² 杂化，是石墨烯分层的原因所在。这些离域态电子和石墨烯晶格的质量是产生高导电性和移动性的原因，1～3 层的石墨烯在室温下可测量出其移动性为 1500cm²/（V·s）或更大[120]，而干净悬浮单层在接近绝对零度时达到 230 000cm²/（V·s）[121]。石墨烯也显示出双极性的电场效应，负门极电压产生大量的空穴，而正门极电压则引起大量的电子，该性能看上去像是在原始的石墨烯零门电压的电阻率的一个峰值。石墨烯堆叠层数对其电学性能具有明显的影响，因为堆叠层数会导致能带结构和重叠带的显著变化。

　　石墨烯的光学性质受到相当大的关注，特别是拉曼光谱和红外光谱法可以为它的能带结构提供详细的信息。拉曼光谱也可用来确认石墨烯的层数，因为层数与谱带形状变化相关。总的来说，石墨烯有两个特有的拉曼谱带：G 带大约在 1580cm⁻¹；D′带（或 2D 或 D*带；相当于石墨烯中的 G′带）大约在 2700cm⁻¹[122~124]。在薄片的边缘或有缺陷的石墨烯中，更远的 D 带约在 1350cm⁻¹。石墨烯的另一个有趣的光学性质是四层和五层石墨烯在可见光区域有附加吸光度。对于每一层，吸光度等于精细构造常数乘以 π，接近 2.3%[125]。

### 4.10.2　石墨烯的制备

　　任何基于石墨烯生物传感器的性能和应用都将取决于高品质石墨烯的制备方法和在工业规模合并成传感器设备。然而石墨烯的制备和处理是极其活跃和迅速发展的研究领域，这里介绍几种通用的石墨烯制备方法[126]。

　　第一种方法是机械分裂剥离或石墨脱落法，将高质量的石墨烯（如 HOPG）碎片反复剥落最终会留下一些单层或多层石墨烯。这种方法生产的石墨烯质量最好，修饰物最少，它也可以通过在基质上涂聚合物来净化以增强对石墨烯薄片的黏附，从而可能得到较大的石墨烯片，甚至是毫米尺寸的。然而，单层石墨烯混合在两层、三层、几十层甚至几百层石墨烯之中，所以这种方法的挑战是如何获得确定层数和尺寸的石墨烯。

　　第二种是湿化学法，也是石墨烯常用的制备方法。该方法剥落石墨就是在强酸条件下将它转化为石墨烯氧化物。这个氧化过程产生了大量的含氧基团，如石墨烯表面的羧基、环氧化物和羟基。在某些情况下，极性离子团使石墨烯氧化物极其亲水，而且可以分散到水或极性有机溶剂中。石墨烯氧化物是一个被大量的 sp³C—C 键扭曲的层状结构的电绝缘体。因而，石墨烯氧化物通过化合物如联氨（或通过在还原氛围中加热）分解以恢复石墨烯的结构和性质。这个恢复过程可增强导电性，并且可以获得平整的石墨烯氧化物，导致最终的产物与石墨烯不同，但仍然包含大量的 C—O 键。假若这些差异是可以理解的，石墨烯氧化物和它的衍生形式都具有使用价值。然而，许多研究小组都在努力寻找消除化学修正的必要性，例如，剥落的石墨烯粉末能溶于具有相似表面能的有机溶剂里，插入-热膨胀剥落的石墨烯可分散到含表面活性剂的溶液中。

第三种是高温外延生长石墨烯，虽然此方法比湿化学方法成本高得多，但避免了石墨烯的化学修饰。得到的石墨烯显示出多种缺陷，如由基质引起的波纹、层与层之间出现混乱等。这些现象意味着其电子能带结构和取向等性质与机械剥落的石墨烯不同，所以实际上它是一个与众不同的材料[127]。从这个观点来看，化学气相沉积（CVD）是个更好的石墨烯生长方法，因为它提供了更多"常规的"性质。近来，人们关注借助金属基质，用近 1000℃加热碳氢化合物蒸气来实现大规模地制备石墨烯。CVD 技术的优势除了大规模生产石墨烯之外，还包括在溶解金属载体后，可以转移石墨烯到别的基质。该方法的主要难点在于如何实现得到单分散石墨烯和控制石墨烯的层数。显而易见，这三种制备石墨烯的方法各自都有局限性，还没有满足石墨烯传感器商业制造的需要。

### 4.10.3　基于石墨烯电化学传感器

关于石墨烯在生物传感器中应用的文献报道相对较少。所以在我们介绍石墨烯电化学传感器之前，先简单地来了解石墨烯在传感器方面的应用情况。几乎与所有其他的传感器（用来检测气体：$H_2O$、$NO_2$、$CO$ 和 $NH_3$）类似，石墨烯或石墨烯衍生物传感器也是测量其吸附气体分子前后电阻率的变化。实际上，大多数气体传感器所使用的石墨烯不是原始单层石墨烯。即便如此，许多研究已证明石墨烯及其相关材料对多种气体具有很低的检出限。例如，Robinson 等制作出的气体传感器[128]，以氧化石墨烯为基础，可以检测出浓度为 $10^{-9}$ 量级的有毒气体，该性能要比由 SWCNT 制作的传感器性能好。同样地，氧化石墨烯虽然没有如此高的灵敏度，但仍可用作检测器。此外，Qazi 等通过测量薄石墨烯的表面功函数或电导率的变化来检测低浓度的 $NO_2^{[129]}$。

事实上石墨烯需要被功能化以实现令人难以想象的气体传感性能。用热处理净化后的石墨烯在有气体存在时，其电性质有少量或没有变化。Zhang 等用"纯净的"的石墨烯成功地实现单分子检测，并证实在原子替代或缺陷处有更强的气体吸附[130]。氧化石墨烯气体传感器的优点在于它也支持功能化的重要性，因为这些传感器是通过母体石墨烯在氧化过程中含氧部分和缺陷造成的"功能化"，或借助由后来还原氧化石墨烯产生的含氮基团或空穴。改变还原的程度可以改变传感器性能，这些杂质和缺陷好像对气体有较强的吸附性能，这与模型试验研究一致。

迄今为止，关于石墨烯电化学检测的研究，涉及多种类型的生物分子。例如，Lu 等制备石墨烯电极材料用于检测葡萄糖的浓度[131]。这个电极是热剥落的石墨烯与 Pt 或 Pd 复合材料分散在导电聚合物全氟磺酸中，这与用粉末状的石墨烯或 CNT 制备的电极相似。Pt 或 Pd 修饰的石墨烯（图 4-41）与全氟磺酸纳米复合物在 $H_2O_2$ 溶液中有显著的氧化作用和还原作用，然而全氟磺酸修饰的金电极对其电化学反应产生的影响可忽略，因此这个作用体现了石墨烯纳米复合材料催化 $H_2O_2$ 氧化–还原反应，以及降低超电势来检测过氧化物。葡萄糖氧化酶添加到纳米复合材料的电极对葡萄糖的响应比 CNT 修饰电极传感器要好 3 倍[132]。该研究小组还报道石墨烯上的铂和钯纳米粒子起催化作用，如果纳米颗粒非常小，并且粒径均匀，那么分布效果会更好。此时，由纳米颗粒修饰的石墨烯和全氟磺酸制作的复合电极与贵金属电极相比具有更高的比表面积，因此可提供显著的催化作用，在检测 $H_2O_2$ 时，超电势有显著的降低。

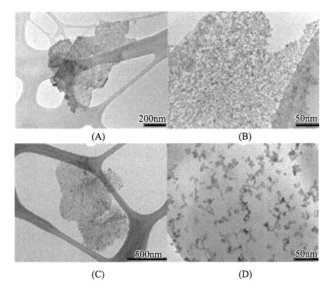

图 4-41　Pt-修饰石墨烯的 TEM 图 ［（A）低放大率、（B）高放大率］和
Pd-修饰石墨烯 ［（C）低放大率、（D）高放大率］[51]

　　葡萄糖检测的另一个方法是由 Shan 等发现的，他们用还原的聚乙烯吡咯烷酮保护的氧化石墨烯，聚乙烯亚胺功能化的离子液体和葡萄糖氧化酶制作电极[116]。他们研究的主要目的是利用还原葡萄糖氧化酶的高表面积和适当的电传导率尝试在葡萄糖氧化酶和电极之间传导电子。该研究中，还原氧化石墨烯在氧化还原活性酶和所用电极之间如何参与电化学交流过程仍不清楚。

　　其他的研究小组探究了多层石墨烯纳米片的边缘或还原石墨烯氧化物的官能团如何在电化学中检测重要的神经传导物质像多巴胺和血清素。Shang 等[115]于 2008 年在硅基质上使用微波等离子体增强 CVD 方法生长石墨烯纳米薄片，而没有使用催化剂。得到的薄片是暴露的锐利边缘多层纳米片，它可以在溶液中发生氧化还原反应，因此可用来检测电化学活性生物分子。暴露的边缘能促进电化学反应，这与 HOPG 和 CNT 的尖端观察到的活性电化学一致。该石墨烯纳米片电极在溶液中对于多巴胺的循环伏安法测量显示出明显的氧化伏安峰，对于在有干扰分子抗坏血酸和尿酸的溶液中也观察到明显的峰。使用常规的 GC 电极，生物分子在单一或混合溶液中的高电势处有相似的宽峰。通过实验结果对比，证明石墨烯纳米片边缘的缺陷具有快电子转移动力学和良好的电催化性能。

在目前的研究中，Alwarappan 等比较了有 SWCNT 的还原石墨烯氧化物的电化学性质和灵敏度[117]。将两种碳材料修饰电极放在多巴胺和血清素的溶液中用循环伏安法测量。对于这两种类型的生物分子，石墨烯氧化物修饰电极比纳米管修饰电极的还原电势要低，还原电流更大，电极的稳定性更高。而且，还原石墨烯氧化物在多巴胺、血清素和抗坏血酸混合溶液中能出现三个显著的氧化峰，而纳米管修饰电极只出现一个较宽的氧化峰。石墨烯修饰电极与活性位点较少的 SWCNT 相比，具有高灵敏度、长期稳定的特点。

# 4.11　展　　望

纳米科技的兴起已经为电化学生物传感器的研究开辟了一片新的天地。在电分析领域中纳米粒子具有重要的作用，其在电化学传感器中的应用将继续拓展。碳纳米管和石墨烯在电子转移方面具有独特的优势，也将成为重点发展的电极修饰材料之一。在未来，基于纳米材料设计新的电化学生物传感器可以重点关注以下几个方面：①合成分布均匀、具有电化学响应的纳米材料标记物，使其在多组分蛋白质及基因的同时检测中发挥作用；②利用纳米材料构筑仿生界面，并将其应用于人工模拟神经活动的电化学研究中；③将纳米材料和微流控芯片、超微电极技术结合，在单细胞水平上对细胞的动态化学变化进行监测；④将纳米材料、电化学传感技术与微电子机械技术结合，研究开发具有实时、在线检测复杂样品能力的电化学生物传感器。随着研究的不断深入，结合了先进纳米技术的电化学生物传感器将会在生命过程的探索中发挥更大的作用，并且有望被广泛地应用于临床诊断、环境监测、食品安全等与人们日常生活息息相关的领域。

## 参 考 文 献

[1] Yang W R, Ratinac K R, Braet F, et al. Carbon nanomaterials in biosensors: Should you use nanotubes or graphene? Angew. Chem. Int. Ed. , 2010, 49: 2114-2138

[2] Campbell F W, Compton R G. The use of nanoparticles in electroanalysis: an updated review. Anal. Bioanal. Chem. , 2010, 396: 241-259

[3] Zhao J, Zhu X, Li G X, et al. Self-assembled multilayer of gold nanoparticles for amplified electrochemi-

cal detection of cytochrome c. Analyst, 2008, 133: 1242-1245

[4] Manso J, Agui L, Pingarron J M, et al. Development and characterization of colloidal gold- cysteamine-carbon paste electrodes. Anal. Lett. , 2004, 37: 887-902

[5] Hu G Z, Ma Y G, Shao S J, et al. Electrocatalytic oxidation and simultaneous determination of uric acid and ascorbic acid on the gold nanoparticles-modified glassy carbon electrode. Electrochim. Acta, 2008, 53: 6610-6615

[6] Jena B K, Raj C R. Enzyme-free amperometric sensing of glucose by using gold nanoparticles. Chem. Eur. J. , 2006, 12: 2702-2708

[7] Jena B K, Raj C R. Highly sensitive and selective electrochemical detection of sub-ppb level chromium (VI) using nano-sized gold particle. Talanta, 2008, 76: 161-165

[8] Sanz V C, Mena M L, Pingarron J M, et al. Development of a tyrosinase biosensor based on gold nanoparticles-modified glassy carbon electrodes-Application to the measurement of a bioelectrochemical polyphenols index in wines. Anal. Chim. Acta, 2005, 528: 1-8

[9] Agui L, Manso J, Pingarron J M, et al. Amperometric biosensor for hypoxanthine ba sed on immobilized anthine oxidase on nanocrystal gold-carbon paste electrodes. Sens. Actuators B, 2006, 113: 272-280

[10] Shulga O, Kirchhoff J R. An acetylcholinesterase enzyme electrode stabilized by an electrodeposited gold nanoparticle layer. Electrochem. Commun. , 2007, 9: 935-940

[11] Rassaei L, Sillanpää M, Marken F, et al. Arsenite determination in phosphate media at electroaggregated gold nanoparticle deposits. Electroanalysis, 2008, 20 (12): 1286-1292

[12] Fu X C, Chen X, Huang X J, et al. Three-dimensional gold micro-/nanopore arrays containing 2-mercaptobenzothiazole molecular adapters allow sensitive and selective stripping voltammetric determination of trace mercury (II). Electrochim. Acta, 2010, 56 (1): 463-469

[13] Huang X J, Yarimaga O, Kim J H, et al. Substrate surface roughness-dependent 3-D complex nanoarchitectures of gold particles from directed electrodeposition. J. Mater. Chem. , 2009, 19: 478-483

[14] Huang X J, Li C C, Gu B, et al. Controlled molecularly mediated assembly of gold nanooctahedra for a glucose biosensor. J. Phys. Chem. C, 2008, 112 (10): 3605-3611

[15] Rena H X, Huang X J, Kim J H, et al. Pt/Au bimetallic hierarchical structure with micro/nano-array via photolithography and electrochemical synthesis: From design to GOT and GPT biosensors. Talanta, 2009, 78: 1371-1377

[16] Kim J H, Huang X J, Choi Y K. Controlled synthesis of gold nanocomplex arrays by a combined top-down and bottom-up approach and their electrochemical behavior. J. Phys. Chem. C, 2008, 112: 12747-12753

[17] Shen X, Chen X, Huang X J, et al. Free standing Pt-Au bimetallic membranes with a leaf-like nanostructure from agarose-mediated electrodeposition and oxygen gas sensing in room temperature ionic liquids. J. Mater. Chem. , 2009, 19: 7687-7693

[18] Huang X J, Leigh Aldous, Compton R G, et al. Toward membrane-free amperometric gas sensors: a microelectrode array approach. Anal. Chem. , 2010, 82: 5238-5245

[19] Kuroda K, Ishida T, Haruta M. Reduction of 4-nitrophenol to 4-aminophenol over Au nanoparticles deposited on PMMA. J. Mol. Catal. A-Chem. , 2009, 298: 7-11

[20] Gu C P, Huang J R, Liu J H, et al. Enhanced electrochemical detection of DNA hybridization based on

Au/MWCNT nanocomposites. Anal. Lett. , 2007, 40: 3159-3169

[21] Reddy A S, Chen C Y, Baker S C, et al. Synthesis of silver nanoparticles using surfactin: A biosurfactant as stabilizing agent. Mater. Lett. , 2006, 63: 1227-1230

[22] Ng C H B, Yang J, Fan W Y. Synthesis and self-assembly of one-dimensional sub-10 nm Ag nanoparticles with cyclodextrin. J. Phys. Chem. C, 2008, 112 (11): 4141-4145

[23] Shervani Z, Ikushima Y, Sato M, et al. Morphology and size-controlled synthesis of silver nanoparticles in aqueous surfactant polymer solutions. Colloid Polym. Sci. , 2008, 286: 403-410

[24] Zhu J J, Kan X C, Wan J G, et al. Synthesis of perfect silver nanocubes by a simple polyol process. J. Mater. Res. , 2007, 22 (6): 1479-1485

[25] Chen Y, Wang C G, Ma Z F, et al. Controllable colours and shapes of silver nanostructures based on pH: application to surface-enhanced Raman scattering. Nanotechnology, 2007, 18: 325602

[26] Wang D S, An J, Luo Q Z, et al. A convenient approach to synthesize stable silver nanoparticles and silver/polystyrene nanocomposite particles. J. Appl. Polym. Sci. , 2008, 110: 3038-3046

[27] Lin L, Qiu P H, Cao X N, et al. Colloidal silver nanoparticles modified electrode and its application to the electroanalysis of cytochrome c. Electrochim. Acta, 2008, 53: 5368-5372

[28] Domínguez-Renedo O, Ruiz-Espelt L, Arcos-Martinez M J, et al. Electrochemical determination of chromium (VI) using metallic nanoparticle-modified carbon screen-printed electrodes. Talanta, 2008, 76: 854-858

[29] Wu S, Zhao H T, Ju H X, et al. Electrodeposition of silver-DNA hybrid nanoparticles for electrochemical sensing of hydrogen peroxide and glucose. Electrochem. Commun. , 2006, 8: 1197-1203

[30] Casello I G, Contursi M. The electrochemical reduction of nitrophenols on silver globular particles electrodeposited under pulsed potential conditions. J. Electrochem. Soc. , 2007, 154 (12): D697-D702

[31] Sljukic B, Banks C E, Compton R G, et al. Lead (IV) oxide-graphite composite electrodes: Application to sensing of ammonia, nitrite and phenols. Anal. Chim. Acta, 2007, 587: 240-246.

[32] Chen Z P, Peng Z F, Yu R Q, et al. Successively amplified electrochemical immunoassay based on biocatalytic deposition of silver nanoparticles and silver enhancement. Biosens Bioelectron, 2007, 23: 485-491

[33] Yang P H, Wei W Z, Tao C Y, et al. Nano-silver/multi-walled carbon nanotube composite films for hydrogen peroxide electroanalysis. Microchimica Acta, 2008, 162: 51-56

[34] Yildiz H B, Freeman R, Gill R, et al. Electrochemical, photoelectrochemical, and piezoelectric analysis of tyrosinase activity by functionalized nanoparticles. Anal. Chem. , 2008, 80: 2811-2816.

[35] Borchert H, Fenske D, Kolny-Olesiak J, et al. Ligand-capped Pt nanocrystals as oxide-supported catalysts: FTIR spectroscopic investigations of the adsorption and oxidation of CO. Angew. Chem. Int. Ed. , 2007, 46: 2923-2926

[36] Dai X, Compton R G. Detection of As (III) via oxidation to As (V) using platinum nanoparticle modified glassy carbon electrodes: arsenic detection without interference from copper. Analyst, 2006, 131: 516-521

[37] Kim H, Jeong N J, Lee S J, et al. Electrochemical deposition of Pt nanoparticles on CNT for fuel cell electrode. Korean J. Chem. Eng. , 2008, 25 (3): 443-445

[38] Shi J, Li X, Hu Y, et al. Electro-deposition of platinum nanoparticles on 4-mercaptobenzene-functionalized multi-walled carbon nanotubes. J. Solid State Electrochem. , 2008, 12: 1555-1559

[39] Guo D J, Li H L. Electrocatalytic oxidation of methanol on Pt modified single-walled carbon nanotubes. J. Power Sources, 2006, 160: 44-49

[40] Wang Z H, Qiu K Y. Electrocatalytic oxidation of formic acid on platinum nanoparticle electrode deposited on the nichrome substrate. Electrochem. Commun. , 2006, 8: 1075-1081

[41] Baron R, Campbell F W, Streeter I, et al. Facile method for the construction of random nanoparticle arrays on a carbon support for the development of well-defined catalytic surfaces. Int. J. Electrochem. Sci. , 2008, 3: 556-565

[42] Gao G Y, Yang G W, Li H L, et al. Simple synthesis of Pt nanoparticles on noncovalent functional MWNT surfaces: application in ethanol electrocatalysis. J. Power Sources, 2007, 173: 178-182

[43] Wang A F, Ye X Y, He P G, et al. A new technique for chemical deposition of Pt nanoparticles and its applications on biosensor design. Electroanalysis, 2007, 19 (15): 1603-1608

[44] Guy K A, Xu H P, Shapley J R, et al. Catalytic nitrate and nitrite reduction with Pd-Cu/PVP colloids in water: composition, structure, and reactivity correlations. J. Phys. Chem. C, 2009, 113: 8177-8185

[45] Burton P D, Lavenson D, Datye A K, et al. Synthesis and activity of heterogeneous Pd/Al$_2$O$_3$ and Pd/ZnO catalysts prepared from colloidal palladium nanoparticles. Top. Catal. , 2008, 49: 227-232

[46] Marx S, Baiker A. Beneficial interaction of gold and palladium in bimetallic catalysts for the selective oxidation of benzyl alcohol. J. Phys. Chem. C, 2009, 113: 9191-6201

[47] Chang Z, Fan H, He P G, et al. Electrochemical DNA biosensors based on palladium nanoparticles combined with carbon nanotubes. Electroanlaysis, 2008, 20 (2): 131-136

[48] Fan F R, Attia A, Tian Z Q, et al. An effective strategy for room-temperature synthesis of single-crystalline palladium nanocubes and nanodendrites in aqueous solution. Cryst. Growth. Des. , 2009, 9 (5): 2335-2340

[49] Zhou P, Dai Z H, Fang M, et al. Novel dendritic palladium nanostructure and its application in biosensing. J. Phys. Chem. C, 2007, 111: 12609-12616

[50] Batchelor-McAuley C, Banks C E, Compton R G, et al. Nano-electrochemical detection of hydrogen or protons using palladium nanoparticles: Distinguishing surface and bulk hydrogen. Chemphyschem. , 2006, 7: 1081-1085

[51] Mubeen S, Zhang T, Deshusses M A, et al. Palladium nanoparticles decorated single-walled carbon nanotube hydrogen sensor. J. Phys. Chem. C, 2007, 111: 6321-6327

[52] Batchelor-McAuley C, Banks C E, Compton R G, et al. The electroanalytical detection of hydrazine: A comparison of the use of palladium nanoparticles supported on boron-doped diamond and palladium plated BDD microdisc array. Analyst, 2006, 131: 106-110

[53] Ji X B, Banks C E, Compton R G, et al. Palladium sub-nanoparticle decorated 'bamboo' multi-walled carbon nanotubes exhibit electrochemical metastability: Voltammetric sensing in otherwise inaccessible pH ranges. Electroanalysis, 2006, 18 (24): 2481-2485

[54] Liu H P, Ye J P, Xu C W, et al. Kinetics of ethanol electrooxidation at Pd electrodeposited on Ti. Electrochem. Commun. , 2007, 9 (9): 2334-2339

[55] Shaidarova L G, Chelnokova I A, Gedmina A V, et al. Electrooxidation of oxalic acid at a carbon-paste electrode with deposited palladium nanoparticles. J. Anal. Chem. , 2006, 61: 375-381

[56] Baron R, Sljukic B, Compton R G, et al. Development of an electrochemical sensor nanoarray for hy-

drazine detection using a combinatorial approach. Electroanalysis, 2007, 19 (10): 1062-1068

[57] Wang J Y, Kang Y Y, Cai W B, et al. Boron-doped palladium nanoparticles on carbon black as a superior catalyst for formic acid electro-oxidation. J. Phys. Chem. C, 2009, 113 (19): 8366-8372

[58] Huang J S, Liu Y, You T Y, et al. Simultaneous electrochemical determination of dopamine, uric acid and ascorbic acid using palladium nanoparticle-loaded carbon nanofibers modified electrode. Biosens Bioelectron, 2008, 24: 632-637

[59] Liu Y G, Zhang J J, Hou W H, et al. A Pd/SBA-15 composite: synthesis, characterization and protein biosensing. Nanotechnology, 2008, 19: 135707

[60] Andrade F V, Deiner L J, Varela H, et al. Electrocatalytic reduction of nitrate over palladium nanoparticle catalysts. J. Electrochem. Soc. , 2007, 154 (9): F159-F164

[61] Tang Y H, Cao Y, Shen G L, et al. Surface attached-poly (acrylic acid) network as nanoreactor to insitu synthesize palladium nanoparticles for $H_2O_2$ sensing. Sens. Actuators B, 2009, 137: 736-740

[62] Welch C M, Simm A O, Compton R G. Oxidation of electrodeposited copper on boron doped diamond in acidic solution: Manipulating the size of copper nanoparticles using voltammetry. Electroanalysis, 2006, 18 (10): 965-970

[63] Dai X, Wildgoose G G, Compton R G. Apparent 'electrocatalytic' activity of multiwalled carbon nanotubes in the detection of the anaesthetic halothane: occluded copper nanoparticles. Analyst, 2006, 131: 901-906

[64] Simm A O, Ward Jones S, Compton R G, et al. Novel methods for the production of silver microelectrode-arrays: Their characterisation by atomic force microscopy and application to the electro-reduction of halothane. Anal. Sci. , 2005, 21 (6): 667-671

[65] Batchelor-McAuley C, Wildgoose G G, Compton R G, et al. Copper oxide nanoparticle impurities are responsible for the electroanalytical detection of glucose seen using. Sens. Actuators B, 2008, 132: 356-360

[66] Berchmans S, Vergheese T M, Kavitha A L, et al. Electrochemical preparation of copper-dendrimer nanocomposites: picomolar detection of $Cu^{2+}$ ions. Anal. Bioanal. Chem. , 2008, 390: 939-946

[67] Ko W Y, Chen W H, Lin K J, et al. Highly electrocatalytic reduction of nitrite ions on a copper nanoparticles thin film. Sens. Actuators B, 2009, 137 (2): 437-441

[68] Kumar S A, Lo P H, Chen S M. Electrochemical analysis of $H_2O_2$ and nitrite using copper nanoparticles/poly (o-phenylenediamine) film modified glassy carbon electrode. J. Electrochem. Soc. , 2009, 156 (7): E118-E123

[69] Kang X H, Mai Z B, Zou X Y, et al. A sensitive nonenzymatic glucose sensor in alkaline media with a copper nanocluster/multiwall carbon nano tube-modified glassy carbon electrode. Anal. Biochem. , 2007, 363: 143-150

[70] Couto G G, Klein J J, Zarbin A J G, et al. Nickel nanoparticles obtained by a modified polyol process: Synthesis, characterization, and magnetic properties. J. Colloid Interface Sci. , 2007, 311: 461-468

[71] Bai L Y, Yuan F L, Tang Q. Synthesis of nickel nanoparticles with uniform size via a modified hydrazine reduction route. Mater. Lett. , 2008, 62: 2267-2270

[72] Cheng J P, Zhang X B, Ye Y. Synthesis of nickel nanoparticles and carbon encapsulated nickel nanoparticles supported on carbon nanotubes. J. Solid State Chem. , 2006, 179: 91-95

[73] Wang S F, Xie F, Hu R F. Electrochemical study of brucine on an electrode modified with magnetic

carbon-coated nickel nanoparticles. Anal. Bioanal. Chem. , 2007, 387: 933-939

[74] Jin G P, Baron R, Rees N V, et al. Magnetically moveable bimetallic (nickel/silver) nanoparticle/carbon nanotube composites for methanol oxidation. New J. Chem. , 2009, 33: 107-111

[75] Yang M H, Yang Y H, Shen G L, et al. Attachment of nickel hexacyanoferrates nanoparticles on carbon nanotubes: preparation, characterization and bioapplication. Anal. Chim. Acta, 2006, 571: 211-217

[76] Salimi A, Sharifi E, Noorbakhsh A, et al. Immobilization of glucose oxidase on electrodeposited nickel oxide nanoparticles: direct electron transfer and electrocatalytic activity. Biosens Bioelectron, 2007, 22: 3146-3153

[77] Fu X C, Chen X, Huang X J, et al. Amino functionalized mesoporous silica microspheres with perpendicularly aligned mesopore channels for electrochemical detection of trace 2, 4, 6-trinitrotoluene. Electrochim. Acta, 2010, doi: 10. 1016/j. electacta. 2010. 09. 045

[78] Xia Q, Chen X, Liu J H. Cadmium sulfide-modified GCE for direct signal-amplified sensing of DNA hybridization. Biophys. Chem. , 2008, 136: 101-107

[79] Toghill K E, Wildgoose G G, Compton R G, et al. The fabrication and characterization of a bismuth nanoparticle modified boron doped diamond electrode and its application to the simultaneous determination of cadmium (Ⅱ) and lead (Ⅱ). Electroanalysis. 2008, 20 (16): 1731-1737

[80] Simm A O, Ji X B, Compton R G, et al. AFM studies of metal deposition: Instantaneous nucleation and the growth of cobalt nanoparticles on boron-doped diamond electrodes. Chemphyschem, 2006, 7: 704-709

[81] Kumar S, Zou S Z. Electroreduction of $O_2$ on uniform arrays of Pt and Pt Co nanoparticles. Electrochem. Commun. , 2006, 8: 1151-1157

[82] Lima F H B, de Castro J F R, Ticianelli E A. Silver-cobalt bimetallic particles for oxygen reduction in alkaline media. J. Power Sources, 2006, 161: 806-812

[83] Charlier J C. Defects in carbon nanotubes. Acc. Chem. Res. , 2002, 35: 1063-1068

[84] Chou A, Bocking T, Gooding J J, et al. Demonstration of the importance of oxygenated species at the ends of carbon nanotubes for their favourable electrochemical properties. Chem. Commun. , 2005, 7: 842-844

[85] Banks C E, Ji X B, Compton R G. Understanding the electrochemical reactivity of bamboo multiwalled carbon nanotubes: the presence of oxygenated species at tube ends may not increase electron transfer kinetics. Electroanalysis, 2006, 18: 449-455

[86] Ji X B, Banks C E, Compton R G, et al. Oxygenated edge plane sites slow the electron transfer of the ferro-/ferricyanide redox couple at graphite electrodes. Chemphyschem. , 2006, 7: 1337-1344

[87] Pumera M, Sasaki T, Iwai H. Relationship between carbon nanotube structure and electrochemical behavior: Heterogeneous electron transfer at electrochemically activated carbon nanotubes. Chem. Asian J. , 2008, 3: 2046-2055

[88] Gong K P, Chakrabarti S, Dai L M. Electrochemistry at carbon nanotube electrodes: Is the nanotube tip more active than the sidewall? Angew. Chem. Int. Ed. , 2008, 47: 5446-5450

[89] Huang S M, Cai Q R, Chen J Y, et al. Metal-catalyst-free growth of single-walled carbon nanotubes on substrates. J. Am. Chem. Soc. , 2009, 131: 2094-2095

[90] Gao L B, Ren W C, Liu B L, et al. Crystallographic tailoring of graphene by nonmetal $SiO_x$ nanoparti-

cle. J. Am. Chem. Soc. , 2009, 131: 13934-13973

[91] Chou A, Eggers P K, Gooding J J, et al. Self-assembled carbon nanotube electrode arrays: Effect of length of the linker between nanotubes and electrode. J. Phys. Chem. C, 2009, 113: 3203-3211

[92] Gooding J J, Chou A, Liu J Q, et al. The effects of the lengths and orientations of single-walled carbon nanotubes on the electrochemistry of nanotube-modified electrodes. Electrochem. Commun. , 2007, 9: 1677-1683

[93] Jiang Z, Henriksen E A, Tung L C, et al. Infrared spectroscopy of landau levels of grapheme. Phys. Rev. Lett. , 2007, 98: 197403

[94] Wang J, Musameh M, Lin Y H. Solubilization of carbon nanotubes by nafion toward the preparation of amperometric biosensors. J. Am. Chem. Soc. , 2003, 125: 2408

[95] Musameh M, Wang J, Merkoci A, et al. Low-potential stable NADH detection at carbon-nanotube-modified glassy carbon electrodes. Electrochem. Commun. , 2002, 4: 743-746

[96] Kachoosangi R T, Musameh M M, Abu-Yousef I, et al. Carbon nanotube-ionic liquid composite sensors and biosensors. Anal. Chem. , 2009, 81: 435-442

[97] Gao M, Dai L M, Wallace G G. Biosensors based on aligned carbon nanotubes coated with inherently conducting polymers. Electroanalysis, 2003, 15: 1089-1092

[98] Qu L T, Dai L M. Substrate-enhanced electroless deposition of metal nanoparticles on carbon nanotubes. J. Am. Chem. Soc. , 2005, 127: 10806-10807

[99] Qu L T, Dai L M, Osawa E. Shape/size-control led syntheses of metal nanoparticles for site-selective modification of carbon nanotubes shape/size-control led syntheses of metal nanoparticles for site-selective modification of carbon nanotubes. J. Am. Chem. Soc. , 2006, 128: 5523-5532

[100] Claussen J C, Franklin A D, Fisher T S, et al. Electrochemical biosensor of nanocube-augmented carbon nanotube networks. ACS Nano, 2009, 3: 37-44.

[101] Huang X J, Li Y, Choi Y K. A chestnut-like hierarchical architecture of a SWCNT/microsphere composite on an electrode for electroanalysis. J. Electroanal. Chem. , 2008, 617: 218-223

[102] Huang X J, Im H S, Choi Y K, et al. Electrochemical behavior of needle-like and forest-like single-walled carbon nanotube electrodes. J. Electroanal. Chem. , 2006, 594: 27-34

[103] Chen X, Huang X J, Kong L T, et al. Walnut-like CdS micro-particles/single-walled carbon nanotube hybrids: one-step hydrothermal route to synthesis and their properties. J. Mater. Chem. , 2010, 20: 352-359

[104] Huang X J, Im H S, Yarimaga O, et al. Direct electrochemistry of uric acid at chemically assembled carboxylated single-walled carbon nanotubes netlike electrode. J. Phys. Chem. B, 2006, 110: 21850-21856

[105] Huang X J, Im H S, Lee D H, et al. Ferrocene functionalized single-walled carbon nanotube bundles. hybrid interdigitated construction film for L-glutamate detection. J. Phys. Chem. C, 2007, 111 (3): 1200-1206

[106] Liu H H, Huang X J, Gu B, et al. Alternative route to reconstitute an electrical contact of enzyme on a single-walled carbon nanotube-ferrocene hybrid. J. Electroanal. Chem. , 2008, 621: 38-42

[107] Gooding J J, Wibowo R, Liu J Q, et al. Protein electrochemistry using aligned carbon nanotube arrays. J. Am. Chem. Soc. , 2003, 125: 9006-9007

[108] Yu X, Chattopadhyay D, Rusling J F, et al. Peroxidase activity of enzymes bound to the ends of sin-

gle-wall carbon nanotube forest electrodes. Electrochem. Commun. , 2003, 5: 408-411

[109] Yu X, Munge B, Rusling J F, et al. Carbon nanotube amplification strategies for highly sensitive immunodetection of cancer biomarkers. J. Am. Chem. Soc. , 2006, 128: 11199-11205

[110] Hu H, Ni Y C, Haddon R C, et al. Chemically functionalized carbon nanotubes as substrates for neuronal growth. Parpura. Nano Lett. , 2004, 4: 507-511

[111] Keefer E W, Botterman B R, Romero M I, et al. Carbon nanotube coating improves neuronal recordings. Nat. Nanotechnol. , 2008, 3: 434-439

[112] Kam N W S, Jan E, Kotov N A. Electrical stimulation of neural stem cells mediated by humanized carbon nanotube composite made with extracellular matrix protein. Nano Lett. , 2009, 9: 273-278

[113] Lin Y Q, Zhu N N, Mao L Q, et al. Physiologically relevant online electrochemical method for continuous and simultaneous monitoring of striatum glucose and lactate following global cerebral ischemia/reperfusion. Anal. Chem. , 2009, 81: 2067-2074

[114] Geim A K, Novoselov K S. The rise of grapheme. Nat. Mater. , 2007, 6: 183-191

[115] Shang N G, Papakonstantinou P, McMullan M, et al. Catalyst-free efficient growth, orientation and bosensing properties of multilayer graphene nanoflake films with sharp edge planes. Adv. Funct. Mater. , 2008, 18: 3506-3514

[116] Shan C S, Yang H F, Niu L, et al. Direct Electrochemistry of glucose oxidase and biosensing for glucose based on graphene. Anal. Chem. , 2009, 81: 2378-2382

[117] Alwarappan S, Erdem A, Li C Z, et al. Probing the electrochemical properties of graphene nanosheets for biosensing applications. J. Phys. Chem. C, 2009, 113: 8853-8857

[118] Wang Y, Li Y M, Li J H, et al. Application of graphene-modified electrode for selective detection of dopamine. Electrochem. Commun. , 2009, 11: 889-892

[119] Yang X Y, Zhang X Y, Liu Z F, et al. High-efficiency loading and controlled release of doxorubicin hydrochloride on graphene oxide. J. Phys. Chem. C, 2008, 112: 17554-17558

[120] Novoselov K S, Geim A K, Morozov S V, et al. Two-dimensional gas of massless dirac fermions in graphene. Nature, 2005, 438: 197-200

[121] Bolotin K I, Sikes K J, Jiang Z, et al. Ultrahigh electron mobility in suspended graphene. Solid State Commun. , 2008, 146: 351-355

[122] Ferrari A C, Meyer J C, Scardaci V, et al. Raman spectrum of graphene and graphene layers. Phys. Rev. Lett. , 2006, 97 (18): 187401

[123] Graf D, Molitor F, Ensslin K, et al. Spatially resolved Raman spectroscopy of single- and few-layer graphene. Nano Lett. , 2007, 7: 238-242

[124] Yan J, Zhang Y B, Kim P, et al. Electric field effect tuning of electron-phonon coupling in graphene. Phys. Rev. Lett. , 2007, 98 (16): 166802-166810

[125] Nair R R, Blake P, Geim A K, et al. Fine structure constant defines visual transparency of graphene. Science, 2008, 320 (5881): 1308-1310

[126] Li D, Kaner R B. Materials science-graphene-based materials. Science, 2008, 320 (5880): 1170-1171

[127] de Heer W A, Berger C, Wu X S, et al. Epitaxial graphene. Solid State Commun. , 2007, 143: 92-100

[128] Robinson J T, Perkins F K, Snow E S, et al. Reduced graphene oxide molecular sensors. Nano

　　　　Lett. , 2008, 8 (10): 3137-3140

[129] Qazi M, Vogt T, Koley G. Trace gas detection using nanostructured graphite layers. Appl. Phys. Lett. , 2007, 91: 233101

[130] Zhang Y H, Chen Y B, Zhou K G, et al. Improving gas sensing properties of graphene by introducing dopants and defects: a first-principles study. Nanotechnology, 2009, 20 (18): 185504

[131] Lu J, Do I, Lee I, et al. Nanometal-decorated exfoliated graphite nanoplatelet based glucose biosensors with high sensitivity and fast response. ACS Nano, 2008, 2: 1825-1832

[132] Lu J, Drzal L T, Worden R M, et al. Simple fabrication of a highly sensitive glucose biosensor using enzymes immobilized in exfoliated graphite nanoplatelets nafion membrane. Chem. Mater. , 2007, 19: 6240-6246

# 第5章 质量纳米化学传感器

## 5.1 引  言

目前，质量敏感型传感器（压电化学传感器、声表面波传感器以及悬臂梁化学传感器）具有响应广谱、灵敏度高、结构简单、易实现数字化等独特的优点，其应用已涉及分析化学、药物科学、生物化学、分子生物学、环境监测、食品安全等诸多领域。纳米技术的发展给质量敏感型传感器的应用带来了新的机遇。纳米材料因尺寸效应、量子效应、表面效应和界面效应，而具有比表面积大、吸附力强、生物相容性好等物理、化学特性，在分子识别和标记、基因分析及催化等领域已经得到广泛应用。纳米技术与质量敏感型传感器相结合，将会大大提高质量型传感器在选择性、灵敏度上的性能，也会拓宽其应用领域。本章将介绍纳米技术与质量敏感型传感器相结合在研究和应用上的进展。

## 5.2 压电化学传感器

### 5.2.1 压电效应

1880 年，居里兄弟（Jacques Curie 和 Piere Curie）发现了一种各向异性晶体，即那些不具有对称中心的晶体，当沿着一定方向对其施加压力使其变形时，在某两个表面上便产生正负极性相反的电荷，当外力去除后，又重新回到不带电状态；当施加反向作用力时，电荷的极性也随着改变，产生的电荷量与作用力的大小成正比，这种现象被称为压电效应。压电效应是可逆的，当在电介质的极化方向施加电场时，这些电介质就在一定方向上产生机械变形或机械应力；当外加电场消失后，这些变形或应力也随之消失，这种现象被称为逆压电效应。正、逆压电效应统称为压电效应，压电效应反映了晶体的弹性性能与介电性能之间的耦合。目前已知的压电材料已逾百种，实际应用中一般将其分为压电晶体、压电陶瓷和新型压电材料（包括压电半导体和高分子压电材料）等，见表 5-1。依据电介质压电效应研制的一类传感器称为压电传感器。

表 5-1　压电材料种类

| 种类 | 典型材料 |
| --- | --- |
| 单晶类 | 石英、电气石、罗雪盐、钽酸盐、铌酸盐 |
| 薄膜类 | 氧化锌（ZnO）、氮化铝（AlN）、PVDF |
| 聚合物 | PVDF |
| 陶瓷类 | 钛酸钡、锆钛酸铅 |
| 复合材料 | PVDF-PZT |

### 5.2.2　压电石英晶体传感器原理

　　压电石英晶体具有良好的电学、机械和化学特性，是分析应用中最常见的晶体。压电传感器的核心传感元件为压电石英晶体，其工作原理是基于石英晶体的压电效应（包括逆压电效应）。通常使用的是 AT 切割型的石英晶体（频率受温度影响最小），并在其两面真空喷涂一层导电用的金属电极。当外加电场的振荡频率与石英晶体固有频率一致时，晶体处于谐振状态，采用 TTL（晶体管–晶体管逻辑电平）振荡电路可使石英晶振谐振于其固有频率。当石英晶体表面附着层的质量改变时，晶体的振荡频率也随之改变，频率变化值可由频率计数器测得，该值的大小与晶体表面质量变化的多少有直接关系，根据频率变化值即可算得待检测物质的质量。

　　表面质量变化 $\Delta m$ 和共振频率变化 $\Delta f$ 之间的关系可以用 Sauerbrey 方程式表示

$$\Delta f = -2.3 \times 10^6 f^2 \Delta m / A \tag{5.1}$$

式中，$\Delta m$ 为敏感区面积 $A$（$cm^2$）上吸附材料的质量克数；$f$ 为总的共振频率。对于一个 9MHz 的石英谐振器（电极直径为 6.0mm）而言，其质量灵敏度约为 0.66Hz/ng，即为一种非常灵敏的质量检测器，被称作石英晶体微天平（QCM），见图 5-1。

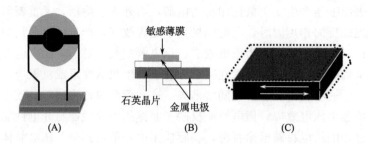

图 5-1　QCM 的结构及工作原理示意图

### 5.2.3　纳米固定材料

　　压电化学传感器的构建及应用主要考虑两个方面的问题：①传感器的灵敏

度；②传感器的选择性。这两个问题在很大程度上依赖于生物分子固定化材料的性质和固定化方法。常见的生物分子固定化材料有：无机材料（如硅胶、$CaCO_3$ 粉末等）、有机合成聚合物（如聚苯乙烯阴离子交换树脂、β-环糊精聚合物等）、凝胶材料（如卡拉胶、明胶、海藻酸钙凝胶等）、磁性微球（如氧化铁微球、琼脂糖复合微球等）、丝素和甲壳素、纤维素衍生物。

传统的固定化材料正在朝着高活性、长寿命、易于分离和可再生等方向发展，但也存在一些不足之处。例如，一种载体很难同时保证高活性、高稳定性的要求。纳米材料的出现给固定化材料带来了新的选择。纳米材料具有良好的化学稳定性和生物相容性，而且大的表面积能提高生物分子的固定量并有效保持其活性，可用于构建理想的化学/生物传感界面，使得所制备的化学/生物传感器具有灵敏度高及稳定性好等特点。例如，纳米颗粒具有独特的物理、化学性质及生物相容性，当用于生物分子的固定时可以增加固定生物分子的量及其免疫活性，从而增强反应信号，提高生物传感器的灵敏度。Wang 等[1]通过在压电晶体的金电极表面，沉积氨基等离子体聚合膜，进而组装纳米金颗粒，开发了一种纳米金颗粒倍增的生物分子吸附固定化技术，以该纳米金界面直接吸附固定抗体，可显著提高抗体的固定化量及其免疫活性。Li 等[2]将抗 IgG 抗体偶联于磁性纳米颗粒上，并通过外加磁场将之固定于压电晶体表面用以检测 IgG，测定完毕后撤去磁场，即可实现传感器的再生。总之，应用功能化纳米材料提高生物活性的固定方法，已成为改善压电化学传感器性能的有效途径之一。

### 5.2.4　压电纳米化学传感器的应用

#### 5.2.4.1　免疫检测

压电免疫传感技术是结合了压电效应高灵敏性和免疫反应高特异性的一种生物传感技术，将纳米材料应用于压电传感器可以较大程度地提高传感器的响应性能。湖南大学沈国励教授课题组[3]提出了一种基于纳米金-羟基磷灰石复合材料的抗体固定化方法，用于压电传感器的界面设计。通过对甲胎蛋白（AFP）抗体抗原体系的检测来表达传感器的检测性能，该抗体固定化方法具有固定抗体的量多且免疫反应活性高等优点。其定量检测 AFP 的线性范围为 15.3～600.0ng/mL。该课题组还报道了一种可逆的肿瘤标志物 CA125 压电免疫传感诊断技术，以羟基磷灰石/壳聚糖（HA/CS）纳米复合物膜覆盖压电晶体表面，并将此与组装的纳米金结合，构建成一种易于清洗的界面以吸附固定 CA125 抗体，再借助牛血清蛋白（BSA）抑制背景非特异性吸附的干扰，实现了对浓度范围为 15.3～440.0U/mL CA125 的定量检测。另外，以纳米金为载体标记蛋白 A（PA），用于介导抗体在压电石英晶体金电极表面的定向固定。该方法避免了传统平板金电极引起的蛋白变性,显著提高了蛋白 A 固定化量及其生物活性。以补体 C1q 抗体为模型,采用压电传感技术实时监测了此敏感界面的免疫反应过程,并分别利用循环伏安和电化学交流阻抗技术对金标 PA 固定抗体及其免疫反应的动力学过程进行了表征。实验结果表明,该固定化方法所构建的免疫传感技术平台可推广用于设计其他各种免疫传感器的敏感界面。

### 5.2.4.2　基因分析

压电基因传感器的研究始于 20 世纪 80 年代末,利用金膜表面修饰的羟基或叠氮基化合物将基因探针牢固地结合在压电晶体探针表面,检测并比较探针与靶序列杂交前后的频率变化,为压电传感器定量检测 DNA 提供了实验依据。Okahata 等[4]应用生物素-亲和素的方法固定 DNA 探针,对不同的温度、离子强度、DNA 的长度及碱基不匹配等条件下的基因杂交进行了动力学分析。特异性是基因传感器阵列能否应用于基因检测的关键因素,Wang 等[5]利用巯基修饰的肽核酸做探针,对 p53 基因突变进行了检测,实现了单碱基错配的现场辨析,为进一步提高压电传感器的特异性做了很有意义的探索[6,7]。

敏感性将是基因传感器阵列能否得到推广应用的限制因素,目前许多研究者从电极表面生物膜着手进行了探讨。Nicolini 等[8]用 Langmuir-Blodgett 膜技术将单链 DNA 固定在石英谐振器上,与脂肪胺共同形成一单分子层,用它检测样品中的特异序列具有很高的敏感度,荧光检测法证实了其检测的准确性。Chen 等[9]巧妙地应用引物-模板杂交后引物链的延伸反应,使杂交后短链探针以靶基为模板继续延伸,从而使检测的质量增加,灵敏度得以提高。Lin 等[10]则应用胶体纳米金技术,使探针固定和杂交效率明显增加,敏感性提高。

### 5.2.4.3　环境监测

目前环境中残留的痕量污染物严重威胁着人们的健康,如何快速、准确地测定残留的痕量污染物是环境监测面临的一个重要课题。Steegborn 等[11]研制了一种检测除草剂阿特拉津的压电石英晶体传感器,其基本原理是通过竞争分析来检测水中阿特拉津的浓度。最近,有人报道了利用压电石英晶体传感器检测二英,其检测范围为 0.01~1.3ng/mol。压电石英晶体传感器是检测杀虫剂、除草剂等残留物的一种快速、简单、灵敏的方法。

重金属是一种危害巨大的污染物,它不能降解,且长期在生物体内积累,含量极微即可表现出极大的毒性。现有重金属检测技术存在依赖大型仪器设备、耗时、需要专门的技术人员进行操作,对某些重金属离子并不敏感,甚至无法检测等问题,难以适应当前检测工作的需要。因此,寻求一种简单、快速、灵敏的重金属离子定性定量检测技术意义重大。重庆大学莫志宏教授课题组[12]将石英晶体微天平（QCM）传感技术和金纳米质量放大效应相结合，设计了一种基于金纳米信号增强的重金属离子 QCM 定量检测方法。通过重金属离子和纳米粒子在 QCM 电极的自组装引起电极表面质量变化来检测重金属离子。先在 QCM 金电极表面修饰金属离子结合剂，用于吸附重金属离子。金属离子在 QCM 电极表面吸附完成后加入结合剂修饰的金纳米粒子，使之与 QCM 表面吸附的重金属离子结合。金属离子、结合剂修饰金基底和结合剂修饰的金纳米粒子三者通过金属离子和结合剂之间相互作用在 QCM 表面形成一层"三明治"结构的纳米复合物，引起 QCM 谐振频率显著下降，从而实现对重金属离子（$Cd^{2+}$、$Cu^{2+}$、$Pb^{2+}$、$Hg^{2+}$）的 QCM 检测。

### 5.2.4.4　食品安全

食品中化学农药残留污染引起了全世界的关注，在我国各种蔬菜、水果和粮食中的农药残留同样是个严重问题。因此，发展现场的、实时的、快速的农药残留检测方法非常必要。华中农业大学高志贤研究员课题组[13]将分子印迹技术和 QCM 传感技术相结合，研究了硫丹的检测方法。首先选取硫丹分子作为模板物质，采用沉淀聚合方法制备了纳米级别的分子印迹聚合物微球，然后将硫丹印迹聚合物颗粒固定在压电 QCM 上，利用 AFM 分析了所构建的敏感层，对农药硫丹残留进行了检测，最低检测限达到 13.22ng/mL。该方法为发展现场的、实时的、快速的食品安全检测方法提供了理论依据和实验指导。

# 5.3　声表面波纳米传感器

## 5.3.1　声表面波

声表面波（surface acoustic wave，SAW）技术是 20 世纪 60 年代末期发展起来的一门科学技术，它是声学、电子学、光学、压电材料和半导体平面工艺相结合的一门交叉学科。1855 年，英国物理学家瑞利（Rayleigh）根据对地震波的研究，从理论上阐明了在弹性固体内除存在纵波和剪切波以外，还存在一种波，这种弹性波沿半无限固体表面传播，且其振幅随着传入基片材料深度的增加而迅速减少，这种波就是声表面波。

具有压电效应的物质可产生表面波，并且这种表面波是可以复制的。当压电物质表面存在气体（液体）时，表面波可以和气体（液体）中的分子相互作用，这种相互作用改变了表面波的某些特性（如振幅、相位等），表面波特性的变化可以使用一种敏感的指示器来测量；当有分析气体（液体）时，测定表面波的特征变化可以达到分析的目的，这种传感器被称为声表面波传感器（SAW sensor）。

目前，SAW 传感器可以对气体、液体各种环境参数进行检测，现已成为在线环境检测的重要手段之一。SAW 传感器具有以下优点[14]：

（1）无需数模转换，具有精度高、灵敏度高及分辨率高的特点。核心部件 SAW 振荡器能够将检测到的各种物理量、化学量以频率的形式输出，而且测量频率的精度很高，抗干扰能力强。

（2）重复性好，便于大批量生产。SAW 传感器中的关键部件 SAW 谐振器或延迟线，采用半导体平面制作工艺，极易集成化、一体化，并且集成电路工艺可与制作工艺兼容，可将传感器和信号处理电路制作在同一芯片上，实现单片多功能化，这样不仅质量稳定，一致性和可靠性好，而且适合大规模生产。

（3）体积小、质量轻、功耗低。因为 SAW 传感器结构简单，90％的能量集中在距表面一个波长左右的深度内，因而损耗低；另外，SAW 传感器电路简单、体积小、质量轻，能实现超小型化和低功耗，特别适合防爆防毒等特殊场合的需要。

（4）结构工艺性好。SAW 传感器是平面结构，设计灵活、片状外形、易于组合，能比较方便地实现单片多功能化、智能化、安装容易，能获得良好的热性能和机械性能。

### 5.3.2　声表面波类型[15]

SAW 是一种在固体浅表面传播的弹性波，它存在若干模式，主要包括：瑞利波、乐甫波、拉姆波、表面横波、漏剪切 SAW 等[16]。为了方便讨论 SAW，有时把偏振方向与基片表面对应起来，偏振方向与基片表面垂直的剪切波称为竖直剪切波（shear-vertical wave，SV 波），与表面平行的剪切波称为水平剪切波（shear-horizontal wave，SH 波），纵波也就是 L 波（longitudinal wave）。而在质量敏感型化学传感器中最常用的是瑞利波和乐甫波，因此下面主要介绍这两种模式。

SAW 技术中绝大部分应用的是瑞利波。瑞利波存在于一切固体中，它是一种在表面边界条件下（在表面处应力为零），由 L 波和 SV 波发生偶合构成的。瑞利波速度与频率无关，且速度比横波慢。瑞利波质点的运动是一种椭圆偏振，表面质点做逆时针方向的椭圆振动，其振幅随离开表面的深度而衰减 ［图 5-2（A）］，但纵振动与横振动的衰减不一致，其衰减规律如图 5-2（B）所示。由图可见，在约 0.2λ 深度处，纵振动振幅衰减到零，在这个深度只剩下横振动。超过此深度，纵振动反向，这时质点做顺时针方向的椭圆振动；纵、横振动的振幅均随深度很快衰减。瑞利波能量集中在约 1λ 深的表面层内，频率越高，集中能量层越薄。这个特点使 SAW 较体波更易获得高声强，同时该特点也使基片背面对 SAW 传播的影响很小。

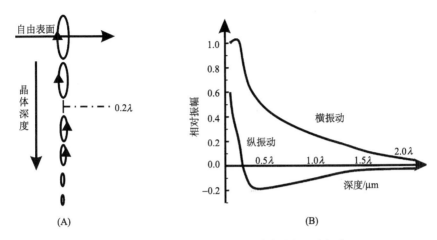

图 5-2　在各向同性固体中，瑞利波质点运动规律

（A）质点运动示意图；（B）质点运动曲线

在各向异性晶体中，瑞利波基本上保持了上述一些特点：相速度与频率无关，其速度比同一方向上的体波速度要慢，质点做椭圆偏振，质点的位移随深度衰减，波的能量限制在靠近表面的区域内等。但也有如下一些差别：瑞利波的相速度依赖于传播方向；除沿纯波方向外，能量流一般不平行于传播方向；质点椭圆偏振平面不一定在弧矢平面（即传播方向与表面法线决定的平面）。

近几年乐甫波的研究也在逐渐增多。在 SAW 器件中，常见到一种复合结构，即在基片上面覆盖一层薄膜。在这种结构中可出现两种类型的波：一种是前文所说质点做椭圆偏振的瑞利型波；另一种是当薄膜材料的体横波速度小于基片材料的体横波速度时而出现的横表面波，其质点振动垂直于传播方向和表面法线方向，就是乐甫波。乐甫波的波速与频率有关，在临界频率附近，波透入基片很深，其传播速度接近于基体中横波的速度。随着频率的增高，波速逐渐减小，透入基体的深度也逐渐减小，即波的能量逐渐集中到薄膜层。当波长比薄膜层厚度小很多时，波基本上集中在薄膜层中，在由薄膜材料组成的薄片中传播，薄片的一面为自由表面，另一面受到基体的干扰，这时波的传播速度接近于薄膜材料中的横波速度。

### 5.3.3　声表面波传感器的工作原理

SAW 的传播特性会随着压电基片表面物理特性的改变而变化。一般来说，SAW 传感器是由 SAW 器件、敏感薄膜以及外围电路组成的。SAW 受到外界环境影响而变化最明显的参数是 SAW 的传播速度，通过分析 SAW 速度变化的原因可以了解 SAW 传感器的工作原理，图 5-3 是 SAW 器件基本结构模型。

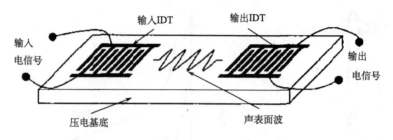

图 5-3　SAW 器件基本结构模型

1984 年，Wohltjen 等提出了 SAW 化学传感器的频率响应关系式[17]

$$\Delta f = (k_1 + k_2)\rho h f_0^2 - k_2 h f_0^2 \left(\frac{4\mu}{V_R}\right)\left(\frac{\lambda + \mu}{\lambda + 2\mu}\right) \tag{5.2}$$

式中，$k_1$、$k_2$ 为与压电晶体材料相关的常数；$V_R$ 为瑞利波波速；$h$ 为敏感膜厚度；$\rho$ 为膜密度；$\mu$ 为膜材料的剪切模量；$\lambda$ 为膜的 Lame 常量；$f_0$ 为基频；$\Delta f$ 为频移。式（5.2）表征了 SAW 传感器对气体的敏感效应：右侧第一式由敏感膜层的质量沉积效应（mass loading effect）引起，其对传感器产生正的频率响应；右侧第二式由敏感膜层的黏弹效应（viscoelastic effect）产生，其产生负的频率偏移。对于 ST-切石英晶体，忽略黏弹性作用，并代入相关常数，式（5.2）可改写为

$$\Delta f = -2.26 \times 10^{-6} \frac{f_0^2}{A} \Delta m \tag{5.3}$$

该式与 Sauerbrey 方程［式（5.1）］具有相同的形式：敏感膜层吸附气体产生质量变化，从而引起传感器起振点频率的偏移，即质量沉积效应；不同之处在于 QCM 传感器的基频较小，一般为几兆赫到几十兆赫，而 SAW 传感器的基频一般为几百兆赫，甚至可以高达吉赫水平，因此 SAW 化学传感器比 QCM 化学传感器更为灵敏，其检测下限理论上可达皮克级。

### 5.3.4　声表面波传感器纳米敏感膜材料

传统的 SAW 传感器的敏感膜主要分为有机材料和无机材料两大类。有机材料（如聚醚、聚硅氧烷和聚吡咯等）利用氢键、极性和 π-π 共轭等分子间作用力结合目标分子，具有较好的选择性。例如，Hartmann-Thompson 等[18]利用有机聚合物的氢键作用检测沙林模拟剂甲基磷酸二甲酯（DMMP）和爆炸物二硝基甲苯（DNT）。但是，由于这些有机膜与目标分子间的相互作用力较强，因此脱附速度较慢，而且受光、热、湿度等外界环境的影响较大，导致器件的稳定性不高。此外，Martin 理论认为敏感膜对声波的衰减与速度扰动变化主要取决于膜的剪切模量（$G$），$G$ 值越大，损耗就越大[19]。有机膜的 $G$ 值非常大，所以尽管

能获得较高的灵敏度，但是声波损耗大，从而导致传感器背景噪声大。无机材料作为敏感膜的 $G$ 值较小，而且力学稳定性高，适于长期使用，但选择性和灵敏度不高[20]。

随着纳米科技的蓬勃发展及其向传感领域的不断渗透，纳米材料具有高比表面积，可大幅增加敏感膜中活性位点的数量，有利于提高传感器的灵敏度。由于在纳米尺度下物质中量子力学性质和原子的相互作用将受到尺度大小的影响，因此纳米材料具有许多普通材料不可比拟的优良性能。纳米材料具有良好的化学稳定性和生物相容性，而且大的表面积能提高生物分子的固定量，并有效地保持其活性，能用于构建理想的生物传感界面，使得所制备的生物传感器具有灵敏度高及稳定性好等特点。例如，Penza[21] 将碳纳米管作为敏感材料检测乙醇、甲苯等挥发性有机物，检测限可以达到 0.6ppm。Thanh 等[22] 采用蛋白 A 标记的纳米金颗粒，发展了一种高灵敏检测蛋白 A 抗体的免疫凝集分析方法。

## 5.3.5　声表面波纳米传感器的应用

### 5.3.5.1　免疫测定

基于表面声波换能器，通过检测声波在物体表面的传播特性可以灵敏地传感物体的表面弹性、密度和导电性等特性的微小变化。这一技术已成功应用于检测抗体-抗原反应，如检测人体 T-淋巴细胞及人体血清蛋白[23]。Su 等[24] 将石英音叉上固定抗-人 IgG，采用自刺激模式时，音叉放到调谐电路中，音叉的动作可以检测 5～100ng/(mL・人 IgG)。Zhang 等[25] 报道了纳米 $ZnO/SiO_2/LiNbO_3$ 结构 SAW 器件制作并应用于 DNA 分子的固定和探测。

### 5.3.5.2　微生物、病毒检测

利用 SAW 传感器可以对微生物、病毒、蛋白质以及抗生素进行痕量、高灵敏、高选择性检测。Sandia 公司应用哺乳动物细胞吸附在石英音叉上的固定化技术，实现对生物战剂炭疽芽胞杆菌的检测，表明利用 SAW 传感器技术可以在反恐、生物安全和医药等领域对可传播、复制的细菌、病毒进行监测[26]。另外，研究发现 SAW 传感器可以对军团菌属[27]、大肠杆菌 O157：H7[28] 高效检测。

### 5.3.5.3　气体检测

SAW 传感器用于环境气体检测，主要是由压电效应产生声波信号，并通过沉积在压电材料上的敏感薄膜吸附气体后引起质量变化，进一步测量薄膜中传输的声波参数（如幅度、相位、波速等）变化，从而获取被分析物信息的器件。例如，刘卫卫等[29] 将有机聚合物应用在 SAW 器件上检测糜烂性毒剂芥子气。采用

159MHz 延迟线形 SAW 传感器，响应时间小于 10s，选择性好，检测范围宽（10～200mg/m³），灵敏度高（2mg/m³）。中国科学院声学研究所采用 300MHz 延迟线型 SAW 传感器，敏感材料用聚邻苯二胺分子印迹纳米膜，对沙林气体进行检测，表现出很高的频率稳定性，在 1～100mg/m³ 浓度范围内灵敏度达到 96Hz/(mg·m³)，最低检测限为 0.5mg/m³[30]。

# 5.4　压电微悬臂梁纳米传感器

## 5.4.1　微悬臂梁传感技术的发展

悬臂梁的表面通常涂镀金属膜或有机聚合物作为化学敏感层，当被测分子吸附到微悬臂梁上后，其有效质量增加，将导致微悬臂梁共振频率降低，其改变量与被测量之间存在一定的关系，频移的大小即反映了吸附气体的量，进而对吸附于微悬臂梁上的被测物质进行定量分析。通过检测微悬臂梁振动频率的变化，并转换为电信号，然后进行信号处理，最后得到质量的变化量。

分子在悬臂梁表面吸附而导致悬臂梁变形的现象很早就被发现[31]。1979年，美国橡树岭国家实验室的 Taylor 等用一根长 100mm、单面镀有 80nm 金的镍梁研究了 He、$H_2$、$NH_3$ 和 $H_2S$ 的吸附现象[32]。虽然陆续有实验对这种传感方法进行研究，但始终没有取得较大的进展。其主要原因在于：分子在表面吸附时所产生的表面应力是很小的，想要提高探测的灵敏度就必须把悬臂梁做得尽量小，但在集成电路（IC）制造工艺出现之前这是难以达到的。

2005 年，Lee 等[33]通过在悬臂梁表面淀积压电薄膜来检测悬臂梁对蛋白质和 DNA 的吸附，悬臂梁尺寸为 $100\mu m \times 30\mu m \times 5\mu m$，压电薄膜厚 $2.5\mu m$，压电悬臂梁通过振荡电路激励，通过计数电路来测量频率，实验测得悬臂梁的基频为 1.2～1.3MHz，吸附胰岛素和 T 序列 DNA 后的频率变化量分别为 217Hz 和 17.7kHz，对应的质量变化分别为 $4.6\times10^{-16}$ g 和 $37.37\times10^{-14}$ g。2007 年，瑞士巴塞尔大学的 Lang 等[34]利用定位喷液法在阵列悬臂梁上制作了多种敏感层，他们利用这种阵列结构同时检测了乙醇、二丙二醇、水蒸气等气体，分辨率达到 $3.0\times10^{-6}$。

压电微悬臂梁传感器在过去 15 年内取得了很大发展，对于动态的检测方式，通过制造更加微小的悬臂梁，灵敏度在不断提高，微纳米尺寸的压电悬臂梁传感器在气体检测领域显示了极高的灵敏度[35]，实验报道可以检测出飞克（$10^{-18}$ kg）量级的吸附质量[36]。然而，动态的工作方式面临的主要挑战在于难以在液体环境中进行工作，阻尼的作用导致其品质因子降低，使得这些传感器在动态模式下不稳定而难以工作。

最近，采用毫米尺寸的压电微悬臂梁在动态模式下检测液体黏度、密度及微小质量的研究引起了广泛关注。Maraldo 等[37]提出采用毫米尺寸的悬臂梁传感器在高阶模式下进行了研究，发现灵敏度可达到毫微克。研究结果表明，采用高阶模式可达到较高的灵敏度[38]，尽管没有微纳米尺寸悬臂梁的灵敏度高，但是在液体环境里显示了极高的稳定性，因此简化了生物样品的测量方法，克服了微纳米悬臂梁在液体中的动态模式下形变漂移不稳定的问题。2005 年，Gampbell 等[39]将长 4mm、宽 2mm、厚 127mm 的 PZT 压电片与长 5mm、宽 2.5mm、厚 160$\mu$m 的玻璃片粘贴在一起，集驱动和传感于一体，在液体环境里检测黏合与非黏合蛋白质分子，质量灵敏度为 $7.2 \times 10^{-11}$g/Hz。2007 年，Rijal 等[40]采用毫米尺寸的压电悬臂梁传感器，用来区分甘油、氯化物及丙酮溶液，可以检测的浓度差为 10ppm，可以检测 1mg 的微小质量，共振频率为 800~1200kHz，检测到的蛋白质含量为 2.5fg/mL。

微悬臂梁阵列技术为化学传感器的发展提供了新的检测手段，可同时检测多种目标物，采用微加工技术将传感器、信号采集电路等集成，可以满足高灵敏、高效率、多目标检测的需要。

### 5.4.2　压电微悬臂梁的工作模式

基于微悬臂梁的传感技术分为静态偏移检测模式和微悬臂梁动态检测模式，见图 5-4。

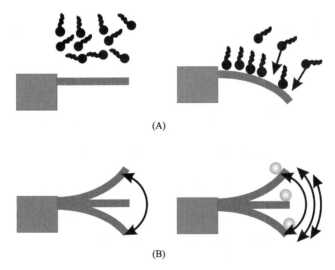

(A)

(B)

图 5-4　微悬臂梁传感的两种工作模式

（A）静态模式；（B）动态模式

### 5.4.2.1　弯曲模式——静态模式

弯曲模式是指微悬臂梁在外界环境改变或力的作用下，其表面质量或表面应力发生变化，引起微悬臂梁的弯曲，通过检测微悬臂梁弯曲量的大小，就可以得出引起其弯曲的物理量或化学量。微悬臂梁静态偏移检测模式已广泛用于气体环境和液体环境的生物检测和化学检测，但是这种检测方法对环境温度变化较敏感、灵敏度低、检测效果不理想。

### 5.4.2.2　共振模式——动态模式

微悬臂梁的共振模式是通过检测微悬臂梁共振频率的变化得到引起其共振频率变化的物理量或化学量，以其抗干扰性强、受温度和环境影响小、精度高等特点而被广泛应用。例如，在微悬臂梁上涂上敏感层，当目标分子吸附到表面后，引起微悬臂梁的有效质量变化，从而导致共振频率变化，共振频率的频移与目标物质的浓度是成比例的。在微悬臂梁动态检测方式中，微悬臂梁的表面修饰有敏感分子，测量悬臂梁的有效质量变化可得到被测物的信息，这在质敏型传感器中经常使用。

微悬臂梁动态检测模式主要用于气体环境检测，因为在液体环境中，液体的流体动力阻尼导致微悬臂梁的共振频率变化对有效质量的变化量不敏感，从而导致动态检测模式的灵敏度很低。而采用毫米尺寸悬臂梁高次谐波动态检测技术可以克服毫米悬臂梁在液体中的静态模式下形变漂移以及动态模式下流体阻尼对测量的影响，检测灵敏度随微梁谐振次数的增加而增大，通过检测高次谐波的频率偏移进行生物分子的定量分析。

## 5.4.3　压电微悬臂梁工作原理

压电微悬臂梁结构是一种最简单的微机电系统，分子吸附在微悬臂梁的表面就会导致微悬臂梁弯曲偏转和振荡频率的变化，其改变量与被测量之间存在一定的关系，通过检测谐振频率的变化达到测量被测物的目的。当在压电层的上下电极间施加交变电压时，由于存在逆压电效应，在压电层上将产生相应的变形从而带动微悬臂梁振动；同时，微悬臂梁的振动又使压电薄膜发生弯曲变形，由于存在正压电效应，微悬臂梁的振动在压电层上将产生电荷的积累，从而产生压电流。这个电流与微悬臂梁的振幅成正比，当微悬臂梁的振动频率与其固有频率相同时，振幅达到最大值，此时产生的电信号幅值也达到最大值，峰值对应的频率即谐振频率，记录吸附前后的谐振频率差值，根据对应的关系得到被检测质量，见图5-5。

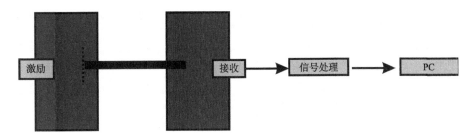

图 5-5 悬臂梁压电检测原理示意图

### 5.4.3.1 静态传感方式

静态传感方式是通过测量微悬臂梁的静态弯曲变形而实现传感的。导致这种弯曲变形的机理可以分为三类：分子扩散机理、表面应力机理以及生物大分子的等效表面应力机理。

1）分子扩散引起的微悬臂梁变形

外界分子扩散进物体内而导致的内应力产生是一种很常见的物理现象。例如，一些高分子凝胶吸水（也可看成是水分子扩散入体内）后体积会发生膨胀，若它的体积变化受到限制，则会产生内部应力，如图 5-6 所示。

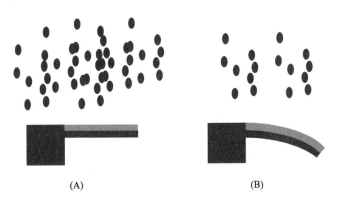

图 5-6 分子扩散导致微悬臂梁变形

（A）扩散之前；（B）扩散之后

2）表面应力变化引起的微悬臂梁变形

当分子吸附到微悬臂梁的表面时，将会导致表面应力发生变化，从而引起微悬臂梁的弯曲变形（图 5-7）。

Stoney 最早提出了经典的分析公式

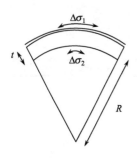

$$\frac{1}{R} = 6\left(\frac{1-\nu}{Et^{2}}\right)(\Delta\sigma_1 - \Delta\sigma_2) \qquad (5.4)$$

式中，$R$、$E$、$\nu$、$t$、$\Delta\sigma_1$ 和 $\Delta\sigma_2$ 依次表示微悬臂梁的曲率半径、弹性模量、泊松比、厚度以及上下表面各自的表面应力变化。通过简单的换算可以得出微悬臂梁端部位移表达的形式

$$\Delta Z = \frac{3(1-\nu)L^{2}}{Et^{2}}(\Delta\sigma_1 - \Delta\sigma^{2}) \qquad (5.5)$$

图 5-7　表面应力变化引起的微悬臂梁变形

实验中，通常只对微悬臂梁的单侧表面（如上表面）进行修饰，即在传感过程中这一表面的表面应力变化是占主导地位的，于是只考虑这个表面上的表面应力变化 $\Delta\sigma$，得到

$$\Delta Z = \frac{3(1-\nu)L^{2}}{Et^{2}}\Delta\sigma \qquad (5.6)$$

3）生物大分子的等效表面应力变化引起的微悬臂梁变形

大分子是指分子质量大于 $10^4$Da 的分子，包括人工合成高分子以及天然存在的生物大分子。这类分子具有复杂的三维结构（构象），能够根据周围环境的不同而产生变化。生物大分子间的相互作用是很多生命现象的基础，基于微悬臂梁的传感方式很适合用来监测这种分子间的相互作用。一个典型的生物大分子相互作用是 DNA 的双链杂交，Fritz 等[41]用微悬臂梁对此进行的实验显示，DNA 双链的杂交导致微悬臂梁产生了弯曲变形，如图 5-8 所示。

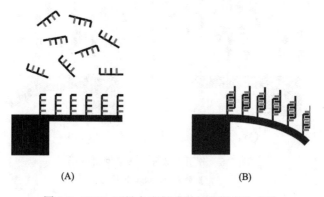

(A) 　　　　　　　　　　　(B)

图 5-8　DNA 双链杂交导致微悬臂梁产生变形

(A) 弯曲变形前；(B) 弯曲变形后

在涉及大分子相互作用的情形中，导致微悬臂梁产生变形的因素是多方面的，微悬臂梁的变形是这些因素之间相互竞争的结果，基于这种想法，把各种因素的自由能贡献加和在一起

$$F_{total} = F_{elec} + F_{con} + F_{cant} \tag{5.7}$$

式中，$F_{total}$、$F_{elec}$、$F_{con}$ 和 $F_{cant}$ 分别表示总自由能、静电自由能、构象自由能和微悬臂梁的弹性自由能。

### 5.4.3.2　悬臂梁动态传感方式

悬臂梁的动态检测是通过微力引起的共振频率变化来实现检测的。动态检测具有抗干扰能力强和灵敏度很高的特点。悬臂梁的共振频率可表示为

$$f = \frac{1}{2\pi}\sqrt{\frac{k}{m \cdot n}} = \frac{1}{2\pi}\sqrt{\frac{k}{m^*}} \tag{5.8}$$

式中，$k$ 为悬臂梁的弹性系数；$m$ 为悬臂梁的质量；$m^*$ 为悬臂梁的有效质量；$n$ 为质量修正因素。这里，我们假设悬臂梁的弹性系数 $k$ 在其吸附分子的前后保持不变，则这种成直角的悬臂梁有效质量 $m^*$ 是它自身质量 $m$ 的 0.236 倍[42]。由于被检测物质是不均匀吸附到悬臂梁表面的，因此质量分布的不均匀，所以吸附分子的质量 $\Delta m$ 可用式（5.9）计算

$$\frac{(f_0^2 - f_1^2)}{f_0^2} = \frac{\Delta m}{m^*} \tag{5.9}$$

式中，$f_0$ 为悬臂梁吸附分子之前的共振频率；吸附分子后的悬臂梁共振频率 $f_1$ 就可用式（5.10）表示

$$f_1 = \frac{1}{2\pi}\sqrt{\frac{k}{m^* + n\Delta m}} = \frac{f_0}{\sqrt{1 + \dfrac{\Delta m}{m^*}}} \tag{5.10}$$

采用一级泰勒级数来分析 $f_1 = f_0 + \Delta f$，吸附分子后的悬臂梁共振频率 $f_1$ 就可表示为

$$f_1 \approx f_0\left(1 - \frac{1}{2}\frac{\Delta m}{m^*}\right) \Rightarrow \Delta m \approx -2m^* \frac{\Delta f}{f_0} \tag{5.11}$$

这里 $\Delta f = f_1 - f_0$ 就是由吸附分子后引起的悬臂梁共振频率的移动量。从式（5.11）可看出，假设悬臂梁的弹性系数保持不变，共振频率的移动量是与吸附分子的质量相关联的。如果已知检测系统的最小可分辨共振频率改变量（这是与系统本身的特性和工作环境有关），就能从理论上计算出该悬臂梁传感器可检测到的最小质量 $\Delta m$。而当悬臂梁的有效质量变小，共振频率变高，所得到的检测限 $\Delta m$ 的值就会更小。

### 5.4.4　纳米敏感材料的应用

化学测试中新型纳米材料的应用是一个快速发展的领域，化学传感器的灵敏度和其他方面的一些特性可以通过在化学传感器的构建中使用纳米材料而得以提

高，并且可为生物传感器带来许多新的信号转换技术。纳米传感器、纳米探针和其他的纳米体系为化学和生物分析领域带来了革命性的进展，并且使生物体内的多种物质的实时快速分析成为可能。纳米材料可制备成不同尺寸、不同组成和不同形状，使其具有各种不同的物理特性，这也同时促进了基于纳米材料的生物试剂检测。纳米管、纳米纤维、纳米棒、纳米颗粒和薄膜等多种纳米结构的特性及在生物传感器中的潜在应用都有了深入的研究。

在生物医学领域中，纳米颗粒是目前研究最多的纳米材料之一。不同组成和尺寸的纳米颗粒作为一种多性能和高灵敏的跟踪试剂广泛地应用在电学、光学和微质量型检测 DNA 杂交的研究中[43]。在 DNA 生物传感器中，纳米颗粒可用作放大信号的标记物，或者形成纳米颗粒与生物分子的自组装结合物。由于这些纳米颗粒与生物分子的自组装结合物具有灵敏的光学和电化学物理特性，它们可以提供超灵敏的 DNA 杂交检测方法。为了在现代生物分子测试中能进一步提高检测灵敏度，可以采用多重放大的方法，即实验中结合多种纳米颗粒来放大信号。Park 等[44]将 AuNPs 应用在电子 DNA 检测中，获得了高灵敏的和高选择性的DNA 传感器。

碳纳米管（CNT）具备金属或半导体所特有的高强度、高弹性和超高的化学稳定性，使它在多种领域都能得到广泛应用。在电化学 DNA 生物传感器中，CNT 修饰电极的作用可以将电化学信号放大，利用 CNT 能有效地增加电极比表面积、加快电子传递的优良特性，可以对很弱的 DNA 杂交响应信号进行放大，提高采集信号的灵敏度[45]。Wang 等直接以 DNA 上具有电化学活性的碱基鸟嘌呤和腺嘌呤为指示剂，采用多壁碳纳米管（MWCNT）修饰的玻碳电极为工作电极，电学信号比没有 MWCNT 修饰的玻碳电极上的电信号明显更高[46]。Pedano 等制备了含有大量 CNT 的碳糊电极，并把它用于核酸的富集和电化学氧化反应[47]。比较一般的碳糊电极，结合有 MWCNT 的碳糊电极能将表面固定有单链 DNA 的电流值放大 29 倍，将表面固定很短的核苷酸的电流值放大 61 倍。

在 DNA 检测中，纳米线也是一种广泛用于提高传感器灵敏度和选择性研究的纳米结构。Lieber 小组用硅纳米线修饰的 PNA 用在实时的和无标记的DNA 检测中[48]。实验中根据 DNA 功能化的硅纳米线搭在电极两端的导电信号变化，来区别互补的目标 DNA 或者连续三碱基错配的 DNA。当与互补的目标 DNA 反应时，电导信号会有快速和明显的改变，而错配的 DNA 导致的变化很微弱。而且电导变化的幅度是与目标 DNA 的浓度成一定关系的，目标DNA 最低可检测到 10fmol/L。在电化学检测中，Kelley 小组研究了尺寸为15～20nm 的金纳米线阵列，并以 $Ru(NH_3)_6^{3+}$ 和 $Fe(CN)_6^{3-}$ 为电化学指示剂用于电化学 DNA 的检测[49]。

### 5.4.5　悬臂梁纳米传感器在 DNA 检测中的应用

近年来，悬臂梁生物传感器开始应用于 DNA 杂交检测，在悬臂梁表面的杂交反应会引起悬壁梁表面张力的改变，这种微弱的生化反应信息可以被转换成悬臂梁的纳米机械的弯曲信息，通过光束的测量方法就可以直接实时记录下悬臂梁上的弯曲情况，并且这种传感器是不需要任何物质作标记的。目前已有多种方法用于提高悬臂梁生物传感器的灵敏度，如设计新几何构型的悬臂梁[50]，减小悬臂梁表面的尺寸[51]，提高共振频率峰的 $Q$ 因子[52]，采用更精确的信号读出系统[53]以及在悬臂梁的表面修饰上纳米结构的材料放大信号[54]。金纳米颗粒（AuNPs）由于具有很好的生物兼容性，是一种广泛应用于生物传感器的纳米材料[55]。在采用石英晶体天平（QCM）检测 DNA 杂交中，AuNPs 作为"质量增强粒子"将 QCM 的灵敏度提高了 $10^4$ 倍[56]。

我们课题组通过一个"三明治"的杂交过程，将组装到悬臂梁表面的 AuNPs 作为"质量增强粒子"，放大对目标 DNA 检测的信号。在空气条件下对悬臂梁共振频率变化进行检测，这种方法可用于超灵敏的 DNA 杂交检测。在"三明治"的杂交过程中，首先是将硫基修饰的探针 DNA$_1$ 共价结合在金薄膜修饰的硅悬臂梁表面。将悬臂梁放置在 3mL 探针 DNA$_1$ 的 PBS 溶液中 12h，其浓度为 $2 \times 10^{-5}$mol/L，然后分别用 PBS 和超纯水仔细地冲洗悬臂梁，并在氮气下干燥。接下来是探针 DNA$_1$ 与目标 DNA 的杂交反应，将悬臂梁浸入 3mL 目标 DNA 的 PBS 溶液中，置于摇床上 40℃下振荡 1h，结束后用超纯水冲洗。杂交反应信号的放大是通过下一步的目标 DNA 上没有杂交的部分与标记上 AuNPs 的探针 DNA$_2$ 之间的杂交反应实现的。将完成了第一步杂交反应的悬臂梁浸在 3mL AuNPs 标记的探针 DNA$_2$ 溶液中，置于摇床上 40℃振荡 1h，结束后用超纯水对悬臂梁进行彻底仔细的冲洗，以除去表面物理吸附上的 AuNPs，并在氮气下干燥。悬臂梁的共振频率是 AFM（NanoFirst-3100）在空气氛围下检测。

在实验中选用的 AuNPs 的尺寸大小为 15nm 左右，其形貌如图 5-9 所示。AuNPs 的尺寸越大，导致的共振频率的改变量越大，对信号的放大效果则会更好。但在实验中，用水对悬臂梁进行冲洗时，大尺寸的 AuNPs 在悬臂梁表面会不稳定，随着水的冲洗而流失，这会影响检测结

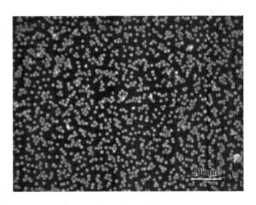

图 5-9　AuNPs 的 SEM 图片

果的稳定性[57]，而且大尺寸的 AuNPs 会阻碍目标 DNA 与探针 DNA₂ 之间的结合，降低杂交效率。所以，实验中我们选用了尺寸为 15nm 左右的 AuNPs 来作为放大 DNA 杂交信号的纳米颗粒。

图 5-10 是本实验中悬臂梁在不同状态下测量的共振频率谱。由于在实验中悬臂梁的共振频率是在空气氛围下检测的，因此从图 5-10 可看出，共振频率峰的 $Q$ 因子，即共振峰峰高一半处的频带宽度，约为（234±1）Hz。这表明悬臂梁振动的阻尼非常小，使得悬臂梁的灵敏度很高，在空气条件下可达到 2Hz 的准确度。

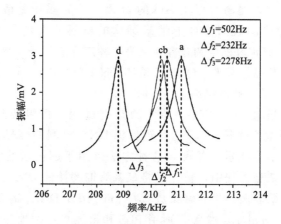

图 5-10　金薄膜修饰的悬臂梁的共振频率峰谱

a. 结合上 DNA 前；b. 结合上探针 DNA₁ 和 MCH；c. 结合探针 DNA₁ 和 MCH，
直接用标记 AuNPs 的探针 DNA₂ 处理后；d. 结合上探针 DNA₁ 和 MCH 后，继续
与 $10^{-16}$mol/L 的目标 DNA 和标记了 AuNPs 的探针 DNA₂ 发生杂交反应

由图 5-10 可以看出，当金薄膜修饰的悬臂梁上结合了探针 DNA₁ 和 MCH，它的共振频率峰移动了（502±2）Hz（即谱 b 与 a 的差值 $\Delta f_1$）。当悬臂梁表面结合上探针 DNA₁ 和 MCH 后，直接用标记了 AuNPs 的探针 DNA₂ 处理，最后导致共振频率峰发生了（232±2）Hz（即谱 c 与 a 的差值 $\Delta f_2$）的移动。这微弱的共振频率峰的移动主要是由 AuNPs 标记的探针 DNA₂ 在悬臂梁表面的非特性吸附引起的。由于杂交反应前加入了 MCH，AuNPs 标记的探针 DNA₂ 在悬臂梁表面非特性的吸附已大大减少。而通过一个"三明治"的杂交过程，即先由探针 DNA₁ 与目标 DNA 互补部分发生第一步杂交反应，再由目标 DNA 剩下的一段与 AuNPs 标记的探针 DNA₂ 进行第二步杂交反应，从而结合上 AuNPs 将杂交信号放大，最后可得到（2278±2）Hz 大小的共振频率移动（即谱 d 与 a 的差值 $\Delta f_3$），而其中参与反应的目标 DNA 浓度为 $10^{-16}$ mol/L。结果证实基于 AuNPs 的放大信号可大大提高这种悬臂梁 DNA 传感器的灵敏度。通过 $\Delta f_2$ 与 $\Delta f_3$ 的比较，我们也可以说明 AuNPs 标记的探针 DNA₂ 主要是通过杂交反应结

合到悬臂梁表面的；通过 MCH 的加入，由非特性吸附引起的标记上 AuNPs 的探针 DNA$_2$ 在悬臂梁表面的结合对 DNA 杂交检测的影响已经很小。

　　图 5-11 是检测不同浓度的目标 DNA 时 AFM 上悬臂梁共振频率的变化值。从图 5-11 可看到，在 $1 \times 10^{-16} \sim 1 \times 10^{-12}$ mol/L 的范围内，悬臂梁共振频率的变化值与参加杂交反应的目标 DNA 浓度的对数值成较好的线性关系。拟合曲线的标准偏差值小于 9.32%，每组检测重复 3 次，检测有着良好的重复性。

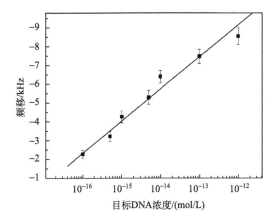

图 5-11　不同浓度的目标 DNA 与相对应的
共振频率变化值拟合图

　　在这个悬臂梁 DNA 传感器中，检测的灵敏度可定义为

$$S = \frac{\Delta f - \tau}{\Delta c} \tag{5.12}$$

式中，$\Delta c$ 为检测目标 DNA 的浓度，fmol/L；$\Delta f$ 为相应的共振频率变化；$\tau$ 为由 AuNPs 标记的探针 DNA$_2$ 在悬臂梁表面非特性吸附所引起的共振频率变化。传感器的检测下限（LOD）可定义为

$$\text{LOD} = \frac{3\sigma}{S} \tag{5.13}$$

式中，$S$ 为式（5.12）中的检测灵敏度；$\sigma$ 为可检测的最小共振频率变化值。而 AuNPs 标记的探针 DNA$_2$ 在悬臂梁表面非特性吸附所引起的共振频率变化值 $\tau$ 为 232Hz。根据式（5.13），悬臂梁 DNA 传感器对目标 DNA 检测的灵敏度为 20.46Hz/(fmol/L)。实验结果证实，这种基于 AuNPs 的放大信号悬臂梁 DNA 传感器大大降低了对目标 DNA 的检测限。

　　实验中，我们用四碱基错配的 Mis DNA 替代目标 DNA 参与反应，当 Mis DNA 的浓度为 $10^{-8}$ mol/L 时，最后得到的悬臂梁共振频率的变化值仅为

（347±2）Hz。这个结论显示了悬臂梁 DNA 传感器的优异选择性；同时也佐证了 AuNPs 标记的探针 $DNA_2$ 是通过"三明治"杂交反应结合到悬臂梁表面的。

## 5.5　展　　望

近年来，随着微电子、计算机、膜材料、化学传感器等学科的快速发展和融合，各种新技术、新方法、新理论也逐渐完善，质量传感器的应用范围越来越广，在分析化学中发挥着越来越重要的作用。其未来发展方向主要包括研制小型化、集成化、自动化的阵列传感器装置，筛选选择性更强、灵敏度更高、稳定性更好、环境适应性更广的新型膜材料，应用一致性好、重现性强、稳定性好的固定化技术，探索传感器应用新领域，研究并探讨质量纳米传感器的检测机理。

### 参 考 文 献

[1] Wang H，Wang C C，Lei C X，et al. A novel biosensing interfacial design produced by assembling nano-Au particles on amine-terminated plasma-polymerized films. Anal. Bioanal. Chem. ，2003，377：632-638

[2] Li J S，He X X，Wu Z Y，et al. Piezoelectric immunosensor based on magnetic nanoparticles with simple immobilization procedures. Anal. Chim. Acta，2003，481：191-198

[3] 丁艳君. 基于新型固定化材料的压电及阻抗传感技术用于癌症等标志物的检测. 长沙：湖南大学博士学位论文，2008

[4] Okahata Y，Kawase M，Niikura K，et al. Kinetic measurements of DNA hybridization on an oligonu-cleotide-immobilized 27-MHz quartz crystal microbalance. Anal. Chem. ，1998，70：1288-1296

[5] Wang J，Nielsen P E，Jiang M，et al. Mismatch-sensitive hybridization detection by peptide nucleic acids immobilized on aquartz crystal microbalance. Anal. Chem. ，1997，69：5200-5202

[6] 刘佳. 基于新型固定化材料的压电免疫传感器. 长沙：湖南大学硕士学位论文，2008

[7] 张万强. 纳米金增强压电石英晶体传感器性能的研究. 长沙：湖南大学硕士学位论文，2006.

[8] Nicolini C，Erokhin V，Facci P，et al. Quartz balance DNA sensor. Biosens. Bioelectron. ，1997，12：613-618

[9] Chen Y H，Song J D，Li D W. Study of gene sensor based on primer extension reaction. Sci. China Ser. C，1997，40：463-469

[10] Lin L，Zhao H，Li J，et al. Study on colloidal Au-enhanced DNA sensing by quartz crystal microbal-ance. Biochem. Biophys. Res. Commun. ，2000，274：817-820

[11] Steegborn C，Skladal P. Constraction and characterization of the direct piezoelectric immunosensor for atrazine operating in solution. Biosens. Bioelectron. ，1997，12：19-27

[12] 陈自锋. 金纳米放大压电重金属离子检测研究. 重庆：重庆大学硕士学位论文，2008

[13] 韩建光. 硫丹检测的分子印迹纳米聚合物压电传感技术研究. 武汉：华中农业大学硕士学位论文，2009

[14] 陈明，范东远，李岁劳. 声表面波传感器. 西安：西北工业大学出版社，1997

[15] 应智花. 甲基膦酸二甲酯质量敏感型气体传感器的制备及特性研究. 成都：电子科技大学博士学位论

文，2008

[16] Vellekoop M J. Acoustic wave sensors and their technology. Ultrasonics，1998，36：7-14

[17] Wohltjen H. Mechanism of operation and design considerations for surface acoustic wave device vapour sensor. Sens. Actuat.，1984，5：307-325

[18] Hartmann-Thompson C. Hyperbranched polyesters with internal and exo-presented hydrogen-bond acidic sensor groups for surface acoustic wave sensors. J. Appl. Polym. Sci.，2008，107：1401-1406

[19] Frye G C，Martin S J. Velocity and attenuation effects in acoustic-wave chemical sensors. Ieee 1993 Ultrasonics Symposium Proceedings，1993，(1-2)：379-383

[20] 骆国芳，赵建军，潘勇. 声表面波气体传感器化学敏感膜研究进展. 分析仪器，2007，3：1-5

[21] Penza M. Layered SAW gas sensor with single-walled carbon nanotube-based nanocomposite coating. Sensor. Actuat. B，2007，127：168-178

[22] Thanh N T，Rosenzweig Z. Development of an aggregation-based immunoassay for anti-protein A using gold nanoparticles. Anal. Chem.，2002，74：1624-1628

[23] 张先恩. 生物传感器. 北京. 化学工业出版社，2006

[24] Su X D，Dai C C，Zhang J，et al. Quartz tuning fork biosensor. Biosens. Bioelectron.，2002，17：111-117

[25] Zhang Z. DNA immobilization and SAW response in ZnO nanotips grown on LiNbO$_3$ substrates. IEEE Trans. Ultrason. Ferroelectr. Freq. Control，2006，53：786-92

[26] Branch D W，Brozik S M. Low-level detection of a Bacillus anthracis simulant using Love-wave biosensors on. Biosens. Bioelectron.，2004，19：849-859

[27] Howe E，Harding G A. A comparison of protocols for the optimization of detection of bacteria using a surface acoustic wave（SAW）biosensor Biosens. Bioelectron.，2000，15：641-649

[28] Berkenpas E，Millard P，Pereira da Cunha M. Detection of Escherichia coli O157：H7 with langasite pure shear horizontal surface acoustic wave sensors. Biosens. Bioelectron.，2006，21，2255-2262

[29] 刘卫卫，余建华，潘勇，等. 声表面波技术检测糜烂性毒剂芥子气的研究. 分析测试学报，2006，25：80-85

[30] Wang W，He S T，Li S Z，et al. Enhanced sensitivity of SAW gas sensor coated molecularly imprinted polymer incorporating high frequency stability oscillator. Sensor. Actuat. B，2007，125：422-427

[31] Yang F Q，Li J M. Diffusion-induced beam bending in hydrogen sensors. J. Appl. Phys.，2003，11：9304-9309

[32] Xu S，Sylvain J N，Liu G Y，et al. In situ studies of thiol self-assembly on gold from solution using atomic force microscopy. J. Chem. Phys.，1998，12：5002-5012

[33] Lee Y，Lim G，Moon W. A piezoelectric microcantilever biosensor using the mass-micro-balancing technique with self-excitation. Korea，2005

[34] Lang H P，Ramseyer J P，Grange W，et al. An artificial nose based on microcantilever array sensors. J. Phys.，2007，1：663-667

[35] Gupta A，Akin D，Bashir R，Single virus particle mass detection using micro-resonators with nanoscale thickness. Appl. Phys. Lett.，2004，84：1976-1978

[36] Xie Y J，Shi Q W，et al. Simulation of translocation of long DNA chain through an entropic trapping channel. Acta Physica Sinica，2004，8：2796-2800

[37] Maraldo D，Mutharasan R. Mass-change sensitivity of high-order mode of piezoelectric-excited milli-

meter-sized cantilever sensors: theory and experiments. Sensor. Actuat. B, 2010, 2: 731-739

[38] Maraldo D, Garcia F, Mutharasan R. Method for quantification of a prostate cancer biomarker in urine without sample preparation. Anal. Chem. , 2007, 20: 7683-7690.

[39] Campbell G A, Mutharasan R. Detection and quantification of proteins using self-excited PZT-glass millimeter-sized cantilever. Biosens. Bioelectron. , 2005, 21: 597-607

[40] Rijal K, Mutharasan R. Piezoelectric-excited millimeter-sized cantilever sensors detect densily differences of a few micrograms/ml in liquid medium. Sensor. Actuat. B, 2007, 1: 237-244

[41] Fritz J, Baller M K, Lang H P, et al. Translating biomolecular recognition into nanomechanics. Science, 2000, 288: 316-318

[42] Yi J W, Shih W Y, Shih W H. Effect of length, width, and mode on the mass detection sensitivity of piezoelectric unimorph cantilevers. J. Appl. Phys. , 2002, 91: 1680-1686

[43] Zhang J, Song S P, Wang L H, et al. A gold nanoparticle-based chronocoulometric DNA sensor for amplified detection of DNA. Nature Protocols, 2007, 2: 2888-2895

[44] Park S J, Taton T A, Mirkin C A. Array-based electrical detection of DNA with nanoparticle probes. Science, 2002, 295: 1503-1506

[45] Wang J. Carbon-nanotube based electrochemical biosensors: a review. Electroanal. , 2005, 17: 7-14

[46] Wang J, Kawde A N, Musameh M. Carbon-nanotube-modified glassy carbon electrodes for amplified label-free electrochemical detection of DNA hybridization. Analyst, 2003, 128: 912-916

[47] Pedano M L, Rivas G A. Adsorption and electrooxidation of nucleic acids at carbon nanotubes paste electrodes. Electrochem. Commun. , 2004, 6: 10-16

[48] Hahm J, Lieber C M. Direct ultrasensitive electrical detection of DNA and DNA sequence variations using nanowire nanosensors. Nano Lett. , 2004, 4: 51-54

[49] Lapierre-Devlin M A, Asher C L, Taft B J, et al. Amplified electrocatalysis at DNA-modified nanowires. Nano Lett. , 2005, 5: 1051-1055

[50] Muller M, Schimmel T, Haussler P, et al. Finite element analysis of V-shaped cantilevers for atomic force microscopy under normal and lateral force loads. Surf. Interface Anal. , 2006, 38: 1090-1095

[51] Campbell G A, Mutharasan R. Monitoring of the self-assembled monolayer of 1-hexadecanethiol on a gold surface at nanomolar concentration using a piezo-excited millimeter-sized cantilever sensor. Langmuir, 2005, 21: 11568-11573

[52] Ikehara T, Lu J, Konno M, et al. A high quality-factor silicon cantilever for a low detection-limit resonant mass sensor operated in air. J. Micromech. Microeng. , 2007, 17: 2491-2494

[53] Wehrmeister J, Fuss A, Saurenbach F, et al. Readout of micromechanical cantilever sensor arrays by Fabry-Perot interferometry. Rev. Sci. Instrum. , 2007, 78: 104105

[54] Tong H, Sun Y. Toward carbon nanotube-based AFM cantilevers. IEEE T. Nanotechnol. , 2007, 6: 519-523

[55] Liu T, Tang J, Han M M, et al. A novel microgravimetric DNA sensor with high sensitivity. Biochem. Biophys. Research Commun. , 2003, 304: 98-100

[56] Mao X L, Yang L J, Su X L, et al. A nanoparticle amplification based quartz crystal microbalance DNA sensor for detection of Escherichia coli O157 : H7. Biosens. Bioelectron. , 2006, 21: 1178-1185

[57] Liu T, Tang J, Zhao H Q, et al. Particle size effect of the DNA sensor amplified with gold nanoparticles. Langmuir, 2002, 18: 5624-5626

# 第6章 纳米结构分子印迹化学/生物微纳传感器

## 6.1 引　言

随着环境监测、食品检测、社会公共安全、药物分析以及医疗诊断等领域对分析技术的要求日益提高，传统的分析手段（如气相色谱法、液相色谱法等）虽然能获得较高的分析灵敏度和选择性，但是所需要仪器价格昂贵，样品前处理复杂、耗时长。因此，有必要建立更多灵敏度高、选择性高，分析速度快以及操作简单的分析手段或方法。近来，化学/生物传感器作为一种重要的分析检测器件，在实现分析方法多样化、提高分析灵敏度和选择性、缩短响应时间、提高仪器自动化程度和现场检测能力等方面越来越受到人们的关注。

化学/生物传感器一般包括两个主要组成部分：识别元件（receptor）和信号转换器（transducer)(图 6-1)。识别元件是传感器的核心部分，当它从复杂样品中识别目标分析物（target analyte）时，产生的物理或化学响应经转换器转换成一个可定量的输出信号（光、磁、电信号），通过监测输出信号实现对目标物的实时测定。因此，传感器的选择性、灵敏度、响应时间等性能参数很大程度上取决于识别元件。传统上将一些生物活性材料（如酶、抗体、DNA 和活性蛋白等）作为分子识别元件固定到一个物理转换器（transducer）表面，以制备对特定物质有选择性的相应的化学/生物传感器。然而，由于转换器具有较小的表面积以及不可调的表面性能，大大限制了化学/生物传感器的效率，尤其是对超痕量分析物的检测。

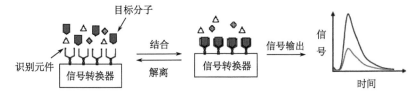

图 6-1　基于抗体化学/生物传感器示意图

随着纳米技术与微加工技术研究的不断深入，新的纳米特性和微纳器件正在不断地被发现和制作出来，为发展新的化学/生物敏感原理和敏感器件的探索注入了新的活力，正在衍生出一个充满希望和机会的研究领域"化学/生物微纳传感器"。将功能化纳米材料和敏感生物材料组装起来的纳米生物传感器,充分利用了纳米材料的高敏感信号输出和生物分子的专属性分子识别能力,对目标分子能够产生敏感的信号输出,从而实现敏感和实时的分子探测。Mirkin 教授首次将 DNA 单链连接到金纳米粒子的表面,合成出对特定 DNA 分子具有专属性识别能力的敏感探针,可望实现对遗传疾病的预测和分子诊断[1]。近来,将染料分子连接到发光量子点上,利用荧光共振能量转移实现了对 DNA 和激酶活性的探测[2,3]。厦门大学的研究人员通过量子点传感器实现了对环境中重金属离子的探测[4]。Ajayan 等在 Nature 杂志上报道了微加工的碳纳米管阵列传感器,可实现对不同化学气氛的分析与检测[5]。通过微加工技术制作的碳纳米管传感器可进行单分子探测[6]。生物抗体和酶在微加工的悬臂梁上的组装可用于蛋白质和病毒的识别等[7]。这些研究结果充分体现了微纳传感器的巨大发展潜力和应用前景。未来化学和生物传感器所面临的挑战和趋势是以痕量、原位、实时和长寿命探测为目标,朝着高选择性、高度集成化和纳米化的光电子器件方向发展。

为了提高化学/生物传感器的选择性和专一性,普遍使用酶和抗体作为分子识别元件。然而,生物敏感材料(如抗体、酶、特异蛋白和 DNA 等生物分子)性质不稳定,受环境的影响大,价格极为昂贵。使用生物敏感材料制作的生物纳米传感器比较脆弱,使用寿命短,在苛刻条件下可能失去敏感特性。仿生的分子印迹技术通过模板分子与功能单体的共价键或非共价键相互作用,将模板分子固定在交联的聚合物网络中,除去模板分子,留下与模板分子的形状和功能相匹配的孔洞,从而在合成材料中创造出专属性的分子识别位点,可能成为一种合成高亲和力和高选择性分子识别人工抗体材料的有效手段。分子印迹材料具有物理和化学稳定性高、成本低、制备容易和可重复使用等优点,因此,作为人工合成的分子识别元件,分子印迹材料在化学/生物纳米传感器等领域有着广泛的应用前景。近年来,Katz 在 Nature 杂志上报道了分子印迹纳米结构表面可用于蛋白质的识别[8]。Hayden 使用分子印迹的石英微重力天平可检测病毒和分辨血型[9,10]。Nesterov 报道了分子印迹的半导体发光聚合物传感器对 TNT 的检测[11]。基于分子印迹化学/生物纳米传感器正在吸引化学家们的强烈研究兴趣。

## 6.2　分子印迹技术

分子印迹技术是指制备对某一特定目标分子具有特异选择性的聚合物,即分子印迹聚合物(molecularly imprinted polymer,MIP)的过程,常被形象地描绘为制造识别"分子钥匙"的"人工锁"的技术。分子印迹技术是在受抗体-抗原及酶-底物的专一性认识的启发下诞生的,早在 20 世纪 40 年代 Pauling[12]提出了以抗原为模板来合成抗体的"模板学说"设想。虽然该理论后被"克隆选择理论"取代,但是他所提出的"生物体所释放的物质与外来物质有相应的结合位点且空间上相互匹配"的思想,却成为分子印迹最初的思想萌芽。1949 年,Dickey[13]首先提出了"分子印迹"这一概念,但在很长的一段时间内没有引起人们的重视。直到 20 世纪 70 年代,Wulff 等[14,15]进行了一系列的开创性工作,并利用硼酸与糖分子之间可逆地形成酯的相互作用,以糖分子为模板分子,成功地合成了对糖分子具有选择性识别功能的分子印迹聚合物,使分子印迹技术取得了突破性进展。但由于他的研究主要集中在共价型分子印迹聚合物上,动力学过程较慢,其应用仅限于催化领域,而在分子识别领域的应用没有展开。80 年代后期非共价型分子印迹聚合物的出现,尤其是 1993 年 Mosbach 等[16]在 *Nature* 杂志上发表了有关茶碱分子印迹聚合物的报道,使这一技术在生物传感器、人工抗体模拟及色谱分离等方面有了新的进展,并由此成为化学和生物学交叉的新兴领域之一,引起世界注目并迅速发展。迄今,在分子印迹技术的作用机理、分子印迹聚合物制备方法以及分子印迹技术和分子印迹聚合物在各个领域的应用研究都取得很大的进展,尤其是在分析化学方面的应用更是令人瞩目。分子印迹技术的应用研究所涉及的领域非常宽泛,包括分离纯化、化学催化和模拟生物转化、化学与生物传感等方面。

分子印迹技术之所以发展如此迅速,主要是因为分子印迹聚合物与天然的和通过其他途径合成出来的分子识别材料相比,具有构效预定性、特异识别性和广泛实用性三大主要优点。构效预定性是指人们可以根据不同的目的制备不同的分子印迹聚合物材料,以满足各种不同的需要。特异识别性是因为分子印迹聚合物是按照模板分子定做的,它具有特殊的分子结构、官能团以及官能团的特定的空间排列,能够选择性地结合模板分子。广泛实用性是由于基于分子印迹技术制备的分子印迹聚合物不仅具有亲和性和选择性高的特点,还表现出其制备简单、成本低廉、机械和化学稳定性好、抗恶劣环境能力强、使用寿命长、应用范围广等特点。因此,分子印迹技术在色谱分离、仿生传感器、固相萃取、选择性催化剂、膜分离等方面获得应用,有望在生物工程、临床医学、天然药物、食品工业、环境监测等行业形成产业化规模的应用。近年来,已有一些综述介绍这一方面的理论和最新研究成果。

## 6.2.1　分子印迹技术原理

分子印迹技术是将高分子科学、材料科学、生物化学、化学工程等学科有机地结合在一起,是一种为获得在空间结构和结合位点上与某一分子(模板分子)完全匹配聚合物的新的实验制备技术。分子印迹技术的基本过程包括:①在一定溶剂(也称致孔剂)中,模板分子(即目标分子)与功能单体的预组装,这种组装来自于模板分子与聚合单体的功能基团的共价键和非共价键(氢键、离子键和亲水相互作用等）相互作用形成主客体配合物；②加入交联剂，通过引发剂引发进行光或热聚合，使主客体配合物与交联剂通过自由基共聚合在模板分子周围形成高交联的刚性聚合物；③将聚合物中的印迹分子洗脱或解离出来，这样在聚合物中便留下了与印迹分子大小和形状相匹配的立体孔穴，同时孔穴中包含了精确排列的与模板分子官能团相补的由功能单体提供的功能基团，这便赋予了该聚合物特异的"记忆"功能，提供了对印迹分子的特定结合位点和选择性的摄取能力，即类似于生物的自然识别系统。其过程如图 6-2 所示[17,18]。

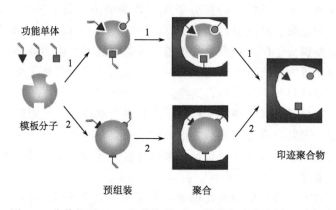

图 6-2　非共价型（1）和共价型（2）分子印迹基本原理示意图

　　在整个合成过程中，印迹分子与烯类单体间结合力大小决定着聚合物的识别能力。此结合力可分为共价结合和非共价结合，依靠共价相互作用制备分子印迹聚合物的方法称为预组装法，而依靠非共价相互作用制备分子印迹聚合物的方法则被称为自组装法。

　　预组装法是由德国 Wulff 教授及其同事提出的，在预组装法制备分子印迹聚合物中，首先，模板分子通过可逆共价键与功能单体结合形成单体-模板分子复合物，然后通过交联剂聚合产生高分子聚合物，聚合后再通过化学方法将共价键断开而除去印迹分子，留下一个与模板分子在空间结构上完全匹配并含有与模板分子专一结合的功能基的三维空穴，即得到共价结合型分子印迹聚合物。迄今使用的共价键作用主要包括硼酸酯、席夫碱、缩醛酮、酯和螯合键等，常用的单体有 4-乙烯苯硼酸、4-乙烯苯甲醛、4-乙烯苯胺、4-乙烯苯酚等。目前，利用共价键法已获得针对一些糖类及其衍生物、氨基酸及其衍生物、芳香酮、二醛类、三醛类、铁转移蛋白、联辅酶和甾醇类等化合物的分子印迹聚合物。这类聚合物其识别位点形状、功能基精确排列与被印迹分子是互补的，这是其高亲和性和高选择性的基础。但由于共价键作用一般较强，在印迹分子预组装或识别过程中结合和解离速率慢，难以达到热力学平衡，不适于快速识别，且识别能力与生物识别性能差别甚远，因此这种方法发展缓慢。

20 世纪 80 年代后，瑞典的 Mosbach 等学者发展了非共价型分子印迹，大大扩展了分子印迹材料的应用领域。与预组装法不同的是，自组装法中印迹分子与功能单体间预先自组织排列，通过非共价键结合（如氢键、静电引力、金属螯合作用、电荷转移、疏水作用以及范德华力等）自发形成具有多重作用位点的单体-模板分子复合物，经交联聚合后这种作用被保留下来，然后通过淋洗的方法除去印迹分子，得到分子印迹聚合物。迄今使用的非共价键结合作用的功能单体主要有丙烯酸、丙烯酰胺、4-乙烯吡啶等。它是以超分子作用来制备的仿生模型，其分子识别特性主要决定于印迹分子与分子印迹聚合物内功能基的离子作用、氢键、疏水作用等，结合机理类似于天然生物分子，是分子印迹技术研究的热点，这种类型的分子印迹聚合物的制备或应用报道很多，包括一些染料、二胺类、维生素、氨基酸及其衍生物、多肽、苄脒、激素、$\beta$-肾上腺素阻滞剂、三嗪类除草剂、核酸和蛋白质等。

另外，也有报道将共价作用与非共价作用结合起来进行分子印迹技术（半共价键法）[19~21]，这种方法首先让模板分子与功能单体以共价键结合，加入交联剂和引发剂进行聚合反应，然后破坏共价键洗脱模板分子，而在对印迹分子识别过程中，分子印迹聚合物与模板分子之间则仅依靠非共价相互作用结合。该方法的优点是由于在聚合物生成时模板分子与功能单体共价键结合，因此生成的聚合物结构更加完整，结合位点均一性好，分子印迹聚合物对模板分子的亲和能力更强，结合容量更大；同时这种方法制备的聚合物在破坏共价键洗脱模板分子时，即使有少量的模板残留在聚合物中，由于其与聚合物之间的结合是很强的共价键，在后面用该聚合物结合模板分子时，一般有机溶剂很难将残留的模板分子洗下来，因此就可从根本上解决"模板渗漏"对待测物分子识别性能的影响。所以，半共价法制备的分子印迹聚合物兼有共价型亲和性高、选择性高以及非共价型操作条件温和的优点，已成为分子印迹技术研究的热点。

## 6.2.2 分子印迹聚合物的制备

分子印迹聚合物的制备就是仿照抗体形成机理，在模板分子周围形成一个高交联的刚性高分子，除去模板分子后在聚合物网络结构中留下能够发生结合反应的基团，对模板客体分子表现高度的选择识别性能。与普通聚合物合成相比，分子印迹聚合物合成有其独特之处，主要体现在以下两点：①功能单体必须带有能与印迹分子发生作用的功能基，如能与印迹分子生成共价键的基团，或能与印迹分子产生氢键或离子作用等非共价键的基团，而不像在普通的聚合物那样先聚合再进行功能基化。②分子印迹聚合物一般是高交联的，以确保单体与印迹分子结合的排列和构象固定下来，并使对印迹分子起识别作用位点的空间形状在使用过程中保持不变，使特异性得以保留。

分子印迹聚合物制备通常包括以下步骤：①功能单体的选择：根据印迹分子的性质以及功能单体与印迹分子作用力的类型和大小预测，合理地设计、合成或选择带有能与印迹分子发生作用的功能基的单体；②聚合反应：在印迹分子和交联剂存在的条件下，对单体进行聚合。常用的聚合方式有沉淀聚合、悬浮聚合、乳液聚合、表面分子印迹等；③印迹分子的去除：采用萃取、酸解等手段将占据在识别位点上的绝大部分印迹分子洗脱下来；④后处理：在适宜温度下对印迹分子聚合物进行成型加工和真空干燥等后处理。

通常根据分子印迹聚合物中印迹位点的位置不同，分子印迹主要有包埋法和表面分子印迹法两大类；根据分子印迹聚合物的形貌不同，印迹聚合物主要有块状、无定形粉末、棒状、球形、膜等多种形态。根据聚合物采用的聚合方式不同，印迹聚合物主要有封管聚合、原位聚合、悬浮聚合、两步溶胀聚合法、沉淀聚合、乳液聚合等多种方式。

### 6.2.2.1　包埋法分子印迹

包埋法制备的分子印迹聚合物的共同点是印迹分子的空穴大都包埋在聚合物的内部，而在表面的分布比较有限，在应用中就会遇到印迹分子不易被洗脱、介质内部扩散阻力大、聚合物的有效尺寸低等问题。目前，利用封管聚合、悬浮聚合、两步溶胀、沉淀聚合、原位聚合等方法产生的分子印迹聚合物大多都是包埋法分子印迹。

#### 1）封管聚合

迄今为止，大多数分子印迹聚合物均采用封管聚合的方法制得。其工艺过程是将模板分子、功能单体、交联剂和引发剂按一定的比例溶解在惰性溶剂中，然后移入玻璃安瓿瓶中，再超声脱气、通氮除氧，在真空下密封安瓿瓶，经加热或紫外光照射引发聚合后得到块状聚合物。经研碎、过筛、洗脱等处理后得到所需粒径的分子印迹聚合物粒子。该方法制备的分子印迹聚合物对模板分子有良好的识别性能，实验装置和聚合过程简单，合成操作条件易于控制，便于普及。但存在的主要问题是：①聚合物的研磨难以控制，经筛选后获得选用的粒子产量低，一般低于制备总量的50%；②网络的高交联性致使模板难以除去，可利用的位点减少，结合容量较小；③分子印迹位点大多位于高交联材料的内部，分子扩散阻力大，导致分子印迹材料的结合动力学速度慢，限制其在化学/生物传感器分析中的应用；④该方法制备的聚合物虽有满意的分子识别特性，但在研磨过程中，网络结构易破碎，所得的颗粒形状不规则，且分散性较差，不适合用于高效液相色谱（HPLC）、毛细管电泳（CEC）和固相萃取（SPE）等分析领域。相比之下，单分散性好的球状分子印迹聚合物，不仅具有色谱效率较高等优点，而且在其他应用方面也便于使用，特别是由于近年来检测芯片技术的出现，使得分子印迹微球作为传感器的应用也被重视起来。

2）悬浮聚合

悬浮聚合是将单体、致孔剂和分散剂组成均匀的混合溶液，然后加入引发剂，在搅拌下经自由基聚合反应产生球状不溶性聚合物。这一技术可看作是由于搅拌使聚合溶液分散小液滴悬浮在大量的分散溶剂中（通常是水），每个小液滴就是一个聚合反应的反应器。目前，利用这种方法已制备出许多物质的印迹聚合物。但对较疏水的单体，采用悬浮聚合法几乎都是以水或强极性有机溶剂（如乙醇）作分散剂，这种溶剂与大多数非共价分子印迹混合物不能共存，原因是溶剂与功能单体之间竞争模板分子。因分散剂大为过量，单体在其中达到饱和，大大降低了功能单体和模板分子间的相互作用数量和作用强度。此外，酸性单体在水中的可溶性有可能使单体和交联剂不发生异分子聚合作用，水溶的模板分子也会由于被隔离在水相而丢失。其结果是在水中进行悬浮聚合制备的分子印迹聚合物球粒的分子识别性能很差。为了克服水或高极性有机溶剂的干扰问题，Mayes 提出以全氟烃为分散相的悬浮聚合法[22]，即在液态全氟烃中形成非共价分子印迹混合物乳液，采用氟化的表面活性剂及其他含氟的表面活性聚合物作为稳定剂得到稳定的含单体、交联剂、印迹分子、致孔剂的乳液液滴。通过这种方式可以直接合成性能优异的聚合物微球，解决了聚合物需要研磨的问题。但由于最后产物仍为高交联凝胶，其结合位点的可接近性及印迹分子的回收率仍不能令人满意。另外，这种方法虽然可以控制微孔的大小和粒径分布，但很难控制聚合物的结构和交联密度，不利于印迹分子的重新结合。因此，虽然此方法是一种有益的尝试，但与无定形材料相比它对聚合物的物理性能没有明显的改进。

3）两步溶胀聚合法

Hosoay 等提出了两步溶胀法制备分子印迹聚合物。第一步在水中进行乳液聚合制得直径为 50～500nm 的粒子，以此作为第二步溶胀的种子粒子；第二步将种子粒子分散体系加入到交联剂、功能单体、致孔剂和稳定剂组成的分子印迹混合物溶液中，在恒定搅拌速率下完成第二步膨胀，然后加入模板分子在氩气保护和恒速搅拌下引发游离基聚合反应，生成球形分子印迹聚合物母体。以上过程产生的粒子由分子印迹的连续相和线形聚合物组成。最后将模板分子和线形聚合物萃取除去，得到分子印迹聚合物。此法可制得有很大孔体积的多孔穴粒径均一的微球。Hosoya 和 Haginaka 小组以及其他研究小组已经通过这种方式合成许多性质各异的分子印迹聚合物[23～26]。

4）沉淀聚合

沉淀聚合法合成分子印迹聚合物微球是在均相溶液中聚合反应，所不同的是沉淀聚合中模板分子、功能单体、交联剂和引发剂溶于大量的致孔剂溶剂中，而不像封管聚合中使用较少的致孔剂，因此沉淀聚合反应是在非常低的聚合单体浓度下进行的聚合反应，聚合物成核和生长作用不是占据整个反应容器，这样导致聚合物微凝胶微粒分散在大量的溶剂中，分散在溶剂中的聚合物微粒不稳定、容易团聚，并从溶剂中沉淀形成大小较均匀的微球，因此，沉淀聚合不需要加入表面活性剂或稳定剂，沉淀的微粒干净、表面无表面活性剂或稳定剂的残留，避免了悬浮聚合、分散聚合和种子聚合等方法合成的聚合物微球表面因吸附乳化剂或稳定剂对分子识别选择性的影响。沉淀聚合法首先由 Ye 等[27~29]提出，目前，利用沉淀聚合法制备微米到亚微米的分子印迹聚合物，在 HPLC 和 SPE 中得以广泛的应用。

5) 原位聚合

利用分子印迹聚合物作为 HPLC 的固定相，为了避免印迹聚合物的研磨、装柱等步骤的困难，Matsui 等[30,31]采用原位聚合法在不锈钢管中制得了一系列连续棒状的印迹聚合物分离介质，该方法直接、简便，具有很强的实用性，具有一定的选择性，但柱效和分辨率不高。Sellergren[32]采用改进的分散聚合技术，在玻璃管（1.5cm×3mm）中原位制备了多孔分子印迹聚合物。采用此项技术，在柱中制备了微球状颗粒，用于分离五肽（用于治疗 AIDS 引起的紊乱症），色谱柱具有较高的选择性。同样，原位聚合技术也成功地在毛细管中合成分子印迹聚合物固定相，并用于毛细管电色谱分离中[33,34]。

### 6.2.2.2　表面分子印迹

传统方法制得的分子印迹聚合物的识别位点大都包埋在高交联密度的聚合物微粒内部，要完全除去本体聚合物内部的模板分子是非常困难的，使得印迹效率很低。因此，通过改善合成方法、控制合成条件，合成分子印迹位点大多位于材料表层的表面分子印迹技术，有可能克服传统分子印迹聚合物在实际使用中遇到的困难。

表面分子印迹技术是通过把分子识别位点建立在分子印迹材料的表面，来提高识别位点与印迹分子的结合速率，进一步加强分子印迹材料吸附分离效率。

1) 无机材料表面分子印迹技术

以硅胶、氧化铝或氧化钛等为基质的表面分子印迹材料不但具有分子印迹功能，而且具有良好的机械稳定性及热稳定性，可用于催化及色谱分离等方面，有广阔的发展前景。无机材料的表面分子印迹技术可分为两类：一类是对无机材料（如硅胶）进行表面修饰，在其表面形成具有分子印迹功能的聚合物膜；另一类通过沉积法使印迹分子与硅胶表面作用，在硅胶表面直接生成识别位点，即分子印迹硅胶。

在硅胶表面进行修饰，在其表面形成具有分子印迹功能的聚合物膜。这方面工作首先由 Mosbach 研究小组展开并被其他小组采纳[35,36]，聚合单体如甲基丙烯酸键合到二氧化硅粒子表面，由甲基丙烯酸残基与印迹分子产生共价作用或超分子作用，再经自由基聚合形成表面分子印迹聚合物。类似方法将引发剂修饰到二氧化硅粒子表面，以诱导聚合反应在二氧化硅粒子表面产生表面分子印迹聚合物[37~39]。将模板分子固定到多孔二氧化硅粒子表面上，在多孔二氧化硅粒子的孔结构中合成分子印迹聚合物，最后溶解除去多孔二氧化硅粒子，形成分子印迹位点位于聚合物表面的聚合物分子印迹微粒。例如，Mosbach 等[40]报道用于合成茶碱表面分子印迹技术，将茶碱以共价键固定到胺丙基修饰的二氧化硅表面上，按经典合成茶碱分子印迹聚合物的方法，在二氧化硅表面上合成聚合物，最后利用氟化氢将二氧化硅完全溶解，茶碱的分子印迹位点完全坐落在聚合物材料的表面，如图 6-3 所示。与传统分子印迹聚合物材料相比，表面分子印迹聚合物对茶碱显示同样高的选择性，但其结合容量较低。这种方法的潜在的优点是：①能印迹在分子印迹溶剂中不溶的分子；②由于控制印迹分子定位，可以合成分子印迹位点更加均一的分子印迹材料；③由于分子印迹位点位于材料的表面，分子印迹位点更易接近。

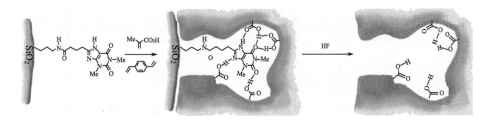

图 6-3　表面分子印迹技术原理示意图

颗粒表面含有活泼自由基团进行分子印迹聚合物薄膜表面接枝技术。利用这项技术制备了形状规整、厚度均一的 L-苯基丙氨酰替苯胺的印迹聚合物，这种分子印迹聚合物能显著改善动力学性质、提高柱容量以及传感器响应能力。HPLC 实验表明，这种印迹聚合物多孔颗粒，柱效取决于接枝聚合物的数量。另外，Prasad 等[41]用对氨基苯甲酸、二氯乙烷与硅胶反应，在印迹分子存在的条件下，合成了硅胶表面键合分子印迹固定相，用于药物及血液样品的净化及 $\beta$-内酰胺抗生素的富集。

硅胶表面修饰技术的优点主要有：①聚合过程中，硅胶表面的修饰基团通过价键距离控制，只有对应底物才有强烈的识别作用，可极大地降低非特异吸附对选择性的影响；②分子印迹聚合物膜在硅胶表面的形成，极大地暴露了分子印迹材料的表面积，减少了"包埋"现象；③与普通的分子印迹聚合物相比，硅胶表面修饰技术合成的分子印迹聚合物，具有溶胀系数小、传质速度快的优点。

在利用硅胶表面修饰技术合成的印迹聚合物时，硅胶作为支撑体，硅胶本身不具有分子识别位点。在无机材料表面分子印迹技术中，还有一类通过沉积法使印迹分子与硅胶表面作用，在硅胶表面直接生成识别位点的分子印迹硅胶。Shimada 等[42]和 Morihara 等[43]使用酸碱重排法在硅胶和铝的表面进行分子印迹，识别位点直接产生在硅胶表面上。他们先将凝胶用 $Al^{3+}$ 处理，使其表面带 Lewis 酸，然后与带 Lewis 碱的印迹分子配合，经加热韧化使 Lewis 酸的位点发生重排，优化取向，以利于与印迹分子结合。处理后将印迹分子除去，重排的 Lewis 酸位点被保留下来。这种利用酸碱配合重排在硅胶表面获得分子印迹的方法已经用于手性模板分子［如 5-苯基乙内酰脲、(S)-N-苯甲基-α-甲苄基胺］的分子印迹。酸碱配合硅胶表面分子印迹要求手性模板分子必须带有 Lewis 碱。Suzuki 等[44]开发了一种新方法，该方法可用于非 Lewis 碱模板分子的分子印迹，具体过程是：以 $\alpha\text{-}Al_2O_3$ 为分子印迹基质，先在氧化铝上沉积模板分子二乙基苯基磷酸酯，然后置入四甲基硅氧烷蒸气中，四甲基硅氧烷在水蒸气存在下水解生成的氧化硅沉积到氧化铝表面，再用乙醇抽提除去二乙基苯基磷酸酯，得到二氧化硅涂覆的 $\alpha\text{-}Al_2O_3$，该材料具有催化功能，可用于催化酯的水解反应。Katada 等[45]也用该方法制备了苯甲醛分子印迹硅胶材料，并发现化学蒸气沉积过程，加入乙酸有助于提高分子印迹材料的选择性。

2）聚合物材料表面分子印迹技术

表面分子印迹聚合物微球的识别位点建立在聚合物微球表面，印迹分子能很快靠近识别位点，其结合速率和分离效率较高。获得具有表面分子印迹功能的聚合物微球的途径有：①以可聚合表面活性剂来进行乳液聚合；②利用两亲性功能单体进行 W/O 乳液聚合。

可聚合表面活性剂一方面保证聚合过程的稳定性，另一方面作为功能单体，可与印迹分子形成复配物，通过与骨架单体、交联剂共聚制备分子印迹聚合物微球，其与印迹分子形成复配物的功能基（如羟基、羧基、磷酸根等）是亲水性的，因此识别位点建立在聚合物乳胶粒表面。制备表面分子印迹聚合物的可聚合表面活性剂有油酸、烯基磷酸酯类，分子印迹分子以水性为主，目前主要针对一些金属离子，如 $Cu^{2+}$、$Zn^{2+}$、$Cd^{2+}$ 等。制备方法主要采用乳液聚合法，具体过程为：将可聚合表面活性剂溶于含印迹分子的水溶液中，然后将骨架单体和交联单体加入上述溶液，在氮气气氛及搅拌下采用自由基引发剂或 γ 射线引发聚合。Koide 等[46]以 10-(对乙烯苯基) 癸酸作为可聚合表面活性剂，苯乙烯（St）为骨架单体，二乙烯基苯（DVB）作为交联剂，协同表面活性剂聚乙烯醇，以过硫酸钾为引发剂，采用乳液聚合法制得粒径为 $200\sim300nm$ 的 $Cu^{2+}$（或 $Zn^{2+}$、$Ni^{2+}$）表面分子印迹聚合物微球。Murata 等[47]以 $O$-苯基，$O$-9-十八烯基磷酸二酯为可聚合表面活性剂，以 DVB 为骨架单体，以十二烷基苯磺酸钠（SDS）为助乳化剂，利用乳液聚合法制得对 $Cu^{2+}$、$Zn^{2+}$、$Cd^{2+}$ 具有印迹作用的表面分子印迹聚合物微球。

利用双亲性功能单体进行 W/O 乳液聚合，Yoshida 研究小组开发了一种新的表面分子印迹技术制备分子印迹聚合物，具体实施步骤如下：以二乙烯基苯和双亲性功能单体［如 $O$，$O$-二（9-十八烯基）磷酸二油醇酯（DOLPA）、二苯磷酸正十二醇酯（DDDPA）、苯磷酸正己酯（HPA）等］的甲苯溶液为油相，以金属离子的水溶液为水相，在特殊合成的乳化剂［如 $N$-核糖醇-L-谷氨酸二油醇酯（2C18Δ9GE）］作用下配成 W/O 型乳液，通过自由基聚合得到一定粒度的分子印迹聚合物微球。因功能单体具有亲油亲水性，亲水部分伸入水相与印迹分子形成复合物，聚合后对印迹分子具有识别能力的结合位点被固定在聚合物微球表面。Yoshida 等[48]采用上述方法，以 DOLPA 为功能单体合成出对 $Zn^{2+}$ 有选择性吸附分离性能的分子印迹聚合物材料。因为 DOLPA 可以四面体形态与 $Zn^{2+}$ 配位，也可以平面四方形态与 $Cu^{2+}$ 配位，所以在 $Zn^{2+}$、$Cu^{2+}$ 同时存在的水溶液中无法实现选择性吸附分离。提高 $Cu^{2+}$ 的选择吸附性的一种途径是对分子印迹聚合物进行 γ 射线交联，使得分子印迹聚合物刚性更强，进一步加强结合位点的尺寸稳定性，提高选择分离性，同时减少分子印迹聚合物的溶胀性；另一种方法是选用含苯基或短烷基链的功能单体［如 DDDPA、苯磷酸正十二醇酯（DDP）］苯基的刚性可以使三维空穴尺寸保持稳定，有利于对 $Zn^{2+}$ 进行选择性吸附。该方法起初是用来合成金属离子分子印迹的聚合物凝胶，Yoshida 等首先以磷酸盐表面活性剂为功能单体利用 W/O 乳液聚合法合成有机物手性分子的印迹聚合物。例如，Yoshida 利用 W/O 乳液聚合，以 L（D）-色氨酸酯为模板，苯磷酸正十二醇酯为双亲性功能单体，二乙烯基苯为交联剂，制备了 L（D）-色氨酸酯分子印迹聚合物。该分子印迹聚合物在较宽的 pH 范围内对 L（D）-色氨酸酯混合水溶液表现出良好的选择吸附性，对 L-色氨酸酯/D-色氨酸酯的分离因子达 1.5。利用 W/O 乳液聚合合成氨基酸、核苷酸和有机酸等有机物的分子印迹聚合物也取得了成功。Yoshida 等还采用 W/O/W 乳液聚合法制备空心的多孔分子印迹聚合物微球，具体过程如下：将印迹分子水溶液（内水相）分散于含有功能单体（如 DOLPA、DDDPA）及乳化剂［如 $N$-核糖醇-L-谷氨酸二油醇酯］的交联剂/甲苯混合油相中，形成 W/O 型乳化液，再把得到的乳化液分散到含分散剂［SDS、聚乙烯醇（PVA）］的水溶液（外水相）中，形成 W/O/W 型乳液，聚合后得到空心的且识别位点分布于内表面的多孔分子印迹微球。采用 W/O/W 法制备的空心聚合物微球，其刚性不如 W/O 法制得的产品大，这会导致分子印迹聚合物的吸附选择性下降。但是如果采用三官能团交联剂，如三羟甲基丙烷三甲基丙烯酸酯（TRIM）或带苯基的功能单体（如 DDDPA），则可进一步改善分子印迹聚合物的吸附性。Yoshida通过上述两种手段，使空心聚合物微球对 $Cu^{2+}$、$Zn^{2+}$ 混合液的静态分离因子显著提高，且可采用色谱柱装填形式实现对 $Cu^{2+}$、$Zn^{2+}$ 混合液很好地分离。

3）其他表面分子印迹技术

除了上述两种表面分子印迹技术制备技术外，在分子印迹聚合物合成过程中，通过控制合成条件控制分子印迹识别位点大多数位于印迹材料的表面或接近材料的表面，提高识别位点与分子印迹分子的结合速率，进一步加强分子印迹材料吸附分离效率。最近，Yilmaz 等[49]报道了一种新的制备方法（图 6-4）：印迹分子没有被修饰到多孔氧化硅表面上，而是利用多孔氧化硅作为合成分子印迹材料的形态学模板，利用多孔氧化硅模板精确地控制合成分子印迹聚合物材料的大小和多孔性，在分子印迹过程完成后，多孔氧化硅模板作为牺牲材料用氢氟酸（HF）洗去。整个制备过程工艺简单，原料利用率很高（90％以上），制得的分子印迹聚合物颗粒均一规整，可以根据实际需要很方便地设计分子印迹材料的尺寸大小。作为高效液相色谱（HPLC）填料，压降小，传质效率高，分离塔板数 N 大，不影响对映拆分选择性，其动力学性能、色谱性能等大大优越于用传统方法制备的分子印迹材料。

　　预聚合混合液　　　　除去氧化硅　　
　　　　　　加热　　　　　　　　　　　　　HF

多孔氧化硅　　　　　氧化硅分子印迹复合材料　　　　　分子印迹聚合物

图 6-4　多孔氧化硅微球作为模板合成分子印迹聚合物微球

芯-壳（core-shell）型壳层分子印迹聚合物微球是通过"种子"经过两步聚合形成的，与两步溶胀聚合不同的是，芯-壳型壳层分子印迹聚合物微球所使用的种子是交联的，通过第二次乳液聚合在交联的"种子"上包覆一层新的薄的分子印迹聚合物壳层，形成芯-壳型壳层分子印迹聚合物，这个过程使分子印迹聚合物的分子印迹位点大多分布到芯-壳型壳层分子印迹聚合物微球的表面或接近表面。Carter 等[50]在 DVB 高交联的 PS 小球核上，利用双亲功能单体 OPHP 和交联剂 EGDMA，用乳液聚合法合成咖啡因分子印迹核-壳型壳层结构分子印迹聚合物。

分子印迹聚合物薄膜一般可通过优化分子印迹皮层的形态和结构提高和改善膜的功能，由于具有超滤或微滤支撑层，因此可获得大通量和高选择性的分子印迹材料，这也是人们研究和关注的重点。分子印迹聚合物薄膜一般是在适当的模具或在平坦的表层上合成分子印迹聚合物薄膜以及利用表面接枝和电化学聚合方法获得。Joshi 等[51]将合成的键合印迹分子单体溶于苯中，再溶胀至甲基丙烯酸缩水甘油酯大孔微球内，将苯缓慢蒸发后聚合，水解除去印迹分子，得到的聚合物材料可对结构相似、大小或形状不同的物质进行分离。另外，人们也展开了分子印迹微孔滤膜的研究。Piletsky 等[52]用光引发接枝的方法，在聚丙烯微孔滤膜表面引入分子印迹聚合层，并用于水中除草剂的富集和检测。

### 6.2.2.3　分子印迹技术的新发展

目前，化学家们已经发展出非共价键分子印迹、共价键分子印迹、单分子印迹、构象分子印迹和自组织单分子层分子印迹等多种合成方法。对胆固醇、安定、手性化合物、三元多肽等具有敏感性和一定选择性的分子印迹材料已经被合成出来，尤其是已经研制出用于葡萄糖和尿酸分子检测的敏感器。然而，从已经报道的结果来看，要达到理想的分子印迹和实际的应用，分子印迹合成和材料应用面临许多需要克服和突破的难点，概括起来可分为以下三个方面[53]：

（1）在化学合成方面：高产率的一步合成技术；具有纠错功能的动态分子印迹；模板分子的完全除去；可以实现后功能化。

（2）在物理性质方面：有高稳定性的均一的分子印迹位点；可以制作可溶性材料与不溶性材料；易于加工；对印迹位点可以用光谱学加以鉴定。

（3）在识别特性方面：具有可调的高亲和力、可调的高选择性，对目标分子的快速结合动力学；敏感结合转变为易于读出的信号。

1）高稳定性的均一分子印迹位点的印迹聚合物

在非共价键分子印迹聚合物中，当模板分子与功能单体通过非共价键自发形成具有多重作用位点的功能单体-模板分子复合物时，经过交联剂的交联反应保留到聚合物矩阵中，留下与模板分子形状相匹配、大小合适和相互作用功能基团的空穴，即在分子印迹聚合物上形成对安定分子亲和力大、选择性高的结合位点。但在聚合物中非组装的过量的功能单体的残基也会在分子印迹聚合物中产生与一定非选择性结合位点，这部分结合位点的功能基团与模板安定分子形状不相匹配，亲和力小，选择性差，从而导致材料的非选择性吸附增大。因此，在分子印迹聚合物合成过程中，减少不同结构分子印迹位点的数量，合成高稳定性的具有均一识别位点的分子印迹材料一直是人们追求的目标之一。

目前，减小分子印迹材料结合位点的多样性已经被探索，并取得了一定的成绩。实验表明，在适当的条件下，对分子印迹聚合物材料进行适当的后处理，可以有效地减小分子印迹聚合物分子印迹异质位点数量。例如，Shimizu 等[54]对腺嘌呤印迹聚合物进行甲基化处理后，用亲和光谱（AS）表征印迹聚合物亲和力的变化，发现处理后分子印迹材料的高亲和位点的数量有适度增大。提高印迹聚合物印迹位点均一性的另一个有效方法是选择与模板分子存在强烈的非共价相互作用（主要以离子间相互作用、氢键等）的功能单体，以增大模板分子与功能单体预组装的平衡常数，Wulff 等研究了安定的分子印迹聚合物的位点，当采用的模板分子与功能单体预组装的结合常数 $K_{assoc} \geqslant 10^3 \, L/mol$，且功能单体和模板分子的用量比按共价分子印迹计量比，即功能单体和模板分子的功能基团的物质的量比为 1：1 时，制备出的分子印迹聚合物对安定亲和力大、选择性高的结合位点明显增加，而亲和力小、选择性差的结合位点明显减少。

共价键分子印迹技术可以有效地避免分子印迹材料中异质结合位点的产生，但是共价键分子印迹的固有缺点，限制其在实际中的应用。Whitcombe 等[21]提出的"牺牲空间"方法合成三肽（Lys-Trp-Asp）分子印迹聚合物。首先模板分子与活性功能单体（"牺牲空间"）以共价键（酰胺键）结合，按非共价键分子印迹方式合成分子印迹聚合物，最后"牺牲空间"在碱性介质中水解作用除去，在聚合物中留下与模板分子形状相匹配、大小合适和能以非共价键相互作用功能基团的空穴。这种将共价键和非共价键分子印迹方法结合起来的方法，模板分子与单体通过共价键结合，模板分子–单体复合物稳定，在聚合物中结构完整，产生的结合位点的均一性好。

2）合成具有纠错功能的分子印迹材料

传统上通过自由基聚合反应生成的分子印迹聚合物材料一般是不可逆的，分子印迹材料中出现的对模板分子亲和力小、选择性差的位点后，很难纠正成亲和力大、选择性高的结合位点。因此，研究合成具有纠错功能的分子印迹材料对提高分子印迹位点的有效性和选择性具有十分重要的作用[55]。

目前，还没有真正具有纠错功能分子印迹聚合物的报道，但可以通过构象的变化或结合重组过程使分子印迹材料选择性得以改变。Hiratani 等[56]合成出一种能与 $Ca^{2+}$ 复合的聚合物凝胶，并具有随温度的变化而发生可逆溶胀的性质。当体系中双硫键（—S—S—）被二硫苏糖醇（DTT）还原成巯基（—SH），分子印迹凝胶中的羧基不能与 $Ca^{2+}$ 配位而被除去，如在将巯基（—SH）氧化反应成双硫键（—S—S—）后，分子印迹凝胶上的羧基位点对 $Ca^{2+}$ 有一定的亲和性，且其亲和力的大小随氧化过程有关，当还原性凝胶直接被氧化，结合位点对 $Ca^{2+}$ 的亲和力低，当在 $Ca^{2+}$ 存在条件下，对还原性凝胶氧化，结合位点对 $Ca^{2+}$ 的低亲和力大。

3）将敏感结合转变为易于读出的信号

除了合成高效率的分子印迹材料外，将目标分子与分子印迹材料上结合位点的敏感结合作用转化成易于读出的信号，一直是人们研究的另一个重要领域。目前，通过测定目标分子与分子印迹材料上敏感结合前后的光学性质（如荧光性质)、电化学性质、质量 (通过 QCM) 或折射率 (通过 SPR) 的变化,以及通过利用类似生物传感器的方法,即将目标分子结合作用偶合到一个酶反应上,以便在敏感结合前后产生物质颜色变化或产生化学发光作用等方法将目标分子与印迹结合位点之间的敏感结合转化成易于检测的信号。

一个吸引人的方法是在合成分子印迹聚合物时引入标记发色基团,当目标分子结合到分子印迹聚合物上的结合位点上时,结合的目标分子与附近的标记发色基团之间可能通过直接作用 (如荧光猝灭) 或间接作用 (如改变标记发色基团的周围化学环境),引起标记发色基团的光谱性质改变,以便将目标分子的敏感结合过程转化成易于读出的光学信号。Turkewitsch 等[57]在合成 $3'$,$5'$-环磷酸腺苷 (cAMP) 分子印迹聚合物材料时,加入含有荧光性质的标记单体,在预聚合过程中,cAMP 与标记单体和功能单体通过非共价键作用形成复合物,最后,在交联剂 TRIM 的作用下聚合形成含有荧光基团的分子印迹聚合物材料。Takeuchi 等[58]合成含有 Zn (II)-卟啉的高亲和性的金鸡纳啶分子印迹聚合物,由于金鸡纳啶与 Zn (II)-卟啉复合可以导致体系荧光猝灭,因此该分子印迹材料对金鸡纳啶具有极高的选择性,其结合常数 $K$ 为 $1.14 \times 10^7$ L/mol,约为通常的 10 倍。同样的方式也合成出基于荧光识别的乙基腺嘌呤以及组胺的高选择分子印迹材料。

4) 发展更小、更薄的分子印迹合成技术

传统采用封管聚合法制备的分子印迹聚合物一般是块状聚合物,使用时常要对块状聚合物经过粉碎、研磨和筛选等复杂而耗时的处理,以便获得一定粒度的聚合物微粒。此种制备方法简单,十分适合利用氢键作用的非共价键分子印迹材料的制备。但由于块状分子印迹材料的识别位点大都在聚合物微球内部,扩散阻力大,印迹分子扩散到分子印迹材料的内部识别位点达到平衡时间长、结合速率低,限制了它们在色谱分析和化学传感器中的应用。此外,一些模板分子常被包裹在高交联的分子印迹聚合物阵列中,不易洗脱,使这部分结合位点成为无效位点,所以这类分子印迹材料常表现具有较高的选择性和低的结合容量,而不完全洗脱模板分子又限制这类材料在痕量分析中的应用。另外,块状分子印迹材料的不溶性和分子印迹位点的多样性,也限制其选择性以及在实际中的应用。

制备更小、更薄的分子印迹材料是分子印迹合成技术发展的一个方向,Mayes 等[59]已对这方面的研究进展进行了综述报道。目前,制备更小、更薄分子印迹材料主要是通过合成聚合物分子印迹薄膜、微凝胶以及在纳米或微米尺度的硅衬底表面进行表面分子印迹等手段得以实现。Wulff 等[60]以共价键方式合成出一种糖分子印迹聚合物微凝胶。该分子印迹聚合物凝胶具有以下优点:在很多有机溶剂中完全可溶,糖分子几乎完全从适度交联的聚合物材料中除去,对该模板糖分子具有较强的选择性吸附等。据估计每个聚合物微凝胶粒子仅含 10～100 个分子印迹位点，这向在单个大分子材料上印上单分子位点的目标前进了一大步。研究在单个大分子材料上印迹单个分子印迹位点，即单分子印迹技术是合成更小、更薄的分子印迹技术的最终目标。单分子印迹合成过程产生的异质分子印迹位点可以通过分离以获得均一的分子印迹位点的分子印迹聚合物，因此，分子印迹合成过程中产生的异质分子印迹位点仅影响理想印迹聚合物的产量，而不影响它的印迹聚合物的性能，如选择性和亲和性等。Shinkai 等[61]提出了一种新颖的类似 Pauling 抗体分子印迹假设的分子印迹技术，在聚 L-赖氨酸多肽结构上含有芳基硼酸基（ary boronic acid）和烷基巯基（alkanethiol），芳基硼酸基与 D-葡萄糖形成 2∶1 的复合物，这种结合导致聚 L-赖氨酸从 α-螺旋状向 β-折叠二次结构的转化，然后通过烷基巯基固定多肽分子到 QCM 传感器的 Au 电极表面，多肽的 β-折叠二次结构被保留，当 D-葡萄糖被除去后，在 L-赖氨酸多肽分子上含有能选择性识别 D-葡萄糖的结合位点。

Zimmerman 等[62]报道了合成卟啉的单分子印迹方法，单分子印迹技术首先以模板分子为核心形成树枝状结构；其次，末端双键进一步交联，形成高交联的聚合物；最后通过化学手段将模板分子除去，则形成对模板分子有较高亲和性的单分子印迹聚合物。

# 6.3　纳米结构分子印迹技术

### 6.3.1　传统分子印迹聚合物的局限性

分子识别体系的制备通常是模板分子与功能单体之间通过共价键、非共价键相互作用，然后在引发剂的作用下与交联剂共同聚合导致模板分子印在聚合物基质中，去除模板分子，从而形成分子识别体系。模板分子去除产生的识别位点（空穴）的形状、尺寸与功能模板分子相对应。分子印迹材料的最大的优点就是机械性能高、化学性质稳定，成本低和容易制备，因此引起了科研工作者的广泛的研究兴趣。然而，传统分子印迹技术在分子识别实际应用中面临许多需要克服和突破的难点，概括起来可分为以下几个方面：①分子印迹材料通常是高交联密度的聚合物，要完全除去印迹聚合物内部的模板分子将是非常困难的，使得印迹的效率很低。特别是在对相对分子质量大且具有三维空间结构的生物分子进行分子印迹的过程中，由于聚合物本体的高度交联，绝大部分模板分子无法从聚合物本体中除去，阻碍了分子印迹材料代替生物抗体在生物医学检测和疾病诊断方面的应用。②大量的识别位点处于交联聚合物本体的内部，目标分子难以接近这些内部空间，从而成为无效的识别位点，这样大大降低了目标分子在材料表面的传输速率和识别能力。③本体交联聚合物具有不溶和不熔的特性，而溶解和熔化又会导致识别效果的丧失，可加工性很差。因此，传统分子印迹技术合成的分子印迹聚合物材料往往表现出高的选择性、低的结合容量、差的位点可接近性以及慢的结合动力学特性。为了解决这些难题，制备形貌可控的、模板分子位于印迹材料的表面或表面附近的印迹材料是理想的印迹材料形式，这将使模板完全去除、目标分子容易进入和质量传递阻力低成为可能。近年来，目标分子可调控的印迹技术已经被报道，如表面印迹技术、薄膜表面嫁接印迹、单分子树枝状印迹以及芯-壳型粒子的表面印迹等。为了控制目标分子位于印迹材料的表面，典型的做法就是在衬底的表面通过共价键固定模板分子，在印迹聚合和衬底去除后，所有的模板分子都位于印迹材料的表面，这样就为完全去除模板和目标分子很好的进入提供可能。然而，在衬底表面的模板分子以共价键形式的结合是相当复杂困难的和不可重复的。同时，因为衬底的表面积是有限的，所以在印迹材料中总的识别位点的数量是很少的。因此，所得到的印迹材料仅有很小的平衡结合量。

### 6.3.2　纳米结构的分子印迹材料的优点

近来，有数个科研小组已经开始寻求可替代的方法来研究分子印迹的纳米工艺，对纳米结构分子印迹材料无论是在制备方法上还是在分子识别特性研究上都做了一定程度的探讨。纳米结构的印迹材料拥有较小的维度、较高的比表面积，因此绝大多数的模板分子都是位于印迹材料的表面及表面附近。图 6-5 说明了在块状印迹材料和印迹的纳米结构中去除模板分子后，印迹材料中有效位点的分布情况示意图。假设在维度为 $d$ 的块状材料中，模板分子位于表面为 $x$ 纳米厚度时能够被去除的，那么所得的印迹位点就能够被目标分子所识别。

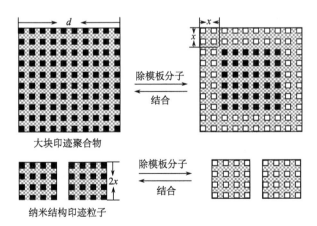

图 6-5　在印迹块状材料和纳米尺寸的印迹结构中模板
去除后有效印迹位点的分布示意图

印迹材料重新结合目标分子的有效体积为 $[d^3-(d-2x)^3]$。一般来说，尽管在印迹过程中使用了致孔剂和溶剂，但是块状印迹材料的 $x$ 值还是比较小的。如果印迹材料是以同样的尺寸被制备成 $2x$ 纳米结构形式的印迹材料，那么所有的模板分子就可以完全地从高度交联的基质中去除，这样所得的识别位点对目标分子来说都是完全有效的。因此，纳米结构的印迹材料是人们所期望得到的理想材料，它能够提高平衡结合量，具有快速的结合动力学和目标分子容易进入识别位点的特点。

纳米结构的分子印迹材料与传统的印迹材料相比具有下列明显的优势：①由于纳米结构的分子印迹材料具有巨大的比表面积，因此模板分子几乎可以完全地除去，最大限度地提高有效结合位点的比例。②由于纳米结构的分子印迹材料的结合位点大多位于材料的表面或接近表面，因此其有效结合位点的比例大，表现出具有较高的结合容量。③同样，由于纳米结构的分子印迹材料的结合位点大多位于材料的表面或接近表面，并且其具有良好的分散性，因此，模板分子容易接近到材料的分子印迹位点，从而表现出较快的结合动力学的特性。④由于能合成出形貌较好的纳米结构的分子印迹，因此，纳米结构的分子印迹材料有望直接安装到纳米器件的表面，发展快速实时的分子探测器和敏感器件。⑤由于纳米结构的分子印迹表面容易进行化学修饰，有望通过后功能化的方式，实现多种功能的集成。

### 6.3.3　纳米结构分子印迹材料的制备及其典型形貌

近 10 年来，纳米材料的制备技术已经取得飞速发展，并且日趋成熟。为解决分子印迹材料所面临的纳米技术的发展以及解决传统分子印迹遇到的困难带来了希望。目前，各种无机材料的纳米粒子、纳米空心球、纳米棒、纳米线、纳米管等结构已经能够方便地合成出来，对纳米结构表面的修饰化学也已经取得重要

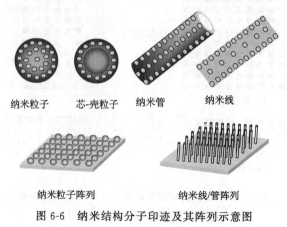

纳米粒子　　芯-壳粒子　　纳米管　　　纳米线

纳米粒子阵列　　　　　　纳米线/管阵列

图 6-6　纳米结构分子印迹及其阵列示意图

进展，为在表面有机修饰和改性的无机纳米结构表面进行分子印迹提供了可能。利用这些无机的纳米结构作为合成模板，合成具有纳米结构尺寸的分子印迹纳米微球、芯-壳型微球、纳米管、纳米线等以及纳米结构分子印迹阵列，如图 6-6 所示。但是，到目前为止，纳米结构分子印迹材料无论是在制备方法上还是在分子识别特性研究上仅做了一定程度的探讨。

1）纳米粒子（nanoparticle）

传统采用封管聚合法制备分子印迹聚合物的一般是块状聚合物，使用时常要对块状聚合物进行粉碎、研磨和筛选等复杂而耗时的处理，以便获得一定粒度的聚合物微粒，在这一过程中大量聚合物微粒被浪费，并且一些结合位点被破坏，另外，处理后得到的聚合物微粒往往是任意大小和形状不规则的，这将限制其在分析上的应用。相比于块状聚合物，制备分散均匀的分子印迹聚合物微球具有一定的优点，首先制备印迹聚合物微球可以避免复杂而耗时的粉碎、研磨和筛选等处理过程，避免印迹位点在研磨过程中损坏以及印迹聚合物的浪费；其次可以通过控制聚合反应条件，合成粒径均匀、大小可控、可功能化设计的印迹聚合物微球，使之更适合用于如色谱分析、固相萃取以及药物释放等应用领域。悬浮聚合、分散聚合、种子聚合和沉淀聚合等许多新方法被成功地用来制备分散性好、粒度分布均匀的分子印迹聚合物微球。最近一种用于合成分子印迹纳米球的双嵌段共聚自组装（biblock copolymer self-assembly）技术被提出[63]。一端含有能与模板分子形成氢键的功能基团并同时形成微胶束，而另一端含有起交联剂作用的基团，导致形成均匀的纳米球。测量结果表明，印迹材料的形状和颗粒的大小对印迹效率产生至关重要的作用，用轮廓尺寸较小的分子印迹材料能达到更高的亲和力和选择性，粒径为 100nm 的分子印迹纳米球的结合能力是 $5\mu m$ 正常印迹粒子的 2.5 倍。Ciardelli 等[64]通过甲基丙烯酸的稀溶液交联聚合形成胆固醇的印迹纳米球，该方法较微乳液聚合更简单。Kempe 等[65]发展了一种简单、直接的合成技术制备分子印迹纳米球方法，他们将聚合前导液分散到在矿物油中形成小液滴，再通过光诱导产生自由基聚合反应将球形液迅速转变成固体颗粒，整个印迹聚合在高效紫外灯下照射 10min 即可完成。该印迹纳米球的结合容量是相应正常印迹粒子的 1.6 倍。

2）核-壳型纳米粒子和印迹纳米胶囊

在分子印迹材料的制备过程中，通过控制聚合反应条件，使印迹聚合反应发生在无机/有机材料粒子表面，以形成分子印迹壳层，即制备核-壳型分子印迹粒子或印迹纳米胶囊。核-壳型分子印迹粒子对控制分子印迹材料的结合位点位于材料的表面或接近表面，对提高印迹材料有效位点比例具有十分重要的作用。通常二氧化硅、聚苯乙烯、银、壳聚糖和 $Fe_3O_4$ 纳米粒子等无机/有机材料粒子被选择为制备核-壳型分子印迹粒子的核壳粒子，首先将核壳粒子经过适当的表面化学修饰后，使核壳粒子具有一定的化学特性，诱导印迹聚合反应在核壳粒子表面发生而形成分子印迹壳层。分子印迹壳层的厚度可以通过聚合反应条件得以有效控制，如印迹壳层较薄，模板分子可以完全被洗脱提取，在印迹壳层表面或接近材料表面产生许多印迹位点。因此，模板分子容易接近到材料的分子印迹位点，从而表现出较快的结合动力学特性。一个典型的方法是利用二氧化硅纳米粒子作核壳粒子，首先利用表面化学反应，将偶氮类引发剂或链转移物质（azo-initiators/chain-transfer）以共价键结合到在氧化硅粒子表面，然后，引发印迹聚合反应，在功能化的氧化硅粒子表面上形成一个印迹聚合物壳层。

最近，中国科学院合肥物质研究院 Zhang 小组[66]采用氧化硅纳米颗粒表面修饰功能单体诱导策略高密印迹 TNT 分子获得成功。二氧化硅纳米粒子经过两步修饰方法制备出丙烯酰胺-氨丙基三乙氧基硅烷-二氧化硅纳米粒子 [图 6-7 (A)]，进而采用连续的两步程序升温，控制聚合反应以缓慢和渐进的反应方式进行，以诱导聚合物能在 AA-APTS-silica 纳米粒子的表面聚合形成聚合物纳米球壳 [图 6-7 (B)]。实验证明，对氧化硅纳米颗粒表面乙烯基单分子层的功能化修饰，不仅引导乙烯基单体和功能单体在氧化硅表面进行分子印迹聚合反应，而且通过 TNT 模板分子与功能单体层之间的电荷转移作用驱动 TNT 模板分子进入印迹壳层，合成出表面高密度 TNT 分子印迹的芯-壳纳米氧化硅粒子。发现印迹点的密度是传统分子印迹点密度的 5 倍，实现了对 TNT 目标分子高选择性、高容量和快速结合动力学摄取。并根据不同的纳米厚度壳层对 TNT 目标分子的识别特性和理论分析，提出并验证了分子印迹材料理想临界尺寸的新概念，结果表明有效印迹壳的临界厚度约为 25nm [图 6-7 (C)]。这种通过表面分子诱导和自组装印迹技术合成的高质量、高密度分子印迹芯-壳型纳米粒子等敏感材料，有可能代替生物抗体在纳米传感器、药物输送、催化与分离技术等方面具有重要的应用前景。此外，核-壳乳液也被用来制备核-壳型分子印迹粒子，并可控制模板分子在印迹材料表面的比例，该方法更简单、更直接，并有望改善分子印迹的效率。磁性核-壳印迹粒子在分离和富集目标物中是非常有用的。

最近在带有羧基修饰的聚苯乙烯表面直接发生聚合和交联反应，而形成带有单孔的 TNT 纳米印迹胶囊[67]。如图 6-8 所示，通过对模板粒子聚苯乙烯（PS）小球的表面进行功能化修饰，使其表面带上能与功能单体聚合的基团；运用功能单体在模板粒子表面的选择性聚合，合成出了 TNT 分子印迹的单孔空心聚合物微球。通过对实验的理论研究和分析，提出了通过微相分离和对称收缩的原理在空心聚合物壳上创造出单个洞的新方法和新概念，这种方法可广泛应用于制备各种聚合物空心微球以及在空心聚合物壳上印迹各种有机分子或者生物分子。这种结构的空心微球在药物的控制释放、目标物的高容量摄取、生物活性种的保护和污染物质的除去等方面具有极为重要的应用。分析测试的结果表明，分子印迹的单孔空心聚合物微球可以大大提高分子印迹的效率，对 TNT 目标分子表现出高

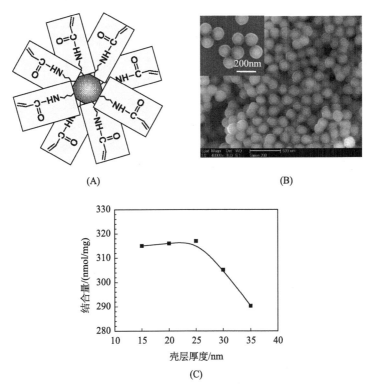

图 6-7　功能单体引导的氧化硅纳米粒子表面高密度分子印迹与理想临界尺寸的概念

（A）AA-APTS-silica；（B）聚合物/AA-APTS-silica 纳米球；（C）结合量–壳厚关系图

容量的选择性摄取能力。单孔空心 TNT 印迹聚合物微球对 TNT 分子的摄取量比未去空的单孔微球高 3～5 倍。

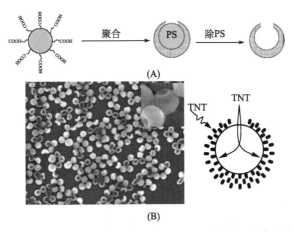

图 6-8　TNT 纳米印迹胶囊制备（A）及其对 TNT 目标分子的高亲和力摄取（B）

　　3）分子印迹纳米线，纳米管和纳米纤维

　　自从碳纳米管被发现以来，各种各样的无机/有机纳米线/纳米管通过氧化铝模板、湿化学和气相沉积等方法被合成出来[68~70]，在过去的 20 年中，这些纳米材料已被作为敏感材料并广泛地用在化学/生物传感检测中。特别是近年来，分子印迹技术赋予这些一维纳米材料良好的分子识别功能，进一步扩大了其应用范围。在最近的工作中，通过表面分子自组装策略成功地制备出高质量的 TNT 的分子印迹聚合物纳米线或纳米管阵列[71]。如图 6-9 所示，通过对多孔氧化铝模板修饰氨丙基三硅酸乙酯（APTS），在氧化铝模板内壁形成一个含有氨基（—CH₂NH₂）孔腔，驱使缺电子 TNT 模板分子通过电荷转移作用自组装到富氨基的氧化铝模板孔洞内壁上，采用三步渐进升温的原位聚合方法，在氧化铝模板纳米孔隙中合成出高质量、高密度 TNT 位点的印迹聚合物纳米线/纳米管陈列。分析测试表明，这种表面分子组装的策略可明显提高纳米线/纳米管表面分子印记点的数量，相比于传统印迹材料，这种高密度表面印迹的纳米管和纳米线对 TNT 目标分子的亲和力提高 3 倍，结合速率提高 6 倍，选择性提高 4 倍。因此，这种表面分子组装的策略可明显提高在纳米线/纳米管表面分子印迹点的数量、分子识别位点的密度及分布和分子识别能力等，为发展 TNT 爆炸物探测的纳米传感器件提供了基础。

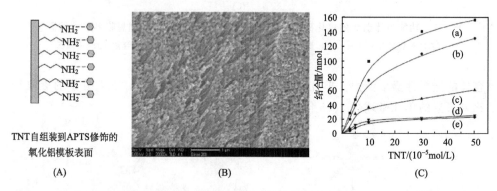

图 6-9　表面分子自组装合成分子印迹的纳米管和纳米线阵列示意图（A）、SEM 照片（B）及其对 TNT 的分子识别特性的研究（C）[（a）TNT 印记纳米管；（b）TNT 印记纳米线；（c）粒径为 2~3μm 的 TNT 印记聚合物微粒；（d）非印记纳米管；（e）非印记纳米线]

　　另外，运用纳米技术、表面功能化设计和分子印迹技术等手段，利用溶胶-凝胶法在 APTS 修饰的氧化铝模板孔隙中合成具有高密度 TNT 分子识别位点和超薄壁氧化硅纳米管[72]。TNT 印迹到氧化硅纳米管中是基于缺电子的芳香族硝基化合物 TNT 与富电子性质 APTS 强烈的静电络合作用［图 6-10（A）］。由于 APTS 与氧化铝模板孔墙存在较强的静电引力和化学键合作用力［图 6-10

(B)]，通过控制溶胶-凝胶法反应条件，纳米管可以通过相互作用力沿氧化铝孔壁选择性地发生印迹聚合，合成二氧化硅印迹纳米管的厚度为 15nm［图 6-10 (C)、(D)］。与传统的印迹聚合物材料相比，印迹氧化硅纳米管显示出对 TNT 的高结合容量和快的结合动力学。由于高交联的氧化硅材料中印迹位点得以较好保存，同时氧化硅材料又可避免传统印迹聚合在溶剂中的溶胀现象，增大了印迹材料对模板分子的选择性，结果表明 TNT 印迹的纳米管对 TNT 目标分子的选择性得到显著提高。

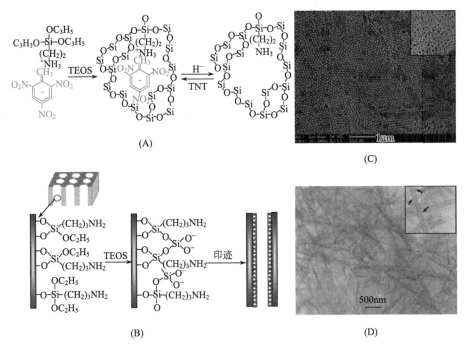

图 6-10　电子转移复合物印迹技术合成超薄管壁 TNT 印迹氧化硅纳米管

(A) 制备 TNT 印迹氧化硅材料原理示意图；(B) 修饰 APTS 氧化铝孔墙及其溶胶-凝胶法制备
氧化硅纳米硅示意图；(C) 氧化硅纳米管的 SEM 图；(D) 氧化硅纳米管的 TEM 图

与此同时，Chronakis 等[73,74]最近报道通过电纺技术直接制备分子印迹纳米纤维新方法。一种方法是通过电纺聚合含有模板分子的聚合前导溶液而直接生成。用溶剂洗脱除去模板分子 2，4-二氯苯氧乙酸（2，4-D）后，则纳米纤维上长生 2，4-D 的印迹位点。另一个更简单的方法是通过电纺技术，将用预先制备好的分子印迹纳米材料压缩成印迹纳米纤维。此电纺纳米纤维非常稳定，能保持良好的分子印迹识别功能。

4）分子印迹纳米薄膜

一方面，分子印迹纳米薄膜具有大的比表面积和快的结合动力学；另一方面，分子印迹纳米薄膜可直接合成在电化学电极、石英晶体微量天平（QCM）和表面等离子体共振（SPR）等表面，因此，近年来，分子印迹纳米薄膜已被广泛应用到化学/生物传感器分析中。近年来，利用表面分子自组装和电聚合技术制备出对毒死蜱（CPF）具有高选择性、高亲和力、高灵敏度的分子印迹聚氨基硫酚（PATP）膜，结合电化学检测技术实现对毒死蜱分子高选择、高灵敏的检测[75]。图 6-11（A）表示结合表面自组装技术和电聚合技术在纳米金（AuNPs）修饰的玻碳电极（GCE）表面制备毒死蜱分子印迹 PATP 膜示意图，首先通过恒电位电解技术在玻碳电极表面上沉积适量的纳米金（AuNPs）颗粒，以获得较大比表面积的纳米金修饰玻碳电极（AuNP-GCE）；然后，利用氨基硫酚（ATP）与 AuNPs 之间形成 Au—S 键，将 ATP 修饰到 AuNP-GCE 上形成 ATP 单分子层，进一步通过氢键作用将毒死蜱分子自组装到 ATP 修饰的 AuNP-GCE

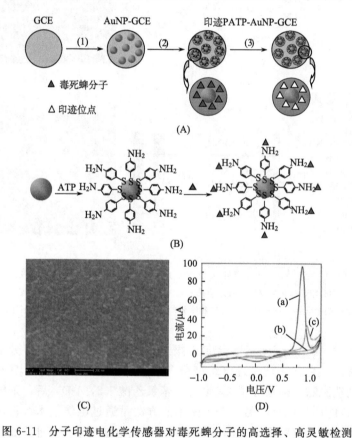

图 6-11　分子印迹电化学传感器对毒死蜱分子的高选择、高灵敏检测

（A）表面分子自组装和电聚合技术在纳米金修饰电极表面制备毒死蜱分子印迹 PATP 膜示意图；（B）纳米金表面修饰及其模板分子表面分子自组装示意图；（C）分子印迹膜的 SEM 图；（D）分子印迹电化学传感器对目标分子的电化学响应［(a) 印记 PATP-AuNP-GC；(b) 印记 PATP-Au；(c) 非印记 PATP-AuNP-GC］

表面，以提高纳米金表面的毒死蜱分子数量，当电聚合后形成表面印迹位点［图 6-11（B）］。最后，通过可控的电化学聚合技术，合成出拥有较大比表面积和较多表面分子识别位点的分子印迹 PATP 膜修饰电极［图 6-11（C）］。分析结果表明，在相同的实验条件下，与普通的印迹 PATP-Au 电极相比，毒死蜱在 PATP-AuNP-GC 电极上循环伏安响应值约为在 PATP-Au 电极上的 3.2 倍，测定毒死蜱的检出限较 PATP-Au 低 2 个数量级［图 6-11（D）］。与此同时，PATP-AuNP-GC 电极对毒死蜱表现出良好的选择性。因此，结合表面分子自组装技术和电聚合技术，在拥有大的比表面积的 AuNP-GC 电极表面上电聚合制备分子印迹 PATP 膜电极，有效地增大印迹位点特别是表面印迹位点的数量，能显著地提高测定毒死蜱的灵敏度、选择性。该项研究有可能为合成高密度表面印迹位点材料提供新的借鉴，为发展农残检测的传感器件提供了基础。

另外，较简单制备分子印迹纳米薄膜的方法是通过旋涂技术。首先，将印迹聚合物的预聚合溶液旋涂到一个平坦的物质表面，然后，在较高温度加工成分子印迹纳米薄膜过程。薄膜厚度可以很容易地通过改变旋涂速度得到控制，薄膜多孔也可以很容易地通过在聚合溶液中增加低相对分子质量聚合物得以调整。例如，通过使旋涂在 QCM 芯片表面的聚合单体层聚合而制得一个厚度为 400nm 六氯苯分子印迹聚合物膜，该传感器显示具有高选择性和灵敏度，其测定检测限低于 $10^{-12}$ mol/L，同时展出的一个异常快速的响应时间（10s）。此外，Schmidt 等[76] 使用不同的线形聚合物通过旋涂技术来调节分子印迹纳米薄膜的形貌，然后用溶剂洗脱除去线形聚合物，得到不同的多孔结构的分子纳米薄膜。最近，利用表面溶胶-凝胶工艺，在有机羧酸存在下水解钛醇盐而制备 $TiO_2$ 分子印迹纳米薄膜。这个超薄（厚 10～20nm）的二氧化钛薄膜表现出较快的结合动力学，完全结合的时间为 40～60s，结合容量是非印迹纳米印迹薄膜的 11～16 倍。

## 6.4　纳米结构分子印迹化学/生物微纳传感器

由于分子印迹材料具有物理和化学性质稳定、成本低、制备容易和可重复使用等优点，因此，作为人工合成的分子识别材料，分子印迹材料已广泛地应用到化学/生物纳米传感器中。分子印迹在化学/生物传感器中应用的另一个关键问题，是如何将目标分子与纳米结构印迹位点的敏感结合作用转化成易于读出的信号。通常情况下，分子印迹传感器是由将分子印迹材料装配到信号转换器表面上，当分子印迹材料与模板分子结合时，产生一个物理或化学信号，转换器将此信号转换成一个可定量的输出信号，通过监测输出信号实现对待测目标分子的实时测定。我们把这种传感器称为分子印迹传感器。因此，传感器的效率不仅取决于印迹材料对目标分子的选择性和敏感性，而且还有依赖于信号的输出方式[77]。

一般来说，许多物理测量（如电化学法、荧光、压电和表面等离子体共振等）均可用于分子印迹传感器的信号检测。目前研究的分子印迹传感器根据转换器的测量原理不同分为三种：电化学传感器、光学传感器和质量敏感传感器。

### 6.4.1　分子印迹电化学传感器

分子印迹电化学传感器是通过将分子印迹技术与电化学检测手段相结合制成的传感器，兼具分子印迹和电化学检测技术的优点，即高选择性、高灵敏度、易于微型化和自动化，且价格低廉。分子印迹电化学传感器通常以分子印迹作为敏感膜，当分子印迹敏感膜与目标分子结合时，产生一种电信号，通过转换器将此信号转换成可定量的输出信号，监测输出信号以实现对目标分子的实时测定。

分子印迹电化学传感器按照转换器的类型分为电导型、电容或阻抗型、电位型、电流型（安培型和伏安型）和化学及离子敏感场效应转换器型。电导型传感器通过在两电极中间用一层分子印迹敏感膜隔开，依据敏感膜对目标分子特异性识别前后电导的变化进行检测。例如，Sergeyeva 等[78]以阿特拉津（atrazine）分子印迹的聚丙烯膜为隔离膜制备的传感装置，具有检测极限低（5nmol/L）、结合时间短的优点。电容或阻抗型化学传感器通过分子印迹敏感膜对目标分子特异性识别前后电容或阻抗的变化进行检测，优点是无需加入额外的试剂或标记，且灵敏度高、操作简单、价格低廉。在实际应用中，分子印迹敏感膜的构造及其绝缘性能是制造电容或阻抗型传感器的关键。Mosbach 等[79]利用苯基丙氨酸苯胺分子印迹的聚合物膜作为敏感膜，当结合上分析物质时该装置的电容就会发生改变，且变化大小与结合分析物的量存在定量关系，因此根据电容的改变就可实现对分析物的定量检测。Panasyuk 等[80]通过在金的表面上制备一层分子印迹聚苯酚膜而制备了电容型传感器，也收到了较好的效果。电位型传感器通过分子印迹敏感膜对目标分子特异性识别前后电位的变化进行检测，由于其可以避免将模板分子从膜相中除去，并且目标分子不需要扩散进入膜相，则模板分子的大小不受限制，因此电位型传感器被认为是最有应用前景的一种分子印迹电化学传感器。化学及离子敏感场效应转换器型传感器是电位型系统的另一种应用，通过在半导体基底上修饰分子印迹敏感膜，能很容易感应到由化学反应或电荷的改变所引起的膜电位变化。电流型传感器通过分子印迹敏感膜对目标分子特异性识别前后电流的变化进行检测，是目前报道最多的分子印迹电化学传感器。该类传感器可对电活性物质进行直接检测，也可对非电活性物质进行间接检测。检测非电活性物质时，通过小分子的电活性物质作为探针进行间接检测，或与其结构相似的电活性物质通过竞争性识别进行间接检测。使用安培法进行检测的电流型传感器又称为安培型传感器，使用伏安法进行检测的电流型传感器又称为伏安型传感器，常用的伏安法有线性扫描伏安法（LSV）、循环伏安法（CV）和差分脉冲伏安法（DPV）。

对于分子印迹电化学传感器而言，分子印迹敏感膜必须与转换器有效结合，才能对目标分子进行有效的识别和分析。因此，构建分子印迹电化学传感器体系，以便将分子印迹敏感膜与转换器有效地结合，是分子印迹电化学传感器设计中非常重要的问题。随着分子印迹制备技术的多样化，分子印迹敏感膜的制备方法也日趋多样化。根据分子印迹敏感膜制备方法的不同，将构建分子印迹电化学传感器的敏感膜体系主要分为传统体系、自组装体系、分子印迹粒子镶嵌体系、电聚合体系和溶胶-凝胶体系。

（1）传统体系。传统体系构建的分子印迹电化学传感器，其敏感膜通常由模板分子、功能单体和交联剂组成。将这几种成分与引发剂和致孔剂混合均匀，涂覆于电极表面或其他支撑物上，在光或热的作用下引发聚合。传统体系是在分子印迹电化学传感器发展初期常用的一种体系。但由于目标分子或电化学产物很难从传统体系构建的电化学传感器的膜层中扩散出，因此传统体系构建的电化学传感器很难进行更新，从而限制了其应用。近年来，利用光敏聚合物作为功能单体构建了检测葡萄糖的分子印迹电化学传感器，实验不使用交联剂和引发剂，光敏聚合物在紫外光的照射下进行交联聚合[81]。实验表明，该传感器可更新，且可重复使用，缺点是不能很好地区分葡萄糖和甘露糖，但该方法的研究为构建分子印迹电化学传感器检测其他物质提供了可行的思路。

（2）自组装体系。自组装技术是指分子在氢键、静电、范德华力、疏水亲脂等弱作用力的推动下，自发地形成具有特殊结构和形状的分子集合体的过程。利用自组装原理实现的自组装膜技术具有原位自发性、热力学稳定性、构成方法简单且不受基底材料形状影响的特点，可形成均一、稳定、分子排列有序、低缺陷及纳米级尺寸等诸多优点的自组装膜，是自组装领域的主要研究对象。近年来，自组装膜技术开始被广泛应用于修饰改性电极材料以实现特定的电化学功能，进而用于电化学检测某些特殊目标分子。自组装膜的主要制备方法是化学吸附法，即利用含有巯基官能团的化合物在 Au、$TiO_2$ 等惰性金属以及氧化物上的化学吸附制备，该方法能在金属或氧化物表面自组装形成稳定的二维单层膜。Sagiv[82]最早制备了插入模板分子的自组装单层膜，并研究了它对模板分子的特异性识别。研究表明，掺杂染料分子后，在玻璃表面自组装形成的烷基硅氧烷单层能有效地再吸附形状或尺寸与模板分子相似的分析物。文献采用该方法构建了氨基酸、核酸和维生素印迹自组装单层膜。但上述报道未对分子印迹自组装单层膜的稳定性进行研究。Syu 等[83]通过将短链化合物丙烯硫醇自组装到金电极上，在引发剂的作用下通过接枝技术将交联剂、功能单体接枝到自组装单层膜上，从而构建了检测胆红素的电流型传感器，并且具有很高的灵敏度。

（3）分子印迹粒子镶嵌体系。分子印迹粒子镶嵌体系构建分子印迹电化学传感器主要分为两步：首先是分子印迹粒子的制备；其次是将分子印迹粒子镶嵌在所使用的体系中。常用的体系有石墨体系和聚氯乙烯（PVC）体系。这种方法制作的传感器简单易行，应用广泛，具有很好的选择性，且所有合成分子印迹的材料和方法均可用于分子印迹聚合物粒子的制备。但由于分子印迹粒子制备耗时较长，并且镶嵌的膜层通常较厚，易形成扩散壁垒，导致传质受阻，响应时间延长，尤其是石墨体系构建的传感器通常只适合测定一些小尺寸的分子。PVC 体系则主要用于分子印迹电位型传感器的构建。近十几年来，PVC 体系构建的分子印迹电位型传感器的研究已取得了很大进展。这种传感器的典型制法是：分子印迹粒子与增塑剂、PVC 粉末溶解于四氢呋喃或环己酮中，混合均匀后，倾倒在平底玻璃容器中，待四氢呋喃或环己酮挥发后即成为活性物质分布在 PVC 支持体中的薄膜，将薄膜切成圆片，用四氢呋喃黏结到 PVC 等塑料管支持杆的一端，灌入内充液，插入内参比电极即可。很多研究者运用此体系成功地制备了检测盐酸左旋咪唑、甲基磷酸、甲基磷酸片呐酯等的分子印迹电位型传感器，对分子印迹粒子、增塑剂、PVC 比例及其对传感器性能的影响进行了探讨。结果表明，分子印迹粒子的比例在一定程度上影响着传感器的选择性和灵敏度，如果分子印迹粒子的比例太小，就会降低对目标分子的有效键合，比例太大，又会使膜的电导率降低。增塑剂对传感器的性能影响也非常明显，分别使用不同的增塑剂制作传感器，发现介电常数大的增塑剂制作的传感器具有好的线性范围和低的检出限，同时增塑剂的比例也很重要，比例过小 PVC 膜易碎。此外，在常规的电位型传感器制作过程中，加入一些亲脂性的盐或离子添加剂能够降低膜的电化学阻抗，且能够降低带有相反电荷离子的干扰。Prasad 等[84]在 PVC 体系中加入亲脂性钠盐（NaTPB）制成了检测阿特拉津的分子印迹电位型传感器，探讨了 NaTPB 对传感器性能的影响，所得结论与文献的结论一致。利用三聚氰胺印迹粒子、NaTPB、硝基苯辛醚（NPOE）和 PVC 构建了检测三聚氰胺的分子印迹电位型传感器，并用于牛奶中三聚氰胺的检测，得到了令人满意的效果[85]。石墨体系构建的分子印迹电化学传感器制作简单，只需将石墨、石蜡或直链烷烃、分子印迹粒子混合均匀，再将混合物装订到玻璃管或 PVC 管中，插入导线即可制成镶嵌有分子印迹粒子的电化学传感器。Alizadeh 等[86]在前人的基础上制备了镶嵌对硝基苯酚分子印迹粒子的电流型传感器。实验中通过改变传感器各组成物质间的比例，对照其传感器性能，讨论了传感器各组成物质的作用，得到优化的比例关系。结果表明，该传感器对目标分子具有高选择性、高灵敏度（检出限可达 $3 \times 10^{-9} \text{mol/L}$）等特点，可用于实际样品的检测。

（4）电聚合体系。电聚合体系是在有模板分子存在的情况下，聚合单体分子发生电聚合，将特殊的选择性引入到聚合体系中，这种体系应用于分子印迹电化学传感器的可行性已被证实。常用的聚合单体主要有酚类、邻苯二胺、氨基苯磺酸、吡咯（Py）[87]和 3，4-乙烯二氧噻吩（EDOT）等。电聚合体系是一种构建分子印迹电化学传感器非常有潜力的体系，主要归结于以下原因：①制备简单，在功能单体和模板分子的溶液中进行电聚合即可实现；②通过控制流通电荷的多少，能够在导电基质上获得重复性优良的超薄膜，特别适用于分子尺寸较大的模板分子，因为它们在较厚的聚合物膜层内扩散会受到很大的阻碍作用；③聚合膜具有很好的刚性，去除模板分子后，印迹空穴不易变形，能够获得良好的重复性。

　　Ho 等[88]利用两种方法制作了吗啡的分子印迹电化学传感器。第一种方法以EDOT 为聚合单体，盐酸吗啡为模板分子溶于 LiClO₄ 溶液中，利用恒电位法在铟锡氧化物（ITO）电极上进行电聚合成膜。第二种方法首先以甲基丙烯酸（MAA）为功能单体，三羟甲基丙烷三甲基丙烯酸酯（TRIM）为交联剂，盐酸吗啡为模板分子，偶氮二异丁腈（AIBN）为热引发剂，利用沉淀聚合制得分子印迹粒子；然后以 EDOT 为聚合单体溶于 LiClO₄ 溶液中，洗脱掉模板分子的分子印迹粒子加入到该溶液中，利用恒电位法在 ITO 电极上进行电聚合诱捕分子印迹粒子成膜。实验中利用循环伏安法对该电极进行表征，结果表明，聚 3，4-乙烯二氧噻吩（PEDOT）诱捕分子印迹粒子可用于制备检测吗啡的电流型传感器。通过对两种方法的比较，第一种方法的灵敏度比第二种方法的灵敏度高得多，这可能是由于分子印迹粒子的引入致使 PEDOP 膜的阻抗增大，电流响应受阻，灵敏度降低。但是第二种方法开创了一种电聚合法的新思路，与用丙烯酸及其衍生物和乙烯基衍生物作为功能单体合成分子印迹膜相比，用电聚合单体对模板分子的特异性识别能力不强，致使电聚合分子印迹电化学传感器应用受限。第二种方法首先是利用丙烯酸及其衍生物或乙烯基衍生物类等作为功能单体合成分子印迹粒子，然后利用电聚合单体聚合诱导分子印迹粒子成膜，从而制得基于电聚合体系构建的分子印迹电化学传感器。这种方法大大拓宽了电聚合分子印迹电化学传感器的应用范围。Mazzotta 等[89]在玻碳（GC）电极上用聚吡咯（PPy）诱导分子印迹粒子，制得了检测麻黄素的分子印迹电化学传感器。首先制得分子印迹粒子；将洗脱掉模板分子的分子印迹粒子溶于乙腈中，取 1 滴在 GC 电极表面进行沉积干燥，然后把沉积干燥后的 GC 电极放在四丁基高氯酸铵，Py 为聚合单体的溶液中，利用恒电位法进行电聚合成膜，最后利用 CV 法对聚吡咯分子印迹电化学传感器进行过氧化处理。实验表明，分子印迹 PPy 体系与空白 PPy 体系的电流响应比为 1.7。通过对比可以看出，PPy 体系的分子印迹电化学传感器比 PEDOT 体系的有明显改善。Pardieu 等[90]建立了以导电材料 EDOT 为交联剂、2-噻吩乙酸（AAT）为功能单体的共电聚合体系，实验表明，这种体系的建立能够对模板分子阿特拉津更好地进行特异性识别，明显改善了传感器的选择性和灵敏度。

　　（5）溶胶-凝胶体系。分子印迹溶胶-凝胶材料的制备技术是在分子印迹制备过程中采用溶胶-凝胶过程，制备无机或无机-有机杂化的分子印迹材料的技术。

此技术是分子印迹技术与溶胶-凝胶技术的结合。与有机聚合方法相比该技术具有以下优点：①溶胶-凝胶过程的操作条件温和，容易制备高交联度、有较好热稳定性和化学稳定性的多孔主体；②容易制备具有不同形状的材料；③有机官能团和无机前驱体结合，将特定的化学官能团引入网络结构中，可提高选择性和专一性，并增强材料的稳定性。控制溶胶-凝胶过程条件，可得到具有确定孔径和比表面积的材料。分子印迹溶胶典型的制备过程是将甲基三甲氧基硅烷（MT-MOS）、丙基三甲氧基硅烷（PTMOS）、四乙氧基硅（TEOS）或四甲氧基硅（TMOS）、乙氧基乙醇和二次蒸馏水混合搅拌，加入少量盐酸，得到初始的溶胶。制备过程中 TEOS 或 TMOS 作为交联剂，PTMOS 为功能单体，因为 PT-MOS 既有疏水性，又可与模板分子上的苯环产生亲和力。而 MTMOS 的加入会进一步提高溶胶的疏水性和稳定性，已有研究表明，MTMOS、PTMOS 和 TEOS 的加入均可有效地提高膜的稳定性和对模板分子的响应能力。Makote 等[91]以 TMOS、MTMOS 和 PTMOS 为原料，制备了一种对神经传递素多巴胺有选择性吸附的复合膜。将多巴胺加入水解的溶胶中，生成的混合物涂在玻碳电极表面成膜。将干燥的膜浸入磷酸盐缓冲溶液中萃取多巴胺。多巴胺向膜内扩散和渗透的关键是膜孔隙率、静电和疏水性。Marx 等[92]以 TEOS 为交联剂，以 PTMOS 和 3-氨基丙基三乙氧基硅烷为功能单体，制备了检测对硫、磷的分子印迹电化学传感器。实验研究了两种功能单体的作用以及在非共价键合对硫磷时必须提供的作用位点，并首次比较了模板分子在气相和液相色谱条件下键合到印迹聚合物膜上的情况。Xu 等[93]通过 3-巯丙基三甲氧基硅烷在 ITO 电极上再组装 1 层金纳米颗粒，以 TEOS 为交联剂、PTMOS 为功能单体、盐酸丙咪嗪为模板分子，制成了分子印迹溶胶，将修饰电极浸入溶胶中 1min 后取出干燥，制成了检测丙咪嗪的分子印迹电化学传感器。结果表明，溶胶-凝胶分子印迹膜对丙咪嗪有很好的特异性识别，并且金纳米颗粒修饰的电极对丙咪嗪的检出限和灵敏度较无金纳米修饰的印迹电极有较明显的提高。这种传感器有望应用于临床检测。溶胶-凝胶材料存在易龟裂且与基体电极结合不牢固的缺点，杯芳烃具有多个酚羟基，可与硅氧烷和端羟基硅油发生缩聚反应，形成的聚合膜能够稳定地固定在电极表面，可有效地克服凝胶聚合膜的缺点。Prasad 等[94]通过接枝技术将三聚氰胺和四氯苯醌的共聚物接枝到 TEOS 溶胶-凝胶体系中，并先后在石墨电极上构建了检测肌氨酸酐、尿酸、巴比妥酸的分子印迹电化学传感器。此体系构建的传感器比在悬汞电极上构建的传感器更具有实用性。

## 6.4.2　分子印迹光化学传感器

在所有的化学/生物传感器中，光学传感器由于具有高度的敏感性、制作和使用简单等优点，是最受欢迎的一种传感器。光化学传感器主要包括分子印迹荧光化学传感器和分子印迹化学发光传感器。

### 6.4.2.1　荧光传感器

在构建分子印迹荧光传感器时，针对特定分子结构特点，通过分子设计将特定的荧光分子探针植入纳米结构的人工抗体材料中对结合位点进行荧光标记，制备兼有分子识别和荧光信号输出的新型纳米探针。在高密度印迹点纳米结构人工抗体合成的基础上，利用功能单体与发光团上的活性基团偶合，形成新的带有发光团的功能前体，因此有望将荧光分子植入分子识别位点的临近区域。此外，也可以通过对现成的纳米结构人工抗体进行后功能修饰手段，将荧光团连接到纳米结构人工抗体上。图 6-12 描述了荧光标记人工抗体纳米线的结构及敏感信号输出的原理，由于当目标分子进入纳米结构人工抗体上的分子识别位点时，荧光染料分子的激发态电子通过共振转移到目标分子的能级上，产生电子共振转移使荧光猝灭，从而获得目标分子结合的敏感识别信号，达到对目标分子的高度选择性的敏感探测。

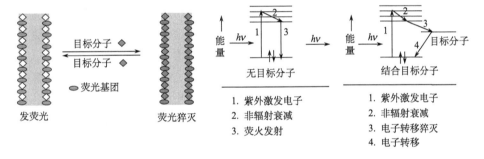

图 6-12　荧光标记的纳米人工抗体及其电子共振能量转移的光学信号输出原理

一方面，可以通过有机表面化学对玻璃光纤、硅基或氧化硅衬底的表面进行双功能化修饰。将荧光标记的人工抗体纳米探针在双功能化表面的自组装，使人工抗体纳米探针稳定地能够结合到玻璃光纤、硅基或氧化硅衬底。另一方面，综合运用微加工技术和"自下而上"的方式将人工抗体纳米探针集成到硅基或氧化硅衬底上，形成有序的微纳阵列，发展基于人工抗体的微纳芯片技术（图 6-13）。像蛋白质和 DNA 芯片一样，通过读取目标分子在微纳芯片上结合后的光学信号，达到对目标物的快速检测。

分子印迹聚合物（MIP）荧光传感器是利用荧光光谱为手段来对不同的分析物进行检测的，因此根据待测目标分析物的性质（荧光物质还是非荧光物质）不同，MIP 荧光传感器大体可以分为以下三类：①直接检测荧光分析物；②通过荧光试剂间接检测非荧光分析物；③检测荧光标记竞争物。

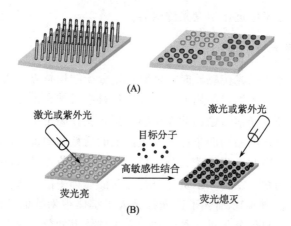

图 6-13　荧光标记的分子印迹纳米探针芯片示意图（A）和人工抗体芯（B）

（1）直接检测荧光分析物。对于本身能够发射荧光的分析物，MIP 荧光传感器制备过程一般以荧光分析物为印迹分子，利用分子印迹技术制备成 MIP，然后通过测定识别前后 MIP 的荧光变化来对荧光分析物进行定性与定量测量。直接以荧光分析物为模板分子的 MIP 荧光传感器制备相对简单、检测便捷，但要求分析物本身具有发射荧光能力，即至少要包含一种发色团或荧光团。Kriz 等[95]首次报道将 MIP 颗粒用于荧光光纤传感，对 N-丹磺酰基-L-苯基丙氨酸进行检测。该 MIP 荧光传感器以 N-丹磺酰基-L-苯基丙氨酸为模板分子，甲基丙烯酸（MAA）为功能单体，二甲基丙烯酸乙二醇酯（EDMA）为交联剂，偶氮二异庚腈（ABVN）为引发剂，45℃下聚合 15h 得块状聚合物，再经粉碎、研磨、筛分、洗脱和干燥得到 MIP 传感器。通过对 N-丹磺酰基-L-苯基丙氨酸和 N-丹磺酰基-D-苯基丙氨酸的竞争吸附研究表明，N-丹磺酰基-L-苯基丙氨酸 MIP 的吸附性能明显高于 N-丹磺酰基-D-苯基丙氨酸的吸附性能，检测范围为 0~100μg/mL。Dickert 等[96]将芘印迹的聚合物涂覆在石英板上制备荧光 MIP 传感器，分别印迹生成了蒽、苯并菲、芘等几种多环芳烃聚合物，洗脱印迹分子后进行荧光检测发现荧光增强，各种聚合物选择性明显。Suárez-Rodríguez 等[97]用本体聚合的方法合成了 3-羟基黄酮 MIP 传感器，采用流动注射方式检测 3-羟基黄酮的荧光，检测线性范围为 $5.0×10^{-8}$~$1.0×10^{-5}$ mol/L。他们还报道了用于检测胺甲萘的荧光 MIP[98]，采用流动注射方式检测胺甲萘的荧光，结果表明，线性检测范围为 5~50μg/L，检测限可达到 0.27μg/L。

（2）通过荧光试剂间接检测非荧光分析物。直接以荧光分析物为模板分子的方法要求待分析物本身具有发色团或荧光团，这种要求在一定程度上限制了该方法的使用范围，即对非荧光物质无法进行检测。对于本身不发荧光的待分析物，大体采用以下两种方式进行检测：①设计合成具有荧光团的物质直接作为功能单体参与形成空腔，通过监测聚合物中待分析物与荧光功能单体结合前后荧光光谱的变化来检测分析物，其中响应的荧光单体既为识别元件又为探测元件；②采用分子印迹-荧光猝灭法，即在分子印迹聚合物中包埋荧光试剂，利用荧光猝灭分析方法检测分析物。应用以上方法扩大了待分析物的检测范围，使得没有荧光团或发色团的物质也能用此传感器进行检测。Turkewitsch 等[99]以反-4-对-（$N$，$N$-二甲氨基）苯乙烯基]-$N$-乙烯苄基吡啶盐酸盐作为荧光功能单体，制备了可对环状单磷酸腺苷（cAMP）识别的荧光传感器。当 MIP 识别 cAMP 后，595nm 处荧光猝灭，检测范围为 $0.01 \sim 1000 \mu mol/L$。Güney 等[100]报道了用于检测 $Pb^{2+}$ 的荧光 MIP，该聚合物以 $N$-乙烯基咔唑为荧光功能单体，MAA 为功能单体，AIBN 热引发聚合，采用盐酸去除 $Pb^{2+}$。检测结果表明，$Pb^{2+}$ 导致 MIP 荧光猝灭，检测范围为 $10^{-6} \sim 10^{-2} mol/L$。Tong 报道了以 $Zn^{2+}$-原卟啉为荧光功能单体，MAA 为功能单体，AIBN 热引发聚合，去除模板分子组胺而得到了用于检测组胺的荧光 MIP。检测结果表明，组胺导致 MIP 荧光强度降低，检测范围为 $0.1 \sim 4mmol/L$。

（3）检测荧光标记竞争物。通过荧光试剂间接检测非荧光分析物法，使得MIP 荧光传感器的应用范围扩大到了能检测没有荧光团或发色团的物质，但是具有发色团或荧光团的单体合成过程比较烦琐，从而使其应用得到一定程度的限制。同时，在使用 MIP 荧光传感器检测更低浓度待分析物时，由于模板分子难以从 MIP 中完全去除，从而降低了检测的灵敏度。检测荧光标记竞争物不仅不需要设计合成具有发色团或荧光团的功能单体，同时也避免了残留模板分子对低浓度分析物检测时的干扰。检测荧光标记竞争物法已被证明达到同免疫检测类似的高效率。例如，Piletsky 等报道了检测三嗪除草剂的荧光 MIP 检测系统。以荧光素标记三嗪类似物与未标记的底物竞争结合位点。检测过程是先以标记三嗪与分子印迹聚合物结合到饱和，然后加入未标记底物，检测替代下来的标记三嗪的量。该系统检测范围为 $0.01 \sim 100mmol/L$。

### 6.4.2.2　化学发光传感器

化学发光法（chemiluminescent，CL）是利用反应物在氧化还原或发光反应过程中发射出一定波长的光，通过测定发射光的特性，对被测物质进行检测。化学发光法灵敏度高且设备简单，在很多领域得到应用，但因为选择性的原因，一般用在柱后检测中。针对目标分子结构特点，选择适当的化学发光反应体系，发展兼有分子识别和化学发光信号输出的新型纳米探针，利用化学发光反应，实现对痕量目标分子的高度选择性、高灵敏性和实时探测的分子印迹化学发光传感器。

例如，镧系元素铕（europium，Eu）是一种发光元素，$Eu^{3+}$ 与待测物结合后在光谱上发生改变，以此原理制作 $Eu^{3+}$ 光谱探针。由于 $Eu^{3+}$ 的激发光和发射光谱较窄，其本身就具有较高的灵敏度和一定范围的选择性，与 MIP 结合进一步提高其灵敏度和选择性。MIP-$Eu^{3+}$ 传感器的制作分为两步：① 将模板、$Eu(NO_3)_3$ 和络合分子按一定比例溶于甲醇水混合液中，得到结晶体；② 将晶体溶于含功能单体的混合液中，热聚合至溶液呈黏稠状，然后浸涂在光纤上，用紫外光照固化，制成 MIP-$Eu^{3+}$ 传感器。用 MIP-$Eu^{3+}$ 传感器检测有机磷农药草甘膦、氯蜱硫磷、二嗪磷和神经毒剂梭曼的水解产物频哪基醇甲基磷酸酯，检出限均低于 $9\mu g/L$，响应时间均在 15min 内。Lin 等[101]利用金属离子络合物的催化特性设计检测邻菲咯啉的 MIP-CL 传感器。将邻菲咯啉、乙酸铜和 4-乙烯吡啶溶于甲醇中，加入交联剂和引发剂，热聚合得到蓝色聚合物颗粒，将此颗粒装入石英流通池中，结合流动注射技术，构成 MIP-CL 流通传感器。传感器中的 $Cu^{2+}$ 邻菲咯啉络合物对 $H_2O_2$ 的水解具有很强的催化作用，水解过程中与 $Cu^{2+}$ 络合的邻菲咯啉被氧化，产生激态分子，发射出最大波长在 $445\sim450nm$ 的光，通过光电倍增管测定光的强度，从而计算出邻菲咯啉的浓度。用 MIP-CL 传感器来检测丹磺酰化-L-苯丙氨酸，该分子通过印迹粒子后，在化学发光传感器中立即被识别出[102]。当用 $HSO_4^-/Co^{2+}$ 溶液通过聚合物粒子时，吸附在 MIP 上的目标物被氧化分解，得到一个极低化学发光法检测限，为 $4.0\times10^{-7}mol/L$。迄今为止，只有少数 MIP-CL 传感器的有限样本被报道，可能是由于缺乏合适的化学发光体系。

### 6.4.3　分子印迹质量敏感型传感器

由于分析物的质量是物质的基本性质，因此质量测量的方法是最适合任何分析物的检测。石英晶体微天平（QCM）提供了一个非常敏感手段用来测量吸附到压电材料表面分析物的质量，质量的增加使 QCM 的谐振频率降低，通过监测频率的变化测定 QCM 表面的吸附质量。振动频率的变化规律（$\Delta F$）符合 Sauerbrey 方程

$$\Delta F = -2.3\times10^6\times F_0^2\times(M/A)$$

式中，$F_0$ 为一个压电晶体的基本频率；$M$ 为物种被吸附在表面的量；$A$ 为吸附表面积。QCM 作为转换器广泛应用于传感器技术中，将 MIP 与 QCM 结合，可构成能够检测特定分子的分子印迹质量敏感型传感器。一般如使用石英晶体，理论检出限约为 $10^{-12}g$。由于分子印迹压电式传感器同时具有分子印迹的高选择性和压电材料响应的高灵敏的优势，以及拥有良好的检出限、低成本、分析仪器易实现小型化和自动化等优点，因此目前有大量关于分子印迹压电式传感器的文献报道，但与分子印迹电化学和光学传感器相比，分子印迹压电式传感器的发展速度相对缓慢。

分子印迹 QCM 传感器通常是分子印迹材料作为识别元件固定在 QCM 表面上，因此，传感系统可以检测到选择性结合到分子印迹材料上的目标分析物。例

如，Malitesta 等[103] 在 QCM 表面直接合成一层聚苯胺纳米薄膜（10nm），该膜对其分子印迹的葡萄糖具有一定的选择性，但只有当浓度达到毫摩尔级别时才能被检测出来。Haupt 等[104] 在 QCM 表面涂上一层由（S）-心得安（S-propranol）分子印迹的聚合物膜制得的传感器，其对药物（R）-心得安、（S）-心得安的选择相关系数可达到 5。Tan 等[105] 以氨基比林（AP）为模板，通过热聚合制备直径约为 $1\mu m$ 的 MIP 颗粒，将颗粒悬浮于含聚氯乙烯粉末的四氢呋喃溶液中，铺展于 QCM 银电极表面，四氢呋喃挥发后在银表面形成 MIP 膜。用此传感器测定氨基比林标准溶液，约 40min 达到稳定响应，响应范围为 $5.0\times10^{-8}\sim1.0\times10^{-4}$ mol/L，检出限为 25nmol/L，氨基比林的结构类似物 4-乙酰氨基比林和烟碱对测定没有干扰，测定加标血清和尿样，回收率分别为 89.0% ～106.3% 和 91.7% ～104.4%。在修饰乙烯基单分子层的 QCM 金电极表面采用紫外光聚合法合成 MIP 膜，制作对 L-丹酰苯丙氨酸对映体敏感的对映体选择性 MIP-QCM 传感器，检出限为 5mg/L，检测范围为 5～500mg/L，10min 内频率响应达到稳定[106]。左言军等以沙林为模板，聚邻苯二胺（PPD）为聚合剂，用电聚合法在 QCM 金电极表面合成厚约为 16nm 的印迹膜（iPPD），用于检测沙林毒气，检出限为 1nL/L；线性范围为 $0.7\sim50\mu L/L$，响应时间为 7.5min，这是目前同类传感器中灵敏度较高的新型传感器。

在快速的医学诊断中，测定蛋白质是至关重要的，当测量标本是一种蛋白质混合物时，传统的检测方法（如染料标记和电泳检测方法等）会导致较差的选择性和灵敏度，带 MIP-QCM 可能是潜在的检测蛋白质的分析方法。在 QCM 金电极表面上通过紫外诱导聚合制备白蛋白分子印迹膜，并实现了利用 MIP-QCM 传感器分析蛋白质混合物中的白蛋白[107]。由于选择性的吸附，MIP-QCM 传感器对白蛋白质显示出比其他血清白蛋白高的响应，对细胞色素 c、溶菌酶、白蛋白和肌红蛋白的吸附质量比是 160：1：1942：30。此外，在人浆液的试验中，MIP-QCM 的数据结果也显示了与临床化验时的良好匹配性。另外，为了防止传染病在动、植物种群中扩散，快速、便宜的病毒和细菌感染筛查刻不容缓，但是，生物检测过程复杂、费时而且昂贵。结合生物分子印迹和 QCM 的生物印迹 QCM 传感器可以提供快速和选择性的检测。Hayden 最近利用表面印迹技术在 QCM 表面制备印迹聚合物膜，可以检测到在水介质中的烟草花叶病毒（TMV）[108,109] 和活酵母菌[110]，这个在聚合物表面上与印迹细菌和病毒的形状和功能基相匹配的印迹空穴为识别细菌和病毒提供了选择性的识别位点，检测 TMV 的线性范围为 100ng/mL～1mg/mL，允许在线选择性检测水中酵母细胞浓度超过 5 个数量级。

# 6.5　总结与展望

纳米技术越来越多地被应用在分子印迹材料制备和分子印迹传感器的构建

上，通过利用纳米技术和表面化学技术，不同形貌的纳米结构分子印迹材料，如印迹纳米粒子、核–壳型印迹纳米粒子、印迹纳米胶囊、印迹纳米线/纳米管和印迹纳米薄膜等以可控方式被成功地合成出来，相对于传统的大块印迹材料，纳米结构分子印迹材料表现出易除模板分子、结合容量大、结合动力学快的优点。拥有高的比表面积的印迹纳米材料对目标分子亲和力和选择性类似于抗体，但与生物受体相比，印迹纳米材料具有更高的物理/化学稳定性和更好的机械加工特性。因此，在仿生化学/生物传感器分析中，印迹纳米材料作为分子识别元件有着显著的优势，超灵敏的检测一些分析物传感技术已取得成功。虽然印迹纳米材料的发展以及应用于化学/生物传感领域中有许多成功的例子被报道，但是在应用于商业之前，纳米材料的改进和传感系统中有几个重要的问题亟待解决。主要的挑战包括：①提高印迹纳米材料对目标分子选择性亲和力和减少印迹纳米材料的非选择性吸附性；②开发一种通用的合成分子印迹纳米材料的实验方案，使合成出的印迹纳米材料具有统一的形貌和大小；③以适当的方式，将分子印迹纳米阵列与信号转化器的工程学结合；④通过纳米组装技术，发展具有多元性能和高度综合化的多元传感技术。

## 参 考 文 献

[1] Mirkin C A, Letsinger R L, Mucic R C, et al. A DNA-based method for rationally assembling nanop-articles into macroscopic materials. Nature, 1996, 382: 607-609

[2] Shi L F, Paoli V D, Rosenzweig N, et al. Synthesis and application of quantum dots FRET-based pro-tease sensors. J. Am. Chem. Soc., 2006, 128: 10378-10379

[3] Peng H, Zhang L J, Kjällman T H M, et al. DNA hybridization detection with blue luminescent quan-tum dots and dye-labeled single-stranded DNA. J. Am. Chem. Soc., 2007, 129: 3048-3049

[4] Wu C L, Zheng J S, Huang C B, et al. Hybrid silica-nanocrystal-organic dye superstructures as post-encoding fluorescent probes. Angew. Chem. Int. Ed., 2007, 46: 5393-5396

[5] Modi A. Koratkar N, Lass E, et al. Miniaturized gas ionization sensors using carbon nanotubes. Na-ture, 2003, 424: 171-174

[6] Guo X F, Small J P, Klare J E, et al. Covalently bridging gaps in single-walled carbon nanotubes with conducting molecules. Science, 2006, 311: 356

[7] Arntz Y, Seelig J D, Lang H P, et al. Label-free protein assay based on a nanomechanical cantilever array. Nanotechnology, 2003, 14: 86-90

[8] Katz A, Davis M E. Molecular imprinting of bulk, microporous silica. Nature, 2000, 403: 286-289

[9] Shi H, Tsaqi W, Garrison M D, et al. Template-imprinted nanostructured surfaces for protein recog-nition. Nature, 1999, 398: 593-597

[10] Hayden O, Mann K J, Krassnig S, et al. Biomimetic ABO blood-group typing. Angew. Chem. Int. Ed., 2006, 45: 2626-2629

[11] Li J H, Kendig C E, Nesterov E E. Chemosensory performance of molecularly imprinted fluorescent conjugated polymer materials. J. Am. Chem. Soc., 2007, 129: 15911-15918

[12] Pauling L J. A theory of the structure and process of formation of antibodies. J. Am. Chem. Soc., 1940, 62: 2643-2657

[13] Dickey F H. The preparation of specific adsorbents. Proc. Natl. Acad. Sci., 1949, 35: 227-229

[14] Wulff G, Sarchan A, Zabrocki K. Enzyme-analogue built polymers and their use for the resolution of racemates. Tetrahedron lett., 1973, 14: 4329-4332

[15] Wulff G, Sarchan A. Macromolecular colloquium. Angew. Chem. Int. Ed., 1972, 11: 341-342

[16] Vlatakis G, Andersson L I, Mosbach K. Drug assay using antibody mimics made by molecular imprinting. Nature, 1993, 361: 645-647

[17] Chronakis I S, Milosevie B, Frenot A. Generation of molecular recognition sites in electrospun polymer nanofibers via molecular imprinting. Macromolecules, 2006, 39: 357-361

[18] Ye L, Mosbach K. Molecularly imprinted microspheres as antibody binding mimics. React. Funct. Polym., 2001, 48: 149-157

[19] Sellergren B, Andersson L. Molecular recognition in macroporous polymers prepared by a substrate analog imprinting strategy. J. Org. Chem., 1990, 55: 3381-3383

[20] Whitcombe M J, Vulfson E N. Imprinted polymers. Adv. Mater., 2001, 13: 467-478

[21] Klein J U, Whitcombe M J, Mulholland F. Template-mediated synthesis of a polymeric receptor specific to amino acid sequences. Angew. Chem., Int. Ed., 1999, 38: 2057-2060

[22] Mayes A G, Mosbach K. Molecularly imprinted polymer beads: suspension polymerization using a liquid perfluorocarbon as the dispersing phase. Anal. Chem., 1996, 68: 3769-3774

[23] Hosoya K, Yoshizako K, Tanaka N, et al. Uniform-size macroporous polymer-based stationary-phase for HPLC prepared through molecular imprinting technique. Chem. Lett., 1994, 1437-1438

[24] Haginaka J, Takehira H, Hosoya K, et al. Molecularly imprinted uniform-sized polymer-based stationary phase for naproxen. Chem. Lett., 1997, 26: 555-556

[25] Haginaka J, Sanbe H. Uniform-sized molecularly imprinted polymers for 2-arylpropionic acid derivatives selectively modified with hydrophilic external layer and their applications to direct serum injection analysis. Anal. Chem., 2000, 72: 5206-5210

[26] Haginaka J, Sakai Y. Uniform-sized molecularly imprinted polymer material for (S) -propranolol. J. Pharm. Biomed. Anal., 2000, 22: 899-907

[27] Ye L, Cormack P A G, Mosbach K. Molecularly imprinted monodisperse microspheres for competitive radioassay. Anal. Commun., 1999, 36: 35-38

[28] Ye L, Weiss R, Mosbach K. Synthesis and characterization of molecularly imprinted microspheres. Macromolecules, 2000, 33: 8239-8245

[29] Ye L, Cormack P A G, Mosbach K. Molecular imprinting on microgel spheres. Anal. Chim. Acta, 2001, 435: 187-196

[30] Matsui J, Kato T, Takeuchi T, et al. Molecular recognition in continuous polymer rods prepared by a molecular imprinting technique. Anal. Chem., 1993, 65: 2223-2224

[31] Matsui J, Takeuchi T. A molecularly imprinted polymer rod as nicotine selective affinity media prepared with 2- (trifluoromethyl) acrylic acid. Anal. Commun., 1997, 34: 199-200

[32] Sellergren B. Imprinted dispersion polymers: a new class of easily accessible affinity stationary phases. J, Chromatogr. A, 1994, 673: 133-141

[33] Brüggemann O, Freitag R, Whitcombe M J, et al. Comparison of polymer coatings of capillaries for

capillary electrophoresis with respect to their applicability to molecular imprinting and electrochroma-tography. J. Chromatogr. A, 1997, 781: 43-53

[34] Schweitz L, Andersson L I, Nilsson S. Capillary electrochromatography with predetermined selectivi-ty obtained through molecular imprinting . Anal. Chem. , 1997, 69: 1179-1183

[35] Norrlöw O, Glad M, Mosbach K. Acrylic polymer preparations containing recognition sites obtained by imprinting with substrates. J. Chromatogr. A, 1984, 299: 29-41

[36] Hirayama K, Sakai Y, Kameoka K. Synthesis of polymer particles with specific lysozyme recognition sites by a molecular imprinting technique. J. Appl. Polym. Sci. , 2001, 81: 3378-3387

[37] Sulitzky C, Rückert B, Hall A J, et al. Grafting of molecularly imprinted polymer films on silica sup-ports containing surface-bound free radical initiators. Macromolecules, 2002, 35: 79-91

[38] Rückert B, Hall A J, Sellergren B. Molecularly imprinted composite materials via iniferter-modified supports. J. Mater. Chem. , 2002, 12: 2275-2280

[39] Sellergren B, Ruckert B, Hall A J. Layer-by-layer grafting of molecularly imprinted polymers via iniferter modified supports. Adv. Mater. , 2002, 14: 1204-1208

[40] Yilmaz E, Haupt K, Mosbach K. The use of immobilized templates—a new approach in molecular im-printing. Angew. Chem. Intl. Ed. , 2000, 39: 2115-2118

[41] Prasad B B, Banerjee S. Preparation, characterization and performance of a silica gel bonded molecu-larly imprinted polymer for selective recognition and enrichment of β-lactam antibiotics. React. Funct. polym. , 2003, 55: 159-169

[42] Shimada T, Nakanishi K, Morihara K. Footprint catalysis . 4. Structural effects of templates on cat-alytic behavior of imprinted footprint cavities. Bull. Chem. Soc. Jap. , 1992, 65: 954-956

[43] Morihara K, Doi S, Takiguichi M. Footprint catalysis. 7. reinvestigation of the imprinting procedures for molecular footprint catalytic cavities-the effects of imprinting procedure temperature on the catalytic characteristics. Bull. Chem. Soc. Jap. , 1993, 66: 2977-2982

[44] Suzuki A, Tada M, Sasaki T L. Design of catalytic sites at oxide surfaces by metal-complex attaching and molecular imprinting techniques. J. Mol. Cat. A-Chem. , 2002, 182: 125-136

[45] Katada N, Akazawa S, Nishiaki N. Formation of selective adsorption cavity by chemical vapor deposi-tion of molecular sieving silica overlayer on alumina using molecular template in the presence of acetic acid. Bull. Chem. Soc. Jap. , 2005, 78: 1001-1007

[46] Koide Y, Senba H, Shosenji H. Selective adsorption of metal ions to surface-template resins prepared by emulsion polymenzation using 10- (P-Vinylphenyl) decanoic. Acid. Bull. Chem. Soc. Jap. , 1996, 69: 125-130

[47] Murata M, Hijiya S, Madea M. Template-dependent selectivity in metal adsorption on phosphoric diesfer-carrying resins prepared by surface template polymerization techniaue. Bull. Chem. Soc. Jap. , 1996, 69: 637-642

[48] Yoshida M, Uezu K, Goto M. Required properties for functional monomers to produce a metal tem-plate effect by a surface molecular imprinting technique. Macromolecules, 1999, 32: 1237-1243

[49] Yilmaz E, Ramström O, Möller P. A facile method for preparing molecularly imprinted polymer spheres using spherical silica templates. J. Mater. Chem. , 2002, 12: 1577-1581

[50] Carter S R, Rimmer S. Surface molecularly imprinted polymer core-shell particles. Adv. Funct. Ma-ter. , 2004, 14: 553-561

[51] Joshi V P, Karode S K, Kulkarni M G. Novel separation strategies based on molecularly imprinted adsorbents. Chem. Eng. Sci., 1998, 53 (13): 2271-2284

[52] Piletsky S A, Matuschewski H, Schedler U. Surface functionalization of porous polypropylene membranes with molecularly imprinted polymers by photograft copolymerization in water. Macromolecules, 2000, 33: 3092-3098

[53] Zimmerman S C, Lemcoff N G. Synthetic hosts via molecular imprinting-are universal synthetic antibodies realistically possible. Chem. Commun., 2004, 5-14

[54] Umpleby R J, Rushton G T, Shimizu K D, et al. Recognition directed site-selective chemical modification of molecularly imprinted polymers. Macromolecules, 2001, 34: 8446-8452

[55] Chen X X, Dam M A, Ono K, et al. A thermally re-mendable cross-linked polymeric material. Science, 2002, 295: 1698-1702

[56] Hiratani H, Alvarez-Lorenzo C, Chuang J, et al. Effect of reversible cross-linker, N, N'-bis (acryloyl) cystamine, on calcium ion adsorption by imprinted gels. Langmuir, 2001, 17: 4431-4436

[57] Turkewitsch P, Wandelt B, Darling G D, et al. Fluorescent functional recognition sites through molecular imprinting. A polymer-based fluorescent chemosensor for aqueous cAMP. Anal. Chem., 1998, 70: 2025-2030

[58] Takeuchi T, Mukawa T, Matsui J, et al. Molecularly imprinted polymers with metalloporphyrin-based Molecular Recognition Sites coassembled with methacrylic acid. Anal. Chem., 2001, 73: 3869-3874

[59] Pérez-Moral N, Mayes A G. Novel MIP formats. Bioseparation, 2002, 10: 287-299

[60] Biffis A, Graham N B, Wulff G. The synthesis, characterization and molecular recognition properties of imprinted microgels. Macromol. Chem. Phys., 2001, 202: 163-171

[61] Friggeri A, Kobayashi H, Shinkai S, et al. From solutions to surfaces: A novel molecular imprinting method based on the conformational changes of boronic-acid-appended poly (L-lysine). Angew. Chem., Int. Ed., 2001, 40: 4729-4731

[62] Zimmerman S C, Wendland M S, Rakow N A, et al. Synthetic hosts by monomolecular imprinting inside dendrimers. Nature, 2002, 418: 399-403

[63] Li Z, Ding J, Day M, et al. Molecularly imprinted polymeric nanospheres by diblock copolymer self-assembly. Macromolecules, 2006, 39: 2629-2636

[64] Ciardelli G, Borrelli C, Silvestri D, et al. Supported imprinted nanospheres for the selective recognition of cholesterol. Biosens. Bioelectron., 2006, 21: 2329-2338

[65] Kempe H, Kempe M. Development and evaluation of spherical molecularly imprinted polymer beads. Anal. Chem., 2006, 78: 3659-3666

[66] Gao D M, Zhang Z P, Wu M H, et al. A surface functional monomer-directing strategy for highly dense imprinting of TNT at surface of silica nanoparticles. J. Am. Chem. Soc., 2007, 129: 7859-7866

[67] Guan G J, Zhang Z P, Wang Z Y, et al. Single-hole hollow polymer microspheres toward specific high-capacity uptake of target species. Adv. Mater., 2007, 19: 2370-2374

[68] Yang H H, Zhang S Q, Yang W, et al. Molecularly imprinted Sol-Gel nanotubes membrane for biochemical separations. J. Am. Chem. Soc., 2004, 126: 4054-4055

[69] Yang H H, Zhang S Q, Tan F, et al. Surface molecularly imprinted nanowires for biorecognition. J.

Am. Chem. Soc. , 2005, 127: 1378-1379.

[70] Li Y, Yang H H, You Q H, et al. Protein recognition via surface molecularly imprinted polymer nanowires. Anal. Chem. , 2006, 78: 317-320

[71] Xie C G, Zhang Z P, Wang D P, et al. Surface molecular self-assembly strategy for TNT imprinting of polymer nanowire/nanotube arrays. Anal. Chem. , 2006, 78: 8339-8346

[72] Xie C G, Liu B H, Wang Z Y, et al. Molecular imprinting at walls of silica nanotubes for TNT recognition. Anal. Chem. , 2008, 80: 437-443

[73] Chronakis I S, Milosevie B, Frenot A, et al. Generation of molecular recognition sites in electrospun polymer nanofibers via molecular imprinting. Macromolecules, 2006, 39: 357-361

[74] Chronakis I S, Jakob A, Hagström B, et al. Encapsulation and selective recognition of molecularly imprinted theophylline and 17 ss-estradiol nanoparticles within electrospun polymer nanofibers. Langmuir, 2006, 22: 8960-8965

[75] Xie C G, Li H F, Li S Q, et al. Surface molecular self-assembly for organophosphate pesticide imprinting in electropolymerized poly (p-aminothiophenol) membranes on a gold nanoparticle modified glassy carbon electrode. Anal. Chem. , 2010, 82: 241-249

[76] Schmidt R H, Mosbach K, Haupt K. A simple method for spin-coating molecularly imprinted polymer films of controlled thickness and porosity. Adv. Mater. , 2004, 16: 719-722

[77] Guan G J, Liu B H, Zhang Z P, et al. Imprinting of molecular recognition sites on nanostructures and its applications in chemosensors. Sensors 2008, 8: 8291-8320

[78] Sergeyeva T A, Piletsky S A, Brovko A A, et al. Conductimetric sensor for atrazine detection based on molecularly imprinted polymer membranes. Analyst, 1999, 124: 331-334

[79] Hedborg E, Winquist F, Mosbach K. Some studies of molecularly-imprinted polymer membranes in combination with field-effect devices. Sens. Actuators A, 1993, 36: 796-799

[80] Panasyuk T L, Mirsky V M, Piletsky S A. Electropolymerized molecularly imprinted polymers as receptor laryers in a capacitive chemical sensors. Anal. Chem. , 1999, 71: 4609-4613

[81] Fang C, Yi C L, Wang Y, et al. Electrochemical sensor based on molecular imprinting by photo-sensitive polymers. Biosens Bioelectron. , 2009, 24: 3164-3169

[82] Sagiv J. Organized monolayers by adsorption . 1. formation and structure of oleophobic mixed monolayers on solid surfaces. J. Am. Chem. Soc. , 1980, 102: 92-98

[83] Syu M J, Chiu T C, Lai C Y, et al. Amperometric detection of bilirubin from a micro-sensing electrode with a synthetic bilirubin imprinted poly (MAA-co-EGDMA) film. Biosens Bioelectron, 2006, 22: 550-557

[84] Prasad K, Prathish K P, Gladis J M, et al. Molecularly imprinted polymer (biomimetic) based potentiometric sensor for atrazine. Sens Actuators: B, 2007, 123 (1): 65-70

[85] Liang R N, Zhang R M, Qin W. Potentiometric sensor based on molecularly imprinted polymer for determination of melamine in milk. Sens Actuators: B, 2009, 141 (2): 544-550

[86] Alizadeh T, Ganjali M R, Norouzi P, et al. A novel high selective and sensitive para-nitrophenol voltammetric sensor, based on a molecularly imprinted polymer-carbon paste electrode. Talanta, 2009, 79 (5): 1197-1203

[87] Xie C G, Gao S, Guo Q B, et al. Electrochemical sensor for 2, 4-dichlorophenoxy acetic acid using molecularly imprinted polypyrrole membrane as recognition element. Microchim Acta, 2010, 169:

145-152

[88] Ho K C, Yeh W M, Tung T S, et al. Amperometric detection of morphine based on poly (3, 4-ethylenedioxythiophene) immobilized molecularly imprinted polymer particles prepared by precipitation polymerization. Anal. Chim. Acta, 2005, 542 (1): 90-96

[89] Mazzotta E, Picca R A, Malitesta C, et al. Development of a sensor prepared by entrapment of MIP particles in electrosynthesised polymer films for electrochemical detection of ephedrine. Biosens. Bioelectron., 2008, 23 (7): 1152-1156

[90] Pardieu E, Cheap H, Vedringe C, et al. Molecularly imprinted conducting polymer based electrochemical sensor for detection of atrazine. Anal. Chim. Acta, 2009, 649 (2): 236-245

[91] Makote R, Collinson M M. Template recognition in inorganic-organic hybrid films prepared by the Sd-Gel process. Chem. Mater., 1998, 10 (9): 2440-2445

[92] Marx S, Zaltsman A, Turyan I, et al. Parathion sensor based on molecularly imprinted Sol-Gel films. Anal. Chem., 2004, 76 (1): 120-126

[93] Xu X L, Zhou G L, Li H X, et al. A novel molecularly imprinted sensor for selectively probing imipramine created on ITO electrodes modified by Au nanoparticles. Talanta, 2009, 78 (1): 26-32

[94] Patel A K, Sharma P S, Prasad B B. Development of a creatinine sensor rased on a molecularly imprinted polymer-modified Sol-Gel film on graphite electrode. Electroanalysis, 2008, 20 (19): 2102-2112

[95] Kriz D, Ramstroem O, Mosbach K, et al. A biomimetic sensor based on a molecularly imprinted polymer as a recognition element combined with fiber-optic detection. Anal. Chem., 1995, 67: 2142-2144

[96] Dickert F L, Tortschanoff M, Bulst W E, et al. Molecularly imprinted sensor layers for the detection of polycyclic aromatic hydrocarbons in water. Anal. Chem., 1999, 71: 4559-4563

[97] Suárez-Rodríguez J L, Díaz-García M E. Flavonol fluorescent flow-through sensing based on a molecular imprinted polymer. Anal. Chim. Acta, 2000, 405: 67-76

[98] Sánchez-Barragán I, Karim K, Piletsky S A, et al. A molecularly imprinted polymer for carbaryl determination in water. Sens. Actuators, B., 2007, 123: 798-804

[99] Turkewitsch P, Wandelt B, Darling G D, et al. Fluorescent functional recognition sites through molecular imprinting. A polymer-based fluorescent chemosensor for aqueous cAMP. Anal. Chem., 1998, 70: 2025-2030

[100] Güney O, Yilmaz Y, Pekcan Ö. Metal ion templated chemosensor for metal ions based on fluorescence quenching. Sens. Actuators B, 2002, 85: 86-89

[101] Lin J M, Yamada M. Chemiluminescent flow-through sensor for 1, 10-phenanthroline based on the combination of molecular imprinting and chemiluminescence. Analyst, 2001, 126: 810-815

[102] Lin J M, Yamada M. Chemiluminescence reaction of fluorescent organic compounds with $KHSO_5$ using cobalt (Ⅱ) as catalyst and its first application to molecular imprinting. Anal. Chem., 2000, 72: 1148-1155

[103] Malitesta C, Losito I, Zambonin P G. Molecularly imprinted electrosynthesized polymers: New materials for biomimetic sensors. Anal. Chem., 1999, 71: 1366-1370

[104] Haupt K. Molecularly imprinted sorbent assays and the use of non-related probes. React. Funct. Polym., 1999, 41: 125-131

[105] Tan Y G, Nie H, Yao S Z. A piezoelectric biomimetic sensor for aminopyrine with a molecularly imprinted polymer coating. Analyst, 2001, 126: 664-668

[106] Cao L, Zhou X C, Li S F Y. Enantioselective sensor based on microgravimetric quartz crystal microbalance with molecularly imprinted polymer film. Analst, 2001, 126: 184-188

[107] Lin T Y, Hu C H, Chou T C. Determination of albumin concentration by MIP-QCM sensor. Biosens. Bioelectron. , 2004, 20: 75-81

[108] Hayden O, Bindeus R, Haderspöck C, et al. Mass-sensitive detection of cells, viruses and enzymes with artificial receptors. Sensor. Actuat. B, 2003, 91: 316-319

[109] Dickert F L, Hayden O, Bindeus R, et al. Bioimprinted QCM sensors for virus detection-screening of plant sap. Anal. Bioanal. Chem. , 2004, 378: 1929-1934

[110] Dickert F L, Hayden O. Bioimprinting of polymer and sol-gel phases. Selective detection of yeasts with imprinted polymers. Anal. Chem. , 2002, 74: 1302-1306

# 第 7 章　电导型 DNA 及其复合纳米材料传感器

## 7.1　引　　言

一维纳米材料在纳米器件构筑中占有重要地位，如何获得高质量的一维结构纳米材料便成为备受关注的焦点问题。近年来，利用生物分子构建一维纳米材料逐渐成为一种有效的方法。脱氧核糖核酸（deoxyribonucleic acid，DNA）是遗传信息的携带者，是一种重要的生物大分子，具有独特的双螺旋结构，碱基相距 0.34nm，双螺旋的直径约为 2nm，具有热力学上的稳定性、线形的分子结构及机械刚性等优点。通过对 DNA 分子的结构进行分析可以得出，其作为模板构建一维纳米材料具有以下几个突出的优点：①它的尺度和形貌可以由碱基的数目及其构象决定，可以按照结构要求合成相应的模板结构；②双链结构保证了它具有足够的刚性和韧性，刚性长度保持在 50nm 以内，这样就能保证 DNA 分子可以被梳理到不同的基底表面上，甚至可以用 AFM 实现对它的操纵与切割；③DNA 分子表面的磷酸根基团和本身的碱基对使得其表面带有负电荷，可以很方便地同金属离子或者纳米颗粒结合；④DNA 分子的物理化学性质比较稳定，操作方法基本成熟。尽管 DNA 分子具有上述优点，然而由于 DNA 分子内的导电性极为微弱，很大程度上限制了 DNA 在生物传感器和纳米电子学领域的应用。

近年来，研究发现将特定的金属离子插入 DNA 的内部结构或以 DNA 分子为模板组装无机纳米颗粒，可以有效地解决 DNA 分子导电能力弱的问题，这也为将 DNA 发展成新一代生物传感器和半导体导线奠定了基础。Lee 等发现 DNA 很容易把 $Zn^{2+}$、$Co^{2+}$、$Ni^{2+}$ 等离子引入 DNA 双螺旋的中心，并在强碱性条件下，找到了 DNA 含有金属离子的稳定状态，获得了新的 DNA 导电体，并且此类 DNA 导电体仍然保持选择性地结合其他分子的能力[1]。利用这一特性就可以开发出不同类型的生物传感器。例如，在此 DNA 导线上装配上特定的抗原、抗体或特异寡核苷酸配基，相应抗体、抗原等生物分子能引起 DNA 导线导电能力的微弱变化，通过电导的变化鉴别生物分子或其他物质（如蛋白激酶、环境毒素、毒品等）。同时，以增加构建纳米结构的导电性为目的，发展出了以 DNA 为模板制备金属纳米线的工艺，通过金属的引入，对其核酸基和骨架进行金属包裹，从而真正地实现金属化，可有效地改变其物理和化学等方面的特性。近年来，以 DNA 为模板构建纳米材料的研究得到了诸多进展，以 DNA 为模板的金属和半导体纳米线通过不同方法被成功构建，为其在生物传感器和纳米电子学领域的进一步应用提供了可能性。本章将分三部分来阐述 DNA 及其复合材料的电导型传感器，首先介绍的是基于电导特性的 DNA 传感器；其次，介绍 DNA-金属纳米材料和器件的制备及其传感性能；最后，探讨 DNA-CdS 纳米材料的制备及其光电性能。

## 7.2 基于电导特性的 DNA 传感器

DNA 生物传感器是指直接在微电极表面进行探针 DNA 固定和杂交，通过检测电极间隙的电学性质变化实现对目标 DNA 的检测，其特点是直接利用了 DNA 分子的自身导电性信号[2~4]。DNA 生物传感器已发展成为一种简单、快速和无标记的检测手段[5~7]。随着 DNA 杂交检测趋于向高灵敏、高选择性方向发展，加之电子微加工技术的进步[8~9]，利用生物分子导电性的电子学检测方法将拥有广阔的发展与应用空间。

现代微加工技术虽然可以将电极间的间隙降到微米级甚至纳米级，但对于用来直接检测生物分子电信号的电学生物传感器，存在的最大困难仍然是如何构建微电极表面上的纳米间隙，以使生物大分子能够搭在电极的两端[10~13]。此外，提高生物分子固定在电极两端的效率也是电子学生物传感器中需要解决的一个重要问题[14~17]。目前已有多种方法用来制备纳米间隙的电极，如表面催化化学沉积法[18]、双角度蒸发[11]、选区原子层沉积法[19]、精度极高的电束光刻法[20~22]、电化学沉积法[23~25]等。以金纳米颗粒为例，其具有优良的导电特性，纳米间隙的金纳米颗粒薄膜可以作为"桥"将生物分子有效地连在微电极的两端[14,26,27]。

如何利用金纳米颗粒在微电极之间形成电信号的通路，从而对 DNA 分子进行检测成为普遍关注的问题。Park 等先在微电极表面固定捕获 DNA 形成了 DNA 阵列，然后与目标 DNA 和 AuNPs 标记的探针 DNA 分别进行杂交反应，可将 AuNPs 固定在电极两端的间隙之间。随后在电极表面继续沉积银，则在电极间隙间形成一个"桥梁"，再测量其电导变化来检测目标 DNA[4]。Berdat 等研发了一种无标记叉状微电极 DNA 生物传感器，在微流通池中完成混合、洗涤和阻抗测试，如图 7-1 所示[5]。叉状电极允许在水溶液中使用无标记分析物以符合 DNA 的原始条件，在普通干净的房间中即可连接微电极测量目标 DNA 杂交前后两微电极之间的电学信号。微电极系统检测 DNA 杂交的电路如图 7-2（A）所示。利用差分检测可以实时地检测到 1nmol/L 目标 DNA，由阻抗尼奎斯特曲线图获得其电导，检测的线性关系如图 7-2（B）所示。这是微米电极第一次用于电学测量一个仅有纳米厚度的固定不动的 DNA 层。与以前的阻抗检测相反，测量的不是因为电荷转移使金属电极电阻变化，而是 DNA 骨架上抗衡离子的电导变化。该传感器可用于检测从沙门氏菌细胞培养物提取和放大的病原体 DNA 样

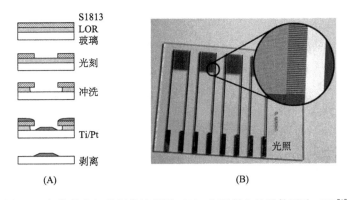

图 7-1　权状微电极的制作流程图（A）和研制出的器件图片（B）[2]

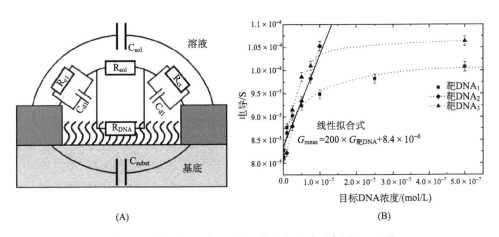

图 7-2　微电极系统检测 DNA 杂交的电路示意图（A）及
对不同浓度目标 DNA 检测结果（B）[2]

品，在食品安全检测方面具有重要的应用价值。

　　Tsai 等将多层的 THMS-DNA 功能化金纳米粒子组装在纳米间隙上[28]。该方法建立在传统纳米间隙电极的基础上，通过使用多电极阵列实现多路检测，对不同浓度目标 DNA 的检测结果和相应的电极间隙如图 7-3 所示。研究发现纳米间隙阻抗较高，与低密度金纳米粒子的电性质一致。值得注意的是通过传统的化学技术组装成的这些层状结构可以用于 DNA 杂交检测，最低能检测到 1pmol/L 的目标 DNA，有望为遗传性疾病诊断提供新方法。

　　在上述研究成果的基础上，Tsai 等发展出另外一种 DNA 生物传感器，即在电极上先铺上一层金颗粒，然后利用硫醇分子再铺上第二层金颗粒，多层金纳米颗粒构建的纳米间隙及其电学测试结果如图 7-4 所示。DNA 在这两层金颗粒之

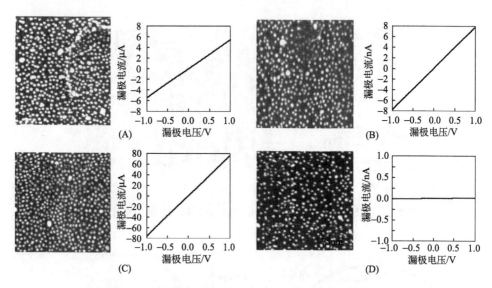

图 7-3　自组装多层金纳米颗粒对不同浓度目标 DNA 检测结果和相应电极间隙 SEM 图[28]

（A）0.1μmol/L；（B）10pmol/L；（C）1nmol/L；（D）1fmol/L。————75nm

间形成电信号通路，检测 DNA 的固定及杂交前后的 *I-V* 曲线，通过比较各种不同浓度的 DNA 生物传感器之间的 *I-V* 曲线特性实现对 DNA 杂交检测[29]。研究发现，在生物传感器自组装的多层金纳米粒子固定 DNA 线显示了单链 DNA 和双链 DNA 之间电性质的显著差异，双链 DNA 比单链 DNA 有更低的电阻，这些差异可以用于 DNA 的鉴定。

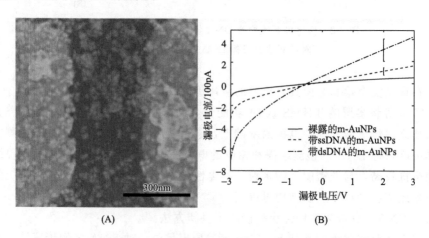

图 7-4　多层金纳米颗粒构建的纳米间隙的 SEM 图（A）及裸电极、多层金纳米颗粒电极 ssDNA、多层金纳米颗粒电极 dsDNA 的测试结果（B）[29]

Shiigi 等以烷基双硫醇为连接分子，通过反复操作，在微电极表面组装一层又一层的 AuNPs，从而在微电极之间形成金颗粒-硫醇-金颗粒的重复锁链结构，再用 DNA 连接到金颗粒之间，在微电极上形成电信号的通路[30]。传感器制备过程如图 7-5 所示。将裸露电极在干燥 $N_2$ 和 TE 缓冲（pH 7.4，离子强度 1.0）中的电阻分别是 120MΩ 和 390kΩ。用金薄片修饰的电极电阻在 $N_2$ 和缓冲区分别显著降低至 173.18Ω 和 172.88Ω。他们提出这一明显降低的电阻值（120MΩ～173.18Ω）可以归因于金纳米粒子之间的电子转移。假定为一个等效电路，三个电阻器是渗漏的原因（120MΩ），电子转移和缓冲离子迁移是有联系的，总电流不随膜的改变而发生变化，薄膜和迁移电阻在缓冲区分别是 172.96Ω 和 391kΩ。电阻的变化可能是由于 dsDNA 线的导电性，它可以根据邻近的碱基对重叠来解释，如图 7-6 所示。电阻的显著变化取决于不匹配数，不匹配碱基对

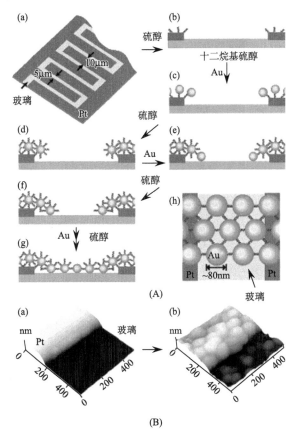

图 7-5　传感器制备过程（A）[（a）叉状型电极，（g）金纳米粒子薄片的侧视图，（h）顶视图] 以及电极的 AFM 图（B）[（a）金纳米粒子修饰之前，（b）金纳米粒子修饰之后][30]

的存在将对电子转移产生缺陷，必然降低电子转移速率。此外，DNA 不互补碱基对大于 4 时，杂交后电阻值几乎恒定不变，如图 7-6（A）所示。Dekker 等报道了 dsDNA 在一个 8nm 间隙电极变成一个半导体区域时的导电性，结果表明需要一个更窄的间隙（远小于 8nm）来检测由不匹配引起的电阻微弱变化[31]。基于此，Shiigi 等制备了更小的间隙（1.3nm），能成功地应用于检测细微的变化。为了得到特定长度的寡核苷酸样品最好的灵敏度和再现性，可以优化一些参数，如硫醇分子的长度和金粒子的尺寸。为了深入研究传导机理，他们还开发了一种连二硫醇 12-bp 探针，两端都用硫醇修饰。由此，连二硫醇 ssDNA 可作为网桥和探针分子。就薄膜来说，互补链给予 0.58Ω 电阻的变化比连二硫醇探针的（0.19Ω）大得多。这个较大的反应表明连二硫醇能更有效地穿过金粒子，然而某些个别的硫醇盐探针由于在未修饰的末端对金粒子缺少共价亲和力，不能有效地参与电子转移。

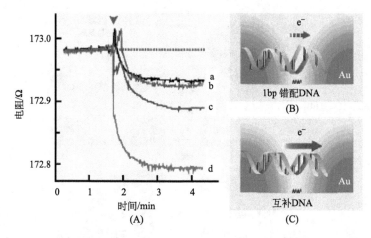

图 7-6　通过杂交探究电阻变化（A）[a. 11-碱基（3'-CCC CCC CCC CCC-5'），b. 4-碱基（3'-AGA GTT AAC TCT-5'），c. 1-碱基（3'-AGA GTT GAG CCT-5'）不匹配的样品线，d. 互补的寡核苷酸（3'-AGA GTT GAG CAT-5'）；样品添加通过箭头标志标明]、1-bp 错配的（B）和互补链的（C）电子转移模型插图[30]

我们发展了一种基于"三明治"杂交制备的 AuNPs 薄膜纳米间隙用于电子学检测 DNA 杂交的方法。首先将梳状微电极用硅烷化试剂处理，在其表面用 AuNPs 溶液铺上一层间隙比较大的 AuNPs；将带有巯基的 28 个碱基单链捕获 DNA，通过 Au—S 共价键结合到微电极表面的 AuNPs 上；通过"三明治"的第一步杂交反应，即捕获 DNA 与 AuNPs 修饰的 44 个碱基的探针 DNA 之间互补部分的杂交反应，将第二层 AuNPs 结合到微电极的表面，并与第一层的

AuNPs 形成纳米尺寸的间隙；利用这种 AuNPs 薄膜的纳米间隙，当 16 个碱基的目标 DNA 与探针 DNA 上仍是单链的一段进行杂交反应时，即"三明治"的第二步杂交反应，根据微电极上电学特征信号——电流-电压曲线（$I$-$V$）的变化可以实现对目标 DNA 进行定量和定性的检测。这里 AuNPs 薄膜纳米间隙的制备和无标记的目标 DNA 检测都是在一个"三明治"杂交过程中完成的。器件制作流程如图 7-7 所示，通过半导体光刻技术制备的梳状电极如图 7-8 所示。

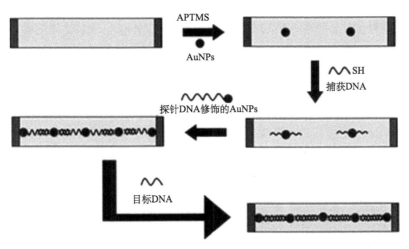

图 7-7　制备 AuNPs 薄膜纳米间隙用于电子学 DNA 杂交检测的示意图

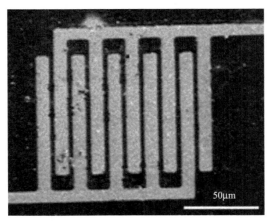

图 7-8　梳状电极的 SEM 图

当第二层 AuNPs 结合到微电极表面时会与第一层 AuNPs 形成纳米尺寸的间隙，从而在电极表面得到了 AuNPs 薄膜的纳米间隙。为了证实微电极上第二层 AuNPs 是由捕获 DNA 与标记上 AuNPs 的 44 个碱基的探针 DNA 之间互补部分的杂交反应结合上的，用浓度相同的但不带有探针 DNA 的纯 AuNPs 溶液做对比，即当微电极上也固定了捕获 DNA 后，再由 AuNPs 水溶液处理结合上第二层 AuNPs，并通过 SEM 观测微电极表面。

　　当微电极经过硅烷化和 AuNPs 溶液处理后，可在电极表面得到一层分布均匀的 AuNPs，但这一层 AuNPs 的间隙很大，相邻的 AuNPs 达不到纳米尺寸。而当微电极继续用 AuNPs 水溶液处理结合上第二层 AuNPs 时，电极表面的 AuNPs 密度有所增加，AuNPs 的间隙同时会有所减小，但对于要将长度为 14nm 的探针 DNA 两端分别搭在相邻的 AuNPs 上，仅是通过这样的物理吸附结合上的 AuNPs 仍是不够的。所以通过物理吸附沉积的第二层 AuNPs 是无法与第一层 AuNPs 形成纳米间隙的。相比之下，当第二层 AuNPs 通过捕获 DNA 与探针 DNA 之间的杂交反应结合在电极表面，AuNPs 的分布密度得到了大大的提高（图 7-9）。多数相邻近的 AuNPs 之间的间隙小于 14nm，如图 7-10（A）所示，该 AuNPs 薄膜的纳米间隙可以用于下一步目标 DNA 的杂交检测。通过对微电极的 SEM 分析，能够证实 AuNPs 薄膜的纳米间隙主要是通过杂交反应过程形成的，相邻近的 AuNPs 能够从两端搭起探针 DNA。

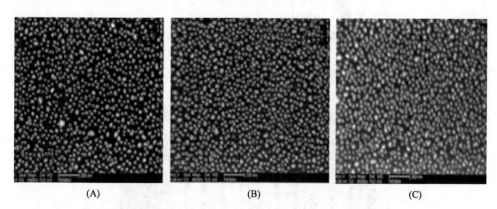

(A)　　　　　　　　　　　(B)　　　　　　　　　　　(C)

图 7-9　通过硅烷化处理组装了第一层 AuNPs（A）、纯 AuNPs 溶液结合了第二层<br>AuNPs（B）以及 AuNPs 标记的探针 DNA 溶液结合上第二层 AuNPs（C）微电极的 SEM 图

　　进一步利用微电极上的 *I-V* 曲线来分析 AuNPs 薄膜的纳米间隙形成过程。三种不同状态下的微电极和上面用 SEM 分析中的三种电极状态是一致的。由图 7-10 可以清楚地看到，当第二层 AuNPs 通过物理吸附结合到电极表面后，微电极上的电流强度相对其表面仅有一层 AuNPs 的电流强度会有所增强；而当由杂交反应过程结合上第二层 AuNPs 时，微电极上电流的强度会显著地提高。实验结果证实，微电极的导电性是与其表面上 AuNPs 的数量相关的，即纳米颗粒越多，微电极的导电性能越好。所以通过对微电极 *I-V* 曲线的分析，也同样能证明

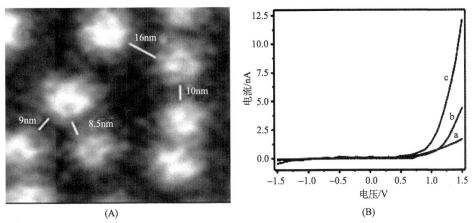

图 7-10　图 7-8（C）的放大 SEM 图像（A）以及硅烷化处理电极的 *I-V* 曲线（B）[a. 组装了第一层 AuNPs；b. 由纯 AuNPs 溶液结合了第二层 AuNPs；c. 由 AuNPs 标记的探针 DNA 溶液结合上第二层 AuNPs]

在第二步 AuNPs 的组装过程中，绝大多数的 AuNPs 是通过捕获 DNA 与探针 DNA 间的杂交反应固定在电极表面的，如图 7-10（B）所示。

分别用目标 DNA 和四碱基错配的 DNA 来参与探针 DNA 剩余 16 碱基未杂交单链部分的杂交反应，并比较微电极杂交前后 *I-V* 曲线的变化。当探针 DNA 剩下的一段单链部分与互补的目标 DNA 杂交反应后，电极的电流幅度出现显著提高。而当与四碱基错配的 DNA 反应后，电流幅度变化不大，如图 7-11 所示，说明传感器具有良好的选择性。再将不同浓度的目标 DNA 用于第二部分的杂交反应，即探

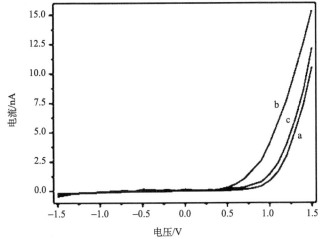

图 7-11　AuNPs 薄膜纳米间隙的电极杂交前（a）、与 10nmol/L 的目标 DNA 杂交反应后（b）以及与 10nmol/L 的四碱基错配的 DNA 杂交反应后（c）的 *I-V* 曲线

针 DNA 中剩余的没有杂交 16 个碱基单链部分与目标 DNA 的杂交反应时，根据检测电压值为 1.0V 时不同的电流值，最低可检测到 0.1nmol/L。

在微电极上构建 AuNPs 薄膜的纳米间隙已有一些报道，如以烷基双硫醇为连接分子在电极表面组装一层又一层的 AuNPs，从而得到含有 AuNPs 薄膜的纳米间隙[32~34]。当构成纳米间隙的 AuNPs 在微电极上固定之后，单链的探针 DNA 通过巯基修饰的一端固定到电极表面上。在这种仅能控制单链 DNA 一端的结合方式中，由于单链 DNA 的柔性和易弯曲性，因此将单链 DNA 两端同时搭建在相邻的 AuNPs 上的效率降低。而在我们的研究中，探针 DNA 的两端通过了一个杂交反应分别连接在相邻的 AuNPs 上，连接 DNA 链的效率明显提高；同时，AuNPs 薄膜的纳米间隙和单链探针 DNA 的固定也仅是由一步杂交反应过程同时得到的，相比之下，这是一种更简便和更有效的方法。

此外，我们利用金颗粒原位生长法将固定在微电极中的纳米金颗粒之间的距离缩小到 10nm 以内，从而使含有 30 个碱基的 DNA 分子把金颗粒相互连接起来，在微电极之间形成电信号的通路[32]。再利用核酸内切酶 EcoR I 选择性地切割 DNA 分子中的 GAATTC 序列，使原本形成的电信号通路再次断开，这些变化都利用电流-电压曲线（I-V 曲线）检测出来，器件制作与检测流程示意图如图 7-12 所示。试验的每一个步骤，包括金颗粒原位生长前的微电极、原位生长后的微电极、单链 DNA 的固定、杂交成双链 DNA、核酸酶 EcoR I 切割双链 DNA 等都通过 I-V 曲线的变化来检测。

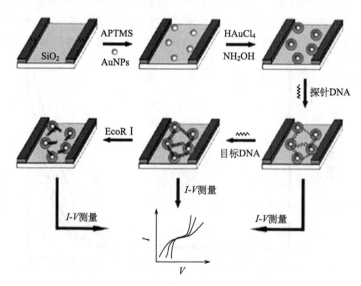

图 7-12　金颗粒原位生长制备金纳米间隙薄膜用于
检测 DNA 杂交及与 EcoR I 反应示意图

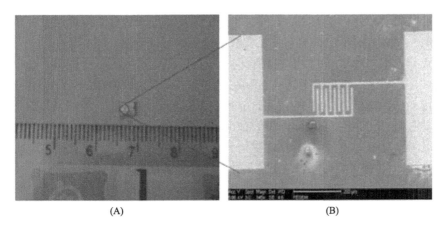

图 7-13　所用梳状微电极

（A）实物图；（B）SEM 图

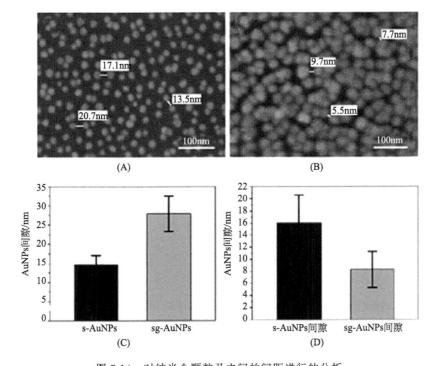

图 7-14　对纳米金颗粒及之间的间距进行的分析

（A）原位生长前的 s-AuNPs SEM 图；（B）原位生长反应 2min 后的 sg-AuNPs SEM 图；

（C）s-AuNPs 和 sg-AuNPs 的间隙分析图（随机选取 50 个）；（D）原位生长前后的纳米

金颗粒间隙分析图（随机选取 50 个）

　　我们选用的梳状微电极间距为 8μm，如图 7-13 所示，电极之间的基底为 SiO₂，其表面硅烷化处理之后，能很好地固定纳米金颗粒，形成单层金颗粒的纳米间隙。刚形成的单层纳米金颗粒通过电镜观察可以看出，相邻金颗粒之间的间距较大，一般都在 20nm 左右，而我们选用的 DNA 序列为 40 个碱基，长度约为 13nm，DNA 分子两端将无法连接相邻的纳米金颗粒，即无法构成电信号的通路。由 s-AuNPs 的 SEM 表征发现，金颗粒直径在 15nm 左右，相邻金颗粒之间的距离都在 13nm 以上［图 7-14（A），（C）］。当对单层金颗粒进行原位生长反应 2min 之后，生长之后的金颗粒体积增大，之间的间隙变小，金颗粒直径长大至 28nm 左右，相邻金颗粒之间的距离都在 10nm 以下［图 7-14（B），（D）］，由此可以推断出 DNA 分子可以作为"桥梁"在 sg-AuNPs 之间形成电信号的通路。

　　对含有 s-AuNPs 的微电极进行电信号检测，当末端有巯基修饰的单链 DNA （DNA₁）固定在 s-AuNPs 时，电流值比裸 s-AuNPs 增大，$I$-$V$ 曲线斜率增大，最大电流值增高。加入互补链 DNA（DNA₂）后，杂交成双链 DNA，此时的 $I$-$V$ 曲线 c 与曲线 b 相比斜率无明显变化，电流值没有发生明显增大，如图 7-15 （A）所示。由此可见，相邻的 s-AuNPs 之间的距离在 13nm 以上，无法搭建在相邻的 s-AuNPs 之间形成电信号的通路，因此单链、双链 DNA 之间的导电性区别无法通过 $I$-$V$ 曲线的变化来检测。

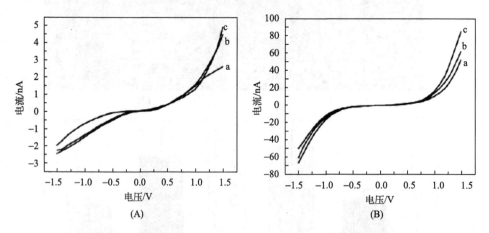

图 7-15　利用原位生长前后的 AuNPs 对 DNA 进行电信号的检测
（A）$I$-$V$ 曲线检测 s-AuNPs：a. 裸 s-AuNPs；b. 单链 DNA 固定在 s-AuNPs 上；
c. 杂交成双链 DNA。（B）$I$-$V$ 曲线检测 sg-AuNPs：a. 裸 sg-AuNPs；
b. 单链 DNA 固定在 sg-AuNPs 上；c. 杂交成双链 DNA

　　对含有 sg-AuNPs 的微电极进行电信号检测的 $I$-$V$ 曲线扫描检测，整个曲线的电流值都增大，这是因为原位生长之后的金颗粒之间间距缩小，从而使整个微电极的电阻变小，电流变大。当杂交成双链 DNA 后，曲线 c 与曲线 b 相比，$I$-$V$ 曲线斜率增大，最大电流值增高，如图 7-15 所示。这说明金颗粒之间的间距减小到 10nm 之后，双链 DNA 成功地搭建在 sg-AuNPs 之间，有更多的 π-π 电子堆积在双链 DNA 中产生，从而使得双链 DNA 的电流值高于单链 DNA。

当双链 DNA 在原位生长后的 sg-AuNPs 之间搭建成电信号的通路，通过 $I$-$V$ 曲线扫描能直接将其检测出。利用这种单层纳米金颗粒电极对其他能与 DNA 作用的生物分子如限制性核酸内切酶 EcoR I 进行检测成了我们进一步的研究目标。EcoR I 作为双链 DNA 的特异性剪切酶，能识别 DNA 的序列 5'-GAATTC-3'，并进行切割使原来的双链 DNA 断开。

DNA$_1$ 和 DNA$_2$ 含有两段 EcoR I 酶的识别序列，图 7-16 为利用 sg-AuNPs 电极对 DNA$_1$ 和 DNA$_2$ 杂交及与 EcoR I 酶反应进行检测的 $I$-$V$ 曲线图。曲线 a 为裸 sg-AuNPs 微电极 $I$-$V$ 曲线，曲线 b 为固定上单链 DNA 的微电极 $I$-$V$ 曲线，曲线 c 为杂交成双链 DNA 的微电极 $I$-$V$ 曲线，曲线 d 为双链 DNA 被 EcoR I 剪切后的 $I$-$V$ 曲线。曲线 d 相对于曲线 c 斜率减小、电流值下降，表明双链 DNA 已被 EcoR I 特异性识别并剪切，原来基于双链 DNA 形成的微电极电信号的通路已被 EcoR I 切断。

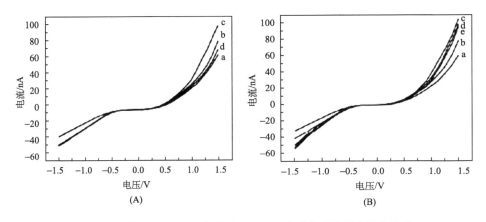

图 7-16　利用 sg-AuNPs 电极对 DNA-EcoR I 反应进行电信号检测

(A) $I$-$V$ 曲线检测双链 DNA 被 EcoR I 剪切：a. 裸 sg-AuNPs；b. 单链 DNA（探针 DNA$_1$）固定在 sg-AuNPs 上；c. 杂交成双链 DNA；d. 双链 DNA 与 EcoR I 反应。（B）EcoR I 剪切特异性的对比试验分析：a. 裸 sg-AuNPs；b. 单链 DNA（探针 DNA$_3$）固定在 sg-AuNPs 上；c. 杂交成双链 DNA；d. 双链 DNA 与 EcoR I 反应；e. 双链 DNA 与酶缓冲液反应

图 7-16（B）展示的是酶剪切特异性研究的对比试验结果，选用的 DNA$_3$ 和 DNA$_4$ 不含 EcoR I 酶的识别序列。曲线 a 为裸 sg-AuNPs 微电极 $I$-$V$ 曲线，曲线 b 为固定上单链 DNA 的微电极 $I$-$V$ 曲线，曲线 c 为杂交成双链 DNA 的微电

极 $I$-$V$ 曲线，曲线 d 为双链 DNA 被 EcoR I 剪切后的 $I$-$V$ 曲线，曲线 e 为双链 DNA 与酶缓冲液反应的 $I$-$V$ 曲线。曲线 d 和 c 的斜率基本相同，电流值没有发生较大的改变，电信号没有发生明显的改变。可以得出，由 $DNA_3$ 和 $DNA_4$ 杂交形成的双链 DNA 不含有酶特异性识别序列，EcoR I 无法对其进行特异性的识别和剪切，因此双链 DNA 形成的电信号通路依然保持完好。为了进一步证明 $I$-$V$ 曲线的斜率减小是因为 EcoR I 的剪切，排除其他外界条件对实验结果的干扰，我们让双链 DNA 与不含 EcoR I 的酶缓冲液进行反应，比较曲线 e 和 c 可以看出，曲线斜率基本相同，电流值没有发生较大改变。这说明双链 DNA 在微电极上形成的电信号不会因为外界其他条件的干扰而发生变化，也进一步证明了只有加入 EcoR I 酶，才能对含有酶特异识别序列的双链 DNA 电信号产生减弱作用。

## 7.3　基于 DNA 金属纳米复合材料的传感器

DNA 导电与否一直存在较大的争议，研究结果表明，DNA 分子本身的导电性能很差。目前，大多数科学家们一致认为：DNA 在较短范围内可能存在碱基之间的电子传递，然而长链的 DNA 分子的导电性就变得非常差，这就使得 DNA 分子本身在电子元件构建中的应用受到了极大的限制，需要对其进行金属化以提高其导电能力。近年来，已有多个研究小组对 DNA 进行了金属化并基于此组装不同的一维纳米材料，其中包括金属单质或合金（如 $Ag^{[33]}$、$Au^{[34～36]}$、$Au$-$Ag^{[37,38]}$、$Pd^{[39～42]}$、$Pt^{[43]}$、$Co^{[44]}$、$Ni^{[44]}$ 等）、半导体材料（如 $CdS^{[45～48]}$、$PbS^{[49]}$、$CuS^{[50]}$ 等）及聚吡咯[51] 等。采用 DNA 模板法合成一维纳米结构材料时，一般有两种方式：第一种将金属离子与 DNA 分子磷酸骨架或者碱基结合，然后进行还原反应或者沉积反应；第二种是将制备好的纳米颗粒在 DNA 分子上进行自组装。

DNA 分子上的特定结合位点有两种：一种是 DNA 分子中带负电荷的磷酸骨架；另一种则是 DNA 分子中碱基的特定位点。一般来说，金属阳离子和带正电荷的纳米粒子通过静电相互作用结合于 DNA 分子的磷酸基团位点，而过渡族金属离子则结合于 DNA 碱基的氮原子上。例如，腺嘌呤和鸟嘌呤的 N7 原子可以与 Pt 或者 Pd 的二价阳离子形成稳定的结合作用[52]，而胞嘧啶和胸腺嘧啶的 N3 原子则与二价 Pd 离子发生强的相互作用[53]。

1998 年，Braun 等首次在金电极两端，利用 DNA 自组装的方式构筑了单银纳米线，最终得到的银纳米线的直径约为 100nm，表现出导体的性质[54]。其他研究小组也制备了 $Pd^{[39]}$、$Pt^{[43]}$、$Au^{[34]}$ 等的一维纳米结构，采用这种方法所制备纳米线的电导率明显低于块体金属，其主要原因是形貌不均匀或者不连续，当电子沿着纳米线进行传递时，就会导致电子的分散和阻断，从而导致纳米线的导电性不理想。Nguyen 等[55] 提出了一种改进的方案：首先采用常规的方法得到 Pd（Ⅱ）-DNA 的复合物，Pd（Ⅱ）进一步水解成 PdO，然后采用氢气还原得到均匀、有序、导电性良好的 Pd 纳米线。除了采用化学还原的方法之外，还有采用光分解方法以 DNA 分子为模板制备 Ag[33]、Au[56] 或 Au-Ag[37] 合金的一维纳米结构。图 7-17 为 Kundu 等[56] 采用紫外光照射得到的金团簇的纳米结构，在 $20\mu m$ 间隙电极上的电阻约为 $76\Omega$。当电压为 $0.5V$ 左右时，发生击穿现象。

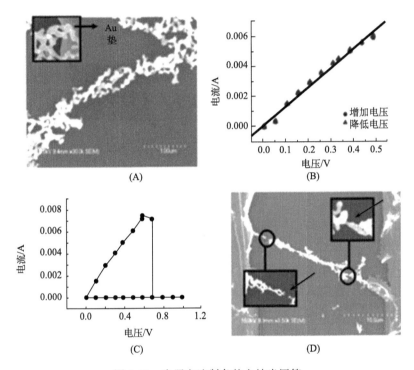

图 7-17　光照方法制备的金纳米团簇

（A）典型的 SEM 照片；（B）I-V 曲线，得出电阻约为 $76\Omega$；（C）电击穿 I-V 曲线；

（D）电击穿后失效器件的 SEM 照片[56]

有研究表明，表面修饰正电荷的贵金属纳米颗粒可以和带负电的 DNA 链结合[57~59]，带负电的金纳米颗粒也能连到 DNA 骨架上[60]。Amro 等首先将表面带正电的金纳米颗粒组装在 DNA 上，然后采用氯金酸和盐酸羟氨溶液使金纳米颗粒长大成竹节状纳米线结构，这种方法得到的纳米线的电阻率为 $3.9\times10^{-8}\Omega/m$。

采用 DNA 链作为生物传感器件时，存在导电性差以及信号微弱等问题。然而贵金属纳米颗粒，尤其是金纳米颗粒具有很好的光学、电学、电化学和催化等性质，通常能对光学、电学信号起到放大作用，更重要的是它的生物相容性很好，因而广泛应用于生物传感器件中。所以可采用贵金属纳米颗粒修饰 DNA 分子，并应用于生物传感器件中。由于 DNA 链上带有负电荷，因此可以先将带正电的贵金属离子同 DNA 相结合或形成螯合物，然后加入还原剂还原可得到 DNA 与贵金属纳米颗粒的复合物。同时，表面修饰正电荷的贵金属纳米颗粒可以和带负电的 DNA 链结合。

　　DNA-贵金属纳米线的制备过程采用的是无电镀的方法，又称化学镀。首先，金属阳离子通过静电相互作用结合到 DNA 双螺旋结构的磷酸骨架上形成 DNA-金属离子复合结构；然后，经过活化处理的 DNA-金属离子复合物在还原剂的作用下被原位还原为金属单质，形成不连续的"项链"结构。继续加入还原剂和过量的金属离子，随着金属离子被不断地还原，以最初被还原的金属纳米簇为核，新生成的金属纳米颗粒就会沿着 DNA 分子进行组装，从而形成连续的纳米线、纳米网结构。其中金纳米颗粒与 DNA 的复合物采用如下两种方法合成：①采用表面带正电的金纳米颗粒在 DNA 链上自组装形成复合物；②首先将氯金酸溶液和 DNA 溶液混合，然后加入还原剂，得到具有纳米结构的金纳米颗粒与 DNA 的复合物。再以广谱性癌症标记物癌胚抗原（CEA）和生命中的储能物质三磷酸腺苷（ATP）作为检测对象分别考察采用 DNA 链为模板组装金纳米颗粒构筑传感器件的性能。

　　由于 DNA 分子上存在着带负电荷的磷酸骨架，因此表面带有正电荷的金纳米颗粒可以在 DNA 链上自组装形成链状结构。表面带正电的金纳米颗粒可以采用苯胺一步法还原氯金酸溶液的方法制得，其中金纳米颗粒被氧化苯胺所包覆。金纳米颗粒组装在 DNA 链上形成网状结构，DNA 链出现了明显的团聚现象，这表明带正电的金纳米颗粒不仅在 DNA 链上组装，而且促进了链的团聚，形成了"节点"状结构，如图 7-18 所示。无论是在链上还是在"节点"处，都有大量的金纳米颗粒存在［图 7-18（B）］，这种结合可能很大程度上归结为氢键的作用。

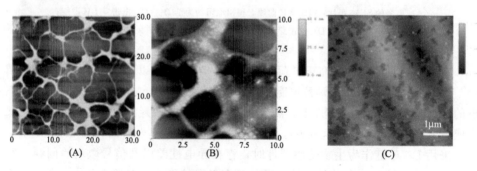

图 7-18　金纳米颗粒组装在 DNA 链上典型的 AFM 图

（A）扫描范围为 $30\mu m \times 30\mu m$；（B）图扫描范围为 $10\mu m \times 10\mu m$；（C）苯胺还原制备的金纳米颗粒

常见的癌症标识物分子通常为大分子质量的蛋白质，如癌胚抗原，就是一种分子质量为 $180\sim200kDa$ 的多糖蛋白复合物，表面含有大量的氨基或者其他带负电荷的基团。因此，金纳米颗粒同 DNA 分子作用形成的网状结构可以为癌症标志物分子的检测提供很好的结合位点。

从前面的研究中发现，DNA 链组装上无机纳米颗粒之后不仅可以起到模板的作用，而且还能提高导电性能。同样，我们将 DNA-金纳米颗粒复合物滴加到电极上制作了传感器件，图 7-19（A）是 DNA-金纳米颗粒复合物的 SEM 照片，同 AFM 表征结果一致，复合物在电极上铺展开为网状结构。图 7-19（B）是电极上的整体图，复合物均匀地分散在电极之上。

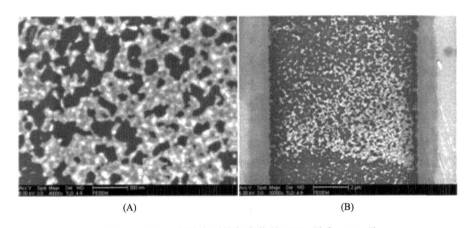

（A）　　　　　　　　　　　　　　　（B）

图 7-19　DNA-金纳米颗粒复合物的 SEM 照片（A）及
电极上的 DNA-金纳米颗粒复合物的 SEM 照片（B）

CEA 检测实验是在模拟人血清环境下进行的，首先将制备好的传感器件浸入血清缓冲液中进行基线扫描，以得到稳定的初始电学曲线，然后将传感器分别置于不同浓度的 CEA 与血清蛋白混合溶液中进行测试电学信号。当 CEA 浓度为 $5ng/\mu L$ 时，电流迅速上升至 $10nA$ 左右，且随着 CEA 浓度增至 $10ng/\mu L$，电流上升，但是有下降的趋势。当 CEA 浓度继续增加到 $20ng/\mu L$ 时，电流却下降，如图 7-20（A）所示。采用 λ-DNA 做了对照试验，当 CEA 浓度小于 $20ng/\mu L$ 时，随着浓度的上升电流信号也增强，但是幅度只有 DNA-金纳米颗粒基底传感器件信号的 1/3 左右，如图 7-20（B）所示。由此可见，DNA-金纳米颗粒复合结构或单纯的 DNA 链对癌症标志物分子均有吸附作用，当吸附的标志物分子浓度在一定范围以内时，电导率变大，这可能与蛋白质分子的电荷转移有关。采用 DNA-金纳米颗粒复合物制作的传感器件的响应幅度明显高于单纯 DNA 制作的传感器件，这可能有如下两个原因：一方面，金纳米颗粒对待测分子有富集的作用，从而增强信号；另一方面，金纳米颗粒本身就有增强电学信号的作用。值得注意的是，当待测分子达到一定浓度之后，电导会下降，这可能与传感器件基底材料吸附待测分子的量有关，从测试结果看，采用 DNA-金纳米颗粒复合物制作的传感器件更容易达到饱和状态，从侧面说明金纳米颗粒对待测分子有很强的吸附能力。总之，DNA-金纳米颗粒对癌症标志物分子 CEA 有较强的吸附能力，有利于提高检测灵敏度。

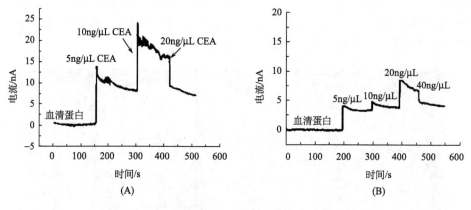

图 7-20　CEA 检测曲线
(A) 基底为 DNA-金纳米颗粒复合物；(B) 基底为单纯的 λ-DNA

　　Au（Ⅲ）溶液同样可以和 DNA 分子发生作用[33,56]，所以将含柠檬酸钠、乳酸和二甲胺硼烷的还原溶液加入 DNA 与 Au（Ⅲ）的混合溶液中，得到 DNA-金纳米颗粒的复合物。其中乳酸的作用主要是减少金属纳米粒子的非特异性沉积，促进纳米线的形成。不同浓度的 DNA 与氯金酸混合可得到 DNA-金纳米颗粒复合物，如图 7-21 所示。当氯金酸浓度为 0.01％时，制备的复合物为线状或网状结构，还有部分束状结构。束状结构可能由于溶液中 DNA 分子自身团聚或产生的复合物在基底上铺展开时成束。当 DNA 量较多时，大面积分散均匀性好，并且少有游离出来的金纳米颗粒，这表明除了乳酸起控制金纳米颗粒生长的作用之外，DNA 也能起到一定的分散剂的作用。当氯金酸的浓度加大时，则产生游离的金纳米颗粒或纳米团簇。

　　我们进一步探索了 DNA-Au 复合物构建的 ATP 传感器，利用 ATP 同对应的配基相互作用来检测 ATP。每次结合 $2\mu L$ 1mol/L ATP 钠盐溶液，约 2nmol ATP。ATP 增加到 6nmol 时，电导逐渐上升；但当 ATP 量继续增加时，电导没有升高反而有所下降。选取电压值为 0.8V 时电流值所作的曲线，如图 7-22 所示。

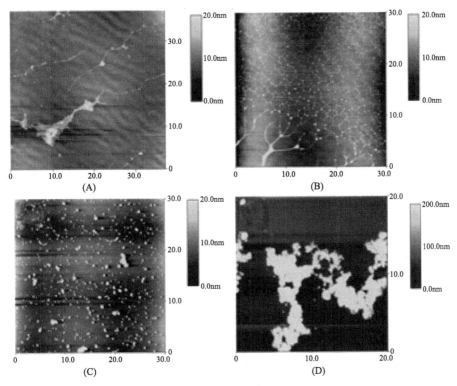

图 7-21　采用不同浓度 λ-DNA 及氯金酸制备的 DNA-Au 复合物的 AFM 照片

（A）$c_{\lambda\text{-DNA}}=50\text{ng/L}$，$c_{氯金酸}=0.01\%$；（B）$c_{\lambda\text{-DNA}}=100\text{ng/L}$，$c_{氯金酸}=0.01\%$；

（C）$c_{\lambda\text{-DNA}}=50\text{ng/L}$，$c_{氯金酸}=1\%$；（D）$c_{\lambda\text{-DNA}}=100\text{ng/L}$，$c_{氯金酸}=1\%$

贵金属具有良好的导电性、导热性及延展性，并且在常规条件下贵金属不易被氧化，具有很好的化学稳定性。过去的十多年间，以 DNA 为模板的贵金属纳米导线的构建研究取得了很大的进展，然而有关该种导线的应用研究尤其是气敏性质的研究还鲜见报道，因此研究贵金属纳米材料的制备及其在气敏测试等方向的应用，有着重要的现实意义。我们利用 λ-DNA 分子为模板，采用了一种简单的化学还原方法合成出了金、银、钯三种贵金属纳米线，并对制备过程进行了详细研究。实验中应用乳

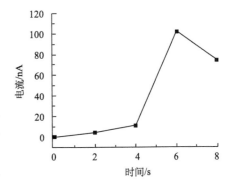

图 7-22　电压为 0.8V 时 DNA-Au 复合物制作的 ATP 传感器对 ATP 的响应曲线

酸有效地减少了金属纳米粒子的非特异性沉积，促进了纳米线形成。随后，将这种贵金属纳米导线作为敏感材料首次应用于气体检测，对其相关气敏特性进行了研究讨论，以探究其在气敏检测中的潜在应用。

　　首先，在反应前后用紫外可见光谱对三种贵金属纳米线、纳米网的溶液分别进行了分析，比较 DNA-Ag 纳米线、DNA-Pd 纳米线和 DNA-Au 纳米线形成前后的紫外可见光谱，发现 260nm 处的吸收峰代表 DNA 的紫外吸收，加入还原剂后，在 410nm 处出现了银单质的吸收峰，表明 $Ag^+$ 被还原成了单质 Ag；在 DNA 和氯金酸溶液中加入还原剂后，随着 $Au^{3+}$ 被不断地还原，在 551.5nm 处也出现了一个新的 Au 原子的吸收峰；然而，DNA-Pd 纳米线形成前后的紫外可见吸收光谱未有明显的变化。再通过 X 射线光电子能谱（XPS）分析来进一步确定 Pd 在溶液中状态，结果表明 $Pd^{2+}$ 确实被还原为金属 Pd。

　　紫外可见光谱分析和 XPS 分析能证明金属离子被成功地还原成金属单质，对金属离子的还原与组装过程是否沿着 DNA 链进行的问题并不能给出明确的解释，需要一些更直接的证据加以证明。近年来，大量的 AFM 研究结果显示，DNA 分子的实际观察直径为 $0.3 \sim 1nm$[61]，且在与金属离子组装前，呈现均匀的表面拓扑结构。然而当使用金属离子和还原剂对 DNA 进行处理之后，DNA 分子的直径加粗且表面不再呈现均匀的形貌，表现为金属纳米粒子沿着 DNA 分子进行了自组装生长，进而生成连续的 DNA-金属纳米线或者纳米网状结构。随着还原时间的延长，纳米线的直径进一步变大且结构更加均匀，结果如图 7-23 所示。该图为不同还原时间下得到的 DNA-Ag 纳米线/网，还原 2h 得到的纳米线较还原 1h 时得到的纳米线更均匀且直径更大，因此我们可以通过简单地控制还原时间来对纳米线的直径及均匀性进行更好的控制。

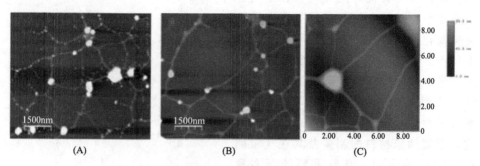

图 7-23　不同还原时间下形成的 DNA-Ag 纳米结构

还原时间分别为：（A）1h，（B）2h，高度标尺为 25nm；（C）DNA-Ag 纳米线/纳米网，扫描范围为 $9\mu m \times 9\mu m$，高度标尺为 100nm

DNA-Au 纳米线/纳米网的制备与 DNA-Ag 纳米结构的制备过程类似,除了在某些部分存在金颗粒的聚集外,Au 在 DNA 上组装成了均匀的纳米结构,如图 7-23 (C) 所示。纳米线的直径达到了 15nm 左右,同时,我们还发现,该图中有的一根纳米线直径仅为 4nm 左右,如图 7-24 所示。推断出现这种现象的原因,可能是由于 $\lambda$-DNA 分子较长的分子长度所致,即在长的 DNA 分子链上,金属化的程度不均一;另一种可能的原因是直径较粗的纳米线是一束 DNA 金属化的结果,而直径较小的纳米线则是以单根 DNA 分子为模板形成的,类似的现象也曾有报道[50]。

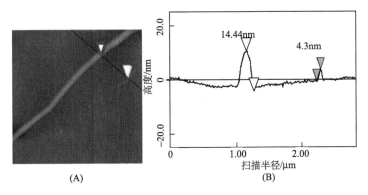

图 7-24 单根 DNA-Au 纳米线 AFM 照片 (A) 及分析 (B)
扫描范围:$4\mu m \times 4\mu m$,高度标尺:50nm

DNA-Pd 纳米线的制备与前两种金属的步骤不同,即先将 DNA 分子在云母表面进行拉伸处理,而后再进行金属化,以便得到更加规则的纳米线阵列,制得的 DNA-Pd 纳米网状结构如图 7-25 所示,Pd 纳米线的直径为 7~10nm。

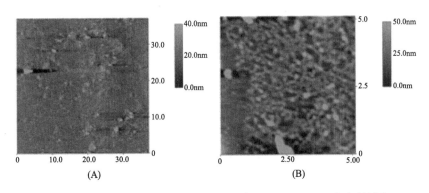

图 7-25 DNA-Pd 纳米线阵列 (A:扫描范围为 $37\mu m \times 37\mu m$,高度标尺为 40nm)
及 DNA-Pd 纳米网状结构 (B:扫描范围 $5\mu m \times 5\mu m$,高度标尺为 50nm)

　　在还原剂中加入了 85% 的乳酸作为稳定剂，表明乳酸的使用有效地降低了纳米粒子的非特异性沉淀，促进了 Ag 纳米粒子在 DNA 链上的聚合，Ag 纳米粒子在 DNA 链上聚集且直径达到了 50nm 左右。需要指出的是，由于 DNA 分子在溶液中很容易发生彼此互相缠绕，因此在溶液中制备的金属纳米线一般也多以套索状或者网状形貌存在[42]。

　　将预先制备好的 DNA-Ag 纳米线样品，铺展在叉指状金电极表面作为敏感材料，进而构建成气体传感器，研究其气敏特性。看到当氨气的浓度从 200ppm 增加到 1400ppm 过程中，传感器的电导特性不断增加，但是增加的幅度逐渐减小，如图 7-26 所示。当传感器暴露于较低浓度时，氨气分子在敏感材料表面的吸附成单层分布，气体分子更容易与敏感材料发生反应，因此表现为快速的气体响应；当传感器处于较高浓度时，多层气体分子吸附到气敏材料表面，使材料表面的吸附逐渐达到饱和，因此表现为响应幅度的下降。

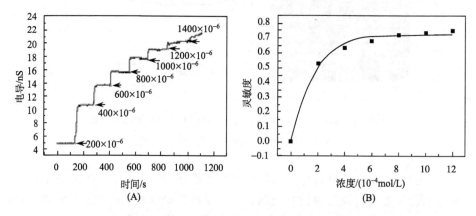

图 7-26　室温下 DNA 为模板的银纳米线暴露于不同浓度氨气下的
电导变化曲线 （A）、不同浓度氨气下灵敏度的变化曲线 （B）

　　随着气体浓度的增加，灵敏度趋近于平衡，而在较低浓度下灵敏度较大。图中氨气灵敏度 （$S_{NH_3}$） 被定义为

$$S_{NH_3} = \frac{\Delta I}{I_0} = \frac{I_g - I_0}{I_0}$$

式中，$I_g$ 和 $I_0$ 分别表示传感器暴露于氨气条件下和空气条件下的电流值，传感器在较低浓度下比在较高浓度下具有更高的灵敏度。

　　在 200ppm 氨气下，该器件对氨气具有非常短的响应时间和恢复时间，分别为 10s 和 7s 左右。响应-恢复快速的主要原因是 DNA-Ag 纳米线的表面性质和氨气分子的高挥发性。选择性是评价气敏传感器使用价值的一个非常重要的指标。

将基于 DNA-Ag 纳米线/纳米网的传感器暴露于同一浓度的不同气体下，研究传感器对气体的选择性。对 200ppm 氨气、氢气、乙醇、甲醇、丙酮 5 种气体进行敏感测试，研究发现，该传感器对氨气具有非常好的选择性，而对其余 4 种气体几乎没有响应，如图 7-27 所示。

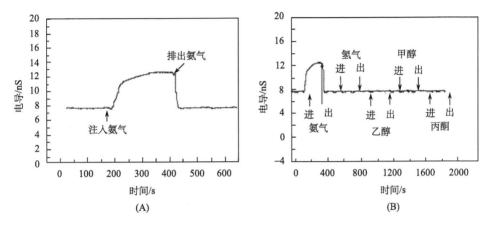

图 7-27　DNA 为模板的银纳米线暴露于 200ppm 的氨气条件下的
响应和恢复曲线（A）及传感器对氨气的选择性曲线（B）

气敏性质的检测机理是基于气体分子吸附到气敏材料表面后引起电导性质的变化[62]。以 DNA 为模板的银纳米线作为气敏材料，这些纳米线是由很多的银纳米颗粒组装而成的，这就大大增加了该敏感材料的比表面积，从而促进了气体分子的吸附与反应。此外，在银纳米线传感器的制备过程中很容易使组成纳米线的银纳米粒子表面或者之间产生一层薄薄的氧化银层。当氨气分子吸附到敏感材料表面之后，这些气体分子能特异性对粒子之间的氧化银层进行可能的 p 型掺杂或者 n 型掺杂，因此能显著地提高材料的电导特性，其他气体吸附到该敏感材料时，不能发生这种特异性掺杂，所以不会产生明显的电导变化。

此外，我们还用非常简单的日光照射法制备出 Ag-DNA 纳米网状结构，即光照还原溶液中的 Ag+，形成的 Ag 纳米颗粒会沿着 DNA 模板生长。Ag-DNA 纳米网状结构的网眼大小可以通过 DNA 的浓度和光照时间来调控，如图 7-28 所示。将该 Ag-DNA 纳米网状结构铺在梳状电极上，发现该器件可以用来检测空气的相对湿度，如图 7-29 所示。

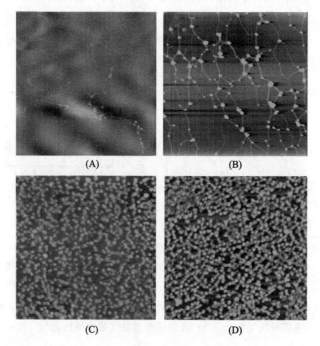

图 7-28　调控 DNA 浓度和反应时间获得的
不同密度的 Ag-DNA 网状结构

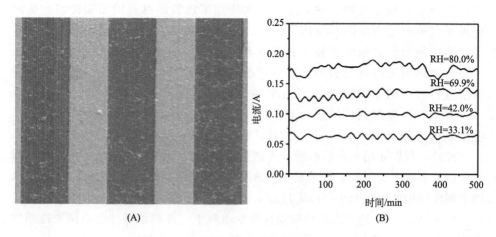

图 7-29　Ag-DNA/梳状电极器件（A）以及
对湿度的敏感响应（B）

## 7.4 DNA-CdS 纳米复合材料的光学和电学性能

一维纳米结构是纳米电子设备重要的基础元件，如半导体一维纳米结构可以作为二极管逻辑门、场效应晶体管等。目前采用 DNA 分子作为模板制备的一维纳米结构材料主要有 CdS[48~51]、PbS[52]、CuS[53] 等。CdS 是一种典型的 II-VI 族半导体，禁带宽度为 2.4eV。在光、电、磁、催化等研究领域，如在发光二极管、太阳能电池、非线性光学器件等方面有着重要的应用。到目前为止，有多种方法合成了 CdS 的纳米颗粒（量子点）、一维纳米结构以及枝晶结构等。其中，已经有多种方法采用 DNA 分子为模板合成了 CdS 纳米网状结构或纳米线结构[47,48]。

Kundu 等[63]以 DNA 为模板，采用 260nm 紫外光照射的方法制备了 CdS 纳米线 [图 7-30 （A）]，并对其进行了导电测试，测得 $20\mu m$ 间隙电极间的纳米线电阻为 $742\Omega$。Dong 等用衬底固定 DNA 方式制备了 CdS 的网状结构，以及用溶液悬浮 DNA 制备了 CdS 纳米线，并测试了制备的纳米线电阻，约为 $20M\Omega$[33]。由此可以看出，以 DNA 为模板采用不同的制备方法得到了 CdS 一维纳米结构，但是不同制备方法得到的同种材料的电学性质差别很大，其中原因尚不明确。

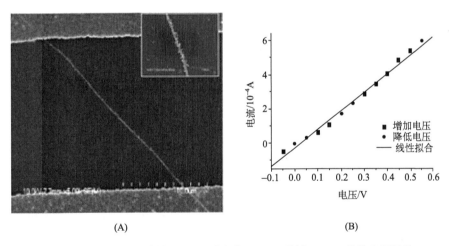

图 7-30 DNA 模板法制备的 CdS 纳米线 （A）（采用 260nm 紫外光照射的方法制备）和 CdS 纳米线的 I-V 测试 （B）[63]

总之，DNA 模板法构筑金属或者半导体一维纳米结构对提高 DNA 导电性及在器件制作方面取得了许多可喜的进展，为 DNA 分子在纳米器件领域中的应用迈出了重要一步。同时，由于 DNA 分子具有很好的生物相容性，这种方法也为构筑生物传感器件提供了新的思路。

　　我们将 $Cd^{2+}$ 与 DNA 分子相结合，采用原位合成和溶液中合成两种方法制备了 DNA-CdS 复合物，并考察其光学和电学性质。将 DNA 分子和 $Cd^{2+}$ 结合不同的时间，再轻轻浸入 $Na_2S$ 溶液得到 DNA-CdS 网状结构。结果发现，搅拌溶液 30min 后，DNA 分子虽然能够在基底上铺展开，但是分子之间出现团聚现象，类似于束状结构，这主要是由于 $Cd^{2+}$ 的引入。溶液中搅拌 10min 后，将铺展在基底上的溶液轻轻浸入 $Na_2S$ 溶液得到的 DNA-CdS 网状结构分布均匀，放大图片中可以清晰地发现网状结构上面的纳米颗粒结构，如图 7-31 所示。

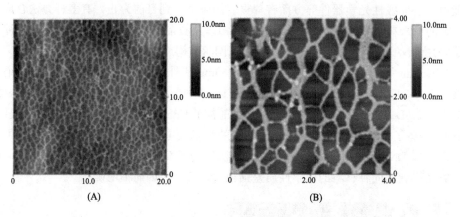

图 7-31　基底上原位制备的 DNA-CdS 网状结构的 AFM 照片
（A）图扫描范围为 $20\mu m \times 20\mu m$，高度比例尺为 10nm；（B）图扫描范围为 $5\mu m \times 5\mu m$，
高度比例尺为 5nm

　　DNA 分子与 $Cd^{2+}$ 的复合物在氮气保护下同 $S^{2-}$ 反应同样可以得到 DNA-CdS 复合物的纳米结构（图 7-32）。但从 AFM 照片的结果中并未发现与图 7-31 一样的网状结构，基本呈现扭曲状结构，而且尺度大于原位合成的结果。这主要由于结合了 $Cd^{2+}$ 的 DNA 分子热运动依然呈现扭曲状或者缠绕在一起，与 $S^{2-}$ 反应后形成 CdS 纳米颗粒，加固了 DNA 链，因此未能被拉伸成为网状的结构。同时，从 AFM 照片中发现存在颗粒状物质，从反应推断应该是 CdS 纳米颗粒，这表明溶液中仍然存在游离的 $Cd^{2+}$ 并未结合在 DNA 链上，与 $S^{2-}$ 反应后形成纳米颗粒存在于 DNA-CdS 复合物中。

　　CdS 具有很好的光学性能，其纳米颗粒作为量子点被用于生物的荧光标记。图 7-33 为基底上原位制备和溶液中制备两种方法得到的 DNA-CdS 复合物的荧光照片。将结合过 $Cd^{2+}$ 的 DNA 铺展在玻璃基底上与 $S^{2-}$ 反应后制备出的 DNA-CdS 基本能维持网状结构，如图 7-33（A）所示。而在溶液中制备的 DNA-CdS 复合物则分布不均匀，并且有离散的颗粒存在。这些结果与 AFM 表征结果基本一致。

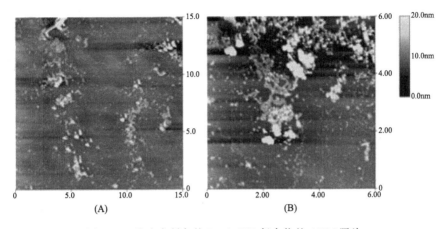

图 7-32　溶液中制备的 DNA-CdS 复合物的 AFM 照片

（A）图扫描范围为 $15\mu m \times 15\mu m$；（B）图扫描范围为 $6\mu m \times 6\mu m$，高度比例尺均为 20nm

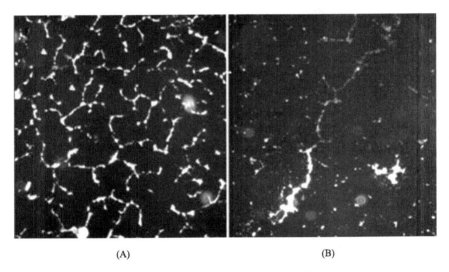

图 7-33　DNA-CdS 复合物的荧光显微镜照片

（A）置于玻璃基底上原位制备的 DNA-CdS 复合物；（B）溶液中制备的 DNA-CdS 复合物

　　将溶液中制备的复合物滴加在间隙为 $2\mu m$ 的梳状电极上，分别用紫外光（254nm）照射或室内散射光照射，采集微弱电学信号的变化。测试结构示意图与所用的梳状电极如图 7-34 所示。我们发现该复合物对紫外光和散射光的响应具有很好的重复性。当 254nm 的紫外光照射时，电流从 34nA 迅速上升至 63nA，如果这时再加上室内散射光照射，电流会继续上升至 90nA 左右，如果切断其中的任何一个光源，响应能够快速恢复，如图 7-35 所示。同时，我们做了没加 DNA-CdS 的对比试验，发现不仅电流远低于加 DNA-CdS 的电极，并且对不同光源的响应信号也不明显。DNA-CdS 导电性大幅度提高可能与 DNA 链中的磷酸骨架起的作用有关，磷酸骨架起到了阴离子掺杂的作用[51]。同时，DNA 链在此起到的传导功能是至关重要的，光源照射时引起 CdS 纳米颗粒载流子激增，载流子通过 DNA 链传导，表现出来的结果就是电导率上升，电流迅速上升。上述研究以 DNA 为模板制备了 DNA-CdS 复合物，结果表明采用基底原位合成法和溶液中合成法均可制备具有荧光性质的 DNA-CdS 复合物。DNA-CdS 复合物对光响应灵敏、重复性好，这种方法可能成为构筑纳米光电器件的有效途径之一。

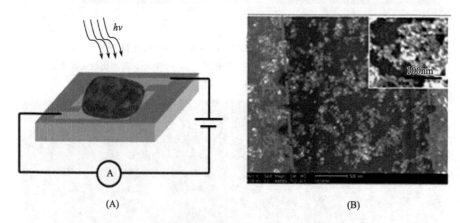

图 7-34　DNA-CdS 复合物电学性质测试结构示意图（A）和
梳状电极上 DNA-CdS 复合物 SEM 照片（B）（插入图为放大照片）

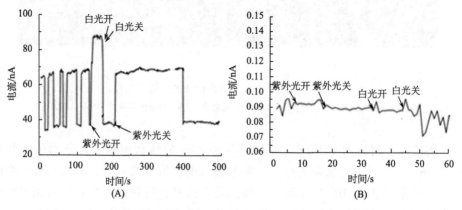

图 7-35　DNA-CdS 复合物（A）与未加入 DNA 制备的 CdS 颗粒
（B）形成的膜对不同光源的电学信号响应曲线

# 参 考 文 献

[1] Wood D O, Dinsmore M J, Lee J S, et al. M-DNA is stabilised in G center dot C tracts or by incorporation of 5-fluorouracil. Nucleic Acids Res. , 2002, 30 (10): 2244-2250

[2] Guiducci C, Stagni C, Zuccheri G, et al. DNA detection by integrable electronics. Biosens Bioelectron, 2004, 19 (8): 781-787

[3] Parviz B A. Integrated electronic detection of biomolecules. Trends Microbiol. , 2006, 14 (9): 373-375

[4] Umek R M, Lin S W, Farkas D H, et al. Electronic detection of nucleic acids: A versatile platform for molecular diagnostics. J. Mol. Diagn. , 2001, 3 (2): 74-84

[5] Berdat D, Rodriguez A C M, Herrera F, et al. Label-free detection of DNA with interdigitated microelectrodes in a fluidic cell. Lab Chip, 2008, 8 (2): 302-308

[6] Eath J R, Davis M E. Nanotechnology and cancer. Annu. Rev. Med. , 2008, 59: 251-265

[7] Park S J, Taton T A, Mirkin C A. Array-based electrical detection of DNA with nanoparticle probes. Science, 2002, 295 (5559): 1503-1506

[8] Bezryadin A, Dekker C. Nanofabrication of electrodes with sub-5 nm spacing for transport experiments on single molecules and metal clusters. J. Vac. Sci. Technol. , B 1997, 15 (4): 793-799

[9] Chung J H, Lee K H, Lee J H. Nanoscale gap fabrication by carbon nanotube-extracted lithography (CEL). Nano Lett. , 2003, 3 (8): 1029-1031

[10] Krahne R, Yacoby A, Shtrikman H, et al. Fabrication of nanoscale gaps in integrated circuits. Appl. Phys. Lett. , 2002, 81 (4): 730-732

[11] Kanda A, Wada M, Hamamoto Y, et al. Simple and controlled fabrication of nanoscale gaps using double-angle evaporation. Physica E, 2005, 29 (3-4): 707-711

[12] Negishi R, Hasegawa T, Terabe K, et al. Fabrication of nanoscale gaps using a combination of self-assembled molecular and electron beam lithographic techniques. Appl. Phys. Lett. , 2006, 88 (22): 223111

[13] Nagase T, Gamo K, Kubota T, et al. Direct fabrication of nano-gap electrodes by focused ion beam etching. Thin Solid Films, 2006, 499 (1-2): 279-284

[14] Bezryadin A, Dekker C, Schmid G. Electrostatic trapping of single conducting nanoparticles between nanoelectrodes. Appl. Phys. Lett. , 1997, 71 (9): 1273-1275

[15] Guo X F, Small J P, Kim P, et al. Covalently bridging gaps in single-walled carbon nanotubes with conducting molecules. Science, 2006, 311 (5759): 356-359

[16] Mayor M, Weber H B. Statistical analysis of single-molecule junctions. Angew. Chem. Int. Ed. , 2004, 43 (22): 2882-2884

[17] Reed M A H, Zhou C, Muller C J, et al. Conductance of a molecular junction. Science, 1997, 278 (5336): 252-254

[18] Ah C S, Yun Y J, Yun W S, et al. Fabrication of integrated nanogap electrodes by surface-catalyzed chemical deposition. Appl. Phys. Lett. , 2006, 88 (13): 133116

[19] Gupta R, Willis B G. Nanometer spaced electrodes using selective area atomic layer deposition. Appl. Phys. Lett. , 2007, 90 (25): 253102

[20] Qin L D, Jang J W, Mirkin, C A, et al. Sub-5-nm gaps prepared by on-wire lithography: correla-

ting gap size with electrical transportH. Small, 2007, 3 (1): 86-90

[21] Saifullah M S M, Ondarcuhu T, Koltsov D K, et al. A reliable scheme for fabricating sub-5 nm coplanar junctions for single-molecule electronics. Nanotechnology, 2002, 13 (5): 659-662

[22] Chou S Y, Krauss P R, Zhang W, et al. Sub-10 nm imprint lithography and applications. J. Vac. Sci. Technol. B, 1997, 15 (6): 2897-2904

[23] Chen F, Qing Q, Liu Z F, et al. Electrochemical approach for fabricating nanogap electrodes with well controllable separation. Appl. Phys. Lett. , 2005, 86 (12): 123105

[24] Kervennic Y V, Van der Zant H S J, Morpurgo A F, et al. Nanometer-spaced electrodes with calibrated separation. Appl. Phys. Lett. , 2002, 80 (2): 321-323

[25] Li C Z, He H X, Tao N J. Quantized tunneling current in the metallic nanogaps formed by electrodeposition and etching. Appl. Phys. Lett. , 2000, 77 (24): 3995-3997

[26] Khondaker S I. Fabrication of nanoscale device using individual colloidal gold nanoparticles. Iee P-Circ. Dev. Syst. , 2004, 151 (5): 457-460

[27] Khondaker S I, Yao Z. Fabrication of nanometer-spaced electrodes using gold nanoparticles. Appl. Phys. Lett. , 2002, 81 (24): 4613-4615

[28] Tsai C Y, Chang T L, Kuo L S, et al. Detection of electrical characteristics of DNA strands immobilized on self-assembled multilayer gold nanoparticles. Appl. Phys. Lett. , 2006, 89 (20): 203902

[29] Tsai C Y, Tsai Y H, Chen P H, et al. Electrical detection of DNA hybridization with multilayer gold nanoparticles between nanogap electrodes. Microsyst. Technol. , 2005, 11 (2-3): 91-96

[30] Shiigi H, Tokonami S, Nagaoka T, et al. Label-free electronic detection of DNA-hybridization on nanogapped gold particle film. J. Am. Chem. Soc. , 2005, 127 (10): 3280-3281

[31] Han L, Daniel D R, Zhong C J, et al. Core-shell nanostructured nanoparticle films as chemically sensitive interfaces. Anal. Chem. , 2001, 73: 4441-4449

[32] Wang C J, Huang J R, Liu J H, et al. Fabrication of the nanogapped gold nanoparticles film for direct electrical detection of DNA and EcoR I endonuclease. Colloids Surf. B, 2009, 69 (1): 99-104

[33] Berti L, Alessandrini A, Facci P. DNA-templated photoinduced silver deposition. J. Am. Chem. Soc. , 2005, 127 (32): 11216-11217

[34] Kim H J, Roh Y, Kim S K, et al. Fabrication and characterization of DNA-templated conductive gold nanoparticle chains. J. Appl. Phys. , 2009, 105 (7): 074302

[35] Sun L L, Song Y H, Li Z, et al. DNA-templated gold nanoparticles formation. J. Nanosci. Nanotechnol. , 2008, 8 (9): 4415-4423

[36] Zhang J P, Liu Y, Yan H, et al. Periodic square-like gold nanoparticle arrays templated by self-assembled 2D DNA nanogrids on a surface. Nano Lett. , 2006, 6 (2): 248-251

[37] Fischler M, Simon U, Nir H, et al. Formation of bimetallic Ag-Au nanowires by metallization of artificial DNA duplexes. Small, 2007, 3 (6): 1049-1055

[38] Yang L B, Chen G Y, Liu J H, et al. Sunlight-induced formation of silver-gold bimetallic nanostructures on DNA template for highly active surface enhanced Raman scattering substrates and application in TNT/tumor marker detection. J. Mater. Chem. , 2009, 19 (37): 6849-6856

[39] Lund J, Dong J C, Deng Z X, et al. Electrical conduction in 7 nm wires constructed on lambda-DNA. Nanotechnology, 2006, 17 (11): 2752-2757

[40] Nguyen K, Monteverde M, Filoramo A, et al. Synthesis of thin and highly conductive DNA-based

palladium nanowires. Adv. Mater. , 2008, 20 (6): 1099-1103

[41] Fang C, Fan Y, Kong J M, et al. DNA-templated preparation of palladium nanoparticles and their application. Sens. Actuators, B, 2007, 126 (2): 684-690

[42] Richter J, Seidel R, Kirsch R, et al. Nanoscale palladium metallization of DNA. Adv. Mater. , 2000, 12 (7): 507-510

[43] Mertig M, Ciacchi L C, Seidel R, et al. DNA as a selective metallization template. Nano Lett. , 2002, 2 (8): 841-844

[44] Knez M, Bittner A M, Boes F, et al. Biotemplate synthesis of 3-nm nickel and cobalt nanowires. Nano Lett. , 2003, 3 (8): 1079-1082

[45] Yao Y, Song Y H, Wang L. Synthesis of CdS nanoparticles based on DNA network templates. Nanotechnology, 2008, 19 (40): 405601

[46] Stsiapura V, Sukhanova A, Nabiev I, et al. DNA-assisted formation of quasi-nanowires from fluorescent CdSe/ZnS nanocrystals. Nanotechnology, 2006, 17 (2): 581-587

[47] Zhang X D, Jin J, Yang W S, et al. Construction of CdS nanostructures on DNA template by LB technique. Acta Chim. Sinica, 2002, 60 (3): 532-535

[48] Dong L Q, Hollis T, Houlton A, et al. DNA-templated semiconductor nanoparticle chains and wires. Adv. Mater. , 2007, 19 (13): 1748-1751

[49] Levina L, Sukhovatkin W, Sargent E H, et al. Efficient infrared-emitting PbS quantum dots grown on DNA and stable in aqueous solution and blood plasma. Adv. Mater. , 2005, 17 (15): 1854-1857

[50] Dittmer W U, Simmel F C. Chains of semiconductor nanoparticles templated on DNA. Appl. Phys. Lett. , 2004, 85 (4): 633-635

[51] Pruneanu S, Al-Said S A F, Dong L Q, et al. Self-assembly of DNA-templated polypyrrole nanowires: Spontaneous formation of conductive nanoropes. Adv. Funct. Mater. , 2008, 18 (16): 2444-2454

[52] Huang H F, Zhu L M, Reid B R, et al. Solution structure of a cisplatin-induced DNA interstrand cross-link. Science, 1995, 270 (5243): 1842-1845

[53] Duguid J, Bloomfield V A, Benevides J, et al. Raman spectroscopy of DNA-metal complexes. I. Interactions and conformational effects of the divalent cations: Mg, Ca, Sr, Ba, Mn, Co, Ni, Cu, Pd, and Cd. Biophys. J. , 1993, 65 (5): 1916-1928

[54] Braun E, Eichen Y, Sivan U, et al. DNA-templated assembly and electrode attachment of a conducting silver wire. Nature, 1998, 391 (6669): 775-778

[55] Nguyen K, Monteverde M, Lyonnais S, et al. DNA-templated Pd conductive metallic nanowires. DNA-Based Nanodevices, 2008, 1062: 65-72

[56] Kundu S, Maheshwari V, Saraf R F. Photolytic metallization of Au nanoclusters and electrically conducting micrometer long nanostructures on a DNA scaffold. Langmuir, 2007, 24 (2): 551-555

[57] Satti A A D, Fitzmaurice D. Analysis of scattering of conduction electrons in highly conducting bamboolike DNA-templated gold nanowires. Chem. Mater. , 2007, 19 (7): 1543-1545

[58] 朱春玲，刘允萍，黄文浩. DNA 模板纳米粒子自组装及其在纳米电子器件中的可能应用. 物理，2003, 32 (8): 515-519

[59] 姜辉，李洪祥，杨贤金，等. 以 DNA 为模板构筑纳米材料与分子器件. 世界科技研究与发展，2006, 28 (1): 14-22

[60] Harnack O, Ford W E, Wessels J M, et al. Tris (hydroxymethyl) phosphine-capped gold particles templated by DNA as nanowire precursors. Nano Lett. , 2002, 2 (9): 919-923

[61] Deng Z X, Mao C D. DNA-templated fabrication of 1D parallel and 2D crossed metallic nanowire arrays. Nano Lett. , 2003, 3 (11): 1545-1548

[62] Patil D R, Patil L A, Patil P P. Cr$_2$O$_3$-activated ZnO thick film resistors for ammonia gas sensing operable at room temperature. Sens. Actuators, B, 2007, 126 (2): 368-374

[63] Kundu S, Liang H. Photochemical synthesis of electrically conductive CdS nanowires on DNA scaffolds. Adv. Mater. , 2008, 20 (4): 826-831

# 第8章 纳米材料化学发光传感器

## 8.1 引 言

最早发现的化学发光现象发生在生物体内，如萤火虫，现在称之为生物发光，是生物体释放能量的一种形式，这种发光现象广泛地分散在生物界中。动物界25个门中，就有13个门28个纲的动物具有发光现象，从最简单的原生动物到低等脊椎动物中都有发光动物，如鞭毛虫、海绵、水螅、海生蠕虫、海蜘蛛和鱼等。它不依赖于有机体对光的吸收，而是一种特殊类型的化学发光，也是氧化发光的一种。19世纪后期，人们发现简单的非生物有机化合物也能产生化学发光现象，但是由于大多数化学发光非常微弱，且稍纵即逝，早期的化学发光研究进展一直比较缓慢，几乎没有获得实质性的应用。直到1945年光电倍增管的出现才改变了这一局面，1950年出现商品化的化学发光测试装置，到了20世纪60年代，过去难以测试的微弱光的检测成为可能，化学发光迈进定量分析研究的时代。国外化学发光分析方面的研究在20世纪六七十年代得到迅速地发展，至今，化学发光分析的研究和应用仍然是痕量分析领域的一个十分重要的研究方向。我国在化学发光方面的研究工作起步较晚，在20世纪70年代后期才有报道。

化学发光法不需要外部光源，避免了光源的干扰，相比于基于光致发光的传感器，它们具有灵敏度高、选择性高、线性范围宽的特点，并且不需要复杂的电路，已广泛应用于药物分析、免疫分析、核酸分析、环境分析、食品分析和传感器设计等领域。然而，在将化学发光传感器进行常规分析应用中，发现其还存在着一定的不足，主要在于传感器的寿命短以及由于化学发光反应物的消耗而导致的信号漂移，这限制了化学发光传感器在实际中的应用。因此，发展灵敏度高而且稳定、制作简单、寿命长的化学发光传感器，并能进行实际应用仍然是目前科研工作者的目标。

近年来，纳米科技的发展为化学发光传感器的研究提供了新的机遇。当具有催化活性的功能材料尺寸降低到纳米量级时，其与外界气体、流体甚至固体的原子或分子发生反应的活性被大大增强了，已经发现将金属铜或铝做成几个纳米的颗粒，一遇到空气就会激烈地燃烧并发生爆炸。*Science* 杂志报道了Cu原子在惰性气体中形成原子簇时的化学发光现象及多孔硅与硝酸作用时的化学发光现象[1,2]。清华大学张新荣课题组研究人员发现，某些气体会在特定的纳米材料表面产生强烈的化学发光，因此可以利用纳米材料设计出不同类型的化学发光传感器。由于其强烈的发光特性及易于微型化的特点，加之具有很长的使用寿命，因此有很强的实用性[3~8]。本章将介绍纳米材料化学发光传感器的发光原理及近年来的发展和应用。

## 8.2　化学发光方法概述

化学发光是物质在进行化学反应过程中伴随的一种光辐射现象，可以分为直接发光和间接发光。直接发光是最简单的化学发光反应，由两个关键步骤组成：即激发和辐射。例如，A、B 两种物质发生化学反应生成 C 物质，反应释放的能量被 C 物质的分子吸收并跃迁至激发态 $C^*$，处于激发的 $C^*$ 在回到基态的过程中产生光辐射。这里 $C^*$ 是发光体，此过程中由于 C 直接参与反应，所以称为直接化学发光。

$$A+B \longrightarrow C^* +D$$
$$C^* \longrightarrow C+h\nu$$

例如，用于大气中 NO 测定的气相化学发光体系

$$NO+O_3 \longrightarrow NO_2^* +O_2$$
$$NO_2^* \longrightarrow NO_2 +h\nu$$

间接发光又称能量转移化学发光，它主要由三个步骤组成：首先反应物 A 和 B 反应生成激发态中间体 $C^*$（能量给体）；当 $C^*$ 分解时释放出能量转移给 F（能量受体），使 F 被激发而跃迁至激发态 $F^*$；最后，当 $F^*$ 跃迁回基态时，产生发光。

$$A+B \longrightarrow C^* +D$$
$$C^* +F \longrightarrow F^* +C$$
$$F^* \longrightarrow F+h\nu$$

例如，过氧化草酸脂类化学发光反应体系（Ar：取代芳基，F：荧光剂）

$$F^* \longrightarrow F+h\nu$$

　　一个化学反应要产生化学发光现象，必须满足以下条件：第一是该反应必须提供足够的激发能，并由某一步骤单独提供，因为前一步反应释放的能量将因振动弛豫消失在溶液中而不能发光；第二是要具备有利的反应过程，使化学反应的能量至少能被一种物质所接受并生成激发态；第三是激发态分子必须具有一定的化学发光量子效率释放出光子，或者能够把它的能量转移给另一个分子，使之进入激发态并释放出光子。

　　化学发光反应之所以能用于分析测定，是因为化学发光强度与化学反应速率相关联，因而一切影响反应速率的因素都可以作为建立测定方法的依据。化学发光过程的化学发光强度（$I_{CL}$）取决于反应速率（$dc/dt$）和化学发光量子效率（$\Phi_{CL}$）。

$$I_{CL}(t) = \Phi_{CL} dc/dt$$

式中，$\Phi_{CL}$ 可表示为

$$\Phi_{CL} = \Phi_{EX}\Phi_{EM}$$

式中，$\Phi_{EX}$ 为生成激发态产物分子的量子效率；$\Phi_{EM}$ 为激发态产物分子的发光量子效率。

　　对于一定的化学发光反应，$\Phi_{CL}$ 为一定值，其反应速率可按质量作用定律表示出与反应体系中物质浓度的关系。因此，通过测定化学发光强度就可以测定反应体系中某种物质的浓度。原则上说，对任何化学发光反应，只要反应是一级或准一级反应，都可以通过该公式进行化学发光定量分析。例如，在上述化学发光反应中，如果物质 B 保持恒定，而物质 A 的浓度变化并可视为一级或准一级反应，则

$$I_{CL} = \int I_{CL}(t)dt = \int \Phi_{CL}[dA(t)/dt]dt = \Phi_{CL} c_A$$

即化学发光强度与 A 的浓度成正比。

　　化学发光分析测定的物质可以分为三类：第一类物质是化学发光反应中的反应物；第二类物质是化学发光反应中的催化剂、增敏剂或抑制剂；第三类物质是偶合反应中的反应物、催化剂、增敏剂等。这三类物质还可以通过标记方式用来测定其他物质，进一步扩大化学发光分析的应用范围。

　　当化学发光反应进行时，化学发光过程中产生电子激发态的能量来自于化学反应，对于可见光区的发光，反应至少需要释放 $168\sim294$kJ/mol 的热量。这类传感器的制作通常是把化学发光试剂以固定化的方式固定在一个凝胶类型的薄膜上，由于发光试剂存在不可逆反应，因此，反应一段时间后试剂就会消耗殆尽，寿命很短。需要不断采取一些方法来维持这些物质的浓度在一个常数上，否则反应速率将会降低，发光强度将会减弱，此外，由于试剂的脱落、膜的破裂等一系列问题影响传感器的寿命，在一定程度上限制了化学发光传感器在实际中的应用。

近年来，随着纳米科技的发展，化学发光分析方法与纳米技术的结合无论是在优化化学发光反应的分析特性方面，还是在拓宽化学发光分析的应用范围等方面都获得了长足的发展。例如，Bard 等[9]和南京大学 Ju 等[10]详细研究了量子点的电致化学发光行为和分析应用，为以纳米材料为化学发光试剂的分析应用奠定了基础；清华大学张新荣等[3~8]发现以纳米材料为氧化剂的氧化催化反应也伴随有强烈的化学发光信号，并据此发展了一系列分析特性优良的单一气体成分或多组分气体成分的阵列化学发光传感器；中国科学技术大学 Cui 等[11,12]详细地研究了纳米金、纳米铂等对鲁米诺和光泽精等体系的化学发光反应的影响；苏州大学屠一锋等[13,14]研究了纳米氧化物对鲁米诺体系化学发光的增敏作用，为提高这些体系的分析特性奠定了良好的基础。

# 8.3　纳米材料化学发光概述

早在 1976 年，Breysse 等[15]就发现了 CO 在氧化钍材料表面上进行催化氧化反应时产生了催化化学发光现象。此后，日本科学家 Nakagawa 等[16~20]发现在 $\gamma$-$Al_2O_3$ 表面催化氧化有机气体时，也能产生催化发光。但由于受到材料种类与催化活性的限制，这一研究并没有获得足够的重视。清华大学张新荣课题组首次将纳米材料引入到催化发光传感器研究中，$Fe_2O_3^{[4,5]}$、$Y_2O_3^{[6]}$、$ZrO_2^{[7]}$ 和 $TiO_2^{[8]}$ 等一系列纳米催化剂被应用于检测多种有机组分和无机组分，极大地推动了化学发光研究的发展。本课题组也进行了纳米材料化学发光传感器的研究，取得了一些有意义的结果，这些将在本章中做详细介绍。

## 8.3.1　纳米材料化学发光原理

纳米材料化学发光的原理是：当物质 R 与 O 元素相遇时，在一定能量作用下，材料价带上的电子（$e^-$）会被激发到导带上，同时在价带上产生空穴（$h^+$），生成的空穴电子对具有很强的氧化能力，可以与表面吸附的待测物发生氧化还原反应。当待测气体通过催化材料表面时，在材料表面会发生催化氧化反应产生激发态中间体，激发态中间体回到基态时会释放出光子，从而产生化学发光现象，经微弱光谱识别系统检测后被计算机软件识别出发光信号。产生的化学发光波长由激发分子的能级结构和材料禁带宽度决定，如图 8-1 所示[4~8]。

## 8.3.2　纳米材料化学发光方法的特点

纳米技术的发展为化学发光传感器的研究提供了新的机遇。纳米材料表现出许多不同于常规材料的特性，如量子尺寸效应、小尺寸效应、表面效应、宏观量子隧道效应等。当具有催化活性的功能材料尺寸降低到纳米量级时，其与外界气

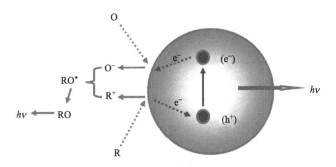

图 8-1 纳米材料化学发光传感器发光机理图

体、流体甚至固体的原子或分子发生反应的活性被大大增加了。一些研究者特别发现[4~8]，某些气体会在某些特定的纳米材料表面产生强烈的化学发光，因此可以利用纳米材料设计不同类型的化学发光传感器，该传感器具有如下优点：①不需要外部光源，减少了外来光源的干扰，有利于提高待测气体检测的准确度和灵敏度，并且易于器件微型化；②这种固体敏感膜的纳米材料化学发光传感器与传统的化学发光传感器不同，没有发光试剂不断被消耗和脱落的缺点，而是气体在敏感膜表面迅速催化氧化产生化学发光，并具有可逆性、稳定性好及寿命较长的特点，可以重复使用；③纳米材料可以选择性地催化氧化待测气体，而且通过改变检测过程中的光谱波长、载气流速、工作温度等参数可以实现传感器的选择性检测；④利用化学发光的强度与待测气体浓度呈线性关系这一特点，也可以实现待测物的定量检测；⑤利用不同种类的纳米材料可以组成纳米材料化学发光传感器阵列，通过 CCD 探测器对混合气体通过传感器阵列时化学发光的图案进行检测，经过计算机对数据进行识别处理，可以更直观地实现对待测气体的快速准确识别，这些优点给纳米材料发光传感器的研究提供了广阔的发展空间。

### 8.3.3 纳米材料化学发光检测装置

纳米材料化学发光装置主要分为进样单元、反应单元和检测单元，如图 8-2所示。进样单元包括气体引入、气体流量计、气体回收；反应单元包括反应室、加热器、加热电源；检测单元包括单色仪、光电探测器、信号放大器、数据采集器、计算机等。具体的过程如下：在加热器的表面均匀涂有特定纳米材料，待测样品通过载气从反应室的进气口进入反应室，当气体通过加热器时，在一定的温度下与加热器表面的纳米材料产生化学反应，发出一定波长的光，光经过单色仪后进入光探测器，通过它可以把光信号转化为电信号，再经过信号放大器对信号进行放大，通过数据采集器把信号采集到计算机，并在屏幕上显示出来，反应后的气体进入气体回收装置。

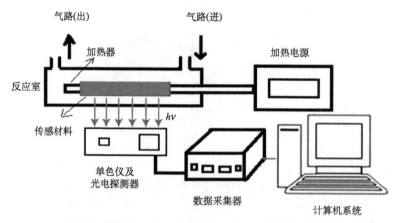

图 8-2　纳米材料化学发光传感器测试系统原理结构图

# 8.4　纳米材料化学发光传感器的应用

## 8.4.1　用于检测有机组分的纳米材料化学发光传感器

### 8.4.1.1　用于检测多种有机组分的纳米材料化学发光传感器

我们[21]采用简单的水热法，制备由纳米线缠绕组成的茧形-La(OH)$_3$前躯体，并通过紫外光辐射法对前躯体进行贵金属修饰，经高温煅烧处理后即可得到 Au 修饰的茧形-La$_2$O$_3$纳米材料。图 8-3（A）~（C）分别为茧型-La(OH)$_3$纳米材料的 SEM、TEM 照片和 XRD 图谱，从图 8-3（A）SEM 照片可以看出，该 La(OH)$_3$纳米材料长 3~6$\mu$m，直径为 1.5~2$\mu$m，而且 La(OH)$_3$纳米材料表面由细小的纳米线缠绕组成，纳米线直径为 15~20nm，类似茧型。图 8-3（B）和图 8-3（A）的插图表明，该纳米材料由细小的纳米线缠绕组成。图 8-3（C）为

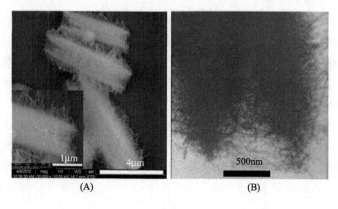

　　　　　　　　　（A）　　　　　　　　　　　　　　　（B）

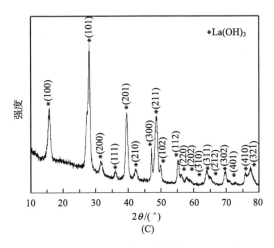

图 8-3　茧型-La（OH）₃ 纳米材料的 SEM 照片（A）、
TEM 照片（B）和 XRD 图谱（C）

该 La（OH）₃ 纳米材料的 XRD 图谱，经检索 JCPDS 卡片得知，图谱中的衍射峰均对应于六方相结构的 La（OH）₃ 标准卡片 JCPDS NO. 36-1481 中的标准峰。

在材料制备过程中，反应温度、反应物浓度对产物形貌均有影响。图 8-4 为水热反应中不同反应温度下前驱体产物的 SEM 照片，其中反应时间为 24h，反应物 NaOH 和乙二酸量分别为 50mmol 和 1.5mmol。在较低的反应温度（140℃）下，反应物便可以生长成棒状 La（OH）₃ 结构。随着反应温度的升高，La（OH）₃ 微米棒表面的纳米线生长得更快。当反应温度增加到 200℃ 时，La（OH）₃ 微米棒表面的纳米线发生粘连，无法很好地达到分散效果。

图 8-5 为在 180℃ 下水热反应 24h，反应物乙二酸量为 1.5mmol，NaOH 量不同时，得到的前驱体产物的 SEM 照片，从图中可以看出较低的碱浓度不利于 La（OH）₃ 微米棒表面纳米线的生长。

图 8-6 为在 180℃ 下水热反应 24h，反应物 NaOH 的量为 50mmol，乙二酸量不同时，得到的前驱体产物的 SEM 照片。在无乙二酸参与反应时，得到的为 La（OH）₃ 纳米线材料。当有少量乙二酸参与反应时，可以看出有少量 La（OH）₃ 纳米棒形成，但仍然有大量 La（OH）₃ 纳米线存在。当乙二酸量达到 1.5mmol 时，则可以很好地形成纳米线缠绕的 La（OH）₃ 微米棒，即茧型-La（OH）₃ 纳米材料。当乙二酸量继续增大到 3mmol 时，过量的乙二酸并不利于 La（OH）₃ 表面纳米线的生长。

在金属氧化物表面修饰或者掺杂贵金属元素，如 Au、Ag、Pt 和 Pd 等，可以很好地改善材料表面的电子输运能力。如采用紫外光辐射还原法，在茧型-La（OH）₃ 纳米材料上修饰贵金属 Au 元素。该方法简单易行，不需要复杂的实

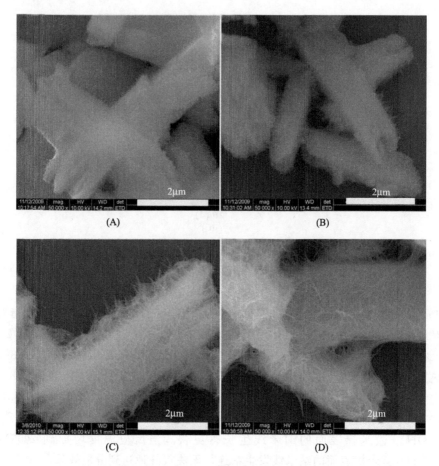

图 8-4　不同水热反应温度下前躯体 SEM 照片

(A) 140℃；(B) 160℃；(C) 180℃；(D) 200℃

验过程和设备，而且实验中不引入还原剂，无杂质影响。

　　如图 8-7 所示，(A)～(D) 分别为 Au 修饰的茧型-La (OH)₃ 纳米材料的低倍 SEM 照片和高倍 SEM 照片、TEM 照片和 XRD 图谱。图 8-7 (A)、(B)、(C) 中可以清晰地看出经过紫外光还原后，大量的金颗粒吸附在茧型-La (OH)₃ 纳米材料的表面，金颗粒大小约为 30nm。图 8-7 (D) 为 Au 修饰的茧型-La (OH)₃ 纳米材料的 XRD 图谱，经检索 JCPDS 卡片得知，图谱中的 La (OH)₃ 和 Au 的衍射峰均可从六方相结构的 La (OH)₃ 标准卡片 JCPDS NO. 36-1481 和面心立方结构的 Au 标准卡片 JCPDS NO. 04-0784 中找到与其对应的标准峰。

图 8-5　水热反应中不同反应物 NaOH 量的前躯体 SEM 照片

（A）0mmol；（B）5mmol；（C）25mmol；（D）50mmol

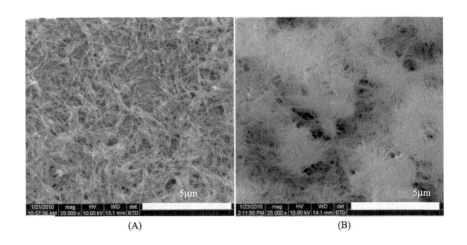

图 8-6　水热反应中不同反应物乙二酸量的前躯体 SEM 照片

(A) 0mmol；(B) 0.5mmol；(C) 1.5mmol；(D) 3mmol

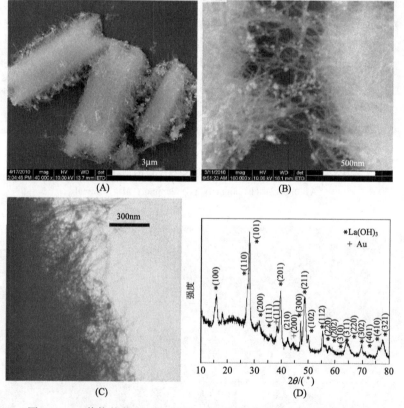

图 8-7　Au 修饰的茧型-La (OH)₃ 纳米材料的低倍 SEM 照片 (A)、
高倍 SEM 照片 (B)、TEM 照片 (C) 和 XRD 图谱 (D)

由于 La（OH）₃ 的相变温度范围为 608～750℃，本实验选择 750℃下煅烧 2h，La（OH）₃ 即可完全转化为 La₂O₃。

图 8-8（A）和（B）分别为 Au 修饰和未修饰的茧型-La₂O₃ 纳米材料的 SEM 照片，图 8-8（C）和（D）分别为 Au 修饰和未修饰的茧型-La₂O₃ 纳米材料的 TEM 照片（其中（C）插图为 Au 修饰的茧型-La₂O₃ 纳米材料的选区电子衍射图），图 8-8（E）为 Au 修饰的茧型-La₂O₃ 纳米材料 XRD 图谱。对比 Au 修饰和未修饰的茧型-La₂O₃ 纳米材料的 SEM 照片和 TEM 照片，我们可以清晰地观察到材料表面修饰的 Au 纳米颗粒，而且经高温煅烧之后的 La₂O₃ 纳米材料依然保持着良好的茧型形貌。选区电子衍射图中衍射环为煅烧后得到的 La₂O₃ 的衍射花样，而衍射斑点则是由金颗粒引起的。对于 Au 修饰的茧型-La₂O₃ 纳米材料的 XRD 图谱，经检索 JCPDS 卡片得知，图谱中的 La₂O₃ 和 Au 的衍射峰可从六方相结构的 La₂O₃ 标准卡片 JCPDS NO. 05-0602 和面心立方结构的 Au 标准卡片 JCPDS NO. 04-0784 中找到标准峰。

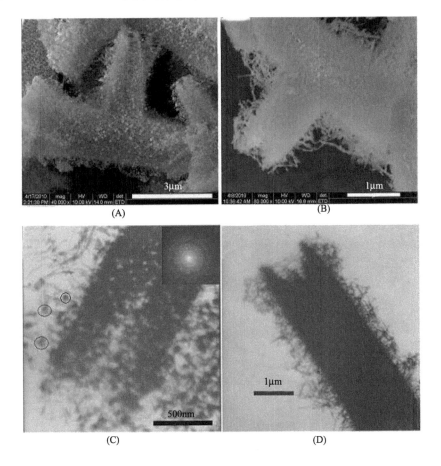

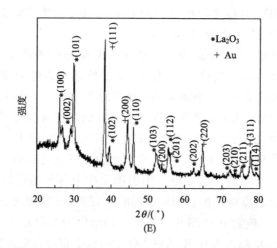

图 8-8　Au 修饰（A）和未修饰（B）的茧型-La₂O₃ 纳米材料的 SEM 照片，
Au 修饰（C）和未修饰（D）的茧型-La₂O₃ 纳米材料的 TEM 照片［其中
（C）插图为 Au 修饰的茧型-La₂O₃ 纳米材料的选区电子衍射图］以及修饰
的茧型-La₂O₃ 纳米材料 XRD 图谱（E）

　　将该茧形-Au/La₂O₃ 纳米材料用于构筑催化发光传感器，该传感器可以用
来检测苯、四氢呋喃、丙酮、乙醇、氯仿和氯苯等多种挥发性有机化合物。在
较低的工作温度（250℃）以下时，传感器对几种待测物的催化发光响应强度
均很弱，随着工作温度的增加催化发光响应强度迅速增加。然而随着工作温度
的增加，热辐射引起的背景噪声信号也显著增加，从 200℃时的噪声值 2 增加
到 315℃时的 48。由图 8-9 可以看出，在工作温度为 315℃时，该传感器对上

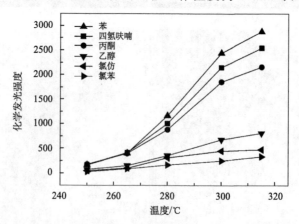

图 8-9　不同工作温度下，Au 修饰的茧型-La₂O₃ 纳米传感器
对几种待测物的检测结果

述苯、四氢呋喃、丙酮、乙醇、氯仿和氯苯 6 种待测物的响应强度分别达到
2880、2544、2160、816、480 和 336。然而，在 300℃时，该传感器拥有最佳
响应信噪比（$S/N$）分别为 74、65、56、21、13 和 8，如图 8-10 所示。此外，
过高的工作温度对仪器的使用和保护也不利，因此，实验最佳工作温度
为 300℃。

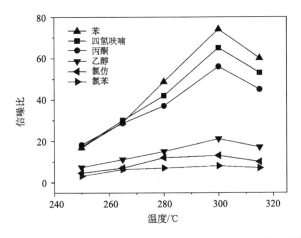

图 8-10　不同工作温度下，Au 修饰的茧型-La$_2$O$_3$ 纳米传感器
对几种待测物的响应信噪比

图 8-11 为 Au 修饰和未修饰的茧型-La$_2$O$_3$ 纳米传感器在 300℃下对 200ppm
的四氢呋喃、丙酮、乙醇、苯、氯仿和氯苯等 6 种待测物的催化发光响应曲线。
很显然，未修饰茧型-La$_2$O$_3$ 纳米传感器对四氢呋喃、丙酮、乙醇三种待测物已
有明显的催化发光响应，但发光强度较弱，分别为 140、145 和 72。而在贵金属
Au 修饰之后，茧型-La$_2$O$_3$ 纳米传感器对三种待测物的响应强度大大提高，分别
为 2152、1858 和 684。这是由于作为一种优异的贵金属催化剂材料，金可以为
催化氧化反应提供更多的催化位点，增强金属氧化物表面的吸附氧与还原性待测
气体的相互作用，从而有效地提高催化氧化反应效率，以获得更好的催化发光强
度。此外，该传感器具有迅速的响应时间和恢复时间，仅为几秒。对于未修饰
Au 的茧型-La$_2$O$_3$ 纳米传感器对苯、氯仿和氯苯三种待测物基本不响应。而经过
修饰后茧型-Au/La$_2$O$_3$ 催化发光传感器对苯、氯仿和氯苯具有一定的催化发光
响应强度值分别为 2444、451 和 253，而且对于苯蒸气该传感器展示了比四氢呋
喃、丙酮和乙醇更好的响应性能。因此，该传感器在检测苯系物、多氯化物以及
持久性有机污染物（POPs）等目标物上具有良好的应用前景。

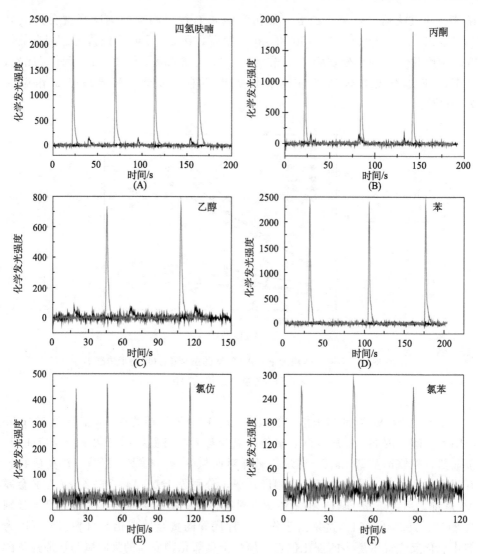

图 8-11　Au 修饰（——）和未修饰（——）的茧型-La₂O₃ 纳米传感器在
300℃下对 6 种待测物的催化发光响应曲线

（A）200ppm 四氢呋喃；（B）200ppm 丙酮；（C）200ppm 乙醇；（D）200ppm 苯；

（E）200ppm 氯仿；（F）200ppm 氯苯

### 8.4.1.2　用于检测烷烃的纳米材料化学发光传感器

SrCO₃、γ-Al₂O₃ 和 BaCO₃ 纳米材料可以用来构筑一种检测烷烃的化学发光
传感器，通过该传感器可以用于检测丙烷、正丁烷、异丁烷等爆炸性气体。在浓

度为 2000～10 000ppm 范围内，在两个温度点 331℃、357℃，通过建立六个回归方程式表达了气体浓度与发光强度的关系，可以根据发光强度的不同，实现对易爆气体的定量检测。丙烷、正丁烷、异丁烷在 $SrCO_3$、$\gamma\text{-}Al_2O_3$ 和 $BaCO_3$ 传感器的检测限分别为 50ppm、40ppm、20ppm；80ppm、60ppm、40ppm；20ppm、10ppm、5ppm，结果如图 8-12（A）～（C）所示[22]。

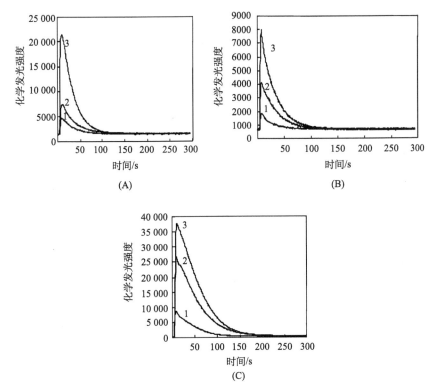

图 8-12  不同的烷烃在 $SrCO_3$（A）、$BaCO_3$（B）、

$\gamma\text{-}Al_2O_3$（373℃）（C）表面的化学发光响应曲线

1. 丙烷；2. 正丁烷；3. 异丁烷

（波长 425nm，流速 120mL/min，浓度 4000ppm）

### 8.4.1.3  用于检测醇的纳米材料化学发光传感器

利用纳米 $SrCO_3$ 可以与乙醇产生化学发光的特性，研究人员发展了一种乙醇传感器[23]。他们研究了不同参数（如温度、气体流速）对催化化学发光传感器的影响。这种传感器对乙醇的响应线性范围为 6～3750ppm，检出限为 2.1ppm，更为重要的是以纳米 $SrCO_3$ 为催化材料的化学发光传感器对乙醇具有高的选择性，而对汽油、氨、氢气等则没有响应，这种传感器有希望应用于呼吸

检测和工业检测上。

　　虽然上述的纳米催化化学发光传感器具有许多优点，但是它仍然需要较高的温度来完成催化化学发光。例如，在纳米 $TiO_2$ 上进行催化化学发光检测乙醇需要温度为 470℃。在这样高的温度下就会产生由热辐射造成的较大本底信号。另外，较高的温度需要消耗较多的能源，这对便携式的化学发光传感器的电源使用寿命是一个限制，因此需要发展一种低温催化化学发光的传感器。Zhang 等对此进行了进一步研究[7]，发现当乙醇气体被引入到纳米 $ZrO_2$ 的表面时，可以在较低温度（195℃）产生化学发光，由此发展了一种检测痕量乙醇的催化化学发光传感器。该传感器在 195℃ 对乙醇有较高的灵敏度，并且这种传感器稳定性很好，在连续通乙醇 100h 仍然很稳定。同时他们对该传感器在（460±10）nm 进行了定量分析，线性范围为 1.6～160mg/L，检测限为 0.6mg/L。

　　他们又发现了一种能量转移催化化学发光的现象[24]。当在催化剂中引入 $Ho^{3+}$、$Co^{2+}$ 和 $Cu^{2+}$ 等离子时，原来的催化发光猝灭了。而催化反应产生的活性中间体却把能量转移到了这些掺杂的离子上。基于这种能量转移的原理，发展了一种纳米 $ZrO_2$ 掺 $Eu^{3+}$ 的催化发光乙醇传感器。线性范围为 45～550ppm，纳米 $ZrO_2$ 掺 $Eu^{3+}$ 后的灵敏度是不掺 $Eu^{3+}$ 的 72 倍，结果如图 8-13、图 8-14 所示。掺 $Eu^{3+}$ 后发光增强的原因是当乙醇在不掺 $Eu^{3+}$ 的纳米 $ZrO_2$ 发生催化反应时，活性中间体的部分能量被催化剂吸收了，而在纳米 $ZrO_2$ 掺 $Eu^{3+}$ 的表面，活性中间体的部分能量转移到 $Eu^{3+}$，从而使催化发光的灵敏度提高了。

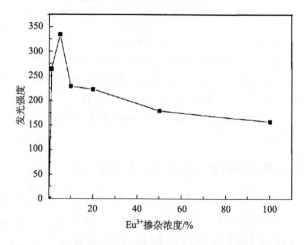

图 8-13　$Eu^{3+}$ 掺杂浓度对能量转移化学发光强度的影响

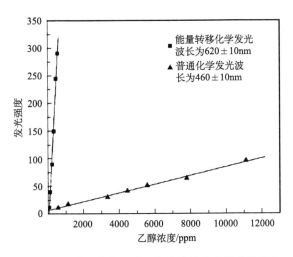

图 8-14　不同乙醇浓度下，能量转移化学发光强度和
普通化学发光强度及线性校正曲线

他们还利用 sol-gel 法制备了 TiO₂ 纳米材料，颗粒大小为 20nm 左右，发现可以与乙醇和丙酮有着比较强的化学发光，研究表明，对浓度范围为 40～400μg/mL 的乙醇及 20～200μg/mL 的丙酮具有着良好的线性响应关系，结果如图 8-15、图 8-16 所示[25]。

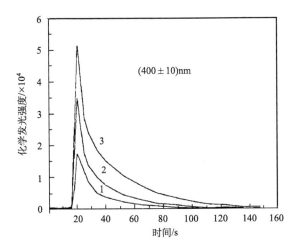

图 8-15　不同浓度的乙醇与 TiO₂ 纳米颗粒产生的化学发光图
乙醇 50mL，流速 100mL/min，温度为 470℃，波长为（400±10）nm，
1. 浓度为 24μg/mL；2. 浓度为 32μg/mL；3. 浓度为 40μg/mL

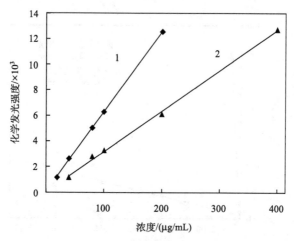

图 8-16　乙醇和丙酮的化学发光强度与浓度的线性对比关系
1. 丙酮；2. 乙醇

　　四川大学 Lv 等[26]发现 ZnO 纳米颗粒可以与乙醇产生化学发光，他们利用这个特性制备了一种可以检测乙醇的纳米传感器。他们研究了 ZnO 的形态、反应温度和气流速度对发光信号的影响，获得了最佳的条件：气流速度为 100mL/min，反应温度为 358℃。在最佳条件下，获得了在 1～100ppm 范围内的发光强度与乙醇蒸气浓度的线性对应关系，该传感器对乙醇的检测下限为 0.7ppm，将该传感器与传统的电导式的 ZnO 传感器相比，该传感器显示了更高的灵敏度、良好的选择性及低的工作温度。

#### 8.4.1.4　用于检测醛的纳米材料化学发光传感器

　　$SrCO_3$ 纳米材料可以作为敏感材料来检测空气中痕量乙醛气体的催化化学发光传感器。该传感器在 342℃对乙醛有高灵敏度和选择性，在波长 425nm 处进行定量分析，催化发光强度与乙醛浓度的线性范围为 6～6000mL/m³（$r=0.9995$，$n=8$）；检出限为 2mL/m³（信噪比为 3）。外来物质如环己烷、四氯化碳、氨、苯、氯仿、甲苯、甲醇、乙醇及甲醛等气体通过传感器时，除了乙醇和甲醛分别引起 42.5％和 12.5％的干扰外，其他气体不干扰测定，20 000mL/m³ 的水蒸气也不干扰 200mL/m³ 乙醛气体的测定。连续 100h 通过乙醛气体测试了传感器的稳定性[27]。

　　$BaCO_3$ 纳米材料也可以用于构筑检测痕量乙醛的化学发光传感器，这种传感器在最佳温度 225℃时对乙醛有着高的敏感性和选择性，结果如图 8-17、图 8-18 所示。选择发光波长 555nm 进行定量分析，在浓度范围为 2～2000ppm 内发光强度与乙醛的浓度成线性关系，结果如图 8-19 所示，这种传感器对乙醛检测的下限为 0.5ppm（信噪比为 3），该传感器对其他的物质，如环己烷、正己烷、四氯化碳、氨、甲苯、氯仿、苯、甲醛、乙醇、二氧化碳等则没有响应，结果如图 8-20 所示，这种传感器的稳定性也非常好，在经过连续 100h 与乙醛反应后，响应时间仍小于 50s[28]。

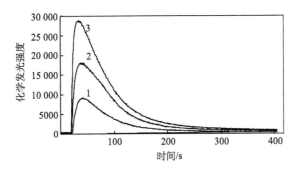

图 8-17　纳米 $BaCO_3$ 与不同浓度乙醛的化学发光曲线

1. 浓度为 200ppm；2. 浓度为 400ppm；3. 浓度为 600ppm。（温度 225℃）

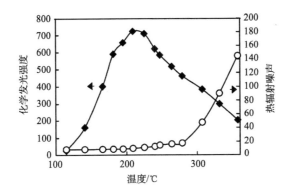

图 8-18　反应温度与发光强度的关系

波长为 555nm

北京联合大学的 Zhou 等[29]发展了一种基于纳米 $V_2Ti_4O_{13}$ 的化学发光纳米传感器，该传感器可以用来检测空气中的甲醛。在温度 370℃和发光波长 490nm 条件下，对甲醛有着高的选择性，如图 8-21 所示。在 $0.1 \sim 40 mg/m^3$ 的范围内，发光的强度与甲醛的浓度呈现良好的线性关系（$r=0.9995$），检测限为 $0.06 mg/m^3$（$3\sigma$），结果如图 8-22 所示。这种传感器对其他物质，如氨、乙醇、苯、一氧化碳和二氧化硫等则没有明显响应。该传感器在连续与甲醛反应 80h 后依然表现出良好的稳定性，因此它有望应用于空气中甲醛的在线检测。

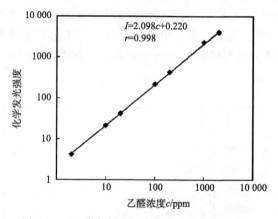

图 8-19　乙醛浓度和化学发光强度的对应关系

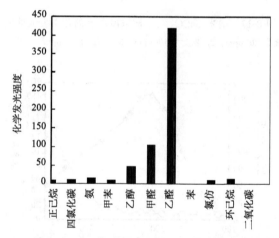

图 8-20　纳米 $BaCO_3$ 传感器对不同类型的气体响应强度对比

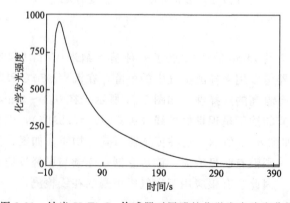

图 8-21　纳米 $V_2Ti_4O_{13}$ 传感器对甲醛的化学发光响应曲线

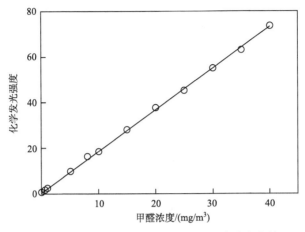

图 8-22　纳米 $V_2Ti_4O_{13}$ 传感器对醛的化学发光的
强度与甲醛浓度的对应关系

复旦大学的 Yang 等[30]发现了乙醛能够与大孔径的沸石中的 O 原子反应产生化学发光,他们系统地研究了在乙醛浓度为 $0.06\sim31.2\mu g/mL$ 的范围内,发光强度与乙醛的浓度的关系。甲醇、乙醇、异丙醇、甲苯、氯仿、二氯嗪酮、乙腈则与这种传感器没有响应。更特别的是通过这种传感器,可以把乙醛从它的同系物中区分开,如甲醛、肉桂醛、戊二醛、苯甲醛。

### 8.4.1.5　用于检测糖的纳米材料化学发光传感器

清华大学的 Zhang 等发现了一种气溶胶的催化化学发光现象[31]。基于这种现象,发展了一种在纳米 $Al_2O_3$ 表面催化发光的液相色谱气溶胶检测器。实验装置如图 8-23 所示。它主要由三部分组成:从液相色谱中流出物的雾化装置、多孔 $Al_2O_3$ 表面催化化学发光反应装置和化学发光检测装置。从液相色谱中流出物的雾化装置是由一个不锈钢毛细管(内径为 0.35mm,外径为 0.80mm)组成。从液相色谱中流出物经过这个不锈钢毛细管引入到气溶胶雾化室。不锈钢毛细管外侧安装一个更大的细管(内径为 1.29mm,外径为 3.60mm),通过它引入雾化气。多孔 $Al_2O_3$ 涂在陶瓷加热棒上,厚度为 0.55mm。陶瓷加热棒用控制器控制。雾化装置和涂有多孔 $Al_2O_3$ 的陶瓷加热棒都安装在一个直径为 15mm 的 T 形石英管内,这样可以避免流出物未经雾化就直接喷到 $Al_2O_3$ 的表面,同样避免了温度变化过大。样品引入到 40L 的进样环里,从液相色谱流出的液体被雾化器雾化,化学发光信号用 BPCL 超微弱化学发光仪记录。这种气溶胶化学发光传感器可以用来检测紫外吸收较弱的一些化合物,如糖类、聚乙二醇、氨基酸、类固醇,结果如图 8-24 所示。与蒸发光散射检测器相比具有以下特点:①大部分的化合物都会在多孔 $Al_2O_3$ 上产生化学发光，这样就可以对无论有无紫外吸收的挥发性或难挥发性化合物进行检测；②由于是基于催化氧化的机理，而不是蒸发光散射，因此这种检测器克服了无机和难挥发流动相所带来的干扰。

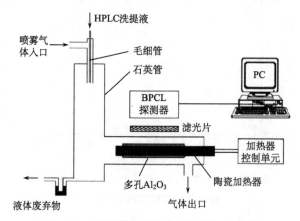

图 8-23　气溶胶催化发光系统原理示意图

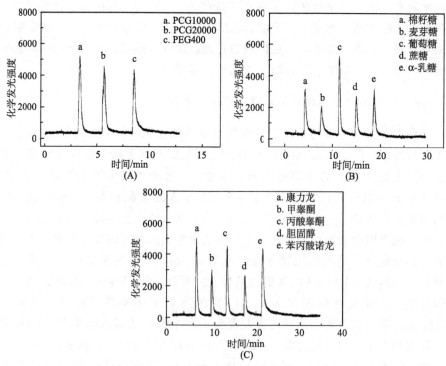

图 8-24　几类物质的化学发光响应曲线

（A）聚乙二醇；（B）糖类；（C）类固醇。气溶胶化学发光探测条件为：载气流速为 1.0mL/min，喷雾器流速为 12dm³/min，温度为 400℃，图（A）～（C）波长分别为 460nm、460nm、420nm

　　为了进一步扩大气溶胶化学发光的应用，Zhang 等又发展了检测糖类和毛细管电泳偶合的气溶胶化学发光检测器[32]。这种检测器主要由三部分组成：从毛细管电泳流出来液体的雾化装置、在多孔 $Al_2O_3$ 上的化学发光装置及化学发光检测装置。熔融的石英毛细管用来作为连续进样器，毛细管电泳外面是较大的管子，雾化气从这个管子进入。毛细管电泳流出来的液体通过连续进样器进入气溶胶化学发光检测器。化学发光系统是由烧结在直径为 6mm 的圆柱形陶瓷加热器的厚 0.5mm 的多孔 $Al_2O_3$ 制成。陶瓷加热器由数字温度控制器控制。雾化器和化学发光系统都设置在直的石英管中。为了获得更高的灵敏度，雾化器与 $Al_2O_3$ 成 15°角。毛细管电泳的高压为 20kV，毛细管长 70cm，内径为 $50\mu m$。毛细管柱要用 0.2mol/L 氢氧化钠溶液预处理 30min，水冲洗 10min。每次使用之前，毛细管柱要用 0.2mol/L 氢氧化钠溶液冲洗 5min，缓冲溶液冲洗 5min，然后装满水放置过夜。糖类化合物在多孔 $Al_2O_3$ 表面产生了化学发光。这些糖类化合物的紫外吸收都很弱，如蔗糖、乳糖、麦芽、棉籽糖、半乳糖、木糖、葡萄糖。这种方法是对没有紫外吸收的化合物毛细管电泳检测器的重要补充。

### 8.4.1.6　用于检测脂的纳米材料化学发光传感器

　　$SiO_2$ 纳米材料可以与脂类产生化学发光，利用该特性可以制备用于检测脂类的纳米传感器，这种纳米传感器的最佳工作条件是：反应温度为 200℃、流速为 200mL/min、发光波长为 460nm，结果如图 8-25 所示。在最佳工作条件下，在 20～300ppm 范围内，化学发光强度与浓度呈线性对应关系，检测限为 3.0ppm，检测 300ppm 的乙酸乙酯 8 次后获得的相对标准偏差仅为 1.80%，结

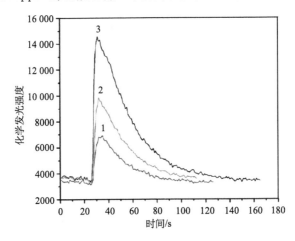

图 8-25　纳米 $SiO_2$ 与不同浓度的乙酸乙酯的化学发光曲线

1. 浓度为 60ppm；2. 浓度为 150ppm；3. 浓度为 300ppm

温度为 200℃，流速为 200mL/min，波长为 460nm

果如图 8-26 所示。这种传感器对其他的物质，如乙醇、甲醇、正已烷、环已烷、苯、甲苯等则没有明显响应。这种传感器具有良好的稳定性，在连续与 300ppm 的乙酸乙酯反应 100h 后，发光强度几乎保持不变[33]。

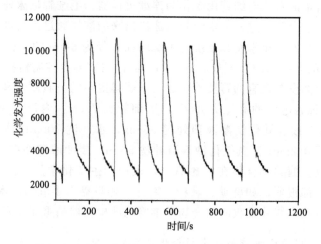

图 8-26　纳米 $SiO_2$ 与 8 次重复注入乙酸乙酯样品后的化学发光曲线

浓度为 300ppm，波长为 460nm，温度为 200℃，流速为 200mL/min

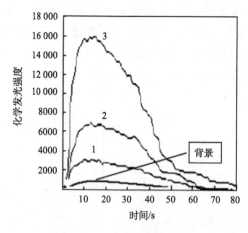

图 8-27　$Y_2O_3$ 与不同浓度的
苯蒸气的化学发光响应曲线

温度为 225℃，波长为 425nm，

1. 苯蒸气浓度为 351mg/$m^3$；2. 苯蒸气浓度为
702mg/$m^3$；3. 苯蒸气浓度为 1404mg/$m^3$

### 8.4.1.7　用于检测苯系物的纳米材料化学发光传感器

漳州师范学院 Rao 等[34] 发展了一种基于纳米材料化学发光的苯传感器，该传感器利用纳米 $Y_2O_3$ 材料与苯的化学发光而制成的。在最佳的工作条件下：温度为 225℃、波长为 425nm，在 4～7018mg/$m^3$ 的范围内发光强度与苯的浓度具有良好的线性关系，最低的检测限可达 1mg/$m^3$（信噪比为 3），如图 8-27 所示。这种传感器具有很好的稳定性，可以连续工作 80h，可以被用到实时的苯蒸气检测中去。

### 8.4.1.8　用于检测三甲胺（TMA）的纳米材料化学发光传感器

研究发现，当 TMA 气体通过 $Y_2O_3$ 表面时会产生催化化学发光，基于此发展了一种检测 TMA 的催化化学发光传感器[6]。对比 $WO_3$、$TiO_2$、$SrCO_3$、$Y_2O_3$ 四种催化剂，TMA 在 $Y_2O_3$ 表面产生的化学发光无论是光强和还是背景效果都是最好的，结果如图 8-28 所示。这种 TMA 传感器的响应时间只有 3s，线性范围为 60～42 000ppm，检测限为 10ppm，结果如图 8-29、图 8-30 所示。

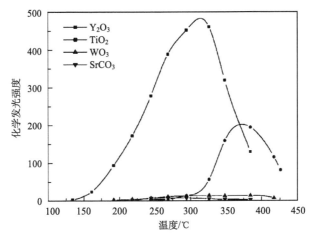

图 8-28　不同温度、不同纳米材料与 TMA 产生的化学发光曲线

TMA 波长为 7200ppm

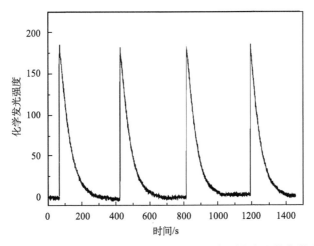

图 8-29　四次连续注入 1400ppm TMA 与 $Y_2O_3$ 纳米颗粒产生的化学发光曲线

温度为 320℃，流速为 120mL/min，波长为 555nm

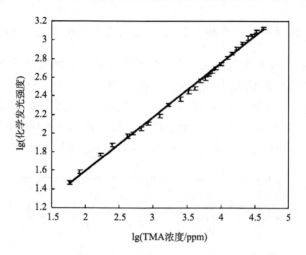

图 8-30　TMA 浓度和化学发光强度的线性对应关系

温度为 320℃，流速为 120mL/min，波长为 555nm

### 8.4.1.9　用于检测有机氯化物的纳米材料化学发光传感器

纳米 $TiO_2$ 颗粒可以与挥发性有机氯化物 $CH_2Cl_2$、$CHCl_3$、$CCl_4$ 产生强的化学发光[8]。对于 $CCl_4$ 来说，在 0.1~380ppm 范围内，发光强度与 $CCl_4$ 的量是线性对应的，并且最低检测限可以达到 40ppb。在同样的浓度条件下，$CH_2Cl_2$、$CHCl_3$、$CCl_4$ 的发光强度关系为 $CH_2Cl_2 < CHCl_3 < CCl_4$，结果如图 8-31 所示，这种方法有望应用于环境中其他含氯化合物的检测，如持久性有机污染物。

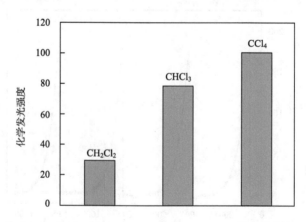

图 8-31　纳米 $SiO_2$ 与 40ppm 的 $CH_2Cl_2$、$CHCl_3$ 和 $CCl_4$ 的化学发光强度对比

广州大学 Cao 等[35]发展了一种可以检测二氯乙烯（EDC）的纳米 $\gamma$-$Al_2O_3$＋

Nd₂O₃ 化学发光传感器，这种传感器可以检测低浓度的二氯乙烯，他们发现在检测 EDC 中 γ-Al₂O₃ 纳米颗粒作为催化剂提供了高的灵敏度和选择性，而少量的 Nd₂O₃ 掺入则使得化学发光的发光强度增加了 2 倍。在发光波长为 400nm、最佳温度为 279℃ 及最佳流速为 320mL/min 的条件下，进行了定量分析实验，结果表明在浓度范围为 6～5000ppm 时（$R=0.9996$，$n=7$），发光强度与 EDC 的浓度具有很好的线性对应关系，结果如图 8-32、图 8-33 所示。对 EDC 的探测限为 2ppm，响应时间小于 5s。这种传感器对其他的物质，如甲醛、正己烷、甲苯、四氯化碳、氯仿、苯响应很小，结果如图 8-34 所示。

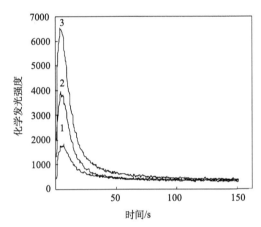

图 8-32　纳米 γ-Al₂O₃ ＋Nd₂O₃ 与不同量的二氯乙烯的化学发光曲线

反应温度为 279℃。1. 浓度为 150ppm；2. 浓度为 350ppm；3. 浓度为 550ppm

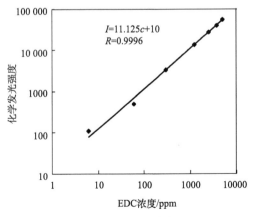

图 8-33　化学发光强度与 EDC
浓度对应的线性关系曲线

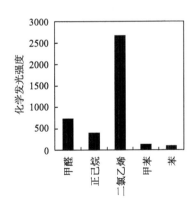

图 8-34　纳米 γ-Al₂O₃ ＋Nd₂O₃ 与几种
不同物质产生的化学发光的强度对比

### 8.4.2　用于检测无机组分的纳米材料化学发光传感器

#### 8.4.2.1　用于检测 $H_2S$ 的纳米材料化学发光传感器

我们利用简单的溶胶-凝胶方法制备了 $SnO_2$ 纳米材料，实验发现在 200℃ 反应温度时，该 $SnO_2$ 纳米材料可以与不同浓度的 $H_2S$ 气体产生强的化学发光。结果如图 8-35 所示，从图中可以发现，在较低的浓度时，传感器即具有明显的响应信号，而且随着待测气体浓度的增加响应信号强度迅速增强，并且该传感器的响应时间、恢复时间非常短，均小于 5s。

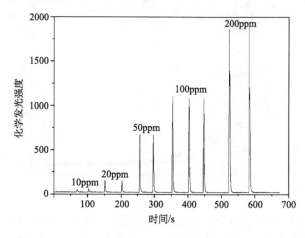

图 8-35　纳米 $SnO_2$ 催化发光传感器检测不同浓度 $H_2S$ 的实时响应曲线

有研究发现当 $H_2S$ 气体通过纳米 $Fe_2O_3$ 表面时会产生很强的化学发光[4]。对比 $WO_3$、$Au/WO_3$、$Fe_2O_3$、$CaO$、$ZrO_2$、$Al_2O_3$ 6 种催化剂，$H_2S$ 在 $Fe_2O_3$ 表面产生的化学发光强度几乎是其他 5 种材料的 10 倍以上，结果如表 8-1 及图 8-36 所示。

**表 8-1　不同纳米材料表面的化学发光强度**

（100ppm $H_2S$，流速：200mL/min，温度 360℃）

| 纳米材料 | 发光强度 | 条件 |
|---|---|---|
| $WO_3$ | 113.1±3.9 | 波长：(400±10) nm |
| $Au/WO_3$ | 15.6±0.2 | |
| $Fe_2O_3$ | 1879.7±25.7 | 温度：320℃ |
| $CaO$ | 218.0±13.1 | |
| $ZrO_2$ | 108.8±4.6 | |
| $Al_2O_3$ | 105.3±4.2 | |

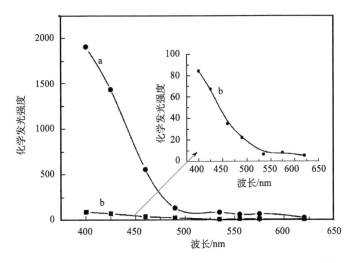

图 8-36　H₂S 在 Fe₂O₃（a）和 WO₃（b）表面的化学发光谱

100ppm H₂S；流速：200mL/min；温度为 360℃

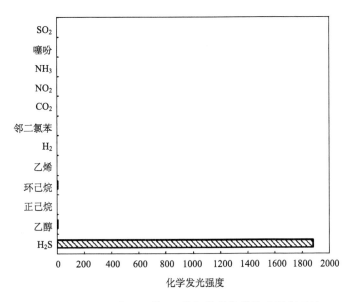

图 8-37　Fe₂O₃ 对 H₂S 等 12 种气体的化学发光强度对比

更为重要是的，这种纳米 Fe₂O₃ 传感器只对 H₂S 有响应，而对其他 11 种气体如碳氢化合物、醇、二氧化氮等则没有明显响应，结果如图 8-37 所示。该 H₂S 传感器的响应时间为 15s，恢复时间为 120s，线性范围为 8～2000ppm，检测限为 3ppm。

中国科学院化学研究所 Liu 等[36]制备了大尺寸、自组装的 $SnO_2$ 纳米球，他们发现这种 $SnO_2$ 纳米球可以与 $H_2S$ 气体产生很强的化学发光，在 160℃反应温度，与 22ppm 的 $H_2S$ 产生了强烈的化学发光，发光强度高达 16 000，即使在 5ppm 浓度下，它的发光强度依然达到了 2000，它的响应时间为 3～4s，恢复时间为 20s，这种传感器对 $H_2S$ 具有较好的选择性，而对 CO、$NO_2$ 和 $H_2$ 没有响应，结果如图 8-38 所示。

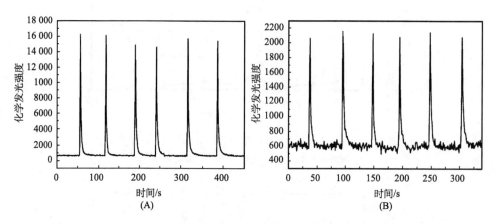

图 8-38　基于 $SnO_2$ 空心球的化学发光传感器对不同浓度的 $H_2S$ 响应曲线

温度为 160℃，流速为 200mL/min

(A) 22ppm；(B) 5ppm

此外，他们通过在超临界 $CO_2$-甲醇混合物中氧化 $SnCl_2$ 合成了 $SnO_2$/MWCNT 复合物[37]，发现这种 $SnO_2$/MWCNT 复合材料可以与 $H_2S$ 气体产生化学发光现象，在 5ppm 的浓度下，对 $H_2S$ 气体具有着良好的响应，而对其他物质如 $NO_2$、CO、$H_2$ 则响应很弱，结果如图 8-39 所示。

### 8.4.2.2　用于检测 CO 的纳米材料化学发光传感器

清华大学的 Teng 等[38]利用共沉淀法制备合成了 $La_{1-x}Sr_xMnO_3$（$x=0$、0.2、0.5、0.8）纳米颗粒，研究发现这种纳米材料可以与 CO 发生接触化学反应，产生化学发光，而催化剂的成分、气体流速、反应温度等因素都可以对化学发光产生影响。图 8-40 是 CO 与 $La_{1-x}Sr_xMnO_3$ 产生的化学发光，发光强度随 $x$ 变化的关系，具体实验条件：CO 在与空气的混合气体中的浓度为 $200\mu g/mL$，混合气体流速为 200mL/min，波长为 640nm，反应温度为 280℃。从图中可以看出，Sr 的掺杂可以明显地提高化学发光的强度，当 $x=0.2$ 时的发光强度要远大于 $x=0$ 时的发光强度，并且在 $x=0.2$ 时达到最大值，增大 $x$ 至 0.5，发光强度减小，继续增大 $x$ 的值至 0.8，发光强度则继续减小，由此可以表明，随着 $x$ 从

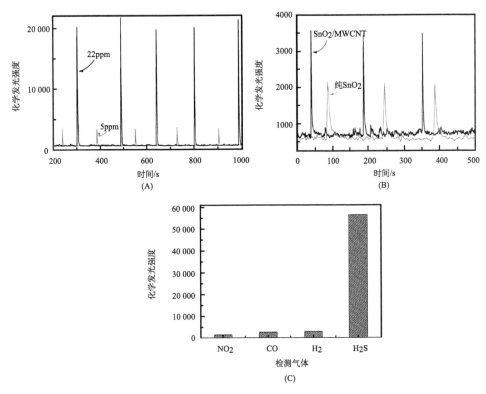

图 8-39　$SnO_2/MWCNT$ 复合物传感器对 22ppm 及 5ppm $H_2S$ 的响应曲线（A），$SnO_2/$
MWCNT 复合物及纯的 $SnO_2$ 纳米传感器对 5ppm $H_2S$ 的响应曲线（B）以及该种传感器
对 100ppm 不同物质选择性的柱状图（C）

温度为 160℃

0 增大到 0.8，发光强度是先增大后减小。同时，实验结果显示发光强度与纳米
材料的粒径大小也有关，他们研究了粒径 20nm、50nm 及大于 100nm 的
$La_{0.8}Sr_{0.2}MnO_3$，结果如图 8-41 所示，从图中可以发现发光强度与粒径的关系为
20nm＞50nm＞100nm，粒径越小，产生的化学发光越强，这是由于纳米颗粒粒
径越小，其活性越强。此外，还研究了 $La_{1-x}Sr_xMnO_3$（$x=0$、0.2、0.5、0.8）
对 CO 的催化活性，结果如图 8-42 所示，在 $x=0.0$、0.2、0.5 和 0.8 时，CO
的完全转化温度分别为 365℃、225℃、245℃ 和 280℃。在 $x=0.2$ 时，它显示了
最强的催化活性。以上的实验结果证实可以通过部分 Sr 替换 La 来提高它的催化
活性，这是因为 Sr 的掺杂产生了 O 空位，明显影响了反应分子的吸收和
活性[38~42]。

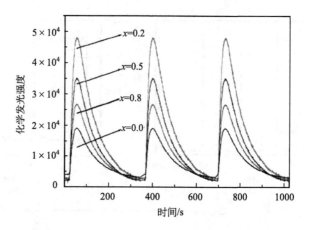

图 8-40　CO 与 $La_{1-x}Sr_xMnO_3$ 产生化学发光的发光强度随 $x$ 变化的关系

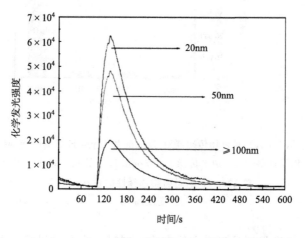

图 8-41　CO 与 $La_{0.8}Sr_{0.2}MnO_3$ 的化学发光与纳米颗粒粒径的关系

### 8.4.2.3　用于检测氨的纳米材料化学发光传感器

当氨气分子通过 $Cr_2O_3$ 纳米粒子表面时可产生很强的化学发光[43]，掺杂 $LaCoO_3$ 和 Pt 纳米粒子后，所形成的 $Cr_2O_3$ 为基体的掺杂纳米材料使氨气分子的发光强度增强了近 25 倍，且化学发光强度与氨气分子浓度在较宽范围内呈良好的线性关系，据此提出了一种基于纳米材料表面化学发光原理的新型氨气分子传感器。这种基于 $Cr_2O_3$ 纳米材料催化化学发光的传感器对氨气分子具有较强的选择性。

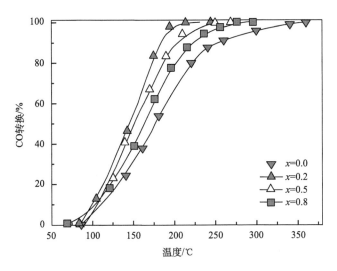

图 8-42　$La_{1-x}Sr_xMnO_3$（$x=0$、$0.2$、$0.5$、$0.8$）对 CO 的催化活性的关系

### 8.4.3　用于快速检测的纳米材料化学发光传感器阵列

　　清华大学的 Zhang 等[44]制备了 Au 掺杂的 $TiO_2$、MgO、$SiO_2$、$ZrO_2$、ZnO 纳米材料，研究了不同氧化物掺 Au 以后对 CO 催化发光性质，他们发明了一种基于化学发光的图像方法，可以简单、快速地显示催化剂的催化活性。他们利用 Au 的强催化特性，制备了 Au 掺杂的 $TiO_2$、MgO、$SiO_2$、$ZrO_2$、ZnO 纳米材料，发现这几种 Au 掺杂后的氧化物可以与 CO 发生化学发光，实验发现在温度为 160℃、载气流速为 200mL/min、CO 体积为 50mL（常压下）时，发光强度有所差别，强弱顺序为：$Au/TiO_2 > Au/MgO > Au/SiO_2 > Au/ZrO_2 > Au/ZnO$，结果如图 8-43 所示。利用气相色谱对反应产物进行研究，发现反应产物为 $CO_2$，利用气相色谱研究了不同 Au 掺杂的氧化物与 CO 发生发光反应后 CO 的转化率与温度的关系，具体的条件为：0.05g 催化剂、3.99%CO、流速 80mL/min，结果表明 $Au/TiO_2$ 在 −120℃ 时就可以使得 CO 的转换效率达到 30%，在 −19℃ 时可以使 CO 的转换效率达到 100%，发现这几种物质使 CO 转化效率达到 100% 的温度高低关系为 $Au/TiO_2$（−19℃）$< Au/MgO$（42℃）$< Au/SiO_2$（65℃）$< Au/ZrO_2$（74℃）$< Au/ZnO$（84℃），结果如图 8-44 所示。图 8-45（A）展示了 Au/ZnO 作为催化剂时 CO 转换与化学发光强度的关系，相关系数为 0.91，图 8-45（B）展示了 Au/ZnO 作为催化剂时 CO 转化率及化学发光强度与温度的关系。他们还利用这几种掺 Au 的氧化物制作了一个传感器阵列，当 CO 气体通过传感器阵列时，可以非常直观地观察到他们的发光强弱关系为：$Au/TiO_2 > Au/MgO >$

$Au/SiO_2 > Au/ZrO_2 > Au/ZnO$，结果如图 8-46 所示。

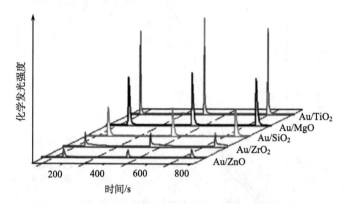

图 8-43　Au 掺杂不同的氧化物与 CO 发生化学发光图

探测条件：载气流速为 200mL/min；在常压下 CO 的体积为 3×50mL；反应温度为 160℃

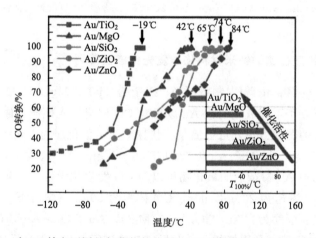

图 8-44　在 Au 掺杂不同的氧化物催化下，CO 的转化与温度的对应曲线图

反应条件：0.05g 催化剂；CO 在干空气中的浓度为 3.99%；气体流速为 80mL/min

　　利用多种纳米材料组成化学发光传感器阵列可以实现对多种气体的快速检测。研究者[45] 利用 $ZrO_2/Eu^{3+}$、MgO、$Al_2O_3$、$WO_3$、$ZrO_2/Tb^{3+}$、$SrCO_3$、$Fe_2O_3$、$Y_2O_3$、$ZrO_2$ 共 9 种纳米材料制作了一个 3×3 的传感器阵列，当待测气体（$H_2S$、TMA、甲醇、乙醇、正丙醇、正丁醇）在载气的带动下流过传感器阵列表面时，不同的待测气体与传感器阵列中部分纳米材料产生化学发光，使得整个传感器阵列的发光图像根据待测气体的不同而不同，通过这个阵列传感器发光图像的不同实现对气体的检测，相对于单一传感器检测来说，这种方法非常直观、简单、迅速，结果如图 8-47、图 8-48 所示。

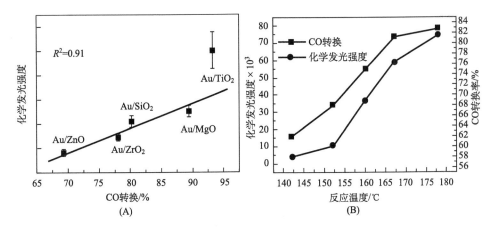

图 8-45 Au/ZnO 作为催化剂时 CO 转换与化学发光强度的关系（A）

以及 Au/ZnO 作为催化剂时 CO 转化率及

化学发光强度与温度的关系（B）

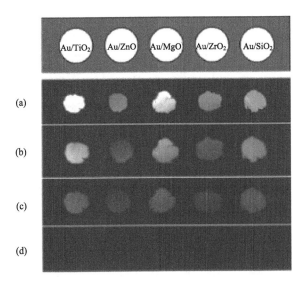

图 8-46 不同流量的 CO 经过由 Au/TiO₂，Au/MgO，Au/SiO₂，Au/ZrO₂，

Au/ZnO 组成的传感器阵列时的化学发光图像

反应温度为 160℃。(a) 8×50mL；(b) 4×50mL；(c) 2×50mL；(d) 无 CO

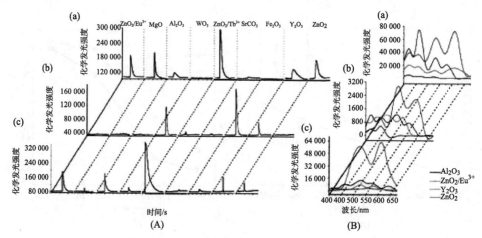

图 8-47 纳米材料表面化学发光的化学选择性响应

（A）9 种纳米材料对不同物质的响应的指纹图形。(a) 乙醇；(b) $H_2S$；(c) TMA。纳米材料从左至右分别为 $ZrO_2/Eu^{3+}$、MgO、$Al_2O_3$、$WO_3$、$ZrO_2/Tb^{3+}$、$SrCO_3$、$Fe_2O_3$、$Y_2O_3$ 和 $ZrO_2$。(B) 在 $Al_2O_3$、$ZrO_2/Eu^{3+}$、$Y_2O_3$ 和 $ZrO_2$ 纳米材料表面化学发光的比较。(a) 乙醇；(b) $H_2S$；(c) TMA

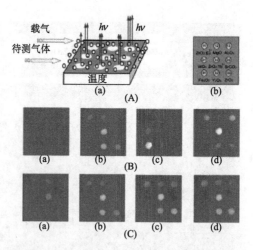

图 8-48 化学发光传感器阵列示意图及其暴露于不同样品后的化学发光图案

（A）(a) 化学发光传感器阵列示意图；(b) 纳米材料组成的阵列点，各个阵列点所对应的纳米材料如下：$ZrO_2/Eu^{3+}$ (1, 1)，MgO (1, 2)，$Al_2O_3$ (1, 3)，$WO_3$ (2, 1)，$ZrO_2/Tb^{3+}$ (2, 2)，$SrCO_3$ (2, 3)，$Fe_2O_3$ (3, 1)，$Y_2O_3$ (3, 2)，$ZrO_2$ (3, 3)。(B) 传感器阵列暴露到空气中 1min 后获得的图案：(a) 没有样品，(b) 乙醇，(c) $H_2S$，(d) TMA。(C) 传感器阵列暴露于醇类样品中获得的图案：(a) 甲醇，(b) 乙醇，(c) 正丙醇，(d) 正丁醇

# 8.5　展　　望

纳米材料化学发光具有无需外部光源、发光材料无损耗、灵敏度高的特点，并且不同的纳米材料可以选择性地催化氧化待测气体，产生化学发光现象，通过改变发光过程中的检测波长、载气流速、工作温度等参数可以实现传感器的良好选择性，同时设计传感器阵列则可以明显地提高单一传感器选择性。结合当前快速发展的 MEMS 工艺可以制备出由多种功能纳米材料组成的微型化阵列传感器，利用其高灵敏度、高选择性、高稳定性、易微型化、低成本的特点，经过计算机对数据进行识别处理，发展成为长寿命的化学发光传感器检测系统，更加直观地实现对待测气体的快速准确识别，可以进一步拓宽化学发光方法的应用前景。

## 参 考 文 献

[1] König L，Rabin I，Ertl G，et al. Chemiluminescence in the agglomeration of metal clusters. Science，1996，274 (5291)：1353-1355

[2] McCord P，Yau S L，Bard A J. Chemiluminescence of anodized and etched silicon：Evidence for a luminescent siloxene-like layer on porous silicon. Science，1992，257：68-69

[3] 刘国宏，张振宇，张新荣. 基于纳米材料的化学发光传感器研究. 世界科技研究与发展，2004，26 (4)：144-149

[4] Zhang Z Y，Jiang H J，Zhang X R，et al. A highly selective chemiluminescent $H_2S$ sensor. Sensor. Actuat. B-Chem.，2004，102：155-161

[5] Sun Z，Yuan H，Zhang X R，et al. A highly efficient chemical sensor material for $H_2S$：$\alpha\text{-}Fe_2O_3$ nanotubes fabricated using carbon nanotube templates. Adv. Mater.，2005，17：2993-2997

[6] Zhang Z Y，Xu K，Zhang X R，et al. A nanosized $Y_2O_3$-based catalytic chemiluminescent sensor for trimethylamine. Talanta，2005，65：913-917

[7] Zhang Z Y，Zhang C，Zhang X R. Development of a chemiluminescence ethanol sensor based on nanosized $ZrO_2$. Analyst，2002，127 (6)：792-796

[8] Liu G H，Zhu Y F，Zhang X R，et al. Chemiluminescence determination of chlorinated volatile organic compounds by conversion on nanometer $TiO_2$. Anal. Chem.，2002，74：6279-6284

[9] Myung N，Bae Y，Bard A J. Effect of surface passivation on the electrogenerated chemiluminescence of CdSe/ZnSe nanocrystals. Nano Lett，2003，3：1053-1055

[10] Zou G Z，Ju H X，Ding W P，et al. Electrogenerated chemiluminescence of CdSe hollow spherical assemblies in aqueous system by immobilization in carbon paste. J. Electroanal. Chem.，2005，579：175-180

[11] Cui H，Xu Y，Zhang Z F. Multichannel electrochemiluminescence of luminol in neutral and alkaline aqueous solutions on a gold nanoparticle self-assembled electrode. Anal. Chem.，2004，76：4002-4010

[12] Cui H，Dong Y P. Multichannel electregenerated chemiluminescence of lucigenin in neutral and alkaline aqueous solutions on a gold nanoparticle self-assembled gold electrode. J. Electroanal. Chem.，

2006，595：37-46

[13] Guo W Y, Li J J, Tu Y F, et al. Studies on the electrochemiluminescent behavior of luminol on indium tin oxide (ITO) glass. J. Lumin., 2010, 130：2022-2025

[14] 李菁菁，张玲，屠一锋. 纳米 SnO₂ 增敏鲁米诺化学发光的研究与应用. 分析测试学报，2009，28：63-66

[15] Breysse M, Claudel B, Faure L. Chemiluminescence during the catalysis of carbon monoxide oxidation on a thoria surface. J. Catalysis., 1976, 45：137-144

[16] Utsunomiya K, Nakagawa M, Tomiyama T. Discrimination and determination of gases utilizing adsorption luminescence. Sensor. Actuat. B-Chem., 1993, 11：441-445

[17] Nakagawa M. A new chemiluminescence based sensor for discriminating and determining constituents in mixed gases. Sensor. Actuat. B-Chem., 1995, 29：94-100

[18] Nakagawa M, Yamamoto I, Yamashita N. Detection of organic molecules dissolved in water using a gamma-Al₂O₃ chemiluminescence-based sensor. Anal. Sci., 1998, 14：209-214

[19] Nakagawa M, Okabayashi T, Fujimoto T, et al. A new method for recognizing organic vapor by spectroscopic image on cataluminescence-based gas sensor. Sensor. Actuat. B-Chem., 1998, 51：159-162

[20] Okabayashi T, Fujimoto T, Yamamoto I, et al. High sensitive hydrocarbon gas sensor utilizing cataluminescence of gamma-Al₂O₃ activated with Dy³⁺. Sensor. Actuat. B-Chem., 2000, 64：54-58

[21] Guo Z, Li M Q, Huang X J, et al. Novel cocoon-Like Au/La₂O₃ nanomaterials：synthesis and their ultra-enhanced cataluminescence performance to volatile organic compounds. J. Mater. Chem., accepted.

[22] Cao X A, Zhang X R. A research on determination of explosive gases utilizing cataluminescence sensor array. Luminescence, 2005, 20：243-250

[23] Shi J J, Li J J, Zhang X R, et al. Nanosized SrCO₃-based chemiluminescence sensor for ethanol. Anal. Chim. Acta, 2002, 466：69-78

[24] Zhang Z Y, Xu K, Zhang X R, et al. An energy-transfer cataluminescence reaction on nanosized catalysts and its application to chemical sensors. Anal. Chim. Acta, 2005, 535：145-152

[25] Zhu Y F, Shi J J, Zhang X R, et al. Development of a gas sensor utilizing chemiluminescence on nanosized titanium dioxide. Anal. Chem., 2002, 74：120-124

[26] Tang H R, Li Y M, Lv Y, et al. An ethanol sensor based on cataluminescence on ZnO nanoparticles. Talanta, 2007, 72：1593-1597

[27] 曹小安，张振宇，张新荣. 一种基于碳酸锶纳米材料的催化发光乙醛气体传感器研究. 分析化学，2004，32 (12)：1567-1570

[28] Cao X A, Zhang Z Y, Zhang X R. A novel gaseous acetaldehyde sensor utilizing cataluminescence on nanosized BaCO₃. Sensor. Actuat. B-Chem., 2004, 99：30-35

[29] Zhou K W, Ji X L, Zhang X R, et al. On-line monitoring of formaldehyde in air by cataluminescence-based gas sensor. Sensor. Actuat. B-Chem., 2006, 119：392-397

[30] Yang P, Lu J Z, Liu X, et al. Zeolite-based cataluminescence sensor for the selective detection of acetaldehyde. Luminescence, 2007, 22：473-479

[31] Lv Y, Zhang S C, Zhang X R, et al. Development of a detector for liquid chromatography based on aerosol chemiluminescence on porous alumina. Anal. Chem., 2005, 77 (5)：1518-1525

[32] Huang G M, Lv Y, Zhang X R, et al. Development of an aerosol chemiluminescent detector coupled

to capillary electrophoresis for saccharide analysis. Anal. Chem. , 2005, 77 (22): 7356-7365

[33] Wu Y Y, Zhang S C, Zhang X R. A novel gaseous ester sensor utilizing chemiluminescence on nano-sized $SiO_2$. Sensor. Actuat. B-Chem. , 2007, 126: 461-466

[34] Rao Z M, Liu L J, Xie J Y, et al. Development of a benzene vapour sensor utilizing chemilumines-cence on $Y_2O_3$. Luminescence, 2008, 23: 163-168

[35] Cao X A, Feng G M, Gao H H, et al. Nanosized $\gamma$-$Al_2O_3$ + $Nd_2O_3$-based cataluminescence sensor for ethylene dichloride. Luminescence, 2005, 20 (3): 104-108

[36] Miao Z J, Wu Y Y, Liu Z M, et al. Large-scale production of self-assembled $SnO_2$ nanospheres and their application in high-performance chemiluminescence sensors for hydrogen sulfide gas. J. Mater. Chem. , 2007, 17: 1791-1796

[37] An G M, Na N, Liu Z M, et al. $SnO_2$/carbon nanotube nanocomposites synthesized in supercritical fluids: highly efficient materials for use as a chemical sensor and as the anode of a lithium-ion battery. Nanotechnology, 2007, 18: 435707 (6pp)

[38] Teng F, Xu T G, Zhu Y F, et al. A CL mode detector for rapid catalyst selection and environmental detection fabricated by perovskite nanoparticles. Environ. Sci. Technol. , 2008, 42: 3886-3892

[39] Ju S Y, Kwon D I, Kim J M, et al. Synthesis and photochromism of polymer-bound phenoxyquinone derivatives. J. Photoch. Photobio. A, 2003, 156: 151-157

[40] Voorhoeve R J H, Johnson D W, Remeika J P, et al. Perovskite oxides: Materials science in cataly-sis. Science, 1977, 195: 827-833

[41] Royera S, Alamdarib H, Duprezc D, et al. Oxygen storage capacity of $La_{1-x}A'_xBO_3$ perovskites (with $A'$=Sr, Ce; B=Co, Mn) -relation with catalytic activity in the $CH_4$ oxidation reaction. Appl. Catal. , B, 2005, 58: 273-288

[42] Barnard K R, Forger K, Turney T W, et al. Lanthanum cobalt oxide oxidation catalysts derived from mixed hydroxide precursors. J. Catal. 1990, 125: 265-275

[43] 饶志明, 施进军, 张新荣. 利用 $Cr_2O_3$-$LaCoO_3$-Pt 纳米材料催化发光测定大气中的氨分子. 化学学报, 2002, 60 (9): 1668-1671

[44] Wang X, Na N, Zhang X R, et al. Rapid screening of gold catalysts by chemiluminescence-based ar-ray imaging. J. Am. Chem. Soc. , 2007, 129: 6062-6063

[45] Na N, Zhang S C, Zhang X R, et al. A catalytic nanomaterial-based optical chemo-sensor array. J. Am. Chem. Soc. , 2006, 128: 14420-14421

# 第9章 功能化碳纳米管化学传感器

## 9.1 引　言

　　新的低成本、低能耗的便携式传感器在国防安全、生物检疫及环境检测中都发挥着非常重要的作用[1~5]。作为新型的传感器件，电导式化学微传感器（与待测物作用能引起微弱的电阻变化）是这类传感器中的核心成员。那些高灵敏度、高选择性的气体传感器是通过特异的化学选择性材料来实现的，许多材料［如金属氧化物、有机聚合物半导体和碳纳米管（CNT）等］都被广泛地应用在气体传感器的研究中。在这些材料中，碳纳米管因其超高的比表面积和独特的准一维电子结构，在测试中能展现出高的灵敏度和较短的响应时间而备受关注[6~8]。

　　CNT可看作是由一层或多层石墨片卷曲成的无缝管状物，按其组成石墨片的多少可以分为单壁碳纳米管（SWCNT）和多壁碳纳米管（MWCNT）。其特有的结构和扭曲的 π 电子构型使它具有独特的电学、光学、力学、化学等性质[9,10]。根据直径和手性的不同，SWCNT又可分为半导体型、金属型及半金属型。这些不同的碳管由于有很高的电荷淌度（室温下可达到约 10 000$cm^2$·V/s）[11]、高的电导率[12]、高的电荷输运能力（约 $10^9 A/cm$）[13]和较好的传热性[14]，而可以被用作电荷输运导线和晶体管的活性通道等。另外，SWCNT的机械性能很强，其弹性模量在 1~2TPa[15]，其管束的折断应力可高达 50GPa[16]，约是同标准钢丝的 50 倍。虽然因缺乏表面悬键[17]，SWCNT是化学惰性的，但由于它们有很高的比表面积（约 1600$m^2$/g）[18]，因此它们能表现出很强的吸附性，而能被用在一些传感设备中。近 20 年来，许多学术团体和工业机构都在努力探索 SWCNT 的应用，其范围涉及纳米尺寸电路[19]、低压冷电极场发射显示器[20]、储氢设备[21]、药物载体[22]、光发射器件[23]、热洗涤糟[24]、电子器件连接[25]以及化学传感器和生物传感器[26]等。

　　在碳纳米管的众多性质中最能引起人们兴趣的是它的电学性质，通常是作为电学材料来应用。高的电荷淌度和优良的弹道输运特性将使它能在未来的电器设备中成为替代硅的最佳材料。不像其他的电子技术，如旋转电子学[27]、分子电子学[28]、量子点胞状自动机[29]和纳米线交叉杆阵列[30]，SWCNT 能融合到传统的场效应晶体管（FET）的结构中，充分发挥场效应管的特性。实验数据表明，在相似的情况下 SWCNT 在设备中比硅的电荷输运量大一个数量级以上，同时其小的内在电容可能启动太［拉］赫兹的频率[31]。作为很好的传感材料，碳纳米管的研究将会对未来传感器发展和应用起到十分重要的作用。

2000 年，Dai 和他的合作者们第一次发现了碳纳米管的化学传感性，制作的传感器在室温下就能对氨气和二氧化氮气体表现出快速的、灵敏的响应[32]，在 200ppm 的二氧化氮气体中，传感器电导率在几秒内提高了三个数量级，而当传感器暴露在 10 000ppm 的氨气时，电导率在 2min 内降低了两个数量级，该工作开拓了碳纳米管化学传感性研究的先河，此后，相继涌现出很多碳纳米管传感性的研究报道。

Meyyappan 和他的小组将 SWCNT 分散在 DMF 中，将碳管的分散液滴涂在事先做好的梳状电极上，制成电导型的传感器，DMF 挥发后在电极上形成了一层碳纳米管网络。传感器在室温下用于检测二氧化氮和硝基甲苯，结果显示从 ppb[①] 到 ppm 的响应成线性的，对二氧化氮的检测限达 44ppb，硝基甲苯的检测限为 262ppb，响应时间仅为几分钟[33]。

Someya 等报道了基于半导体 SWCNT 的场效应管用于各种醇类的检测（图 1-8)[34]，结果表明，该传感器对各种醇蒸气有很好的响应，传感器的恢复性和重现性都很好，特别是对辛醇的检测可达到 0.04mmHg。

此外，Collins 等发现碳管的电导变化对氧气和含氧的一些气体是敏感的[35]。Novak 等证实了基于 SWCNT 网络的场效应晶体管能检测一种神经毒剂的模拟物——甲基磷酸二甲酯（DMMP)[36]，且传感器是可逆的，能检测 DMMP 到亚 ppb 级，当栅电压加到 3V 时，能在几分钟内恢复，这种快速的恢复是由于正的栅压诱导而产生的负电荷与强供电子的 DMMP 之间的库仑作用所引起的。Valentini 等用碳管膜制成化学电导型传感器[37]，通过化学气相沉积（CVD）法将碳管膜沉积在 $Si_3N_4/Si$ 的基片上，再沉积上梳状的铂电极使碳管连起来，在 $Si_3N_4/Si$ 的基片的背面做一个铂金加热器来控制传感器的温度，该传感器在最佳操作温度 165℃ 时检测 $NO_2$ 的灵敏度达 10ppb。

Lee 等用 SWCNT 的悬浮液滴涂和双向电泳排列的方法制成了基于金属 SWCNT 的传感器[38]，该传感器暴露在 $SOCl_2$（一种神经毒剂前驱物）和 DMMP 时，展现出电导的增强，但响应是不可逆的。他们认为信号是通过大直径的金属碳管传递的，其机理被选择性拉曼衰变所证实，当暴露在 $SOCl_2$ 后，金属 SWCNT 费米能级的占有态密度增加。

Wongwiriyapan 等用 CVD 法沉积 SWCNT 网络，制成传感器来测试 $O_3$[39]，传感器平台是氧化铝基片印上梳状 Pt 电极（宽 $50\mu m$，齿间距为 $50\mu m$），背面装上 Pt 加热器。传感器在室温下能检测到低于 6ppb 的臭氧，加热后能在几分钟内恢复，当在两极间施加 $19\sim60V$ 的电压，金属 SWCNT 能被选择性地燃烧掉，结果传感器的灵敏度可以得到提高。

---

① ppb：体积比为 $10^{-9}$。全书同此。

研究中发现，虽然纯的碳纳米管在对一些小分子气体的检测中被证明是一个好的敏感材料，但在实际应用中，它通常会受到一定的限制，因为能被它直接检测到的分析物是有限的。为了增强碳纳米管的灵敏性，目前许多研究者对它们进行了物理、化学以及生物的修饰[40~42]，通过分子修饰来丰富和改善它们的性质，继而提高对目标分析物的有效检测。具体来说，一方面，修饰能提高碳纳米管在各种溶剂中的溶解性和分散性，这样能开辟一条廉价的通过简单的分散和印刷法制作传感器的途径；另一方面，修饰也能使具有独特结构的碳纳米管与其他材料（如导电聚合物、金属和金属氧化物等）相结合[43~45]，这样形成的杂化型敏感材料，能更好地提高其检测的灵敏性、选择性和缩短响应时间。

由于修饰后的碳纳米管兼备了其原有的性质和修饰物的性质，碳纳米管被赋予了新的功能，这样大大地扩大了其应用的范围，可见碳纳米管的功能化将是碳纳米管传感性研究的一个重要内容。

## 9.2 碳纳米管的气敏性机理

准一维的碳纳米管是一种潜在的优良气敏材料，巨大的比表面积和中空的几何形状有利于气体分子的吸附。随着气体的吸附和其与碳纳米管之间的相互作用，碳纳米管的电性能也发生了明显改变。碳纳米管作为气敏性材料，具有响应灵敏度高、响应速度快、可以在室温下检测气体等优点，但也存在着响应恢复时间长、缺乏选择性等问题。碳纳米管的气敏性机理主要包括电荷转移机理、电容型机理等。

### 9.2.1 电荷转移

最早用于解释碳纳米管气敏特性所采用的机理是电荷转移机理[32]，一般来说，碳管吸附气体后，气体分子与碳纳米管之间相互作用，电荷在气体分子与碳纳米管之间发生转移，导致碳纳米管中的载流子数目改变，引起电导的改变。例如，$NH_3$ 能向碳纳米管中转移电子，使得 p 型的碳纳米管电阻增大，而 $NO_2$ 能从碳纳米管中获得电子，因而使碳纳米管电阻降低。根据这种响应机理制备的电导型气体传感器更适合于低浓度下电荷转移能力强的气体的检测。

### 9.2.2 电容型

Snow 课题组[46]发现基于电场的极化作用，吸附在碳纳米管上的分子能导致碳纳米管电容的变化，该原理进而可用于气体检测。大多数极性分子，甚至是非极性分子吸附在碳纳米管上都会产生一定的响应，应用这种机理可获得响应快、灵敏度高、噪声小的碳纳米管气体传感器，更适合于极性大的气体的检测。

### 9.2.3　其他类型

除上述两种机理外，还有其他的气体响应机理，因为吸附气体后碳纳米管的其他物理化学性能参数也可能发生改变。例如，Chopra 等[47]发现碳纳米管吸附气体后，其介电常数发生变化，因此可以通过测定振荡电路的振荡频率的变化来检测气体[48]，他们还应用分子极化率、偶极矩，通过理论计算得出 SWCNT 对气体的吸附能，建立起介电常数与振荡频率的相关性。研究发现吸附气体引起碳纳米管能带隙变化，而能带隙与介电常数的关系可预测碳纳米管对气体的响应[49]。其他机理也有很多，如电击穿[50]、离子化机理[51]等。

## 9.3　碳纳米管气敏性的影响因素

碳纳米管的气敏特性主要受碳纳米管的种类、缺陷、催化剂金属、测试温度以及后处理等方面的影响。一般来说，MWCNT 对气体的响应灵敏度小于 SWCNT。金属型碳纳米管的响应灵敏度低于半导体型碳纳米管[52]，金属型 SWCNT 电荷转移主要是由管径比较大的碳纳米管起作用，它对气体也具有响应[38]。碳纳米管的气敏特性是由于碳纳米管吸附气体后电导的变化，然而碳纳米管侧壁具有非常稳定的化学结构，很难与气体发生特定的化学反应，研究者发现碳纳米管侧壁上的缺陷和两端的开口结构对气体的响应非常重要。Peng 等[53]通过从头计算方法得出当碳纳米管掺杂其他电子给体或电子受体原子时，CO 和 $H_2O$ 就与碳纳米管上的掺杂原子产生强烈的相互作用，从而引起电阻变化。而 CO 和 $H_2O$ 与纯碳纳米管不存在明显的相互作用。在此基础上，Terrones 等[54]制备了氮掺杂的碳纳米管并用于气体的检测，发现其与 $NH_3$、丙酮以及具有羟基的气体分子间具有很强的相互作用，这主要是由于碳纳米管侧壁上具有高活性的吡啶环，使得电子能级密度发生了改变，从而对丙酮、乙醇、石油气、氯仿和 $NH_3$ 等产生明显响应，响应时间只有 2～3s，且响应可恢复，Valentini 等[55]通过改变碳纳米管沉积温度，控制碳纳米管上的缺陷。理论计算和实验研究发现碳纳米管上的缺陷对 $NO_2$ 的响应灵敏度影响很大，缺陷增强了碳纳米管与 $NO_2$ 的相互作用，但是并不发生化学反应，而是一个强烈的放热化学吸附和电荷转移作用，Mercuri 等[56]认为这种作用可能生成了 C—O 或 C—N 键，Andaelm 等[57]通过理论计算和实验研究发现碳纳米管上的空缺以及氧离解形成的缺陷使得化学吸附的 $NH_3$ 离解成 $NH_2$ 和 H 碎片，从而引起电阻变化，说明 $NH_3$ 的响应很大程度上受到缺陷的影响。

# 9.4　碳纳米管传感器的构建

### 9.4.1　电导型

如图 9-1 所示，所谓电导型传感器，一般是构建在二氧化硅或氧化铝的基片

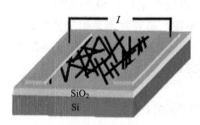

图 9-1　电导型传感器示意图

上，通过化学气相沉积（CVD）或溶液旋涂等方法，让单根或网络状的碳管膜桥联在正负两极之间，实现欧姆接触，当待测物分子吸附到碳管上以后，因待测物和碳纳米管之间会发生电荷的迁移，从而会引起碳纳米管中的载流子的变化，其电阻会发生一定的改变，传感性是通过电阻变化来测定和确定的[58,59]。

### 9.4.2　场效应晶体管型

如图 9-2 所示，其结构包括源极、漏极和栅极三部分，与电导型传感器类似，一般是构建在表面氧化的掺杂硅的基片上，氧化层厚度通常约为 100nm，同样用化学气相沉积或溶液旋涂等方法，让单根或网络状的碳管膜桥联在源极和漏极之间。由于场效应晶体管可以通过调节栅电压来调控碳管的电导，从而起到检测信号的放大的作用，因此通常情况下它要比电导型传感器的灵敏度更高[60~64]。

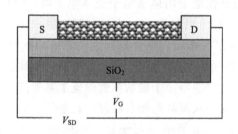

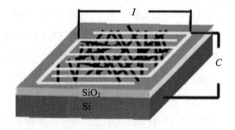

图 9-2　场效应晶体管型传感器示意图
S：源极；D：漏极；$V_G$：门电压；$V_{SD}$：源漏极间电压

图 9-3　电容电导型传感器结构示意图

### 9.4.3　电容电导型

如图 9-3 所示，其结构和场效应晶体管型传感器相似，不同的是其上面的电极和下面的掺杂硅片可用作电容器的极板，这种传感器可以同时测出响应时的电容和电导信号[46,65]。

在传感器的构建中碳纳米管电极的制备非常重要，它直接影响到测试的灵敏

度，目前制备的方法主要有两种。一种是用化学气相沉积法将碳管直接生长在传感器的电极表面上，通常先将金属催化剂纳米颗粒分散到表面氧化过的硅片上，放在沉积炉中，再通入碳氢化合物气体（如甲烷、乙炔、乙醇蒸气等）加热到500~1000℃，这样在硅片的表面就能生长出一层阵列或网络状的碳纳米管[66]。电极制作采用标准的平版印刷术等方法，先用 Photo Lithographic 方法确定好电极的区域，再把一层 Cr 等金属的黏合层和 300nm 后的 Au 层采用电子束溅射技术沉积在上面，最后采用 Lift-on 技术除去光刻胶便得到所需电极。另一种方法是先用平版印刷术等方法制备好电极，将碳纳米管的水或其他有机溶剂的分散液滴加或旋涂在事先做好的电极上，然后再进行干燥、排列等后续处理，得到所需的电极[67]。

## 9.5　碳纳米管阵列传感器

　　碳纳米管的制备是进行碳纳米管研究的重要环节。目前主要有电弧放电法、激光蒸发法和催化裂解化学气相沉积法以及模板辅助合成法等。其中催化裂解化学气相沉积法和模板辅助合成法在实际应用中最为广泛，这里简单介绍一下这两种方法的原理及优点。所谓催化裂解化学气相沉积法，是在一定温度下，将含碳源的气体（或蒸气）流经金属或金属氧化物等催化剂表面，经催化剂催化分解，并生成碳纳米管。这种方法首先要有碳源，如甲烷、乙烯、乙炔等都可以，还要有催化剂，通常采用过渡金属 Co、Ni、Fe 和部分稀土金属等为催化剂，而且要掌握好合适的反应温度和反应时间才能长出高质量的碳纳米管。这种方法设备相对简单，成本低，技术成熟易于控制，但是该方法生长的碳管管径不整齐，形状不规则，且制备过程中必须使用催化剂，使用中还需要对碳管进行纯化，限制了碳管某些性能的发挥。模板辅助合成碳纳米管是以阳极氧化法形成具有纳米孔洞的多孔氧化铝（AAO）为模板，分别用各种化学方法，如化学气相沉积法、溶液化学法、溶胶-凝胶法、电镀法等在纳米孔洞中沉积纳米管或纳米线材料，这种方法可以生长出大面积、高密度、离散分布的定向碳纳米管阵列，可制成很好的场发射电子源。因此，为了得到高度有序的碳纳米管阵列，多孔氧化铝模板辅助的化学气相沉积引起研究者的广泛关注。我们以低毒廉价的丙酮为碳源，AAO 模板本身做催化剂，制备了定向有序的碳纳米管阵列（实验装置见图 9-4），合成的碳纳米管阵列被制成了传感器，并用于氨气的检测[68]。

　　用 10% 的 HF 溶液稍微除去表面的氧化铝，露出碳纳米管，从扫描电镜（SEM）图 9-5（A）可以看出，模板的填充率几乎为 100%，每个孔中都填充有碳纳米管，且每个孔中只填一根碳纳米管，用模板可以制备排列整齐、开口的碳纳米管阵列。嵌入的图片为放大的图片，碳管的孔径为 40nm，孔与孔间的距离为

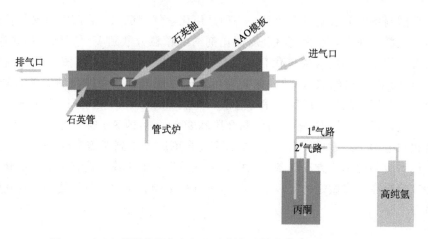

图 9-4　AAO 模板化学气相沉积法制备碳纳米管阵列的实验装置

80nm；图 9-5（B）为模板部分溶解的碳纳米管阵列照片，可以看出碳纳米管之间互相平行、彼此独立，没有发现纳米管扭曲缠绕的现象；由于碳纳米管之间强的分子间作用力，随着模板溶解，碳管之间的作用力越来越强，最后其平行独立性被破坏，一段扭曲缠绕在一起，见图 9-5（C）；由图 9-5（D）模板全溶的碳纳米管照片可以看出，用模板法生长的碳纳米管很长，均匀一致。

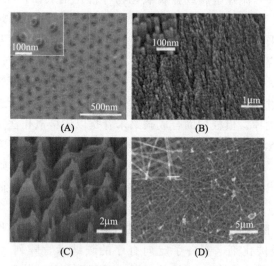

图 9-5　生长碳纳米管的模板稍微溶解（A），部分溶解（B，C），
全溶（D）碳纳米管的 SEM 照片

　　与电导式传感器相比，电容式传感器主要测电容的变化，而电容变化主要由介电效应决定，对电荷效应不敏感，因此电容式气体传感器噪声比较小，灵敏度

高，近年来逐渐引起人们的关注。我们在上述碳纳米管阵列制备的基础上，进一步将其构筑成电容式传感器，见图9-6。

首先在空气中450℃，锻烧30min条件下除去AAO模板表面的无定形碳，并用10%的HF轻微腐蚀模板的上下表面至碳纳米管露出头端，见图9-6。处理好的模板上下表面蒸金，厚度约为30nm，在蒸完金的模板上下表面分别粘上硅片和导线，做好的器件放在10%HF中浸泡约5h，除去氧化铝模板，用蒸馏水清洗干净，红外干燥后待用。从除去模板之后器件的侧面SEM照片（图9-7）可以看出模板是从外到内被溶解的，由于碳纳米管存在一些缺陷，结晶程度不高，若模板全部溶解，器件就不牢固，容易

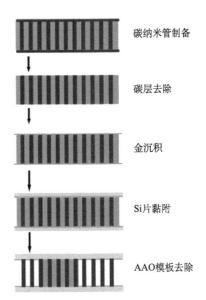

图9-6 基于碳纳米管阵列的平行板
电容器的制作过程示意图

塌陷，因此需部分溶解模板，从图9-7也可以看出，模板是部分溶解的。

传感器被分别用于检测不同浓度的氨气、甲酸和丙烯酸的气敏性，记录电容随时间的变化，如图9-8所示。

氨气在不同浓度下电容随时间的变化情况见图9-8（A），可以看出响应时间和恢复时间很短。当氨气注入测量室，电容逐渐增加至一个较为稳定的值；停止通氨气，电容逐渐减小恢复到基线电容，与碳纳米管膜做敏感元件相比，碳纳米管阵列基础上的电容式传感器，气体不经过扩散，可直接被吸附和脱附，对于15ppm的氨气来说恢复时间仅为150s。图9-8（B）为甲酸蒸气在不同浓度下电容随时间的变化曲线，其恢复时间更短，对于175ppm的甲酸来说，恢复时间仅为70s。图9-8（C）为丙烯酸蒸气在不同浓度下，电容随时间的变化，响应程度低，且不能恢复。丙烯酸蒸气分子在碳纳米管表面发生化学吸附，丙烯酸存在共轭双键与碳纳米管表面的五元环、六元环形成共轭π键不容易脱附因此恢复时间很长。测完丙烯酸之后再测氨气，见图9-8（D），此时响应程度大

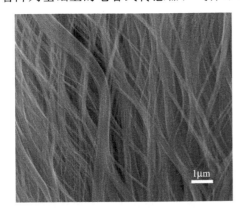

图9-7 所构筑的电容式传感器件
的侧面SEM照片

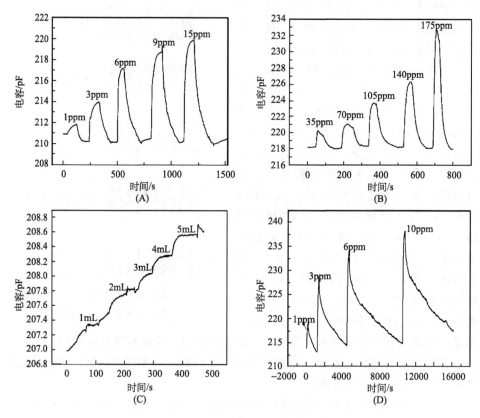

图 9-8　不同气体不同浓度下的响应曲线

（A）氨气；（B）甲酸；（C）丙烯酸；（D）测完丙烯酸再测氨气

大增加，但是恢复时间也变长了。传感器测丙烯酸之前，1ppm 的 $NH_3$ 电容变化 2pF，测完丙烯酸后再测 $NH_3$ 响应程度大大增加，1ppm 的 $NH_3$ 电容变化 5pF，但是恢复时间增加至 1000s。我们认为是丙烯酸修饰在碳管表面，修饰的丙烯酸和被测的氨气之间发生酸碱化学反应，使得灵敏度增加，但是恢复时间也随之延长。

# 9.6　功能化碳纳米管化学传感器

## 9.6.1　基于有机物修饰的碳纳米管化学传感器

　　由于碳纳米管表面能大，长径比大，非常容易发生团聚，因此会影响它在溶液或复合材料中的分散均匀性。同时其悬挂键极少，表面完整光滑，很难与基体键合，因而达不到理想的性能。为了提高碳纳米管的分散能力，增加其与基体的界面结合力，有必要对碳纳米管的表面进行改性和修饰。主要途径是降低碳纳米管的表面能、提高其与基体的亲和力、消除其表面电荷等。根据现有的研究结果，碳纳米管的表面修饰，最初是通过对其表面进行共价化学功能化实现的；后来人们开始尝试通过非共价功能化的方法，期望最大限度地保持碳纳米管的结构性能完好。碳纳米管的有机修饰主要分为两个部分：有机共价修饰和有机非共价修饰。

1）有机共价修饰

有机共价化学修饰的研究最初是从氧化剂对碳纳米管的化学切割开始的。1994 年，Geren 等[69]发现，利用强酸对 MWCNT 进行化学切割，可以得到开口的碳纳米管。在后来的研究中 Geren 等[70]发现，开口的碳纳米管的顶端含有一定数量的活性基团，如羧基、羟基等，并预言可以利用这些活性基团对碳纳米管进行修饰。1998 年，Smalley 等[71]研究了 SWCNT 的化学切割方法，利用强酸和超声波对 SWCNT 进行切割，得到了长度介于 100～300nm 的"富勒烯管"。这种"富勒烯管"开口端有羧基且单分散性能良好。Smalley 等利用氯化亚矾将羧基转化成酰氯，然后与 11-巯基十一胺反应，得到了含有硫醇基团的"富勒烯管"。Smalley 等还发现，这种经过硫醇修饰的 SWCNT 可以在金表面进行自组装。后来人们尝试利用其他氧化剂，如 $OsO_4$、$KMnO_4$、$K_2CrO_4$ 等对碳纳米管进行修饰。活性基团的存在不仅改善了碳纳米管的亲水性，使其更容易溶于水等极性溶剂，而且可以使碳纳米管与其他物质或基团反应，从而为其表面修饰和改性提供了基础。

1998 年，Chen 等[72]利用氯化亚砜将 SWCNT 表面的羧基转换成酰氯，并进一步和十八胺反应，得到了 SWCNT 的十八胺衍生物。这种衍生物能够溶于氯仿、二氯甲烷以及二硫化碳等多种有机溶剂。低浓度时呈棕色，高浓度时呈黑色，并首次得到可溶碳纳米管。Chen 等还对其进行了核磁共振氢谱、拉曼光谱、红外光谱、紫外-可见-近红外光谱等多种表征。SWCNT 酰氯与长链醇间的反应也可用于碳纳米管的功能化[73]。并且这种酯化反应是可逆的，在酸或碱的催化下，酯化 SWCNT 可以水解使其得到恢复[74]。Hamon 等[75]还发现十八胺可以与切割的 SWCNT 直接发生离子型反应，得到单分散可溶于有机溶剂中的 CNT。由于离子型反应操作简单、成本低，因此该方法成为大规模功能化 CNT 的方法之一。

Qin 等[76]还利用 CNT 羧酸盐与烷基卤（氯、溴、碘）在水介质中的酯化反应，成功地将长烷基链键合在 CNT 侧壁，实现了 CNT 在有机介质中的高度分散。并利用核磁共振、红外光谱、热分析及透射电镜等方法对功能化的 CNT 进行了表征。这种方法简单、高效，由于可选择的烷基卤种类很多，该方法是一种比较有前途的功能化方法。酸化后碳纳米管表面的羧基与胺类之间的偶合反应也成为碳纳米管功能化中常用的方法之一。他们的研究还发现，反应所需的时间与烷基卤中卤素种类以及碳链长度有关。2000 年，Sun 等[77]利用这类反应首次报道了聚合物共价键修饰的可溶性 CNT。他们利用线形聚合物（聚并丙酰基氮丙啶—氮丙啶，Poly-（propinoyl-ethylenimine）-co-ethylenimine，PPEI-EI）与切割的 CNT 反应，得到了可溶于水和有机溶剂的 SWCNT 和 MWCNT。同时 PPEI-EI 是线形聚合物，CNT 可以被 PPEI-EI 包裹起来，容易得到自组装的 CNT。扫描隧道显微镜（STM）研究表明，溶解后的 CNT 具有良好的单分散性，管壁仍能保持良好的六边形重复结构单元，甚至能观察到碳纳米管间的组装[78]。他们还发现，可溶性 CNT 具有发光现象，不同的激发波长能够导致不同的发光，且覆盖整个可见光谱范围，发光量子效率可达 0.1。这表明，可溶性 CNT 有可能应用于发光与显示材料中。同年，Liu 等[79]利用"开口"碳纳米管上的羧基与 2-巯基乙胺在二环己基碳二亚胺作用下缩合，得到了巯基修饰 CNT，实现了在金表面上的组装。他们还利用"开口"碳纳米管上的羧基实现了在银表面上的组装。

侧壁氟化方法最早由 Margrave 等[80]和 Smalley 等[81]等提出。由于氟化碳管中的氟原子能够通过亲核取代反应被其他基团取代，从而实现碳纳米管的进一步功能化，因此成为迄今为止较重要的 CNT 功能化方法之一。将 SWCNT 在不同温度下进行氟化反应，得到的氟化碳管在醇溶液中呈亚稳态的单分散状态。取代氟原子的亲核试剂包括胺、醇等化合物，取代反应可使 CNT 侧壁 15% 的碳原子与功能基团连接，由于碳管表面与长烷基链相连，功能化的 SWCNT 易溶于四氢呋喃、氯仿等有机溶剂。

Liang 等[82]以金属锂和烷基卤化物在液氨中反应，采用还原烷基化反应实现了 SWCNT 的功能化。生成的碳纳米管在常见有机溶剂（如四氢呋喃、氯仿及 DMF 等）中具有良好的分散性能。

迄今为止，关于碳纳米管共价功能化修饰已经有很多报道，但这些方法普遍存在的局限是需要大量的溶剂。2003 年，Dkye 等[83]发明了一种无需使用溶剂的大量功能化 CNT 的功能化方法。该方法是先将 CNT 与 4-取代苯胺混合，然后缓慢地加入异戊基亚硝酸盐，60℃ 反应完毕获得功能化的 CNT，产物在有机溶剂中溶解性良好，在四氢呋喃（THF）中的溶解度可达 0.05mg/mL。Jiang 等[84]将 CNT 在 600℃ 下 $NH_3$ 气氛中热处理，实现了将胺基等碱性基团通过共价键键合在 CNT 管壁上。Lieber 等[85]为了实现功能化碳纳米管的分子探针操作，利用乙二胺或苄胺与切割碳纳米管上的羧基进行偶合反应，成功得到了有机功能化的 SWCNT 和 MWCNT。将这种新型探针应用于化学力显微镜（chemical force microscopy）研究，能够得到十分有趣的实验结果。例如，苄胺修饰后的 CNT 与自组装的单层膜中甲基的相互作用力很强，利用这种性质可以检测化学环境不同表面。Wilson 等[86]发展了一种不需要对碳纳米管进行切割便得到可溶性全碳纳米管（full tube）的方法。他们将碳纳米管在苯胺中闭光回流加热 3h，利用碳纳米管和苯胺间的质子转移反应，得到了可溶性 SWCNT 和 MWCNT 杂化材料，SWCNT 在苯胺的溶解度甚至可达 8mg/mL。这种苯胺-CNT 能溶于多种有机溶剂。他们还研究了该种碳纳米管的发光，其发光量子效率最高可达 0.3。作者认为碳纳米管和苯胺先在基态形成电荷转移复合物，接着发生质子转移反应，生成可溶性碳纳米管。

2）有机非共价修饰

由于碳纳米管共价功能化是直接与 CNT 的石墨晶格结构作用，会对 CNT 功能化位点的 $sp^2$ 杂化结构造成破坏，从而可能在一定程度上破坏 CNT 的电子特性。而有机非共价修饰不会破坏 CNT 本身的结构，从而可以使得到的功能性碳纳米管结构保持完好。碳纳米管的侧壁由片层结构的石墨组成，碳原子的 $sp^2$ 杂化形成高度离域的 π 电子。这些 π 电子可以与含有 π 电子的其他化合物通过 π-π 非共价键作用相结合，从而得到功能化的碳纳米管。

2001 年，Stoddart 等[87]利用 PmPV 与 SWCNT 之间的 π-π 相互作用，成功得到稳定的 SWCNT 悬浮液，并利用核磁共振、紫外-可见-近红外光谱、原子力显微镜等对其进行了表征。结果表明，PmPV 和 SWCNT 之间的相互作用可以使氢谱中 PmPV 的质子峰明显加宽，同时伴有一定的化学位移，甚至使甲基硅烷（TMS）的峰也变宽；使 PmPV 的吸收光谱加宽；原子力显微镜研究表明，随 PmPV 的含量增大，悬浮液中 SWCNT 束的平均直径逐渐变小，SWCNT 的表面覆盖度逐渐均一。这些结果有力地证实了 PmPV 是通过苯基、乙烯基与 SWCNT 表面的 π-π 相互作用缠绕于碳纳米管上。这种 PmPV 与 SWCNT 的复合物有望应用于光电器件，具有一定的光放大功能，而且 SWCNT 的电学性质基本上不受被包裹的聚合物的影响。

实际上，本身不含 π 电子的化合物也有可能与碳纳米管相结合，通过氢键、偶极-偶极作用以及范德华力等与碳纳米管作用，缠绕在碳纳米管表面上。O'Connell 等[88]通过将聚乙烯吡咯烷酮（PVP）包裹在 SWCNT 管壁上，成功地得到了稳定的 SWCNT 水悬浮液，碳纳米管含量可以达到 1.4g/L。PVP 不仅提高了 SWCNT 的亲水性，较好地解除了 SWCNT 的聚集效应，而且能从 SWCNT 管壁上脱落，且不影响 SWCNT 的结构和性质。他们还提出了聚合物链在碳纳米管表面的三种缠绕方式。Tang 等[89]将 MWCNT 和苯乙炔通过原位聚合法进行催化聚合，得到聚苯乙炔包裹的 MWCNT。这种 MWCNT 可溶于氯仿、甲苯、四氢呋喃等有机溶剂，并有较好的光学效应。Dai 等[90]采用电化学方法将导电高聚物（如聚苯胺、聚吡咯等）均匀地沉积到自己合成的碳纳米管阵列中的每一根碳纳米管上，成功制得了导电聚合物-碳纳米管（CP-CNT）的同轴纳米线。这种新型的纳米线具有良好的热学、电学性质、极好的机械强度，Dai 等预言这种纳米线有望用于光电纳米器件及传感器等方面。Mioskowski 等[91] 将水溶性蛋白抗生蛋白链菌素（streptavidin）与碳膜结合，诱导单层抗生蛋白菌素固定于 MWCNT 表面上，得到清晰的透射电镜（TEM）图像。通过类似的方法，他们还将另一种水溶性蛋白 HupR 也固定于 MWCNT 表面上。这种蛋白质修饰的碳纳米管可潜在地应用于纳米生物技术方面。

2001 年，Dai 等[92] 发现一种简单通用的对碳纳米管进行非共价键修饰的方法。具体是利用芘与 SWCNT 的 π-π 相互作用，将芘的衍生物 1-芘丁酸琥珀酰亚胺酯不可逆地吸附于 SWCNT 的侧壁表面，通过有机分子上的氨基与琥珀酰亚胺酯反应，成功地得到了侧壁表面固定有 DNA、蛋白质以及生物小分子的 SWCNT。由于这种修饰结合了碳纳米管的电性质与被固定生物分子的特殊选择性，有可能获得理想的微型生物传感器。

### 9.6.1.1　基于六氟异丙醇衍生物修饰的碳纳米管化学传感器

在功能化碳纳米管的传感性研究中，选择合适的敏感修饰材料修饰碳纳米管是十分重要的，相比于其他气敏材料，六氟异丙醇取代物的研究近年来引起了人们广泛的兴趣，因为它拥有能形成强烈氢键的六氟异丙醇（HFIP）基团，使许多材料和化合物的物理、化学及生物性质发生显著的改变[93~96]。这些特性能够提高这些敏感性材料对爆炸物和化学战剂的灵敏性和选择性测试[46,97]。基于氢键的作用，Barlow 等第一次发现有机磷蒸气能明显地被含六氟异丙醇基团的化合物所吸附[98,99]。此后，那些含六氟异丙醇基团的化合物被用于制作传感器，用来检测爆炸物、化学毒气及其模拟物以及挥发性的有机污染物中，并且广泛地用于超声波、化学电阻、化学电容、微悬臂梁和荧光传感等的研究中[100]。应当指出的是，在六氟异丙醇基团中，由于氟原子强烈的吸电子作用使得其中的羟基中的氢的酸性最大化、氧的碱性最小化，这样能有效地阻止六氟异丙醇取代物间的自联作用[100]。因此，六氟异丙醇取代物在传感器中作为一个吸附层，通过氢键的作用，能有效地浓缩和富集那些易于形成氢键的化合物到传感器上，从而提高其灵敏度。近年来，有报道显示用六氟异丙醇基团修饰的 SWCNT 能大大地提高传感器的灵敏度和选择性[46]。最近我们使用两种方法，即共价型修饰和非共价型修饰方式，将含六氟异丙醇基团的两个化合物 N-4-六氟异丙醇苯基-1-芘丁酰胺（HFIPP）和对六氟异丙醇苯胺（HFIPA）与SWCNT有机地结合起来，并用它们来测试化学战剂——沙林的模拟物甲基磷酸二甲酯（DMMP），结果表明传感器对 DMMP 的响应有很高的灵敏度和选择性。

1）非共价修饰的碳纳米管对神经毒剂的检测[101]

首先，我们合成了一个六氟异丙醇衍生物 N-4-六氟异丙醇苯基-1-芘丁酰胺，并用其作为中间的敏感材料，通过其对碳纳米管的非共价修饰，实现对 DMMP

的高灵敏度和选择性检测。这主要是基于 $N$-4-六氟异丙醇苯基-1-芘丁酰胺修饰的 SWCNT 杂化材料能通过六氟异丙醇基团与挥发性的化学蒸气分子形成氢键，从而起到富集的作用，有效地提高了其灵敏度和选择性。

传感器电极的扫描电镜图像见图 9-9 (A)，电极的间距约为 $5\mu$m。是用事先准备好的 SWCNT 杂化材料 (SWCNT-HFIPP) 的 $N$，$N'$-二甲基甲酰胺 (DMF) 分散液旋涂在电极上制得的。由图 9-9 (B) 可见溶液挥发后 SWCNT 杂化材料以网络状的形态桥联在梳状的电极上。桥联在电极上的 SWCNT 的密度可以通过改变 SWCNT 杂化材料的浓度和剂量的多少来调节，其阻值范围控制在 $0.1\sim0.5\text{M}\Omega$。

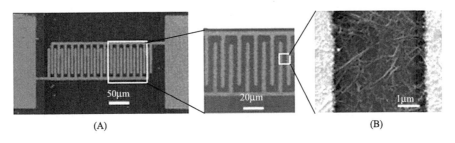

(A)        (B)

图 9-9 传感器阵列扫描电镜图 (A) 和 SWCNT-HFIPP
杂化材料桥联电极的扫描电镜图 (B)

图 9-10 展示了 HFIPA 和 HFIPP 的结构式。HFIPP 能通过芘环基团与 SWCNT 壁之间的强烈 $\pi$-$\pi$ 相互作用[102]形成稳定的 SWCNT-HFIPP 杂化材料 (图 9-10)。SWCNT 能均匀地分散在 HFIPP 的 DMF 中，得到透明溶液，该溶液能稳定地保存达半年之久。

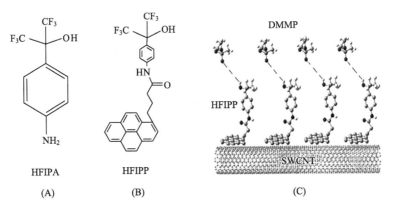

HFIPA      HFIPP

(A)      (B)          (C)

图 9-10 HFIPA (A) 和 HFIPP (B) 的结构式以及通过 $\pi$-$\pi$ 作用 HFIPP
被修饰到 SWCNT 壁上及其与 DMMP 形成氢键作用示意图 (C)

该传感器对 DMMP 显示很高的灵敏度（图 9-11），响应快速，在较低的浓度也能恢复。在图 9-11（A）的插入图中可见 DMMP 的浓度在 50～200ppb（质量比）时，传感器的响应和恢复仍然能清楚地表现出来。另外，从图 9-11（B）中可见当传感器暴露在 200ppb 的 DMMP 时，电阻改变约 1％；当暴露在 50ppb 的 DMMP 时，电阻改变量仍约为 0.3％。因此，传感器的灵敏度可被近似定为 ppb 级。

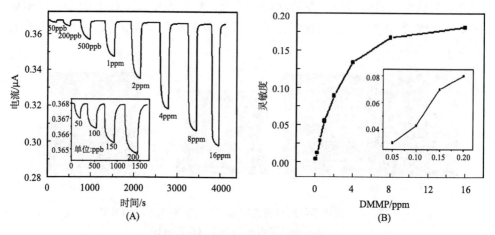

图 9-11　传感器在不同浓度下的真实响应曲线（A）（插入图显示的是对 50～200ppb DMMP 的响应曲线）和吸附各种浓度 DMMP 传感器的电导变化率（B）（插入图显示的是对 50～200ppb DMMP 响应电导变化率）

通过与正己烷、甲苯、二甲苯、苯、水和乙醇等一些常用的溶剂做比较，发现传感器对 DMMP 有很好的选择性。这些蒸气的浓度均被稀释到其饱和蒸气压的 0.5％，电导测量和前面相同，结果可见 SWCNT-HFIPP 传感器对 DMMP 有着很好的选择性［图 9-12（A）］。例如，虽然正己烷的蒸气压（200mbar，25℃）是 DMMP（1.6mbar，25℃）的 120 多倍，但传感器对正己烷相应的灵敏度却不到 DMMP 的 10％。

与纯的 SWCNT 进行的对照试验［图 9-12（B）］表明在 DMMP 的浓度为 8ppm（质量比）时，SWCNT-HFIPP 传感器的灵敏度比纯 SWCNT 传感器高出约 34％，而 DMMP 的浓度降低到 500ppb 时，SWCNT-HFIPP 传感器的灵敏度却是纯 SWCNT 传感器的 7 倍。因此修饰 HFIPP 后的 SWCNT-HFIPP 传感器的灵敏性和选择性相比未修饰的传感器有了很大程度的提高，这是由于 SWC-NT-HFIPP 中的 HFIP 基团与 DMMP 分子中带部分负电荷的氧原子之间能形成强烈的氢键所致，大大地提高了检测 DMMP 的灵敏度。

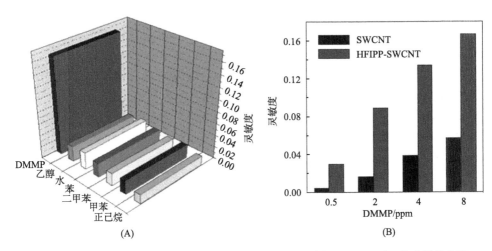

(A)                                                          (B)

图 9-12　吸附 DMMP 和其他普通溶剂（稀释到其饱和蒸气压的 0.5%）传感器的电阻
改变（A）以及吸附不同浓度的 DMMP 蒸气时 SWCNT-HFIPP 和纯 SWCNT 传感器的
电阻变化（B）（所有的实验均在室温，偏电压固定在 0.1V）

对传感器响应机理的进一步探讨表明，相对于纯 SWCNT 来说，SWCNT-HFIPP 电导是显著降低的，这是因为 SWCNT 是 p 型的半导体材料，电子可能从 HFIPP 分子转移向 SWCNT，因而降低了 SWCNT 上载流子的密度，进而导致了域电压向负方向移动。此外，修饰了 HFIPP 分子后，诱导了分散电势，降低了 SWCNT 中导电空穴的淌度。另外，当吸附了 DMMP 蒸气以后域电压的迁移、电导的降低是因为分析物诱导了电荷的转移和电荷的分散位点。域电压的负向迁移表明吸附了 DMMP 蒸气后引起 SWCNT 上负电荷数的增加，来自栅极的额外的正电荷被用来中和这些增加的负电荷。电子转移的结果与 DMMP 为强烈的吸电子体是相对应的。观察到的电荷负向迁移是 SWCNT-HFIPP 中的 HFIP 基团与 DMMP 分子中带部分负电荷的氧原子的强烈作用所造成的。

2）共价修饰的碳纳米管对神经毒剂的检测[103]

此外，我们还通过重氮化反应合成了另一个新的含六氟异丙醇基团的 SWCNT 杂化材料（SWCNT-HFIPPH），其作为敏感材料能对 DMMP 也同样具有高灵敏度和选择性响应。这也是基于强烈的氢键

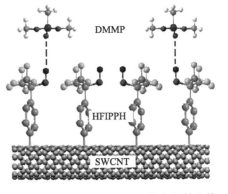

图 9-13　SWCNT-HFIPPH 杂化材料及其通过氢键与 DMMP 分子作用的示意图

作用（图 9-13），从而起到浓缩和富集的作用所致。

　　SWCNT-HFIPPH 的拉曼光谱与未修饰的 SWCNT 有很大的不同（图 9-14），主要反映在三个模式相对强度上的不同，相对于 G 带来说，RBM 的强度是降低的，而 D 带的强度明显升高，表明 SWCNT 被有效地修饰上了 HFIPPH。另外，从图 9-14（A）可见原碳纳米管中 RBM 中的三个峰分别为 $165cm^{-1}$、$209cm^{-1}$ 和 $267cm^{-1}$，其中，$209cm^{-1}$ 峰的强度最大。按照 Krupke 等报道金属型 SWCNT 的 RMB 峰的位置在 $218\sim280cm^{-1}$，而半导体 SWCNT 的 RMB 峰的位置一般在 $179\sim213cm^{-1}$[104]，说明使用的 SWCNT 主要是半导体型碳纳米管。

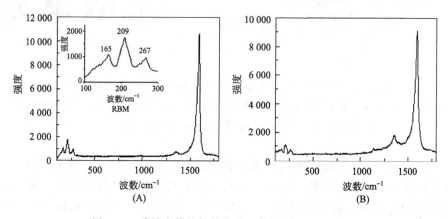

图 9-14　碳纳米管的拉曼光谱（激发波长为 514nm）

（A）纯碳纳米管（插入图为放大的呼吸模式 RBM）；（B）SWCNT-HFIPPH 杂化材料

　　从 SWCNT 和 SWCNT-HFIPPH 杂化材料的紫外-可见-近红外光谱可以看到，合成的 SWCNT-HFIPPH 杂化材料的范霍夫奇点基本保存，表明其中 SWCNT 电子的 π 共轭体系基本保留（图 9-15）。

　　由纯碳纳米管和修饰后的碳纳米管的扫描电子显微镜图 ［图 9-16（A）］可见，纯碳纳米管很容易缠绕在一起，形成大尺寸的碳纳米管束。而修饰后的碳纳米管却能很好地溶解在 DMF 溶液中，被很好地剥离和分散 ［图 9-16（B）］。另外，由高分辨电子显微镜图像 ［图 9-16（C）］可以看出，单根 SWCNT 有着粗糙的表面，这也证实了材料的合成。

　　杂化材料对 DMMP 同样表现出较好的灵敏性和选择性，如图 9-17 所示。

### 9.6.1.2　基于聚苯胺修饰的碳纳米管化学传感器

　　有机聚合物作为传感器材料已经有超过 20 年的历史了，它们是通过改变其物理、化学性质来实现对分析物的检测。在这些有机聚合物中导电聚合物是其中最突出的气体敏感材料，因为它们存在离域键，所以具有半导体或导体的特性，

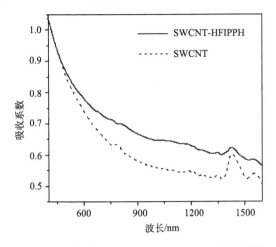

图 9-15　纯 SWCNT（虚线）和 SWCNT-HFIPPH 杂化材料（实线）在
DMF 中的紫外–可见–近红外光谱

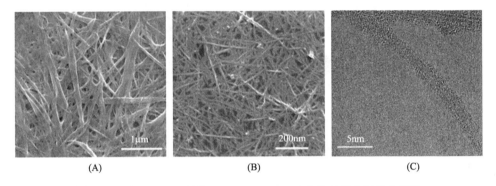

(A)　　　　　　　　　　(B)　　　　　　　　　　(C)

图 9-16　纯 SWCNT 以及 SWCNT-HFIPPH 杂化材料的扫描电镜图
（A）原 SWCNT 的扫描电镜图，显示大量的束状；（B）SWCNT-HFIPPH 杂化材料的扫描电镜图，
显示很好的分散；（C）单根 SWCNT-HFIPPH 杂化材料的高分辨电镜图

　　离域作用是通过单双键交替的共轭骨架来形成的。由于它们能表现出金属或半导体的电、磁和光学性质，同时又保持了聚合物的良好的机械加工性能，因此这些新生的聚合物特别能吸引人们的关注。例如，像聚苯胺、聚吡咯和聚噻吩已经被证实是好的敏感材料，它们已经应用检测氨气、二氧化氮和一氧化碳等，当存在待分析物时，导电聚合物的电导发生了改变，这主要归因于待测物分子和聚合物骨架或其中的掺杂分子之间发生氧化还原反应，因此调节掺杂成分的量，改变自由电荷的淌度或密度是很有必要的。

　　碳纳米管/聚合物复合材料的制备方法主要有如下几种。其中原位聚合法是利用 CNT 表面的官能团参与聚合，或利用引发剂打开 CNT 的 π 键，使其参与

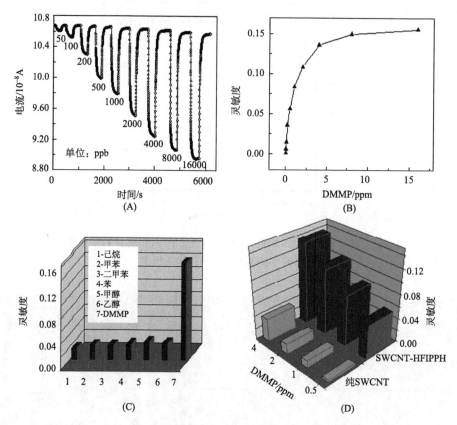

图 9-17　暴露在不同浓度 DMMP 下传感器的真实响应曲线 (A)，在不同浓度 DMMP 下
传感器的电阻变化率 (B)，吸附 DMMP 和其他普通溶剂稀释到其饱和蒸气压的 1％) 传
感器的电阻改变 (C)，吸附不同浓度的 DMMP 蒸气时 SWCNT-HFIPPH 和纯 SWCNT
传感器的电阻变化 (D) (所有的实验均在室温，偏电压固定在 0.1V)

聚合而获得与有机相的良好相容性；溶液共混或熔体共混法是利用 CNT 上的官
能团和有机相的亲和力或空间位阻效应来获得与有机相的良好相容性。由于碳纳
米管在聚合物基体中容易团聚，如何使碳纳米管均匀分散是各种方法所要解决的
主要难题，在制备中经常使用超声波或强的剪切力对碳纳米管进行表面改性或各
种方法并用。

　　1) 原位聚合法

　　应用原位填充使碳纳米管在单体中先均匀分散，然后在一定条件下聚合而成
复合材料的方法称为原位聚合法，即就地分散法。根据聚合的机理，又可把原位
聚合分为自由基原位聚合、阴离子原位聚合和加成原位聚合。在该方法中，
CNT 的 π 键和表面上的官能团都可能参与反应，从而影响聚合过程、复合材料

的强度以及 CNT 在基体中的分散。

2）直接分散法

直接分散法是制备碳纳米管/聚合物复合材料的最直接的方法。在该方法中应注意的是：碳纳米管与聚合物均匀混合之前，要进行必要的表面预处理和选择合适的物理机械方法，这是因为碳纳米管与其他纳米粒子一样，具有比表面积大、长径比高、易团聚的特点。

3）共混法

共混法可分为熔体共混法和溶液共混法。这两种方法都是利用 CNT 上的官能团和有机相的亲和力或空间位阻效应来达到与有机相良好的相容性。这两种方法简单易行，但 CNT 不易分散均匀，而且在溶液共混中残余溶剂不易清除，影响所得复合材料的综合性能。熔体共混法的方法是将表面处理过的 CNT 与聚合物基体材料加热到基体材料的熔点以上熔融并均匀混合而得到聚合物/碳纳米管。此方法虽然避免了溶剂和其他表面活性剂的残留，但碳纳米管在基体中的分散性不如溶液共混法理想。

溶液共混是目前制备碳纳米管/聚合物的主要方法之一：先把聚合物基体溶解在适当的溶剂中，然后加入 CNT，利用超声分散的方法使 CNT 在溶剂中均匀分散混合，然后加工成型，最后除去溶剂得到复合材料。这种方法操作简单、方便快捷，当 CNT 含量小于 5%（质量分数）时，其在聚合物基体中基本分散所得碳纳米管/聚合物复合材料具有较高的力学性能、电学性能和热力学稳定性，但其也有一些不足之处，如碳纳米管在聚合物基体中的分散均匀性差，其取向无法控制。

近年来，通过使用有机聚合物修饰 CNT 来提高气敏性的研究已经得到了证实。采用滴涂或浸涂的方法，利用有机聚合物非共价修饰的 SWCNT 为材料的气体传感器的研究已经有了很多报道。Qi 等展示了用聚乙烯亚胺（PEI）和多聚全氟磺酸树脂（nafion）修饰的 SWCNT 作材料制成场效应晶体管，用于 $NH_3$ 和 $NO_2$ 的检测，结果显示出很高的灵敏度和选择性[52]，PEI 的修饰使半导体 SWCNT 由 p 型变成了 n 型，传感器对 $NO_2$ 是灵敏的，可以检测到 1ppb，但对 $NH_3$ 是惰性的；相反 nafion 修饰的 SWCNT 对 $NO_2$ 反应不敏感，同时对 $NH_3$ 却有很好的响应。Star 等通过简单地将含碳管网络的场效应管浸在 PEI 和淀粉的水溶液中过夜也制造出相应的传感器[105]，PEI-淀粉包裹的场效应管有 n 型半导体的特性被用作二氧化碳传感器。其机理研究如下：淀粉是亲水的，它的存在能局部增加水的含量，水存在时，PEI 中的氨基能与溶解在水中的二氧化碳反应形成氨基甲酸酯类化合物，这些引入的分散中心降低了 SWCNT 中的电荷淌度，因此增加了碳纳米管的电阻，由于这一二氧化碳识别层的存在，该传感器能检测出空气中 500ppm 到 10% 的二氧化碳浓度，并且能表现出高的灵敏性、较短的响应时间和彻底的恢复。Lee 和 Strano 使用直接的方法，通过简单滴涂单体或聚合物溶液到 SWCNT 的网状结构中制造出非共价修饰的传感器[106]，并系统地研究了各种胺类化合物，如苯胺、乙二胺及吡啶等对非共价修饰的影响，揭示了传感器对亚硫酰氯的可逆性是由胺的碱性所造成的。X 射线光电子能谱（XPS）和分子的电势计算都证实了可逆性的提高是因为碳纳米管上氨基的存在减少了待测物与碳纳米管的结合能。Kuzmych 等发明了基于 PEI 的非共价修饰的 SWCNT 网络的场效应传感器用来检测呼吸气体中的 NO[107]，检测过程是先通过一个烧碱石棉清洗剂除去二氧化氮气体，再经过 $CrO_3$ 转换器将 NO 氧化成 $NO_2$，然后检测其电导。聚合物的修饰是滴注 $10^{-3}$ mol/L 的 PEI 溶液到 SWCNT 网络的场效应晶体管电极的表面，再经过干燥程序来完成的，检测限可达 5ppb。Qi 等也设计了类似的传感器，PEI 修饰的器件是一个类似于 n 型的晶体管，在 30% 相对湿度的空气中，其对 NO 的检测限可达 5ppb，而纯的 SWCNT 的场效应晶体管对 NO 的检测限只有 300ppb，修饰后的响应时间约为 70s，而未修饰的响应时间约为 250s，修饰后场效应晶体管的最佳工作湿度在 15%～30%，作者认为这可以通过干燥剂来控制。An 等制作了 SWCNT/PPy 纳米混合物的气体传感器用于检测 $NO_2^{[41]}$。采用原位聚合吡咯和 SWCNT 的混合物，形成一层均一的聚吡咯包裹在 SWCNT 上，传感器是通过把纳米混合物旋涂在事先做好的电极上制成的，其灵敏度约比单纯的聚吡咯高出 10 倍，在 200ppb 的 $NO_2$ 中，相对电阻改变约 6%。Bekyarova 小组和 Zhang 等发现用聚–邻氨基苯磺酸（PABS）通过化学共价修饰到 SWCNT 上得到杂化材料 SWCNT-PABS，会比单纯的羧酸化的 SWCNT 对 $NH_3$ 和 $NO_2$ 有更好的响应[108,109]。合成 SWCNT-PABS 时，首先用亚硫酰氯将碳纳米管上的羧酸基团转化为酰氯，再与胺反应生成酰胺，该材料对氨气表现出强烈的响应和较短的恢复时间，优良的灵敏性是由于 PABS 基团的得失质子（$H^+$）影响了 SWCNT 的载流子的密度而产生的。

除一般的化学聚合外，电化学聚合也能被用于通过碳纳米管的修饰来制造传感器。Zhang 等最近使用一种简单的方法，用电化学聚合聚苯胺修饰 SWCNT 为材料制作气体传感器[110]，该传感器对 $NH_3$ 响应的灵敏度比羧酸化的 SWCNT 为材料的传感器高约 60 倍以上，检测限为 50ppb，反复暴露在 10ppm 的 $NH_3$ 中有很好的重现性。

最近，我们对 PANI 包裹 MWCNT 纳米复合材料的气敏性进行了考察，并报道了一个相对简单的、低成本的、基于所得复合材料的传感器制备过程[111]。实验过程中用简单的原位聚合法合成聚苯胺均匀包裹 MWCNT 的纳米复合材料，然后采用比较常用的旋涂法获得了复合材料传感器。在这个基础上对 PANI 包裹 MWCNT 纳米复合材料气敏性进行了考察。结果显示，常温下该纳米复合材料对氨气检测限能达到 200ppb，且响应快，稳定性和重现性好，表明 PANI 包裹 MWCNT 纳米复合材料对氨气具有良好的气敏性。同时为了得到相对较好的气敏材料，我们还系统地研究了不同厚度 PANI 包裹层对纳米复合材料气敏性的影响。

图 9-18 是 MWCNT 以及 PANI 包裹 MWCNT 的扫描电镜图。从图中可以看出，PANI 沉积在 MWCNT 表面，并形成了厚度均匀的膜。从图中可以看出，随着沉积的 PANI 的质量的增多，PANI 包裹的 MWCNT 的半径也在不断地增大。这表明 PANI 包裹的 MWCNT 被成功地制出。

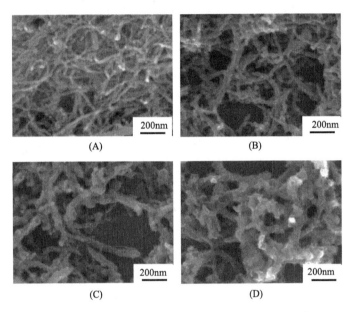

图 9-18　纯化的 MWCNT（A）以及 MWCNT 包裹 33％（B）、
50％（C）和 67％（D）PANI 的扫描电镜图

拉曼光谱（图 9-19）显示，复合材料具有 MWCNT 特征带 G 带（1574cm$^{-1}$）以及 D 带（1326cm$^{-1}$），证明了 MWCNT 的存在；另外，在 1593cm$^{-1}$、1504cm$^{-1}$、1330cm$^{-1}$、1171cm$^{-1}$ 处出现的峰都是质子化的聚苯胺的特征峰，而且这些峰的出现还表明，PANI 是以其半导体翠绿亚胺盐的形式存在的。这些峰的位置在聚苯胺包裹的 MWCNT 的拉曼光谱中保持不变，这进一步证明了 PANI 在 MWCNT 形成了均一的膜。

复合材料制成的传感器被用于对氨气的测试，结果发现，当传感器暴露在某一浓度下的氨气氛围中时，其电流就会迅速下降到某一值后并保持稳定；当重新被转移到测试前的空气氛围中时，传感器的电流就会慢慢恢复到其初始的状态。

我们进一步优选并研究了 33％PANI 包裹 MWCNT 传感器对氨气的气敏性质。图 9-20（B）表明该传感器对浓度在 0.2ppb 到 15ppm 范围内的氨气呈线性响应。当氨气浓度达到 70ppm 时，传感器将达到其饱和状态。而制备的 33％

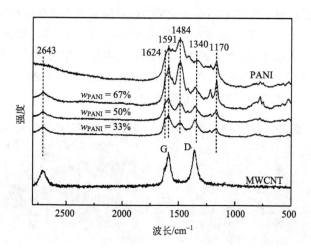

图 9-19　MWCNT、PANI 和 PANI 包裹 MWCNT 的拉曼光谱。
PANI 在聚合产物中的质量分数标在了相应的光谱曲线上

PANI 包裹的 MWCNT 传感器对氨气的检测限却可以达到 200ppb。图 9-20（C）反映了该传感器对不同浓度氨气响应的时间变化特征。从图中可以看出，传感器响应时间随着氨气的浓度在 10～120s 发生变化。而传感器的恢复时间在其线性响应范围内（0.2ppb～15ppm）变化很小；但当氨气浓度在 75ppm 以上时，传感器恢复时间迅速增大，但其值不会大于 500s。此外，我们对传感器的重现性也进行了考察。图 9-20（D）表明多次连续暴露在 25ppm 的氨气气氛中时，传感器仍表现出好的稳定性和可逆性。这可能是因为原位聚合法制备的 PANI 层在 MWCNT 上更均匀、厚度更薄。一般来说，当包裹的膜层更均匀、更薄时，有利于气体分子在材料的表面吸附和扩散，这意味着材料中更多的气敏位点将发生反应，从而使其对气体的气敏性提高。总的来说，PANI 包裹 MWCNT 传感器对氨气具有高的灵敏度以及好的重现可逆性，这说明该纳米复合材料将在检测氨气方面有潜在的应用。

　　为了得到好的气敏材料，我们合成了不同厚度 PANI 包裹 MWCNT，同时也系统研究了不同厚度的 PANI 包裹层对材料气敏性质的影响。图 9-21 是不同厚度的 PANI 包裹 MWCNT 传感器的灵敏度随氨气浓度变化的曲线。从图中可以看出，相同条件下，不同厚度的 PANI 包裹碳纳米管传感器具有相近的灵敏度值。这个测试结果和我们预先所想的很不一样。在这些传感器材料中，66%PANI 包裹 MWCTN 比其他几种纳米复合材料有更高的灵敏度。这主要是因为当碳纳米管表面沉积的 PANI 越多时，PANI 能提供的反应活性位点也更多，材料的灵敏度也随之更高。但从图中可以看到，33%PANI 包裹 MWCNT 具有和 66%

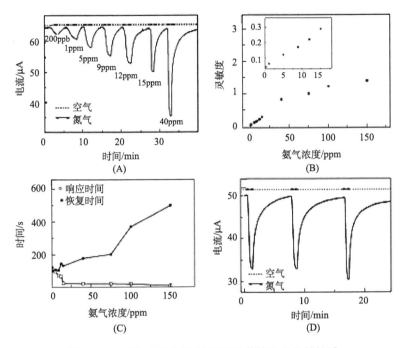

图 9-20 33%PANI 包裹 MWCNT 传感器的气敏性质

(A) 对不同浓度 NH₃ 的响应曲线；(B) 对不同浓度 NH₃ 的灵敏度变化（传感器对气体的线性变化穿插在图中）；(C) 对不同浓度 NH₃ 的响应时间和恢复时间变化；(D) 传感器的重现性实验

PANI 包裹 MWCNT 有相近的灵敏度，尤其是当氨气的浓度较低时。这个结果可以结合 PANI 在碳纳米管表面的包裹膜厚去解释。当 PANI 膜在碳管表面包裹的越薄时，越有利于氨气的吸收和扩散，气体分子和复合物内部发生反应的概率越大，从而复合物传感器对气体的灵敏度也越大。从透射电镜和扫描电镜可以看出，PANI 膜厚度在 33%PANI 包裹 MWCNT 中比在 66%PANI 包裹 MWCNT 中更薄，因而当 PANI 的量减少时，33%PANI 包裹 MWCNT 传感器的灵敏度没有降低。当 PANI 的量进一步减少时，发现所得的纳米复合材料对氨气的响应是不可逆的，即使在低浓度的氨气氛围中也很难恢复。例如，当暴露于 40ppm 的氨气中时，20%PANI 包裹 MWCNT 传感器的响应曲线很难回到基线，这可能是传感器已经达到了其过饱和状态。

研究结果表明，不同厚度的 PANI 包裹 MWCNT 传感器对不同氨气的响应时间也不同，当氨气浓度在 0.2～150ppm 范围内时，33%PANI 包裹 MWCNT 传感器相比其他 PANI 包裹 MWCNT 传感器有更快的响应时间和恢复时间。同时还可以看出随着 PANI 含量的减少，PANI 包裹 MWCNT 传感器的响应时间和恢复时间也在逐渐减小，由此可以得出结论：PANI 包裹层越薄，则响应复合

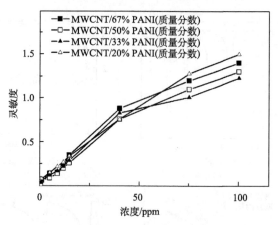

图 9-21　不同厚度 PANI 包裹的 MWCNT 材料对
不同浓度的氨气灵敏度变化曲线

物材料传感器的响应时间和恢复时间就越短。

　　另外，我们还对 PANI、MWCNT 和 33％PANI 包裹的 MWCNT 气敏性质比较。图 9-22 是 MWCNT，33％PANI 包裹 MWCNT，PANI 对不同浓度氨气的灵敏度变化。由此可见，33％PANI 包裹 MWCNT 对氨气的灵敏度远高于 MWCNT 对该气体的灵敏度，而 PANI 包裹碳纳米管复合材料传感器对氨气有更高的灵敏度。

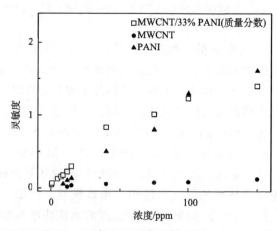

图 9-22　MWCNT，33％PANI 包裹的 MWCNT，PANI 传感器对
不同浓度氨气的灵敏度变化

　　我们认为 PANI 包裹 MWCNT 对氨气响应时电阻上升主要是由两个方面的因素引起的：PANI 的质子化/去质子化现象以及 MWCNT 与 PANI 之间存在协同作用的结果。

（1）本征态的 PANI 的结构中含有一维尺度的有机主链，以单键和双键交替的形式出现，在未经掺杂的情况下，其导电性能与半导体接近。PANI 经质子酸 HCl 掺杂后形成 p 型半导体，并以翠绿亚胺盐的形式存在，拉曼光谱证明了该亚胺盐的存在。当复合材料与还原性气体 $NH_3$ 接触后，该气体分子发生吸附。一方面，由于氨气分子中含有孤对电子，为给电子体，材料的载流子（空穴）数下降；另一方面，$NH_3$ 在材料表面形成正离子 $NH_4^+$，增大了势垒，使载流子的移动受阻，因此材料的电导率下降。当传感器重新暴露到空气中后，$NH_4^+$ 中的质子将被脱附出来，聚合物重新恢复到亚胺盐的形式，传感器电阻将会恢复到原来的值，从而表现出材料对目标气体的响应。

（2）PANI 包裹 MWCNT 纳米复合材料不是两者简单的混合，而是同时具备两者的特性，MWCNT 比表面积大，容易吸附气体分子，PANI 包裹 MWCNT 也可以被看成是一种 p 型半导体，两种成分间存在协同作用，这种协同作用可能使材料中离域键更大，更利于两者之间电荷转移，因此表现出更高的灵敏度。

此外，我们还考察了 Au/PANI/MWCNT 复合材料传感器对氨气的响应[112]。图 9-23 为传感器置于不同浓度氨气下的实时电流检测曲线，结果发现当最初电流达到稳定时，通入氨气使容器中氨气的浓度达到 25ppm，然后电流开始迅速下降，说明传感器的电阻增加，所制备的 Au/PANI/MWCNT 纳米复合材料对氨气是有响应的。而且，随着容器中氨气的浓度不同，电流下降的程度是不同的，也就是说对不同浓度的氨气，Au/PANI/MWCNT 纳米复合材料的响应程度是不同的。当我们通入干燥的空气将容器内的氨气排除时，电流值会慢慢地升高直到恢复最初的数值。另外，从图中可以看出传感器的响应时间随着氨气浓度的降低而逐渐变长，从 1min 到接近 10min，但是恢复时间并不随着氨气浓

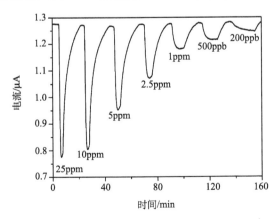

图 9-23　Au/PANI/MWCNT 纳米复合材料传感器置于不同
浓度氨气下的实时电流检测曲线

度的变化而变化，一直维持在 20min 左右。与 PANI/MWCNT 复合材料传感器
相比，Au/PANI/MWCNT 复合材料传感器在灵敏度上并没有明显的提高，但
是恢复时间和响应时间都变短，重复性更好。

　　图 9-24 所示的是在不同浓度的氨气气氛中，传感器灵敏度的变化曲线。从图
中可以看出，当氨气的浓度低于 10ppm 时，灵敏度和氨气的浓度呈线性的关系，
而当氨气的浓度高于 10ppm 时，就不再呈线性关系了。而且，可以看出当氨气浓
度到达一定数值后，其灵敏度不再变化，这是由于当氨气浓度达到一定数值时，传
感器对氨气的吸附达到饱和，因此即使继续增加浓度，其灵敏度也不会发生变化。

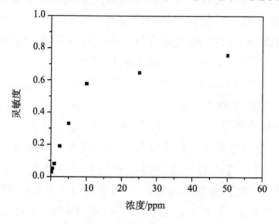

图 9-24　Au/PANI/MWCNT 纳米复合材料随氨气浓度变化的灵敏度曲线

　　图 9-25 所示的是将 Au/PANI/MWCNT 纳米复合材料制得的传感器循环地置
于相同浓度（25ppm）的氨气气氛中时的响应曲线。从图中可见此传感器具有很好

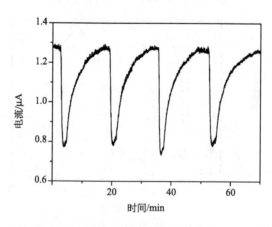

图 9-25　Au/PANI/MWCNT 纳米复合材料传感器的重复性曲线

氨气浓度为 25ppm

的重复性。并且将传感器放置很长时间后再次测试，传感器依然具有很好的重复性。因此，上述传感器不但具有很高的灵敏度，而且具有很好的重复性和稳定性。

### 9.6.2　基于无机物修饰的碳纳米管化学传感器

碳纳米管的无机修饰主要指金属、金属氧化物以及一些无机金属盐的修饰。金属材料有广泛的光、电、磁等性质，随着其化学环境的改变，这些性质也会发生高灵敏性的改变。由于金属材料一般都有强的机械强度和一定的化学稳定性，因此相对于那些聚合物型的传感器，金属型的传感器可以在较高的温度和恶劣的环境下使用。例如，金属 Pd 和 Pt 是催化剂，有好的 $H_2$ 相容性和扩散性，它们被广泛地用在与氢有关的技术中，像燃料电池和氢气传感器中。Au 被发现对含巯基的蒸气及 $H_2S$ 气体有敏感性[113]。

Kong 等用电子束蒸发的方法在 SWCNT 的表面沉积了一层约 5Å 厚的 Pd 纳米粒子，并用它制作出了室温的氢气传感器[40]。Pd 修饰的 SWCNT 显示出对氢气高度的灵敏性，对 400ppm 的氢气来说，其灵敏度和相对电阻变化要比束状 SWCNT 分别高约 50%，响应时间为 5~10s，恢复时间约为 400s。

Lu 等用 Pd 纳米粒子填充 SWCNT 为材料发明了甲烷传感器[114]，采用溅射法将 SWCNT 覆盖一层约 10nm 厚的 Pd 纳米粒子，然后再与其他的碳纳米管混合。约 1% 的 Pd-SWCNT 被分散在水中，取其悬浊液滴涂在梳状电极上制成化学电阻型传感器，传感器能检测到浓度为 6~100ppm 的甲烷气体，相对于传统的金属氧化物传感器来说，其灵敏性增加，尺寸减小，功耗降低。他们还提出了一个电荷传递的敏感机理，甲烷中的氢原子先从 Pd 中吸引电子，导致电子离开 SWCNT，结果形成弱的络合物 $Pd^{\delta+}(CH_4)^{\delta-}$，增加了 SWCNT 的空穴，因此，暴露在甲烷氛围后，p 型的 SWCNT 的电导率增加。

Sayago 等采用两种不同的方法将金属 Pd 修饰到 SWCNT 中，制成氢气传感器[115]。第一种方法是用甲苯作溶剂将 Pd 修饰到 SWCNT 的侧壁上，透射电镜图中可见均一的 3~10nm 的 Pd 纳米粒子沉积在 SWCNT 的表面上。第二种方法是将金属 Pd 溅射到 SWCNT 膜上，然后通过喷枪将 Pd 修饰的 SWCNT 材料喷射到氧化铝基底上制成电阻型的传感器。室温下当传感器暴露到 0.1%~0.2% 的氢气时电阻增加，且化学修饰的传感器的性能明显优于直接 Pd 溅射的，响应时间和灵敏度随温度的增高而降低。有趣的是传感器的传感性随着其放置时间的增加而增强，这是因为随时间的增加传感器的结构和化学性质发生了改变。

Oakley 等用 Pd 修饰的 SWCNT 膜制作化学电阻型的氢气传感器[116]，均一的碳纳米管膜是通过 0.1μm 的微孔滤膜真空过滤形成的，SWCNT 膜被转移到 $SiO_x/Si$ 的基底中，然后溅射约 50nm 厚的 Pd 垫作电极，碳纳米管的修饰是在碳纳米管膜溅射 1~3nm 厚的金属 Pd 来完成的。传感器在室温下能检测到 10ppm

的氢气，在 100ppm 的氢气中其电阻变化约为 20％，500ppm 时约为 40％，当暴露在空气中其电阻能在 30s 内恢复到原始状态。

Young 等用 Au-SWCNT 杂化材料膜制成了 NO$_2$ 传感器[117]，在 SWCNT 的网络上掺入 MPC（monolayer-protected gold cluster）形成一个复合膜，该复合材料能在常态下检测低浓度的 NO$_2$ 气体。传感器的灵敏度依附于填充的 MPC，相对于单纯的 SWCNT 传感器，其检测限约降低 10 倍，得到 4.6ppb，紫外光照射可以让其恢复。

Mubeen 等通过将 Pd 纳米粒子电沉积到 SWCNT 上，发明了一种简单的电化学修饰方法来制作氢气纳米传感器[118]。通过改变传感材料的合成条件（如 Pd 的电沉积电流、沉积电压和 SWCNT 的原始电阻等）来获得最佳传感性能。传感器对氢气显示出好的灵敏度，检测限为 100ppm，室温下，在 1000ppm 浓度范围内电阻改变呈线性关系，浓度每改变 1ppm，电阻改变约 0.4％。在氩气氛围中传感器对氢气的响应是不可逆的，但在潮湿的空气中传感器可在短时间恢复到基线，表明水在传感器的工作中起着很重要的作用。

此外，Star 等采用电化学方法，用具有不同催化性的金属（Au、Pt、Pd、Rh 等）纳米颗粒来修饰 SWCNT 网络，在表面氧化的硅片上制造出化学场效应晶体管阵列[119]。利用金属纳米颗粒的不同催化活性来检测 H$_2$、CH$_4$、CO、H$_2$S、NH$_3$ 和 NO$_2$ 等气体，传感器的输出参数采用主成分分析（PCA）和最小二乘回归法（PLS）处理来确定检测的气体。Lu 等发明了一个传感器阵列，该阵列包括了纯碳纳米管、金属掺杂的碳纳米管以及聚合物包裹的碳纳米管等共 32 个传感成分，用来检测 NO$_2$、HCN、HCl、Cl$_2$ 以及丙酮和苯等，灵敏的可达 ppm 级[120]，数据同样采用 PCA 来分析，该传感器阵列能成功地识别目标气体。

我们采用 LiClO$_4$ 为原料对 MWCNT 进行修饰，得到一个碳纳米管的杂化材料 MWCNT/LiClO$_4$，并研究其湿敏特性，与传统的敏感元件相比，该敏感元件表现出较理想的响应时间、恢复时间及灵敏度[121]。

杂化材料 MWCNT/LiClO$_4$ 是由羧化后的碳纳米管与 LiClO$_4$ 的乙醇溶液，通过加热回流的方法制得，见图 9-26。拉曼光谱实验可见修饰上 LiClO$_4$ 后，D 带和 G 带都红移了 5cm$^{-1}$（图 9-27），这是由于掺杂所致。

湿度测试实验发现：对于单纯的 MWCNT，当处在水蒸气气氛中时，前 10min，元件的电阻值出现上升的趋势，随后迅速下降。非常有趣的是，当修饰上 LiClO$_4$ 后，在同样的实验条件下，其电阻值直接呈下降趋势，大约 30min 后电阻值的下降变得平缓，见图 9-28。图 9-29 是不同水蒸气含量下 MWCNT/LiClO$_4$ 元件的电阻值变化示意图。从图上可以看出，当水蒸气含量为 40％～60％时，新型敏感元件的电阻出现一个阶跃现象，原因是这个变化范围的水蒸气引起了敏感元件结构上大的变化。

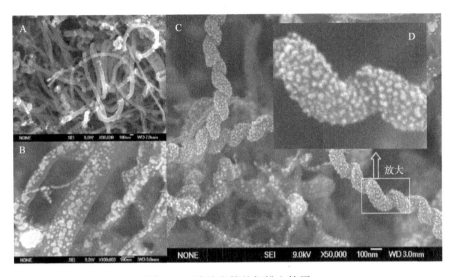

图 9-26　碳纳米管的扫描电镜图

（A）纯碳纳米管（30 000 倍）；（B）$LiClO_4$ 修饰后的碳纳米管（100 000 倍）；

（C）$LiClO_4$ 修饰后的碳纳米管（50 000 倍）；（D）修饰后碳纳米管的部分放大

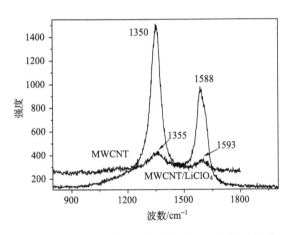

图 9-27　MWCNT 及 MWCNT/$LiClO_4$ 的拉曼光谱

我们将 MWCNT/$LiClO_4$ 与 $MnWO_4$（钨锰矿）、$BaNiO_3$（钙钛矿）、Ni-$WO_4$（钨锰矿）、$ZnCr_2O_4$（尖晶石）等传统的敏感性材料进行了比较，结果发现 $MnWO_4$（钨锰矿）和 $ZnCr_2O_4$（尖晶石）的灵敏度非常低，其灵敏度仅为 7.8 和 2.2；而且 $MnWO_4$（钨锰矿）的响应和恢复都很慢，而 $ZnCr_2O_4$（尖晶石）的恢复则更慢。尽管 $NiWO_4$（钨锰矿）的恢复时间很快，但其响应时间较长，并且灵敏度也不高，为 150；而灵敏度较理想的 $BaNiO_3$（钙钛矿）元件恢

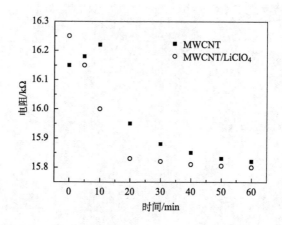

图 9-28　MWCNT 和 MWCNT/LiClO$_4$ 元件在 $100\mu$L 的
水蒸气气氛中的响应曲线

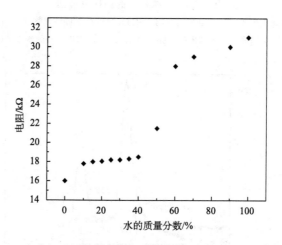

图 9-29　水蒸气质量分数不同的 MWCNT/LiClO$_4$ 元件的电阻值

复时间却比较长。而 MWCNT/LiClO$_4$ 敏感元件对水蒸气的灵敏度非常好，灵敏度可达 35 000（灵敏度定义为敏感元件在空气中的电阻值和待测气体中的电阻值之比），且响应和恢复都比较快。

　　此外，我们还测定了 MWCNT/LiClO$_4$ 敏感元件在水蒸气中的动态响应曲线 [图 9-30（B）]。与图 9-30（A）给出了新型敏感元件在干燥空气中的动态响应曲线相比较，可以看出，MWCNT/LiClO$_4$ 出现了显著的特征响应信号，说明 MWCNT/LiClO$_4$ 有望成为一种新型的湿敏元件。

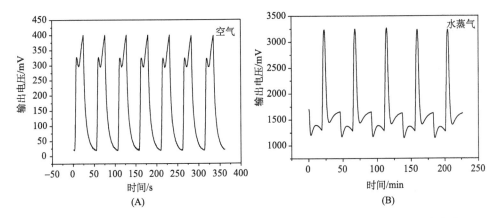

图 9-30　MWCNT/LiClO₄ 敏感元件在空气（A）和水蒸气（B）中的动态响应曲线

动态测试条件为：外加电压为 5V，占空比为 30/（30＋20），电压变化方波调制

## 9.7　总结与展望

　　碳纳米管因其特殊的结构（纳米级的直径、微米级的长度）使得它能成为构建纳米微传感器的理想材料。碳纳米管超高的比表面积和极高的表面原子覆盖率使其表面形成了很高的敏感层和高效的电荷通道。研究结果表明，基于碳纳米管的传感器对多种气体和挥发性蒸气都有一定敏感性，因此，碳纳米管是很好的气体敏感性材料。

　　用一维碳纳米管作为敏感材料构建的气敏传感器具有常规传感器不可替代的优点：一是显著缩小了传感器的尺寸，实现了器件的微型化；二是有效地降低了传感器的工作温度，减小了功耗；三是基于其超高的比表面积，提供了大量的气体响应通道，从而明显提高了灵敏度。因此，它在工业、农业、环境、医药和军事等各个方面都具有广泛的发展前途。

　　虽然利用碳纳米管自身对一些气体的选择性吸附，可以实现对某些气体的有效检测，但这种选择还是相当有限的。因此，为了拓宽碳纳米管的应用范围，弥补碳纳米管性质中的某些不足，对碳纳米管进行有针对性的功能化修饰是非常重要的，这也是未来碳纳米管研究领域的重要拓展，这种功能化的碳纳米管既能保留碳纳米管原有的性质又能赋予其新的功能。因此，进行有针对性的设计和合成一些碳纳米管杂化材料，制成各种功能性的碳纳米管传感器，可以实现对目标待测物的有效检测。

　　目前广泛研究的碳纳米管传感器件的重要性无疑是极为显著的。然而，在碳纳米管传感领域中尚存在很多问题。例如，碳纳米管制作技术不成熟，其性能不尽人意，用碳纳米管做的气敏传感器恢复时间比较长等。另外，SWCNT 合成时生成的是金属性质管和半导体性质管的混合物，目前的制备方法尚不能生成适合检测应用的完全半导体性质的碳纳米管。因此，进行系统性研究还存在一定的困难。此外，还没有发现针对碳纳米管进行功能化修饰的更为灵活的方法，来提高复杂的气体环境下碳纳米管的选择性。这些问题虽然复杂，但随着碳纳米管技术的进一步发展，必将会被很好地解决，相信碳纳米管将一定能成为未来传感领域中的核心材料之一。

另外，同为碳单质，作为碳纳米管同类型的材料，石墨烯的问世引起了全世界的研究热潮，它不仅是已知材料中最薄的一种，还非常牢固坚硬，作为单质，它在室温下传递电子的速度比已知导体都快。石墨烯结构非常稳定，迄今为止，研究者仍未发现石墨烯中有碳原子缺失的情况。这种稳定的晶格结构使碳原子具有优秀的导电性，石墨烯中的电子在轨道中移动时，不会因晶格缺陷或引入外来原子而发生散射，由于原子间作用力十分强，在常温下，即使周围碳原子发生挤撞，石墨烯中电子受到的干扰也非常小。类似于碳纳米管的性质，可以预测石墨烯将是一种优良的传感材料。目前，已有一些关于石墨烯传感性研究的报道。例如，Johnson 等采用石墨烯制作的电导型传感器，对壬醛、三甲胺等进行检测，结果表现出很高的灵敏性，检测限达 ppb 级，且响应和恢复都很快[122]。此外，Chen 等[123]在石墨烯上修饰了金纳米颗粒，并制成了场效应管型生物传感器，通过抗体和抗原的作用对一种免疫球蛋白进行特异性检测，结果表现出很强的灵敏性和专一性，灵敏度达 ng/mL。因此，作为碳的一种新型材料，石墨烯的传感性研究无疑是对碳纳米管传感性研究的补充和发展，将会引起人们极大的研究热情。

## 参 考 文 献

[1] Du D, Wang M, Cai J, et al. Immobilization of acetylcholinesterase based on the controllable adsorption of carbon nanotubes onto an alkanethiol monolayer for carbaryl sensing. Analyst, 2008, 133 (12): 1790-1795

[2] Patel S V, Mlsna T E, Fruhberger B, et al. Chemicapacitive microsensors for volatile organic compound detection. Sens. Actuators B, 2003, 96 (3): 541-553

[3] Yan J, Zhou H J, Mao L Q, et al. Rational Functionalization of carbon nanotubes leading to electrochemical devices with striking applications. Adv. Mater., 2008, 20 (15): 2899-2906

[4] Kauffman D R, Star A. Carbon nanotube gas and vapor sensors. Angew. Chem. Int. Ed., 2008, 47 (35): 6550-6570

[5] Snow E S, Perkins F K, Robinson J A. Chemical vapor detection using single-walled carbon nanotubes. Chem. Soc. Rev., 2006, 35 (9): 790-798

[6] Tasis D, Tagmatarchis N, Prato M, et al. Chemistry of carbon nanotubes. Chem. Rev., 2006, 106 (3): 1105-1136

[7] Goldoni A, Larciprete R, Petaccia L, et al. Single-wall carbon nanotube interaction with gases: sample contaminants and environmental monitoring. J. Am. Chem. Soc., 2003, 125 (37): 11329-11333

[8] Martínez M T, Tseng Y C, Ormategui N, et al. Label-free DNA biosensors based on functionalized carbon nanotube field effect transistors. Nano Lett., 2009, 9 (2): 530-536

[9] Avouris P. Molecular electronics with carbon nanotubes. Acc. Chem. Res., 2002, 35 (12): 1026-1034D

[10] Ouyang M, Huang J L, Lieber C M. Fundamental electronic properties and applications of single-walled carbon nanotubes. Acc. Chem. Res., 2002, 35 (12): 1018-2025

[11] Zhou X J, Park J Y, Huang S M, et al. Band structure, phonon scattering, and the performance limit of single-walled carbon nanotube transistors. Phys. Rev. Lett., 2005, 95 (14): 146805

[12] White C T, Todorov T N. Carbon nanotubes as long ballistic conductors. Nature, 1998, 393 (6682): 240-242

[13] Yao Z, Kane C L, Dekker C. High-field electrical transport in single-wall carbon nanotubes. Phys. Rev. Lett., 2000, 84 (13): 2941-2944

[14] Pop E, Mann D, Dai H J, et al. Thermal conductance of an individual single-wall carbon nanotube above room temperature. Nano Lett., 2006, 6 (1): 96-100

[15] Yu M F, Lourie O, Ruoff R S, et al. Strength and breaking mechanism of multiwalled carbon nanotubes under tensile load. Science, 2000, 287 (5453): 637-640

[16] Yu M F, Files B S, Rouff R S, et al. Tensile loading of ropes of single wall carbon nanotubes and their mechanical properties. Phys. Rev. Lett., 2000, 84 (24): 5552-5555

[17] Niyogi S, Hamon M A, Hu H, et al. Chemistry of single-walled carbon nanotubes. Acc. Chem. Res., 2002, 35 (12): 1105-1113

[18] Cinke M, Li J, Chen B, et al. Pore structure of raw and purified HiPco single-walled carbon nanotubes. Chem. Phys. Lett., 2002, 365 (1-2): 69-74

[19] Wong H S P. Beyond the conventional transistor. IBM J. Res. Dev., 2002, 46 (2-3): 133-168

[20] Choi W B, Chung D S, Kang J H, et al. Fully sealed, high-brightness carbon-nanotube field-emission display. Appl. Phys. Lett., 1999, 75 (20): 3129-3131

[21] Cheng H M, Yang Q H, Liu C. Hydrogen storage in carbon nanotubes. Carbon, 2001, 39 (10): 1447-1454

[22] Liu Z, Winters M, Dai H J, et al. SiRNA delivery into human T cells and primary cells with carbon-nanotube transporters. Angew. Chem. Int. Ed., 2007, 46 (12): 2023-2027

[23] Freitag M, Tsang J C, Avouris P, et al. Electrically excited, localized infrared emission from single carbon nanotubes. Nano Lett., 2006, 6 (7): 1425-1433

[24] Kordas K, Toth G, Moilanen P, et al. Chip cooling with integrated carbon nanotube microfin architectures. Appl. Phys. Lett., 2007, 90 (12): 123105

[25] Close G F, Yasuda S, Wang S H P, et al. A 1 GHz integrated circuit with carbon nanotube interconnects and silicon transistors. Nano Lett., 2008, 8 (2): 706-709

[26] Kim S N, Rusling J F, Papadimitrakopoulos F. Carbon nanotubes for electronic and electrochemical detection of biomolecules. Adv. Mater., 2007, 19 (20): 3214-3228

[27] Wolf S A, Awschalom D D, Buhrman R A, et al. Spintronics: a spin-based electronics vision for the future. Science, 2001, 294 (5546): 1488-1495

[28] Joachim C, Gimzewski J K, Aviram A. Electronics using hybrid-molecular and mono-molecular de-

vices. Nature, 2000, 408 (6812): 541-548

[29] Huang J, Momenzadeh M, Lombardi F. An overview of nanoscale devices and circuits. IEEE Des. Test Comput. , 2007, 24 (4): 304-311

[30] Lu W, Lieber C M. Nanoelectronics from the bottom up. Nat. Mater. , 2007, 6 (11): 841-850

[31] Javey A, Kim H, Dai H J, et al. High-kappa dielectrics for advanced carbon-nanotube transistors and logic gates. Nat. Mater. , 2002, 1 (4): 241-246

[32] Kong J, Franklin N R, Dai H J, et al. Nanotube molecular wires as chemical sensors. Science, 2000, 287 (5453): 622-625

[33] Li J, Lu Y J, Ye Q, et al. Carbon nanotube sensors for gas and organic vapor detection. Nano Lett. , 2003, 3 (7): 929-933

[34] Someya T, Small J, Kim P, et al. Alcohol vapor sensors based on single-walled carbon nanotube field effect transistors. Nano Lett. , 2003, 3 (7): 881-887

[35] Collins P G, Bradley K, Zettl A, et al. Extreme oxygen sensitivity of electronic properties of carbon nanotubes. Science, 2000, 287 (5459): 1801-1804

[36] Novak J P, Snow E S, Houser E J, et al. Nerve agent detection using networks of single-walled carbon nanotubes. Appl. Phys. Lett. , 2003, 83 (19): 4026-4028

[37] Valentini L, Cantalini C, Armentano I, et al. Investigation of the $NO_2$ sensitivity properties of multi-walled carbon nanotubes prepared by plasma enhanced chemical vapor deposition. J. Vac. Sci. Technol. B, 2003, 21 (5): 1996-2000

[38] Lee C Y, Baik S, Strano M S, et al. Charge transfer from metallic single-walled carbon nanotube sensor arrays. J. Phys. Chem. B, 2006, 110 (23): 11055-11061

[39] Wongwiriyapan W, Honda S, Katayama M, et al. Ultrasensitive ozone detection using single-walled carbon nanotube networks. Japan. J. Appl. Phys. , 2006, 45 (4B): 3669-3671

[40] Kong J, Chapline M G, Dai H J. Functionalized carbon nanotubes for molecular hydrogen sensors. Adv. Mater. , 2001, 13 (18): 1384-1386

[41] An K H, Jeong S Y, Lee Y H, et al. Enhanced sensitivity of a gas sensor incorporating single-walled carbon nanotube-polypyrrole nanocomposites. Adv. Mater. , 2004, 16 (12): 1005-1009

[42] Bekyarova E, Davis M, Haddon R C, et al. Chemically functionalized single-walled carbon nanotubes as ammonia sensors. J. Phys. Chem. B, 2004, 108 (51): 19717-19720

[43] Stewart M E, Anderton C R, Nuzzo R G, et al. Nanostructured plasmonic sensors. Chem. Rev. , 2008, 108 (2): 494-521

[44] Han W Q, Zettl A. Coating single-walled carbon nanotubes with tin oxide. Nano Lett. , 2003, 3 (5): 681-683

[45] Forzani E S, Li X L, Tao N J, et al. Tuning the chemical selectivity of SWNT-FETs for detection of heavy-metal ions. Small, 2006, 2 (11): 1283-1291

[46] Snow E S, Perkins F K, Houser E J, et al. Chemical detection with a single-walled carbon nanotube capacitor. Science, 2005, 307: 1942-1945

[47] Chopra S, Pham A, Gaillard J, et al. Carbon-nanotube-based resonant-circuit sensor for ammonia. Appl. Phys. Lett. , 2002, 80: 4632-4634

[48] Chopra S, McGuire K, Gothard N, et al. Selective gas detection using a carbon nanotube sensor. Appl. Phys. Lett. , 2003, 83: 2280-2282

[49] Grujicic M, Cao G, Roy N. A computational analysis of the carbon-nanotube-based resonant-circuit sensors. Appl. Surf. Sci. , 2004, 229: 316-323

[50] Chung J, Lee K H, Lee J H, et al. Multi-walled carbon nanotubes experiencing electrical breakdown as gas sensors. Nanotechnology, 2004, 15: 1596-1602

[51] Modi A, Koratkar N, Lass E, et al. Miniaturized gas ionization sensors using carbon nanotubes. Nature, 2003, 424: 171-174

[52] Pengfei Q F, Vermesh O, Dai H J, et al. Toward large arrays of multiplex functionalized carbon nanotube sensors for highly sensitive and selective molecular detection. Nano Lett. , 2003, 3: 347-351

[53] Peng S, Cho K. Ab initio study of doped carbon nanotube sensors. Nano Lett. , 2003, 3: 513-517

[54] Paez F V, Romero H, Terrones M, et al. Fabrication of vapor and gas sensors using films of aligned $CN_x$ nanotubes. Chem. Phys. Lett. , 2004, 386: 137-143

[55] Valentini L, Mercuri F, Armentano I, et al. Role of defects on the gas sensing properties of carbon nanotubes thin films: experiment and theory. Chem. Phys. Lett. , 2004, 387: 356-361

[56] Mercuri F, Sganmellotti A, Valentini L, et al. Vacancy-induced chemisorption of $NO_2$ on carbon nanotubes: a combined theoretical and experimental study. J Phys. Chem. B, 2005, 109: 13175-13179

[57] Andaelm J, Govind A M N. Nanotube-based gas sensors-role of structural defects. Chem. Phys. Lett. , 2006, 421: 58-62

[58] Wei C, Dai L, A. Roy, et al. Multifunctional chemical vapor sensors of aligned carbon nanotube and polymer composites. J. Am. Chem. Soc. , 2006, 128 (5): 1412-1413

[59] Penza M, Cassano G, Rossi R, et al. Enhancement of sensitivity in gas chemiresistors based on carbon nanotube surface functionalized with noble metal (Au, Pt) nanoclusters. Appl. Phys. Lett. , 2007, 90: 173123

[60] Kumar M K, Ramaprabhu S. Nanostructured Pt functionlized multiwalled carbon nanotube based hydrogen sensor. J. Phys. Chem. B, 2006, 110 (23): 11291-11298

[61] Auvray S, Derycke V, Goffman M, et al. Chemical optimization of self-Assembled carbon nanotube transistors. Nano lett. , 2005, 5 (3): 451-455

[62] Star A, Tu E, Valcke C, et al. Label-free detection of DNA hybridization using carbon nanotube network field-effect transistors. Proc. Natl. Acad. Sci. U. S. A. , 2006, 104 (4), 921-926

[63] Tans S J, Verschueren A R M, Dekker C. Room-temperature transistor based on a single carbon nanotube. Nature, 1998, 393 (6680): 49-52

[64] Martel R, Schmidt T, Shea H R, et al. Single- and multi-wall carbon nanotube field-effect transistors. Appl. Phys. Lett. , 1998, 73 (17): 2447-2449

[65] Snow E S, Perkins F K. Capacitance and conductance of single-walled carbon nanotubes in the presence of chemical vapors. Nano lett. , 2005, 5 (12): 2414-2417

[66] Dai H J. Nanotube growth and characterization. Carbon Nanotubes, 2001, 80: 29-53

[67] Sun Y P, Fu K, Lin Y, et al. Functionalized carbon nanotubes: properties and applications. Acc. Chem. Res. , 2002, 35 (12): 1096-104

[68] Chen Y, Meng F L, Liu J H, et al. Novel capacitive sensor: fabrication from carbon nanotube arrays and sensing property characterization. Sens. Actuators B, 2009, 140 (2): 396-401

[69] Tsang S C, Chen Y K, Geren M L H, et al. A simple chemical method of opening in and filling car-

bon nnaotubes. Nature, 1994, 372: 159-162

[70] Lgao R M, Tsang S C, Geren M L H, et al. Filling carbon naoutbes with small palldaimu metal cyrsatllties: the effect of surafce acid gorpus, Chem. Comm. , 1995, 7 (3): 1355-1356

[71] Liu J, Rinzler A G, Smalley R E, et al. Fullerene pipes. Science, 1998, 280: 1253-1256

[72] Chen J, Hamon M A, Haddon R C, et al. Solution propretion of single-walled carbon nanotubes. Science, 1998, 282: 95-98

[73] Sun Y P, Huang W, Lin Y. Solube dendron-functionalized carbon nanotubes: preparation, characterization and properties. Chem. Mater. , 2001, 13: 2864-2869

[74] Huang F K, Lin Y. Defunctionalization of functionalized carbon nanotubes. Nano Lett. , 2001, 1: 439-441

[75] Hamon M A, Chen J, Haddon R C, et al. Solution properties of single-walled carbon nanotubes. J Am. Chem. Soc. , 2005, 230: U3674

[76] Qin Y, Shi J, Guo Z, et al. Concise route to funcitonalized carbon nanotubes. J Phys. Chem. B, 2003, 107: 12899-12901

[77] Riggs J E, Guo Z X, Sun Y P. Strong luminescence of solubilized carbon nanotubes. J Am. Chem. Soc. , 2000, 122: 5879-5880

[78] Czerw R, Guo Z X, Carroll D L. Organization of polymers onto carbon nanotubes: a route to nanoscale assembly. Nano Lett. , 2001, 1: 423-427

[79] Liu Z F, Shen Z Y, Zhu T. Organizing single-walled carbon nanotubes on gold using a wet chemical self-assembly technique. Langmuir, 2000, 16: 3569-3573

[80] Michelson E T, Huffman C B, Margrave J L, et al. Fluorination of single-walled carbon nanotubes. Chem. Phys. Lett. , 1998, 296: 188-194

[81] Boul P J, Liu J, Smalley R E, et al. Reversible sidewall functionalization of buckyrubes. Chem. Phys. Lett. , 1999, 310: 367-372

[82] Liang F, Sadana A K, Billups W E, et al. A convenient route to functionalized carbon nanotubes. Nano Lett. , 2004, 4: 1257-1260

[83] Dyke C A, Tour J M. Solvent-free functionalization of carbon nanotubes. J Am. Chem. Soc. , 2003, 125: 1156-1157

[84] Jiang L Q, Gao L. Modified carbon nanotubes: an effective way to selective of gold nanoparticles. Carbon, 2003, 41: 2923-2929

[85] Wong S S, Joselecich E, Lieber C M, et al. Covalently functionalized nanotubes and nanometer-sized probes in chemistry and biology. Nature, 1998, 394: 52-55

[86] Sun Y, Wilson S R, Schuster D I. High dissolution and strong light emission of carbon nanotubes in aromatic amine solvents. J Am. Chem. Soc. , 2001, 123: 5348-5349

[87] Star A, Stoddart J F, Steuerman D, et al. Preparation and properties of polymer-wrapped single-walled carbon nanotubes. Angew. Chem. Int. Ed. , 2001, 40: 213-215

[88] O' Connell M J, Boul P, Smalley R E, et al. Reversible water-solubilization of single-walled carbon nanotubes by polymer wrapping. Chem. Phys. Lett. , 2001, 342: 265-271

[89] Tang B Z, Xu H Y. Preparation, alignment, and optical properties of soluble poly (phenylacetylene) -wapped carbon nanotubes. Macromolecules, 1999, 32: 2569-2576

[90] Huang S M, Mau A W H, Dai L M. Patterned growth and contact transfer of well-aligned carbon

nanotubes. J Phys. Chem. B, 2000, 104: 2193-2196

[91] Balavoine F, Schultz P, Mioskowski C, et al. Helical crystallization of proteins on carbon nnaotubes: a first step towards the development of new biosensors. Angew. Chem. Int. Ed., 1999, 38: 1912-1915

[92] Chen R J, Zhang Y G, Dai H J, et al, Noncovalent sidewall functionalization of single-walled carbon nanotubes for protein immobilization. J Am. Chem. Soc., 2001, 123: 77-83

[93] Grate J W, Patrash S J, Kaganove S N, et al. Hydrogen bond acidic polymers for surface acoustic wave vapor sensors and arrays. Anal. Chem., 1999, 71 (5): 1033-1040

[94] Amara J P, Swager T M. Synthesis and properties of poly (phenylene ethynylene) s with pendant hexafluoro-2-propanol groups. Macromolecules, 2005, 38 (22): 9091-9094

[95] Lai C, Cao H, Luo H, et al. Quantitative analysis of DNA interstrand cross-links and monoadducts formed in human cells induced by psoralens and UVA irradiation. Anal. Chem., 2008, 80 (22), 8790-8798

[96] Cheng J F, Chen M, Wallace D, et al. Synthesis and structure-activity relationship of small-molecule malonyl coenzyme A decarboxylase inhibitors. J. Med. Chem., 2006, 49 (5): 1517-1525

[97] McGill R A, Mlsna T E, Chung R, et al. The design of functionalized silicone polymers for chemical sensor detection of nitroaromatic compounds. Sens. Actuators B, 2000, 65 (1-3): 5-9

[98] Chang Y, Noriyan J, Lloyd D R, et al. Polymer sorbents for phosphorus ester. 1. selection of polymer by analog calorimetry. Polym. Eng. Sci., 1987, 27 (10): 693-702

[99] Barlow J W, Cassidy P E, Lloyd D R, et al. Polymer sorbents for phosphorus ester. 2. hydrogen-bond driven sorption in fluoro-carbinol substituted polystyrene. Polym. Eng. Sci., 1987, 27 (10): 703-715

[100] Grate J W. Radionuclide sensors for environmental monitoring: from flow injection solid-phase absorptiometry to equilibration-based preconcentrating minicolumn sensors with radiometric detection. Chem. Rev., 2008, 108 (2): 726-745

[101] Kong L T, Wang J, Liu J H, et al. Novel pyrenehexafluoroisopropanol derivative-decorated single-walled carbon nanotubes for detection of nerve agents by strong hydrogen-bonding interaction. Analyst, 2010, 135: 368-373

[102] Chen R J, Zhang Y G, Dai H J, et al. Noncovalent sidewall functionalization of single-walled carbon nanotubes for protein immobilization. J. Am. Chem. Soc., 2001, 123 (16): 3838-3839

[103] Kong L T, Wang J, Liu J H, et al. p-Hexafluoroisopropanol phenyl covalently functionalized single-walled carbon nanotubes for detection of nerve agents. Carbon, 2010, 48: 1262-1270

[104] Krupke R, Hennrich F, Löhneysen H V, et al. Separation of metallic from semiconducting single-walled carbon nanotubes. Science, 2003, 301 (5631): 344-347

[105] Star A, Han T R, Joshi V, et al. Nanoelectronic carbon dioxide sensors. Adv. Mater., 2004, 16 (22): 2049-2052

[106] Lee C Y, Strano M S. Amine basicity (pK (b)) controls the analyte blinding energy on single walled carbon nanotube electronic sensor Arrays. J. Am. Chem. Soc., 2008, 130 (5): 1766-1773

[107] Kuzmych O, Allen B L, Star A. Carbon nanotube sensors for exhaled breath components. Nanotechnology, 2007, 18 (37): 375502

[108] Bekyarova E, Kalinina I, Haddon R C, et al. Mechanism of ammonia detection by chemically func-

tionalized single-walled carbon nanotubes: in situ electrical and optical study of gas analyte detection, J. Am. Chem. Soc. , 2007, 129 (35): 10700-10706

[109] Zhang T, Mubeen S, Myung N V, et al. Poly (m-aminobenzene sulfonic acid) functionalized single-walled carbon nanotubes based gas sensor. Nanotechnology, 2007, 18 (16): 165504-165509

[110] Zhang T, Nix M B, Deshusses M A, et al. Electrochemically functionalized single-walled carbon nanotube gas sensor. Electroanalysis, 2006, 18 (12): 1153-1158

[111] He L F, Jia Y, Liu J H, et al. Gas sensors for ammonia detection based on polyaniline-coated multi-wall carbon nanotubes. Mat. Sci. Eng. B, 2009, 163: 76-81

[112] Chang Q F, Zhao K, Liu J H, et al. Preparation of gold/polyaniline/multiwall carbon nanotube nanocomposites and application in ammonia gas detection. J Mater. Sci. , 2008, 43: 5861-5866

[113] Galipeau J D, Falconer R S, Vetelino J F, et al. Theory, design and operation of a surface-acoustic-wave hydrogen-sulfide microsensor. Sens. Actuators B, 1995, 24 (1-3): 49-53

[114] Lu Y J, Li J, Han J, et al. Room temperature methane detection using palladium loaded single-walled carbon nanotube sensors. Chem. Phys. Lett. , 2004, 391 (4-6): 344-348

[115] Sayago I, Terrado E, Aleixandre M, et al. Novel selective sensors based on carbon nanotube films for hydrogen detection. Sens. Actuators B, 2007, 122 (1): 75-80

[116] Oakley J S, Wang H T, Rinzler A G, et al. Carbon nanotube films for room temperature hydrogen sensing. Nanotechnology, 2005, 16 (10): 2218-2221

[117] Young P, Lu Y J, Li J, et al. High-sensitivity $NO_2$ detection with carbon nanotube-gold nanoparticle composite films. J. Nanosci. Nanotechnol. , 2005, 5 (9): 1509-1513

[118] Mubeen S, Zhang T, Deshusses M A, et al. Palladium nanoparticles decorated single-walled carbon nanotube hydrogen sensor. J. Phys. Chem. C, 2007, 111 (17): 6321-6327

[119] Star A, Joshi V, Skarupo S, et al. Gas sensor array based on metal-decorated carbon nanotubes. J. Phys. Chem. B, 2006, 110 (42): 21014-21020

[120] Lu Y J, Partridge C, Li J, et al. A carbon nanotube sensor array for sensitive gas discrimination using principal component analysis. J. Electroanal. Chem. , 2006, 593 (1-2): 105-110

[121] Huang X J, Sun Y F, Liu J H, et al. Carboxylation multi-walled carbon nanotubes modified with $LiClO_4$ for water vapour detection. Nanotechnology, 2004, 15: 1284-1288

[122] Dan Y, Lu Y, Kybert N J. Intrinsic response of graphene vapor sensors. Nano Lett. , 2009, 9: 1472-1475

[123] Mao S, Lu H, Chen J, et al. Specific protein detectionusing thermallyreduced graphene oxide sheet decorated with gold nanoparticle-antibody conjugates. Adv. Mater. , 2010, 22: 3521-3526

# 第 10 章　复杂纳米结构表面增强拉曼光谱基底及其传感检测

## 10.1　SERS 简述

1928 年，印度物理学家拉曼（Raman）发现了一种比入射光波长短或长的散射现象，并指出它和散射物质结构有密切的关系，1930 年拉曼因该发现被授予诺贝尔物理奖。当激发光的光子与作为散射中心的分子相互作用时，大部分光子只是发生方向改变的散射，而频率并没有改变，这种弹性散射光即是瑞利散射；大约占总散射光 $10^{-10} \sim 10^{-6}$ 的散射，不仅改变了传播方向，频率也发生改变，这就是由非弹性碰撞引起的拉曼散射。对于拉曼散射过程而言，在入射光 $\nu_0$ 照射下，分子先由基态 $E_0$（或振动激发态 $E_1$）被激发至虚态（virtual state）高能级，该能级介于基态和电子第一激发态之间，随即发出光子，分子能量回到振动激发态 $E_1$（或基态 $E_0$），光子失去（或得到）的能量与分子得到（或失去）的能量相等，即能量差反映了振动能级的变化。因此，根据入射光子和散射光子频率变化，就可以判断出分子含有的化学键或基团。波长变长的散射（$\nu_0 - \nu$）称为斯托克斯（Stokes）散射，而波长变短的散射（$\nu_0 + \nu$）称为反斯托克斯散射。

### 10.1.1　拉曼光谱的优点

拉曼光谱能够提供简单、快速且更重要的是无损伤的定性定量分析，采用拉曼光谱分析，几乎无需样品准备，样品可直接通过光纤探头或者通过石英、光纤和玻璃测量。此外，由于拉曼光谱最初并且当前主要是为分子振动提供表征检测，其相对我们常用的红外光谱还具有如下特色优势：

（1）拉曼光谱一次可以同时覆盖 $50 \sim 4000 \mathrm{cm}^{-1}$ 的区间。相反，若让红外光谱覆盖相同的区间则必须改变光栅、光束分离器、滤波器以及检测器，这必然降低测试效率，且各个波段区间的曲线难以有效地无缝对接。

（2）拉曼光谱除能够对有机物进行分析外，也经常用来表征研究无机物的分子振动结构。

（3）由于红外光谱必须在无水条件下进行操作，而且样品需要在压片机上进行高压密实压片方能够获取高质量光谱。而生物学和生命学科的很多测试必须在水环境下进行原位检测，此时只能依靠拉曼光谱进行表征，因为水对拉曼吸收和散射都很弱，拉曼光谱已成为生命科学领域中研究生物大分子的理想工具。

（4）拉曼光谱待测物用量十分小。客观上来说，只要人眼能够看到的都可以用拉曼光谱对其进行表征研究，这是因为激光束的直径在聚焦部位通常只有 $2\mu m$，借助仪器本身自带的显微镜，完全可以实现微米尺度的显微定位拉曼光谱分析。并且拉曼测试对材料无损、无污染、测试样品可以全部回收，这对材料工作者来说是极其重要的。

（5）拉曼光谱谱峰清晰尖锐，更适合定量研究，更适合于计算机技术联用，实现数据库自动匹配完成待测物质搜索鉴定。借助差异分析，可以实现定性分析研究。在化学结构分析中，独立的拉曼区间的强度与研究对象的分子官能团数量有直接的关系。

（6）通过调谐激发光源与研究对象的吸收峰达到共振，借助共振拉曼效应，使拉曼信号增强 $10^3 \sim 10^4$ 倍，若再借助表面增强技术，则可以实现研究对象的超痕量分析，实现单分子检测。

（7）根据拉曼选律定则，拉曼活性的谱带是基团极化率随简正振动改变的关系，而红外活性的谱带则是基团偶极矩随简正振动改变的关系，所以拉曼光谱中包含的倍频及组频谱带比红外光谱中少。拉曼光谱往往仅出现基频谱带，谱带清楚，分析效率远高于红外光谱。

（8）拉曼光谱能对 C—C、C≡C、C＝S、P—S、S—S、N＝N 等有机分子常见官能团给出强的拉曼信号，对易产生偏振的一些重要元素（过渡金属等）可出现拉曼强谱带，红外光谱对这些表征都是无能为力的。

（9）拉曼光谱也常用于单晶的高频分子频率及低频晶格频率的研究，这是由于晶格内分子的排列一定，偏振参数不像液体那样是空间平均化的。振动频率的归属能应用与排列有关的偏振数据，从而借助拉曼光谱对其进行表征。

此外，借助最新的高功率脉冲激光器对受激拉曼散射和超拉曼效应等非线性现象的研究可扩充人们对液态结构和物质固态方面的认识。

### 10.1.2　SERS 简介及其优点

表面增强拉曼光谱（SERS）最初是由电化学鼻祖英国科学家 Fleischmann 等于 1974 年在研究吸附到银电极上的吡啶拉曼活性时发现的。Fleischmann 等[1]当时为了增加电极对吡啶的吸附量，对银电极进行了多次电化学粗化处理——也就是对电极进行多次氧化-还原处理，从而使更多的吡啶分子吸附到电极表面。当 Fleischmann 等对银电极进行常规拉曼表征时，发现吡啶的拉曼信号得到极大程度增强。但当时尚未提出表面增强拉曼概念（也即 SERS），Fleischmann 本人及其同事也只将增强结果简单归因于更多的吡啶分子吸附到了粗化后的银表面电极上而达到如此大的信号增强。

直到 1977 年，van Duyne 小组[2] 和 Creighton 小组[3] 又分别独立重复研究了
Fleischmann 的工作。两个课题组都得到了相同的实验结果，并且他们进行了数
学计算，发现吸附到粗糙银电极表面的拉曼光谱信号强度是溶液中吡啶分子光谱
的 $10^5 \sim 10^6$ 倍。由于扫描电镜（SEM）技术已经成熟并且在当时已经装备到一
些实验室，van Duyne 和 Creighton 小组通过借助 SEM 观察粗糙化后的银电极的
微观形貌，发现经过一次氧化-还原粗化处理的电极表面，电极表面积最大也仅
能增加 10%～20%，即使对电极进行多轮氧化-还原处理，其电极表面积仍不足
以达到量级的突跃增加。他们得出结论，通过电极表面积增加而导致吡啶分子吸
附量增大并最终实现拉曼信号增加 $10^5 \sim 10^6$ 倍是不可能的。同时实验中出现的
随着电极电势变化，拉曼信号的强度和频率也都发生变化，也难以用吸附分子数
目的多少来解释。van Duyne 和 Creighton 两位科学家都认为电极表面粗糙后，
对拉曼增强必然存在某种新的内在物理增强效应，这种粗糙金属表面的内在物理
增强效应被称为表面拉曼增强散射（surface enhanced Raman spectra 或者 sur-
face enhanced Raman scattering，SERS）。除了通过电化学来实现金属表面粗糙
外，随着纳米技术研究高潮的到来，各种各样的化学粗糙基底制备，物理刻蚀等
粗糙基底的制备都有力地推动了 SERS 在分析检测领域的快速应用和研究。
SERS 的提出尤其是 20 世纪 90 年代以来，世界范围内对 SERS（拉曼的）研究
热度持续不断，并呈现高速增长趋势。截至 2010 年 11 月 SCI 以 Raman 和 SERS
分别做统计：其中以 Raman 为标题的文献有 66 878 篇，以 SERS 为主题的有
6130 篇。从图 10-1 中可以发现无论是 Raman 还是 SERS 的研究都因 SERS 的出
现而呈现高速增长趋势。由此可见，SERS 的发现有力地推动了拉曼光谱作为分
析手段研究分子振动及其在分析领域中的应用。

　　SERS 检测技术以其独特的优势在单分子检测领域占有了重要的地位。在
2010 年的美国国土安全与探测讨论会上，与会专家一致认为，SERS 技术具有以
下几个优点：

　　第一，SERS 技术可以产生超高的增强效果，有望成为超痕量检测的定量工
具。最近有许多关于通过 SERS 技术实现了单分子检测的报道，这是通常号称超
痕量检测的荧光光谱等其他痕量检测工具暂时难以达到的。

　　第二，SERS 光谱作为一个振动光谱，提供了分子的振动信息，其中一些振
动信息可以被当作探测物质的指纹，通过这些指纹可以辨别未知物，达到定性检
测的效果。特别重要的是，SERS 光谱的振动峰宽相比其他光谱的峰宽来说很
窄，减少了峰与峰之间重叠的概率，因此为多组分探测提供了可能。

　　第三，SERS 技术可以达到实时现场检测的效果。这主要基于：一是 SERS
技术中制备样品相对简单，不破坏检测样品；二是 SERS 使用仪器体积小，甚至
可以达到便携式的程度。目前已经有商业用的 SERS 检测仪器，同时其激发波长

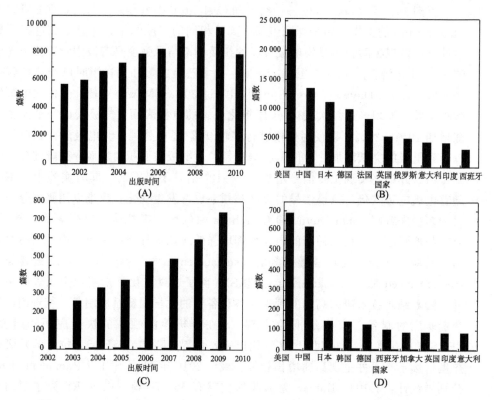

图 10-1　Raman（A 和 B）与 SERS（C 和 D）文献年度及地区文献发表量

可以根据实际需要从可见光波长到近红外波长选择，这样可以有效地避免拉曼的荧光背景，极大地增强测试强度。

　　第四，SERS 技术可以实现直接检测和间接检测。当待测物直接吸附到基底上时，进行的检测称为直接检测。这种方法可以检测细菌、药物以及一些化学污染物，如三聚氰胺、毒品、爆炸物等。相反，通过修饰信号分子到基底上，然后去识别目标物，判断 SERS 光谱前后的变化以达到检测的目标就是间接检测。这种检测方法现在广泛应用于生命科学领域，如免疫、抗体、细胞等。

## 10.1.3　SERS 基底的制备

　　纳米材料的性质与材料本身的尺寸、形态和成分有很大的关系。而 SERS 利用了纳米材料的基本性质，因此它的使用同样受到材料本身的影响。通常 SERS 光谱的强度除了与激发光的波长有关外，还强烈地依赖于基底纳米材料的种类、形貌和结构。某些情况下，基底纳米结构尺寸的微小变化，可能导致增强因子几个数量级的改变。因此随着 SERS 技术的广泛应用，制备出符合要求的 SERS 基底成为人们研究的热点。总体来说，SERS 基底的制备方法通常有自下而上（bottom-up）和自上而下（top-down）两种方法。

1）自下而上法

通常来说，自下而上的方法是基于金和银纳米颗粒的化学合成方法。在过去的几十年里，纳米材料的制备和自组装有了很大的发展，各种形状和尺寸的纳米材料都有报道。金属纳米材料在 SERS 应用领域有诸多的优势：①从合成的角度来说，它们是 SERS 技术最基本的基底材料，并且很容易合成。另外有很成熟的光学和物理学仪器去表征，这可以很好地与理论计算吻合。②从实验的角度来说，它们又很容易阐明科学问题。例如，在许多情况下只需要在合成纳米材料后，加入信号分子，通过控制条件，使其发生一定的团聚，从而导致热点产生，这种结构有很强的拉曼增强。③以溶液为基础的纳米材料的合成，可以很容易地在三维空间内制备 SERS 基底，这相比于只能从二维空间制备 SERS 基底的自上而下的方法有很大的优势。因此，利用这种方法可以在反应器中短时间内制备足够的纳米材料用于 SERS 实验。相应地，自下而上也有三个不足之处：①利用溶液法合成的纳米颗粒制备的 SERS 基底，事实上只有很少一部分颗粒具有 SERS 活性，其他的纳米颗粒覆盖在基底表面抑制了 SERS 检测效果。实验显示，尝试去除这些纳米颗粒有可能导致基底检测效果不稳。②溶液制备的纳米颗粒很难控制它们的团聚效果，这必然会影响 SERS 检测效果的稳定性和重复性。③特别重要的是，控制合成稳定纳米 SERS 活性热点的方法并不成熟，也就是说关于控制合成具有特定形貌的纳米结构还带有一定的随意性。

2）自上而下法

这种方法一般是基于一些常规的物理技术，构建新颖且宏观的 SERS 活性基底。它同样具有三个优势：①这种基底非常稳定并且可以长时间保存；②这种基底能够在一个二维平面上实现，具有很强的光散射效应，同时很容易被探针所表征；③基底表面很容易连接其他分子，很容易利用电化学等仪器进行精确控制。这种基底也具有三个劣势：①这种大表面积的基底很难从技术上实现完全控制，进而有可能导致不同批次基底之间表面形貌不是完全一致；②因为它只能实现在二维平面上合成，导致空间利用率不高；③通常这种基底具有较差的机械性能，尤其是柔韧性不好，容易断裂。

## 10.1.4　SERS 基底的发展方向

自从 SERS 被发现以来，经过几十年的迅猛发展，围绕 SERS 技术已经取得了许多可喜可贺的成绩。然而目前在 SERS 领域还存在许多亟待解决的问题，而这些问题的出现，又激发了 SERS 领域新的研究方向和兴趣。具体来说，目前 SERS 技术的研究热点包括：其一，只有少数金属如银、铜、金等表现出非常显著的增强能力，期待能将使用范围扩大，使更多的材料也能被应用到 SERS 技术领域。其二，制备适当粗糙的 SERS 基底在技术上仍是一个挑战。为了将实验现象和理论分析联系起来，需要对基底表面进行很好的表征，以研究各种微观结构参数对 SERS 的影响。但是许多粗糙的基底稳定性差，制备过程中的重现性不高。因而尽管理论模型发展很快，但实验体系和理论模型之间还有很大的差距。其三，围绕 SERS 的最大争议在于对 SERS 机理的认识仍没有统一。虽然目前提出的电磁增强机理和化学增强机理已经在某种程度上解决了这一问题，但是面对另外一些问题，这两个机理还是不够合理。总体来说，当前亟待解决的 SERS 技术的问题主要包括以下几个方面：①扩大 SERS 增强材料的范围；②寻求制备具有高敏感性的 SERS 基底；③寻求制备具有高稳定性、重复性的基底；④使基底具有很好的选择性。

1) 拓宽具有 SERS 效应的材料的范围

目前只有少数金属具有 SERS 增强能力。人们力图将 SERS 效应拓宽到多种金属甚至是半导体材料。近年来，厦门大学的田中群课题组，在这一领域做出了卓越的贡献，他们早在 1995 年就开展了相关的工作。经过多年的研究，他们已经成功地将 SERS 效应拓宽到 Fe、Co、Ni、Ru、Pt 等过渡金属上[4~7]。在半导体方面，人们已经证实 ZnO、$SiO_2$ 等具有表面增强效应。最近，Tijana Rajh 小组首次报道了 $TiO_2$ 纳米材料具有 SERS 效应。他们设计了一种简明的模型，通过 $TiO_2$ 纳米颗粒与某些分子连接，在一定的条件下发现了很强的 SERS 效应。特别值得一提的是，既然单个贵金属、过渡金属或者单个半导体材料均可以具有 SERS 效应，那么利用不同方法将两者混合起来组成的复合材料也应该会显示出 SERS 效应。根据最近文献报道，这种方法制备的 SERS 基底，极大地拓宽了 SERS 效应的应用范围，而且表现出超强的增强效果。

2) 制备超敏感性的 SERS 基底

考虑到增强效果与材料的形状有很大关系，人们陆续合成了不同形状的纳米材料，并且研究了它们的增强效应，包括不同尺寸的纳米颗粒、纳米棒、纳米立方体、三角板、六面体和核壳结构。最近中国科学院长春应用化学研究所首次报道合成了四边形纳米棒的银纳米材料，打破了以往传统的只能合成六边形纳米棒的限制，并且在 SERS 的研究中，发现该材料展示了极好的增强效果[8]。还有人专门报道了不同形状对表面增强效果的影响。例如，Yang 小组研究了纳米球、纳米立方体、纳米板和纳米棒对 RB 的增强效果，发现纳米棒具有最好的增强效果。他们把这个现象归结为棒状结构具有高的趋向性，导致在特定方向具有高的能量，能激发更好的等离子体效应[9]。特别是最近人们在实验和理论方面证明，复杂结构（如三维结构、树枝状结构和簇状结构等）的纳米材料具有很强的增强效果，大量的探索投身到了合成这种结构的研究中。Pazos 小组合成了一种棒状的金纳米材料，该材料表面有许多毛刺，增加了棒的比表面积，在拉曼增强试验中，显示了很好的效果。他们将其原因归结为棒表面的毛刺，这些毛刺不但增加了表面积，产生了更多的热点，而且产生了尖端增强拉曼效应（TERS），这与SERS 效应叠加，自然能产生很显著的增强效果[10]。Xia（夏幼南）课题组报道利用溶液方法合成二聚体纳米簇，每两个颗粒直接存在纳米级别的间隙，距离大约只有 2nm，并且没有团聚现象。这种结构因为具有统一的形状和固定的 SERS热点，因此具有很稳定且超强的 SERS 增强效果，增强因子达到了 $10^8$ 之多[11]。另外，他们为了证明在这样两个纳米颗粒之间的确存在着很强的热点，设计了一种模型，用实验证明了纳米范围内的狭缝或者间隙的确能产生很强的表面增强效应，并且其贡献在整个材料中占有重要比重[12]。最近有人报道了单根纳米线的SERS 效应，通过研究单根纳米线在不同极化率和激光入射角的情况下的 SERS效应，发现在垂直于纳米线的情况下具有最好的增强效果，为 SERS 技术的实际应用奠定了很好的基础[13]。甚至还有小组报道了不同纳米线与纳米颗粒混合在一起的 SERS 效应，发现通过不同形状材料的混合产生了更多的热点，更容易导致表面等离子共振，产生了更好的增强效应[14]。

3）制备高重复性和稳定性的 SERS 基底

当前，对 SERS 基底的重复性和稳定性方面的要求同样备受关注。作为未来很有前景的一个定量分析工具，基底本身没有重现性，定量将无从谈起。稳定性不好，同样限制一门技术作为工具的使用。目前，人们在追求超高敏感性能的同时，也在这方面进行了大量的研究。一方面，人们继续利用自上而下法的优势来制备高重复性和稳定性的基底，如等离子体刻蚀技术、平板印刷技术等。但是因为其操作复杂、工作环境要求高等缺点，有待于人们进一步开发新的技术克服这方面的问题。另一方面，人们在自下而上法合成基底方面尝试新的思路，报道比较多的是利用模板法制备高重复性的纳米阵列。例如，有人报道利用氧化铝模板制备高重复性的银纳米线阵列[15]。通过扫描图片可以看到，他们合成的银纳米线表面比较光滑，尽管具有好的 SERS 信号重复性，但是增强效果有待提高。考虑到利用氧化铝模板比较耗时，也有人另辟蹊径，通过合成比较简单的纳米线阵列，然后用其做模板，合成贵金属的纳米阵列，取得了好的结果。又如，有人报道在基底上生长硅纳米线或者 ZnO 纳米线阵列，将其作为模板来合成 SERS 基底，展现了好的增强效果，而且基底具有高重复性和好的稳定性[16~18]。

4）提高基底探测的选择性

除了以上两点外，选择性的问题也是当前人们开始关注的一个方面。众所周知，虽然拉曼光谱可以反映一个分子本身的指纹峰，并且具备同时检测和识别的能力，但是它在实际的应用中还面临着选择性方面的问题。例如，当检测某种目标物时，探测环境中有其他的杂物，就会导致在识别探测分子指纹峰时遭遇杂物分子拉曼峰的干扰，甚至可能和探测分子的指纹峰重叠，即使在不重叠的情况下，也会耗费大量的时间去辨别，这对快速检测的 SERS 技术来说是不希望的。在 2009 年的美国国土安全工作会议上，与会专家在谈到 SERS 技术时也说到，目前 SERS 在增强效果方面已经不是该领域的难点，真正需要考虑的是选择性的问题[19]。很显然，在选择性研究方面，目前的报道还不是很多。西班牙的研究小组在这方面取得了卓越的成果，他们通过修饰一些能识别持久性有机污染物（POPs）的有机分子，达到了利用 SERS 技术选择性监测 POPs 的效果[20,21]。另外，有人利用一些分子能与金属络合形成络合物的性质，通过选择合适的分子，可以达到选择性识别不同重金属离子的效果。例如，Toma 小组报道利用 SERS可以超灵敏性、高选择性地识别重金属离子（如铜离子和镉离子），并且达到重复利用的效果，受到人们的普遍关注[22]。在检测毒品爆炸物方面，有人在美国化学会上首次报道了利用半胱氨酸与 TNT 的静电吸附性，实现 TNT 与 DNT 以及重金属离子等的选择性识别，这一报道可以说是 SERS 技术在超灵敏性和高选择性方面发挥到极致的一个典范[23]。总之，在选择性方面，要想得到好的选择效果，找到可以有效识别目标分子的修饰物是关键，而且该分子本身的拉曼图必须简单，并且不能与待测分子的拉曼图重叠。

5）多功能性 SERS 基底制备

随着 SERS 技术的发展，人们对 SERS 基底性能要求的日益增加，必将增加 SERS 基底制备的成本。特别是 SERS 基底目前主要是作为一次性使用的材料。从经济实用的角度，SERS 技术的这两个问题就必然影响它在未来的广泛使用。所以，目前人们开始从不同的方面去解决这个问题。除了改进技术、制备更廉价的 SERS 基底这一传统的思路外，人们想通过制备多功能性的 SERS 基底去克服这一问题。通过这种思路，可以从总体上节约成本，同时也可以提高器件的总体性能，成为目前的一个研究热点。Lee 研究小组将银的纳米材料和磁性纳米颗粒结合，制备了多功能的 SERS 基底，成功地应用到了生物抗体检测方面。一方面，可以利用外加磁场控制复合材料的聚集程度来调节 SERS 的强弱，这个基底还因为存在着银纳米材料和磁性纳米材料的相互偶合效应，进一步提高了其光学方面的效应以及 SERS 增强效果。此外，还可以在使用后利用磁性功能，达到回收材料的目的，体现了多功能的性质[24]。Bhatia 小组通过将荧光分子嵌入金的纳米棒，制备了多功能的 SERS 基底。该基底不但可以利用 SERS 技术检测生物分子，还可以利用金纳米棒的选择性去分解一些分子，并且可以利用荧光分子的荧光效应显示生物分子的红外图像。这一研究汇集了检测、选择以及收集直观图像三个功能，具有很重要的借鉴意义[25,26]。除了以上汇集多种功能为一体的 SERS 基底思路外，人们还报道了制备可重复利用的 SERS 基底的研究，利用这一思路可以克服传统 SERS 基底一次性使用的问题。例如，Dong 研究小组报道了通过在金纳米管表面修饰银壳，然后利用硫酸处理达到剥离银纳米外壳的目的，通过反复沉积反复剥离的方法制备了可以循环使用的 SERS 基底[27]。最近，Alvarez 小组利用银和琼脂糖胶体的复合物在溶于水和晾干的情况下会脱离探测分子的原理，制备了可循环使用的 SERS 基底，可以很好地探测一些具有弱吸附性的有毒污染物[28]。

### 10.1.5　SERS 检测技术的应用

生命科学是人类自身发展的一门学科，它是探索生命过程的前沿学科。其中，抗原与抗体、酶与底物、信号剂与受体之间的相互识别与作用为多学科领域的科学家所关注。近年来，科学家将各种谱学方法引入到生命科学领域，解决和诠释了许多生命现象的奥秘。随着 SERS 技术的发展，它也逐渐被应用到生命科学研究领域，尤其在蛋白质结构和构象的研究中发挥了重要作用。相比于其他技术，拉曼光谱具有许多独特的优点：其一，大部分生命现象发生在水溶液中，水的拉曼光谱信号很微弱，对谱图干扰很少；其二，许多生物样品包含有能产生共振拉曼光谱的生色团，为 SERS 的检测奠定了好的基础；其三，拉曼光谱通常采用可见或近红外激光激发，可以方便地通过光纤传输，为远距离测量、生物体内探测和显微分析提供了可能。

免疫检测基于抗体抗原之间的识别作用，是生物化学重要的研究手段之一。作为标记的金属溶液粒子以其尺寸可控、长程稳定、与生物分子良好的亲和力等特点，被用于抗体抗原的检测。而一定尺寸的金属溶胶也是一种良好的 SERS 衬底。因此很多研究将纳米标记和 SERS 结合起来从而组成一种综合的分析方法。

除了在生物领域的应用外，SERS 技术在化学领域的应用也日趋活跃。目前报道比较多的是人们利用 SERS 技术检测各种有害物质。例如，Lee 研究小组利用合成的 SERS 衬底探测了食品中的污染物（如三聚氰胺和杀虫剂胺家奈等)[29,30]；中国科学院固体物理研究所利用合成的树枝状银纳米材料，实现了快速、超灵敏地探测 PCB，探测的检测限高达 $10^{-10}$ mol/L[31]；Lee 等[32]制备了带有磁性多层复合的 SERS 活性粒子，并可以通过磁场来控制粒子方向，为生物免疫检测提供了重要手段。特别值得一提的是，我们课题组通过在金银的纳米材料表面修饰环糊精分子实现了对农药分子甲基对硫磷的选择性检测，具有很好的应用前景，后面章节将重点介绍。还有人报道，通过在氧化铝模板管壁内部沉积金纳米颗粒，使得金纳米颗粒在管壁内发生团簇，从而实现高敏感性地探测爆炸物[33]。2010 年在国际知名杂志 *Nature* 杂志刊登了厦门大学田中群院士的研究成果，他们通过制备超薄的氧化硅或者氧化铝层隔离金纳米颗粒核壳结构，将其应用到生物、化学等多个领域，甚至利用 SERS 技术探测一些气体分子（如一氧化碳等），这一研究成果为 SERS 技术的应用领域开辟了新的空间[34]。

## 10.2　复杂纳米结构 SERS 基底及其超灵敏传感检测

### 10.2.1　复杂纳米结构 SERS 基底的制备及其应用研究进展

众所周知，只有金、银、铜能在常见的激发光下产生 SERS 效应，其中又以银在可见光下，SERS 增强效应最为显著。事实上，SERS 效应并不是在任何金属表面都可以发生的，通常应用的是 Ag 和 Au，现在已发现在 Pt、Cu、Al 和碱金属表面也有 SERS 效应。目前可作为 SERS 活性基底的物质有：Pt、Li、Na、K、Al、In、Ni、Pd、Ru 及某些金属氧化物和半导体材料等。我们知道只有吸附到活性位点的那些被吸附分子才可能产生最强烈的 SERS 增强效果。所以 SERS 只发生于经过粗糙化的金属表面。强的 SERS 增强效果对分析工作者来说也就意味着更低的目标分子检测限和更高的灵敏度。纳米技术的快速发展为优质 SERS 基底提供了诸多创新解决方案。下面对 SERS 创新基底研究发展进行介绍。

#### 10.2.1.1　物理方法制备 SERS 基底及其应用

SERS 理论开创者 van Duyne 小组较早地研究了 SERS 基底的制备方法，他们在这方面做了许多开创性工作，其中他们于 2005 年采用纳米晶体平板印刷（nanosphere lithography，NSL）[35] 技术制备出了局域表面等离子共振（LSPR）可调控的 SERS 基底。van Duyne 等采用粒径均一单分散的聚苯乙烯小球（PS 小球）作模板，然后借助平板印刷技术在上述聚苯乙烯小球之间的间隙填充 Ag 纳米颗粒。最后，再将上述聚苯乙烯小球溶解去除，这样就在玻璃基板上编制出一层三维有序的银膜。银膜内部颗粒间距，银球大小、形状都可以通过改变聚苯乙烯小球的尺寸来调控。van Duyne 等发现当 SERS 基底的 LSPR 位于分子共振吸收和光源激发波长之间时，待测分子有最高 SERS 增强。Felidj 小组[36~38] 采用电子束平板印刷（electron-beam lithography）的方法，即在真空体系下，采用蒸镀的方法制备纳米阵列。由于采用真空蒸镀方案，他们可以通过控制电流、电压、真空度、蒸镀时间来控制阵列中纳米粒子的形貌和微观结构，进而实现对 SERS 基底的 LSPR 调控。Wallace 小组[39] 采用电子束刻蚀方法，刻蚀制备出不同规格和形貌的 Au-孔、Au-盘。作者研究发现不仅它们的 SERS 效应远大于普通的金膜，而且这些孔有特殊的结构功能，除了表面积大之外，还可以作为容器承载不同的目标分子，进而实现高质量的 SERS 检测。Kahraman 小组[40] 采用对流刮刻纯物理方法制备出形貌统一的 SERS 基底薄膜，作者发现这种基底的优势是可以最大限度地实现 SERS 信号重复。Popp 小组[41] 借用原子力显微镜（AFM）和拉曼光谱联合技术，利用 TERS 技术完成对冰毒分子的痕量检测。

### 10.2.1.2　化学方法制备 SERS 基底及其应用

Luke 小组[42]在油酸油胺的体系中还原硝酸银，制备出具有烷基链包覆的疏水亲油性银纳米粒子。然后采用传统的 LB 膜组装方法，转移到对温度敏感的聚合物膜上。接下来通过调控高聚物膜的温度，实现对 SERS 基底 LSPR 的调控。Too 小组[43]利用 SDS 表面活性剂制备出三角板银，在柠檬酸钠存在下用硼氢化钠还原硝酸银制备银，然后加入 SDS 将 Ag 小球转化为三角银，作者指出 SDS 在制备三角 Ag 时所起的双重作用：既参与反应，又调控三角板尺寸大小，使其不会无限制生长。Xia（夏幼南）小组[44]在合成、控制制备 Ag、Au 等方面做了许多开创性工作，他们利用 $Na_2S$ 还原硝酸银制备出立方体的 Ag。同时还利用合成出的 Ag-空心管作为牺牲模板在电场调控下制备不同形貌的 Au 笼子，探索出最佳的金笼制备条件。通过控制金纳米棒的不同长径比，可以获得不同位置的 SPR 峰，从而得到最强的 SERS 信号[45]。Park 小组[46]将制备出的 Ag、Au 纳米棒材料利用两相界面自组装法制备出均匀的 SERS 基底膜，这种两相界面法的优势是取向可控，对于研究取向 SERS 具有重要的意义。Dong（董绍俊）课题组[47]利用自组装方法借助对巯基苯胺的巯基和氨基双官能团特殊结构，成功地制备出硅支撑基底-PATP-Ag 小球三明治结构，通过控制合成参数，可以调控制备不同微观尺度的 Ag-SERS 基底形貌，进而调控对应的 LSPR，完成适应不同激发光源的 SERS 基底制备。Kuan Soo Shin 小组[48]利用间接方法制备 SERS 基底。该小组一反传统，采用有机银盐（芳香族硫醇银盐和羰基银盐）原位还原 $Ag^+$，然后又利用 PAA 和 PAH 对上述原位还原生成的银进行修饰，进而实现对生物分子的 SERS 间接检测。Moskovits 小组[49]利用三甲氧基（3-甲氧基丙基）硅烷，包覆修饰二氧化硅小球，然后进行氨基修饰，最后再修饰上 Ag-NPs，然后对双巯基 SERS 分子进行检测。他们提到借助双巯基将不同的 Ag 小球联结到一起，构筑大量的热点，实现对自身 SERS 信号的增强。另外，也可以选择其他模板，如利用氧化铝模板法制备有序纳米线阵列等，并有广泛的应用[50]。

下面将重点介绍几种典型的复杂 SERS 基底及其在传感检测方面的应用。

## 10.2.2　银–钼酸银复杂无机 SERS 基底的制备及其对 TNT 的超灵敏印迹识别[51]

### 10.2.2.1　新型 Ag-SMN 复合 SERS 基底合成

利用 12-硅钨酸（TSA）作为硬模板，同时利用 TSA 的氧化还原性能和模板剂的多功能性，合成钼酸银纳米线或带，在自制的紫外光照射下在纳米线或纳米带上原位生长出银纳米颗粒，即制备出银-多聚钼酸银复合产物（Ag-SMN）。该方法实验装置简单，容易操作，适合于大规模合成。具体制备方法为：首先取 30mL 浓

度为 $5×10^{-2}$ mol/L 的 12-硅钨酸加入到 30mL 浓度为 1mmol/L 的硝酸银溶液中，混合搅拌 30min 后，再在上述混合溶液中加入 30mL 浓度为 1mmol/L 的钼酸钠溶液，混合搅拌 15min 后，陈化 2h。在室温条件下即可发现淡黄色的乳胶状物质生成。X 射线衍射为典型的三斜晶系的多聚钼酸银（$Ag_6Mo_{10}O_{33}$），简称为 SMN。如果在陈化过程中同时用紫外光照射，溶液逐渐变成灰色，可以得到银的典型的面心立方（111）、（200）、（220）和（311）晶面衍射峰和多聚钼酸银的复合峰。该产物为银和钼酸银的复合物（Ag-SMN）。

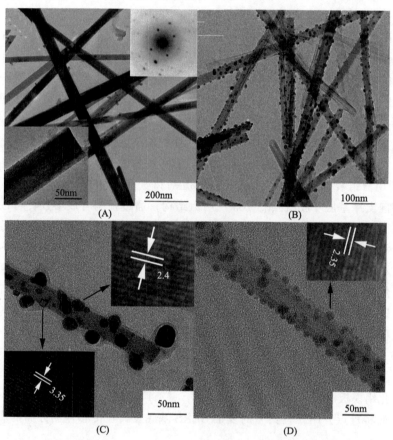

图 10-2　钼酸银（SMN）和银-钼酸银（Ag-SMN）形貌表征

（A）SMN 的 TEM 图，内插图为电子衍射和单根 SMN 放大图；（B）Ag-SMN 的 TEM 图；（C）单根 Ag-SMN 的 TEM 图，内插图为 Ag 和 SMN 的晶格衍射图；（D）激光照射后单根 Ag-SMN 的 TEM 图

从图 10-2 的 TEM 图片中，可以很明显地发现合成的纳米线直径约为 50nm，且呈现出良好的均一性。此外，图中的选区电子衍射峰表明合成的纳米线具有较好的晶型结构。从单根的纳米线来看，其表面比较光滑。当我们在合成反应时，加入紫外光照射条件，将有大量的 Ag 颗粒在上述钼酸银纳米线上产

生，银颗粒的直径为 20～30nm，见图 10-2（B）。图 10-2（C）是单根钼酸银纳米线上附着颗粒的高分辨透射电镜图，其晶格间距为 3.35Å。从图 10-2（C）中银颗粒的放大图可以明显地看出单晶生长取向，其晶格间距为 2.4Å，符合文献中报道过的层状化合物[52]。另外，我们还发现图 10-2（C）中还有一些小的 Ag 颗粒，大小约为 5nm。更为有趣的是，随着电子束照射时间的延长，这些纳米线表面的小颗粒逐渐增多并长大，见图 10-2（D）。上述现象可解释为：在电子束长时间的照射下，因高能电子束轰击而产生的热量积累，纳米线的局部被融化，其结构遭到破坏后形成非晶颗粒，钼酸银纳米线表面生成了大量的 Ag 纳米颗粒[53]，从选区电子衍射来看，其晶格间距为 2.35Å，和银 [111] 轴向的间距相吻合，证明了是银纳米颗粒。在 SERS 实验中，同样存在激光照射样品，即在采集 SERS 信号的同时，也有可能产生新的活性位点，它们的 SERS 增强能力要远大于原有的活性位点，对提高 SERS 增强能力有重要意义，这和文献报道的银-钒酸银纳米线的结构类似[54]。因为新产生的大量的纳米银颗粒间距特别近，这些粒子可以产生等离子体偶合，从而极大地增强了 SERS 信号，即所谓的"热点"效应。事实上，Domingo 等已经证明了激光诱导银纳米颗粒的生成可以提供原位活性 SERS 基底[55]。

### 10.2.2.2　银-钼酸银复杂 SERS 基底分子水平印迹条件、原理和过程

利用主体分子实现对目标分子的主动抓取已经引起了 SERS 研究者们的广泛关注。实现对目标分子的超灵敏检测，采用主体分子作为智能抓手是一种很好的研究策略。而作为智能抓手的主体分子必须具备以下特点：①既和金属表面作用又和目标物作用；②在固-液表面能够发生自组装并形成合适的空腔；③对检测目标分子具有高的选择性；④能同目标分子形成分子识别位点；⑤可以促使 SERS 金属纳米颗粒形成热点结构；⑥和目标分子频带重叠少或没有重叠。根据这些要求，对巯基苯胺符合上述条件，可以作为一种 SERS 主体分子。

以银和钼酸银无机复合物为 SERS 基底为例：首次将对巯基苯胺修饰到钼酸银纳米线表面的银颗粒上，作为 SERS 探针，实现对水溶液中 TNT 的痕量检测。这里对巯基苯胺发生偶氮反应形成偶氮苯，这些原位修饰到银纳米颗粒表面的偶氮苯构筑了大量的目标分子识别位点。在这里，将对巯基苯胺衍生物功能化的银纳米颗粒作为基质，对巯基苯胺作为功能单体，偶氮苯作为交联剂，在光催化偶合下完成印迹过程。对巯基苯胺偶合成偶氮苯的过程也是生成大量 SERS 热点结构和 TNT 的分子识别位点的过程，在此过程中，不仅达到了可以主动抓捕 TNT 分子的目的，而且借助分子印迹产生的 TNT 识别空穴，使这种材料具有对 TNT 特异的快速响应特性。

厦门大学的 Wu 等结合实验和理论上计算，已经证明了对巯基苯胺可在纳米

银或金表面被催化氧化偶合生成偶氮苯（DMAB）[56]。同样，在我们的实验中也发现上述现象。基于 PATP（聚氨基硫酚）自身在纳米银表面以及紫外光作用下可以发生自催化偶合反应，同时 PATP 以及 DMAB 都可以与 TNT 发生强烈的相互作用，我们采用分子印迹的方法，在交联分子 DMAB 中构筑 TNT 特异性识别位点。具体的做法为：首先用 PATP 修饰 Ag-SMN，反应 10h。然后加入等体积的 1mmol/L TNT 并用我们自制紫外灯进行照射反应 30min，因为 PATP 在紫外光激发下，在银表面可以自发反应生成偶氮交联产物 DMAB，这种交联分子两端的巯基将 Ag-SMN 基底进行交联。PATP 和 DMAB 在光催化偶合印迹过程中分别作为功能单体和交联剂。使 PATP 生成 DMAB 的同时，完成 TNT 分子印记，即通过 DMAB 和 TNT 相互作用，在 DMAB 中构筑 TNT 分子识别位点。最后，将印记分子 TNT 从上述 DMAB 空腔中萃取洗脱，离心分离，制备出高度聚合的 TNT 识别空腔位点，具有对 TNT 的特异性识别快速抓捕能力。

可将印迹合成和热点的生成过程用图 10-3 来形象化表示。首先，通过紫外光照射的方法原位合成 Ag-SMN（1）复合物；然后加入对巯基苯胺 PATP 进行修饰，修饰在 Ag 表面的 PATP 分子充当 π 给体；功能化后的 Ag-SMN 复合物（2）在紫外光激发作用下，自动发生偶联聚合反应，原位生成 DMAB，并通过 π 给体桥联 Ag-SMN 复合纳米材料。在进行自催化反应的同时，我们加入模板 TNT 分子对生成的 DMAB 进行干预，借助 TNT 与 PATP 之间的相互作用，在新生成的 DMAB 交联分子中构筑 TNT 分子空腔，制备出 π 给体-受体复合物，即 DMAB-Ag-SMN 复合产物（3）。这里加入 TNT 的目的是在 DMAB 交联分子中生成具有 TNT 大小的分子识别空腔，随后我们在第四步要用乙腈溶剂将印迹到 DMAB 中的 TNT 全部去除，这样就在 DMAB 中留下 TNT 分子识别空穴。这种分子识别空穴在接下来对 TNT 的 SERS 检测上，可以对目标 TNT 进行特异性识别和主动富集捕获。最后，当吸附了 TNT 的 DMAB-Ag-SMN 复合 SERS 基底在激光照射下，基底材料中的多聚钼酸银表面又可以产生大量的新的银纳米颗粒，这些银颗粒的大小在 15nm 左右。钼酸银是层状化合物，这种原位产生的纳米活性 Ag 颗粒加上这里的 TNT 分子识别位点，共同提高了对 TNT 的 SERS 灵敏度和检测限，对检测 TNT 具有重要意义[52]。

我们认为 DMAB 分子的 π 给体空腔，对特定分子 TNT 可以通过 π 给体-受体的相互作用，实现分子的识别和浓缩富集。从结果来看，这种修饰，可以产生大量的热点结构，从而大幅度地提高拉曼信号强度。接下来，通过多次溶剂萃取等方法，去除 TNT 模板分子，从而生成了大量的印迹空腔，这些印迹空腔表面富含 π 给体位点，便于捕获目标分析物 TNT。这种 π 给体-受体的相互作用和空腔结构协同作用，有利于提高对 TNT 的结合常数[57]。在这里，"纳米尺寸印迹"有别于传统的分子印迹技术。银和钼酸银复合物作为基质，PATP 和 DMAB 被用作功能单体和交联剂，聚合印迹过程就是光催化偶合过程。

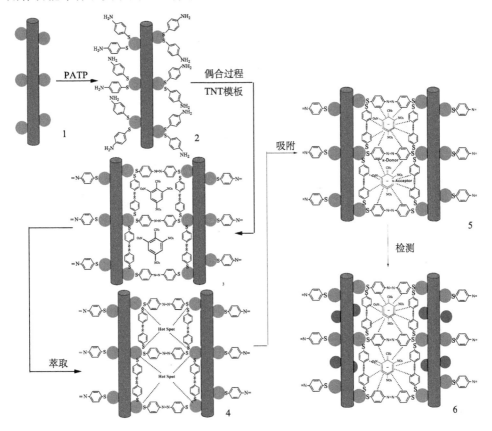

图 10-3　TNT 分子印迹 DMAB-Ag-SMN 复合物构筑 SERS 识别位点

1. Ag-SMN；2. 复合物修饰上 PATP，形成 PATP-Ag-SMN 复合物；3. 紫外光照射下 PATP-Ag-SMN 生成偶氮交联分子 DMAB，同时加入 TNT 分子，借助 PATP 与 TNT 相互作用，对新生成的 DMAB 进行 TNT 空穴印迹；4. 洗脱去除 DMAB 空腔中的 TNT 模板分子，得到具有对 TNT 分子识别的空腔；5. 通过给体–受体间的印迹分子识别位点的相互作用完成 TNT 分子识别和自组装抓捕富集；6. 在激光照射下，Ag-SMN 自身分解产生新的 Ag 活性位点，进一步提高了对 TNT 的 SERS 灵敏度和检测限

### 10.2.2.3　银–钼酸银复杂 SERS 基底对 TNT 的痕量识别检测

为了探究 DMAB-Ag-SMN 对 TNT 的最低检测限，我们研究了不同浓度的 PATP 对 Ag-SMN 的修饰。我们采用的方案是固定待测分子 TNT 浓度不变，改变 PATP 的浓度。这里 TNT 的浓度为 $10^{-7}$ mol/L，PATP 的浓度为 $10^{-9} \sim 10^{-4}$ mol/L。图 10-4 给出了 $10^{-7}$ mol/L 下 TNT 中 1359cm$^{-1}$ 处峰在不同浓度的 PATP 修饰 Ag-SMN 下对应的 SERS 强度和 PATP 浓度的关系。选择 1359cm$^{-1}$ 处的峰值作为衡量最佳 PATP 标准的原因是其和背景 DMAB 产生的 SERS 峰没

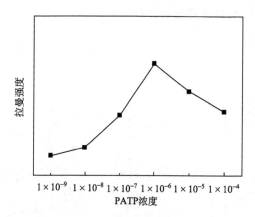

图 10-4　$10^{-7}$ mol/L TNT 中 1359cm$^{-1}$ 处 SERS
强度随 PATP 浓度变化关系图

有交叠且峰值较强。随着 PATP 浓度的增加，SERS 基底的印迹分子位点的覆盖度增加，即修饰的基底与 TNT 形成 π 受体-给体相互作用的复合物在增加。但当 PATP 浓度继续升高时，对 TNT 的浓度反而下降，这是因为 PATP 浓度继续升高时，PATP 自催化生成的偶氮产物 DMAB 中的分子识别位点容易形成封闭分子空腔，而这导致形成 π 受体-给体相互作用的复合物的效率降低。另外，在高浓度条件下，待测物的特征峰值容易被修饰分子的频带所覆盖。兼顾到两方面的因素，修饰分子 PATP 浓度在 $10^{-6}$ mol/L 时，对 TNT 具有最佳响应能力。

　　以下的实验中就采用 $10^{-6}$ mol/L 浓度的 PATP 对 Ag-SMN 进行修饰去探究对 TNT 的最低检测限度。图 10-5 给出了我们采用含有 TNT 分子识别位点的 DMAB-Ag-SMN 基底对 TNT 的痕量检测结果。图 10-5 中曲线 a 是 DMAB-Ag-SMN 基底的背景峰，曲线 b 是 DMAB-Ag-SMN 基底捕获 1nmol/L TNT 后的 SERS 光谱图，曲线 c 是 TNT 自身的固体拉曼对照峰。我们知道，钼酸银的拉曼振动模式是很弱的，且和待测物以及主体分子没有频带重叠现象。曲线中 a 出现的 1142cm$^{-1}$、1390cm$^{-1}$、1435cm$^{-1}$ 处的峰应归属于新物种 DMAB（PATP 在紫外光作用下在银表面自催化产生的）。曲线 b 相对于

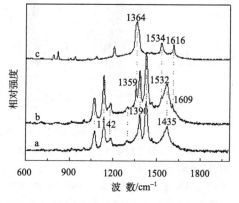

图 10-5　DMAB-Ag-SMN 对 TNT 的 SERS
光谱分析

a. DMAB 修饰的 Ag-SMN 复合物；b. DMAB 修饰的 Ag-SMN 复合物检测 TNT；c. TNT 的固体拉曼峰。其中拉曼激发波长为 514.5nm。修饰分子 [PATP] $=10^{-6}$ mol/L，[TNT] $=1$ nmol/L

曲线 a，尽管有谱带重叠部分，但在出峰位置和峰值强度都有明显的变化。曲线 b 既有 DMAB 的谱峰又有 TNT 的指纹峰，同时，两种物种的峰值发生了不同程度的位移。其中曲线 b 中 1609cm$^{-1}$ 处谱带应归属于苯环上的 C＝C 伸缩振动，1359cm$^{-1}$ 强烈的拉曼谱带和 1532cm$^{-1}$ 弱的谱带分别是硝基的对称伸缩和不对称伸

缩振动, 这些应归属于 TNT 的振动[58]。在没有用 PATP 修饰的 SERS 基底上并不能检测到 TNT 的拉曼峰, 而用 PATP 修饰的基底上则能检测出强烈的 TNT 拉曼信号。之所以能够观察到 TNT 特征峰, 主要由于 TNT 和 PATP 偶联产物 DMAB 之间的 π 给体-受体复合物的形成, 即抓捕到 TNT 分子, 同时 TNT 与 DMAB 相互作用, 其复合产物的吸收波长向长波方向发生移动, 有利于共振 SERS 的发生, 对 1nmol/L 的 TNT 仍有明显的响应。各峰之间的详细归属见表 10-1。

**表 10-1 拉曼和 SERS 频带归属** (波数范围为 $1000\sim1650\text{cm}^{-1}$)

| TNT 的拉曼 | TNT 的 SERS | 归属 | PATP 的拉曼 | PATP (DMAB) 的 SERS | 归属 |
|---|---|---|---|---|---|
| — | — | — | 1004 | 1025 | $\alpha_{CCC}+\nu_{CC}$ |
| — | — | — | 1085 | 1074 | $\nu_{CC}+\nu_{CS}$ |
| — | — | — | 1175 | 1185 | $\beta_{C-H}$ |
| 1365 | 1359 | $\nu_s(NO_2)$ | 1290 | 1278 | $\nu_{CC}$ |
| 1534 | 1532 | $\nu_{as}(NO_2)$ | 1492 | 1478 | $\beta_{C-H}+\nu_{CC}$ |
| 1616 | 1609 | $\nu(C=C)$ | 1591 | 1580 | $\nu_{CC}$ |
| — | — | — | — | 1142 | DMAB |
| — | — | — | — | 1390 | DMAB |
| — | — | — | — | 1435 | DMAB |

图 10-6 给出了 PATP 浓度为 $10^{-6}\text{mol/L}$ 修饰 Ag-SMN 时, 对不同浓度的 TNT 的 SERS 检测结果, TNT 的浓度分别是 $10^{-7}\sim10^{-11}\text{mol/L}$。图 10-6 (B) 是图 10-6 (A) 中 TNT 波峰在 $1359\text{cm}^{-1}$ 处不同 TNT 浓度的 SERS 光谱强度 ($I_{SERS}$) 和待测分子 TNT 浓度的对数值 ($-\lg[TNT]$) 之间的关系曲线。从图 10-6 的拟合结果来看, TNT 中 $1359\text{cm}^{-1}$ 处波峰强度值基本与浓度呈线性关系。

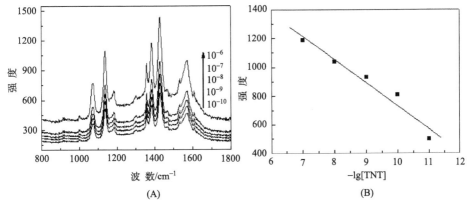

(A)    (B)

图 10-6 基于 DMAB-Ag-SMN 基底的不同 TNT 浓度 SERS 光谱图 (A) ([TNT]: $10^{-10}\sim10^{-11}\text{mol/L}$, [PATP] $=10^{-6}\text{mol/L}$) 以及图 (A) 中不同浓度的 TNT 在 $1359\text{cm}^{-1}$ 位置的强度和浓度拟合关系图 (B)

10.2.2.4　银-钼酸银复杂 SERS 基底对 TNT 的结合动力学、选择性和灵敏性研究

为了测定经 PATP 修饰后的 Ag-SMN 对 TNT 的 SERS 检测响应时间快慢，借助 SERS 光谱手段研究了 DMAB-Ag-SMN 与 TNT 吸附量之间的关系。由于对 TNT 的检测是将 DMAB-Ag-SMN 浸入到不同浓度的 TNT 甲醇溶液中去的，分别考察了不同吸附时间下 DMAB-Ag-SMN 基底和未经 PATP 修饰的 Ag-SMN 分别对 TNT 分子的吸附量关系，吸附量的多少通过 SERS 强度曲线表示，详见图 10-7。以达到平衡吸附量最大 SERS 强度的 50% 的时间作为评价标准，在达到平衡吸附前，经 PATP 修饰的 SERS 基底即 DMAB-Ag-SMN 从溶液相中吸附 TNT 分子的速率要远远大于非修饰的基底材料。PATP 修饰的 SERS 纳米粒子从溶液相中吸附 TNT 分子在达到平衡吸附量的 50% 时仅用时 10s，而非修饰的达到平衡吸附量的 50% 时需要 80s，见图 10-7。这主要归因于经 PATP 修饰的 Ag-SMN 材料表面有更多的 TNT 分子识别位点。60s 后，经 PATP 修饰的 SERS 基底基本上达到平衡，而非修饰的材料需要更长的时间。我们认为 60s 后的拉曼信号可达到 SERS 信号的 90%。这对该材料应用于现实生活中的实时检测有重要意义。快速结合的动力学表明经 PATP 修饰的 Ag-SMN 复合基底有更多的 TNT 分子识别位点，能够快速地捕捉、富集目标分子，对提高 SERS 快速响应具有重要的意义。

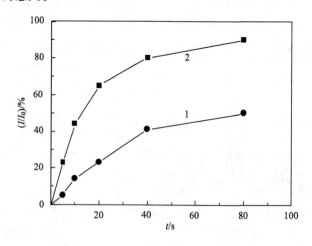

图 10-7　SERS 吸附量随时间变化关系

1. 未经 PATP 修饰的 Ag-SMN 基底对 TNT 吸附量随时间关系；2. 经 PATP 修饰的 Ag-SMN 基底对 TNT 吸附量随时间关系。上述的结合动力是在 $10^{-6}$ mol/L TNT 溶液中测定的，$I_0$ 选取 TNT 在 1359cm$^{-1}$ 处峰值作为标签，其中 [PATP] = $10^{-6}$ mol/L

由于在 PATP 自催化生成偶氮产物 DMAB 时，预先加入了 TNT 分子对 DMAB 进行 TNT 位穴印迹，在随后用乙腈洗脱掉残余印迹的 TNT 模板分子，留下来的 TNT 空穴除了具有对 TNT 快速响应特性外，还具有对 TNT 的高度识别性，尤其对结构与 TNT 相似的目标分子，可以很容易地进行识别检测。为此，可用 DMAB-Ag-SMN 基底进行二硝基甲苯（DNT）的 SERS 研究实验。

图 10-8 给出了经 PATP 修饰和未修饰的 Ag-SMN 复合基底以及预先用 TNT 对 DMAB 印迹和非印迹的基底分别检测 TNT 和 DNT 分子的 SERS 对照实验结果，其中 TNT 为 $10^{-9}$ mol/L，DNT 浓度为 $10^{-6}$ mol/L。图 10-8（A）中曲线 1 是 TNT 直接和 Ag-SMN 复合物混合得到的 SERS 光谱图，从图中可以看出除了 935 cm$^{-1}$ Ag-SMN[59] 自身干扰峰外，没有 TNT 信号出现。图 10-8（A）中曲线 2 为 TNT 预先印迹的 DMAB-Ag-SMN 基底（含有 TNT 识别空腔）对 DNT 的 SERS 光谱图，峰位 1333 cm$^{-1}$ 归属于 DNT 中—NO$_2$ 伸缩模式（$\nu_{NO_2}$）[60,61]，但信号极其微弱，而 TNT 中硝基的伸缩振动峰在 1359 cm$^{-1}$ 处。此外，当 DNT 浓度低于 $10^{-6}$ mol/L 时，含有 TNT 分子空腔的 DMAB-Ag-SMN 将无法检测出 DNT 的 SERS 信号。图 10-8（A）中曲线 3 和曲线 4 分别对应含有和不含有 TNT 分子空穴的 DMAB-Ag-SMN 对 $10^{-9}$ mol/L 的 TNT 的 SERS 光谱检测。其中 TNT 的三个指纹峰特征峰在 1359 cm$^{-1}$、1532 cm$^{-1}$ 和 1609 cm$^{-1}$ 均全部出现。比较曲线 3 和曲线 4，含有 TNT 分子识别空穴的 DMAB-Ag-SMN 基底对 TNT 的 SERS 特征峰强度是非印迹的 4 倍。这主要是因为印迹材料里的 π 给体对 TNT 分子的亲和作用所致，去除模板分子后留下的空腔正好完全和

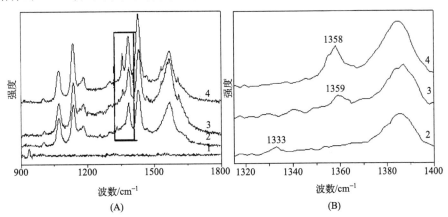

图 10-8　不同基底对不同目标分子的 SERS 光谱图

（A）曲线 1 对应 TNT＋Ag-SMN，曲线 2 对应 DNT＋TNT 预先印迹的 DMAB-Ag-SMN，曲线 3 对应 TNT＋非印迹 DMAB-Ag-SMN 复合物，曲线 4 对应 TNT＋TNT 预先印迹的 DMAB-Ag-SMN；（B）为图（A）中局部峰的放大图，1315～1400 cm$^{-1}$。测试分子的浓度条件为［TNT］＝1nmol/L，［DNT］＝$10^{-6}$ mol/L

TNT 匹配。因此，印迹过程不仅提供了复合 SERS 基底的灵敏性，同时也提高了其选择性。由于 DNT 表现出来的低的接受电子能力（这种性能主要是由于苯环上少了一个硝基，导致苯环上缺电子程度相对较低），比较曲线 2 和曲线 4 发现，尽管 DNT 的浓度是 TNT 的 1000 倍，但检测效果仍然很差。结果进一步证实了印迹复合材料对 TNT 的高度选择性，即使是和 TNT 结构完全接近的二硝基甲苯也可以很容易地区分。

### 10.2.3　银-DNA 无机-有机复杂 SERS 基底的制备及其对 TNT 的超灵敏识别[62]

#### 10.2.3.1　DNA 纳米网格上原位构建 Au-Ag 合金 SERS 基底的构建原理

由于 DNA 的微观尺度为纳米级，是天然的生物大分子，具有良好的纳米尺度以及分子识别和自组装能力。因而我们可以将 DNA 的微纳结构作为化学合成材料的模板来借助使用。而以 DNA 为模板，合成金属纳米材料也日益引起人们的重视。这方面的工作始于 20 世纪 90 年代末，其中以色列科学家 Braun 研究小组首次以 DNA 为模板构建了一条直径为 100nm 的导电 Ag 纳米线[63]，自此以后以 DNA 为软模板，构建合成纳米材料成为各国科学家竞相研究的热点。

在此借助 DNA 软模板构建合成 SERS 基底材料，用于对目标分子的检测。由于银和金自身合适的等离子共振频率和在可见光区域有效的增强和吸收特征，因此双金属合金和核壳式纳米结构（典型的是金和银）在 SERS 研究领域更受人们青睐。利用 DNA 作为软模板构建出 Au-Ag 双金属或者核壳复合 SERS 基底，进而研究它们的 SERS 增强效应。这种组装分为两步：首先，银纳米颗粒沉积到 DNA 的表面，进行第一次光化学反应，在 DNA 纳米网络上原位制备出 Ag 颗粒。然后再利用新生成的纳米银作为成核位点，加入氯金酸钠，进行第二次光化学反应，通过调控氯金酸钠和硝酸银两个反应产物的用量比例，分别合成出 Au-Ag 双金属合金 SERS 基底以及 Au@Ag 核壳结构的 SERS 基底。这里制备出的基于 DNA 纳米网络的 Au-Ag 合金或者 Au@Ag 核壳材料对 TNT 具有优异的 SERS 敏感效应。具体地说，$Ag^+$ 和 DNA 双螺旋形成稳定的复合物，直接利用太阳光中的紫外光提供光源，即 $Ag^+$-DNA 复合物溶液在阳光照射下反应，透明的产物渐渐变为棕黄色产物直至颜色稳定不再变化，表明 $Ag^+$ 已经被还原完全。紫外可见吸收光谱中在 400nm 附近出现一个新的吸收峰，表明 Ag 纳米粒子的生成[64]。然后对上述反应物进行第二次光化学反应，即再把 Ag-DNA 混合溶胶和氯金酸钠溶液混合搅拌后再次放置在太阳光下反应 30min。然后借助紫外可见吸收光谱对产物进行监控。在 580nm 处出现一个新峰，此峰对应 Au 的紫外可见吸收光谱峰，这里 Au 的生成是以银作为种子的基础上产生的。上述反应过程的内在机理是：第一步是 DNA 分子的活化过程，即金属阳离子与 DNA 分子结构中特定的结合位点相结合，形成 DNA-金属阳离子配合物；第二步在上述体系中，DNA 自身碱基、磷酸骨架等还原性基团的综合作用下，在太阳光的紫外光催化作用下，将结合在 DNA 结构中的阳离子（Ag+）进行原位还原，从而在 DNA 纳米网链上形成不连续的纳米颗粒；第三步继续加入金属离子（这里为 AuCl₄⁻），随着还原反应的进行，之前形成的纳米颗粒作为晶核进而与后面的阳离子发生置换反应，生成核壳结构或者 Ag-Au 合金。通过调控 AuCl₄⁻ 与 Ag+ 的物质的量比，我们可以分别制备出金-银合金或者 Au@Ag 核壳材料。作为紫外光的光敏剂，DNA 双螺旋结构中的碱基在光化学反应过程中，生成中间体致使氧化还原反应得以进行和完成[65]。众所周知，DNA 分子有两种特定反应活性位点：一种是 DNA 分子中的带负电荷的磷酸骨架；另外一种则是 DNA 分子中的碱基的特定位点。一般来说，金属阳离子和带正电荷的纳米粒子通过静电相互作用结合于 DNA 分子的磷酸基团位点，而过渡族金属离子则结合于 DNA 碱基的氮原子上。例如，腺嘌呤和鸟嘌呤的 N7 原子可以与 Pt 或者 Pd 的二价阳离子形成稳定的结合作用[66]，而胞嘧啶和胸腺嘧啶的 N3 原子则与 Pd²⁺ 发生强的相互作用[67]，所以在本反应中，推断 Ag 被结合在 DNA 分子中的磷酸基团位点上。基于以上分析，提出 DNA 作为软模板的光化学反应机理示意图（图 10-9）。

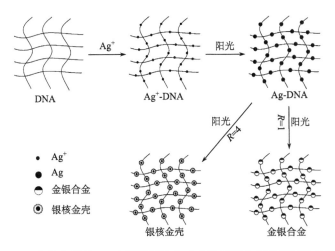

图 10-9　太阳光照射 DNA 模板原位合成自组装双金属纳米颗粒示意图

### 10.2.3.2　DNA 纳米网格上原位构建 Au-Ag 合金 SERS 基底的合成

以 DNA 为模板，在 DNA 纳米网格上原位构建 Au-Ag 合金和 Au@Ag 纳米材料的实验操作如下：首先取 20μL 浓度为 300ng/μL 的 λ-DNA 溶液和 80μL 浓度为 1mmol/L 的 AgNO₃ 溶液混合，常温下置于黑暗条件下相互作用 3h，目的是使 Ag$^+$ 充分吸附到 DNA 模板上。然后将上述混合溶液暴露在太阳光下进行第一次光化学反应。随着时间的变化，溶液由原来的无色逐渐变成黄色，最后变灰色（表明此时已经有银生成）。太阳光照射时间从几分钟到几十分钟不等。接着将浓度为 1mmol/L 的 NaAuCl$_4$ 溶液加入到上述 Ag-DNA 溶液中，并控制金离子和银离子的比例（Au$^{3+}$/Ag$^+$ = R）。再次将混合溶液放置在太阳光下进行二次照射，从而制备出目标产物。

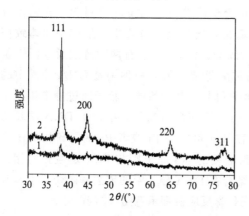

图 10-10　不同样品的 X 射线衍射图
1. Ag-DNA；2. Ag-Au-DNA（其中 R=4）

图 10-10 是不同阶段光化学反应产物的 X 射线衍射图。曲线 1 是立方面心银的（111）、（200）和（220）三个晶面的衍射峰，以上晶体衍射峰对应的 pdf 卡片为 01-1167，这里的衍射质量比较差，是因为样品量太少，Ag 的粒径也较小，被 DNA 包覆造成，根据德拜-谢勒公式计算得出银纳米颗粒的粒径约为 11nm。曲线 2 是 Au-Ag-DNA 复合产物的 X 射线衍射（XRD）图。曲线 2 中面心立方结构（111）、（200）、（220）和（311）四个晶面的衍射峰得到明显加强，表明 Au 在第一步光化学反应阶段产物 Ag 核外围进行生长。需要说明的是 Au 和 Ag 的晶面指数和衍射指数完全相同（Au、Ag 都是面心晶格结构，Au 为 4.078Å，Ag 为 4.086Å），可以进行外延式生长，无法用 XRD 手段进行区分，但是由于生成核壳结构，颗粒大小明显增大，以及两者由于原子序数不同，它们在 XRD 上除了晶面指数强度加大外，不能很好地区分。

为了进一步验证上述推测分析，对样品进行 X 射线光电子能谱来分析（XPS），通过监控产物表面元素状态变化来了解不同光化学反应阶段产物组成的变化（图 10-11）。图 10-11（A）中曲线 1 为 Ag-DNA 第一步光化学反应阶段的 XPS 全谱分析，从中可以看出 Ag-DNA 样品中的各元素的峰值：C1s（BE 284.84eV）、N1s（BE 398.45eV）、P2p（BE 132.82eV）、Ag3d（BE 366.49eV）和 O1s（BE 532.86eV）。图 10-11（A）中曲线 2 为 Au-Ag-DNA 第二阶段光化学反应产物对应的 XPS 全谱分析，从中也可以看到 C1s（BE 285.04eV）、N1s（BE 398.63eV）、Cl1s（BE 199.09eV）、Au4f（BE 87.37eV）和 O1s（BE 533.08eV）各元素的峰值。比较曲线 2 和曲线 1，可以观察到在曲线 2 中，没有了 Ag 和 P 元素。这可能是银被外层的金完全包裹住了，由于 XPS 是表面分析，因此观察不到内层的 Ag 元素存在。而 DNA 链中的磷酸基团也由于被 Ag 和 Au 所包裹，因此深层的磷元素也未能显现出来。XPS 全图中的氯元素来自于氯金酸钠。图 10-11（B）对应 Ag-DNA 样品中 Ag 的 XPS 分析，367.52eV 和 373.53eV 分别对应 Ag 的 3d5/2 和 3d3/2 结合能。在 Ag3d5/2 区域只有一个较为明显的结合能峰出现，其位置在 367.52eV，对应于零价 Ag 的结合能，这表明 $Ag^+$ 经过第一次光化学反应，生成了单质银[68]。图 10-11（C）对应 Ag-DNA 样品中磷元素的 XPS 分析，132.82eV 为磷 2p 的结合能，磷来自于 DNA 链中的磷酸基团[69]。我们发现这里的磷信号并不是很强，这也可能和被银包裹有关。图 10-11（D）对应 Au-Ag-DNA 中 Au 元素的 XPS 分析，84.98eV 和 88.37eV 分别对应 Au 的 4f7/2 和 4f5/2 结合能。从结合能谱的半峰宽值（3.52eV）可判断这里加入的 $AuCl_4^-$ 已经被还原为单质 Au。XPS 分析结果和紫外可见光谱以及 XRD 分析结果相一致，进一步验证支撑了我们上面提出的光化学反应机理。

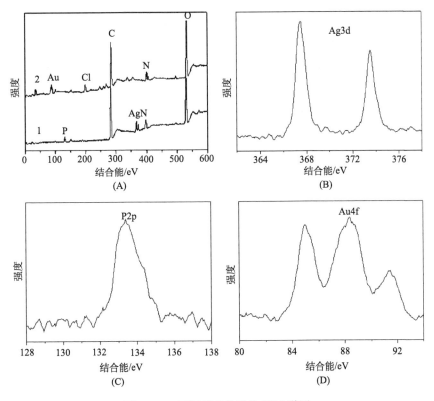

图 10-11　不同反应阶段的 XPS 谱图

（A）XPS 全谱分析图：1.Ag-DNA，第一步光化学反应产物；2.Au-Ag-DNA 第二次光化学反应产物（$R=4$）；（B）和（C）分别对应 Ag-DNA 样品中 Ag3d 峰和 P2p 峰；（D）Au-Ag-DNA 样品中的 Au4f（$R=4$）

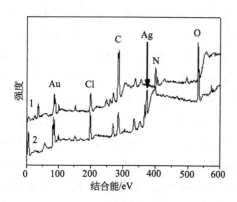

图 10-12　不同 $R$ 值的 Au-Ag-DNA 样品的
XPS 谱图

1. $R=4$；2. $R=1$

有趣的是，在实验中根据不同的化学计量比，我们可以得到想要的银核金壳或银-金合金纳米结构。从图 10-11 的 XPS 分析结果，可以进一步验证上述结论。图 10-12 中的曲线 1 和曲线 2 分别对应不同的 $R$ 值的样品。与曲线 2 （$R=1$）相比，曲线 1 （$R=4$）中没有发现银的信号。我们推测出银纳米颗粒被金纳米颗粒完全包裹。也就是说，当 $R$ 为 4 时，第二次光化学反应生成的产物是金壳银核 （core-shell） 纳米结构；当 $R$ 为 1 时，得到的是 Au-Ag 合金纳米结构。因此，通过改变 $R$ 值的大小，可以控制壳的厚度和合金中 Au、Ag 的比例。

在这里，Au@Ag 或 Au-Ag 合金产物中粒径大小能够控制在 10～32nm 范围 （表 10-2）。核壳结构的壳的尺寸主要由金离子和银离子的物质的量比决定的。

表 10-2　核壳或合金结构纳米粒子的平均尺寸

| 结构 | $Au^{3+}/Ag^+$ （$R$） | 平均直径/nm | 平均核厚/nm | 平均壳厚/nm |
| --- | --- | --- | --- | --- |
| 合金 | 1∶1 | 12.5±4.5 | — | — |
| 合金 | 1∶2 | 14.3±5.4 | — | — |
| 核-壳 | 4∶1 | 18.8±7.1 | 12.4±5.1 | 6.4±2.3 |
| 核-壳 | 8∶1 | 22.3±9.8 | 11.7±5.7 | 10.6±4.1 |

由于 DNA 不导电，我们无法用 SEM 直接观察其表观形貌，而 TEM 只能观察纳米颗粒的单个分析，无法观测 Au 和 Ag 是如何在 DNA 纳米网模板上进行原位还原的，并且产物最终的分布形态对 SERS 也有重要影响，我们采用原子力显微镜 （AFM） 探究 DNA 纳米网作为软模板，对最终产物组装分布进行观察，详见图 10-13。在图 10-13 （A） 中，银纳米颗粒的直径在 7.3～17.5nm 范围内，除此之外，我们也看到 Ag 是沿着 DNA 自身纳米网络结构进行晶粒生长，这表明了 $Ag^+$ 和 DNA 双螺旋链上的磷酸基团活性位点存在着强烈的相互作用。需要指出的是，这里所谓的直径实质上是颗粒的高度，这是由 AFM 自身成像原理所决定的。图 10-13 （B） 是 $R=4$ 第二阶段光化学反应产物 Au@Ag 样品的轻敲模式 AFM 图片，从图中可以看出颗粒直径范围是 11.8～25.7nm，其尺度分布大于 2.11Å 中的 Ag-DNA。同时由于金、银都是面心晶格，容易进行外延式生长[70]。在 AFM 中，我们同时也观察到一些粒径为 5nm 左右的颗粒，并且这些

颗粒没有分布在 DNA 中的颗粒上，属于自成核生长的颗粒。将图 10-13（A）与图 10-13（B）相比，我们可以进一步确证这些小颗粒就是金纳米粒子。图 10-13 显示该结构可以构建大量的热点结构，适合对目标物的超低浓度检测。

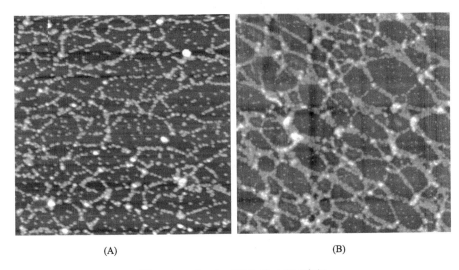

（A）　　　　　　　　　　　　　　　　　　（B）

图 10-13　Au-Ag-DNA 的 AFM 表征

（A）Ag-DNA，第一次光化学反应（40min）产物；（B）Au-Ag-DNA，第二次光化学反应（30min）产物，$R=4$。测试参数：轻敲式模式采集图片，高度标尺为 50nm。扫描范围：$10\mu m\times10\mu m$

### 10.2.3.3　金属化 DNA 纳米网格结构 Au-Ag 合金 SERS 基底对 TNT 的超灵敏检测

基于纳米网络结构的 Au-Ag-DNASERS 基底，在对 TNT 的 SERS 检测中展现出优异的 SERS 增强效应。图 10-14 给出的是用不同条件下 SERS 基底检测 TNT 的结果。

从曲线 a 到 e 依次是 DNA、Au-DNA、Ag-DNA、Au-Ag 合金（$R=1$）和 Au@Ag 核壳结构（$R=4$），TNT 溶液的浓度为 $10^{-12}$ mol/L，在碱性条件下（pH=12）分别测得的 SERS 光谱图。而在 pH=12 时，TNT 能分解成具有发色团的成分并吸附在粗糙的金属表面，从而增强了拉曼信号[71]。从图 10-14 中可以观察到用 DNA、Au-DNA、Ag-DNA 作基底，得到的 SERS 信号并不明显。而用 Au-Ag 合金或者 Au@Ag 核壳材料作为 SERS 基底，对 TNT 的检测效果相对要好些。核壳结构的 SERS 信号增强能力大于单独 Ag 的 SERS 增强能力，相关报道也已经证明可以通过调控壳层的厚度来调控材料的 SERS 增强效应[72]。此处的实验结果也显示可以通过控制 $R$ 比值，进而调控不同壳层的厚度来调控对 TNT 的 SERS 响应能力。即随着 Au 成分的增加，SERS 信号增强能力增加。

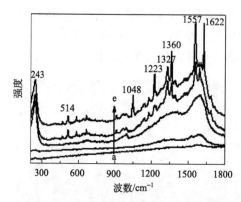

图 10-14　不同基底条件下 TNT 的 SERS 光谱图
a. DNA；b. Au-DNA；c. Ag-DNA；d. Au-Ag-DNA
$(R=1)$；e. Au-Ag-DNA $(R=4)$。TNT 溶液浓度为
$10^{-12}$ mol/L，溶液为 pH=12，采样时间为 10s，激
光功率为 10mW

曲线 d 和曲线 e 分别给出的是 Au-Ag 合金和 Au@Ag 核壳材料在 $10^{-12}$ mol/L 的 TNT 中 SERS 光谱图。TNT 的几个关键特征峰：硝基对称伸缩模式 1360cm$^{-1}$、芳香烃的环呼吸振动 1048cm$^{-1}$、TNT 的指纹峰 1223cm$^{-1}$ 都明显可辨[73]。

比较曲线 d 和曲线 e，发现 Au@Ag 作为 SERS 基底得到的 SERS 增强效果要远好于 Au-Ag 合金。推测原因有三个：一是生成的是核壳结构，此时的壳层厚度可以很好地提高 SERS 增强效应。二是这里的核壳材料是通过逐步置换反应发生的，这样生成的纳米颗粒表面就构成了一个粗糙的球形表面，根据 EM（电磁增强机理）机理，这种粗糙的纳米尺度表面对 SERS 增强效果是非常有帮助的。根据 Hao 等[74]的 DDA 计算理论得出的粗糙表面形成的"热点"可以提高 SERS 增强能力，而这里的 Au@Ag 粗糙表面以及在 DNA 网上的集聚都可以产生大量的热点，从而促使 SERS 的增强能力。三是由于上述两种产物粒径大小不同造成的，其中银核金壳的颗粒尺度大于金-银合金，根据文献报道，前者更有利于 SERS 增强[75]。

## 10.2.4　可循环使用的金包氧化钛纳米管阵列 SERS 基底及其对持久性有机污染物（POPs）的检测[76]

### 10.2.4.1　复杂 SERS 基底的发展趋势

制备一个有效的 SERS 基底必须要考虑以下几个方面：一是 SERS 基底必须要具有强的增强因子；二是 SERS 基底必须是稳定的，具有可重复性的。另外，随着 SERS 技术的发展，发展一种容易制备的低成本 SERS 基底技术变成了当前 SERS 领域的一个重要方面。

一方面，目前已经有许多关于合成高敏感性 SERS 基底的报道。从结构上来说，包括纳米颗粒、纳米棒、纳米立方体、纳米三角形以及核壳结构。另一方面，考虑到 SERS 基底受到信号不稳定、重复性差的影响，诸多研究学者也开始致力于这方面的研究。目前报道的有等离子体刻蚀、电子束轰击和模板印刷技术等，都产生了很好的效果。最近，以纳米棒阵列为基础的合成方法受到人们的关注，因为它具有统一的分布，产生的 SERS 信号稳定且具有可重复性。利用氧化铝模板生长银的纳米阵列就是一个典型的例子。然而，它们中的许多合成都有很苛刻的技术要求，并且要想制备大规模的基底需要耗费很大的成本。同时，通常的 SERS 基底都是一次性的，所以也严重影响了它的使用。

因此，考虑到前面的种种原因，降低制备成本，发展一种简单的技术来制备 SERS 基底成为目前研究的一个重要方向。从经济实用的角度来说，有三种思路可以解决这个问题：发展一种便宜简单的方法制备 SERS 基底，合成一种多功能的基底和设计一个可以重复使用的 SERS 基底。事实上，第一种方法是最常规的，也是目前报道最多的方面。例如，利用溶液法或者种子法合成新颖的金属包裹硅纳米线阵列或者 ZnO 纳米线阵列的方法，体现了高的重复性和低的合成成本[17,77,78]。与此同时，考虑到第二种方法能降低整体的经济成本，并且可以提高整体的 SERS 表现，所以也受到人们的关注。例如，Bhatia 小组合成了 SERS 信号嵌入的金纳米棒，然后将其作为一个多功能的平台，可以利用其近红外图像和光热器件去探测生物分子，能起到非常好的效果[25]。第三种思路，到目前为止，合成一种可更新的 SERS 基底去解决目前 SERS 基底一次性使用的问题的方法尚未有太多的报道。

SERS 技术作为一个很有前景并且具有很多优点的光谱技术逐渐成为探测环境污染物的重要工具。从探测的角度来说，金纳米颗粒相比于银纳米材料具有更好的化学稳定性，因此很适合当作 SERS 基底去探测有机污染物。另外，从治理的角度来说，以一种纳米材料作为光催化剂，可以广泛地用于降解有机污染物。因此，基于上面的分析，我们可以将金的纳米材料与氧化钛纳米材料结合起来，制备一种复合的纳米基底，使其具有既包括 SERS 应用又具有催化剂的功能，然后将其用在有机物的检测和治理上。

### 10.2.4.2　多功能金包氧化钛纳米管阵列的制备方法和原理

这里我们报道了一种新的方法，制备了一种可以重复利用的 SERS 活性基底。在合成上，如图 10-15（A）所示，我们选择了一个三步合成方法制备了金包裹的氧化钛纳米管阵列：首先合成氧化锌的纳米棒阵列，然后利用氧化锌的纳米棒作为模板去制备氧化钛的纳米管阵列，最后通过各种方法沉积金的纳米颗粒到氧化钛纳米管阵列的表面。另外，这个可循环的 SERS 基底的循环过程如图 10-15（B）所示，在利用 SERS 技术探测完目标物以后，可以利用氧化钛的催化性能，在紫外光的照射下清洗基底的目标分子，使基底变干净。除此之外，一系列的实验也证明了基底的高灵敏性、很好的稳定性和重复性，另外可循环性也得到了很好的体现。

SERS 基底 Au/TTA 的合成过程：金包覆氧化钛纳米管阵列（Au/TTA）通过以下三步合成 [图 10-15（A）]。

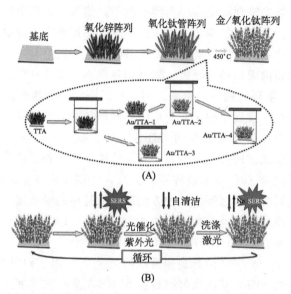

图 10-15　金包氧化钛纳米管阵列的合成示意图（A）和多功能 SERS 基底可逆探测示意图（B）

第一步，合成 ZnO 纳米棒阵列（ZRA）[79]；第二步，合成 TiO₂ 纳米管阵列的（TTA）；第三步，合成 Au-TTA。

（1）Au/TTA-1 的合成。利用紫外灯（20W，主要波长 254nm）照射 TTA 表面，大约 10min 后，可以还原吸附在 TTA 表面的氯金酸粒子为金的纳米颗粒。然后用水清洗几次，除去多余的氯金酸粒子。

（2）Au/TTA-2 的合成。当将 Au/TTA-1 浸入 5mmol/L 的氯金酸中，然后用紫外灯（20W，主要波长 254nm）照射大约 10min 后，即可得到样品 Au/TTA-2。然后用水清洗几次，以便除去多余的氯金酸粒子。

（3）Au/TTA-3 的合成。我们采用另外一种路径，即利用水热法，Au/TTA-3 可以被合成。首先将 TTA 放入反应釜（40mL）中，然后在反应釜中加入（0.5mmol/L，35mL）氯金酸溶液。缓慢地搅拌 1h 后，将反应釜放入 120℃ 的烘箱中，存放 1h。之后自然冷却，取出样品，用水冲洗几次除去多余的粒子。

Au/TTA-4 的合成。将 Au/TTA-1 放入 5mmol/L 的氯金酸水溶液中，用紫外灯（20W，主要波长 254nm）照射大约 30min，然后将其取出。为了长大 TTA 表面的金颗粒，我们对其进行了进一步处理。在这个过程，我们使用了两组溶液。一是将（130mg）氨水溶入水中（1L）。二是将碳酸钠（249mg）溶入氯金酸的水溶液中（1L，0.375mmol/L），将其置于暗室中存放 1d。首先将 Au-TTA 放入氯金酸的溶液（10mL）中，然后逐滴加入氨水溶液，利用其还原性还原氯金酸成为金的纳米颗粒。因为氨水的还原可以扩大原有的金纳米颗粒的粒径，而不产生新的金颗粒。这个过程需要重复几次，以便进一步长大金纳米颗粒最终形成连续的核壳。在制备完四个 Au-TTA 后，这四个样品需要经过 500℃ 的高温煅烧约 3h，然后冷却。

### 10.2.4.3　多功能金包氧化钛纳米管阵列的制备

在液相沉积反应中，混合的（NH$_4$）$_2$TiF$_6$ 和 H$_3$BO$_3$ 通过水解产生了 TiO$_2$ 和 H$^+$，伴随着 ZnO 被酸刻蚀，TiO$_2$ 逐渐沉积到 ZnO 表面。当 ZnO 纳米棒逐渐被刻蚀完后，TiO$_2$ 的空结构逐渐形成 [图 10-15（A）]。

为了制备优化的 SERS 活性基底，我们利用了不同的方法合成了不同金包氧化钛的纳米复合结构 [图 10-16（A）]。其一，低浓度的粒径在 5nm 左右的金纳米颗粒被沉积到 TiO$_2$ 纳米棒的表面。此样品命名为 Au/TTA-1 [图 10-16（C）]。其二，当进一步在 HAuCl$_4$ 的水溶液中用紫外灯照射样品 Au/TTA-1 时，得到了样品 Au/TTA-2 [图 10-16（D）]。通过样品一和样品二的制备过程，我们可以看出，在氧化钛表面的金颗粒粒径可以通过光照时间去调节。其三，从扫描电镜照片可以看出，样品三 Au/TTA-3 表面包覆了一层致密的金纳米颗粒，进一步从高倍电镜照片可以清楚地看到，样品有一层絮状的金膜包裹着管壁 [图

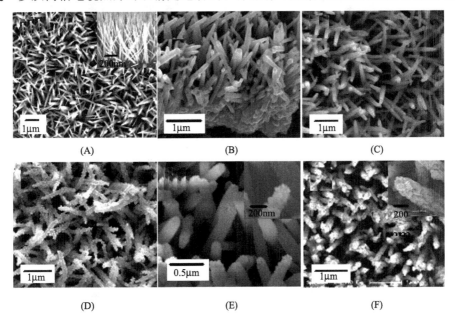

图 10-16　放大的 ZnO 纳米棒的 SEM 图（A）（插图为其侧面图），放大的 TiO$_2$ 纳米管阵列（B），样品 Au/TTA-1 的 SEM 图（C），样品 Au/TTA-2 的 SEM 图（D），样品 Au/TTA-3 的 SEM 图（E），样品 Au/TTA-4 的 SEM 图（F）

10-16（E）]。其四，当样品二的金纳米颗粒通过氨水还原后，进一步增大粒径，即合成了样品四 Au/TTA-4。可以清楚地看到，TiO₂ 纳米管被完全的包裹，表面非常粗糙 [图 10-16（F）]。值得一提的是，在合成这四个样品的过程中，Au/TTA-1、Au/TTA-2 和 Au/TTA-4 的合成机理是基于光催化沉积[80]，而 Au/TTA-3 的合成机理是基于乙醇还原[17]。

从 Au/TTA-1 的 TEM 图可以看出，少量的超细的金纳米颗粒被很好地修饰到了 TiO₂ 纳米管上 [图 10-17（A）]。从 Au/TTA-2 的 TEM 图我们可以看到，大约 30nm 的金颗粒被沉积到了 TiO₂ 的纳米管上 [图 10-17（B）]。从图 10-17（C）可以看出，高密度的金纳米颗粒，镶嵌在管壁上。纳米颗粒的粒径大约为 28nm。图 10-17（D）是 Au/TTA-4 的 TEM 图。可以看到大量的金纳米颗粒包裹在管壁上，粒径大概是 65nm。特别地，从 Au/TTA-3 和 Au/TTA-4 的 TEM 图可以观察到，在大量金纳米颗粒之间有很多微小的空隙或者是狭缝，这样的结构可以形成很多热点，它们有可能导致近场的增强效应[81]。

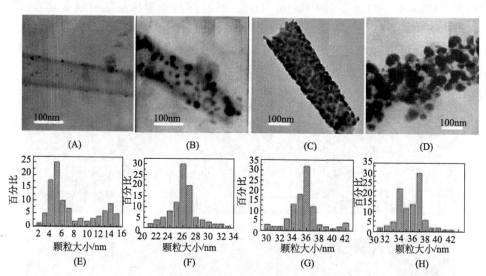

图 10-17　不同 Au/TTA 样品的 TEM 图像及对应的金纳米颗粒粒径分布图
（A）Au/TTA-1；（B）Au/TTA-2；（C）Au/TTA-3；（D）Au/TTA-4。（E～H）为相应样品的金纳米颗粒粒径分布图

### 10.2.4.4　多功能金包氧化钛纳米管阵列：SERS 探测和催化性质探讨

研究的目的之一是制备和优化 SERS 活性基底，因此利用 R6G 分子作为一个探针分子，研究了以上四个样品。考虑到这四个样品表面结构比较复杂，直接计算增强因子比较困难，所以为了更好地比较样品的增强效果，我们选取了粒径

为 70nm 的金颗粒作为参照物。因为以前的报道显示，金的纳米颗粒粒径在 60～80nm 将展示出超强的 SERS 增强效果。图 10-18 （A） 显示了不同样品 TTA、Au/TTA 系列和金纳米颗粒的 SERS 光谱。其中拉曼峰在 $1649cm^{-1}$、$1509cm^{-1}$、$1360cm^{-1}$、$1190cm^{-1}$、$772cm^{-1}$ 和 $610cm^{-1}$ 归结为 R6G 的特征峰。从图中可以看到，R6G 的 SERS 信号逐渐增强从 TTA、Au/TTA-1、Au/TTA-2、Au/TTA-3 一直到 Au/TTA-4，其中 Au/TTA-4 显示出最强的增强效果。它的增强效果是 70nm 金颗粒的 5 倍，是 TTA 的 60 倍。除了样品显示的 SERS 探测的功能，样品还具有另外一个功能——光催化作用。为了证明这个作用，我们研究了 R6G 染料在各种样品光催化作用下的降解速率。为了比较，我们同样用 TTA 作为参照物，用来衡量各种样品的光催化速率。在具体的实验中，降解过程可以用紫外可见光谱仪来实时检测。图 10-18 （B） 所示了 R6G 在样品 Au/TTA-4 存在下光谱的变化图。当不加 Au/TTA-4 样品时，R6G 的光谱没有任何变化，但是当加了 Au/TTA-4 时，随着辐照时间的增加，R6G 的浓度逐渐减小，表明 Au/TTA-4 的确具有催化作用。此外，我们也研究了不同样品的光催化功能。如图 10-18 （C） 所示，不同的样品 TTA、Au/TTA-1、Au/TTA-2、Au/TTA-3 和样品 Au/TTA-4 的光催化速率分别为 $0.058min^{-1}$、$0.22min^{-1}$、$0.079min^{-1}$、$0.053min^{-1}$、$0.041min^{-1}$。由此可以看到，Au/TTA-1 展示了最强的催化效率，它的催化速率分别是 Au/TTA-2 的 3 倍、Au/TTA-3 的 4 倍、TTA 的 4 倍、Au/TTA-4 的 5 倍。总体来看，样品 Au/TTA-1 展示了最好的催化效果，而样品 Au/TTA-4 显示了最弱的催化效果。这个结果与样品的另外的一个功能 SERS 相比，是不一致的。

考虑到不同的 Au/TTA 样品的 SERS 表现和催化效果不一致，我们又继续研究了造成这种结果的原因。根据以前的研究，造成这种结果的主要原因在于 SERS 增强的机理和光催化作用的机理是不一样的。一方面，造成 Au/TTA-4 样品具有最强的增强效果的原因可能有以下几个方面：①在样品 Au/TTA 表面的金纳米颗粒粒径约为 65nm，文献报道这个粒径具有很强的增强效果。②正如前面所陈述的，包裹在 $TiO_2$ 表面的金纳米颗粒组成了一个很粗糙的表面，这个粗糙的表面增加了金颗粒的表面积，有可能形成很多热点。当用光照射时，在这些粗糙的表面会形成很强的表面等离子体共振，这些等离子体共振非常有利于 SERS 的增强效果[11]。③以前的研究显示，对于棒状的纳米材料的 SERS 增强，有两个因素影响它的增强：棒的纵横比和棒在基底的排布。当前，我们的纳米棒与基底法线的角度大概是 0°～30°，偏振极化并不与平面平行，所以它的增强效果要好于完全垂直生长的纳米棒[13]。④不同纳米棒之间以及一些不规则的纳米棒之间也有可能产生偶合，进而为增强作贡献[82]。因此，观察到 Au/TTA-4 显示出很强的拉曼强度是非常合理的。

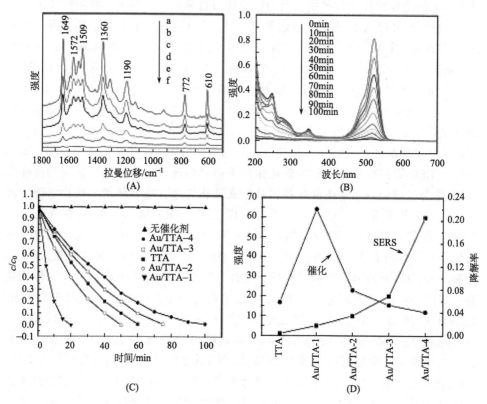

图 10-18　　(A) R6G 分子的 SERS 光谱 (a) Au/TTA-4；(b) Au/TTA-3；(c) 金纳米颗粒；(d) Au/TTA-2；(e) Au/TTA-1；(f) 纯的 TTA。其中 R6G 的浓度是 $10^{-6}$ mol/L；浸泡时间为 30min。(B) R6G 在 Au/TTA-4 存在的情况下，随着光照时间的推移所测的紫外-可见光光谱。(C) R6G 染料在不加催化剂或者加催化剂的情况下的光催化降解曲线。R6G 的起始浓度为 $10^{-5}$ mol/L。(D) R6G 在各种 SERS 基底上强度的归一化曲线和 R6G 被不同催化剂光催化效果比较

　　另一方面，催化过程可以用电化学机理解释。在这里，Au/TTA 作为氧化或还原的电子传递器，电荷在金纳米颗粒表面传递。在紫外光的辐射下，一方面电子从金的导带传递到了氧化钛的导带，相应的空穴从氧化钛的价带传递到了金的价带。由于存在 Au/TTA 的异质结或者说存在着势垒，电荷与空穴重新结合的概率极大降低了。因此极大地提高了电子或者空穴在催化剂表面的利用率，这些电子导致更多的分子被氧化为超氧离子，而空穴产生了更多的氧离子，从而可以与许多氧化剂反应，被还原成为许多无机小分子。

　　另外，以前的研究表明两个因素影响金纳米颗粒修饰的 TiO₂ 的催化性：合适的金颗粒和一个优化的金的量。一方面，有报道说大约 2% 的金的掺杂量最有

利于提高复合物的光催化性。量过多对光催化表现是有害的。当低于这个优化量，金颗粒在 TiO₂ 表面作为一个电子和空穴的分离中心。由于 TiO₂ 纳米材料的费米能级比金的要高，因此电子很容易从 TiO₂ 表面向金纳米材料传递，这样就可以在金属与半导体之间形成斯托克斯阻挡层，进而提高了电荷的分离，并进一步提高了光催化效率。相反，当高于这个最优值时，金纳米颗粒将作为一个重组中心，在这里，降低了 TiO₂ 的光催化效率。根据报道，当负电荷金纳米颗粒的量增加时，空穴被捕捉到的机会大大增加，必然会导致电荷与空穴分离的概率。另一方面，根据以前的报道，金纳米颗粒小于 5nm 将会极大地提高它的光催化效率。在本实验中，尽管没有一个有效的工具衡量金颗粒的数量，但是很明显，镶嵌于 Au/TTA-3 和 Au/TTA-4 表面的金颗粒是很多的。另外，在 Au/TTA-4 表面的金颗粒的尺寸大约是 60～80nm，它的粒径在所有样品中是最大的。对于 Au/TTA-1 和 Au/TTA-2 来说，后者的金颗粒的粒径要大于前者，而它们的金的量又差不多。因此，总体来说，从我们的实验结果和前面的理论分析可知，Au/TTA-1 显示出很好的催化性，而 Au/TTA-4 具有较差的催化性就显而易见了。

　　在当前的实验中，我们的目的是选择一个最优化的 SERS 基底，并且充分利用它们的多功能性，以便研究它的可循环使用的性质。尽管 Au/TTA-4 显示了一个相对较小的降解速率，但是只要进一步延长照射时间，仍旧可以实现对吸附在其表面的分子的完全降解。因此，Au/TTA-4 被选作为最优化的基底，进行下面的实验。

　　当利用 SERS 技术和光催化性质去制备一个可循环利用的 SERS 基底时，三个因素（包括 SERS 基底的可重复性、稳定性以及催化剂的可重复利用性）必须要考虑。首先，相对标准方差可以用来评估 SERS 信号的重复性好坏。图 10-19 (A) 显示了 SERS-RSD 曲线。从图中可以看出，主要的 SERS 峰的 RSD 值都小于 0.2，意味着这个 SERS 基底在整个基底区域具有好的重复性。为了进一步调查 SERS 基底的稳定性 [图 10-19 (B)]，将基底浸入水中浸泡 15d，然后检测了它们的 SERS 光谱，结果显示两者之间没有太大的区别。这表明这个基底可以至少稳定存在 15d。在水中能长期储存的基底对于 SERS 活性基底的实际应用具有非常重要的意义。主要的原因是金的化学非活性以及 TTA 的支持。除此之外，催化剂经常会遭遇光腐蚀或者是光刻蚀作用而导致催化效果降低，因此为了测试基底对 R6G 光降解的稳定性，我们重复使用 10 次这个催化剂。结果显示，催化剂在使用 10 次以后，形貌没有发生太大的变化，并且 R6G 的光降解率只轻微地降低了 10%，它可以通过额外的 15min 时间紫外光照射而恢复。这预示着基底在物理强度和化学性质上是稳定的 [图 10-19 (C)]。因此，从上面的结果我们可以看到，Au/TTA-4 同时具有高的灵敏性、好的稳定性和重复性，而且还具有稳定的催化作用，也预示着它有可能被用作一个可循环使用的 SERS 基底，去探测有机污染物。

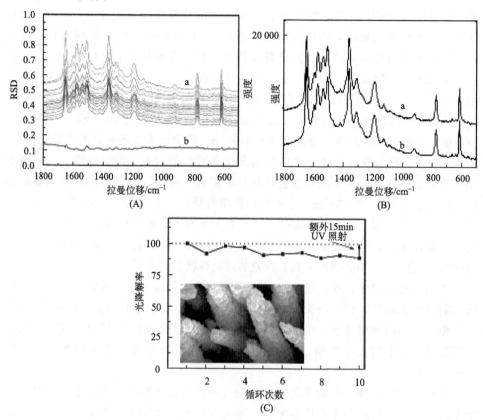

图 10-19　RSD-SERS 图（A），从新鲜制备的 SERS 基底上得到的 R6G 的 SERS 信号和基底
浸入水中 15d 后得到的 R6G SERS 信号（B）和利用 Au/TTA-4 光催化降解 R6G 的催化降解
循环曲线（C）

a. 在样品四 Au/TTA-4 表面随意选取 20 个点得到的 SERS 光谱；b. 相应的 RSD 曲线

### 10.2.4.5　可循环使用的金包氧化钛纳米管阵列的应用实例

这个最优化的 SERS 基底具有一系列优势：高表现的 SERS 基底和光催化性
质，以及作为一个可重复利用的 SERS 基底。下面将通过一系列实验来证明它的
可重复使用性。考虑到 4-CP 是一种广泛使用的除草剂，我们研究了当前 SERS
基底对 4-CP 的探测效果。图 10-20（A）显示了 4-CP 的 SERS 光谱、4-CP 固体
的拉曼光谱以及空白基底的拉曼光谱。明显地，拉曼峰 1587cm⁻¹ 得到了好的增
强，它主要归属为 C—C 环的伸缩振动。拉曼峰 819cm⁻¹ 归属为 C—C 环的面内
弯曲振动和 C—O 键以及 C—C 环的伸缩振动。然而，拉曼峰在 1092cm⁻¹ 归属为
C—Cl 的伸缩振动，C—C 的伸缩振动移动到了 1077cm⁻¹ 处，主要原因是分子与

基底的吸附方式随不同基底、不同环境而不同，从而导致振动的部分偏差[83]。图 10-20（A）中曲线 c 显示了空白基底的拉曼峰，表明基底是非常干净的，在上面没有其他的杂信号，主要原因是当修饰金纳米颗粒到 TTA 表面时没有使用其他的连接剂。这种干净的基底对于进一步的 SERS 探测是非常有益的[84]。图 10-20（B）显示了一系列 4-CP 浓度的 SERS 光谱，可以看到，拉曼峰 1578cm$^{-1}$ 的强度随着 4-CP 浓度的降低而逐渐降低，直到 $10^{-9}$ mol/L 的 4-CP，拉曼光谱的峰信号还是非常清楚的。因此，从探测的角度，它作为一个探测工具去探测有机污染物是非常合理也是非常有前景的。

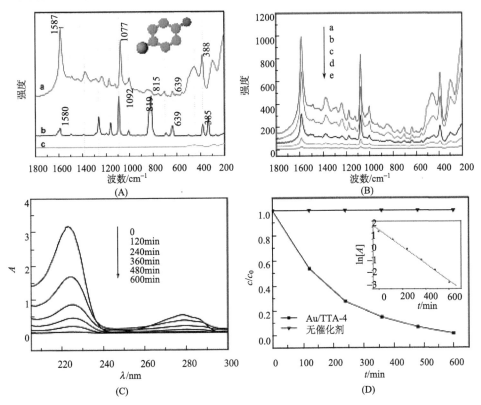

图 10-20　不同情况光谱的比较（A）[a. 4-CP 被 Au/TTA-4 增强所得到的 SERS 光谱；b. 固体 4-CP 的拉曼光谱；c. 基底的拉曼光谱。插入图中的是 4-CP 的结构图]，Au/TTA-4SERS 增强下，得到一系列不同浓度的 4-CP 的拉曼光谱图（B）[a. $10^{-5}$ mol/L；b. $10^{-6}$ mol/L；c. $10^{-7}$ mol/L；d. $10^{-8}$ mol/L；e. $10^{-9}$ mol/L]，在 Au/TTA-4 照射下，4-CP 在不同时间得到的紫外-可见光谱（C）以及在 Au/TTA-4 光催化降解下，4-CP 的动力学曲线（D）

此外，Au/TTA-4 还可以光催化降解 4-CP[85]：紫外可见光谱记录了整个光催化反应。根据光谱曲线我们可以看到，4-CP 在 226nm 和 280nm 处有两个强峰。当紫外光辐射未加催化剂的溶液时，未观察到反应，但是当加入催化剂时，光催化反应发生了。并且在 600min 后彻底降解了 4-CP，表明该反应的确是一个光催化反应。4-CP 的光催化降解遵循线性动力学反应，并且反应常数大约是 $0.015min^{-1}$。光催化反应的优势就在于光催化过程不但能降解有机分子，而且可以分解或者矿化它们成为 $CO_2$、$H_2O$ 等，这些无机分子对于 SERS 基底来说都是比较清洁的。

最后，我们研究了它的可重复利用性质。很明显，这个性能主要依靠基底展示的光催化作用，光催化表现好坏将直接影响可重复利用率。换句话说，假如想重复利用这个基底，必须要完全清洁这个基底。图 10-21 显示了 4-CP 和 R6G 在 SERS 探测和自清洁处理后的 SERS 光谱图。在这个实验中，Au/TTA-4 被首先浸入到包含有相应分析物的溶液中，然后用 SERS 表征，接着浸入蒸馏水中用紫外光照射，大约 30min 或者 10min。然后用水冲洗样品表面移去残余物。最后，我们看到所有基底的 SERS 光谱都消失了，其状态与新的基底的状态一样。SERS 光谱失去信号的主要原因是吸附在基底表面的目标分子被光催化降解成了带有弱的拉曼信号的小分子，如 $CO_2$ 和 $H_2O$，而且它们容易被水冲洗掉。很明显，实现这个自清洁的过程是很容易的，因为吸附在表面的目标分子并不是很多。基底变的清洁以后可以被多次重复使用。如图 10-21 所示，当继续将基底浸入相同浓度的 4-CP 或者 R6G 溶液中，然后探测它，发现 SERS 信号跟以前是相似的。从这个角度来说，Au/TTA-4 是可以用作一个可重复使用的 SERS 基底。

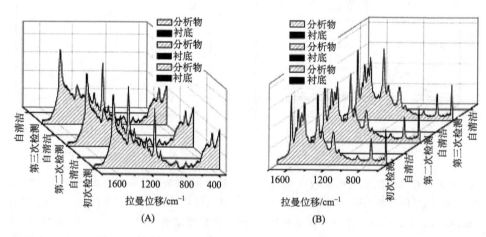

图 10-21　Au/TTA-4 的可循环行为
(A) $10^{-3}mol/L$ 的 4-CP；(B) $10^{-5}mol/L$ 的 R6G

基于上面的实验结果，我们提出了一个假设。我们认为这个可循环利用的 SERS 基底是很适合探测这样一类分子：①这类目标分子能被紫外光催化降解，并且降解产物显示弱的 SERS 信号，而且通过一定的手段要容易被移去。②这类分子拥有它自己的 SERS 指纹峰。当然，考虑到有可能目标分子受到激光照射引起光氧化，我们必须选择合适的激光功率和积分时间。

除了除草剂 4-CP 和 R6G，事实上，自然界存在着很多有毒污染物可以被这个基底所探测。为了证实它的普遍的光催化应用性，我们选择了自然界存在的另外两类有机污染物的两个代表：持久性有机污染物 2,4-D 和杀虫剂甲基对硫磷。我们对甲基对硫磷和 2,4-D 进行了循环性检测（图 10-22）。很明显，对不同的分析物来说，当分析物吸附在基底上时，目标物的拉曼峰可以很清楚地辨认。但是在经过 30min 的光催化反应后水洗，发现基底上的拉曼峰消失了。因此这个结果进一步证明了基底具有对大量有机污染物的重复性探测的能力。

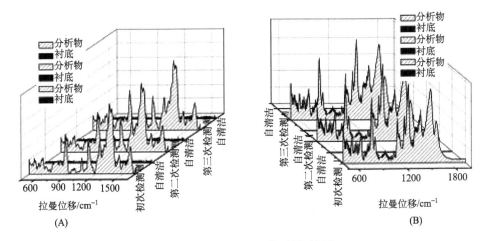

图 10-22　Au/TTA-4 的可循环行为

(A) $10^{-4}$mol/L 的甲基对硫磷；(B) $10^{-5}$mol/L 的 2,4-D

### 10.2.5　功能化一维 SERS 基底的合成及其对农药类 POPs 的超敏感检测[86]

#### 10.2.5.1　功能化一维金 SERS 基底检测待测物的原理

就纯的金纳米颗粒而言，它很难主动吸附目标分子进行检测。因此对其进行化学修饰是非常必要的。为了有效地使用一维纳米材料来检测农残分子，我们考虑用环糊精对金纳米棒修饰。环糊精是环状的低聚糖，它通常有 α-环糊精、β-环糊精、γ-环糊精等形式，分别含有六个、七个和八个 D-（＋）-吡喃型葡萄糖单元。由于它们有疏水的内腔和亲水的外表[87,88]，可以预测芳香族的农残分子可以和环糊精修饰的一维金纳米棒间能形成较为稳定的复合物。例如，将单-6-巯基-β-环糊精修饰到不同长径比的金纳米棒上，并用来对农药甲基对硫磷进行痕量检测。考虑到环糊精修饰的一维金纳米棒与甲基对硫磷间能形成有效的主客体包含物，推测作为基底的一维金纳米棒会对甲基对硫磷产生很强的 SERS 效应，具体的检测原理示意图如图 10-23 所示。

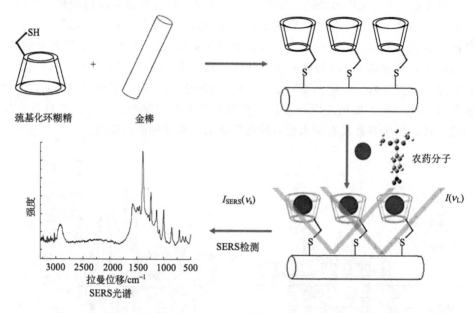

图 10-23　甲基对硫磷与单-6-巯基-$\beta$-环糊精修饰一维金纳米棒形成包含物
用于 SERS 实验示意图

### 10.2.5.2　功能化一维金 SERS 基底合成

不同长径比的一维金纳米棒是通过种子调节和表面活性剂来直接合成的，是对以前报道的文献[89～91]的一些修正。从图 10-24（A）可以看到，生成的是长径比约为 2∶1 的金纳米棒。当在种子溶液加入含表面活性剂 CTAB/BDAC 的成长液时，可生成长径比约为 5∶1 的金纳米棒，见图 10-24（B）。有趣的是长径比不同的金纳米棒也能通过比色法来观察，长径比约为 5∶1 的金纳米棒溶液的颜色呈酒红色，而长径比约为 2∶1 的金纳米棒溶液的颜色呈蓝色。另外，从图 10-24（C）中可见，长径比约为 15∶1 的金纳米棒也能被很好地分散。

相对于金纳米球的单个等离子吸收带（约 520nm），一维金纳米棒有两个等离子吸收带，分别为横向吸收带和径向吸收带，而金纳米棒的径向吸收带会随着长径比的增加而发生红移和宽化。从图 10-25（A）中可见，长径比为 2∶1 的一维金纳米棒的横向吸收带在 520nm，径向吸收带在 621nm，可是长径比为 5∶1 的一维金纳米棒的径向吸收带在 765nm［图 10-25（B）］，而长径比为 15∶1 的一维金纳米棒在 1583nm 处有一个非常强的径向吸收带。因此结合 TEM 图和紫外-可见光光谱，我们能得出结论：通过控制表面活性剂、AgNO₃ 和种子溶液的量，不同长径比的各种金纳米棒就能被成功地合成出来了。

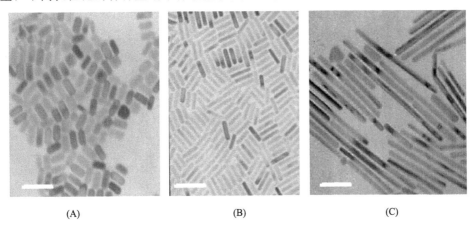

(A)　　　　　　　　　　(B)　　　　　　　　　　(C)

图 10-24　通过种子法合成的一维金纳米棒的 TEM 图

(A) 长径比约为 2∶1 的一维金纳米棒；(B) 长径比约为 5∶1 的一维金纳米棒；(C) 长径比约为 15∶1
的一维金纳米棒。图中的比例尺为 100nm

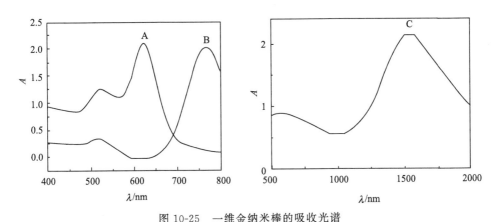

图 10-25　一维金纳米棒的吸收光谱

(A) 长径比约为 2∶1 的一维金纳米棒；(B) 长径比约为 5∶1 的一维金纳米棒；(C) 长径比约为 15∶1
的一维金纳米棒

在应用各种长径比的金纳米棒检测农药残留物前，对金纳米棒进行环糊精的修饰来有效地结合目标分子是十分必要的。众所周知，许多大环主体分子能通过配体交换的方法修饰到纳米粒子的表面上来。基于这个思想，一个新颖的无脂肪链的巯基 β-环糊精被设计和合成。按照先前报道的方法[92,93]，它能有效地作用到一维金纳米棒的表面，减小了农药残留物分子和金纳米棒之间的距离。CTAB

包裹稳定的一维金纳米棒和环糊精修饰的金纳米棒分别显示在图 10-26（A）和 10-26（B）。一维金纳米棒上 CTAB 的红外光谱展现出很强的次甲基链（C—CH$_2$）的振动，即 2919cm$^{-1}$ 处的不对称伸缩振动带和 2850cm$^{-1}$ 处的对称伸缩振动带。当一维金纳米棒被单-6-巯基-$\beta$-环糊精修饰后，2919cm$^{-1}$ 和 2850cm$^{-1}$ 两个强的振动带变弱了，这说明包裹在金纳米棒上的 CTAB 分子已经被单-6-巯基-$\beta$-环糊精所取代。另外，杂化环糊精修饰的一维金纳米棒的几个强吸收带分别出现在 3418cm$^{-1}$、1655cm$^{-1}$、1038cm$^{-1}$ 处，这可被指认为单-6-巯基-$\beta$-环糊精的特征峰，这些都说明了巯基环糊精已被有效地修饰到一维金纳米棒上了。包裹在一维金纳米棒上的 CTAB 很容易被单-6-巯基-$\beta$-环糊精取代主要是因为巯基（SH）能与金原子（Au）间形成强烈的相互作用。

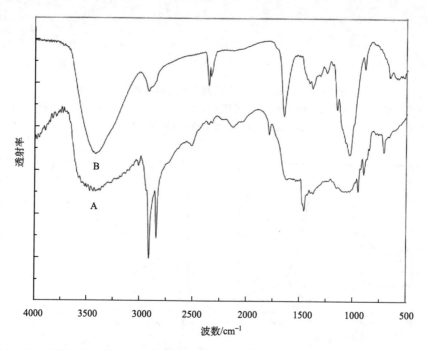

图 10-26　长径比为 2 的 CTAB 包裹的一维金纳米棒的红外光谱（A）和长径比为 2 的单-6-巯基-$\beta$-环糊精修饰的一维金纳米棒的红外光谱（B）

　　另外，修饰后的一维金纳米颗粒也可以直接通过 TEM 图来观察。从图 10-27 可见，尽管长径比为 2 的一维金纳米棒修饰了单-6-巯基-$\beta$-环糊精后，其尺寸有很大的增加（约为 33nm×16nm），但它的长径比却没有改变。为了更进一步研究这一现象，我们还做了相应金颗粒的紫外可见光谱，从它们的紫外可见光谱（图 10-28）可以看到，修饰了单-6-巯基-$\beta$-环糊精后，其径向等离子吸收带略微有些红移，表明长径比（约为 2）没有发生太大的改变，而且特别重要的是相对于修饰前的径向等离子吸收带也没有发生宽化，这说明修饰时没有发生颗粒凝聚，这与 TEM 看到的结果是一致的。值得一提的是巯基衍生物修饰纳米金颗粒后，径向等离子吸收带一般都有发生红移，已被相关的实验所证实。

因此，结合 TEM、紫外可见光谱的实验结果表明，一维金纳米棒已被有效地修饰上了单-6-巯基-$\beta$-环糊精。

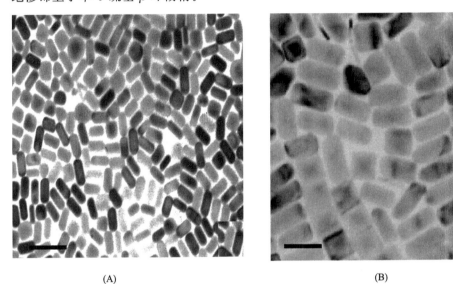

(A)　　　　　　　　　　　　　　　　(B)

图 10-27　一维金纳米棒和杂化的一维金纳米棒的 TEM 图

(A) 长径比为 2 的一维金纳米棒；(B) 长径比为 2 的单-6-巯基-$\beta$-环糊精修饰一维金纳米棒，比例尺为 100nm

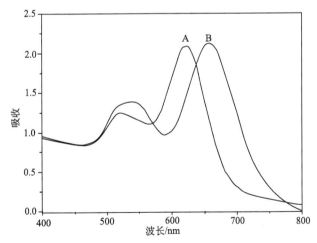

图 10-28　长径比为 2 的一维金纳米棒的紫外可见光谱

(A) CTAB 包裹的一维金纳米棒的紫外可见光谱；(B) 单-6-巯基-$\beta$-环糊精修饰一维金纳米棒的紫外可见光谱

### 10.2.5.3　功能化一维金 SERS 基底对甲基对硫磷分子的捕获

考虑到环糊精修饰的一维金纳米棒与甲基对硫磷间能形成有效的主客体包含物（图 10-23），所以作为基底的一维金纳米棒会对甲基对硫磷产生很强的 SERS 效应。相比于甲基对硫磷粉末的拉曼光谱，目前检测的 SERS 特征峰，$1598cm^{-1}$、$1393cm^{-1}$、$1246cm^{-1}$、$1132cm^{-1}$、$1003cm^{-1}$ 和 $851cm^{-1}$ 应该属于巯基化 $\beta$-环糊精金纳米棒捕获的甲基对硫磷的指纹振动带。$1598cm^{-1}$ 峰可被认为是甲基对硫磷的苯环伸缩振动峰，这与 Gaussian 03 软件（B3LYP/6-31G*）模拟的结果是相吻合的[94]，也就是苯环的伸缩振动峰为 $1603cm^{-1}$。从表 10-3 可见，$1393cm^{-1}$ 处强的振动带可被指认为 N—O 的伸缩振动，这与理论计算值振动频率为 $1390cm^{-1}$ 非常吻合。就苯环中的碳原子与氧原子之间的伸缩振动而言，实验振动带被观察在 $1246cm^{-1}$ 附近，这与理论值 $1259cm^{-1}$ 也是很吻合的。另外，结合理论计算和实验所得数值，氧原子和甲基中的碳原子之间的伸缩振动可被指认为 $1003cm^{-1}$，而 C—N 的理论和实验伸缩振动带可分别被确认为 $1132cm^{-1}$ 和 $1147cm^{-1}$，相对于 C—O 伸缩振动，P—O 伸缩振动峰移向了低波数 $851cm^{-1}$，这与理论计算的频率 $851cm^{-1}$ 完全相同（表 10-3）。需要强调的是没有吸附农药残留物分子的仅是单-6-巯基-$\beta$-环糊精修饰的一维金纳米棒的 SERS 基底，由于在甲基对硫磷的拉曼的指纹峰范围内没有看到相应的信号峰（图 10-29），因此可以认为检测不受基底干扰。从以上的理论和实验的拉曼光谱数据分析，我们可以得出甲基对硫磷确实是被单-6-巯基-$\beta$-环糊精修饰的一维金纳米棒所捕获。

表 10-3　实际观察和理论计算的甲基对硫磷的指纹拉曼波数（单位：$cm^{-1}$）

| 振动类型 | 实验值 | | 计算值 |
| --- | --- | --- | --- |
| | 粉末 | SERS | [B3LYP/631G (d)] |
| 苯环伸缩振动 | 1596 | 1598 | 1603 |
| N—O 伸缩振动 | 1373 | 1393 | 1390 |
| C—O 伸缩振动 (Phenyl-O) | 1216 | 1246 | 1259 |
| C—N 伸缩振动 | 1107 | 1132 | 1147 |
| C—O 伸缩振动 (CH₃-O) | 1039 | 1003 | 1003 |
| P—O 伸缩振动 | 857 | 851 | 851 |

### 10.2.5.4　不同长径比的功能化一维金纳米棒对目标检测的不同 SERS 效应

单-6-巯基-$\beta$-环糊精对金纳米棒的有效修饰得以发生是因为金原子能与巯基

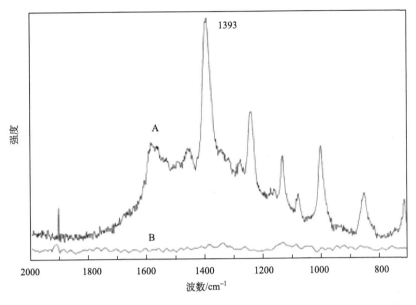

图 10-29　单-6-巯基-$\beta$-环糊精修饰一维金纳米棒捕获甲基对硫磷的 SERS 光谱（A）
和单-6-巯基-$\beta$-环糊精修饰一维金纳米棒的 SERS 光谱（B）

形成很强的共价键。可以假设甲基对硫磷的苯环部分能进入环糊精的内腔，其余部分延伸到金纳米棒的外围，甲基对硫磷分子与环糊精分子成直线排列，分子轴垂直于金纳米棒的表面。因此，延轴方向的拉曼模式要比其他方向的信号强，也就是 1393cm$^{-1}$有很强振动峰是因为它的振动方向沿着分子轴的方向，因此，我们可以用它来作为 SERS 检测特征指纹峰，由于长径比为 2 的一维金纳米棒捕获甲基对硫磷分子后其 SERS 在 1393cm$^{-1}$处的强度和信噪比明显好于其他长径比（5 或 15）的金纳米棒，因此，我们选择长径比为 2 的一维金纳米棒作为 SERS 基底来检测甲基对硫磷农药。SERS 的分析灵敏性（AS）通常是用无 SERS 效应的参比样品来评价，它可表示为 AS$=(I_{SERS}/I_{RS})\cdot(c_{RS}/c_{SERS})$，式中，$I_{SERS}$ 和 $I_{RS}$ 分别表示对目标分子 SERS 的拉曼强度和非 SERS 的拉曼强度，考虑到相同的实验条件，即激光波长、激光功率和相同的准备条件等要被严格地控制，分析灵敏度的估计是非常直观的，可以重现。不同长径比（2、5 和 15）的一维金纳米棒捕捉 10$^{-8}$mol/L 浓度的甲基对硫磷的 SERS 光谱峰被展现在图 10-30，由对 0.1mol/L 浓度的参比甲基对硫磷样品的 1393cm$^{-1}$特征带的强度比较，我们估算到长径比为 2 的环糊精修饰的一维金纳米棒的 SERS 分析灵敏度在甲基对硫磷样品的浓度为 10$^{-8}$mol/L 时可得 1.11$\times$10$^9$，相应的长径比为 5 或 15 的环糊精修饰的一维金纳米棒的 SERS 分析灵敏度在相同的对硫磷浓度中分别只有 6.27$\times$

$10^8$ 和 $2.54 \times 10^8$，因此可得长径比为 2 的环糊精修饰的一维金纳米棒的 SERS 分析灵敏度约为长径比为 5 或 15 的环糊精修饰的一维金纳米棒的 SERS 分析灵敏度的 10 倍。如此强的 SERS 增强效应可能是因为长径比为 2 的一维金纳米棒有很强的电磁增强作用，其等离子吸收带与激发光相匹配。虽然用等离子带可调控的基底来进行 SERS 的研究受到限制，但是一维金纳米棒的不同增强因子可以与 SERS 波长固定的金属纳米球的理论和实验研究相比较。根据先前的实验结果[95]，电磁增强的值($M^{EM}$)可由式（10-1）来表示

$$M^{EM} = \left[ E^{L}(\omega_{I}) / E^{I}(\omega_{I}) \right]^4 \qquad (10.1)$$

式中，$E^{L}$ 和 $E^{I}$ 分别表示总电场和外加电场，它依据于入射光的频率。总的入射电场是入射电场和诱发电场的总和。$E^{ind}$ 是指纳米颗粒的电场动力学环境，$M^{EM}$ 的最大波长是来源于 $E^{ind}$。

$$E^{L}(\omega_{I}) = E^{I}(\omega_{I}) + E^{ind}(\omega_{I}) \qquad (10.2)$$

$$E^{ind} \propto (\omega/c)^2 (\varepsilon_2 - \varepsilon_1) \qquad (10.3)$$

式中，$E^{ind}$ 的数值是依附于金属纳米颗粒的介电常数($\varepsilon_1$)和环境介电常数($\varepsilon_2$)。假设待分析的分子吸附在金属纳米颗粒的表面，$M^{EM}$ 数值在等离子共振波长约为 520nm 时激发能最大可达约 $10^3$，但在 400nm 时激发能低于 10，在入射波长为 700～1200nm 时激发能约为 100。按照理论模拟，金基底的 SERS 等离子带和入射光共振 $M^{EM}$ 的值约比那些没有这种情况的高出 10～100 倍，这与不同长径比的杂化环糊精一维金纳米棒检测甲基对硫磷的分析（图 10-30）灵敏度非常一致。另外，应该指出目前 SERS 灵敏度是非常高的，相比于最近报道[29]的用一维金纳米棒直接吸附除草剂能测到 $3 \times 10^{-7}$ mol/L 的水准，我们的检测是超灵敏的，这是因为环糊精空腔对农药残留物分子有很好的富集作用，也就是吸附在环糊精内的农药残留物分子的浓度要比溶液中大很多，因此增大了 SERS 的检测信号。

### 10.2.5.5　功能化一维金纳米棒 SERS 检测甲基对硫磷的灵敏性和选择性研究

为了评价 SERS 检测的灵敏度，长径比为 2 的杂化一维金纳米棒被用于检测甲基对硫磷并进行 SERS 分析，甲基对硫磷的浓度范围为 $10^{-12} \sim 10^{-6}$ mol/L。图 10-31 显示，振动带在 1393cm$^{-1}$（N—O 伸缩振动带）的 SERS 强度对甲基对硫磷的浓度有很高的灵敏性，表明目前的检测限可得到 ppb 级。可见这样的检测限显然是比先前报道的要低，这主要表现在以下三个方面：首先，前面已经提到，SERS 的增强主要归因于电磁效应和电磁场强度随着接触点距离的降低而降低，而分析物 SERS 信号的增强是得益于 SERS 活性基底的增强而增强，即使这些分析物距离增强面有些距离。按照先前的报道距离每增加 2～3nm SERS 强度将降低 10 倍[96~98]。就单-6-巯基-$\beta$-环糊精修饰的一维金纳米颗粒而言，由于没

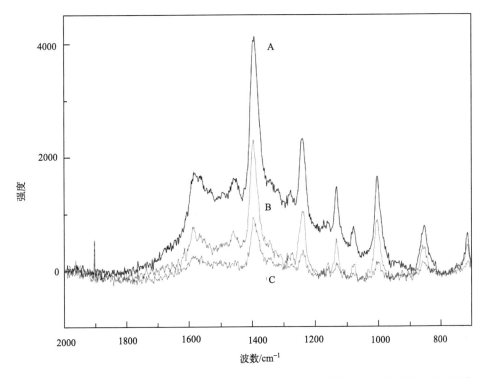

图 10-30　不同长径比的一维金纳米棒捕捉 $10^{-8}$ mol/L 浓度的甲基对硫磷后的 SERS 光谱

(A) 长径比为 2；(B) 长径比为 5；(C) 长径比为 15

有长的脂肪链，因此农药残留物分子和一维金纳米棒之间的距离被有效地缩短了，这样就使得 SERS 效应得到了最大化。其次，SERS 效应的增强很大程度上依靠径向表面等离子共振和入射光线的偶合程度，增大这种偶合程度可以通过改变以一维金纳米棒的长径比来实现。当前选择的长径比为 2 的一维金纳米棒的表面等离子共振波长在 654nm，这与激发光的波长相匹配能使 SERS 效应最大化。最后，$\beta$-环糊精的内腔约为 0.78nm，这与甲基对硫磷分子的尺寸（0.61nm）非常匹配，这样能有效地捕捉甲基对硫磷。而且等温微热量热测定 $\beta$-环糊精与甲基对硫磷结合的稳定常数 $\lg K$ 值约为 $3.75 \pm 0.23$，说明两者间有很好的结合力，$\beta$-环糊精有足够的能力来捕捉甲基对硫磷。

为了检测杂化材料作为 SERS 基底检测甲基对硫磷的选择性，其他一些有机污染物，如灭蚁灵、酞菁、对苯二酚、间苯二酚和间苯二胺等被选择用来作为对照实验。结果证实这些污染物在相同的条件下不能产生拉曼信号，这说明该杂化材料在 SERS 实验中对甲基对硫磷有很好的选择性（图 10-32）。因为主客体作用的前提是客体分子的尺寸应该小于 $\beta$-环糊精的内腔，这样才能使客体分子进入主

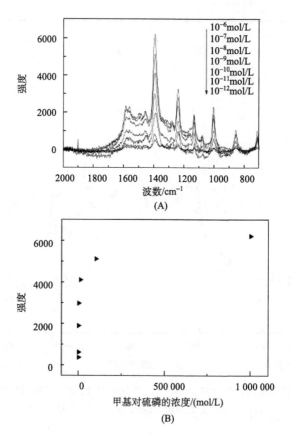

图 10-31　长径比为 2 的一维金纳米棒捕捉 $10^{-12} \sim 10^{-6}$ mol/L 浓度的甲基对硫磷后的

SERS 光谱（A）和加不同浓度的甲基对硫磷时 1393cm$^{-1}$处的拉曼强度的改变（B）

体的内腔形成包含物，而上述污染物中酞菁的尺寸明显要大于 $\beta$-环糊精的内腔，不能形成很好的包含物，因而看不到相应的 SERS 信号。此外，主客体包含物的形成来源于非极性的客体分子与 $\beta$-环糊精非极性的内腔之间的作用力。对于一些极性较强的分子，如间苯二胺等也不能很好被捕获而看不到相应的 SERS 信号。另外，对不同的污染物分子都有各自不同的典型的振动模式，因此，可以预测我们的 SERS 探针可应用于复杂的环境样品的检测。

### 10.2.6　壳层隔绝纳米粒子增强拉曼光谱及其应用[34]

厦门大学田中群课题组，针对 SERS 有关基底材料及表面形貌的普适性差的难题，采用"借力"的策略，理性地设计核壳结构纳米粒子，建立和发展了核壳纳米粒子增强拉曼光谱方法，由此显著拓宽了 SERS 的实际应用范围。提出壳层隔绝的新工作模式，建立了壳层隔绝纳米粒子增强拉曼光谱（SHINERS）的新

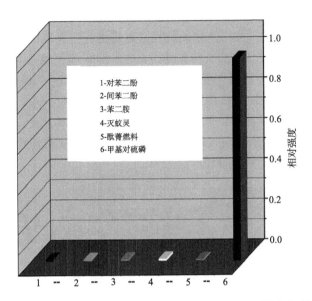

1-对苯二酚
2-间苯二酚
3-苯二胺
4-灭蚁灵
5-酞菁燃料
6-甲基对硫磷

图 10-32　相对于其他的污染物（浓度为 $10^{-6}$ mol/L）SERS 的测试对甲基对硫磷
（浓度为 $10^{-8}$ mol/L）有很高的选择性

方法。基本解决了 SERS 研究存在的基底材料及表面形貌的普适性差的难题。采用三维有限时域差分（3D FDTD）方法对 SHINERS 体系的光电场分布进行了理论模拟，证实了该方法的有效性和普适性。同时还将 SHINERS 应用于酵母细胞壁表面生物结构以及水果表皮农药污染物的检测。另外，还开展便携式拉曼光谱实验，说明 SHINERS 技术有望发展成为一个简便、灵活和普适性强的表征技术。

### 10.2.6.1　SHINERS 的原理

传统的 SERS，无论是采用具有纳米结构的 Ag、Au、Cu 作为 SERS 基底，还是使用金核过渡金属薄壳型纳米粒子，都是一种直接接触的工作模式（contact mode），即待测分子与金银铜或过渡金属直接接触，只能获得吸附在金银铜或过渡金属表面的分子的拉曼信号，如图 10-33（A）和（B）所示；而 TERS 技术的发明，使待测物质与金或银针尖分离，是一种非接触的工作模式（non-contact mode），利用针尖的增强效应能获得针尖附近待测物质的拉曼信号，如图 10-33（C）所示；在借鉴了 TERS 技术的非接触模式基础上，发展出一种壳层隔绝模式 [图 10-33（D）]，即在具有高 SERS 活性的 Au 纳米粒子表面包覆一层极薄、惰性的壳层（如 SiO$_2$、Al$_2$O$_3$ 等），使其与周围环境相隔绝，不但避免了纳米粒子的团聚，同时还有效地避免 Au 纳米粒子与待测分子和材料的直接接触，保证了拉曼信号是真实来自于待测基底的。同时包覆在极薄 $SiO_2$ 壳层内的高 SERS 活性的 Au 纳米粒子产生的极强电磁场也将有效地增强待测物质的拉曼信号。在利用 SHINERS 方法进行拉曼检测时，只需简便地将 SHINERS 粒子铺展在待测样品表面即可获得拉曼信号。每个纳米粒子都可作为 TERS 系统中的一个 Au 针尖，因而这种方法相当于在待测基底表面同时引入了上千个 TERS 针尖。从而可以获得所有纳米粒子共同增强的拉曼信号，比单个 TERS 针尖大 2～3 个数量级。这种壳层隔绝模式最大的优点就是它具有更高的检测灵敏度，并且可在形貌各异的各种材料上得到广泛应用。

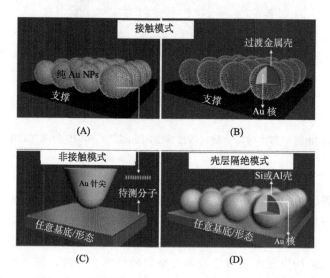

图 10-33　SHINERS 的工作原理与其他模式的比较

接触模式原理：待测分子吸附在裸露的 Au 纳米粒子（A）和 Au 核过渡金属薄壳型纳米粒子（B）表面。非接触模式原理：针尖增强拉曼光谱（C）。壳层隔绝模式：壳层隔绝纳米粒子增强拉曼光谱（SHINERS）（D）

　　TERS 技术是通过将一个金针尖放置在距离单晶表面小于 1nm 的位置进行拉曼检测，它将拉曼光谱和扫描探针显微技术结合起来。如图 10-34（A）所示，激光照射纳米间隙后，针尖处被激发产生局域表面等离子体，并产生一个很强的电磁场增强，从而极大地增强了针尖附近吸附在单晶基底表面分子的拉曼信号。TERS 技术在实验上可获得高达 $10^6$ 的增强并具有极高的空间分辨率，从而可以检测到单晶表面吸附物种的信号。而对于 SHINERS 来说，每个 Au@$SiO_2$ 纳米粒子（直径约为 60nm）都能够起到 TERS 系统中金针尖的作用［图 10-34（B）］，在激光光斑照射范围内（直径约为 $2\mu m$），约有 1000 个"针尖"可以被同时地激发，这显著地提高了拉曼信号的总体强度。更重要的是，隔绝的（被保护的）金纳米粒子，拥有一层化学以及电学惰性的 $SiO_2$ 外壳，这保证了拉曼信号仅来自待测样品（基底）。因此，SHINERS 能够极大地弥补 TERS 技术在研究单晶电极以及材料时的缺陷，使得其比 TERS 技术可以更广泛地应用于不同材料在各种环境下的研究，尤其是在溶液中实现在原位电化学和生物研究。

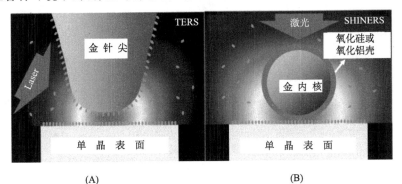

图 10-34　图解说明两种从单晶表面获得拉曼信号的策略
（A）TERS；（B）SHINERS

### 10.2.6.2　SHINERS 粒子的合成

为了合成极薄、致密、惰性壳层的 Au@SiO$_2$ 纳米粒子，首先制备粒径为 55nm 的金纳米粒子作为金核，然后尝试按照文献[99～101]中的方法包覆 SiO$_2$ 壳层。并对上述方法进行改进，合成了 55nmAu 纳米粒子包覆不同壳层厚度的 SiO$_2$。图 10-35（B）分别是包覆 2nm、8nm、20nm SiO$_2$ 层厚度的 Au@SiO$_2$ 纳米粒子的高分辨透射电镜（HRTEM）图。对粒子的壳层进行细致的观察，发现 SiO$_2$ 层的包覆是连续、完整的，这是完成整个实验设想的前提。图 10-35（A）是 Au@SiO$_2$ 纳米粒子组装在 Au 片上的 SEM 图，结果表明通过控制一定的组装条件，我们可以实现该粒子的满单层组装。

由于 SiO$_2$ 壳层在碱性比较大的条件下会溶解，因此 Au@SiO$_2$ 类型的 SHINERS 粒子并不是能适用于任何环境条件下的检测，这就需要寻找一些其他惰性材料，通过一定的化学或者物理的方法以极薄层的形式沉积在 Au 纳米粒子表面，从而能适用于 Au@SiO$_2$ 类型不能胜任的检测环境。例如，将氧化铝、氧化钛等惰性材料在 Au 纳米粒子表面沉积几个纳米的极薄层（图 10-36）。

与此同时，为了一些其他方面的需求，可以设计合成不同形状的 Au@SiO$_2$ 纳米粒子。例如，合成立方体 Au@SiO$_2$ 纳米粒子，如图 10-37 所示。可以得到立方体 Au@SiO$_2$ 纳米粒子的自组装单层，由于立方体具有高度有序性，可以很容易地获得大面积有序的基底用于细胞等体系的研究。

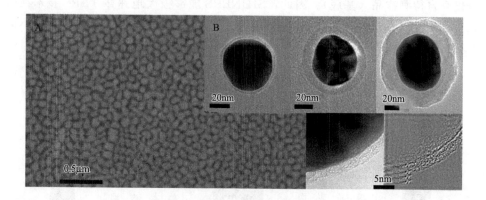

图 10-35　55nm Au@10nm SiO₂ 纳米粒子组装在光亮的 Au 片上的 SEM 图 （A）以及该纳
米粒子不同壳层厚度的 HRTEM 图 （B）

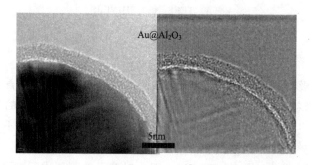

图 10-36　55nm Au@2nm Al₂O₃ 纳米粒子的 HRTEM 图

图 10-37　立方体 Au@SiO₂ 纳米粒子的 SEM 和 HRTEM 图

　　为了调节 SPR 峰的需要，可以合成不同长径比的棒状 Au@SiO₂ 纳米粒子，如图 10-38 所示。从图中的紫外可见吸收光谱看出，我们可以调节纳米粒子的 SPR 峰在 500～800nm，以适应不同波长激光。

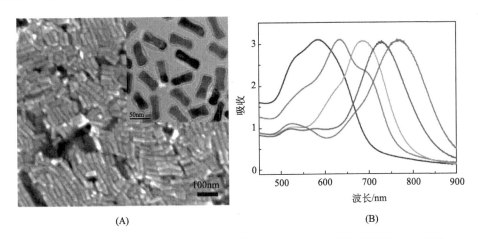

图 10-38　不同长径比的棒状 Au@SiO₂ 纳米粒子 SEM 和 HRTEM 图（A）以及
紫外可见光谱（B）

　　由于银比金具有更强的增强能力，因此尝试把金纳米粒子更换成银纳米粒子，合成 Ag@SiO₂ 纳米粒子，如图 10-38 所示，以期望能获得更强的 SHINERS 信号。

### 10.2.6.3　SHINERS 的应用

　　从原理上来说，SHINERS 方法可应用在金属单晶表面。下面主要讨论将 SHINERS 方法的应用拓展到生物活体细胞和农药污染的水果表面等。

　　在活体细胞表面：SHINERS 也可以用于表征生物活体细胞膜的结构。选择酵母细胞作为研究对象。酵母细胞的细胞壁在反应细胞不同生物功能方面具有重要的作用。首先，将 SHINERS 粒子与酵母细胞共同培养 3h，然后将细胞置于石英窗片上进行拉曼研究，结果如图 10-39 所示。图 10-39（a～c）代表在细胞上不同点获得的 SHINERS 光谱，它们与酵母细胞常规拉曼光谱［图 10-39（e）］有着很大的不同，在 1166cm⁻¹、1414cm⁻¹、1488cm⁻¹、1587cm⁻¹ 等处出现的主要谱峰（图中以星号标记），与甘露糖蛋白的 SERS 光谱非常相似，而甘露糖蛋白是酵母细胞壁的主要成分[102]。此外，该谱图还显示出一些来自于活体细胞蛋白质分泌、运动等生物活性相关的氨基化合物、蛋白质骨架和氨基酸等的拉曼振动峰，如 1208cm⁻¹、1337cm⁻¹ 等[102]。这个结果表明：SHINERS 可用于细胞壁蛋白质检测，是一种便捷安全的现场检测技术，并将在探索生物体系的动态过程上有着重要的应用。

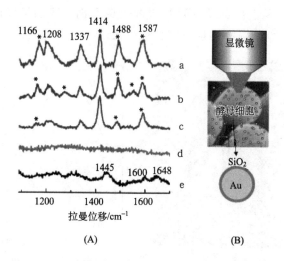

图 10-39　活体细胞生物结构的 SHINERS 现场检测

（A）（a，b，c）将酵母细胞与 Au@SiO₂ 纳米粒子共同培养，在酵母细胞不同位置处得到的 SHIN-ERS 谱图，（d）有 Au@SiO₂ 纳米粒子但没有酵母细胞得到的谱图，以及（e）酵母细胞的常规拉曼光谱图。星号为与甘露糖蛋白相关的峰。（B）酵母细胞 SHINERS 实验的图解说明。照射在样品表面的激光功率是 4mW

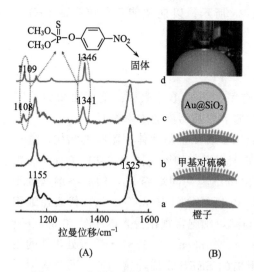

图 10-40　食品和水果表面杀虫剂的检测

（A）新鲜橙子的常规拉曼光谱；a. 清洁的表皮；b. 被对硫磷污染的表皮；c. 在被污染的橙子表面撒上 Au@SiO₂ 纳米粒子得到的 SHINERS 谱图；d. 固体甲基对硫磷的拉曼光谱图。（B）现场检测图

在检测食品污染方面：SHINERS 的准确性和快捷性也使其能用于食品安全、药物监测、公共安全和环境保护。只需将 SHINERS 粒子作为智能尘埃铺展在待测样品表面然后进行现场检测即可。这个方法可以用于检测食物和水果中的农药残留物。图 10-40 显示了一个从新鲜橙子的干净无污染表皮得到的常规的拉曼光谱图 ［图 10-40（a）］以及被杀虫剂甲基对硫磷所污染的果皮 ［图 10-40（b）］，它们均只在 1155cm⁻¹ 和 1525cm⁻¹ 左右处采集到由柑橘类果皮所含的类胡萝卜素产生特征拉曼振动谱带。将 SHINERS 粒子撒在污染后的果皮表面，我们可以明显观察到 1108cm⁻¹ 和 1341cm⁻¹ 处有两个甲基对硫磷残留

物的特征拉曼谱峰［图 10-40（c）］[103]。这表明只有使用了 SHINERS 粒子才能准确、快捷地检测出橙子表皮杀虫剂对硫磷残留物污染。

　　结合便携式拉曼光谱仪的实用性，SHINERS 甚至能够作为一种简易的工具在工业上以及日常生活中被广泛地应用。如用 Au@SiO$_2$ 纳米棒，用来把 SPR 峰移动到约 770nm，以便于激光波长为 785nm 的便携式拉曼光谱仪使用。把这些纳米粒子当作智能尘埃撒到待测橙子皮表面并进行了现场检测，如图 10-41 所示。如曲线 c 显示了在 1109cm$^{-1}$ 和 1340cm$^{-1}$ 处有 2 个新增的峰，这是对硫磷杀虫剂的特征峰。这一结果表明：SHINERS 作为一个简单易操作、多种环境可用、便于携带以及高效低成本的分析方法具有极大的研究价值，可应用于如食品安全监督、药物、爆炸物和环境污染等准确和快捷的检测，具有巨大的应用前景。

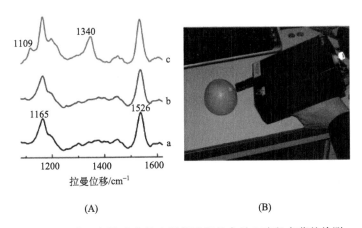

　　　　　（A）　　　　　　　　　　　　　　　（B）

图 10-41　使用便携式拉曼光谱仪进行的水果上残留农药的检测

（A）新鲜橙子果皮上的常规拉曼光谱检测：a. 洁净的橙子表皮；b. 被对硫磷污染的表皮；c. 用 Au@SiO$_2$ 纳米棒修饰的被污染橙子表皮上的 SHINERS 谱图。（B）实际使用便携式拉曼光谱仪进行实验的图像

## 参 考 文 献

［1］Fleischmann M, Hendra P J, Mc Quillan A. Raman spectra of pyridine adsorbed at a silver electrode. Chem. Phy. Lett., 1974, 26: 163-166

［2］Jeanmaire D, van Duyne R. Surface raman spectroelectro chemistry: Part I. Heterocyclic, aromatic, and aliphatic amines adsorbed on the anodized silver electrode. J. Electroanaly. Chem., 1977, 84: 1-20

［3］Albrecht M G, Creighton J A. Anomalously intense Raman spectra of pyridine at a silver electrode. J. Am. Chem. Soc., 1977, 99: 5215-5217

［4］Liu Y, Yu C, Wang C. Novel surface-enhanced Raman scattering-active silver substrates containing visible light-responsible TiO$_2$ nanoparticles. J. Mater. Chem., 2007, 17: 2120-2124

［5］ Yang L, Jiang X, Lombardj J, et al. Charge-transfer-induced surface-enhanced Raman scattering on Ag-TiO₂ nanocomposites. J. Phys. Chem. C, 2009, 113: 16226-16231

［6］ Yang L, Zhang Y, Zhao B, et al. Improved surface-enhanced Raman Scattering properties of TiO₂ nanoparticles by Zn dopant. J. Raman Spectrosc., 2010, 41: 721-726

［7］ Roguska A, Kudelski A, Janik-Cazchor M, et al. Raman investigations of TiO₂ nanotube substrates covered with thin Ag or Cu deposits. J. Raman Spectrosc., 2009, 40: 1652-1656

［8］ Guo S, Dong S, Wang E. Rectangular silver nanorods: controlled preparation, liquid-liquid interface assembly, and application in surface-enhanced Raman scattering. Cryst. Growth Des., 2009, 9: 372-377

［9］ Yang Y, Matsubara S, Nogami M, et al. Solvothermal synthesis of multiple shapes of silver nanoparticles and their SERS properties. J. Phys. Chem. C., 2007, 111: 9095-9104.

［10］ Pazos N, Barbosa S, Marzan L, et al. Growth of sharp tips on gold nanowires leads to increased Surface-enhanced Raman scattering activity. J. Phys. Chem. Lett., 2010, 1: 24-27

［11］ Li W, Camargo P, Xia Y, et al. Dimers of silver nanospheres: facile synthesis and their use as hot spots for surface enhanced Raman scattering. Nano Lett., 2009, 9: 485-490

［12］ Camargo P H C, Rycenga M, Xia Y, et al. Isolating and probing the hot spot formed between two silver nanocubes. Angew. Chem. Int. Ed., 2009, 48: 2180-2184

［13］ Yoon I, Kang T, Kim B, et al. Single nanowire on a film as an efficient SERS-active platform. J. Am. Chem. Soc., 2009, 131: 758-762

［14］ Wei H, Hao F, Yu H, et al. Polarization dependence of surface enhanced Raman scattering in gold nanoparticle-nanowire systems. Nano Lett., 2008, 8: 2497-2502

［15］ Lee S J, Morrill A R, Moskovits M, et al. Hot spots in silver nanowire bundles for surface enhanced Raman spectroscopy. J. Am. Chem. Soc., 2006, 128: 2200-2201

［16］ Wang X T, Shi W S, Lee S T, et al. High-performance surface-enhanced Raman scattering sensors based on Ag nanoparticles coated Si nanowire arrays for quantitative detection of pesticides. Appl. Phys. Lett., 2010, 96: 053104-053106

［17］ Chen L, Luo L, Lee S, et al. Zno/Au composite nanoarrays As substrates for surface enhanced Raman scattering detection. J. Phys. Chem. C., 2010, 114: 93-100

［18］ Zhang B, Wang H, Cheng X, et al. Large-area silver coated silicon nanowire arrays for molecular sensing using surface enhanced Raman spectroscopy. Adv. Funct. Mater., 2008, 18: 2348-2355

［19］ Golightly R S, Doering W E, Natan M J, et al. Surface-enhanced Raman spectroscopy and homeland security: a perfect martch. ACS Nano., 2009, 3: 2859-2869

［20］ Guerrini L, Aliaga A E, Sanchez-Cortes S, et al. Functionalization of Ag nanoparticles with the bis-acridinium lugigenin as a chemical assember in the detection of persistent organic pollutants by surface-enhanced Raman scattering. Analytica Chimica Acita., 2008, 624: 286-293

［21］ Leyton P, cordovan I, Gomez-Jeria J S, et al. Humic acids as molecular assemblers in the surface-enhanced Raman scattering detection of polycyclic aromatic hydrocarbons. Vibra Spectra., 2008, 46: 77-81

［22］ Zamarion V M, Timm R A, Toma E, et al. Ultrasensitive SERS nanoprobes for hazardous metal ions based on trimercaptotriazine modified gold nanoparticles. Inorg. Chem., 2008, 47: 2934-2936

［23］ Dasary S S R, Singh A K, Ray P C, et al. Gold nanoparticle Based label free SERS probe for untrasensitive and selective detection of Trinitrotoluene. J. Am. Chem. Soc., 2009, 131: 13806-13812

［24］ Jun B, Noh M, Lee Y, et al. Multifunctional silver embedded magnetic nanoparticles as SERS nanoprobes and their appliations. Small, 2010, 6: 119-125

[25] Maltzahn G, Centrone A, Bhatia S N, et al. SERS-coded gold nanorods as a multifunctional platform for densely multiplexed near infrared imaging and photothermal heating. Adv. Mater., 2009, 21: 3175-3180

[26] Zhao X, Cai Y, Jiang G, et al. Preparation of Alkanethiolate functionalized core/shell $Fe_3O_4$@Au nanoparticles and its interaction with several typical target molecules. Anal. Chem., 2008, 80: 9091-9096

[27] Wang T, Hu X, Dong S, et al. A renewable SERS substrate prepared by cyclic depositing and stripping of silver shells on gold nanoparticles mecrotubes. Small, 2008, 4: 781-786

[28] Aldeanueva-Potel P, Faoucher E, Brust M, et al. Recyclable molecular trapping and SERS detection in silver-loaded agarose gels with dynamic hot spots. Anal. Chem., 2009, 81: 9233-9238

[29] Costa J C S, Ando R A, Corio P, et al. High performance gold nanorods and silver nanocubes in surface enhanced Raman spectroscopy of pesticides. Phys. Chem. Chem. Phys. 2009, 11: 7491-7498

[30] Alvarez-Puebla R A, Dos Santos D S, Aroca R F, et al. SERS detection of environmental pollutants in humic acid-gold nanoparticle composite materials. Analyst, 2007, 132: 1210-1214

[31] Yang Y, Meng G. Ag dendritic nanostructures for rapid detection of polychlorinated biphenyls based on surface-enhanced Raman scattering effect. J. Appl. Phys., 2010, 107: 044315-044318

[32] Liu G, Lu Y, Lee L P, et al. Magnetic nanocrescents as controllable surface-enhanced Raman scattering nnanoprobes for biomolecular imaging Adv. Mater., 2005, 17: 2683-2688

[33] Ko H, Chang S, Tsukruk V V. Porous substrates for label free molecular level detection of nonresonant organic molecules. ACS Nano, 2009, 3: 181-188

[34] Li J F, Huang Y F, Tian Z Q, et al. Shell-isolated nanoparticle enhanced Raman spectroscopy. Nature, 2010, 464: 392-395

[35] McFarland A D, Young M A, van Duyne R P, et al. Wavelength-Scanned Surface-Enhanced Raman Excitation Spectroscopy. J. Phys. Chem. B., 2005, 109: 11279-11285

[36] Ditlbacher H, Felidj N, J. R. Krenn, et al. Electromagnetic interaction of fluorophores with designed two-dimensional silver nanoparticle arrays. Applied Physics B: Lasers O, 2001, 73: 373-377

[37] Ditlbacher H, Krenn J R, Felidj N, et al. Fluorescence imaging of surface plasmon fields. Appl. Phys. Lett., 2002, 80: 404-406

[38] Felidj N, Aubard J, Lévi G, et al. Optimized surface-enhanced Raman scattering on gold nanoparticle arrays. Appl. Phys. Lett., 2003, 82: 3095-3097

[39] Yu Q, Phillip G, Dong Q, et al. Inverted size-dependence of surface-enhanced Raman scattering on gold nanohole and nanodisk arrays. Nano Lett., 2008, 8: 1923-1928

[40] Kahraman M, Yazc M, Fikrettin, et al. Convective assembly of bacteria for surface-enhanced Raman scattering. Langmuir, 2008, 24: 894-901

[41] Cialla D, Deckert-Gaudig A, Popp J. Raman to the limit: tip-enhanced spectroscopic investigations of a single tobacco mosaic virus. J. Raman Spectrosc., 2009, 40: 240-243

[42] Lu Y, Liu G L, Luke P L. High-density silver nanoparticle film with temperature-controllable interparticle spacing for a tunable surface enhanced Raman scattering substrate. Nano Lett., 2005, 5: 5-9

[43] Yang J, Zhang Q, Lee J, et al. Dissolution-recrystallization mechanism for the conversion of silver nanospheres to triangular nanoplates. J. Colloid Interface Sci., 2007, 308: 156-161

[44] Siekkinen A, McLellan J, Chen J, et al. Rapid synthesis of small silver nanocubes by mediating polyol

reduction with a trace amount of sodium sulfide or sodium hydrosulfide. Chem. Phy. Lett. , 2006, 432: 491-496

[45] Nikoobakht B, El-Sayed M A. Preparation and growth mechanism of gold nanorods (NRs) using seed-mediated growth method. Chem. Mater. 2003, 15: 1957-1962

[46] Yun S, Park Y K, Kim S K, et al. Linker-molecule-free gold nanorod layer-by-layer films for surface-enhanced Raman scattering. J. Anal. Chem. , 2007, 79: 8584-8589

[47] Hu X G, Wang T, Wang L, et al. Surface-enhanced Raman scattering of 4-aminothiophenol self-assembled monolayers in sandwich structure with nanoparticle shape dependence: Off-surface plasmon resonance condition. J. Phys. Chem. C, 2007, 1119: 6962-6969

[48] Kim K, Lee Y, Lee H, et al. The utilization of silver salts of aromatic thiols as core materials of SERS-based molecular sensors. J. Raman Spectrosc. , 2008, 39: 1840-1847

[49] Braun G, Pavel I, Morrill A, et al. Chemically patterned microspheres for controlled nanoparticle assembly in the construction of SERS hot spots. J. Am. Chem. Soc. , 2007, 129: 7760-7761

[50] Yao J L, Xu X, Tian Z Q, et al. Electronic properties of metal nanorods probed by surface-enhanced Raman spectroscopy. Chem. Comm. , 2000, 17: 1627-1628

[51] Yang L B, Ma L, Liu J H. Ultrasensitive SERS detection of TNT by imprinting molecular recognition using a new type of stable substrate. Chem. Eur. J. , 2010, DOI: 10. 1002/chem. 201001053

[52] David G. G, A revolution in optical manipulation. Nature, 2003, 424: 810-816

[53] Zhou Q, Li X, Fan Q. Charge transfer between metal nanoparticles interconnected with a functionalized molecule probed by surface-enhanced Raman spectroscopy. Angew. Chem. Int. Ed. , 2006, 45: 3970-3973

[54] Shao M W, Lu L, Wang H, et al. An ultrasensitive method: surface-enhanced Raman scattering of Ag nanoparticles from beta-silver vanadate and copper. Chem. Commun. , 2008, 20: 2310-2312

[55] Garcia-Ramos, Gómez-Varga J D, Domingo C. Ag nanoparticles prepared by laser photoreduction as substrates for in situ surface-enhanced Raman scattering analysis of dyes. Langmuir, 2007, 23: 5210-5215

[56] Wu D Y, Liu X M, Huang Y F. Surface catalytic coupling reaction of p-mercaptoaniline linking to silver nanostructures responsible for abnormal SERS enhancement. J. Phys. Chem. C. , 2009, 113: 18212-18222

[57] Riskin M, Tel-Vered R, Willner I, et al. Imprinting of molecular recognition sites through electropolymerization of functionalized Au nanoparticles: development of an electrochemical TNT sensor based on π-donor-acceptor interactions. J. Am. Chem. Soc. , 2008, 130: 9726-9733

[58] Jerez-Rozo J I, Primera-Pedrozo O M, Barreto-Cabán M A, et al. Enhanced Raman scattering of 2, 4, 6-TNT using metallic colloids. IEEE SENSORS J. , 2008, 8: 974-982

[59] Lewandowska R, Krasowski K, Bacewicz R, et al. Studies of silver-vanadate superionic glasses using Raman spectroscopy. Solid State Ionics. , 1999, 119: 229-234

[60] Sylvia J M, Janni J A, Spencer K M, et al Surface-enhanced Raman detection of 2, 4-dinitrotoluene impurity vapor as a marker to locate landmines. J. Anal. Chem. , 2000, 72: 5834-5840

[61] Hyunhyub K, Vladimir V T. Nanoparticle-decorated nanocanals for surface-enhanced raman scattering. Small, 2008, 4: 1980-1984

[62] Yang L B, Chen G Y, Liu J H. Sunlight-induced formation of silver-gold bimetallic nanostructures on

DNA template for highly active surface enhanced Raman scattering substrates and application in TNT/tumor marker detection. J. Mater. Chem. , 2009, 19: 6849-6856

[63] Braun E, Eichen Y, Sivan U, et al. DNA-templated assembly and electrode attachment of a conducting silver wire. Nature, 1998, 391: 775-778

[64] Yang L B, Shen Y H, Xie A J, et al. Facile size-controlled synthesis of silver nanoparticles in UV-irradiated tungstosilicate acid solution. J. Phys. Chem. C. , 2007, 111: 5300-5308

[65] Berti L, Alessandrini A, Facci P. DNA-templated photoinduced silver deposition. J. Am. Chem. Soc. , 2005, 127: 11216-11217

[66] Huang H F, Zhu L M, Reid B R, et al. Solution structure of a cisplatin-induced DNA interstrand cross-link. Science, 1995, 270 (5243): 1842-1845

[67] Duguid J, Bloomfield V A, Benevides J, et al. Raman-spectroscopy of DNA-metal complexes. 1. interactions and conformational effects of the divalent-cations: Mg, Ca, Sr, Ba, Mn, Co, Ni, Cu, Pd, and Cd. Biophysical J. , 1993, 65 (5): 1916-1928

[68] Kumar A, Mandale A B, Sastry M. Sequential electrostatic assembly of amine-derivatized gold and carboxylic acid-derivatized silver colloidal particles on glass substrates. Langmuir, 2000, 16 (17): 6921-6926

[69] Kumar A, Pattarkine M, Bhadbhade M, et al. Linear superclusters of colloidal gold particles by electrostatic assembly on DNA templates. Adv. Mater. , 2001, 13 (5): 341-345

[70] Liz-Marzan L M. Tailoring surface plasmon resonance through the morphology and assembly of metal nanoparticles. Langmuir, 2006, 22: 32-41

[71] McHugh C J, Keir R, Graham D, et al. The first controlled reduction of the high explosive RDX. Chem. Commun. , 2002, 2514-2515

[72] Rivas L, Sánchez-Cortés S, García-Ramos J V, et al. Mixed silver/gold colloids: a study of their formation, morphology and surface-enhanced Raman activity. Langmuir, 2000, 16: 9722-9728

[73] Quinn E J, Hernandez-Santana A, Smith W E, et al. A SERRS-active bead/microelectromagnet system for small-scale sensitive molecular identification and quantitation. Small, 2007, 3 (8): 1394-1397

[74] Hao E, Li S, Bailey R C, et al. Optical properties of metal nanoshells. J. Phys. Chem. B. , 2004, 108 (4): 1224-1229

[75] Wei G, Wang L, Liu Z, et al. DNA-network-templated self-assembly of silver nanoparticles and their application in surface-enhanced raman scattering. J. Phys. Chem. B. , 2005, 109: 23941-23947.

[76] Li X H, Chen G Y, Yang L B. Multifunctional Au coated TiO₂ nanotube arrays as recyclable SERS substrates for multifold organic pollutants detection. Adv. Funct. Mater. , 2010, 20: 2815-2814

[77] Fan J G. , Zhao Y P. The effect of lays absorbance for complex surface enhanced Raman scattering substrate. Langmuir, 2008, 24: 14172-14175

[78] Zhao X, Zhang B, Lu L, et al. Comparison of Ag deposition effects on the photocatalytic activity of nanoparticles TiO₂ under visible and UV light irradiation. J. Mater. Chem. , 2008, 19: 5547-5553

[79] Huang G, Yang Z Q, Cooks R G. Directed synthesis of mesoporous TiO₂ microspheres: catalysts and their photocatalysis for bisphenol degradation. Chem. Commun. , 2009, 556-558

[80] Tada H, Mitsui T, Tanaka K, et al. A facile approach to fabrication of ZnO-TiO₂ hollow spheres. Nautre Mater. , 2006, 5: 782-786

[81] Li X H, Wang J, Liu J H, et al. Surfactantless synthesis and the surface enhanced Raman spectra and

catalytic activity of differently shaped silver nanomaterials. Eur. J. Inorg. Chem. , 2010, 1806-1812

[82] Tao A R, Yang P. Nanoparticle clusters light up in SERS. J. Phys. Chem. B. , 2005, 109: 15687-15691

[83] SantAna A C, Rocha T C R, Temperini M L A. Growth of sharp tips on gold nanowires leads to increased surface enhanced Raman scattering activity. J. Raman Spectrosc. , 2009, 40: 183-190

[84] Li M, Cui Y, Tian Z Q, et al. Clean substrates prepared by chemical adsorption of iodide followed by electrochemical oxidation for surface enhanced Raman spectroscopic study of cell membrane. Anal. Chem. , 2008, 80: 5118-5125

[85] Johnson S K, Houk L L, Houk R S, et al. Functionalization of Ag nanoparticles with the bis-acridinium lucigenin as a chemical assembler in the detection of persistent organic pollutants by surface enhanced Raman scattering. Environ. Sci. Technol. , 1999, 33: 2638-2644

[86] Wang J, Kong L T, Guo Z, et al. Synthesis of novel decorated one-dimensional gold nanoparticle and its application in ultrasensitive detection of insecticide. J. Mater. Chem. , 2010, 20: 5271-5279

[87] Szejtli J. Introduction and general overview of cyclodextrin chemistry. Chem. Rev. , 1998, 98 (5): 1743-1753

[88] Connors K A. The stability of cyclodextrin complexes in solution. Chem. Rev. , 1997, 97 (5): 1325-1357

[89] Alivisatos A P, Sonnichsen C. Gold nanorods as novel nonbleaching plasmon-based orientation sensors for polarized single-particle microscopy. Nano. Lett. , 2005, 5 (2): 301-304

[90] Murphy C J, Sau T K, Gole A M, et al. Anisotropic metal nanoparticles: Synthesis, assembly, and optical applications. J. Phys. Chem. B, 2005, 109 (29): 13857-13870

[91] Gole A, Murphy C J. Seed-mediated synthesis of gold nanorods: Role of the size and nature of the seed. Chem. Mater. , 2004, 16 (19): 3633-3640

[92] Vizitiu D, Walkinshaw C S, Gorin B I, et al. Synthesis of monofacially functionalized cyclodextrins bearing amino pendent groups. J. Org. Chem. , 1997, 62 (25): 8760-8766

[93] Rojas M T, Königer R, Stoddart J F, et al. Supported monolayers containing preformed binding-sites-synthesis and interfacial binding-properties of a thiolated beta-cyclodextrin derivative. J. Am. Chem. Soc. , 1995, 117 (1): 336-343

[94] Cho E J, Senecal T D, Watson D A, et al. The palladium-catalyzed trifluoromethylation of aryl Chlorides. Science, 2010, 25: 1679-1681

[95] Xu H X, Aizpurua J, Kall M, et al. Electromagnetic contributions to single-molecule sensitivity in surface-enhanced Raman scattering. Phys. Rev. E, 2000, 62 (3): 4318-4324

[96] Campion A, Kambhampati P. Surface-enhanced Raman scattering. Chem. Soc. Rev. , 1998, 27 (4): 241-250

[97] Kneipp K, Kneipp H, Itzkan I, et al. Ultrasensitive chemical analysis by Raman spectroscopy. Chem. Rev. , 1999, 99 (10): 2957-2976

[98] Weaver M J, Zou S, Chan H Y H. The new interfacial ubiquity of surface-enhanced Raman spectroscopy. Anal. Chem. , 2000, 72 (1): 38A-47A

[99] Lu Y, Yin Y, Xia Y, et al. Synthesis and self-assembly of Au@SiO$_2$ core-shell colloids. Nano. Lett. , 2002, 2: 785-788

[100] Doering W E, Nie S. Spectroscopic tags using dye-embedded nanoparticles and surface-enhanced Raman scattering. Anal. Chem. , 2003, 75: 6171-6176

[101] Zhang X, Zhao J, Van Duyne R P, et al. Ultrastable substrates for surface-enhanced Raman spectroscopy: Al₂O₃ overlayers fabricated by atomic layer deposition yield improved anthrax biomarker detection. J. Am. Chem. Soc., 2006, 128: 10304-10309

[102] Athiyanathil S, Tamitake I, Mitsuru I, et al. Surface enhanced Raman scattering analyses of individual silver nanoaggregates on living single yeast cell wall. Appl. Phys. Lett., 2008, 92: 103901-103903

[103] Lee D, Lee S, Seong G H, et al. Quantitative analysis of methyl parathion pesticides in a polydimethylsiloxane microfluidic channel using confocal surface-enhanced Raman spectroscopy. Appl. Spectrosc., 2006, 60: 373-377

# 第 11 章　纳米材料气体传感器动态检测

## 11.1　引　言

长期以来，针对不同类型的传感器，特别是电导型半导体氧化物纳米化学传感器，其气敏特性的研究方法多数都是在恒定的温度下进行的，即让传感器在恒定的外加电压下工作。例如，多孔 CdO 纳米线在 100℃ 左右对 $NO_x$ 非常敏感[1]；在 200℃，中空 $In_2O_3$ 纳米球对乙醇和甲醇非常敏感[2]；在 35℃，CuO 掺杂的 $SnO_2$ 空心球对 $H_2S$ 气体非常敏感，检测下限可达 10ppb[3]；在 200℃，多孔 $SnO_2$ 纳米管对乙醇和丙酮非常敏感[4]；1%（原子分数）Ce-掺杂的 $SnO_2$ 薄膜在 210℃ 对 100ppm 丁酮的灵敏度达到 181[5]；$SnO_2$ 纳米线和纳米带在 200℃ 时分别对乙醇和乙醚非常敏感[6]等。这些研究表明，传感器的工作温度变化对研究传感器的工作性能非常重要。我们把这种让传感器在恒定的外加电压下对特定对象的敏感称为静态检测技术。但传感器敏感界面上的反应比简单的静态响应要复杂得多，它主要涉及不同的被检测对象在不同温度下的敏感过程是不同的。研究不同温度下物质的敏感过程对优化传感器的性能，特别是传感器的选择性和稳定性具有重大的指导作用[7]。

自 20 世纪 90 年代初期开始，利用温度调制技术来识别气体的研究十分活跃[7~11]。这些研究主要还结合了傅里叶变换和小波变换对信号进行分析。这种让传感器在连续变化的温度下对特定对象的敏感被称为动态检测技术。

本书前些章已经详细介绍了纳米材料及其在传感器方面的应用。本章将以纳米 $SnO_2$ 薄膜型气体传感器为例，详细地讨论动态检测技术的原理和影响因素，最后介绍这一技术在农药残留检测中的应用。

## 11.2　动态检测技术

### 11.2.1　动态检测技术原理[12~14]

纳米二氧化锡气体传感器在 7V 的外加电压下对丁酮、乙醇、甲醛和甲醇的典型静态测试结果见图 11-1。在理论上，这四种有机气体含有三种不同的官能团，即羰基、醇羟基和醛基，应该说它们在传感器敏感膜上的反应机理是不一样的。但比较四条响应曲线，首先可以观察到的是除甲醛的曲线外，其余三条响应曲线大致相

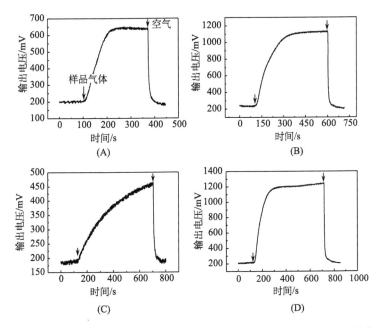

图 11-1　纳米二氧化锡气体传感器对丁酮（A）、乙醇（B）、甲醛（C）和甲醇（D）
的静态响应曲线

外加电压：7V，浓度：0.5ppm

似。还有，利用静态传感技术可以获得的信息仅是始态和终态的电阻值的变化，以及响应时间和恢复时间的快慢，至于敏感过程中的化学信息则很少得到，不利于对测试气体敏感机理的研究。而且静态测试还存在一个"漂移效应"，即对同一气体，如敌百虫，两次测试的特征最佳氧化温度不同，总有左右漂移而存在一个温度范围，最终导致实验结果的重现性不理想。显然，如果让传感器在一个连续变化的温度下工作，对研究传感器的选择性和回避"漂移效应"等意义非常重大。

动态检测技术是对传感器采用一种频率可变、幅度可调、周期性变化的电压加热方式来检测反应对象的技术。这种加热方式包括三方面的内容，即直流稳压电源电路、波形发生电路和信号采集电路。

直流稳压电源产生采样电压为 12V，波形发生器的电源电压为 5V。直流稳压电源是由电源变压器、整流、滤波和稳压电路等四部分组成的。电源变压器是将交流电网 220V 的电压变为所需的电压值，然后通过整流电路将交流电网变成脉动的直流电压。由于此脉动的直流电压还含有较大的纹波，必须通过滤波电路加以滤除，从而得到平滑的直流电压。但这样的电压还随电网电压波动、负载和温度的变化而变化。因而在整流、滤波电路之后，还需接稳压电路。稳压电路的作用是当电网电压波动、负载和温度变化时，维持输出直流电压的稳定（图 11-2）。

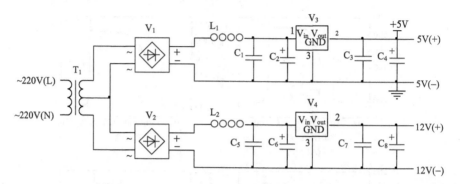

图 11-2　　直流稳压电源

　　图 11-3 为锯齿波和方波发生电路。电容器 $C_2$ 由电源（＋5V）通过电阻 $R_1$、$RP_1$、$RP_2$ 充电，而放电则通过 $RP_2$ 和 $NE_{555}$ 内部晶体管通道。因此在 $NE_{555}$ 的 7 脚产生锯齿波，3 脚产生方波。锯齿波通过达林顿发射极输出器 $V_4$ 输出。因为 $V_4$ 的输出是通过 $C_3$ 正反馈到 $RP_1$ 的上端，所以 $C_2$ 在充电期间，$RP_1$ 上的压降是一常数。所以输出为线性斜波。振荡频率与电源电压无关，其振荡频率为：$f = [0.75 (R_1 + RP_1) + 0.693 RP_2] / C_2$。方波通过放大管 $V_5$、$V_6$ 放大输出。利用二极管 $V_2$、$V_3$ 将电容器 $C_2$ 的充放电回路分开，其振荡频率为：$f = 1.43/(R_1 + RP_1 + RP_2) \cdot C_2$。调节电位器 $RP_1$、$RP_2$ 可以改变锯齿波和方波的振荡频率。

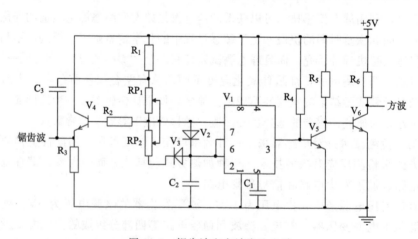

图 11-3　　锯齿波和方波发生电路

　　图 11-4 为正弦波发生电路。二极管 $V_2$、$V_3$ 用来稳定振荡，当输出电压太低时，二极管截止，负反馈被切断，回路增益提高，输出电压提高。当输出达到一定数值时，二极管导通，回路增益降低，输出电压减小，使输出幅度稳定在一

定数值上。电位器 $RP_1$ 用来调节输出幅度和失真度。图 11-4 中，$R_1 = R_2$，$C_1 = C_2$，振荡频率由 $R_1$、$C_1$ 决定，其振荡频率为：$f = \dfrac{1}{2}\pi \cdot R_1 C_1$。

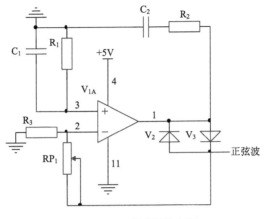

图 11-4　正弦波振荡电路

图 11-5 是三角波发生电路。运算放大器 $V_{1A}$、$V_{1B}$ 是正负峰值检波器，$V_{1C}$ 是积分器，$C_1$ 为保持电容。积分器的积分时间常数为 $\tau = RP_1 \cdot C_2$，该电路的振荡频率就取决于该积分时间常数，所以振荡频率为：$f = 1/2\pi \cdot RP_1 C_2$。

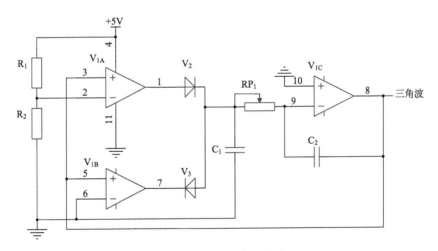

图 11-5　三角波产生电路

图 11-6 为动态测试方法中信号采集电路。$V_1$ 为采样对象温度传感器，温度传感器通过电位器 $RP_1$ 加 12V 采样电压，$C_1$、$C_2$ 分别滤除高频和低频的纹波，调节 $RP_1$ 可以改变测试电压值。

图 11-7 是动态传感技术原理装置图。干燥空气为载气，测试室体积为 2500mL，直流稳压电源、信号采集电路和信号发生电路前文所述。

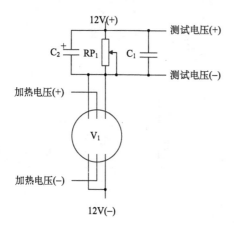

图 11-6 动态信号采集电路

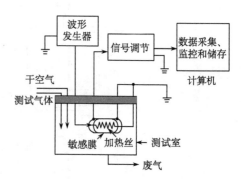

图 11-7 动态传感技术实验装置图

## 11.2.2 动态传感技术及其影响因素

本节研究了许多待测有机气体的动态响应曲线，从这些曲线可以明显地观察到不同的气体，其动态响应也明显不同。就气敏机理而言，动态测试中气敏元件电阻的变化由周期性变化的电压和敏感膜表面空间电荷层联合控制。周期性变化的电压即可产生周期性变化的温度，直接对传感器的电阻产生影响。另一控制因素是表面电导依赖于施主（吸附的氢原子或氧空位）和受主（化学吸附的氧）的密度，显然，这些表面吸附种类的密度会随着与中间体的反应而变化。我们知道，在气敏测试过程中，$SnO_2$ 半导体表面上吸附氧存在如下平衡：$O_2 \rightleftharpoons O_2^-$（ad）$\rightleftharpoons O^-$（ad）$\rightleftharpoons O^{2-}$（ad），温度变化会直接引起平衡移动，导致敏感材料表面吸附氧的种类（$O^{2-}$、$O^-$、$O_2^-$）的变化，这些吸附的离子氧的来源不仅有气态氧而且还有晶格氧。在低温侧的吸附属于 $O^-$，高温侧的吸附属于 $O^{2-}$，同时高温下的吸附伴随有来自氧化物内部的金属离子的移动，一部分 $O^{2-}$ 与移动到表面的金属离子结合形成晶格氧；至于氧化反应，亲电子的 $O_2^-$ 和 $O^-$ 优先进攻 C—C 键而夺得电子，而被限制在表面晶格间亲核性的 $O^{2-}$ 则与活性氢原子或碳氢化合物分子发生反应。因此对有机气体的动态响应而言，虽然机理不是非常清楚，但从出现各自不同的特征响应信号可以推测出待测气体的最佳反应温度不同，与之反应的吸附氧的种类不同。这也是传感器的选择性得到明显提高的根本原因。另外，因为在对气体的动态测试过程中，气体的敏感响应在一定的温度调制范围内总有一个点对应电阻-温度变化分布图中的最大值，因此大大减小了漂移效应的影响，提高了传感器对气体响应的稳定性。图 11-8 是吸附在二氧化锡表面及其晶格间氧气的不同种类的相对能量图。

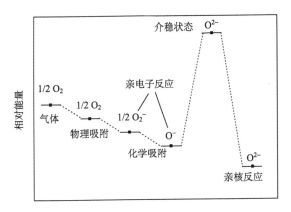

图 11-8　吸附在二氧化锡表面及晶格间的各种氧离子的相对能量图

$SnO_2$ 的二维晶体结构如图 11-9 所示。$Sn^{4+}$ 为六配位，$O^{2-}$ 为三配位，在高温下，未掺杂的晶体容易产生 $O^{2-}$ 空位，变成 Sn 过剩的状态，从而存在易动的电子。此外，在低温下因掺入杂质而可生成自由电子。

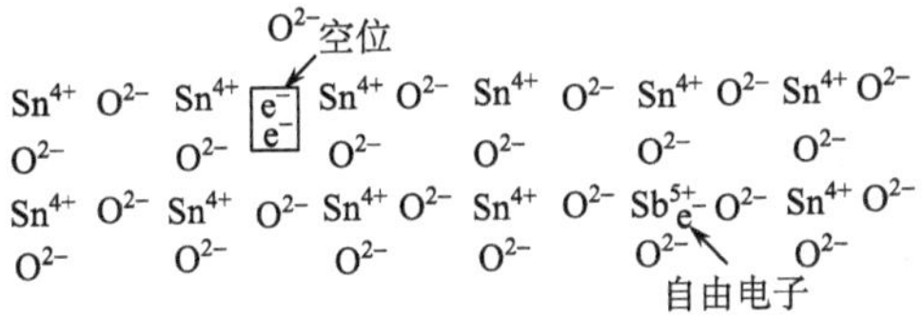

图 11-9　$SnO_2$ 的二维晶体结构

### 11.2.2.1　加热波形、占空比和加热电压

对于气体的动态测试，我们系统地研究了加热波形、占空比和加热电压对测试信号的影响。图 11-10 是在 7V 的恒定外加电压，保持占空比为 30/（30＋20）的实验条件下，加热波形对甲醇的动态响应信号的影响。实验所用的加热波形有：脉冲波、方波、梯形三角波、锯齿波、正弦波和三角波等。从图 11-10 中可以直观地观察到，保持其他实验条件不变，加热波形不同，同一传感器对甲醇的动态响应曲线也不同。显然，改变加热波形对于提高传感器的选择性是有利的。

我们分别以丙酮和乙醇为研究对象讨论了占空比对动态响应信号的影响。此处，占空比是指输出波形的高电平时间和低电平时间之比，高电平时间指加热时间，低电平时间指停止加热的时间。为了更好地观察到加热和停止加热对响应信

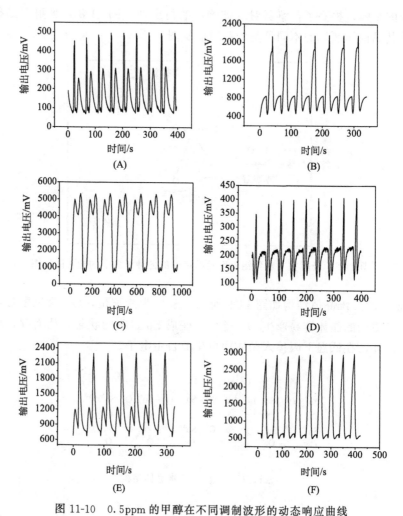

图 11-10 0.5ppm 的甲醇在不同调制波形的动态响应曲线

（A）脉冲波；（B）方波；（C）梯形三角波；（D）锯齿波；（E）正弦波；（F）三角波。外加电压为 7V，电压占空比为 30/（30＋20）

号的影响，以有利于分析传感器的敏感机理，我们分别研究了保持加热时间不变，改变停止加热的时间传感器动态信号的变化和保持停止加热的时间不变，改变加热时间传感器动态信号的变化，图 11-11 和图 11-12 分别是加热电压为 7V，方波调制时，不同占空比对丙酮和乙醇响应信号的影响。从二者的静态响应曲线上看不出本质的区别，但从这两幅动态响应曲线可以看出，保持加热时间或停止加热时间不变，而改变相应的调制时间，丙酮或乙醇的动态响应信号各自不同，其中存在有一个最佳占空比；此外，还可以观察到响应曲线上随加热时间变化的曲线段和随停止加热时间变化的曲线段。很明显动态响应曲线包含有丰富的敏感过程中的化学信号，非常有利于分析传感器在不同的温度下的敏感反应。同时也说明了改变占空比也可提高传感器的选择性。

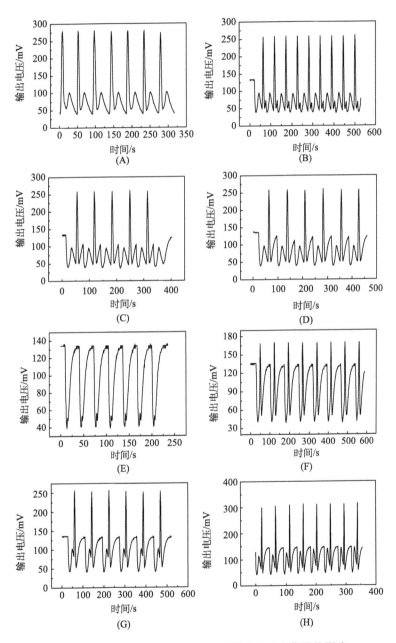

图 11-11　不同占空比对 0.5ppm 丙酮动态响应信号的影响

外加电压为 7V，方波调制。占空比为：（A）5/(5+20)；（B）10/(10+20)；（C）15/(15+20)；（D）20/(20+20)；（E）30/(30+5)；（F）30/(30+10)；（G）30/(30+15)；（H）30/(30+20)

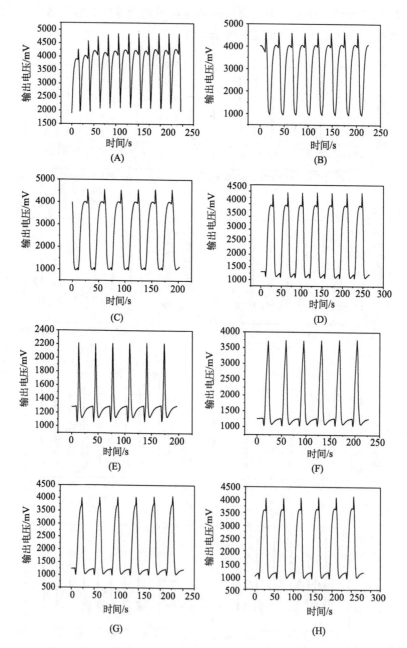

图 11-12 不同占空比对 0.5ppm 乙醇的动态响应信号的影响

外加电压为 7V，方波调制。占空比为：(A) 5/(5+20)；(B) 10/(10+20)；(C) 15/(15+20)；
(D) 20/(20+20)；(E) 30/(30+5)；(F) 30/(30+10)；(G) 30/(30+15)；(H) 30/(30+20)

　　图 11-13 是以丙酮为研究对象、占空比为 30/(30＋20)、方波调制的实验条件下，不同的外加电压对动态响应信号的影响。观察图 11-13 中的曲线可以知道，外加电压对测试对象的动态响应曲线具有非常重要的影响，在 3V、4V 时，观察不出丙酮的特征响应曲线。5V、6V 时才出现一些特征，7V 时则出现完整的丙酮的特征动态响应曲线。显然，与波形对动态响应信号的影响不同，外加电压和占空比一样存在有一个最佳值，对于丙酮而言，其最佳外加电压为 7V。这些结果对我们选择合适的工作温度来提高传感器的选择性是很有意义的。

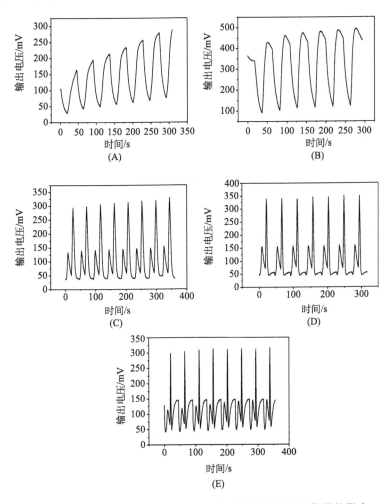

图 11-13　不同的外加电压对 0.5ppm 的丙酮的动态响应信号的影响

占空比为 30/(30＋20)，方波调制。外加电压为：(A) 3V；(B) 4V；(C) 5V；

(D) 6V；(E) 7V

　　以上我们比较详细地讨论了加热波形、加热占空比和外加电压对传感器动态响应信号的影响。为了更进一步弄清楚这三种影响因素的本质，我们系统地测定了在不同的影响因素下，传感器的表面温度的变化。图 11-14 是不同外加电压下传感器表面温度变化的相对值的曲线。可以看到，在方波调制的情况下，外加电压不同，传感器表面的温度变化曲线却是相似的。但也存在本质的不同点，其一，外加电压不同，传感器表面的温度变化范围却是不同的，显然在 7V 的加热电压下，温度变化范围是最大的，由此可见，传感器表面温度变化范围的宽窄对动态响应信号的影响很大；其二，外加电压越大，传感器表面的温度变化"滞后效应"越不明显。所谓"滞后效应"是指传感器表面的温度变化不能与加热占空比中的时间变化同步。

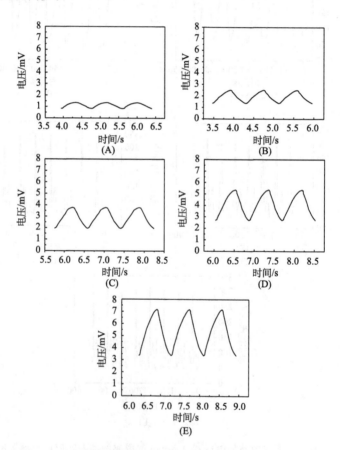

图 11-14　不同的加热电压下传感器表面温度变化相对强度

占空比为 30/(30＋20)，方波调制。外加电压为：(A) 3V；(B) 4V；(C) 5V；(D) 6V；(E) 7V

### 11.2.2.2 调制条件与温度的关系

图 11-15 是二氧化锡气体传感器在恒定 7V 的外加电压下（静态测试），在不同量的乙醇气氛中，传感器表面的温度变化曲线。由图 11-15 可以看出，静态测试时的表面温度变化明显不同于动态测试时的表面温度变化。对比乙醇的静态测试信号可知，温度达到最高点所需要的时间即是传感器的响应时间［1.3min，图 11-15（B）］；当气体在传感器表面的响应达到平衡时，表面的温度却呈下降的趋势。同时可以观察到，其温度变化随待测气体的浓度的增大而增大，温度的变化有可能超过制作传感器时表面敏感膜的烧结温度，因此认为，这是一般气体传感器存在一个检测上限的本质原因。实际上，当传感器表面的温度稳定之后，注入待测气体，表面温度会有一个下降的过程，这是乙醇分子和吸附氧离子发生了吸热反应，C—O 键被破坏；随着元件对气体的响应加深，元件的电阻降低，测试回路的电流增大，加在元件上的热功率增大，温度又会上升。传感器表面温度的变化的另一原因是待测气体在材料表面发生吸热过程和放热过程，随着材料温度的升高，乙醇通过羟基上的氧原子以分子的形式吸附在敏感膜表面，并与材料表面吸附氧反应生成 $C_2H_4$，变化方程式如下。

$$CH_3CH_2OH \longrightarrow H(ads)+CH_3CHO(ads)$$

$$CH_3CH_2OH(ads) \longrightarrow H_2O(ads)+C_2H_4(gas) \longrightarrow H_2O(gas)+C_2H_4(gas)$$

$$CH_3CH_2O(ads) \longrightarrow H(ads)+CH_3CHO(gas)$$

$C_2H_4$ 不与材料发生作用而从材料表面脱附，这一过程为吸热过程，使材料的电阻进一步降低，温度进一步升高；另一方面，由于温度的升高和吸附气体的脱附，材料中的催化剂和材料表面都处于激活状态，有利于通过催化剂的增益效应对氧进行再吸附，其电阻增大，加在元件上的功耗下降，元件的温度降低。

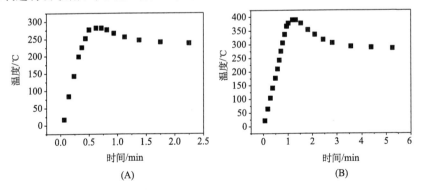

图 11-15　静态测试不同浓度下的乙醇的温度曲线

(A) 0.5ppm；(B) 1.0ppm

图 11-16 是在 5V 的加热电压，方波调制，不同的占空比实验条件下，传感器表面的温度变化曲线。比较占空比 5/(5＋20)、10/(10＋20)、15/(15＋20)、20/(20＋20) 四种情况，其温度变化范围分别是：72～130℃、97～186℃、115～232℃、130～276℃，相应的温度差分别是：58℃、89℃、117℃和 146℃，由此可见，在 20/(20＋20) 的占空比条件下，传感器表面的温度变化范围是最宽的。

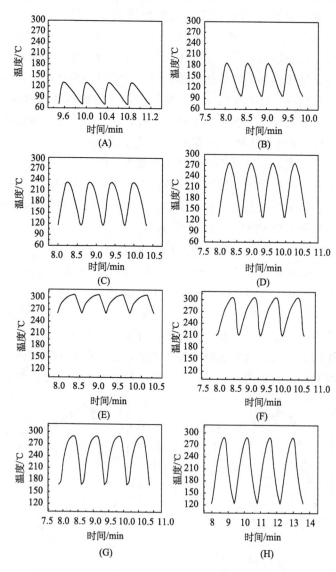

图 11-16　不同占空比下的传感器表面的温度变化曲线

外加电压为 5V，方波调制。占空比为：(A) 5/(5＋20)；(B) 10/(10＋20)；(C) 15/(15＋20)；(D) 20/(20＋20)；(E) 30/(30＋5)；(F) 30/(30＋10)；(G) 30/(30＋15)；(H) 30/(30＋20)

相比之下，与其相对应的气体的特征动态响应信号也是最完全的。同理，在 30/（30＋20）的占空比条件下，传感器表面的温度变化范围是 125～289℃，其温度差是 164℃。特征动态响应信号结果表明，这种占空比下气体的响应信号是最完全的［相对于 30/（30＋5）、30/（30＋10）、30/（30＋15）］。

　　以上我们讨论了不同外加电压和不同占空比的条件下，传感器表面的温度变化情况，结果表明，温度是最本质的影响因素。

### 11.2.3　电导率的温度依赖特性[15～22]

　　在 11.2.2 我们从实验上系统地讨论了动态测试方法及其影响因素。本节将从半导体物理学的角度来研究动态测试方法的理论基础，即半导体电导率的温度依赖特性。电导率表示半导体材料的导电能力，它可以用式（11.1）来描述。

　　半导体的电导率为

$$\sigma = q(n\mu_e + p\mu_h) \tag{11.1}$$

式中，$n$、$p$ 分别为电子、空穴的浓度；$\mu_e$、$\mu_h$ 分别为电子、空穴的迁移率。

　　根据欧姆定律

$$j = \sigma\varepsilon \tag{11.2}$$

式中，$j$ 为电流密度；$\varepsilon$ 为外加电场强度；$\sigma$ 为电导率。

　　当同时存在两种载流子时，$j$ 可写为

$$j = q(pv_h - nv_e) \tag{11.3}$$

式中，$q$ 为电子电量；$v_h$ 和 $v_e$ 分别为空穴和电子在电场中获得的平均漂移速度。与电场 $\varepsilon$ 的关系如下

$$v_h = \mu_h\varepsilon \quad v_e = -\mu_e\varepsilon \tag{11.4}$$

式中，$\mu_h$、$\mu_e$ 分别为空穴和电子的迁移率，无论对电子还是空穴均取正值，将式（11.4）代入式（11.3）得

$$j = q(p\mu_h\varepsilon + n\mu_e\varepsilon) \tag{11.5}$$

将式（11.4）与式（11.2）相比可得

$$\sigma = q(n\mu_e + p\mu_h) \tag{11.6}$$

在非本征（温）区，一种载流子浓度远大于另一种载流子浓度，分别称为多数载流子和少数载流子（简称多子和少子），主要是多子参与导电，则电导可简化为

$$\sigma = \begin{cases} qn\mu_e \text{（n 型）} \\ qn\mu_h \text{（p 型）} \end{cases} \tag{11.7}$$

因为 $n$、$p$、$\mu_e$、$\mu_h$ 都是依赖于温度的函数，所以 $\sigma$ 是温度的函数。

### 11.2.3.1　非简并半导体的载流子浓度的温度依赖特性

实际应用的半导体材料一般是掺有一定种类和数量杂质的半导体。这些杂质都能明显地改变半导体的导电能力。在这种半导体内，载流子的来源有两个途径：本征激发和杂质电离。其效果都是产生电子和空穴。由于半导体内所含杂质的种类和数量不同，它们所产生的电子浓度和空穴浓度也不相同，因此有 p 型和 n 型半导体之分。在 p 型半导体内，空穴浓度大于电子浓度，通常称 p 型半导体中的空穴为多数载流子（简称多子），电子为少数载流子（简称少子）。同理，在 n 型半导体中，电子为多子，空穴为少子。

1）电中性条件

在一定温度下，虽然半导体内存在一定数量的带电粒子（包括载流子和离化杂质等），但对无其他条件作用的均匀半导体，仍是处于电中性状态。其条件为半导体内任一点附近，单位体积内的净电荷数为零（即空间电荷密度为零）。据此，可以写出半导体的电中性条件。

设半导体样品内含有一种施主杂质，浓度为 $N_D$；同时又含有一种受主杂质，浓度为 $N_A$，且杂质均匀分布，$N_D > N_A$，在温度为 $T$ 时，设 $N_D$ 个施主杂质电离了 $n_D^+$ 个，具有正电荷 $n_D^+ q$；$N_A$ 个受主杂质电离了 $p_A^-$ 个，具有负电荷 $p_A^- q$；此时导带电子浓度为 $n_0$，具有负电荷 $n_0 q$；价带空穴浓度为 $p_0$，具有正电荷 $p_0 q$。空间电荷密度应为它们的代数和，即

$$\rho_0 = q(p_0 + n_D^+ - n_0 - p_A^-) \tag{11.8}$$

均匀半导体在热平衡状态下，应保持电中性状态，即 $\rho_0 = 0$，由此可得该半导体的电中性条件为

$$p_0 + n_D^+ = n_0 + p_A^- \tag{11.9}$$

这说明处于电中性状态的半导体，单位体积内的正电荷数（即价带中空穴浓度和电离施主杂质浓度之和）等于该体积内的负电荷数（即导带中电子浓度和电离的受主杂质浓度之和）。

当半导体内存在着若干种施主杂质和若干种受主杂质时，电中性条件是

$$p_0 + \sum_j n_{Dj}^+ = n_0 + \sum_i p_{Ai}^- \tag{11.10}$$

式中，$\sum_i$ 和 $\sum_j$ 分别表示对各种电离施主以及各种电离受主杂质求和。

设 $n_D$ 表示施主能级上的电子浓度（即未电离的施主杂质浓度），则

$$n_D = N_D f(E_D) = \frac{N_D}{1 + \dfrac{1}{2}\exp\left(\dfrac{E_D - E_F}{k_0 T}\right)} \tag{11.11}$$

所以，电离的施主杂质浓度为

$$n_D^+ = N_D - n_D = N_D[1 - f(E_D)] = \frac{N_D}{1 + 2\exp\left(-\dfrac{E_D - E_F}{k_0 T}\right)} \tag{11.12}$$

同样，可得电离的受主杂质浓度 $p_A^-$ 为

$$p_A^- = N_A - N_A f(E_A) = N_A[1 - f(E_A)] = \frac{N_A}{1 + 2\exp\left(\dfrac{E_A - E_F}{k_0 T}\right)} \tag{11.13}$$

2）多子和少子浓度的表示方法

首先分析电中性条件，将 $n_0$、$p_0$、$p_A^-$、$n_D^+$ 的具体表达式代入式（11.9）得

$$N_C\exp\left(-\frac{E_C - E_F}{k_0 T}\right) + \frac{N_A}{1 + 2\exp\left(\dfrac{E_A - E_F}{k_0 T}\right)}$$

$$= N_v\exp\left(\frac{E_v - E_F}{k_0 T}\right) + \frac{N_D}{1 + 2\exp\left(-\dfrac{E_D - E_F}{k_0 T}\right)} \tag{11.14}$$

我们以只含一种施主杂质（浓度为 $N_D$）的 n 型半导体为例，分几个温度范围求解电子浓度和空穴浓度。

（1）低温杂质电离区。由于温度很低，施主杂质上的电子只有部分电离。而禁带宽度一般比施主杂质电离能（$\Delta E_D = E_C - E_D$）大很多，因此本征激发可以忽略，即可忽略空穴浓度 $p_0$。所以电中性条件简化为

$$n_0 = n_D^+ \tag{11.15}$$

（因未掺受主杂质，$p_A^- = 0$）。有式（11.16）成立

$$N_C\exp\left(-\frac{E_C - E_F}{k_0 T}\right) = \frac{N_D}{1 + 2\exp\left(-\dfrac{E_D - E_F}{k_0 T}\right)} \tag{11.16}$$

解得

$$E_F = E_D + k_0 T\ln\frac{1}{4}\left[\sqrt{1 + \frac{8N_D}{N_C}\exp\left(\frac{\Delta E_D}{k_0 T}\right)} - 1\right] \tag{11.17}$$

将式（11.17）代入费米能级公式得

$$n_0 = \frac{N_C}{4}\exp\left(-\frac{\Delta E_D}{k_0 T}\right)\left[\sqrt{1 + \frac{8N_D}{N_C}\exp\left(\frac{\Delta E_D}{k_0 T}\right)} - 1\right] \tag{11.18}$$

式（11.18）是施主杂质未全部电离情况下，电子浓度的普遍表达式。在很低的温度下，杂质电离很弱，则有

$$\frac{8N_D}{N_C}\exp\left(\frac{\Delta E_D}{k_0 T}\right)\geqslant 1 \tag{11.19}$$

可得电子浓度的表达式

$$n_0 = \sqrt{\frac{N_D N_C}{2}}\exp\left(-\frac{\Delta E_D}{2k_0 T}\right) \tag{11.20}$$

可见在低温杂质弱电离范围，电子浓度随温度上升基本上呈指数关系增大。

（2）杂质电离饱和区。随温度升高，电离的施主杂质增多。当温度升高到某一范围时，绝大部分施主杂质都已电离。然而，此时本征激发的载流子浓度 $n_i$ 仍然很小，满足 $n_i \ll N_D$，这个温度范围称为杂质电离饱和区。此时仍可忽略 $p_0$，则电中性条件可简化为

$$n_0 = n_D^+ \qquad n_0 = N_D - n_D \tag{11.21}$$

由于此时施主杂质几乎全部电离，即 $n_D \approx 0$

$$n_0 = N_D \tag{11.22}$$

说明在杂质电离饱和区，多数载流子基本上由全部电离的杂质提供，载流子浓度保持不变。

（3）过渡区。当温度继续升高，本征激发过程加强。当本征激发的载流子浓度 $n_i$ 可与已电离的施主杂质浓度 $N_D$ 相比拟时（即 $n_i \approx N_D$），半导体将处于由杂质电离饱和区向本征情况的过渡范围，通常称这个温度范围为过渡区。这时，导带中的电子一部分来自全部电离的杂质，另一部分则由本征激发提供，同时价带中也产生了一定量的空穴。因此，电中性条件为

$$n_0 = p_0 + N_D \tag{11.23}$$

解联立方程

$$\begin{aligned} n_0 &= p_0 + N_D \\ n_0 p_0 &= n_i^2 \end{aligned} \tag{11.24}$$

得

$$p_0 = -\frac{N_D}{2} + \frac{1}{2}\sqrt{N_D^2 + 4n_i^2} \qquad n_0 = \frac{N_D}{2} + \frac{1}{2}\sqrt{N_D^2 + 4n_i^2} \tag{11.25}$$

（4）高温本征区。当温度继续升高，本征激发更强，当本征激发产生的载流子数远大于杂质电离产生的载流子数（即 $n_i \gg N_D$）时，电中性条件成为 $n_0 = p_0$。这个温度范围称为高温本征区。这时的载流子的浓度 $n_0 = p_0 = n_i$。当半导体处于高温本征区后，电子浓度和空穴浓度相等，pn 结的特性也不存在，这时半导体器件就不能正常工作了。

### 11.2.3.2　迁移率的温度依赖特性

迁移率 $\mu$ 是半导体材料的重要参数，它表示电子或空穴在外电场作用下漂移运动的难易程度。在不同的半导体材料中，$\mu_n$、$\mu_p$ 是不相同的，就是在同一种材料中，$\mu_n$ 和 $\mu_p$ 也是不同的。

在外电场作用下，半导体中的电子获得一个和外场方向相反的速度，用 $v_{dn}$ 表示，空穴则获得与电场同向的速度，用 $v_{dp}$ 表示。$v_{dn}$ 和 $v_{dp}$ 分别为电子和空穴的平均漂移速度。利用图 11-17 可以得到电流密度与材料的某些微观量之间的关系。图中 $ds$ 表示 $A$ 处与电流垂直的小面积元，小柱体的高为 $v_{dn}dt$，它表示在 $dt$ 时间内，电子在电场作用下定向漂移的距离。显然在这段时间内，$A$、$B$ 面之间的电子都可以通过截面 $ds$。因此，在 $dt$ 时间内通过 $ds$ 的电荷量就是 $A$、$B$ 面间小柱体内的电子电荷量，即

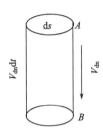

图 11-17　电流密度与材料微观量关系示意图

$$dQ = nqv_{dn}dsdt \tag{11.26}$$

式中，$n$ 为电子浓度；$q$ 为电子电量。因为电流密度 $J = \dfrac{dQ}{dtds}$，所以电子漂移电流密度

$$J_n = -nqv_{dn}（n\ 型） \tag{11.27}$$

同样空穴漂移电流密度可写为

$$J_p = pqv_{dp}（p\ 型） \tag{11.28}$$

式中，$p$ 为空穴浓度。

对于 n 型半导体，$n \gg p$，空穴漂移电流可以忽略；对于 p 型半导体，$p \gg n$，电子漂移电流可以忽略。只有在本征或近本征情况下，才需同时考虑电子和空穴的电流，即

$$J = J_n + J_p \tag{11.29}$$

在电场不太强时，漂移电流遵从欧姆定律，对于 n 型半导体，可得

$$\sigma|E| = nqv_{dn} \tag{11.30}$$

于是 $v_{dn} = \dfrac{\sigma}{nq}|E|$。

由于电子浓度 $n$ 不随电场变化，因此，$\dfrac{\sigma}{nq}$ 是一个常数。这样，载流子的平均漂移速度与电场强度成正比，通常用 $\mu$ 表示其比例系数，即

$$v_{dn} = \mu_n |E|, \quad \mu_n = \frac{\sigma}{nq} \qquad v_{dp} = \mu_p |E|, \quad \mu_p = \frac{\sigma}{nq} \tag{11.31}$$

### 11.2.3.3 散射与迁移率和温度的关系

实际在半导体中存在着各种因素，如杂质、晶格缺陷、晶格热振动以及实际晶体有限尺寸带来的界面等，它们都破坏了晶格场的严格周期性，产生一个附加势场，它们的存在可以直接影响晶体中电子的运动，即当载流子运动到附加势场附近时，会受到附加力 $F$ 的作用，这会使电子波矢 $k$ 发生改变，即产生散射。因此可以说，散射是由于热运动中的载流子不断地与晶格、杂质及缺陷发生"碰撞"。

半导体中的主要散射机构包括晶格振动散射、电离杂质的散射和其他散射机构。晶格振动散射包括声学波散射和光学波散射；其他散射机构包括中性杂质散射、位错散射、载流子之间的散射和谷间散射等。常用半导体中起主要散射作用的是晶格纵声学波散射和电离杂质散射。

考虑具有球形等能面的导带内有效质量为 $m_n^*$ 的某个电子，在外加电场 $E$ 的作用下，经历时间 $t_1$ 遭第一次散射，然后经过 $t_2$ 遭第二次散射，经 $t_3$ 又遭散射，如此等等。相继两次散射的时间间隔的平均值 $\tau$，则

$$\tau = \frac{t_1 + t_2 + t_3 + \cdots + t_N}{N} \tag{11.32}$$

式中，$N$ 为碰撞次数。假定碰撞后电子的速度是无规则的，忽略电子的热运动，于是电子的运动方程可表示为

$$\frac{d(m_n^* v_{dn})}{dt} + \frac{m_n^* v_{dn}}{\tau_n} = qE \tag{11.33}$$

式中，$t$ 为时间；$m_n^* v_{dn}$ 为电子的动量；$\tau_n$ 为电子的平均自由时间。可见式(11.33)表示在外电场 $E$ 和散射作用下，电子动量随时间的变化等于单位时间内电子从电场获得的动量与通过散射在单位时间内所失去的动量之差。稳态时则有

$$\frac{m_n^* v_{dn}}{\tau_n} = qE \tag{11.34}$$

则电子的迁移率为

$$\mu_n = \frac{q\tau_n}{m_n^*} \tag{11.35}$$

同理，空穴的迁移率为

$$\mu_p = \frac{q\tau_p}{m_p^*} \tag{11.36}$$

对于横声学波来说，不发生能带起伏，不引起载流子散射。只有纵声学波对载流子发生散射作用。为了定量描述这种散射作用，引入畸变势常数，来表示单位相对体变所引起能带边的改变。

根据量子力学中跃迁理论的计算结果，对具有单一极值、球形等能面的半导体，位垒对电子的散射概率 $P_s$ 为

$$P_s = \frac{16\pi^3 \varepsilon_c^2 k_0 T (m_n^*)^2}{\rho h^4 \mu^2} v_T \tag{11.37}$$

式中，$\rho$ 为晶体的密度。因为电子的热运动速度 $v_T$ 与 $T^{1/2}$ 成正比，可得声学波的散射概率为

$$P_s \propto T^{3/2} \tag{11.38}$$

由式（11.38）得 $\tau = \dfrac{1}{P} \propto T^{-3/2}$

$$l = v_T \tau = \frac{\rho h^4 \mu^2}{16\pi^3 \varepsilon_c^2 k_0 T (m_n^*)^2} \tag{11.39}$$

$$\mu \propto \tau \propto T^{-3/2} \tag{11.40}$$

由此可见，温度越高，晶格振动越强烈，对电子的散射概率就越大，电子的自由路程越短，迁移率就越低。

除了晶格振动散射之外，在半导体中另一种重要散射是电离杂质中心的散射。其散射根源是带电中心所产生的附加静电势。

$$\Delta V = \pm \frac{Zq^2}{4\pi\varepsilon_r\varepsilon_0 r} \tag{11.41}$$

式中，$Z$ 为带电中心所带电荷数；$\varepsilon_r$ 为半导体的相对价电常数。

若单位体积内有 $N_I$ 个电离杂质中心，每一个杂质中心的库仑场绝不是无限扩展的，而是受自由电荷的屏蔽局限在一个很小的范围内。假定库仑场在半径等于或大于 $r_m$ 时便不再起作用，则总的散射概率为

$$P = \frac{Z^2 q^4 N_I}{16\pi (2m_n^*)^{1/2} \varepsilon_r^2 \varepsilon_0^2 E^{3/2}} \ln[1 + (2E/E_m)^2] \tag{11.42}$$

其中 $E_m = Zq^2 / (4\pi\varepsilon_r\varepsilon_0 r_m)$；考虑到对函数的缓变性，则有

$$P \propto \frac{N_I}{E^{3/2}} \propto \frac{N_I}{v^3} \tag{11.43}$$

$$\tau \propto N_I^{-1} E^{3/2} \propto N_I^{-1} v^3 \propto N_I^{-1} T^{3/2} \tag{11.44}$$

可见，由这种散射机构所决定的迁移率随 $N_I$ 增加而减小，随温度的增加而增加。

实际中遇到的是几种散射机构同时存在的情形，此时总散射概率应为各种散射概率之和，即

$$\frac{1}{\tau} = \sum \frac{1}{\tau_i} \tag{11.45}$$

可得

$$\frac{1}{\mu} = \sum \frac{1}{\mu_i} \tag{11.46}$$

若同时考虑两种散射机构，则可得

$$\frac{1}{\mu} = \frac{1}{a_L}T^{3/2} + \frac{1}{a_I N_I}T^{-3/2} \tag{11.47}$$

式（11.47）表明，载流子的迁移率要由起主要散射作用的散射机构决定，而散射与温度有依赖关系，因此，迁移率的变化与温度有关。

在本章，我们首先从半导体电学性质的角度，理论上分析了半导体电导率的温度依赖特性，半导体的电导率的大小取决于电子和空穴的浓度及其迁移率的大小；对掺杂一定的非简并半导体，随温度升高，多数载流子则从以杂质电离为主要来源过渡到以本征激发为主要来源。在杂质部分电离区和杂质电离饱和区，本征激发作用可以忽略，多数载流子主要来自电离的杂质。当温度继续上升，本征激发产生的载流子数迅速增加，杂质提供的载流子实际上维持不变。只要温度足够高，本征激发对载流子的影响必然大大超过杂质的影响，成为载流子的主要来源。因此我们认为，在杂质电离区，对电导率的影响是载流子浓度及其迁移率共同作用的结果，而在杂质电离饱和区和本征激发区，则是以迁移率的作用为主，无论是载流子的浓度还是迁移率，二者均是温度的函数。

传感器的静态测试结果表明，我们所能获得的信息只是传感器敏感膜始终态的电阻变化和响应时间、恢复时间的快慢，而不能得到敏感过程中的化学信息，不利于分析其敏感机理。对动态测试原理，设计了动态测试电路和波形发生电路，详细讨论了外加电压、电压占空比和加热波形对气体动态响应信号的影响，同时讨论了外加电压和电压占空比条件下的传感器表面的温度变化。结果表明，三种因素对气体动态响应信号的影响非常重大，结合家用液化石油气和一氧化碳的动态检测结果，说明传感器的选择性得到明显提高；温度变化曲线表明，三种因素均是通过传感器表面的温度变化对动态响应信号产生影响，即温度是影响动态响应信号最本质的因素。

通过实验，总结动态传感技术的特点有以下三点：一是由于各种气体在不同温度下的反应速率不同，传感器表面敏感膜温度的周期性变化会使每一种气体产生其独特的响应信号；二是传感器表面敏感膜在低温时会导致没被完全氧化的气体的积累，那么当温度周期性变化到高温时就会清洁传感器表面；三是气体的敏感响应在一定的温度调制范围内总有一个点对应电阻-温度变化分布图中的最大值，因此动态测试方法能大大减小漂移效应的影响，从而提高传感器对气体响应的稳定性。

## 11.3　纳米二氧化锡传感器动态传感技术对农药残留的检测及信号分析

所谓农药残留，是指施用农药以后，蔬菜中包括农药及其代谢物、降解物以及有毒杂质等物质的残存。农药残留主要有两种形式：一种是附着在蔬菜、水果的表面；另一种是在蔬菜、水果的生长过程中，农药被吸收，进入其根、茎、叶中。与附着在蔬菜、水果表面的农药残毒相比，内吸性农药残毒危害更大。残留的主要农药品种为有机磷农药和氨基甲酸酯农药。这些农药对人体内的胆碱酯酶有抑制作用，能阻断神经递质的传递，造成中毒[23~26]。

农药残留对健康有哪些危害呢？据专家介绍，农药中的六六六和滴滴涕对人体的影响主要是对肝脏组织和肝功能的损害。有机磷农药是神经毒物，进入人体后主要是抑制血液和组织中的乙酰胆碱酯酶的活性，引起神经功能紊乱、出汗、震颤、精神错乱、语言失常等一系列表现。氨基甲酸脂类农药的中毒症状与有机磷农药是一致的，但较有机磷中毒恢复得快。除虫菊脂农药的毒性一般较大，对鱼类毒性很高，中毒表现症状为神经系统症状和皮肤刺激症状。大量使用的杀菌剂、除草剂等也会造成农药的污染和残留。

农药残留不仅对人体健康有不良的影响，对野生生物和环境也有影响。野生生物也是自然中必不可少的成员，使用农药也要考虑对所有野生生物的不良影响。野生动物也可能喝被农药污染过的水，吃残留农药的食物，也可能在喷洒农药时直接沾染农药。结果，野生生物的总数变少，区域分布变窄，种间平衡变坏，最终产生了重要的生态效应。

因此，对农药残留问题做到先知先觉，做到防患于未然，农药残留的快速检测方法研究就显得尤为重要。我国目前农药残留分析常用的检测技术主要有薄层色谱法、气相色谱法、高效液相色谱法、气谱-质谱联用、超临界流体色谱、毛细管区带电泳、免疫分析、液谱-质谱联机、直接光谱分析技术、传感器技术、实验室机器人等方法。本章我们将讨论利用单个二氧化锡气体传感器结合动态检测方法对农药残留进行快速检测，同时讨论其定量分析方法。

### 11.3.1　农药残留的动态传感技术检测[27~30]

敌百虫是一种磷酸酯类有机磷杀虫剂，遇水会逐渐水解，遇碱会生成残毒性更强的敌敌畏，在常温下较稳定，遇热会分解。乙酰甲胺磷是甲胺磷的乙酰化衍生物。储藏于阴凉处比较稳定，在酸、碱、中性水溶液中均可水解。敌百虫和乙酰甲胺磷是目前应用最广泛的有机磷农药。中毒分急性和慢性两种。短时间内食入、吸入或皮肤接触都会出现急性中毒症状，主要表现为恶心、呕吐、腹泻、呼吸困难；肌纤维颤动，以后发展为全身抽搐、呼吸麻痹而死亡；头痛、头昏、嗜睡、中枢性呼吸衰竭而死亡。长期少量接触会出现慢性中毒症状，表现为神经衰弱综合征：头痛、头昏、恶心、视物模糊。如果在日常生活中长期食入敌百虫或乙酰甲胺磷超标的水果和蔬菜，会影响到人体的免疫系统和造血系统，导致癌肿、血液病和免疫紊乱所引起的诸多疾病。敌百虫和乙酰甲胺磷的分子结构见图 11-18。

图 11-18　敌百虫和乙酰甲胺磷的分子结构

　　测试时，空气为载气，固定流速为 10mL/s，采用 HP-7694 顶空进样器注射农药标样气体进入测试室（体积为 2500mL）；采用 HP 6035A 型直流稳压电源和自制信号发生器（合肥华耀电子工业有限公司，中国电子集团公司 38 研究所）输出频率可变、幅度可调的方波信号；每次实验时待整套装置运行 80s 后注射农药标样气体，信号采集与数据储存由启天 2000 6C/1G 微型计算机控制，信号采集电路见 11.2.1 节，采集速度为 2 点/s，8min 左右完成测量。实验所用的农药为敌百虫和乙酰甲胺磷标准样品（分析纯，由美国 Sigma 公司提供）。在此特别值得提出的是，有机溶剂（如丙酮、乙醇、乙醚等）对农药样品的传感器响应信号影响非常大，即存在有机溶剂时，根本得不到农药样品的响应信号，因此以下所有关于农药的动态响应均采用纯样品。

### 11.3.1.1　农药残留的静态技术和动态技术检测

　　我们首先研究了 0.1ppm 乙酰甲胺磷和 1.0ppm 敌百虫及二者混合物在外加电压 7V 条件下的静态响应曲线［图 11-19（A）］。和 11.2 节讨论的有机气体的静态响应类似，从图 11-19 中曲线只能观察到响应、恢复时间和反应始态、终态电阻值的变化。对于敏感过程中的反应现象则很少得到。

　　通过 11.2 节关于动态传感技术原理的讨论，我们知道通过改变传感器的工作条件，如外加电压、电压占空比和加热波形等可以提高气体传感器的选择性。以下我们将讨论在这些影响因素下二氧化锡气体传感器对农药样品的动态响应。实验条件是：外加电压为 7V，占空比为 30/(30＋20)，方波调制。图 11-19（B）是传感器对 0.1ppm 乙酰甲胺磷、1.0ppm 敌百虫及二者混合物的动态响应曲线。

可以看到，乙酰甲胺磷和敌百虫的响应信号明显不同于干燥空气，并且乙酰甲胺磷和敌百虫的动态响应曲线也各自不同，初步说明了在上述的实验条件下，单个二氧化锡气体传感器是可以将乙酰甲胺磷和敌百虫区分开的。即在动态测试方法下，传感器对敌百虫和乙酰甲胺磷具有选择性。

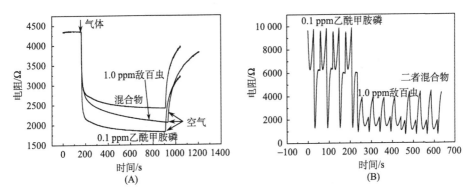

图 11-19　1.0ppm 敌百虫和 0.1ppm 乙酰甲胺磷及二者混合物的静态响应曲线（A）（工作电压为 7V）和 0.1ppm 乙酰甲胺磷、1.0ppm 敌百虫及二者混合物动态响应信号（B）

### 11.3.1.2　农药动态响应信号的影响因素

（1）不同电压占空比的影响。下面我们讨论不同的电压占空比对 0.1ppm 乙酰甲胺磷、0.1ppm 敌百虫的动态响应曲线的影响。图 11-20 和图 11-21 是农药标样在不同的占空比下的动态信号。实验条件是：外加电压为 7V，方波调制。从图中可以看出，对同一种农药，占空比不同，响应曲线不同，并且随着加热时间和停止加热的时间的延长，两种农药的特征峰逐渐趋于完整，直到 30/（30＋20）的占空比，信号特征最为理想。再延长时间时，特征峰形没有改变。因此认为，30/（30＋20）为最佳占空比。比较两种农药，在同样的实验条件下，二者的特征曲线明显不同。

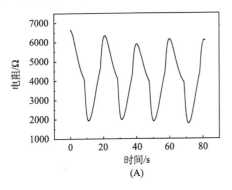

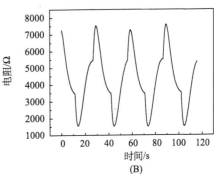

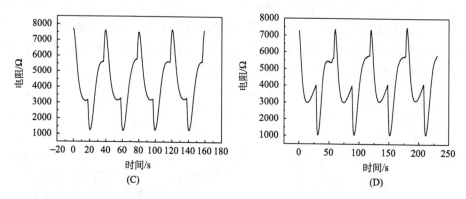

图 11-20　不同的占空比对 1.0ppm 敌百虫动态响应信号的影响
（A）10/(10＋10)；（B）15/(15＋15)；（C）20/(20＋20)；（D）30/(30＋20)

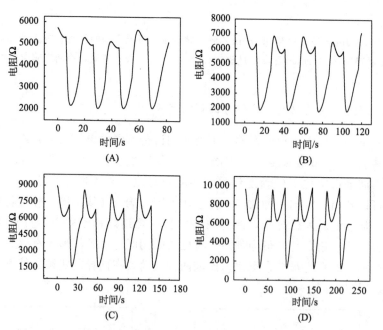

图 11-21　不同的占空比对 0.1ppm 乙酰甲胺磷动态响应信号的影响
（A）10/(10＋10)；（B）15/(15＋15)；（C）20/(20＋20)；（D）30/(30＋20)

　　（2）不同外加电压的影响。图 11-22 是不同的外加电压对 0.1ppm 的乙酰甲胺磷的动态响应信号的影响。实验条件是：方波调制，占空比为 30/(30＋20)。从第 3 章的讨论来看，外加电压不同，传感器的表面温度不同，施以动态调制时，表面温度变化范围不同，表面温度差也不同，显然在 7V 的外加电压下，表面温度差最大，因此在 7V 时会出现乙酰甲胺磷完全特征的动态响应信号。

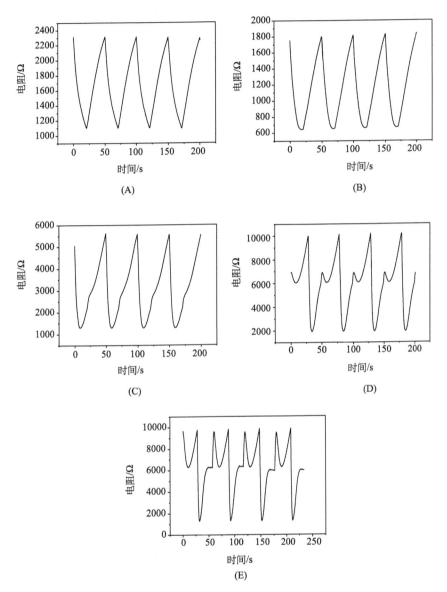

图 11-22　不同的外加电压对 0.1ppm 乙酰甲胺磷动态响应信号的影响

占空比为 30/(30＋20)，方波调制。(A) 3V；(B) 4V；(C) 5V；(D) 6V；(E) 7V

　　(3) 农药浓度对动态响应信号的影响。图 11-23 是不同浓度敌百虫和乙酰甲胺磷的动态响应曲线。实验条件是：外加电压为 7V，电压占空比为 30/(30＋20)，方波调制。首先可以从图 11-23 中看出，随着浓度的增大或减小，其相应的动态响应曲线也呈规律性变化。由此可见，动态测试的方法不仅使传感器的选择性得到提高，而且不同浓度农药的动态曲线也呈规律性变化，为定量分析打下了基础。为了清楚地反映这些变化，分别取每一种浓度下对应于图 11-22 曲线中 $a$、$b$、$c$、$d$ 四点的特征响应值来进行分析。即 $R_d/R_a$、$R_c/R_a$ 和 $R_b/R_a$，具体分析结果如图 11-23 所示。图 11-24 中，对两种农药，$R_a$ 随浓度的增大而减小，其趋势可能会出现一个平台。$R_d/R_a$、$R_b/R_a$ 和 $R_c/R_a$ 值均随浓度的增大而减小，不同点在于，敌百虫的 $R_d/R_a$、$R_b/R_a$ 和 $R_c/R_a$ 值减小的趋势较缓慢，可以看出，当敌百虫的浓度增大到一定浓度时，此三者的值会趋于一定值，说明在 7V 外加电压、30/(30＋20) 的电压占空比和方波调制下，传感器对敌百虫的吸附和反应会较快达到一个动态平衡状态。乙酰甲胺磷则不同，乙酰甲胺磷的电阻比值减小的趋势较明显，尤其是 $R_d/R_a$。可以推断在这个实验条件下，传感器对乙酰甲胺磷的特征响应范围要大于敌百虫。

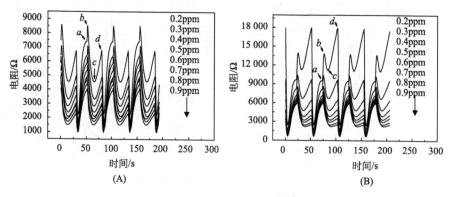

图 11-23　不同浓度下的敌百虫（A）和乙酰甲胺磷（B）的动态响应曲线

占空比为 30/(30＋20)，外加电压为 7V，方波调制

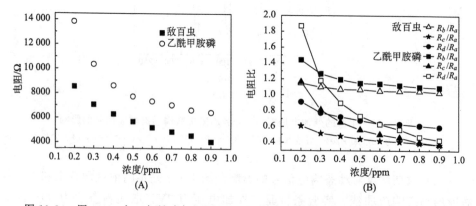

图 11-24　图 11-23 中 $a$ 点所对应电阻（A）及电阻比值（B）随农药浓度的变化曲线

（4）气体浓度与电阻率的对数之间的关系。图 11-25 是敌百虫和乙酰甲胺磷的浓度和电阻率之间的关系（数据对应于图 11-24）。因为 $\rho = R\,(s/l)$，$\rho$ 为材料的电阻率，对同一材料，$s$ 和 $l$ 是一定的，所以 $\rho \propto R$。因此，我们用 $c$-lg$(1/R)$ 来表示浓度和电阻率之间的关系。从图 11-25 中可以看出，对于两种农药，其相应的线形关系非常好，也说明了对传统的二氧化锡气体传感器采用动态传感技术是可以实现对农药样品的定量分析的。

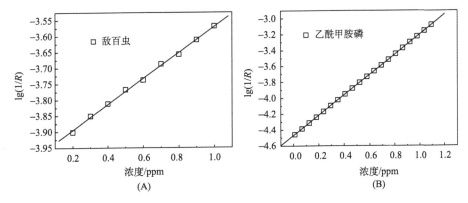

图 11-25　敌百虫和乙酰甲胺磷的浓度与电阻率的关系

（A）敌百虫；（B）乙酰甲胺磷

（5）温度与电阻的关系。通过 11.2 节的讨论，我们已经知道，当改变外加电压时，传感器表面的温度变化在动态条件下也呈周期性的变化，并且知道，条件不同，传感器表面的最低温度和最高温度不同，即温度变化范围不同，同时温度差不同，温度差越大，气体的响应信号越好。还有更重要的一点，就是不同条件下的温度曲线的线形虽然相似，但温度梯度 $\partial T / \partial \tau$ 却不同，式中，$T$ 为传感器表面的温度，$\tau$ 为时间。这说明传感器表面的温度随时间变化的剧烈程度是不同的。而温度不同，表面电阻也不同。图 11-26 讨论了空气、0.1ppm 乙酰甲胺磷、1.0ppm 敌百虫及二者混合物的温度与电阻的关系。显然 $\partial R / \partial T$ 明显不同。式中，$R$ 为表面电阻，$T$ 为温度。同样比较 240℃ 的表面电阻，可以观察到，同一个传感器，时间条件相同，在同一温度下，测试对象不同，表面电阻不同。进一步验证了利用动态测试的原理可以实现对敌百虫和乙酰甲胺磷的检测。

## 11.3.2　特征提取和信号分析

为了更加深入地分析敌百虫和乙酰甲胺磷在传统二氧化锡气体传感器上的动态响应信号，在本节，我们讨论将动态信号进行快速傅里叶变换（FFT），以提

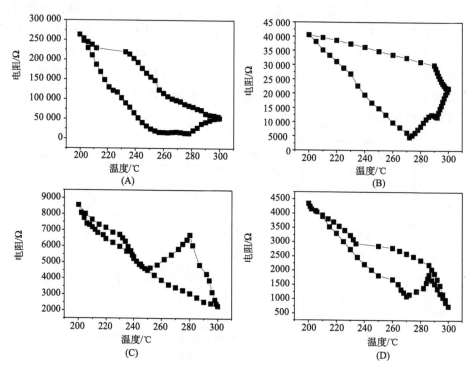

图 11-26　二氧化锡气体传感器在干燥的空气（A）、0.1ppm 乙酰甲胺磷（B）、1.0ppm 敌
百虫（C）及二者混合物（D）中的表面电阻和温度的关系

取信号特征，快速傅里叶变换是将信号的时域表示变换成频域表示的一种方法，
利用傅里叶变换，可以将有多个叠加峰的复杂谱图分解成简单的频谱图，其选择
性非常好。图 11-27 是干燥的空气、0.1ppm 乙酰甲胺磷、1.0ppm 敌百虫及二者
混合物经 FFT 后得到的能量谱，实验数据相对应于图 11-19。箭头指向是基频位
置，即 0.02Hz。显然，对特征信号不是很明显的几组动态响应信号，在能量谱
上是完全可以区分开的。

　　在动态信号的 FFT 频谱图中，我们利用的是 6 个特征幅度值，即对应于
0Hz 的电阻补偿幅度、对应于 0.02Hz ［因为电压占空比为 30/（30＋20）］的基
频幅度和随后的四个高次谐频幅度。利用这 6 个特征参量，完全实现对动态信号
的定量分析。图 11-28 是提取基频幅度后的四个高次谐频幅度中的第二个谐频的
实部（real part）和虚部（imaginary part）来进行的定量分析情况。图 11-28
（A）和（C）分别表示不同浓度下乙酰甲胺磷和敌百虫的 $R_2$、$I_2$ 的变化情况，
可以看出，随着浓度的增大，$R_2$、$I_2$ 都出现规律性地减小。对乙酰甲胺磷特别
值得提出的是，当浓度增大到 0.4ppm 以上一直到 1.0ppm，我们发现 $R_2$、$I_2$ 的

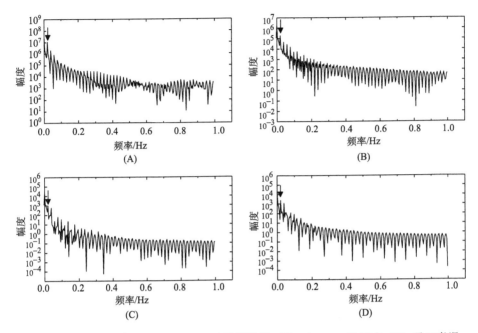

图 11-27　干燥的空气（A）、0.1ppm 乙酰甲胺磷（B）、1.0ppm 敌百虫（C）及二者混
　　　　　合物（D）的动态响应信号经 FFT 后的能量谱

减小的趋势非常缓慢，几乎是一个平台，显然对浓度为 0.4～1.0ppm 的乙酰甲
胺磷利用 $R_2$、$I_2$ 无法作出理想的定量分析，但我们依然可以通过第一个谐频的
实部 $R_1$ 很好地实现定量分析，其分析结果见图 11-28（B）。图 11-28（D）是对
敌百虫和乙酰甲胺磷不同比例混合物的定量分析情况，首先可以观察到，在混合
物中增大乙酰甲胺磷的浓度比（1∶1，1∶5，1∶10，1∶15）时，$R_2$、$I_2$ 逐渐
减小；当改变敌百虫的浓度（5∶1，8∶1，10∶1）时，发现 $R_2$、$I_2$ 的值也是逐
渐减小的；比较 1∶1 和 1∶5、5∶1 的混合物的 $R_2$、$I_2$ 值，发现乙酰甲胺磷对
$R_2$、$I_2$ 值的影响要大一些。依此可以得出一个推论，对农药残留乃至其他的被
测对象的定量分析，首先对动态信号进行快速傅里叶变换，选择 6 个特征参量中
1 个、2 个直至 6 个是可以实现的。

### 11.3.3　极坐标的构建

对敌百虫和乙酰甲胺磷的动态响应曲线，我们还可以采用极坐标的形式来
定量分析农药样品的浓度。每一种农药气体的响应信号的特征数据利用快速傅
里叶变换（FFT）来提取。传感器响应信号提取的变量是 FFT 频谱中的幅度
值，即对应于频率为 0Hz 的电阻补偿幅度、对应于调制频率为 0.02Hz 的基频

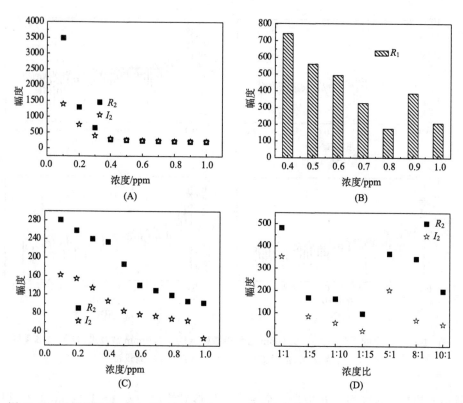

图 11-28　乙酰甲胺磷（A、B）和敌百虫（C）及其混合物（D）的动态响应信号经 FFT
后 $R_2$ 和 $I_2$ 随浓度的变化关系

幅度和四个谐频幅度。图 11-29 清晰地反映了用以定量分析的极坐标的构建方法。图 11-29 中 $I_i/I_1$，$i=2$，3，4；$R_j/I_1$，$j=1$，2，3。数据的获取通过测试气体的动态曲线的 FFT 频谱中的基频幅度后的四个谐频幅度的实部和虚部对第一个谐频幅度的归一化处理得到的，即得到相对强度，见图 11-29。图 11-30 是通过图 11-29 所示的方法得到的 1.0ppm 敌百虫和 0.1ppm 乙酰甲胺磷及其混合物的典型极坐标图谱。显然，在农药气体不同动态响应信号的基础上，通过 FFT 频谱分析，图 11-30 更清楚地显示了敌百虫和乙酰甲胺磷的特征区别。这说明通过 FFT 频谱和极坐标构建可以更进一步实现农药气体的定性分析。图 11-31 是不同浓度下的敌百虫和乙酰甲胺磷的极坐标图谱。实验结果表明，浓度对极坐标特征图形的影响表现在图形面积大小的变化，即随农药浓度的增大，特征图形的面积会减小，而大致的形状则不会发生改变。

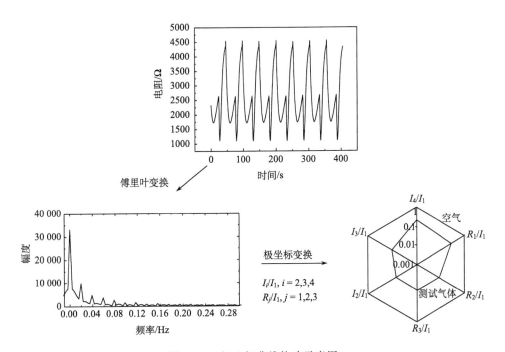

图 11-29 极坐标曲线构建示意图

传感器变量：对应于 0Hz 的幅度；对应于基频（0.02Hz）的幅度和四个谐频；极坐标曲线上的值均是测试气体的每一个变量对 $I_1$ 的相应幅度归一化处理得到

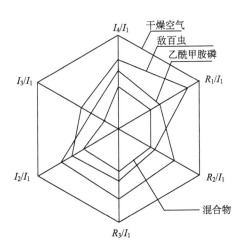

图 11-30 1.0ppm 敌百虫和 0.1ppm 乙酰甲胺磷及其混合物的极坐标图谱

分析对应于图 11-28

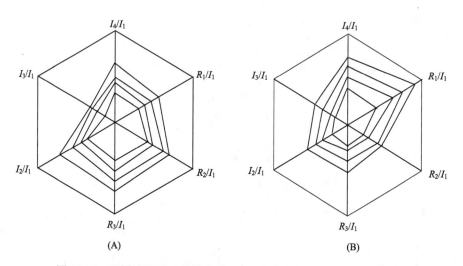

图 11-31　不同浓度下乙酰甲胺磷（A）和敌百虫（B）的极坐标曲线

浓度由外向内均为 0.1ppm、0.3ppm、0.5ppm、0.7ppm

### 11.3.4　快速傅里叶变换（FFT）中高次谐频与电导关系的理论分析[15]

一个假定：忽略多孔半导体材料的粒子间的瓶颈效应，离子间的电子转移受晶界势垒的影响。在这个假定的前提下，半导体气体传感器的电导与温度的关系可以用式（11.48）描述

$$G(T) = G_0 e^{-\frac{eV_s}{kT}} \tag{11.48}$$

式中，$G_0$ 为包含整个晶体的晶粒内电导和几何形状影响的指前因子；$e$ 为电子电荷；$k$ 为玻耳兹曼常量；$T$ 为热力学温度，单位为 K；$V_s$ 为 Shottky 势垒高度。显然，$G(T)$ 依赖于表面 Shottky 势垒高度 $V_s$ 和温度的大小。而表面 Shottky 势垒高度 $V_s$ 可以用式（11.49）描述

$$V_s = \frac{eN_t^2}{2\varepsilon_s k_0 N_d} \tag{11.49}$$

式中，$N_t$ 为吸附离子氧的表面密度；$\varepsilon_s k_0$ 为半导体的介电常数；$N_d$ 为电子施主的体积密度。

式（11.48）和式（11.49）都说明当传感器表面接触到还原性气体时，还原性气体被离子氧氧化，半导体表面的电子密度会增大，传感器的表面电导随着增大。类似地，温度升高时，半导体的电子密度也会随之增大。

当 $N_d$ 远大于 $N_t$，有式（11.50）成立

$$G_{(T)} = G_0 e - \frac{V_{sl} c_{O_s^{m-}}^2}{T} \tag{11.50}$$

式中，$c_{O_s^{m-}}$ 是传感器表面吸附离子氧的浓度（$m=1$ 或 $2$）；$V_{sl}=e^2/(2\varepsilon_s k_0 N_d K)$。

当传感器表面的温度以 $T=T_0+T_a\cos 2\pi ft$ 变化时，式（11.50）可扩展为式（11.51）。

$$G_{(T)} = G_0 \, \mathrm{e}^{-\frac{V_{sl}c_{O_s^{m-}}^2}{T_0}} \times \left\{ \begin{array}{l} \left(1 - \dfrac{V_{sl}c_{O_s^{m-}}^2 T_a^2}{2T_0^3} + \dfrac{V_{sl}^2 c_{O_s^{m-}}^4 T_a^2}{4T_0^4}\right) + \left(\dfrac{V_{sl}c_{O_s^{m-}}^2}{T_0^2}\right)T_a\cos 2\pi ft \\[2mm] + \left(-\dfrac{V_{sl}c_{O_s^{m-}}^2}{2T_0^3} + \dfrac{V_{sl}^2 c_{O_s^{m-}}^4}{4T_0^4}\right) \times T_a^2\cos 4\pi ft + \cdots \end{array} \right\}$$

$$(11.51)$$

式（11.51）表示高次谐频中的实部与表面势垒有关，其决定因素有半导体的种类、不同的催化剂和气体在传感器表面的吸附状态。

此外，当把气体在传感器表面的反应过程简化为一级反应，反应物的浓度（$c_{gas}$）对应于气体传感器的电阻值（$R_{sensor}$），则

$$\frac{\mathrm{d}c_{O_s^{m-}}}{\mathrm{d}t} = \frac{\mathrm{d}c_{gas}}{\mathrm{d}t} = \frac{\mathrm{d}R_{sensor}}{\mathrm{d}t} = -\kappa R_{sensor} = -A\mathrm{e}^{-\frac{E}{RT}}R_{sensor} \qquad (11.52)$$

式中，$K$ 为反应速率常数；$A$ 为指前因子；$E$ 为反应活化能；$c_{gas}$ 表示反应气体的浓度。

当传感器表面的温度以 $T=T_0+T_a\cos 2\pi ft$ 形式变化时，式（11.52）可扩展为式（11.53）。

$$-\frac{\mathrm{d}R_{sensor}}{R_{sensor}} = A\mathrm{e}^{-\frac{E}{RT_0}} \times \left\{ \begin{array}{l} \left(1 - \dfrac{ET_a^2}{2RT_0^3} + \dfrac{E^2 T_a^2}{4RT_0^4}\right) + \dfrac{E}{RT_0^2}T_a\cos 2\pi ft \\[2mm] + \left(-\dfrac{E}{2RT_0^3} + \dfrac{E^2}{2R^2 T_0^4}\right) \times T_a^2\cos 4\pi ft + \cdots \end{array} \right\} \mathrm{d}t$$

$$(11.53)$$

对式（11.53）进行积分可得

$$\ln G_{sensor} = -A\mathrm{e}^{-\frac{E}{RT_0}} \left\{ \begin{array}{l} \left(1 - \dfrac{ET_a^2}{2RT_0^3} + \dfrac{E^2 T_a^2}{4RT_0^3}\right)t + \left(\dfrac{E}{2RT\pi fRT_0^2}\right) \times T_a\sin 2\pi ft + \\[2mm] \left(\dfrac{E^2}{16\pi fR^2 T_0^4} - \dfrac{E}{8\pi fRT_0^3}\right) \times T_a^2\sin 4\pi ft + \cdots \end{array} \right\}$$

$$(11.54)$$

式中，$G_{sensor}$ 为传感器的电导。式（11.54）说明了高次谐频中的虚部与反应速率或传感器表面反应的活化能有关。

表面反应动力学过程：假定气体传感器中掺有 Pt 或 Pd 作为催化剂。那么认为传感器表面的反应按（Langmuir-Hinshelwood）机理进行，可以用式（11.55）描述

$$S + me^- + 1/2O_2 \underset{k_{-1}}{\overset{k_1}{\rightleftharpoons}} O_s^{m-}$$

$$S + R \underset{k_{-2}}{\overset{k_2}{\rightleftharpoons}} R_s \qquad (11.55)$$

$$O_s^{m-} + R_s \xrightarrow{k_3} RO + me^-$$

式中，S 为表面吸附位置；$e^-$ 为自由电子；$R_s$ 为与氧离子发生反应的被吸附的还原性气体。但考虑到其他一些还原性气体，如 CO 不能被吸附在 Sn 原子上，将要考虑用 Eley-Riedal 机理来代替式（11.55）。

$$O_s^{m-} + R \xrightarrow{k_4} RO + me^- \qquad (11.56)$$

反应动力学可用式（11.57）表示

$$dc_{O_s^{m-}}/dt = c_{O_2}^{1/2} k_1(S_0 - c_{O_s^{m-}} - c_{R_s}) - k_{-1}c_{O_s^{m-}} - k_3 c_{O_s^{m-}} - c_{R_s} - k_4 c_{O_s^{m-}} - c_R$$

$$dc_{R_s}/dt = c_R k_2(S_0 - c_{O_s^{m-}} - c_{R_s}) - k_{-2}c_{R_s} - k_3 c_{O_s^{m-}} - c_{R_s} \qquad (11.57)$$

式中，$S_0$ 为被吸附的气体的最大浓度；$c_{O_2}$ 为传感器表面附近氧气分子的浓度；$c_R$ 为传感器表面附近还原性气体的浓度；$c_{R_s}$ 为被吸附在传感器表面还原性气体分子的浓度；$k_n$（$n = -2, -1, 1, 2, 3, 4$）为速率常数，可用式（11.58）表示。

$$k_n = F_n \exp[-E_n/(RT)] \qquad (11.58)$$

式中，$F_n$ 为指前因子（$n = -2, -1, 1, 2, 3, 4$）；$E_n$ 为反应活化能。

本节讨论了农药样品（如敌百虫和乙酰甲胺磷及其混合物）在 7V 的外加电压下的静态响应曲线。比较空气、敌百虫、乙酰甲胺磷及二者混合物在 7V 的外加电压、30/(30+20) 的电压占空比和方波调制下的动态响应曲线。结果表明，本章所述实验条件下敌百虫和乙酰甲胺磷出现了各自的特征响应曲线。并且传感器对乙酰甲胺磷的特征响应范围要大于敌百虫。接着讨论了方波条件下，外加电压、占空比、农药样品浓度对动态响应曲线的影响。实验测定了气体浓度与电阻率倒数的对数呈直线关系。动态响应信号采用快速傅里叶变换 FFT 来提取特征用以定量分析。在 FFT 频谱图中，我们利用的是 6 个特征幅度值，即对应于 0Hz 的电阻补偿幅度、对应于 0.02Hz［电压占空比为 30/(30+20)］的基频幅度和随后的四个高次谐频幅度。谐频幅度中有实部 R 和虚部 I 之分。定量分析也可以采用极坐标的形式完成。分析结果表明，通过 FFT 频谱和极坐标构建可以更进一步实现农药气体的定性分析和定量分析，浓度对极坐标特征图形的影响表现在图形面积大小的变化，即随着农药浓度的增大，特征图形的面积会减小，而大致的形状则不会发生改变。最后，从理论上分析了谐频幅度的实部和虚部的影响因素和传感器表面的敏感反应动力学模型。

## 11.3.5　动态传感技术在 SPME/SnO₂ 气体传感器联用技术中的应用

### 11.3.5.1　SPME/纳米 SnO₂ 传感器联用技术[31~33]

针对所讨论的关于农药残留对人体的危害、对生态环境的危害、对社会经济发展的危害，以及目前的检测方法中所存在的一些问题，同时结合固相微萃取（SPME）的发展，本章将研究 SPME 和 SnO₂ 气体传感器的联用技术直接对果蔬中农药残留进行快速检测，希望在 SPME 的联用技术和农药残留的检测方面做一些有益的探索。

目前我国农药残留分析常用的检测技术主要有薄层色谱法、气相色谱法、高效液相色谱法、气谱-质谱联用、超临界流体色谱、毛细管区带电泳、免疫分析、液谱-质谱联用、直接光谱分析技术、传感器技术、实验室机器人等方法。

薄层色谱法（TLC）实质上是以固体吸附剂（如硅胶、氧化铝等）为担体，水为固定相溶剂，流动相一般为有机溶剂所组合的分配型层析分离分析方法。薄层色谱法不需要特殊设备和试剂，方法简单、快速、直观、灵活，但是灵敏度不高，近年来较少使用，多把它作为分离手段。

气相色谱法（GC）是目前应用最多的方法，占有关色谱法报道的 70% 以上。气相色谱法具有高选择性、高分离效能、高灵敏度、快速等优点。易气化、气化后又不发生分解等现象的农药均可采用气相色谱法检测。用于气相色谱法的检测器主要有 FID、ECD、TCD、FPD、PID 等。气相色谱法使用的色谱柱主要是填充柱和毛细管柱。

高效液相色谱法（HPLC）可以分离检测极性强、相对分子质量大及离子型农药，尤其对不易气化或受热易分解的化合物更能显示出它的突出优点。近年来，采用高效色谱柱、高压泵和高灵敏度的检测器、柱前或柱后衍生化技术以及计算机联用等，大大提高了液相色谱的检测效率、灵敏度、速度和操作自动化程度。现已成为农药残留检测不可缺少的重要方法。其缺点是溶剂消耗量大，检测器种类较气谱少，灵敏度不如气谱高，液谱柱制备较气谱柱困难，价格也贵。

气谱-质谱联用（GC/MS）既具有气相色谱高分离效能，又具有质谱准确鉴定化合物结构的特点，可达到同时定性定量的检测目的。用于农药残留量检测工作，特别是应用于农药代谢物、降解物的检测和多残留检测等具有突出的特点，但由于仪器昂贵，目前在国内尚未广泛应用于农药残留量检测工作。

超临界流体色谱（SFC）是以超临界流体为流动相的色谱分离检测技术。它弥补了 GC 和 HPLC 各自的不足。由于超临界流体具有气体和液体的双重性质，其黏度小、传质阻力小、扩散速度快，其分离能力和速度可与 GC 相比。另外，其密度、溶解力和速度可与 HPLC 相比。流体的物理、化学性质都是密度的函数，因此，在 SFC 中采用程序升温相对于 GC 中的程序升温和 HPLC 中的梯度淋洗，尤其突出的特点是 SFC 可以与大部分 GC 和 HPLC 的检测器相连，如 FIC、FPD、NPD、ECD、UV 以及 MS、FTIR 等都能用。这样就极大地拓宽了其应用范围，许多在 GC 和 HPLC 上需要经过衍生化才能分析的农药，都可以用 SFC 直接测定。但由于其设备昂贵，限制了其广泛应用。

毛细管区带电泳（CZE）是对一般常规液相色谱方法难以分离的离子型化合物的理想分析方法。这一技术具有极高的效率和分离能力，常有报道分辨率可达几百万个理论塔板数，其操作简单，具有很大灵活性，许多分离参数，如缓冲液的组成、pH、毛细管的类型以及所用电场的波形都可调节。毛细管区带电泳所需样品量极少，一般只需几纳升（nL）。目前，毛细管区带电泳尚缺乏灵敏度很高的检测器。因此，只有研究开发灵敏度高的检测系统，毛细管区带电泳的优势才能充分发挥出来。

免疫分析被列为 20 世纪 90 年代优先研究、开发和利用的农药残留分析技术。世界粮农组织（FAO）已向许多国家推荐此项技术。免疫分析是基于抗原抗体特异性识别和结合反应为基础的分析方法。免疫分析具有特异性强、安全可靠等优点，一般不需要贵重的仪器，可大大简化甚至省去前处理过程，对使用人员的专门技术要求不高，容易普及和推广，但是抗体制备难度较大，由于抗体有特异性，只适用于单一农药残留量的检测分析，不适合应用于多残留分析，同时免疫分析方法的开发费用高，开发时间较长。

液谱-质谱联用（LC/MS）。据统计，液相色谱可分析的物质约占已知化合物的 80% 以上，但液相色谱尚缺乏高灵敏度和具有结构分析功能的检测器。现在有一种内喷射式和粒子流式接口技术将液相色谱和质谱连接起来，已成功地用于分析热不稳定，相对分子质量大，难以用气相色谱分析的化合物，具有检测灵敏度高、选择性好、定性定量同时进行、结果可靠等优点，LC/MS 对简单样品可进行分析前净化并具有几乎通用的多残留分析能力，用于对初级监测呈阳性反应的样品进行在线确证，其优势明显，但 LC/MS 仪器价格昂贵，液相色谱和质谱技术尚不十分成熟。

直接光谱分析技术。近红外衰减全反射光谱（IR-ATR）和表面增强拉曼光谱（SERS）使光谱分析的灵敏度提高 $10^2 \sim 10^7$ 倍。这些快速、直接的光谱技术，只需要极少量的样品且几乎不需要预处理，具有很大的应用潜力。目前，这两项技术还有待进一步研究开发。

生物传感器技术为开发具有高灵敏度和特异性的便携式探针提供了极大的可能性。生物传感器通常是指由一种生物敏感部件与转换器紧密配合，对特定种类化合物或生物活性物质具有选择性和可逆响应的分析装置。利用农药对靶标酶（如乙酰胆碱酯酶）活性的抑制作用研制酶传感器，利用农药与特异性抗体结合反应研制免疫传感器可用于对相应农药残留进行快速定性定量检测。目前生物传感器存在的主要问题是分析结果的稳定性、重现性和使用寿命。

固相微萃取（SPME）是一种非溶剂提取技术，它的诞生是萃取技术的一次革命，很快引起各国科学家的研究兴趣。1994 年首次应用于农药残留分析，作为一种分析手段，SPME 主要和一些分析仪器联用，目前，SPME 的联用技术主要有：SPME-GC、SPME-HPLC、SPME-GC-MS、SPME-MS、SPME/EC 等。涉及的分析对象主要包括水样、土壤、食物和生物流体等四种类型的样品，其中主要的部分是对水样中农药残留分析，占了 60％以上。对水样中农药残留的萃取主要采用直接浸泡法[34~37]；对土壤样品，大部分应用是将 SPME 萃取头浸泡在水与土壤的混合液中[38,39]；对食物样品的分析则需要一个样品准备步骤，准备原则是将待分析的样品处理成液态，然后用直接浸泡法萃取[40]；对生物流体样品中农药残留的萃取一般根据具体情况采用顶空和直接浸泡两种方式[41]。

在 11.2 节和 11.3 节讨论的基础上，我们知道用二氧化锡气体传感器结合动态测试原理可以实现对农药标准样品的定性定量分析。下面将讨论运用 SPME 直接提取果蔬中的农药残留，然后利用 SPME/SnO$_2$ 气体传感器联用装置对农药残留进行检测。

实验对象为有机磷农药，如敌百虫、乙酰甲胺磷、乐果、氧乐果、马拉硫磷、对硫磷和甲胺磷；有机氯农药如 $p$，$p'$-DDT；菊酯类农药如溴氰菊酯等。实验对象为附近菜地的青菜，按菜农惯用的使用方法喷洒。实验时取少量的菜叶放入 15mL 标准样品瓶中用约 pH7.5 的缓冲溶液浸泡。一段时间后用 SPME 萃取，联用装置检测。传感器对气体的响应定义为 $R_{air}/R_{gas}$，$R_{air}$、$R_{gas}$ 分别为干燥空气中和待测气体中传感器的表面电阻。

实验所用农药的分子结构如图 11-32 所示。

SPME/SnO$_2$ 气体传感器联用装置包括动态检测电路、SPME 进样装置、传感器测试室、数据采集监控与保存等，其特征在于：

该装置的结构是传感器测试室正上方设置由石英玻璃制成的 SPME 进样装置，SPME 进样装置中间是与周围的铝加热块安装连接的柱型气化室芯，以保证 SPME 的解吸。铝加热块由两支 70W 内热式烙铁芯组成的加热器加热，用加热器上面的铂电阻测量温度。

SPME 进样装置的进样口由 SPME 专用耐针刺硅橡胶垫密封，进样口的设计兼顾了微量进样器和 SPME 萃取头，由散热帽压紧，样品由微量进样器或 SPME 萃取头穿过硅橡胶垫直接进入气化室芯，由载气带入传感器测试室。

传感器测试室由玻璃材料制成，上下两端具有进样口和废气出口。左侧连接调制信号电路，右侧连接信号采集电路，调制信号电路和信号采集电路为该装置的动态检测电路。

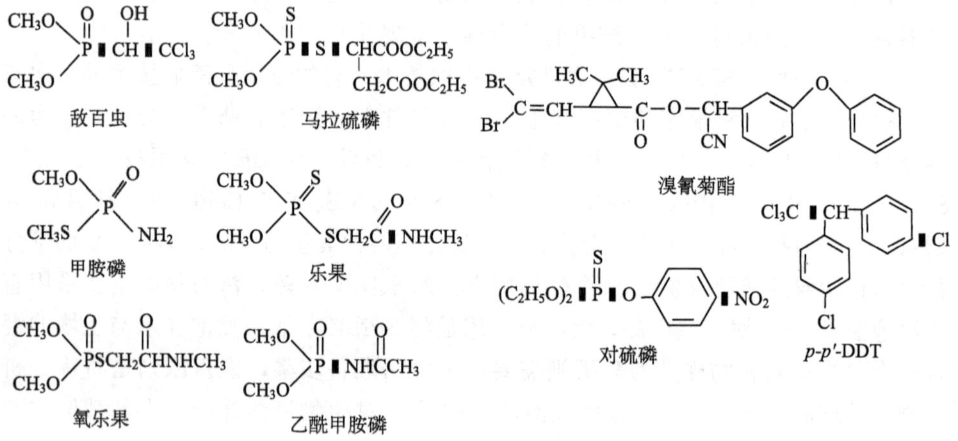

图 11-32　实验所用农药的分子结构

气瓶和调制信号电路工作约 80s 后由 SPME 进样装置进样。气体传感器响应到的信号经信号采集电路到计算机进行采集和储存。

### 11.3.5.2　动态传感技术在联用装置中对农药残留的检测

为了验证该联用技术对农药残留的检测性能，我们首先运用该联用装置检测出七种有机磷农药残留的动态响应曲线。实验结果如图 11-33 所示。

从图 11-33 可以看出，在本章所述的萃取条件和传感器动态测试条件下，七种有机磷农药都出现了各自不同的特征响应曲线，并且 2min 就可以完成四个周期特征峰的测量。同样萃取条件下的 SPME/GC（Agilent6890 气相色谱仪，安捷伦科技有限公司，中国科学技术大学化学系色谱室）分析结果表明，萃取头 280℃下解吸 8min，七种农药残留的相对保留时间分别为：甲胺磷 7.107min，乙酰甲胺磷 8.065min，敌百虫 11.143min，氧乐果 14.205min，乐果 16.547min，马拉硫磷 21.235min，对硫磷 10.21min。显然，用 SPME/SnO₂ 气体传感器联用技术能实现对农药残留的快速检测。有机氯农药 $p$，$p'$-DDT 和菊酯类农药溴氰菊酯则没有特征响应曲线，其响应信号和空气类似。虽然不能肯定利用 SPME/二氧化锡气体传感器联用装置结合动态测试原理能否检测出所有有机磷农药残留，但至少可以肯定能检测出上述七种农药残留。对有机氯和菊酯类农药则不能检测出来，此处关键的问题乃是气体传感器的问题，如果对传感器加以改性，使得传感器对有机氯和菊酯类农药乃至更多种类的农药残留敏感，我们想利用该装置也是可以检测的。图 11-34 给出了 $p$，$p'$-DDT、溴氰菊酯、敌百虫和乙酰甲胺磷在不同工作电压的灵敏度曲线。从图 11-34 中也可以看出，传感器对敌百虫、乙酰甲胺磷的响应比对 $p$，$p'$-DDT、溴氰菊酯的响应要明显，并且在 5V、6V、7V 时出现一个阶跃，并逐渐出现平台趋势。

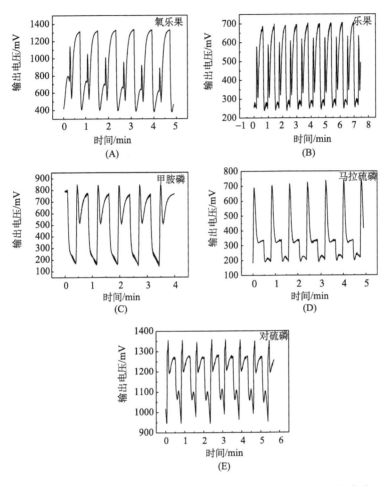

图 11-33　SPME/SnO₂ 气体传感器联用装置上不同农药残留响应曲线

萃取条件：SPME 固定相类型：PDMS Fiber（聚二甲基硅氧烷），100μm；涂层编号：57300-U；萃取方式：手动，直接浸泡法，时间 10min（超声波振动）；解吸：8min，85℃；样品：缓冲溶液浸泡的青菜叶（25％NaCl，pH～7.5）；样品瓶体积：15mL。色谱条件：色谱柱：DB17（30m×0.25mm，0.25mm）；载气：He 气（150kPa）；柱温：50℃（1min）→20℃/min→120℃→5℃/min→280℃；进样方式：冷柱头进样；检测器的温度：300℃；检测器：FID；OCI 温度：50℃→150℃/min→280℃；压力程序：150kPa→5kPa/min→350kPa。动态测试条件：气体传感器外加电压为 7V，占空比为 30/（30+20），调制波形为方波

　　关于 SPME 的萃取效果和萃取速率的影响因素的讨论，关于 SPME 的联用技术目前已有很多报道，如固定相的选择、萃取时间、pH、离子强度、衍生化

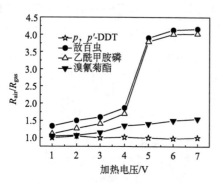

图 11-34　$p$, $p'$-DDT、溴氰菊酯、敌百虫
和乙酰甲胺磷在联用装置上的信号响应曲线

以及萃取温度的影响等。下面将重点讨论 SPME/SnO$_2$ 气体传感器联用技术与其他联用技术的不同点。正如与 SnO$_2$ 气体传感器联用技术依赖于传感器的选择及其工作条件一样，SPME 与其他分析手段联用的关键在于色谱柱的选择及色谱工作条件。我们知道，当实验条件一定时，物质在色谱图上的相对保留时间是一定的，定性分析即依靠相对保留时间的不同，定量分析则是分析峰面积，即萃取头上吸附的待测物的量不同，在色谱图上出现的峰面积不同。可以说，关于 SPME 的萃取效果和萃取速率的影响因素的讨论是通过定量分析色谱图上的峰面积实现的。但是，在 SPME/SnO$_2$ 气体传感器联用技术中，影响因素的讨论则不能完全通过峰面积来进行。以萃取时间的不同来加以讨论。图 11-35 是乙酰甲胺磷为例来讨论萃取时间与动态响应信号的关系。按照操作分别萃取 5min、10min、20min 和 30min 后解吸得到四张关

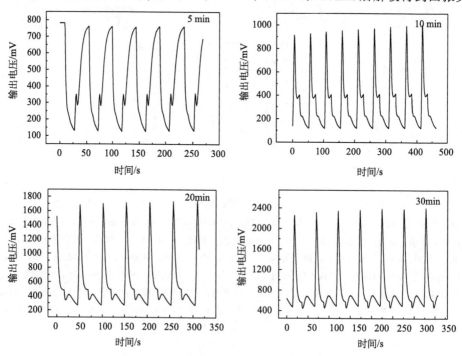

图 11-35　乙酰甲胺磷不同萃取时间下的响应曲线

其他萃取条件不变

系图。首先可以观察到的信号不仅在色谱图中峰高不同，而且峰形不一样，这就是传感器的特点。我们已经知道，浓度对传感器的信号会产生一定的影响，当浓度较低时，待测气体的特征峰不会完全出现。只有浓度到一定程度后，其特征峰才得以完全显现，再增大浓度时，峰形没有改变，峰高会逐渐增大。因此，SPME/SnO₂ 气体传感器联用技术对于分析 SPME 的工作条件更加方便和直观。

为了分析农药残留在萃取头上的解吸平衡情况，我们研究了零解吸时间开始测量时传感器对甲胺磷的动态响应信号。结果如图 11-36 所示，解吸温度为 85℃。从图中可以看出，大约为 10min，在本实验条件下，解吸基本达到平衡。当改变解吸温度，传感器同样可以给出类似的响应信号。同时，在图 11-35 中也可以观察到萃取头的解吸全过程，可以一步得到解吸平衡时间，对研究 SPME/SnO₂ 气体传感器联用技术的工作条件优化非常有利。而在 SPME/GC、GC/MS、HPLC 联用技术中，解吸平衡时间的分析需要几步才能完成。

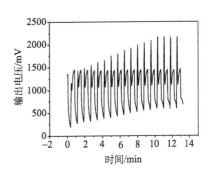

图 11-36　甲胺磷的 SPME/SnO₂ 气体传感器联用技术解吸平衡分析

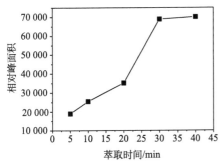

图 11-37　萃取时间与峰面积之间的关系
（图中数据对应于图 11-35）

同理，我们也可以采用峰面积来讨论一些工作参数。图 11-37 是萃取时间和峰面积之间的关系，图中数据对应于图 11-35。从图中可以看到，在论文的实验条件下，萃取时间控制在 30min 左右较好。

对于 SPME/SnO₂ 气体传感器联用技术中的定量分析工作，我们可以通过两种方法来完成。一种方法是通过计算特征峰的面积与标准曲线相比对，从而得到农药残留的浓度；另一种方法则是对动态响应信号进行快速傅里叶变换，提取 0Hz、基频和随后四个高次谐频的实部和虚部的特征值和建立极坐标图来进行定量分析。特征峰面积的计算是选取同一个周期的动态响应信号进行处理。同一周期不同萃取时间的曲线如图 11-38 所示。然后对每一条曲线分别积分，得到 5min、10min、20min 和 30min 时的相对峰面积分别是 18 951、25 412、35 158 和 68 897，将此数据与标准曲线（图 11-39）相比对，就可以得到不同萃取时间的萃取头上吸附的乙酰甲胺磷的量。

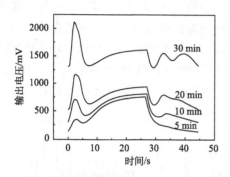

图 11-38　乙酰甲胺磷不同的萃取时间下
的同一周期的动态曲线

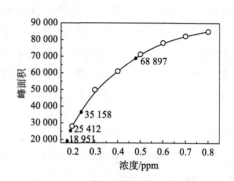

图 11-39　乙酰甲胺磷浓度与峰面积的
标准曲线

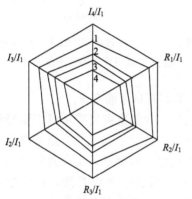

图 11-40　乙酰甲胺磷不同萃取
时间下的极坐标曲线

1～4. 萃取时间为 5min、10min、

20min 和 30min

关于动态信号的快速傅里叶变换和高次谐频特征值的提取以及极坐标的建立方法，详见本章 11.3 节和 11.4 节，不再赘述。图 11-40 直接给出了乙酰甲胺磷不同萃取时间下的极坐标曲线。从图 11-40 中可以看到，萃取时间不同，萃取头所吸附的乙酰甲胺磷的浓度不同，在极坐标上表现为曲线所围面积不同。

### 11.3.5.3　SPME/SnO₂ 气体传感器联用技术的特点

在 11.3 节，我们讨论了对农药残留检测 SPME/SnO₂ 联用技术与其他 SPME 的联用技术的主要不同点，下面将简单阐述该联用技术与其他农药残留检测技术（如单个 SnO₂ 气体传感器、GC 和 HPLC 等）的不同点。

本节将讨论运用单个二氧化锡气体传感器结合动态测试方法对敌百虫和乙酰甲胺磷的检测。因为有机溶剂（如丙酮、乙醇等）对传感器的信号影响非常大，因此实验时只能采用农药标样。而 SPME/SnO₂ 联用装置中由于 SPME 的应用不仅完全避开了有机溶剂的影响，而且还承袭了二氧化锡气体传感器动态测试方法的所有优点，即在 11.4 节讨论的所有关于农药残留的定性和定量分析手段都适用于联用装置。图 11-41 是对应图 11-32 的七种有机磷农药残留动态响应信号经 FFT 后的能量谱，能量谱的应用对农药残留的定性分析有着非常重要的意义，即相似的动态响应曲线经 FFT 后，其能量谱完全不一样。

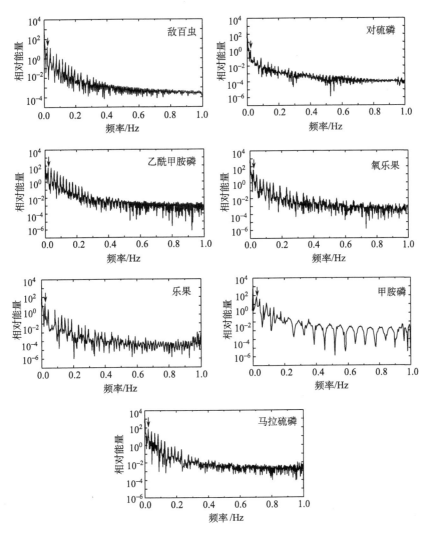

图 11-41　七种有机磷农药残留的动态响应信号经 FFT 后的能量谱

分析数据对应于图 11-32，图中箭头所示为基频位置

　　我国目前使用的最广泛的农残检测方法是 GC 和 HPLC。虽然 GC 具有高选择性、高分离效能、高灵敏度等优点，但分析时间一般较长。例如，本章的分析对象中，甲胺磷 7.107min，乙酰甲胺磷 8.065min，敌百虫 11.143min，氧乐果 14.205min，乐果 16.547min，马拉硫磷 21.235min，对硫磷 10.21min。因而难以满足现场快速检测的要求。HPLC 虽然弥补了 GC 的某些不足，对不易气化或受热易分解的化合物显示出了它的突出优点，但其缺点是溶剂消耗量大，检测器种类较气谱少，灵敏度不如气谱高，液谱柱制备较气谱柱困难，价格也贵。同

时，GC 和 HPLC 都还存在一个与上述单个二氧化锡气体传感器检测农药残留同样的问题，如果没有前处理过程，GC 和 HPLC 也只能是用来分析标准样品，在分析实际样品时，这两种方法一般情况下都是和液-液萃取过程联用的。与 GC、HPLC 相比，$SPME/SnO_2$ 联用技术的特点在于，SPME 比传统的液-液萃取法要好，避开了有机溶剂的影响，同时具有高选择性和分析快速的优点，有利于现场即时检测；根据本节的分析，特别值得一提的是，在定性和定量分析时，$SPME/SnO_2$ 联用技术的手段更具有多样性。

### 11.3.6　动态传感技术的其他应用[42]

家用液化石油气和一氧化碳是与人们的日常生活密切相关的危险气体，这些危险气体的泄露严重威胁着人们的生命和财产安全，快速地检测出这些危险气体的泄露，做到防患于未然就显得尤为重要。我们分别以家用液化石油气和一氧化碳为研究对象，测定了不同浓度下的动态响应信号。其检测结果如图 11-42 和图 11-43 所示。实验条件是：外加电压为 7V，占空比为 30/(30＋20)，方波波形调制。因为危险气体从钢瓶出来不易控制其浓度的大小，所以这里浓度的大小是一个相对值。从图 11-42 和图 11-43 中首先可以观察到家用液化石油气和一氧化碳具有与以上有机气体明显不同的响应信号，证实了在不改变敏感材料的前提下，利用动态检测方法明显可以提高传感器的选择性。同时，实验还发现，当两种气体的浓度很大时，其动态响应信号特征反而不明显。对此目前还没有合理的解释。

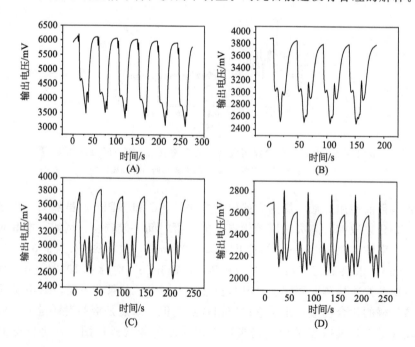

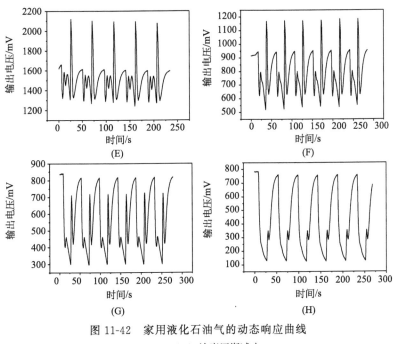

图 11-42　家用液化石油气的动态响应曲线

（A）～（H）浓度逐渐减小

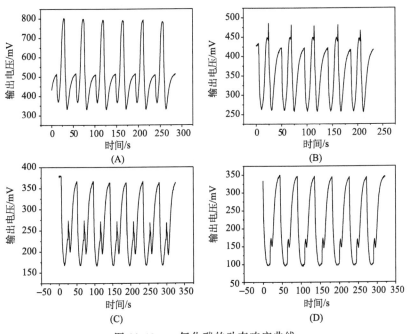

图 11-43　一氧化碳的动态响应曲线

（A）～（D）浓度逐渐减小

# 参 考 文 献

[1] Guo Z, Li M Q, Liu J H. Highly porous CdO nanowires: preparation based on hydroxy-and carbonate-containing cadmium compound precursor nanowires, gas sensing and optical properties. Nanotechnology, 2008, 19: 245611-245618

[2] Guo Z, Liu J Y, Liu J H, et al. Template synthesis, organic gas-sensing and optical properties of hollow and porous $In_2O_3$ nanospheres. Nanotechnology, 2008, 19: 345704-345712

[3] He L F, Jia Y, Liu J H, et al. Development of sensors based on CuO-doped $SnO_2$ hollow spheres for ppb level $H_2S$ gas sensing. J. Mater. Sci. , 2009, 44: 4326-4333

[4] Jia Y, He L F, Liu J H, et al. Preparation of porous tin oxide nanotubes using carbon nanotubes as templates and their gas-sensing properties. J. Phys. Chem. C, 2009, 113: 9581-9587

[5] Jiang Z W, Guo Z, Liu J H, et al. Highly sensitive and selective butanone sensors based on cerium-doped $SnO_2$ thin films. Sens. Actuators B, 2010, 145: 667-673

[6] Jia Y, Chen X, Liu J H, et al. In situ growth of tin oxide nanowires, nanobelts, and nanodendrites on the surface of iron-doped tin oxide/multiwalled carbon nanotube nanocomposites. J. Phys. Chem. C, 2009, 113: 20583-20588

[7] Heilig A, Barasan N, Göpel W, et al. Gas identification by modulation temperatures of $SnO_2$-based thick film sensors. Sens. Actuators B, 1997, 43: 45-51

[8] Lee A P, Reedy B J. Temperature modulation in semiconductor gas sensing. Sens. Actuators B, 1999, 60: 35-42

[9] Roth M, Hartinger R, Faul R, et al. Drift reduction of organic coated gas-sensors by temperature modulation. Sens. Actuators B, 1996, 36: 358-362

[10] Aigner R, Auerbach F, Scheller G. Sinusoidal temperature modulation of the Si-planar-pellistor. Sens. Actuators B, 1994, 18: 143-147

[11] Cavicchi R E, Suehle J S, Gaitan M. Optimized temperature-pulse sequences for enhancement of chemically specific response patterns from micro-hotplate gas sensors. Sens. Actuators B, 1996, 33: 143-146

[12] Huang X J, Meng F L, Liu J H, et al. Gas sensing behavior of a single tin dioxide sensor under dynamic temperature modulation. Sens. Actuators B, 2004, 99: 444-450

[13] Huang X J, Choi Y K, Yun K S, et al. Effect of temperature on sensing behavior in oscillating measurements based on doped tin oxide gas sensor. Sens. Mater. , 2005, 17: 465-472

[14] Huang X J, Meng F L, Liu J H, et al. Study of factors influencing dynamic measurements using a $SnO_2$ gas sensor. Sens. Mater. , 2005, 17: 29-38

[15] 王长安. 半导体物理基础. 上海: 上海科学技术出版社, 1985

[16] Seeger K. 半导体物理学. 徐乐, 钱建业译. 北京: 人民教育出版社, 1980

[17] Streetman B G. Solid State Electronic Devices. 2nd ed. 1980

[18] Kireer P S. Semiconductor Physics. 2nd ed. 1978

[19] 黄昆, 韩汝琦. 半导体物理基础. 北京: 科学出版社, 1979

[20] 蒋平, 徐至中. 固体物理简明教程. 上海: 复旦大学出版社, 2000

[21] 陈长乐. 固体物理学. 西安: 西北工业大学出版社, 2000

[22] 方可, 胡述楠, 张文彬. 固体物理学. 重庆: 重庆大学出版社, 1993

[23] 郑和辉, 吕静. 农药残留检测技术进展概况. 农药科学与管理, 1997, 62 (2): 10-12

[24] 刘曙照，钱传范. 九十年代农药残留分析新技术. 农药，1998，37（6）：11-13

[25] 杨曼君. 农药残留的免疫分析法. 农药科学与管理，1996，60（4）：20-22

[26] 吴春先，慕立义. 灭线磷在 3 种土壤中移动性的研究. 农药科学与管理，2003，22（3）：13-16

[27] Huang X J, Liu J H, Shao D L, et al. Rectangular mode of operation for detecting pesticide residue by using a single $SnO_2$-based gas sensor. Sens. Actuators B, 2003, 96：630-635

[28] Huang X J, Wang L C, Liu J H, et al. Quantitative analysis of pesticide residue based on the dynamic response of a single $SnO_2$ gas sensor. Sens. Actuators B, 2004, 99：330-335

[29] Huang X J, Liu J H, Pi Z X, et al. Qualitative and quantitative analysis of organophosphorus pesticide residues using temperature modulated $SnO_2$ gas sensor. Talanta, 2004, 64：538-545

[30] Huang X J, Choi Y K, Yun K S, et al. Oscillating behavior of hazardous gas on tin oxide gas sensor：fourier and wavelet transform analysis. Sens. Actuators B, 2006, 115：357-364

[31] Huang X J, Sun Y F, Liu J H, et al. New approach for the detection of organophosphorus pesticide in vegetable using $SPME/SnO_2$ gas sensor：principle and preliminary experiment. Sens. Actuators B, 2004, 102：235-240

[32] 黄行九，孟凡利，刘锦淮，等. 二氧化锡气体传感器对有机磷农药残留的动态检测. 分析化学，2004，32：1262-1266

[33] 黄行九. $SnO_2$ 气体传感器动态测试原理及其与 SPME 联用技术研究. 合肥：中国科学技术大学博士学位论文，2004

[34] Motlagh S, Pawliszyn J. On-line monitoring of flowing samples using solid phase microextraction-gas chromatography. Anal. Chim. Acta, 1993, 284（1）：265-273

[35] Eisert R, Pawliszyn J, Barinshteyn G, et al. Design of an automated analysis system for the determination of organic compounds in continuous air stream using solid-phase microextraction. Anal. Commun. , 1998, 35（6）：187-189

[36] Magdic S, Pawliszyn J. Analysis of organochlorine pesticides using solid-phase microextraction. J. Chromatogr. A, 1996, 723：111-122

[37] Lee X P, Kumazawa T, Sato K, et al. Detection of tricyclic antidepressant in whole body by headspace solid-phase microextraction and capillary gas chromatography. J. Chromatogr. Sci. , 1997, 35：302-308

[38] Sen N P, Stephen W S, Page B D. Rapid semi-quantitative estimation of N-nitrosodibutylamine and N-nitrosodibenzylamine in smoked hams by solid-phase microextraction followed by gas chromatography-thermal energy analysis. J. Chromatogr. A, 1997, 788：131-140

[39] Simplicio A L, Boas L V. Validation of a solid-phase microextraction method for the determination of organophosphorus pesticides in fruits and fruit juice. J. Chromatogr. A, 1999, 833：35-42

[40] Ligor M, Buszewski B. Determination of menthol and menthone in food and pharmaceutical products by solid-phase microextraction-gas chromatography. J. Chromatogr. A, 1999, 847：161-169

[41] Daimon H, Pawliszyn J. Effect of heating the interface on chromatographic performance of solid phase microextraction coupled to high-performance liquid chromatography. Anal. Commun. , 1997, 34：365-369

[42] Huang J R, Liu G Y, Liu J H, et al. Temperature modulation and artificial neural network evaluation for improving the CO selectivity of $SnO_2$ gas sensor. Sens. Actuators B, 2006, 114：1059-1063

# 第 12 章　展　　望

　　传感器是传感技术的关键，而组成传感器的核心在于敏感材料及其连接件（包括器件基底、电极等）。随着传感器应用领域的不断拓展以及对其性能要求的越来越高，传统传感器越发显得难以胜任，发展以新型纳米传感器为中心的传感技术以适应新形势下的高标准严要求势在必行。基于纳米传感器的组成，可以看出其发展方向主要在于两个方面：一是材料，即新型纳米敏感材料及其敏感机理的探索；二是器件及其应用技术，即新型结构与功能的纳米传感器件构筑与集成化应用的发展。

　　纳米传感器性能的发挥主要依赖于敏感材料的接触反应，因而，具有大的比表面积、高的表面活性以及特异性的分子识别能力是未来纳米敏感材料设计的宗旨。多孔结构、微纳分级结构、层状结构等，均是沿此思路开发纳米敏感材料的重要方向。在传统纳米敏感材料（如半导体氧化物）和近些年发展的纳米敏感材料（如 DNA、碳纳米管等）的基础上，探索新型纳米敏感材料，也是一条重要途径。近年来，关于石墨烯的研究成为新的热点，英国曼彻斯特大学科学家安德烈·海姆和康斯坦丁·诺沃肖洛夫因在石墨烯方面的研究而荣获了 2010 年诺贝尔物理学奖。石墨烯不仅是已知材料中最薄的一种，还非常牢固坚硬，而且其作为单质在室温下传递电子的速度甚至超越目前已知的其他所有导体。石墨烯中的电子在轨道中移动时，不会因晶格缺陷或引入外来原子而发生散射。由于原子间的强作用力，在常温下，即使周围碳原子发生挤撞，石墨烯中电子受到的干扰也非常小。这些独特的性质，为纳米传感器这一典型纳米电子器件的发展提供了新的机遇。在石墨烯表面修饰特定的识别分子，有望发展出高选择性、高灵敏度、抗干扰能力强的纳米传感器，进而推动整个传感技术的新发展。

　　在敏感机理方面，发现纳米材料新的敏感效应，是发展新型高效多功能纳米传感器的理论基础。伴随目前自供电纳米器件研究的浪潮，实现纳米传感器的低功耗甚至自供电，也是大势所趋，这与当今全世界低碳经济的理念完全融合。另外，众所周知，生物世界历经几十亿年的进化，与自然的融合趋于完美，而模仿生物的特殊本领，利用生物的结构和功能原理来研制器件、机械或各种新的技术，一直是人类技术思想、发明创造的源泉。基于生物组织本身的微观结构及其作用机理，模仿生物的独特本领，研制具有与其功能相似的仿生传感器为我们人类所用，也是极具吸引力的领域。

　　传感器的微型化和集成化是集成电路和微细加工技术发展的大势所趋。近年来，随着微纳加工技术的迅速发展，构筑纳米传感器已具有多种手段，包括光刻蚀、电子束刻蚀、扫描隧道显微镜-纳米操纵以及聚焦离子束沉积等技术。光刻蚀技术最早用于半导体集成电路的微纳加工，从 20 世纪 60 年代初半导体平面工艺开发至今，光刻蚀技术始终是超大规模集成电路生产的主要方法。光刻蚀技术可以将一系列平面一维图形投射到硅表面，并且可以做到精确的层与层之间的对准，便于制作复杂的集成电路结构。而在电于束刻蚀过程中，电子从电子枪发射，经电子光学系统聚焦到样品。电子束刻蚀技术加工的器件尺寸要比用标准光刻方法得到的器件小几个数量级。该技术的分辨率主要由电子束能量的空间分布、抗蚀剂的粒度以及每个像素上的光子统计分布等决定。1981 年由 Binning 和 Rohrer 发明的扫描隧道显微镜，能够以原子直径几分之一的分辨率扫描材料表面，实现表面原子尺度的清晰成像。该仪器揭示了一个可见的原子、分子世界，对纳米技术发展具有里程碑式的意义，被国际科学界公认为 20 世纪 80 年代世界十大科技成就之一，这两位科学家也因此获得了 1986 年的诺贝尔物理学奖。扫描隧道显微镜的针尖不仅可以成像，还可以操纵材料表面的原子或分子。在一定条件下，通过控制针尖与样品表面之间的距离和施加于样品上的偏压，就可以移动样品表面的原子。聚焦离子束沉积技术是 20 世纪末发展起来的，与聚焦电子束在本质上相同，都是带电粒子经过电磁场聚焦成束。离子束不仅本身可以对材料表面进行剥离，而且以不同的液态金属为源还可以将不同的元素注入材料之中，起到对衬底材料掺杂的作用。聚焦离子束加工是一种用途广泛的微细加工技术，其与纳米操纵平台相结合，是当今构筑纳米器件的主要手段，也必将为未来发展新型纳米结构传感器件提供有力的技术支持。

以纳米材料与纳米技术的发展为契机，发展国民经济和国家战略急需的高灵敏、高选择性、长期稳定的传感系统，是纳米敏感材料与传感技术发展的重要方向。将所构筑的纳米传感器与检测技术结合形成检测仪器，是纳米传感器实用化研究的最终目标，此方向的研究已引起了各国政府和大型企业的高度重视。据统计，2003 年在纳米传感技术研究中投资最多的国家分别为：日本 8 亿美元，美国 7.7 亿美元，欧盟 6.5 亿美元。Agilent、波音、Dow Corning、IBM、Lockheed Martin 和三星等众多跨国企业也都在积极地开展相关方面的研发。据国外相关市场调研咨询机构数据显示，2008 年全球纳米传感技术相关市场规模已达 28 亿美元，到 2012 年有望突破 170 亿美元。

目前，我们在多年研究纳米敏感材料与传感技术的基础上，已研制出一些基于高灵敏纳米传感器的检测仪器。图 12-1 所示的是我们自主研发的基于纳米传感器阵列的易制毒化学品检测仪，纳米传感器阵列以串联的方式组成，这种模块阵列可任意组合，结构形状不限。该检测仪以高灵敏的纳米传感器为核心并辅之以相应的数学模型算法，其检测下限低，对易制毒化学品的检测能力强，而且可以实现现场快速检测应用。目前该仪器可检出并判定 12 种易制毒化学品，检测时间小于两分钟，误判率小于 15％。同时，仪器体积小、便携且操作方便，特别适用于车站、边检口岸等场所的安检。

　　图 12-1　易制毒化学品检测仪　　　　　　图 12-2　便携式牛奶蛋白自动分析仪

　　针对缺乏有效测定蛋白质真实含量的方法这一迫切问题，我们和中国科学院苏州纳米技术与纳米仿生研究所联合研制了基于光学纳米传感技术的高通量牛奶蛋白质自动检测仪（图 12-2），检测分辨率达 0.01％，检测速度可达 20 个样品/min，测试结果可脱机打印或与计算机联机显示。该仪器既可在牛奶收集场所（如采奶站）用作常规质量控制手段，也可在牛奶的运输、加工、销售等流通环节对其蛋白质含量进行快速、连续、高效的检测，从而有效杜绝通过人为添加化学物质（如三聚氰胺、尿素等）即可轻易改变蛋白质检测结果的情况，对于保障相关食品安全、维护人体健康具有重要意义。